Passivierende Filme und Deckschichten

Anlaufschichten

Passivierende Filme und Deckschichten

Anlaufschichten

Mechanismus ihrer Entstehung und ihre Schutzwirkung gegen Korrosion

Vorträge gehalten anläßlich der Diskussionstagung des Korrosionsausschusses der Deutschen Gesellschaft für Metallkunde am 13. u. 14. Oktober 1955 in Frankfurt/Main

Herausgegeben von

Professor Dr. H. Fischer
Karlsruhe

Professor Dr. K. Hauffe
Frankfurt/Main

Oberregierungsrat Dr. W. Wiederholt
Berlin-Charlottenburg

Mit 169 Abbildungen

Springer-Verlag
Berlin / Göttingen / Heidelberg
1956

ISBN-13: 978-3-642-48235-9 e-ISBN-13: 978-3-642-48234-2
DOI: 10.1007/978-3-642-48234-2

Softcover reprint of the hardcover 1st edition 1956

Vorwort

Seit Bestehen der Technik kämpft der Mensch mit der thermodynamischen Instabilität der Metalle, die nur im Höchstvakuum vor ihrem Schicksal bewahrt werden können, sich mit Bestandteilen des umgebenden Mediums chemisch zu verbinden. Glücklicherweise bleibt dieser Umwandlungsprozeß auch unter normalen Umständen oft an der Metalloberfläche stehen. Es bilden sich schützende Anlauffilme oder passivierende Deckschichten. Andererseits beschleunigt aber unvollkommene Bedeckung oft genug die weitere Korrosion. So sind Art der Bedeckung, chemische Zusammensetzung der festen Korrosionsprodukte, ihre Struktur, ihr elektrochemisches Verhalten, ihr Entstehungsort usw. maßgebend für Korrosion und Korrosionsschutz.

Unsere Kenntnis der fundamentalen Zusammenhänge hat im letzten Jahrzehnt durch eine Vertiefung in die Kinetik der Transportvorgänge in Verbindung mit der Theorie der Gitterfehlordnung, durch die Konzeption vom Auftreten elektrischer Felder, verankert in der Randschichttheorie, eine umwälzende Wandlung erfahren. Schon jetzt erweist sich die neue Betrachtungsweise als ungemein anregend für Forschung und Technik. Allerdings dürfte es erfahrungsgemäß noch Jahre dauern, bis solche neuen Gedankengänge in genügender Breite in die Technik eingedrungen und dort assimiliert sind.

Wegen der Tragweite dieser Entwicklung beschloß der *Ausschuß für Korrosion und Korrosionsschutz* in der *Deutschen Gesellschaft für Metallkunde,* eine Diskussionstagung über „Passivierungs- und Anlaufvorgänge“ abzuhalten (14. und 15. Oktober 1955, Frankfurt a. M.). Ziel der Tagung war vor allem, den gegenwärtigen Stand der Forschung und Technik so darzustellen — und zwar möglichst ohne Einbuße an wissenschaftlichem oder technischem Niveau —, daß einmal die Praktiker mit der Theorie und den neuen Forschungsmethoden, zum anderen die Theoretiker mit dem umfangreichen Erfahrungsschatz der Praxis bekanntgemacht würden. Ein solches Ziel entsprach ganz den Grundsätzen des Ausschusses, der es sich zur Aufgabe gemacht hat, auf seinem Arbeitsgebiet den Gedankenaustausch zwischen Theorie und Praxis zu fördern. Demgemäß bestand auch der Kreis der Tagungsteilnehmer zu etwa gleichen Teilen aus berufenen Vertretern der Wissenschaft und der Technik (insgesamt etwa 60 Teilnehmer). Das Programm der Tagung war so gegliedert, daß am ersten

Tage die Grundlagenforschung, am zweiten die Erfahrungen aus der Praxis behandelt wurden.

Für den theoretischen Teil wurde die Tagung von Herrn Professor Dr. K. Hauffe, Farbwerke Höchst, vorbereitet. Dem praktischen Teil der Tagung widmete sich der zweite Vorsitzende des Ausschusses, Herr Oberregierungsrat Dr. W. Wiederholt.

Die beiden Genannten haben sehr viel zum Gelingen der Tagung beigetragen, indem sie die geeigneten Referenten aus Hochschulen, Forschungsinstituten und Industrie gewinnen konnten. Sie haben vor der Tagung die Referate aufeinander abgestimmt; sie führten auf der Tagung bei den Vorträgen den Vorsitz und leiteten die lebhafte und höchst anregende Diskussion. Nach der Tagung übernahmen sie, keine Mühe scheuend, wiederum die Redaktion der auf Grund der Aussprache zum Teil wesentlich veränderten und ergänzten Referate sowie der Diskussionsbeiträge und fügten das Ganze zu dem vorliegenden Buch zusammen.

Die Tagungsteilnehmer konnten die Referate bereits vor der Tagung studieren und größere Diskussionsbeiträge vorbereiten. Auf der Tagung selbst genügte daher eine Wiedergabe der Referate in kurzen Auszügen. So blieb stets genügend Zeit für eine gründliche und ergiebige Diskussion. Die so vorbereitete Tagung wurde zu einem vollen Erfolge und dürfte den Teilnehmern in angenehmer Erinnerung bleiben.

Der große Umfang des Stoffes verlangte übrigens eine gewisse Begrenzung des Themas. Es ist bewußt auf die Vorgänge bei mittleren und niederen Temperaturen beschränkt geblieben, d. h. es umfaßt nicht das — zweifellos ebenfalls wichtige — Gebiet der Hochtemperaturoxydation (Zunderung). Dies wird einer späteren Tagung vorbehalten bleiben.

Im theoretischen Teil der Tagung vermittelten Einzelreferate nach einer gedrängten Übersicht über das Ganze die Gesetzmäßigkeiten bei der Entstehung dünner Anlauffilme, vor allem infolge Oxydation mit ihrem Vorstadium der Chemisorption. Dabei wurden auch das Verhalten von Gasen, gelöst im Metall, und die sogenannte „innere" Oxydation berücksichtigt. Neben den Vorgängen an den Phasengrenzen fest/gasförmig und fest/fest behandelten weitere Referate die Reaktionen an der Grenze fest/flüssig, vor allem die Korrosion und Passivierung in wäßrigen Elektrolyten. Der theoretische Teil fand mit einer ausführlichen Erörterung der Bildung dicker, poröser Deckschichten seinen Abschluß.

Der praktische Teil bot zunächst eine Fülle von Erfahrungen bei der Bildung natürlicher Deckschichten an der Atmosphäre und bei ihrer Schutzwirkung. Weiter wurde die Rolle der Legierungszusätze bei den Bedeckungsvorgängen erörtert. Ein besonderes Referat betraf das Anlaufen von Edelmetallen. Die Diskussion der Vorgänge im „technischen“ Klima des Dampfkessels leitete zu den Prozessen in Berührung mit wäßrigen Lösungen über. Hier wurde die Erzeugung künstlicher Deckschichten auf chemischem Wege und die Filmbildung beim chemischen oder elektrolytischen Polieren erörtert.

Bei der ungewöhnlichen Breite des behandelten Hauptthemas und seiner Bedeutung für viele Zweige der Forschung und Technik erschien es notwendig, die Ergebnisse der Tagung für einen weit größeren Leserkreis festzuhalten. Der Umfang des Stoffes überstieg den verfügbaren Raum einer Fachzeitschrift erheblich. Außerdem bestand der begreifliche Wunsch nach einer Verdichtung des Stoffes zu einem handlichen Buch. Dem Springer-Verlag ist es deshalb besonders zu danken, daß er sich bereit fand, die Ergebnisse der Tagung in einem — wie üblich — wohl ausgestatteten Buch herauszugeben.

Wenn dieser Band nunmehr vorliegt, so haben wir dies einmal der unermüdlichen und verständnisvollen Arbeit der Herren HAUFFE und WIEDERHOLT zu danken, nicht weniger aber auch den im Buche genannten Herren Referenten, die sich mit der sorgfältigen Ausformung ihrer Beiträge sehr verdient gemacht haben und schließlich auch den ebendort genannten Herren, die wertvolle Diskussionsbemerkungen beigesteuert haben. Daß nicht alle Diskussionsbeiträge aufgenommen wurden und auch die im Buche enthaltenen manchmal nicht wörtlich zitiert werden konnten, bitte ich zu entschuldigen. Der Umfang des Buches verlangte von den Redakteuren eine straffere Konzentration des Stoffes und möglichst die Vermeidung von Überschneidungen. Dennoch waren manche Überschneidungen — auch bei den Referaten — unvermeidlich, was in der Natur der zu behandelnden Probleme liegt. Vielleicht ist es aber reizvoll — und auch didaktisch zu vertreten —, wenn wichtige Gesichtspunkte in gewisser Variation, aus dem spezifischen Blickwinkel des jeweiligen Referenten gesehen, wiederkehren.

So dürfte der vorliegende Band Chemikern, Physikern, Maschinen- und Elektroingenieuren der verschiedensten Richtungen in Forschung und Technik wertvolle Aufschlüsse vermitteln. Hoffen wir, daß sein Studium manchen Antrieb zu weiterer Forschung, manche Anregung zu neuen Erfindungen und Entdeckungen geben wird.

Karlsruhe, im August 1956

Hellmuth Fischer

1. Vorsitzender des Ausschusses

Korrosion und Korrosionsschutz

in der Deutschen Gesellschaft für Metallkunde

Mitarbeiterverzeichnis

ALTHOF, FRIEDRICH-CARL, Professor Dr.-Ing., Leiter des Instituts für Werkstoffkunde und Schweißtechnik der Universität Rostock/M.

BLOCK, JOCHEN, Dr., Physikalisch-Chemisches Institut der Uniservität München.

DETERMANN, HERMANN, Dr.-Ing., Beratungsstelle für seemäßige Verpackung Hamburg.

DIETRICH, ISOLDE, Dr., Siemens & Halske AG., Berlin-Siemensstadt.

ENGELL, H. J., Dr., Max-Planck-Institut für Eisenforschung, Düsseldorf.

ERGANG, RICHARD, Dr. rer. nat., Battelle-Institut e. V., Frankfurt/M.

FALKENHAGEN, GÜNTER, Dr. rer. nat., Dipl. Phys., Fa. Capito & Klein AG., Düsseldorf-Benrath.

FISCHER, H., Professor Dr., Siemens & Halske AG., Werkstoff-Hauptlaboratorium, Karlsruhe-Knielingen; Technische Hochschule Karlsruhe, Institut für physikalische Chemie und Elektrochemie.

FITZER, ERICH, Dipl.-Ing., Dr. techn., Dozent der Techn. Hochschule in Wien; Laboratoriumsleiter der Siemens-Planiawerke Aktiengesellschaft für Kohlefabrikate in Meitingen bei Augsburg.

GRAF, LUDWIG, Professor Dr.-Ing., Institut für Metallphysik am Max-Planck-Institut für Metallforschung, Stuttgart.

HAUFFE, KARL, Professor Dr., Farbwerke Höchst AG., Frankfurt/M.-Höchst.

HEUMANN, THEODOR, Dr. rer. nat. habil., Dozent für physikalische Chemie an der Universität Münster.

HEYES, JOSEF, Dr., Düsseldorf-Oberkassel.

JAENICKE, WALTHER, Privatdozent Dr., Institut für physikalische Chemie und Elektrochemie der Technischen Hochschule Karlsruhe.

KELLER, HEINZ, Dr. rer. nat., Dipl.-Chem., Metallgesellschaft AG., Frankfurt/M.

KOFSTAD, PER, Dr., Zentralinstitut für Industrielle Forschung Blindern, Oslo, Norwegen.

KUTZELNIGG, Artur, Dr. Ing.-habil., Siemens-Schuckert-Werke AG., Erlangen.

LANGE, ERICH, Professor Dr. Ing., Institut für Physikalische Chemie der Universität Erlangen.

LATTEY, RICHARD, Dr.-Ing., Vereinigte Aluminium-Werke AG., Erftwerk, Grevenbroich/Ndrh.

LÖHBERG, KARL, Dr., Metallgesellschaft AG., Frankfurt/M.; Privatdozent an der Johannes-Gutenberg-Universität, Mainz.

NAGEL, KURT, Dr., Privatdozent am Institut für Physikalische Chemie der Universität Erlangen.

PFEIFFER, HARALD, Dr. rer. nat., Vacuumschmelze AG., Hanau a. M.

POLITYCKI, A., Dr., Siemens & Halske AG., Werkstoff-Hauptlaboratorium Karlsruhe-Knielingen.

RÄDLEIN, GÜNTHER, Dipl.-Chem., Institut für physikalische Chemie der Universität Erlangen.

RAETHER, SIEGFRIED, Dr. rer. nat., Siemens & Halske AG., Wernerwerk für Bauelemente, Heidenheim/Brenz.

RAHMEL, ALFRED, Dr. rer. nat., Dipl.-Chemiker, Mannesmann-Forschungsinstitut GmbH., Duisburg-Huckingen.

RAUB, ERNST, Professor Dr. phil., Forschungsinstitut für Edelmetalle, Schwäbisch Gmünd.

REISER, HANS-JOACHIM, Dipl.-Phys. Dr., Hackethal Draht- und Kabelwerke AG., Hannover.

SCHIKORR, Gerhard, Prof. Dr. phil., Chemische Landesuntersuchungsanstalt, Stuttgart.

SPÄHN, HEINZ, Dr. rer. nat., Dipl.-Ing., Schriftleitung „Metalloberfläche“, Darmstadt.

SPINDLER, HARALD, Dipl.-Chemiker, Wissenschaftlicher Assistent am Institut für Werkstoffkunde und Schweißtechnik der Universität Rostock.

TÖDT, F., Professor Dr.-Ing., Oberregierungsrat in der Bundesanstalt für Materialprüfung, Berlin-Dahlem.

ULRICH, ERICH, Versuchsanstalt der Deutschen Babcock & Wilcox-Dampfkessel-Werke AG., Oberhausen/Rhld.

VETTER, KLAUS J., Prof. Dr., Fritz-Haber-Institut der Max-Planck-Gesellschaft, Berlin-Dahlem; apl. Professor für physikalische Chemie an der Freien Universität Berlin.

WIEDERHOLT, W., Oberregierungsrat Dr. phil., Bundesanstalt für Materialprüfung, Fachabteilung 1.4 „Korrosion und Korrosionsschutz“, Berlin-Dahlem.

Inhaltsverzeichnis

Wissenschaftliche und industrielle Probleme der Metalloxydation und -korrosion

Von **Karl Hauffe**

Mit 5 Abbildungen

Trotz gewisser Erfolge in der Aufklärung der Ursache und des Mechanismus der Oxydation der Metalle bei hohen und niedrigen Temperaturen in gas- und dampfförmigen sowie flüssigen Medien sind noch viele Fragen unbeantwortet, und der Mechanismus des Angriffs ist häufig noch ungeklärt. Nachdem durch eine größere Zahl von Arbeiten mit einer mehr wissenschaftlichen Fragestellung eine gewisse Ausgangsposition gewonnen wurde, die auf einem sicheren Fundament steht, erscheint es reizvoll, in einem *Rechenschaftsbericht* unseren heutigen Stand zu skizzieren, der durch die nachfolgenden Referate ausführlicher und kritischer belegt werden wird. In einem hieran sich anschließenden Kapitel soll der Versuch unternommen werden, aufzuzeigen, inwieweit man die gewonnenen wissenschaftlichen Erkenntnisse für sinnvolle Arbeiten über industrielle Probleme verwerten kann. Hierbei kann natürlich nicht erwartet werden, eine erschöpfende Behandlung der mannigfaltigen Probleme der Oxydations- und Korrosionsvorgänge anzustreben, wie sie in den verschiedenen Industriebetrieben auftreten. Vielmehr soll an einigen, dem Verfasser besonders vertrauten Fragestellungen die Fruchtbarkeit der wissenschaftlichen Forschungsarbeit für technische Probleme aufgezeigt werden.

Im Anschluß hieran wird auf einige der dringenden Klärung harrende wissenschaftliche Problemstellungen hingewiesen, die unmittelbar von der Industrie gestellt wurden und deren erfolgreiche Lösung nach dem heutigen Stand der Forschung zu erwarten ist. Der Verfasser ist sich im klaren, daß er zu verschiedenen hier behandelten Punkten sich einer berechtigten Kritik aussetzt und daß manche — sicher noch wichtigere — Probleme gar nicht oder nur ungenügend behandelt werden. Soweit durch die nachfolgenden Referate aber diese noch offenen Fragen nicht beantwortet werden, kann dies in der Diskussion genügend ausführlich und erschöpfend erfolgen.

In der folgenden Darstellung werden auch Probleme berührt, die in den folgenden Referaten nicht behandelt sind und die auf das Programm der nächsten Tagung zu setzen sind.

1 Die wissenschaftlichen Grundlagen der Metalloxydation und -korrosion

Da die folgenden Referate ausführlich über den gegenwärtigen Stand der wissenschaftlichen Grundlagen berichten, soll in diesem Kapitel nur eine zusammenhängende Übersicht über die in den folgenden Referaten behandelten Fragen gegeben werden und verschiedene Teilprobleme in diesem Zusammenhang erwähnt werden, über die auf einer der nächsten Tagungen ausführlich berichtet und diskutiert werden sollte.

Setzt man ein Metall oberhalb 0°C einer oxydierenden Atmosphäre aus, so beobachtet man eine Veränderung der anfangs metallisch glänzenden Oberfläche. Diese mit dem Auge wahrnehmbare Veränderung der Metalloberfläche wird durch das Auftreten einer von der jeweiligen Atmosphäre abhängenden Reaktionsproduktschicht auf dem Metall verursacht. Je nachdem ob das Molvolumen des Reaktionsproduktes, z. B. des Oxyds, größer oder kleiner als das entsprechende Atomvolumen des Metalls bzw. der Legierung ist, werden sich kompakte oder porige Deckschichten ausbilden. Wie jedoch die Versuche ergeben haben[1], dürfen die Molvolumina der Reaktionsproduktdeckschichten gegenüber den Atomvolumina der Metalle nicht zu groß sein. Porenfreie Deckschichten werden um so vollkommener entstehen, je weniger sich die Mol- und Atomvolumina bzw. die Gitterabstände der Metallatome im Metall und im Oxyd unterscheiden. Es wächst also die Deckschicht unter bestimmten Bedingungen als kompakte pseudomorphe Schicht auf, welcher Gittertyp und Gitterabstand des Metalls häufig aufgezwungen werden. Die Beständigkeit dieser pseudomorphen Schicht wird hierbei wesentlich von den Kräften zwischen Oxyd und Metall und von den elastischen Konstanten im Oxyd selbst abhängen. Je kompressibler das Oxyd ist, umso beständiger wird es in seiner pseudomorphen Form sein. Frank und van der Merwe[2] vertiefen diese Überlegungen zu quantitativen Ansätzen und folgern aus ihren Berechnungen, daß bei einer Abweichung der Gitterparameter im Metall und Oxyd von $< 15\%$ der aufwachsende Kristall pseudomorph ist, während er bei Abweichungen $> 15\%$ in dem ihm eigenen Gittertyp aufwächst. Das hat nun zur Folge, daß im ersten Fall sich im allgemeinen eine kompakte, porenfreie Deckschicht ausbildet und im zweiten Fall nach völliger Bedeckung der metallischen Oberfläche ein ungestörtes Gitter mit den dem Oxyd eigenen Gitter-

[1] Siehe z. B. K. Hauffe u. A. Rahmel: Z. physik. Chem. **199**, 152 (1952), infolge des großen Molvolumens von NiS platzt die Deckschicht während der Schwefelung von Nickel laufend auf.

[2] Frank, F. C., u. J. H. van der Merwe: Proc. roy. Soc. (Ser. A) **198**, 203, 216 (1949); **200**, 125 (1950); Discuss. Faraday Soc. **5**, 48, 201 (1949).

parametern entweder durch Abplatzen von der metallischen Basis oder durch plastische Deformation der obersten Schicht der metallischen Phase oder durch Rekristallisation entsteht. Derartige Erscheinungen fanden beispielsweise KOHLSCHÜTTER und KRÄHENBÜHL[3] bei der Halogenierung von Silber und FINCH und QUARRELL[4] bei der Oxydation von Zink. Weder RAETHER[5] noch LUCAS[6] konnten die Versuchsergebnisse der letzten beiden Autoren an auf Zn-Einkristallen aufwachsenden ZnO-Schichten bestätigen. HART[7] fand an anoxydierten Zinnfolien, daß bei 130° C eine amorphe Oxydschicht aufwächst, die dann bei höheren Temperaturen in eine kristalline SnO- bzw. SnO_2-Deckschicht übergeht. Ferner konnte unter gewissen Versuchsbedingungen die Ausbildung von Oxydnadeln elektronenmikroskopisch nachgewiesen werden[8]. Soweit man aus diesen Versuchen schließen darf, treten jedoch diese Nadeln bevorzugt erst dann auf, wenn sich bereits eine dünne kompakte Oxydschicht — quasi als Nährboden für das Nadelwachstum — gebildet hat. Da JAENICKE in seinem Referat sich im wesentlichen mit diesen Erscheinungen befaßt, mögen diese Beispiele genügen, um zu zeigen, daß für das Studium der Bedingungen einer kompakten Deckschichtbildung, die zunächst einmal die Grundvoraussetzung für einen Oxydationsschutz bzw. eine Oxydationshemmung darstellt, noch weitere Versuche in dieser Richtung dringend erwünscht sind. In zahlreichen Fällen — insbesondere bei der Oxydation reiner Metalle — darf man aber in erster Näherung mit einer kompakten Deckschicht in paralleler Schichtung zur Metalloberfläche rechnen.

1.1 Allgemeine kinetische Betrachtungen zur Deckschichtbildung

Es ist evident, daß durch die Trennung der Reaktionspartner z. B. Sauerstoff und Metall durch die Oxyddeckschicht ein weiterer Ablauf der Reaktion nur dadurch möglich ist, daß die Reaktionspartner oder zumindest einer derselben durch die Deckschicht diffundieren müssen, um eine weitere Oxydation zu gewährleisten. Hierbei diffundieren nicht Moleküle oder Atome, sondern Ionen und Elektronen[9]. Da aber häufig gerade diese Wanderungsvorgänge die langsamen und damit geschwindigkeitsbestimmenden Teilvorgänge sind, müssen wir uns mit dem Mechanis-

[3] KOHLSCHÜTTER, V., u. E. KRÄHENBÜHL: Z. Elektrochem. angew. physik. Chem. **29**, 570 (1923).

[4] FINCH, G. J., u. A. G. QUARRELL: Proc. roy. Soc. (Ser A) **141**, 398 (1933); Proc. phys. Soc. (Sect. B) **46**, 148 (1934).

[5] RAETHER, H.: J. Phys. Radium **11**, 11 (1950). — Vgl. auch H. EHLERS: Z. Phys. **136**, 379 (1953).

[6] LUCAS, L. N. D.: Proc. phys. Soc. (Sect. B) **64**, 943 (1951).

[7] HART, R. K.: Proc. phys. Soc. (Sect. B) **65**, 955 (1952).

[8] PFEFFERKORN, G.: Z. Metallk. **46**, 204 (1955).

[9] WAGNER, C.: Z. angew. Chem. **49**, 735 (1936).

mus dieser Vorgänge beschäftigen (Abb. 1). Hierbei ist es naheliegend, auf die Gesetzmäßigkeiten der Ionenwanderung in einem wäßrigen Elektrolyten unter einem elektrischen Feld oder einem Konzentrationsgefälle bzw. allgemeingültiger, einem chemischen Potentialgefälle der Ionen zurückzugreifen, da ja die auf dem Metall sich ausbildende Reaktionsproduktdeckschicht einen festen Elektrolyten darstellt. Der allgemeine Ausdruck dieser Wanderungs- bzw. Transportgleichung einer wanderungsfähigen Teilchensorte i lautet folgendermaßen:

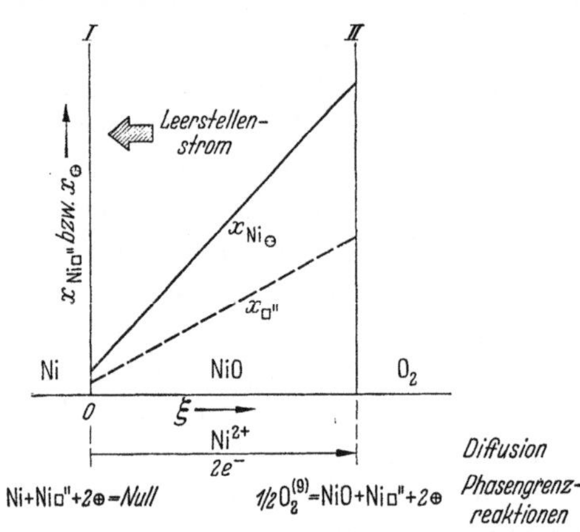

Abb. 1. Schematische Darstellung der Diffusion und der Phasengrenzreaktionen am Beispiel der Oxydation von Nickel bei hohen Temperaturen und dicken NiO-Deckschichten. (Entsprechend der Fehlordnung in NiO—Nickelionenleerstellen Ni□'' und Defektelektronen ⊕ — werden an der Phasengrenze II Fehlstellen erzeugt und an der Phasengrenze I vernichtet. Während der Leerstellen- und Defektelektronenstrom von rechts nach links geht, fließen die Ni^{2+}-Ionen und Elektronen von links nach rechts)

$$j_i = -\frac{D_i}{R\,T}\,n_i\,\mathrm{grad}\,\eta_i\,. \qquad (1)$$

D_i bedeutet hier den Diffusionskoeffizienten, n_i die Teilchenzahl je cm³ der Sorte i und η_i das entsprechende elektrochemische Potential, das mit dem chemischen Potential μ_i in folgender Weise zusammenhängt:

$$\eta_i = \mu_i + z\,N_L\,\mathrm{e}\,\mathrm{V}\,, \qquad (2)$$

wobei z die Wertigkeit der Teilchensorte i, N_L die Loschmidtsche Zahl und V das elektrische Potential bedeuten. Setzt man nun fernerhin für die Änderung des chemischen Potentials

$$\partial\mu_i = R\,T\,\partial\ln n_i\,, \qquad (3)$$

so erhält man aus Gl. (1):

$$j_i = -D_i\left\{\mathrm{grad}\,n_i + z\,n_i\,\frac{e}{k\,T}\,\mathfrak{E}\right\}, \qquad (4)$$

wo $\mathfrak{E}$ die elektrische Feldstärke und e die Elementarladung bedeuten. Diese Gleichung ist von allgemeiner Anwendbarkeit und gilt für Wanderungs- bzw. Transportvorgänge sowohl in flüssigen als auch in festen Elektrolyten, die allerdings die Eigenschaften *verdünnter* Elektrolyte haben müssen. Ist dies nicht der Fall, so müssen wir die Konzentration n_i durch die thermodynamische Aktivität a_i ersetzen.

Um Gl. (4) nun sinngemäß und richtig anwenden zu können, erhebt sich sofort die Frage, auf welche Weise eine Diffusion bzw. ein Transport der Ionen und Elektronen durch die Oxydschicht erfolgt. Dies ist heute leicht zu beantworten, nachdem von anderer Seite her theoretisch wie experimentell gezeigt wurde, daß jeder feste Stoff (Oxyd, Sulfid usw.) in einem mehr oder minder hohem Maße fehlgeordnet ist, d. h. daß im Gitter unbesetzte Plätze vorhanden sind und sich auf der anderen Seite Ionen auf Zwischengitterplätzen befinden. Diese Erscheinung erzwingt in nichtstöchiometrisch zusammengesetzten Kristallen aus Elektroneutralitätsgründen eine Elektronenfehlordnung, die sich in Form freier Elektronen und Defektelektronen (≡ fehlenden Elektronen) bemerkbar macht. Diese fehlgeordneten Teilchen sind aber bevorzugt beweglich, ähnlich den Ionen in einem wäßrigen Elektrolyten. Überführungsmessungen und elektrische Leitfähigkeitsmessungen haben aber ergeben, daß im allgemeinen die Elektronen erheblich beweglicher sind (bis zu mehreren Zehnerpotenzen). Auf Grund dieser Tatsache und infolge der hohen *Elektronenaffinität* des angreifenden Mediums, z. B. Sauerstoff, kommt es zur Entkoppelung der elektronischen und ionischen Reaktionen, was für die Temperaturabhängigkeit der Oxydation nicht nur in seiner Geschwindigkeit, sondern auch in seinem Reaktionsmechanismus von entscheidender Bedeutung ist.

Bei tiefen und mittleren Temperaturen, wo die Beweglichkeit der Ionenfehlordnungsstellen gegenüber der Elektronenbeweglichkeit besonders klein ist, werden durch den Angriff des Sauerstoffs Elektronen abgesaugt, ohne daß die Ionen so rasch nacheilen können. Hierdurch wird die Elektroneutralität in der Deckschicht gestört und wir haben daher neben dem Konzentrationsgefälle, $\operatorname{grad} n_i$, noch das infolge der Raumladung in der Deckschicht sich aufrichtende Feld $\mathfrak{E}$ zu berücksichtigen. Dies bedeutet also, daß zur quantitativen Beschreibung des Oxydationsmechanismus die Anwendung der vollständigen Gl. (4) erforderlich ist. Über diese Zusammenhänge wird von ENGELL ausführlich berichtet. Die sich dort ergebenden nicht-parabolischen Gesetzmäßigkeiten sind also durchweg eine Folge des Auftretens von zusätzlichen elektrischen Feldern, die bei hohen Temperaturen praktisch zu vernachlässigen sind, wie WAGNER[10] in seiner Oxydationstheorie der Metalle zeigen konnte.

Über die Hochtemperaturoxydation, die ein parabolisches Zeitgesetz ergibt, und über die sich hieraus ergebenden Folgerungen zwecks Verminderung der Oxydationsgeschwindigkeit zu berichten, soll auf einer der nächsten Tagungen einem ausführlichen Referat überlassen bleiben. Hier sei nur zum Verständnis der folgenden Ausführungen darauf hingewiesen, daß bei genügend hohen Temperaturen das zweite Glied in Gl. (4), das den elektrischen Feldeinfluß berücksichtigt, ver-

---

[10] WAGNER, C.: Z. phys. Chem. Abt. B **21**, 25 (1933); Diffusion and High Temperature Oxidation of Metals, in Atom Movements, S. 153ff. Cleveland 1951.

nachlässigt werden kann, so daß nur noch der Diffusionsanteil übrig bleibt, also

$$j_i = -D_i \operatorname{grad} n_i \quad \text{(für hohe Temperaturen)} \tag{5}$$

Da D_i über die Beweglichkeit mit der elektrischen Leitfähigkeit und den Überführungszahlen verknüpft ist und diese wiederum eine Funktion der Fehlordnungskonzentration bzw. eine Funktion des Nichtmetall-Partialdruckes sind, gelangt WAGNER zu den folgenden beiden gleichwertigen Formeln für die Oxydationsgeschwindigkeit von Metallen

$$\frac{dn}{dt} = \frac{q}{\Delta\xi}\left\{\text{const}\int_{a_X^{(i)}}^{a_X^{(a)}}\left(\frac{z_1}{|z_2|}D_1^* + D_2^*\right)d\ln a_X\right\} \tag{6a}$$

bzw.

$$\frac{dn}{dt} = \frac{q}{\Delta\xi}\left\{\frac{300}{96500}\,\frac{RT}{N_L e|z_2|}\int_{a_X^{(i)}}^{a_X^{(a)}}(\mathfrak{n}_1 + \mathfrak{n}_2)\,\mathfrak{n}_3\varkappa\, d\ln a_X\right\}. \tag{6b}$$

Hier bedeuten q die Oberfläche der Metallprobe, $\Delta\xi$ die Dicke der sich bildenden Deckschicht und dn/dt die je Zeiteinheit gebildeten Äquivalente des Reaktionsproduktes. Ferner bedeuten z die Wertigkeit, a_x die Aktivität des Nichtmetalls mit den Indizes (i) und (a) für die Phasengrenzen Metall/Reaktionsprodukt und Reaktionsprodukt/Nichtmetall, $\varkappa$ die elektrische Leitfähigkeit und $\mathfrak{n}$ die Überführungszahl. Die Indizes 1, 2 und 3 kennzeichnen die Kationen, Anionen und Elektronen. D^* ist der betreffende Selbstdiffusionskoeffizient, bei dessen Ermittlung das Diffusionsmedium (Reaktionsproduktkristall) im Gleichgewicht mit dem während der Oxydation herrschenden Nichtmetall-Partialdruck (bei p-Leitung) oder mit dem Metall (bei n-Leitung) stehen muß. Der letzte Zusammenhang wird nicht immer berücksichtigt.

Diese Formeln gestatten eine Berechnung der Oxydationsgeschwindigkeit aus den der Messung zugänglichen Größen, wie dem Selbstdiffusionskoeffizienten der Ionen in der Reaktionsproduktschicht bzw. aus dessen elektrischer Leitfähigkeit und Überführungszahl. Aus diesem Grunde war es naheliegend, sich mit den elektrischen Eigenschaften geeigneter Oxydkristalle und der Beeinflussung der Leitfähigkeit durch Temperatur und Atmosphäre zu beschäftigen[11]. Die Ergebnisse dieser Untersuchungen machen es möglich, geeignete Legierungszusätze zu finden, die bereits in kleinen Mengen zulegiert, eine deutliche Herabsetzung der Oxydationsgeschwindigkeit bewirken.

---

[11] Siehe z. B. K. HAUFFE: Reaktionen in und an festen Stoffen, S. 127ff. Berlin/Göttingen/Heidelberg: Springer 1955.

1.2 Oxydation von Metallegierungen mit Metalldiffusion

Wie jedoch immer wieder hervorgehoben wurde, ist eine derartig kontrollierbare Herabsetzung der Oxydationsgeschwindigkeit nur dann möglich, wenn der Legierungspartner in der gleichen Konzentration in die Deckschicht hineinoxydiert und dort durch Ausbildung einer heterotypen Mischphase die maßgebende Fehlordnung der Ionen bzw. der Elektronen herabsetzt. Dies ist aber häufig nicht der Fall. Ganz im Gegenteil gibt es auch Legierungen mit kleinen Fremdmetallgehalten, wo infolge der unterschiedlichen Reaktionsarbeiten z. B. der sich aus den die Legierung aufbauenden Metallpartnern bildenden Oxyde eine überwiegende Oxydbildung des einen oder anderen Legierungspartners bzw. beider in einem heterogenen Gemenge zu beobachten ist. Unter diesen Bedingungen versagen die oben angedeuteten Gesetzmäßigkeiten. Besonders eindrucksvoll ist das *Herausoxydieren* des unedlen Legierungspartners an Edelmetallegierungen von RAUB[12] und an Ni—Pt-Legierungen bei hohen Temperaturen von KUBASCHEWSKI[13] gezeigt worden. Nach WAGNER[14] wird der Mechanismus der Oxydation an solchen Legierungen durch das zusätzliche Auftreten eines Diffusionsvorganges in der Legierungsphase komplizierter, da unter gewissen Versuchsbedingungen auch die

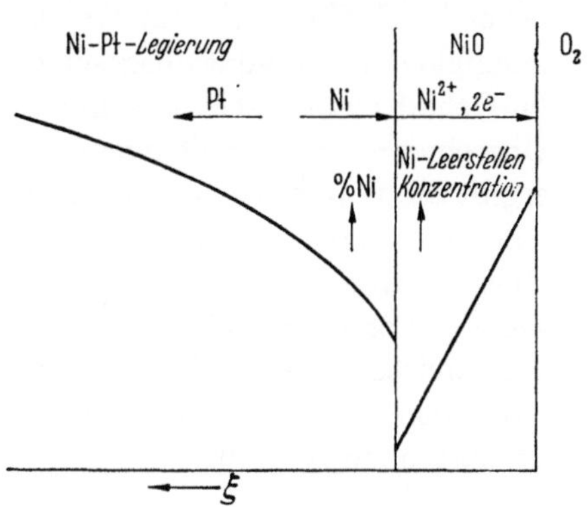

Abb. 2. Schematische Darstellung des Konzentrationsverlaufs von Nickel in der Legierung und der Ni^{2+}-Ionenleerstellen in der NiO-Deckschicht. Ferner sind die Diffusionsrichtungen der einzelnen Atome, Ionen und Elektronen in der Legierungs und Oxydphase durch Pfeile angedeutet

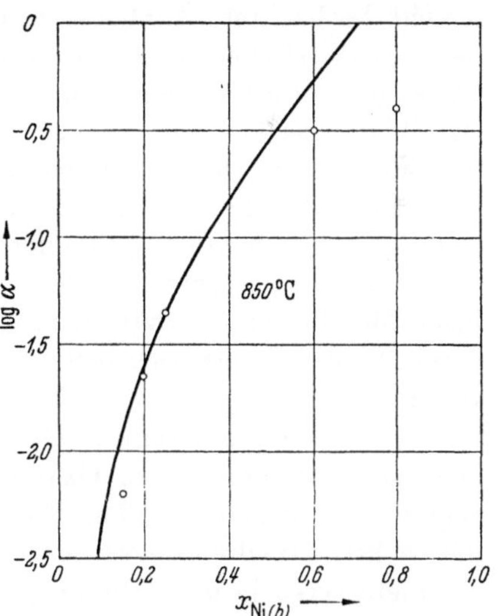

Abb. 3. Abhängigkeit der Oxydationsgeschwindigkeit von Ni-Pt-Legierungen bei 850 °C vom Nickelgehalt ($\alpha = \dot{n}_{Ni\text{-}Pt}/\dot{n}_{Ni}$).
Die ausgezogene Kurve ist die von WAGNER berechnete, während die Kreise Meßpunkte von KUBASCHEWSKI und VON GOLDBECK[13] darstellen ($\dot{n}$ = Oxydationsgeschwindigkeit)

---

[12] LEROUX, J. A., u. E. RAUB: Z. anorg. allg. Chem. **188**, 205 (1930).

[13] KUBASCHEWSKI, O., u. O. VON GOLDBECK: J. Inst. Met. **76**, 255 (1949.)

[14] WAGNER, C.: J. Electrochem. Soc. **99**, 369 (1952).

Metalldiffusion geschwindigkeitsbestimmend werden kann. In Abb. 2 sind die Diffusion und der Konzentrationsverlauf in der Legierung und in der Zunderschicht schematisch angedeutet. An Hand der vorliegenden Diffusions- und Oxydationsdaten konnte WAGNER die Abhängigkeit der Oxydationsgeschwindigkeit von Ni—Pt-Legierungen vom Ni-Gehalt theoretisch berechnen. Wie man aus Abb. 3 erkennt, ist die Übereinstimmung befriedigend. In binären Nicht-Edelmetallegierungen ergibt die WAGNERsche Theorie die Konzentrationsgrenzen, wo nur das eine bzw. das andere reine Oxyd auftritt, bzw. wo mit dem Auftreten eines heterogenen Oxydgemenges zu rechnen ist. Es muß das nächste Ziel der Forschung sein, die von WAGNER zur Aufstellung seiner Theorie verwandten Vereinfachungen, die des öfteren zu grobe Näherungen darstellen, soweit als möglich einzuengen und mehr dem realen Sachverhalt anzupassen[15].

1.3 Über die innere Oxydation von Metallegierungen

Eine weitere Erscheinung, die den Mechanismus der Oxydation von gewissen Legierungen völlig ändert, ist die Löslichkeit des angreifenden Gases, z. B. Sauerstoff, in der Legierung. Wie insbesondere von RHINES und Mitarbeitern[16] beschrieben wurde und worüber RAETHER in seinem Referat berichtet, wird an niedriglegierten Kupferlegierungen eine *innere Oxydationszone* neben der üblichen äußeren Oxyddeckschicht beobachtet. Ähnliche Erscheinungen sind immer an solchen Legierungssystemen zu beobachten, die eine gewisse Löslichkeit für das angreifende Gas zeigen und wo das Legierungsmetall eine höhere Oxydbildungsarbeit aufweist. Dies gilt in besonders ausgeprägter Weise für Silberlegierungen, da Silber eine hohe Sauerstofflöslichkeit zeigt und außerdem die meisten Legierungsmetalle thermodynamisch beständigere Oxyde als Ag_2O bilden. Eine ähnliche Erscheinung muß man auch an geeigneten Zirkon- und Titanlegierungen erwarten, da beide Metalle eine verhältnismäßig hohe Sauerstoffaufnahme zeigen, durch die die mechanisch-technologischen Eigenschaften entscheidend verändert werden. Inwieweit die Zunahme der Härte und der Sprödigkeit von sogenanntem reinem Titan auf eine alleinige Sauerstofflöslichkeit oder auf eine innere Oxydation der an den Korngrenzen stets angereichert vorkommenden Fremdmetalle (z. B. Nb, Ta, W usw.) mit hohen Oxydbildungsarbeiten zurückzuführen ist, sollte durch geeignete Versuche unter dieser speziellen Fragestellung geprüft werden. Schon nach einer kurzen Oxydationsperiode hatten Titanlegierungen mit kleinen Zusätzen an Wolfram und Niob bereits eine so große Sprö-

[15] Nach Mitteilung von WAGNER ist eine erweiterte Theorie im Druck, die demnächst erscheinen wird.

[16] RHINES, F. N.: Trans. AIME **137**, 246 (1940); J. Corr. **4**, 15 (1947).

digkeit erlangt, daß Blechproben von 1 bis 2 mm Dicke sich leicht zerbrechen ließen[17].

In diesem Zusammenhang erwähnenswert ist die Beobachtung, daß sich die Oxydation von reinem Titan und auch einiger Ti-Legierungen oberhalb 800°C durch eine treppenförmige Gewichtszunahme-Zeit-Kurve mit kurzen Zeitstufen darstellen läßt. Die gemittelte Gerade ergibt ein lineares Zeitgesetz. Dieser Kurvenverlauf deutet auf ein periodisches Aufreißen der Deckschicht hin, die wieder ausheilt und bei Erreichen der kritischen Oxydschichtdicke wieder aufplatzt[17]. Diese unvollständige Deckschichtbildung erklärt auch, warum einige Prozente Aluminium in Titan die Zunderbeständigkeit von Titan praktisch nicht beeinflussen, wie von JAFFEE und Mitarbeitern[18] gefunden wurde. Alle bisherigen Kurzzeit-Oxydationsversuche mit Titan, die auch in ihrem Ergebnis von Autor zu Autor differieren, sind nur bedingt zur Auswertung verwendbar[18a]. Bei 1050°C kann sogar reines Titan in 1 Atm Sauerstoff unter Feuererscheinung oxydieren. Dies dürfte bei der Verwendung von reinem Titan als Werkstoff, wo gelegentliche Feuersgefahr nicht auszuschließen ist, wie z. B. als Flugwerkstoff, zur Vorsicht mahnen.

1.4 Metalloxydation und Epitaxie der Deckschicht

Das Auftreten des linearen Zeitgesetzes deutet stets auf eine geschwindigkeitsbestimmende Phasengrenzreaktion und im allgemeinen auch auf die Ausbildung von porösen Deckschichten hin. Über den gegenwärtigen Stand der Kenntnis der Phasengrenzreaktionen hat uns BLOCK in seinem Referat unterrichtet. Hier sei nur noch erinnert, daß ein lineares Zeitgesetz auch bei Auftreten von porenfreien Deckschichten immer dann zu erwarten ist, wenn die Deckschicht so stark fehlgeordnet ist, wie dies im Falle der FeO-Bildung auf Eisen beobachtet wurde[19], daß die Aktivierungsenergie der Ionenwanderung oberhalb einer gewissen Temperatur (hier $> 900°$C) kleiner ist als die der Phasengrenzvorgänge.

Beim Auftreten von lockeren und porösen Oxyd- bzw. Sulfiddeckschichten, die stets eine hohe Oxydationsgeschwindigkeit verursachen, muß es also stets die erste Aufgabe sein, zu versuchen, inwieweit

[17] Unveröffentlichte Versuche von K. HAUFFE u. P. KOFSTAD.

[18] OGDEN, H. R., D. J. MAYKUTH, W. L. FINLAY u. R. I. JAFFEE: J. Metals **5**, 267 (1953).

[18a] In einer demnächst in Werkstoffe und Korrosion erscheinenden Arbeit können von KOFSTAD und HAUFFE die von den verschiedenen Autoren scheinbar unzusammenhängenden und teilweise wiedersprechenden Ergebnisse unter einheitlichen Gesichtspunkten, gestützt durch eigene Ergebnisse, gedeutet werden.

[19] HAUFFE, K., u. H. PFEIFFER: Z. Metallk. **44**, 27 (1953).

Legierungszusätze während der Oxydation die Epitaxie dieser Deckschichten verbessern. Erst dann kann man an die folgende Aufgabe herangehen, durch Auswahl geeigneter Legierungspartner im Sinne der oben skizzierten Vorstellungen die Oxydationsgeschwindigkeit weiter herabzusetzen. Zwecks sinnvoller Lösung dieser Aufgabe, erscheint es wünschenswert, weitere Studien den Bedingungen zu widmen, die für das möglichst spannungsfreie Aufwachsen von Oxyd- und Sulfidschichten auf Metallen bzw. Legierungen verantwortlich sind, wobei Strukturuntersuchungen an den Deckschichtgittern Hand in Hand gehen müssen.

1.5 Über die katastrophale Oxydation

Es ist verschiedentlich berichtet worden, daß Stähle und auch andere Metallegierungen durch höhere Zusätze von gewissen Metallen zu einer besonders starken Oxydation neigen, die zu einer raschen Zerstörung eines Teils der Legierung führen kann. LESLIE und FONTANA[20] fanden an Stählen mit relativ hohem Molybdängehalt eine ungewöhnlich hohe Oxydationsgeschwindigkeit, die sie als *katastrophale Oxydation* bezeichnen. Diese Erscheinung wird auf das tiefschmelzende MoO_3 (Smp: 795° C) zurückgeführt. In ähnlicher Weise zeigen auch höher vanadinlegierte Stähle eine katastrophale Oxydation, da das entstehende V_2O_5 (Smp: 675° C) mit den anderen Oxyden tiefschmelzende Eutektika bildet. RATHENAU und MEIJERING[21] konnten durch weitere Versuche, insbesondere an Kupfer und Cr—Ni-Stahl in Kontakt mit MoO_3 zeigen, daß die katastrophale Oxydation bei der eutektischen Temperatur des gebildeten Metalloxyds mit MoO_3 einsetzt. Sie schließen hieraus, daß die starke Verzunderung durch die erhöhte Diffusionsgeschwindigkeit der Metallionen durch die teilweise flüssige Zunderschicht einsetzt. Hiermit wird die schon vor längerer Zeit von HESSENBRUCH[22] beobachtete katastrophale Zerstörung von Heizleiterdrähten in Gegenwart von oxydischen Isoliermassen, die teilweise niedrigschmelzende Oxyde — wie z. B. PbO — enthielten, verständlich.

Diese experimentellen Ergebnisse sind nun technisch von größter Bedeutung, weil verschiedene Brennöle Vanadin enthalten, das in den Verbrennungsgasen in Form von V_2O_5 auftritt und verheerende Ver-

---

[20] LESLIE, W. C., u. FONTANA M. G.: Trans. Amer. Soc. Met. **41**, 1213 (1949).

[21] RATHENAU, G. W., u. J. L. MEIJERING: Metallurgia, Manchr. **42**, 167 (1950).

[22] HESSENBRUCH, W.: Metalle und Legierungen für hohe Temperaturen. Berlin 1940.

[23] SCHLÄPFER, P., P. AMGWERD u. H. PREIS: Schweizer Arch. angew. Wiss. Techn. **15**, 291 (1949).

[24] SYKES, C., u. H. SHIRLEY: Symposium on High-Temperature Steels and Alloys for Gas Turbines, Iron and Steel Inst. 1951, S. 153.

zunderungen hervorrufen kann. In Gasturbinen beispielsweise wurden derartige Erscheinungen von SCHLÄPFER, AMGWERD und PREIS[23] sowie von SYKES und SHIRLEY[24] beschrieben. Sowohl Titan als auch Titanlegierungen wären hingegen Konstruktionswerkstoffe, die gegen das in den Brenngasen auftretende V_2O_5 wenigstens in der ersten Betriebszeit unempfindlich sein sollten, da das V_2O_5 erstens die bei hohen Temperaturen entstehende, nicht fest haftende, teilweise porige Deckschicht *zukitten* würde und außerdem die Platzwechselmöglichkeit durch Verminderung der Zahl der Leerstellen (O^{2-}-Leerstellen) und dadurch die Oxydationsgeschwindigkeit herabsetzen würde. Versuche in dieser Richtung sind noch nicht durchgeführt worden, wären aber wünschenswert.

Diese Zusammenhänge ergeben auch wichtige Anregungen für den Industrie-Ofenbau. Durch Auswahl geeigneter Oxyde als Isolierstoffe für Heizleiter kann nicht nur die katastrophale Oxydation mit Sicherheit vermieden werden, sondern auch die Oxydationsbeständigkeit und damit die Lebensdauer dieser Heizleiterdrähte wesentlich verbessert werden.

1.6 Korrosionsvorgänge und Passivschichtbildung auf Metallen in wäßrigen Elektrolyten

Es ist naheliegend, die bei tiefen Temperaturen erhaltenen Zeitgesetze der Metalloxydation in oxydierenden Gasen als Basis zur Aufklärung des Schichtwachstums bei der Passivschichtbildung auf Metallen in geeigneten wäßrigen Elektrolyten zu verwenden. Auf diesen Sachverhalt haben zuerst CABRERA und MOTT[25] hingewiesen. Sie konnten die von GÜNTERSCHULZE und BETZ[26] beobachtete Strom-Spannungs-Abhängigkeit der anodischen Al_2O_3-Filmbildung auf Al durch das infolge Oberflächenladungen verursachte hohe elektrische Feld und dessen Einfluß auf die Übertrittsgeschwindigkeit der Ionen in die Passivschicht zurückführen. Ein ähnlicher Zusammenhang wurde auch bei der Passivschichtbildung auf Eisen insbesondere in konz. Salpetersäure von HAUFFE[27] diskutiert.

In neueren Arbeiten konnte nun VETTER die Zusammenhänge bei der Passivschichtbildung auf Eisen experimentell belegen und quantitativ beschreiben, worüber VETTER in seinem Referat berichtet. Über den Mechanismus der Passivschichtbildung auf Eisen haben sich zwei Schulen große Verdienste erworben, die von BONHOEFFER in Göttingen, aus der auch VETTER hervorgegangen ist, und die von EVANS in Cambridge.

---

[25] CABRERA, N., u. N. F. MOTT: Rep. Progr. in Phys. **12**, 163 (1949).

[26] GÜNTERSCHULZE, A., u. H. BETZ: Z. Physik **92**, 367 (1934).

[27] HAUFFE, K.: Z. Metallk. **44**, 576 (1953). — HAUFFE, K., u. I. PFEIFFER: Z. Metallk. **45**, 554 (1954).

Der gegenwärtige Stand der Forschung, der auch aus dem Referat von Vetter hervorgeht, in dem besonders die Arbeiten der Schule Bonhoeffer berücksichtigt sind, läßt sich folgendermaßen skizzieren: Der Aufbau der Passivschicht auf Eisen in oxydierenden Elektrolyten ohne äußere Hilfsspannung und in neutralen Elektrolyten bei anodischer Belastung läßt sich im stationären Zustand durch ein reziproklogarithmisches Zeitgesetz beschreiben. Der Aufbau der Passivschicht wird überwiegend aus Fe_2O_3 bestehend angenommen; über eine genauere Kenntnis verfügt man noch nicht. Auf Grund kinetischer Betrachtungen wurde kürzlich von Hauffe[28] die Ausbildung von Fe_3O_4—Fe_2O_3-Doppelschichten zur Diskussion gestellt. Eine experimentelle Prüfung, sofern eine solche nach dem heutigen Stande der experimentellen Technik möglich ist, könnte diese Hypothese stützen oder sie als wenig wahrscheinlich ablehnen. Im zweiten Fall — was für die weitere Aufklärung des Mechanismus erheblich einfacher wäre — könnte man dann bei Vorliegen einer einheitlich zusammengesetzten Passivschicht — nämlich aus Fe_2O_3 — sich der Frage des geschwindigkeitsbestimmenden Teilvorganges — ob Ionenübertritt oder Ionentransport durch die Passivschicht geschwindigkeitsbestimmend — widmen.

Inwieweit nicht Metalle, wie Nickel und Tantal, zur Untersuchung des Mechanismus der Passivschichtbildung im gegenwärtigen Stadium geeigneter sind, scheint einer ernsten Diskussion Wert. Sollte die für die Passivität von Nickel verantwortliche NiO-Filmbildung durch den gleichen Mechanismus verursacht sein wie die NiO-Bildung auf Ni in Sauerstoff, so sollte kein reziprok-logarithmisches, sondern ein direkt logarithmisches Zeitgesetz beobachtet werden. Versuche zur Aufklärung dieser entscheidenden Frage wären wünschenswert.

Über den zeitlichen Verlauf der Passivschichtbildung auf Tantal, wo nur mit einer Ta_2O_5-Schicht zu rechnen ist, liegen Versuchsergebnisse von Vermilyea[29] vor, die kürzlich von Dewald[30] interpretiert wurden und wo neben Flächenladungen auch Raumladungen für das den Transport von Ionen durch die sich aufbauende Passivschicht verursachende elektrische Feld verantwortlich gemacht werden. Eine nähere Diskussion dieser Zusammenhänge wurde auf der Halbleiter-Ausschußsitzung 1955 in Wiesbaden von Hauffe gegeben[30a].

Sobald die maximale Dicke der Passivschicht erreicht ist, können praktisch nur dann Metallionen in den Elektrolyten eindringen, wenn die Passivschicht selbst vom Elektrolyten *gelöst* wird. Dies ist in einem

---

[28] Hauffe, K.: Werkstoffe u. Korr. **6**, 117 (1955).

[29] Vermilyea, D. A.: Acta Met. **1**, 182 (1953); **2**, 482 (1954).

[30] Dewald, J. F.: J. Electrochem. Soc. **102**, 1 (1955).

[30a] Hauffe, K.: in Halbleiterprobleme, Bd. 3, herausgeg. von W. Schottky, im Druck.

mehr oder minder starkem Ausmaße stets der Fall. Falls die Lösungsgeschwindigkeit der Passivschicht nicht zu groß ist, wird die Korrosionsgeschwindigkeit eines Metalles oder einer Legierung mit Passivschicht nur von der Auflösungsgeschwindigkeit der Passivschicht abhängen.

In diesem Zusammenhang ist eine Arbeit von VETTER und SCHOTTKY über *Passivität und Lösungsstrom* unmittelbar von großem Interesse. Sie befindet sich in *Halbleiterprobleme* Bd. 2, S. 233 (1955). Durch diesen Beitrag wird eine wichtige Lücke des Verständnisses über den Mechanismus des Korrosionsstromes geschlossen. Da diese Arbeit auch für die Mitglieder des Korrosionsausschusses von unmittelbarer Bedeutung ist, wurde sie in etwas gekürzter Form als Diskussionsbeitrag an das Referat von VETTER angefügt.

Es erscheint hier erwähnenswert, daß der Halbleiterausschuß der Deutschen Physikalischen Gesellschaft ebenfalls an Fragen — wenn auch mehr grundsätzlichen — des Mechanismus der Deckschichtbildung bei hohen und niedrigen Temperaturen in Gasen und Elektrolyten interessiert ist und hier bereits Beiträge geliefert bzw. in Vorbereitung hat. Auf Grund dieser erfreulichen Situation erscheint es wünschenswert, die dort gewonnenen Ergebnisse dem Korrosionsausschuß bekanntzugeben und die mehr abstrakte Art der Darstellung in eine dem in der Industrie tätigen Elektrochemiker mehr verständliche Form zu *übersetzen*, aus der er dann manche Anregung und vielleicht auch reichen Nutzen haben wird. Auf jeden Fall wird es sich als nützlich erweisen, daß beide Ausschüsse durch geeignete Vertreter einen engen Kontakt betreffend diese Probleme aufnehmen, da die Halbleiterproblematik auf dem Gebiet der Zunder- und Korrosionsvorgänge einen entscheidenden Anteil an dem Gesamtproblem derartiger Vorgänge hat.

2 Einige industrielle Probleme mit wissenschaftlicher Fragestellung

Wie schon eingangs erwähnt, können hier nur einige dem Referenten in diesem Zusammenhang lohnend erscheinende Fragestellungen behandelt werden, die zeigen sollen, auf welche Weise man industrielle Probleme durch wissenschaftliche Grundlagenforschung fördern und der Lösung näherbringen kann. Wir beginnen mit einem aktuellen Beispiel aus dem Dampfkesselbau.

2.1 Über die Verwendung niedrig legierter Stähle für den Dampfkesselbau

Sofern man nicht Stähle auf Basis der 18-8-Chromnickelstähle für den Dampfkesselbau verwenden will, sondern sich auf schwach legierte ferritische Stähle beschränken möchte, was nicht zuletzt eine Kostenfrage ist, bereitet das Überschreiten des 570° C-Punktes zwecks Erzeugung höher gespannter Dämpfe für den Dampfturbinenbetrieb gewisse Schwierigkeiten. Wie man nämlich aus dem Zustandsdiagramm Fe—FeO—Fe_3O_4 entnehmen kann, ist unterhalb 570° C nur die Fe_3O_4-Phase beständig, während die FeO-Phase erst oberhalb 570° C auftritt. Ferner ist aus den kinetischen und strukturellen Untersuchungen der Eisenoxydation bekannt, daß die hohe Oxydationsgeschwindigkeit des Eisens bei Temperaturen oberhalb 570° C allein durch die rasche Bildungsgeschwindigkeit des FeO verursacht ist, was als unmittelbare Folge der hohen Fe-Ionenfehlordnung und der dadurch bedingten hohen Diffusionsgeschwindigkeit der Fe-Ionen durch die FeO-Schicht anzusehen ist. Die Beseitigung dieser unerwünschten *Misere* kann nun auf zweierlei Wegen erfolgen:

1. Durch Einbau solcher Fremdionen in die FeO-Schicht während der Oxydation, die eine deutliche Herabsetzung der Fe-Ionenleerstellenkonzentration bewirken. Eine derartige Herabsetzung wäre durch Einbau einwertiger Kationen (z. B. Li^+) zu erwarten. Wie jedoch überschlagsmäßige Rechnungen ergeben, würde erst ein Gehalt von > 10 Mol.-% an Li_2O im FeO eine Abnahme der Leerstellenkonzentration und damit der Oxydationsgeschwindigkeit bewirken, da die Fehlordnungskonzentration an der Phasengrenze FeO/Fe_3O_4 den ungewöhnlich hohen Wert von 10% aufweist. Jeder zehnte Eisenionen-Gitterplatz ist also unbesetzt. BRAUNS und RAHMEL[31] lieferten den experimentellen Beweis für die Richtigkeit dieser Überlegungen.

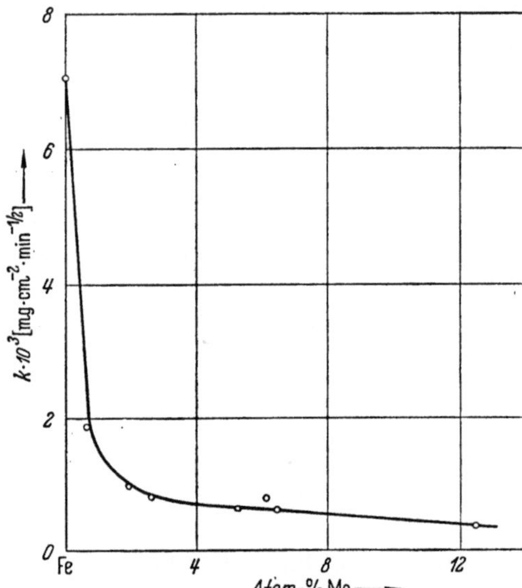

Abb. 4. Verlauf der parabolischen Oxydationskonstanten k von Eisen-Molybdänlegierungen in Abhängigkeit von der Zusammensetzung nach BRENNER. T = 1000° C und p_{O_2} = 1 Atm mit einer Strömungsgeschwindigkeit von etwa 1 l/min

2. Der andere — erfolgreiche — Weg beruht darauf, daß man eine FeO-Bildung durch geeignete Legierungszusätze von vornherein verhindert. Dieses läßt sich nun in einfacher Weise dadurch erreichen, indem man im Sinne der WAGNERschen Theorie[14] dem Eisen ein

[31] BRAUNS, H., u. A. RAHMEL: Werkstoffe u. Korr., im Druck.

solches Metall und in solcher Menge zusetzt, wobei die Bildungsarbeit des Fremdmetalloxyds größer als die des FeO bzw. der Dissoziationsdruck des Fremdoxyds kleiner als der des FeO sein muß, daß der Gehalt an Fremdmetall im Eisen gerade ausreicht*, um auf dem Eisen bzw. dem ferritischen Stahl zunächst eine dünne Fremdoxydschicht zu bilden, die die Eisenoxydschicht vom Metall trennt. Unter diesen Bedingungen — also bei Fehlen des Kontaktes mit der Eisenphase — ist thermodynamisch nur eine Fe_3O_4- und Fe_2O_3-Bildung möglich, wodurch in bekannter Weise die Diffusion der Eisenionen und damit die Oxydationsgeschwindigkeit stark abgebremst wird. Auf Grund solcher Überlegungen konnte BRENNER[32] den Nachweis führen, daß mit Molybdän als Legierungspartner ein solcher Effekt erzielt wird. Wie in Abb. 4 zu erkennen, nimmt die Oxydationsgeschwindigkeit der Eisen-Molybdän-Legierungen bei 1000° C mit steigendem Mo-Gehalt ab. Die Ursache dieser Abnahme ist in dem Auftreten einer die Eisenoxydschicht von der Metallphase trennenden MoO_2- bzw. $(Mo_xFe_y)O$-Schicht zu suchen, so wie dies für den speziellen Fall in Abb. 5 schematisch dargestellt ist.

Unter solchen Gesichtspunkten ist auch der verbessernde Einfluß von geringen Zusätze an Kalzium und Cer auf die Oxydationsbeständigkeit von Ni—Cr-Legierungen zu verstehen[33]. In dem oben skizzierten Sinne kann es hier zur Ausbildung einer CaO- bzw. Ce_2O_3-Schicht kommen, die entweder als Sperrschicht auf den Ionentransport wirken oder die Zunderhaftfestigkeit und Temperaturwechselbeständigkeit der Deckschicht verbessern kann[34]. Die Wirkung dieser Erscheinung sollte man

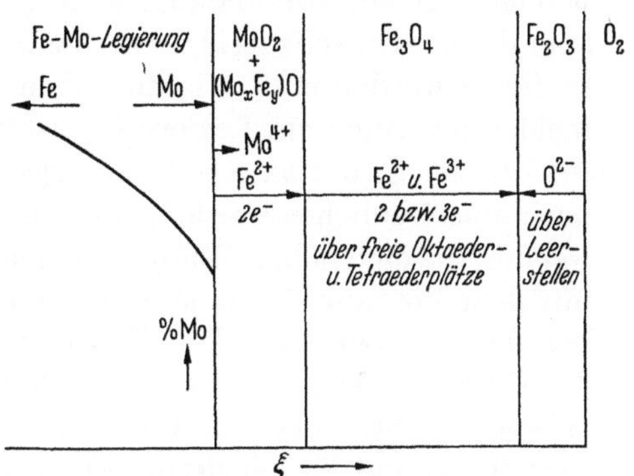

Abb. 5. Schematische Darstellung des Aufbaus der Zunderschicht einer bei 1000° C in Sauerstoff anoxydierten Fe-Mo-Legierung. Die Pfeile kennzeichnen die Diffusionsrichtung der Atome, Ionen und Elektronen

* Der maximale Gehalt an Eisen $x_{Fe}^{(i)}$ (in Atombruch) an der Phasengrenze Legierung/Oxyd, wo Fremdoxydbildung noch beobachtet wird, läßt sich nun in folgender Weise aus den Dissoziationsdrucken π der Oxyde berechnen:

$$\frac{\pi_{FeO}}{\left(x_{Fe}^{(i)}\right)^2} = \frac{\pi_{MeO_2}}{1 - x_{Fe}^{(i)}}.$$

[32] BRENNER, S. S.: J. Electrochem. Soc. **102**, 7 (1955).

[33] Eine derartige Angabe findet sich bei W. HESSENBRUCH: Metalle und Legierungen für hohe Temperaturen, Berlin 1940.

auch zur Verbesserung des Oxydationsverhaltens anderer Legierungen nutzbar zu machen versuchen.

Ohne Zweifel werden auch derartige Effekte im Bereich niedriger Temperaturen auftreten und dort zu einer wesentlichen Erhöhung der Oxydationsbeständigkeit der betreffenden Legierungen beitragen.

2.2 Einige Bemerkungen über das chemische Verhalten von Titan und Titanlegierungen

Während die Herstellung von Titan und Titanlegierungen prinzipiell als gelöst betrachtet werden kann, ist die Verarbeitung und die technische Anwendung besonders durch eine Eigenschaft dieser Werkstoffe außerordentlich erschwert, nämlich durch ihre starke Sauerstofflöslichkeit, die noch zusätzlich von einer ebenfalls beachtlichen Wasserstoff- und Stickstofflöslichkeit begleitet ist. Da der Gasgehalt die mechanisch-technologischen Eigenschaften erheblich verändert, ist man bemüht, diesen Gasgehalt möglichst niedrig zu halten. Dies bereitet bei der Herstellung keine prinzipiellen Schwierigkeiten, wird aber dann recht schwierig, wenn das Material bei höheren Temperaturen verformt werden muß, wie dies beim Walzen und Ziehen nicht zu vermeiden ist. Auch ein Legierungszusatz bringt keine wesentliche Änderung dieser Situation. Ganz im Gegenteil können die Verhältnisse nur noch unerfreulicher werden, wenn man solche Legierungsmetalle verwendet, die eine höhere Bildungsarbeit der Oxyde ergeben, da man hier mit dem Vorgang der inneren Oxydation rechnen muß, wie dies z. B. bei den Ti—Nb- und Ti—W-Legierungen, bei denen eine Abnahme der Geschwindigkeit der äußeren Oxydation beobachtet wird, der Fall zu sein scheint. Um dieser Gefahr zu begegnen, erscheint es wünschenswert, Titan und Titanlegierungen mit geeigneten Metallen zu plattieren, die dann bei Walzvorgängen und auch beim Einsatz als Werkstoff für höhere Temperaturen als *Sauerstoff-Getter* wirken. Als Plattierungswerkstoffe kommen besonders solche Metalle in Frage, deren Oxyde mit dem bei längeren Betriebszeiten auch auftretenden TiO_2 Perowskit-Schichten bilden, die das Auftreten der niedrigen Oxydationsstufen von Titan, insbesondere TiO, und einen nennenswerten Lösungsvorgang von Sauerstoff im Titan weitgehend verhindern. Aus diesem Grunde sollte man in der gegenwärtigen Forschung über das Verhalten von Titan und Titanlegierungen in sauerstoffhaltiger Atmosphäre bei höheren Temperaturen, den Vorgängen der inneren Oxydation, wie sie bereits oben angedeutet wurden, besondere Aufmerksamkeit schenken.

[34] Lustman, B.: Trans. AIME **188**, J. Met. 995 (1950). — Krainer, H., L. Wetternik u. C. Carius: Arch. Eisenhüttenw. **22**, 103 (1951). Auf die Bedeutung des Ce- und Ca-Zusatzes auf die Zunderhaftfestigkeit machte mich Rahmel aufmerksam.

Neben der Erforschung des Mechanismus der inneren Oxydation ist in gleicher Weise interessant, die Bedingungen zu studieren, unter denen sich kompakte, fest haftende Oxydschichten ausbilden. Man wird aus Strukturuntersuchungen Aufklärung erhalten, welche Fremdionen im TiO_2- bzw. Ti_2O_3-bzw. TiO-Gitter die Parameter so *korrigieren*, daß nunmehr ein spannungsfreies Aufwachsen möglich ist. Das Erreichen dieser Etappe sollte der titanverarbeitenden Industrie eine wertvolle Hilfe sein.

2.3 Verminderung der Elektrolyt-Löslichkeit von Passivschichten

Im gegenwärtigen Stadium der Forschung über den Mechanismus der Passivschichtbildung und des Lösungsstromes, der durch das Auflösen der Passivschichten in Elektrolyten verursacht wird, erscheint es sinnvoll, sich mit dem Mechanismus der Auflösung von Oxyd- und Spinell- sowie Doppeloxyd-Einkristallen in verschiedenen Elektrolyten zu befassen und den Einfluß der verschiedenen Anionen (z. B. Halogenionen) auf den Lösungsvorgang zu studieren. Auf Grund der Versuchsergebnisse an isolierten Einkristallen wird man bereits eine gewisse Auswahl treffen können, die dann unter den speziellen Bedingungen, wie sie im Falle der Passivität bei dünnen Schichten im Kontakt mit der Metallphase vorliegen, weiter eingeengt werden kann. Nach den bisherigen Erfahrungen an 18-8-Chromnickelstählen scheint die gute Korrosionsbeständigkeit dieser Stähle im wesentlichen auf die geringe Lösungsgeschwindigkeit der sich auf diesen ausbildenden Cr_2O_3- und Spinellschichten zu beruhen. Unter diesem Gesichtspunkt erscheint es nach wie vor lohnend, durch geeingnete Legierungszusätze — wie z. B. Aluminium, Kalzium und Beryllium — und entsprechende Oberflächenbehandlung andere Spinellschichten auf den Stählen zu erzeugen, die gegen den Angriff von Halogenionen widerstandsfähiger sind.

2.4 Über die chemischen Eigenschaften von Werkstoffen zum Atommeilerbau

Im gegenwärtigen Stadium erscheint es im Interesse der zukünftigen Entwicklung von Atomkrafteinheiten sinnvoll, sich mit den chemischen Werkstofffragen solcher Metalle zu beschäftigen, die im *Brennraum* des Meilers (Reaktors) eine besonders hohe Lebensdauer haben sollten. Hier können die bisher an anderen Metallen und Legierungen gewonnenen Erkenntnisse als wertvolle Basis dienen. Wegen seines kleinen Wirkungsquerschnittes für Neutronen und damit wegen seiner kleinen *Vernichtungsrate* für Neutronen ist Zirkon ein besonders interessanter Werkstoff, der sowohl als *Verpackungsmaterial* für die im Reaktor eingebauten Uranstäbe und die zur Steuerung erforderlichen Kadmiumplatten wie auch als Gefäßmaterial für das um diese Stäbe und Platten befindliche schwere Wasser bzw. flüssige Natrium (bzw. Na—K-Legierung) in Betracht kommt. Bei energieschwachen Reaktoren kann auch das zur Reaktionssteuerung verwendete Kadmium direkt in die Reaktorflüssigkeit (Moderator und Kühlmittel) eintauchen, so daß noch die Fragen der Oxydations- und Korrosionsbeständigkeit dieses Metalls hinzukommen.

Solange es sich um Reaktoren handelt, die nur für Forschungszwecke — zwecks Herstellung gewünschter Isotope — arbeiten, also mit geringer Energie, wird die Betriebstemperatur praktisch 100° C nicht überschreiten, so daß hier die oben skizzierten korrosionschemischen Fragen von untergeordneter Bedeutung sind. Erheblich anders wird jedoch die Situation, wenn der Reaktor so gefahren werden muß, wie es zur rentablen Erzeugung von hochgespanntem Wasserdampf (500° C und $>$200 Atm) erforderlich ist. Unter diesen Betriebsbedingungen ist die Oxydationsgeschwindigkeit von reinem Zirkon bzw. seine Alkalimetall-Empfindlichkeit bemerkenswert, wenn man berücksichtigt, daß die Lebensdauer des Konstruktionsmaterials entsprechend der *Brenndauer* eines solchen Atommeilers erheblich länger sein sollte, als man dies im allgemeinen von Werkstoffen für chemische Apparate fordert. Welche konkreten Aufgaben ergeben sich nun für einen Korrosionschemiker?

Diese Frage ist natürlich nur bedingt insofern beantwortbar, wenn man berücksichtigt, daß ein Reaktor im Bereich niedriger und sehr hoher Temperaturen($>$ 1000° C) und bei Drucken von 10^{-2} bis 500 Atm arbeiten kann. Ferner sei noch erwähnt, daß man an Stelle von schwerem Wasser als Moderator und Kühlmittel besonders für höhere Temperaturen ($>$200° C) Natrium bzw. Natrium-Kalium-Legierungen verwendet. Hiernach ergeben sich die folgenden Korrosionsprobleme:

Im Reaktor mit Zirkon als Konstruktionswerkstoff:

1. Der Angriff von Na bzw. K auf Zirkonium bei höheren Temperaturen.

2. Der Angriff von D_2O auf Zirkonium und Aluminium (Korrosion und Oxydation) bei höheren Temperaturen.

3. Über Urankorrosion und Oxydation.

4. Der Angriff von elementarem Kohlenstoff auf Zirkonium (Die Kinetik der Karbidbildung zwischen 200 und 1000° C)*.

Außerhalb des Reaktors im Wärmeaustauscher mit 18-8-Stählen als Konstruktionswerkstoffe.

* Reiner Graphit wird als Umhüllungsmaterial für die Reaktionszelle des Reaktors verwandt. Sollte sich eine Karbidbildung bei höheren Betriebstemperaturen als störend erweisen, so wird man die Graphitpackung in einem Abstand von einigen mm um die Reaktionszelle legen.

1. Der Angriff von Na bzw. K auf Stahl bei höheren Temperaturen.

2. Der Angriff von D_2O auf Stahl bei höheren Temperaturen.

3. Der Angriff von gewöhnlichem Wasser auf Stahl, wie er bei der Dampfkesselkorrosion eine Rolle spielt. Hier kann man auf die bereits vorliegenden Ergebnisse weitgehend zurückgreifen.

Das sind nur einige — wenn auch wichtige — der auftretenden Korrosionsprobleme an einem Hochtemperaturreaktor, wie er für den Betrieb einer Dampfenergiezentrale in Frage kommt.

Daß schweres Wasser erhebliche Korrosion verursachen kann, geht aus einem Bericht über den Reaktor in Kjeller in Norwegen hervor. Hier wurde an Aluminium, das als Verkleidungsmaterial für die Uranstäbe diente, bereits bei niedrigen Temperaturen ein beachtlicher Lochfraß an den Teilen des Aluminiums beobachtet die in das schwere Wasser eintauchten. An den von schwerem Wasser nicht benetzten Teilen war keine Korrosion feststellbar. Ohne Zweifel wird die korrodierende Wirkung des schweren Wassers durch den während des Betriebs laufend entstehenden Sauerstoff (durch Spaltung von D_2O) begünstigt.

2.5 Zunderprobleme an Lavaldüsenmaterial in strömenden Feuergasen

Die Verbesserung der Oxydationsbeständigkeit und die *Kalt-Heiß-Wechselfestigkeit* von Lavaldüsenmaterial verdient nach wie vor größtes Interesse, da die Flugdauer einer düsenangetriebenen Maschine durch die Lebensdauer des Lavaldüsenmaterials häufig bestimmt wird. Die Verwendung von keramischen Werkstoffen, die gegen Feuergase genügend widerstandsfähig sind, steht die geringe *Kalt-Heiß-Wechselfestigkeit* entgegen. Diese macht sich besonders beim Start bemerkbar, wo durch den Temperaturschock der Feuergase der keramische Werkstoff in seiner Festigkeit leidet bzw. zerstört wird. Um von der reinen legierungstechnischen Seite zu zunderbeständigeren Legierungen zu kommen, die besser als die sogen. *Superlegierungen* sind, besteht wenig Aussicht. Long[35] beispielsweise empfiehlt, hochtemperaturbeständige Keramiküberzüge auf Sonderstählen und auch auf Titan zu verwenden.

Für die Entwicklung brauchbarer Düsenwerkstoffe öffnet die Anwendung der Metallkeramik und Pulvermetallurgie neue Wege. Durch geeignete Pulvergemische aus Titanlegierungen, Titankarbid und Oxyden, wie Al_2O_3 und Nb_2O_5, sollten sich Werkstoffe herstellen lassen, die den obigen Anforderungen besser genügen als die bisher verwandten. Um hier sinnvolle und systematische Versuche in die Wege zu leiten, müßte das Studium des Mechanismus der Karbidoxydation und der

[35] Long, J. V.: West. Met. **11**, 54 (1953).

Festkörperreaktion von $TiO_2 + Al_2O_3$ bzw. Nb_2O_5 als Beispiele derartiger Reaktionen aufgenommen werden.

3 Schlußbetrachtung

Ohne Zweifel läßt sich die Zahl der Beispiele noch erheblich erweitern, wo es im gegenwärtigen Stadium sinnvoll erscheint, die bisher erarbeiteten Grundlagen über die Vorgänge der Oxydation und Korrosion auf aus der Technik sich ergebende Probleme anzuwenden. Die gegenwärtige wissenschaftliche Basis ist wohl noch klein und muß Schritt für Schritt erweitert werden, um der Industrie wirkungswoll helfend und beratend in Fragen der Werkstoffzerstörung zur Seite stehen zu können. Jedoch schon die derzeitigen Kenntnisse — genügend kritisch angewandt — bedeuten eine große Hilfe insofern, als man häufig schon eine sinnvolle Auswahl der Entwicklungsmöglichkeiten treffen kann und von vornherein solche Versuche verhindern bzw. begonnene abbrechen lassen kann, die der Werksleitung nur Kosten verursachen, ohne jemals einen Nutzen daraus zu haben.

Leider sind wir auch heute noch in vielen Fragen auf die Methoden des handwerklichen Probierens angewiesen. Jedoch muß es stets die vordringliche Aufgabe sein, durch Beibringen der fehlenden grundsätzlichen Erkenntnisse die empirische Methode so rasch als möglich durch eine wissenschaftlich fundierte Forschung zu ersetzen. Ferner wird es sich stets als lohnend erweisen, wenn man jede technische Fragestellung soweit als möglich in eine wissenschaftliche zu übersetzen bemüht sein wird. Denn nur auf eine klare wissenschaftliche Frage kann eine klare Antwort durch das Experiment erwartet werden. Auf der anderen Seite kann natürlich nur dann ein erfolgreiches Arbeiten im erwähnten Sinne in den Industrielaboratorien gewährleistet sein, wenn die Werksleitung von dieser Arbeitsmethode überzeugt wird und diese auch vertritt. Häufig wird es sich als zeitsparend und auch billiger erweisen, über einen *experimentellen Umweg* an das eigentlich technisch interessante Problem heranzugehen, wenn auch dem Fernerstehenden nicht immer die Notwendigkeit dieses Umweges verständlich sein wird.

Die neuesten Erfolge zahlreicher Industriewerke sind zu einem wesentlichen Teil auf die Methoden der wissenschaftlichen Forschung auf breiter Basis zurückzuführen.

Diskussionsbemerkung

A. Kutzelnigg:

Bei der elektrolytischen Metallabscheidung gelangt man u. U. zu Systemen, welche Nichtmetallatome im Metallgitter eingebaut enthalten. Zum Beispiel ist bekannt, daß aus komplexen Silberjodidlösungen Jod mit in den Silberüberzug eingeht (SCHLOETTER), ferner, daß Glanzsilberüberzüge Schwefel, Nickelüberzüge Kohlenstoff und Schwefel, Zinküberzüge Chlor und Stickstoff enthalten können (Größenordnung: Zehntelprozente bis Prozente).

Die genannten Nichtmetallatome stellen eine gewisse Parallele zu anderswertigen Fremdmetallatomen dar, deren Einfluß auf den Oxydationsverlauf durch die Arbeiten von HAUFFE bekannt und zum Teil voraussagbar ist. Im speziellen Falle Zink ist die Rolle der Fehlordnung bei der Oxydation des reinen Metalls gleichfalls bekannt.

Die Reaktionsprodukte der oben gekennzeichneten Systeme zeichnen sich durch selektive Lichtabsorption aus, was einen Ansatzpunkt für ein näheres Eindringen in den Reaktionsmechanismus bilden könnte. So gibt chlorhaltiges oder schwefelhaltiges Zink gelbes, stickstoffhaltiges Zink ziegelfarbenes oder braunes Oxyd. [A. KUTZELNIGG: Chemiker-Ztg. **76**, 14 (1952) und Metalloberfläche **7** B, 17 (1955)].

The Use of Radioactive Isotopes in the Study of High-Temperature Oxidation of Metals

Von **Per Kofstad**

(Diskussionsbeitrag zum Vortrag HAUFFE, Wissenschaftliche und industrielle Probleme der Metalloxydation und -korrosion)

Mit 6 Abbildungen

1 Introduction

The use of radioactive isotopes as a scientific tool has in later years found wide-reaching applications. This is due to the fact that the radioactive isotopes have the same chemical and physical properties as stable isotopes of the same element, and as they emit radiation which permit us to identify and locate them. Thus the radioactive isotopes may serve as indicators or tracers in the study of chemical and physical processes.

2 Oxidation of metals

The reaction between a metal and an oxidizing gas might seem to be among the simplest chemical reactions; the mechanism, however, its rather complex as the formation of a thin compact oxide layer on the metal surface separates the reactants, and the reaction can only proceed by a migration of at least one of the reactants through the oxide layer. If we, according to WAGNER[1], make the working hypothesis that only cations, anions and electrons migrate through the oxide layer, while the movement of neutral atoms or molecules can be neglected, the diffusion- and transportprocesses in compact oxide layers are dependent on the disorder structure of the oxide scale. Thus in the oxidation of Zn zinc ions migrate via interstitial positions in ZnO, while in the oxidation of copper, copper ions diffuse via vacancies in the CuO_2O scale.

2.1 The mechanism of oxidation of metals

In any discussion of oxidation processes it is convenient to distinguish between those that lead to thick and those that lead to thin

[1] WAGNER, C.: Z. phys. Chem. Abt. B **21**, 25 (1933).

oxide layers*. In the former case the oxidation rate is thought to be determined by the diffusion of ions through the oxide layer, and with a driving force equal to the change in chemical potential through the oxide layer. Assuming that the concentration of reactants at the boundaries of the oxide layer is independent of time and that a thermodynamic equilibrium has been established at the respective interfaces, the rate of oxidation becomes inversely proportional to the thickness of the oxide layer, which in turn leads to a parabolic rate law.

For thin oxide layers, however, electric fields in the oxide layer caused by the chemisorption of oxygen on the oxide surface has a dominating influence on the rate of transport of ions and electrons through the oxide layer and thus on the rate of oxidation. This mechanism results in other and more complicated rate laws.

In the following only thick oxide layers will be considered.

2.2 Wagner's theory of oxidation of metals

On the basis of the transport model assuming migration of ions and electrons WAGNER[1] derived an expression for the oxidation rate which can be expressed as

$$\frac{\dot{n}_{eq}}{A} = \left[\frac{300}{96\,500\,N e}\int\limits_{\mu_x^{(i)}}^{\mu_x^{(a)}} \frac{1}{z_2}(t_1 + t_2)\, t_3\, \varkappa\, d\mu_x\right]\frac{1}{\Delta x} \tag{1}$$

or

$$\frac{\dot{n}_{eq}}{A} = k_r \frac{1}{\Delta x},$$

where $\dot{n}_{eq}/A$ is the rate of both outward and inward migration of metal ions and nonmetal ions, respectively, in equivalents per cm^2 per sec., Δx is the instantaneous thickness of the oxide layer, e is the electronic charge, z_2 is the valence of anions, μ_x is the chemical potential of the nonmetal in ergs per gramatom where the indices (i) and (a) indicate the equilibrium at the phase boundaries Me/MeO and MeO/O_2, respectively, $\varkappa$ is the total electrical conductivity, and t_1, t_2 and t_3 are the transport numbers for cations, anions and electrons, respectively. The constant k_r is called the rational rate constant, i. e. the reaction rate in equivalents per cm^2 per sec for a layer of the reaction product of 1 cm thickness.

---

* The oxide layer is considered thin when the thickness of the oxide layer is below approximately 1000 Å.

[2] WAGNER, C.: Diffusion and Oxidation in Atom Movements, p. 153. Cleveland, Ohio, 1951.

Later Wagner[2] derived a formula similar to (1) which only contains the self-diffusion coefficients D_1^* and D_2^* for the cations and anions, respectively. Using Einsteins equation

$$D_i^* = B_i kT. \tag{2}$$

Wagner arrived at the expression for the rational rate constant, k_r,

$$\left.\begin{aligned} k_r &= c_{eq} \int_{a_x^{(i)}}^{a_x^{(a)}} \left(\frac{z_1}{z_2} D_1^* + D_2^*\right) d\ln a_x \\ &= c_{eq} \int_{a_{\mathrm{Me}}^{(a)}}^{a_{\mathrm{Me}}^{(i)}} \left(D_1^* + \frac{z_2}{z_1} D_2^*\right) d\ln a_{\mathrm{Me}} \end{aligned}\right\} \text{if } t_3 = 1, \tag{3}$$

where $c = c_1/z_1 = c_2/z_2$ is the concentration of cations and anions in equivalents per cm^3 and a_{Me} and a_x are the corresponding activities. This equation, however, is only fullfilled if the transport number of the electrons, t_3, is practically equal to unity, i. e. the oxide layer is a pure electron-conductor.

On the basis of Wagners theory of oxidation it is not of importance if the oxidizing gas is sulphur, halogens or oxygen. One must, however, clearly distinguish between oxidation processes where the oxide layer consists of an ionic or electronic conductor. In the latter case one must also distinguish between *p*- and *n*-type conductors. This distinctions is of decisive importance in the study of oxidation processes.

2.3 Oxidation of metals forming electron conducting oxide layers

2.31 N-type oxide layers. Zinc is a typical example of a metal forming a *n*-type oxide. Zinc oxide contains excess metal with zinc in interstitial positions, and the migration of zinc ions via interstitials from the metal/oxide interface to the outer surface of the oxide is the rate determining factor in the oxidation of zinc. At high temperature ZnO will dissociate as follows:

$$\mathrm{ZnO} \rightarrow \mathrm{Zn}_{\bigcirc}^{\cdot} + \ominus + \tfrac{1}{2}\mathrm{O}_2^{(g)}. \tag{4}$$

Applying the law of mass action we get

$$c_{\mathrm{Zn}_{\bigcirc}^{\cdot}} \cdot c_{\ominus} = k\, p_{\mathrm{O}_2}^{-1/2}$$

and putting $c_{\mathrm{Zn}_{\bigcirc}^{\cdot}} = c_{\ominus}$ we obtain for the conductivity due to zinc ions

$$\varkappa_{\mathrm{Zn}} = \varkappa_{\mathrm{Zn}\,(p_{\mathrm{O}_2}=1)}\, p_{\mathrm{O}_2}^{-1/4}. \tag{5}$$

Applying this relationship in WAGNERS equation (1) we obtain for the rate of oxidation

$$\frac{n_{ZnO}}{A} = \text{const}\, T \left(\sqrt[4]{\frac{1}{p_{O_2}^{(i)}}} - \sqrt[4]{\frac{1}{p_{O_2}^{(a)}}} \right) \frac{1}{\Delta x}\,. \tag{6}$$

It follows from equation (6) that the rate of oxidation of zinc is independent of the partial pressure of oxygen, as the second term in the brackets is very much smaller than the first term. This conclusion was experimentally confirmed by WAGNER and GRÜNEWALD[3]. This is understandable considering the distribution of zinc ions in interstitial positions in the oxide layer as shown in fig. 1. Near the metal/oxide interface the oxide is rich in interstitial zinc ions, $Zn_{\bigcirc}^{\cdot}$, and free electrons, $\ominus$, whereas their concentration at the outer surface is very small. The concentration gradient of zinc interstitial ions is primarily dependent upon the concentration of zinc interstitial ions at the metal oxide interface. Variation in the oxygen pressure cause only slight variations in concentration gradient, and thus the rate of oxidation of zinc should be almost independent of the oxygen pressure.

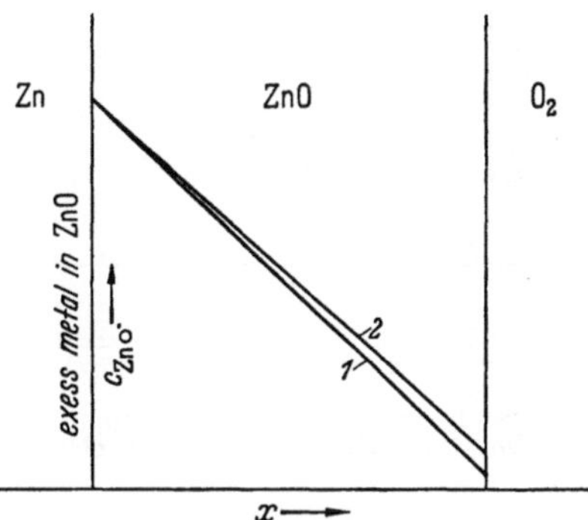

Fig. 1 Schematic representation of the distribution of zinc ions in interstitial positions in a growing layer of ZnO. Curve *1* corresponds to an oxygen pressure of 1 atm.; *2* curve an oxygen pressure of 0,01 atm.

2.32 P-type oxide layers. Copper is a good example of a metal forming a p-type oxide layer. Cu_2O has a metal deficit with vacancies in the copper lattice and with an approximately ideal oxygen lattice. In the oxidation of copper copper ions migrate outward via these vacanciesfrom the metal/oxide interface to outer surface of the oxide.

WAGNER and GRÜNEWALD[3] have experimentally found that copper ion conductivity in Cu_2O can be expressed as

$$\varkappa_{Cu} = \varkappa_{Cu\,(p_{O_2}=1)}\, p_{O_2}^{1/7}\,. \tag{7}$$

Using this result and the relation

$$d\mu_x = \tfrac{1}{2}\, d\mu_{O_2} = \tfrac{1}{2} RT\, d\ln p_{O_2}, \tag{8}$$

we obtain for the rate of oxydation of copper

$$\frac{n_{Cu_2O}}{A} = \text{const}\, T \left(\sqrt[7]{p_{O_2}^{(a)}} - \sqrt[7]{p_{O_2}^{(i)}} \right) \frac{1}{\Delta x}\,. \tag{9}$$

[3] WAGNER, C., and K. GRÜNEWALD: Z. phys. Chem. Abt. B **40**, 455 (1938).

It follows from equation (9) that the rate of oxidation of copper is proportional to the seventh root of the oxygen pressure, which was also experimentally confirmed by Wagner and Grünewald[3]. The dependence of the oxidation rate on the partial pressure of oxygen is understandable considering the distribution of copper ion vacancies trough the oxide layer as shown in fig. 2. The concentration gradient of copper ion vacancies is primarily determined by the vacancy-concentration at the outer surface of the oxide layer. This vacancy concentration is again dependent upon the oxygen pressure according to the equation,

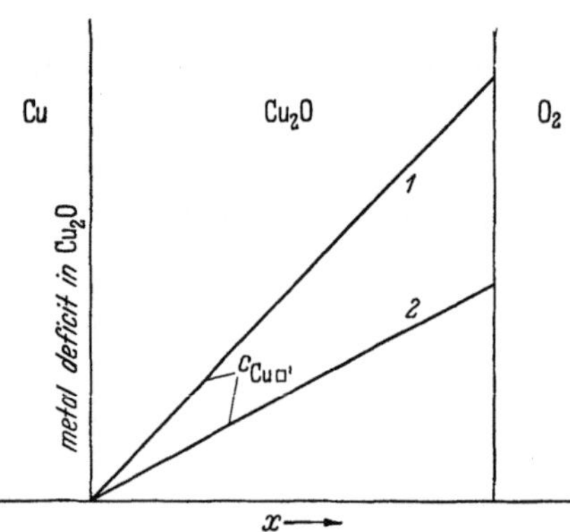

Fig. 2 Schematic representation of the distribution of copper ion vacancies in a growing layer of CuO_2.
Curve *1* corresponds to an oxygenpressure of 1 atm.; curve *2* an oxygen pressure of 0,01 atm.

$$\tfrac{1}{2}\,O_2^{(g)} \longrightarrow Cu_2O + 2Cu\square' + 2\oplus \qquad (10)$$

thus making the oxidation rate dependent upon partial pressure of oxygen*.

3 Oxidation and self-diffusion

Equation (3) is the important one in considering the relationship between oxidation and self-diffusion and thereby the use of radioactive isotopes in the study of oxidation of metals.

It should be emphasized, however, that in order to compare calculated and experimentally determined oxidation rates, the self-diffusion coefficients must be determined under the correct experimental condition. To get a clear understanding of this, we must distinguish between self-diffusion coefficients and diffusion coefficients for vacancies or interstitial ions.

Self-diffusion is, as the name implies, the random motion of ions. But this random motion may only occur if the ions have a vacancy in its neighbourhood or is itself in an interstitial position. It is therefore dependent on two factors:

1. An ion must possess enough energy to overvome the energy barrier, i. e. the activation energy, which exists between neighbouring position in order to move in the lattice, 2. an ion may not always move whenever it possesses this energy; it must also wait until a vacancy happens to be in one of the neighbouring positions or until the ion

* The symbols $\oplus$ and $\square$ designate an electron hole and a vacant lattice position, respectively.

itself is in an interstitial position. The self-diffusion is thus dependent on two exponential energy terms, one for the activation energy and one for the creation of a vacancy in a neighbouring position of the ion or for the probability that the ion itself is in an interstitial position. The energy dependence may be expressed as

$$D_i^* \sim \exp\left(-\frac{(E_A - E_F)}{k\,T}\right), \tag{11}$$

where E_A is activation energy and E_F is the disorder energy.

The diffusion coefficient for vacancies and interstitials is, on the other hand, only dependent on one exponential energy term, namely the energy needed to overcome the activation energy separating neighbouring positions. This energy dependence may be expressed as

$$D_i \sim \exp\left(-\frac{E_A}{k\,T}\right). \tag{12}$$

The result is that the diffusion coefficient is larger than the self-diffusion coefficient:

$$D_i/D_i^* \sim \exp\left(+\frac{E_F}{k\,T}\right). \tag{13}$$

In applying self-diffusion coefficients in the study of oxidation mechanisms one must take these differences into consideration. In a growing oxide layer the disorder concentration changes continuously from the metal/oxide interface to the outer surface. The self-diffusion coefficient, which is proportional to the disorder concentration, changes correspondingly. Likewise one obtains different values for the self-diffusion coefficient if the self-diffusion is measured when oxides are in equilibrium with metal or with oxygen.

The oxidation of copper and zinc may serve as an example to illustrate this point. In the case of a growing Cu_2O layer the concentration of copper ion increases from the metal/oxide interface to the outer surface as was illustrated in fig. 2. As explained earlier, the concentration of vacancies at the outer surface determines the concentration gradient of the vacancies trough the oxide layer and thus the rate of oxidation. The outer vacancy concentration and the rate of oxidation is in turn dependent on the oxygen pressure; hence in applying selfdiffusion coefficients to WAGNERs eq. (3) to metals forming p-type oxides, the self-diffusion has to be measured as a function of the partial pressure of oxygen.

In the case of Zn-oxidation the relationship is rather opposite. As explained earlier and shown in fig. 1, the concentration of interstitial zinc ions at the metal/oxide interface is determining for the rate of diffusion of zinc ions through a growing zinc oxide layer thus making the rate of oxidation of zinc approximately independent of the exterior oxygen pressure. Therefore, in applying self-diffusion coefficients in WAGNERS eq. (3) the self-diffusion has to be measured in zinc oxide which is in equilibrium with zinc metal. Self-diffusion coefficients of zinc measured in zinc oxide which is an equilibrium with oxygen is thus not applicable in comparing calculated and experimentally found values for the oxidation of zinc.

This discussion may be summarized in two rules:

1. For oxidation systems with n-type oxide layers-regardless of cation migration via interstitial positions anion or migration via vacancies, the self-diffusion coefficient has to be measured in oxides which are in equilibrium with the corresponding metal.

2. For oxidation systems with p-type oxide layers the self-diffusion has to be measured in oxides which are in equilibrium with the ambient oxygen.

4 Experimental results

4.1 Self-diffusion studies

Several investigation have been performed showing agreement between experimentally determined oxidation constants and constants derived from self-diffusion coefficients.

MOORE and SELIKSON[4] studied the self-diffusion of copper in Cu_2O in order to provide an experimental test of the relationship between the self-diffusion coefficient and the oxidation rate constant. According to a simplified derivation assuming a vacancy diffusion and linear vacancy gradient through the oxide layer, the parabolic rate constant for metals forming oxides with a metal deficit may be expressed as

$$k = (1 + z_1) D_v (c_v^{(a)} - c_v^{(i)}), \tag{14}$$

where D_v is the diffusion coefficient of vacancies and $c_v^{(i)}$ and $c_v^{(a)}$ are the defect concentrations at the metal/oxide and oxide/oxygen interfaces, respectively. The self-diffusion coefficient of metal ions as determined by radioactive tracers is related to D_v by

$$D_i^* = D_v \frac{c_v}{c_1}, \tag{15}$$

where c_1 is the total concentration of metal ions.

If the vacancy concentration at the metal/oxide interface is small compared to that at the oxide-oxygen interface, eq. 14 becomes

$$k = (1 + z_1) c_1 D_i^*. \tag{16}$$

---

[4] MOORE, W. J., and B. SELIKSON: J. chem. Phys. **19**, 1939 (1951).

In the case of Cu oxidation this equation reduces to

$$k' = 2D_i^*, \tag{17}$$

where k' is defined by $dx/dt = k'/x$ and expressed in $cm^2\,sec^{-1}$.

The self-diffusion was measured at an oxygen pressure of 0,01 cm Hg and at temperatures between 800 and 1050°C using the radioisotope Cu^{64}. The radioactive copper was plated on one side of cuprous oxide strips which were kept at controlled temperature and oxidizing atmosphere. After rapid cooling the distribution of radioisotopes were determined by etching of sucessive layers each weighing from 50 to 100 mg.

The results of MOORE and SELIKSON are shown in table I.

Table I

Temperature °C	$k'(cm^2 sec^{-1})$	$D(cm^2 sec^{-1})$	k'/D
1000	$5{,}8 \cdot 10^{-8}$	$3{,}2 \cdot 10^{-8}$	1,8
950	$3{,}7 \cdot 10^{-8}$	$1{,}4 \cdot 10^{-8}$	2,6
900	$1{,}2 \cdot 10^{-8}$	$7{,}7 \cdot 10^{-9}$	1,6
850	$8{,}4 \cdot 10^{-9}$	$4{,}0 \cdot 10^{-9}$	2,1
800	$2{,}1 \cdot 10^{-9}$	$1{,}9 \cdot 10^{-9}$	1,1

The mean value of the ratio k'/D is 1,8, which is close to the expected value of 2. However, the values of the self-diffusion coefficient represent averages of 3 to 7 runs which show large mutual deviation. This may be partly due to the etching technique used in removing relatively thick layers. Furthermore the individual k'/D ratios show relatively large deviation from the expected value of 2.

CARTER and RICHARDSON[5] determined the self-diffusion of Co^{60} in CoO which is a *p*-conductor, as a function of the oxygen pressure and found that the diffusion rate was proportional to the 0,30 power of the oxygen pressure. The rate of oxidation was found to be proportional to the 0,29 power[6], thus substantiating the assumption of diffusion of cobalt ions through the growing oxide. Since the self-diffusion of cobalt was measured as a function of the oxygen pressure, it was possible to calculate the oxidation rate using WAGNER's eq. (3) and compare it with experimentally determined values. The results are shown in table II.

Table II. *Comparison of measured and calculated rate constants,* $p_{O_2} = 1$ atm

Tempe-rature °C	Calculated rate constant equivalent, $O_2\,cm^{-1}\,sec^{-1} \cdot 10^4$	Calculated attack constants, $g\,O_2\,cm^{-2}\,sec^{-1/2}\,v \cdot 10^4$	Experimental attack constants $g\,O_2\,cm^{-2}\,sec^{-1/2} \cdot 10^4$	Difference between calc. and experimental %
1000	1,25	1,65	1,56	6
1148	5,15	3,35	3,05	10
1350	31,25	8,76	8,85	7

[5] CARTER, R. E., and F. D. RICHARDSON: J. Met. **6**, 1244 (1954).

[6] CARTER, R. E., and F. D. RICHARDSON: J. Met. **7**, 336 (1955).

The agreement between calculated and experimental constants are quite good and within the experimental errors of both the diffusion and oxidation measurements.

A comparison with the simpler equation relating the diffusion coefficient and the oxidation rate constant assuming a linear vacancy gradient does not, however, give satisfactory agreement. In the case of divalent cations equation (16) reduces to

$$k' = 3 D^{*}_{Co^{2+}} \tag{18}$$

where k' is the parabolic rate constant expressed in $cm^2 sec^{-1}$ and $D^{*}_{Co^{2+}}$ is the self-diffusion coefficient of radioactive cobalt ions in CoO. The comparison between experimental and calculated values are shown in table III.

Table III. *Comparison of self-diffusion coefficient for* CoO *and parabolic oxidation rate constants of cobalt metal in* 1 atm. O_2

Temperature °C	Experimental D $cm^2 sec^{-1} \cdot 10^9$	Experimental k' $cm^2 sec^{-1} \cdot 10^9$	k'/D
1000	2,55	6,4	2,5
1148	9,5	24,6	2,59
1350	51	193	3,78

As Carter and Richardson point out the poor agreement of the k'/D ratios with the theoretical value of 3 suggests that the assumption underlying eq. (14) are not valid, which may also be inferred from the results of Moore and Selikson for the oxidation of Cu to Cu_2O.

The most obvious weakness is the assumption of a linear vacancy gradient through the growing oxide layer. Wagner's theory, on the other side, does not suffer from this weakness as this theory only demands that the vacancy concentrations at the respective phase boundaries constant during the growth of the oxide, thus explaining the good agreement using Wagner's equation.

4.2 Distribution studies

One possible way of testing the validity of the assumption of a linear vacancy gradient is to determine the distribution of radioisotopes in a growing oxide layer. Castellan and Moore[7], Moore and Selikson[4], and Bardeen, Brattain and Shockley[8] studied the distribution of radioactive copper during oxidation of copper foil by plating one side of a copper strip with radioactive copper, oxidizing the copper samples and removing layers of the oxide by etching.

[7] Castellan, G. W., and W. J. Moore: J. chem. Phys. **17**, 41 (1949).

[8] Bardeen, J., R. W. Brattain, and W. Shockley: J. chem. Phys. **14**, 714 (1946).

Castellan and Moore calculated the diffusion coefficient of radioactive copper in Cu_2O at 800—1000° C in air using the equation,

$$c(x) = \frac{Q}{(\pi D t)^{\frac{1}{2}}} \exp\left(-\frac{x^2}{4Dt}\right) \tag{19}$$

where c is the concentration of radioactive copper at point x from the gas/oxide interface, Q is the total quantity of radioactive copper, D is the diffusion coefficient, and t is the time of diffusion. The use of this equation, however, is equivalent to the erronous assumption that there exists no vacancy gradient through the oxide layer. Furthermore the oxidation of copper in air at 800 and 900° C leads to the formation of a thin CuO film on top of the Cu_2O layer. This CuO film makes the oxidation independent of the oxygen pressure as the oxidation of Cu to Cu_2O has been performed in equilibrium with the decomposition pressure p_{O_2} (CuO/Cu_2O). Furthermore the diffusion of radioactive tracers in CuO is expected to be different from that in Cu_2O in view of the fact that the oxidation of Cu_2O to CuO follows a cubic rate law[9]. The oxidation at 1000° C, however, does not lead to any formation of CuO. The oxidation of Cu to Cu_2O has thus been performed in equilibrium with the ambient atmosphere. Hence the D values calculated at 800 and 900° C can not be compared with the value at 1000° C, making invalid any determination of the activation energy.

Moore and Selikson investigated the distribution of radiocopper oxidizing copper samples in air at 1000° C. These results gave a linear plot when log concentration was plotted versus x^2. As pointed out by Carter and Richardson, such a straight line is inconsistent with their earlier assumption of a linear vacancy gradient through the oxide layer; this rather suggests that no vacancy gradient across a growing Cu_2O film. The assumption of a linear vacancy gradient and migration of univalent copper ions via vacancies should on the contrary give a distribution of radioisotopes according to the following expression developed by Brattain et al[8].

$$c_{(x,t)} = \frac{A}{t^{\frac{1}{2}}} \left(\frac{x}{X}\right)^2 e^{-2\frac{x}{X}} \tag{20}$$

where c is the concentration of radioactive tracer at a distance x from the metal/oxide interface, A is a constant, t is the time of oxidation, and X is the thickness of the oxide layer at time t. Bardeen et al. tested this equation and found an agreement with the experimental results although within large limits of error.

In these 3 investigations of the Cu oxidation the distribution of radioisotopes were determined by etching off relatively thick oxide

[9] Hauffe, K., and P. Kofstad: Z. Elektrochem. **59**, 399 (1955).

layers (ca. 50—100 mg being removed in each etching). This results in somewhat inaccurate measurements which might be the reason for the incosistent results observed in the copper oxidation.

In view of the inconsistent results and relative inaccurate experimental methods used in the studies of copper oxidation, Carter and Richardson[6] studied the distribution of radioactive cobalt ions in growing layers of CoO using a more accurate grinding technique. Four cobalt plates were plated with a thin layer of radioactive cobalt, oxidized at 1150°C and 1 atm O_2. Two of the samples were oxidized for 4 hrs. Although the agreement between duplicated experiments were good, a stationary distribution was not reached even after about 15 hrs when 75% of the metal had been oxidized. Furthermore the distribution does not agree with a theoretical distribution assuming a linear vacancy gradient through the growing oxide layer. The theoretical distribution, which was developed by Wagner, may for a growing CoO layer be expressed as

$$g = A'(z\, e^{(1-z)})^{1,67} \tag{21}$$

where $g = c\sqrt{t}$, $z = x/X$ and A' is a constant. c is the concentration of radioactive tracer at a distance x from the metal/oxide interface, t is the time of oxidation, and X is the thickness of the oxide layer at time t.

In fig. 3 is shown a comparison between the theoretically and experimentally determined distributions. The deviation between theoretical and experimental values increases with the length of the oxidation period. Fig. 4 shows the same data compared with curves based on various assumptions. Curve A represents the experimental values of the 15,7 hrs. run, curve B is calculated on the basis of Wagner's eq. (21). Curve C is calculated assuming a constant vacancy concentration through the oxide, i. e. all the oxide has the same composition as the gas/oxide interface, and curve D is calculated on the latter assumption choosing a diffusion coefficient which makes the surface concentration equal to that found experimentally.

As Carter and Richardson point out, these data indicate that the tracer diffuse into the growing oxide much more slowly than the theory demands. As seen in fig. 4 the best agreement between observed and calculated distributions is provided by assuming a constant self-diffusion coefficient through the growing CoO layer. This interpretation, however, seems rather unreasonable in view of the general oxidation theory. Carter and Richardson suggest that these data indicate that the vacancy distribution and thus the self-diffusion coefficient does not vary linearly with the oxide thickness. But still there is an agree-

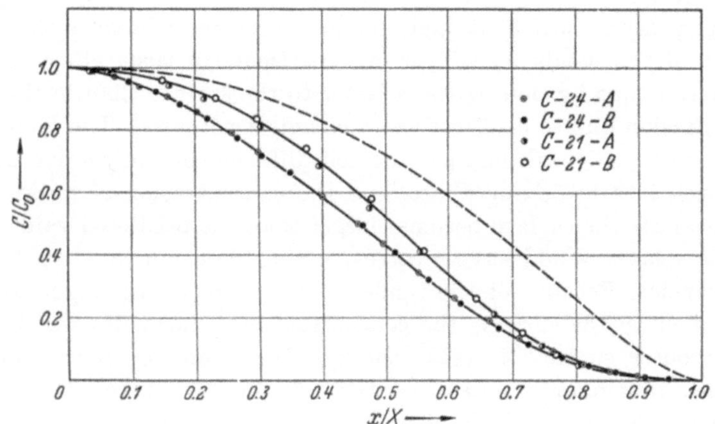

C-24-A
C-24-B
C-21-A
C-21-B
C/C0
1.0
0.8
0.6
0.4
0.2
0
0.1
0.2
0.3
0.4
0.5
0.6
0.7
0.8
0.9
1.0
x/X

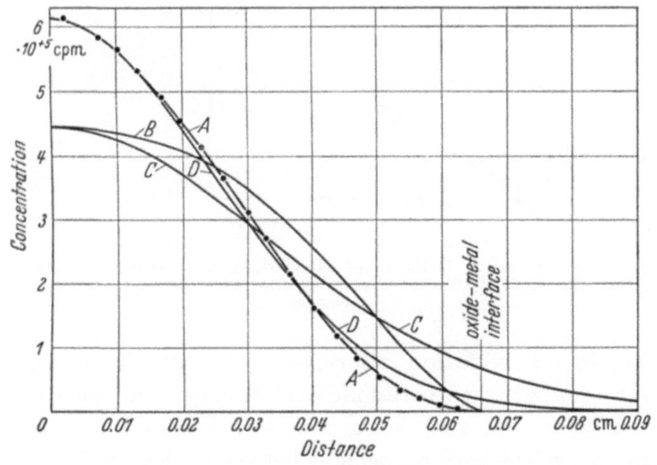

6
·10+5 cpm
5
4
3
2
1
Concentration
A
B
C
D
oxide-metal interface
0
0.01
0.02
0.03
0.04
0.05
0.06
0.07
0.08 cm 0.09
Distance

than expected. This effect may be interpreted in terms of an electric field effect due to the chemisorption of oxygen.

At the beginning of the oxidation the radioactive cobalt ions are concentrated at or near the surface of the oxide. The chemisorption boundary layer, which at high temperatures may have a thickness of several thousands Å, will have a particularly large effect on the radioactive ions by pulling them faster to the surface than in the case of a diffusion due to a difference in chemical potential. The boundary layer will so to speak hamper the self-diffusion of radioactive cobalt ions back into the oxide phase, and the concentration of radioactive isotopes near the surface becomes larger than the predicted value. The boundary layer would have a corresponding effect on the distribution of vacancies. Because of the tendency of the boundary layer to pull cobalt ions to the surface, the concentration of vacancies will be low at the outer surface, increase through the boundary layer until it reaches a maximum and decrease through the oxide layer. Because of the small thickness of the boundary layer compared to the total thichness of the oxide layer, the maximum value of the vacancy distribution will only differ by a small amount compared to the surface value as predicted by the Wagner theory. The rate deter-

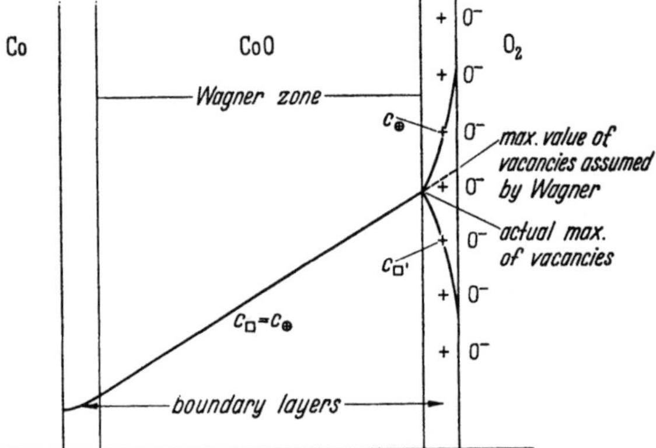

Fig. 5 Schematic representation of the proposed distribution of vacancies in a growing layer of CoO. (In reality the concentration of electronholes is twice the concentration of cobalt ion vacancies)

mining step in the oxidation still remains the diffusion of ions through the Wagner *zone* giving a parabolic oxidation rate. Because of the small difference between the real and assumed maximum value of vacancies one obtains a satisfactory agreement between calculated and observed rate constants. Thus the boundary layer can be neglected in a consideration of the whole oxidation process; this however, can not be done for the distribution of radioactive isotopes which from the very beginning of the oxidation is influenced by the effect of the boundary layer. The boundary layer would lead to a higher concentration of radioactive isotopes near the surface and a correspodingly lower concentration in the rest of the oxide layer as observed by CARTER and RICHARDSON. The proposed effect is presented schematically in fig. 5.

On the basis of these remarks one can propose different investigations in order to study the possible effect of the boundary layer. According to the above mentioned hypothesis the effect of the boundary layer on the distribution of radioisotopes should vary with time of oxidation and temperature. Furthermore it would be of great interest to screen out the effect of the boundary layer by evaporating a layer of normal cobalt on top of the radioactive cobalt. In this case the distribution should agree more closely with the value predicted by WAGNER.

5 Oxidation of iron

HIMMEL, MEHL and BIRCHENALL[10] studied the self-diffusion of iron in iron oxides in order to test the WAGNER approach for the more complex processes of the oxidation of iron and its oxides.

Three oxides, FeO, Fe_3O_4 and Fe_2O_3 are formed in the oxidation of iron above 570° C. Using the surface-activity method they therefore studied the self-diffusion in wüstite, magnetite and hematite.

The self-diffusion studies on artifically prepared wüstite, which has a cation deficient structure, are well approximated by the equation

$$D_{FeO} = 0{,}118\, e^{-29\,700/RT},$$

which is also in good agreement with values obtained by CARTER and RICHARDSON[5].

The experimental data for artificial magnetite polycrystals, which has a spinel structure and mobile cations, can between 750 and 1000° C be approximated by

$$D_{Fe_3O_4} = 5{,}2\, e^{-55\,000/RT}.$$

The self-diffusion studies in natural hematite crystals at 1000 and 1217° C gave a somewhat lower value than that found by LINDNER[11] on pressed and sintered Fe_2O_3. HIMMEL et al furthermore found that the self-diffusion of iron ions in hematite is independent of the crystallographic axis at this temperature.

In a comparison between observed and calculated oxidation rates one must distinguish between 3 separate oxidation reactions: 1. oxi-

---

[10] HIMMEL, L., R. F. MEHL and C. BIRCHENALL: Trans. AIME J. Met. **5**, 827 (1953).

[11] LINDNER, R.: Ark. Kemi **4**, 381 (1952).

dation of iron to wüstite, 2. growth of magnetite on wüstite, and 3. growth of hematite on magnetite. The resulting values are listed in table IV.

Table IV. *Calculated and experimental values of the rate of oxidation of iron* (according to HIMMEL, MEHL and BIRCHENALL).

Temperature °C	Calc. rational rate constants k, equiv. per cm per sec.	Parabolic scaling constant g-cm^{-2} sec$^{-1/2}$	
		Calculated	Experimental
Iron to wüstite			
983	$2{,}8 \cdot 10^{-8}$	$7{,}7 \cdot 10^{-4}$	$8{,}2 \cdot 10^{-4}$
897	$1{,}1 \cdot 10^{-8}$	$4{,}8 \cdot 10^{-4}$	$5{,}0 \cdot 10^{-4}$
800	$0{,}25 \cdot 10^{-8}$	$2{,}3 \cdot 10^{-4}$	$2{,}3 \cdot 10^{-4}$
Wüstite to magnetite			
1100	$9{,}2 \cdot 10^{-9}$	$1{,}7 \cdot 10^{-4}$	$1{,}8 \cdot 10^{-4}$
1050	$4{,}1 \cdot 10^{-9}$	$1{,}1 \cdot 10^{-4}$	$1{,}3 \cdot 10^{-4}$
1000	$1{,}4 \cdot 10^{-9}$	$0{,}67 \cdot 10^{-4}$	$0{,}90 \cdot 10^{-4}$
Magnetite to hematite			
1100	$1{,}7 \cdot 10^{-12}$	$2{,}2 \cdot 10^{-6}$	$1 \cdot 10^{-4}$
1000	$3{,}1 \cdot 10^{-14}$	$2{,}4 \cdot 10^{-7}$	$4{,}8 \cdot 10^{-5}$

The evaluation of the calculated parabolic scaling constants is based on the assumption of an overwhelming iron ion mobility through the 3 oxide layers. As seen from table IV, the agreement between calculated and experimental results are very good for wüstite and magnetite formation, supporting the assumption of a diffusion of iron ions. The values for the growth of hematite on magnetite, however, shows a discrepancy of approximately two orders of magnitude. This lack of agreement is entirely consistent with earlier proposals of a transport of oxygen ion via vacancies in hematite. However, for a direct conclusion regarding the validity of the WAGNER approach one must await the actual determination of the transference numbers and the rates of self-diffusion of oxygen in hematite.

LINDNER[12] reports an agreement between experimental and calculated rate constants for Zn-oxidation, but finds no agreement in the case of Pb-oxidation assuming a predominant cation diffusion through the oxide layer. This indicates that an oxygen ion migration must be considered in the latter case. However, no detailed description of the experiments or calculations are published.

As far as is known no other results using radioactive tracers are published making a comparison between calculated and observed cal-

[12] LINDNER, R.: J. chem. Phys. **23**, 410 (1955).

culation rates. All the results support the basic assumption of the WAGNER theory by showing a satisfactory agreement between calculated and observed rate constants. But disagreements and discrepencies still exist in a detailed description of the mechanism. In this respect the radioactive isotopes may furnish a powerful tool by elucidating the diffusion processes which occurs in oxidation reactions.

6 Oxidation of alloys

As discussed above the rate of oxidation of pure metals is determined by the rate of diffusion of ions through the oxide layer. This relatively simple picture is considerably complicated for the oxidation of alloys, as in this case the oxide scale may consist of pure oxides, a heterotype mixed oxide, a heterogeneous mixture of the oxides or a mixed oxide with a spinel structure, all depending on the alloy composition and the experimental conditions. The fact that alloys have two or more components also requires that a number of factors have to be considered in a description of the oxidation reaction. These include the free energies of formation of the oxides, the atomic ratio of the constituents, the ratio of the rate constants for the formation of oxide on pure metals, the mutual stability of both metals and oxides, and the rate of diffusion of the alloy components in both the oxide scale and the alloy. Furthermore the solubility of oxygen in metals may completely change the course of the oxidation process as in the case of internal oxidation.

It is outside the scope of this contribution to treat the different theories of the oxidation of alloys; the important point is that one or more diffusion processes in the alloy phase and/or the oxide scale generally are ratedetermining in the oxidation reactions depending upon the alloy, its composition and the experimental conditions. Thus in order to elucidate the mechanism of these reactions and to form a sound experimental basis for oxidation theories, the study of diffusion processes in alloys and oxides under different conditions is of paramount importance.

A number of different studies may be suggested in order to get a better understanding of these oxidation reactions.

In WAGNER-HAUFFE's[13] semiconductor approach to alloy oxidation, the oxidation rate may be varied by addition of small amounts of alloy metal forming cations with different valence than that of the basis metal. Thus the rate of oxidation of metals forming n-conducting oxides can be reduced by addition of metals with higher valence than that of the basis metal, while the rate increases by addition of small amounts of metal with a lower valence. In the case of p-conducting oxides the

[13] See f. ex. K. HAUFFE: Progress in Metal Physics 4, 71 (1953).

oxidation rate may be increased and decreased by the addition of metal forming cations with a higher and lower valence, respectively. This approach is, however, only applicable for small alloy additions and under certain conditions assumed in the development of the theory: 1. the oxide of the alloy metal must be completely soluble in that of the basis metal, 2. the oxidation must not lead to the formation of new oxide phases in the form of a heterogeneous mixture or spinel structure, 3. the rate of diffusion of the metal ions must be faster in the metal than in the oxide scale, and 4. the alloy must not show any solubility of oxygen.

The applicability of this theory has been show by many investigations, particularly by Wagner and Hauffe. However, although the experimental results support the underlying assumptions of the theory, there is as yet no quantitative agreement between calculated and observed reaction rates.

As an example we may consider the oxidation of Ni-Cr alloys with small alloy additions of chromium, which was investigated by Wagner and Zimens[14]. They pointed out that a quantitative discussion is rather difficult, as it must be assumed that nickel and chromium do not possess the same mobilities, thereby making the composition of the oxide scale a function of the distance from the oxide-metal interface. Thus if the mobility of chromium ions is small, the region near the oxide/metal interface will be rich in chromium oxide; conversely, if the mobility of the chromium is the larger of the two, the concentration of the chromium oxide will be above the average concentration. In fact at temperatures above 1000°C no accumulation of Cr_2O_3 was observed near the outer surface, but this may be because Cr_2O_3 is rather volatile. Concerning this problem an electron diffraction and electron microscope study carried out by Gulbransen, Phelps and Hickman[15] is of importance. Other studies by Moreau and Bénard[16] of oxidation of Ni-Cr alloys with 0—10% Cr at 800—1300°C gave an oxide layer as shown in fig. 6. The outer layer of the oxide consists of pure NiO, in the next section is found Ni-Cr spinel embedded in NiO and in the inner section of the oxide layer is found Cr_2O_3 embedded in nickel metal. On the basis of these studies it appears that the oxidation mechanism of these alloys is by no means clear. More information regard ingoxidation processes may be obtained by the use of radiotracers. For exymple by making the Ni-Cr alloy homogeneously radioactive, oxidizing the sample, and sectioning off layer for layer, the distribution

---

[14] Wagner, C., and K. E. Zimens: Acta chem. scand **1**, 539 (1947).

[15] Gulbransen, E. A., R. T. Phelps and J. W. Hickman: Ind. Engng. Chem. **18** 640 (1946).

[16] Moreau, J., and J. Bénard: Compt. rend. **237** 1417 (1953).

of Cr in both the oxide scale and the alloy may be determined by measuring the Cr activity in each section.

There is thus in such systems a number of problems relating to the diffusion processes which are in need of clarification. How, for example, does the rate of diffusion of metal ions vary as a function of the composition of both the alloy and oxide, how does the composition of the oxide vary as a function of the thickness of the oxide scale? Such problems may all be solved by the use of radiotracers.

Of interest would also be to determine the self-diffusion coeffizient of the alloy metals in both the alloy and mixed oxides as a function of the composition. Such studies may correlate theoretically calculated and experimentally determined oxidation rates.

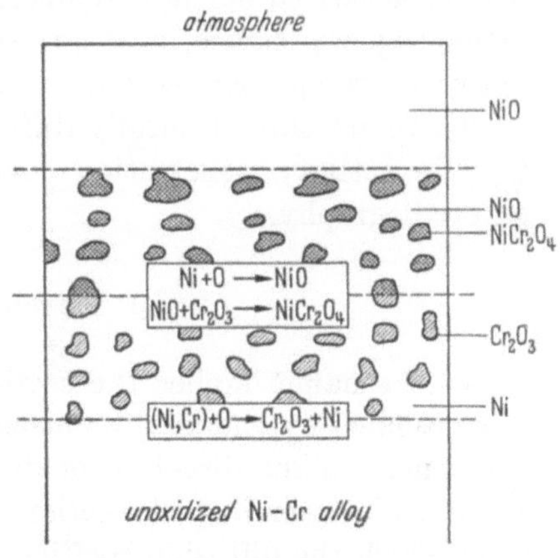

Fig. 6 Composition of oxide layer formed on Ni-Cr alloy (after MOREAU and BÉNARD, ref. 16)

In distribution and self-diffusion studies one may also simultaneansly use radioactive isotopes of the different alloying elements. In oxidation of Cu-Zn alloys for ex., which has earlier been treated experimentally and theoretically by DUNN[17] and WAGNER[18] respectively, the distribution of copper and zinc in both the oxide scale and the unoxidized alloy may be determined simultaneously by the use of the radioisotopes Cu^{64} and Zn^{65}. This is possible as these isotopes have a large difference in half-lives.

It is to hope that these few remarks suffice to show the need for radiotracer studies of oxidation reactions. Whatever study is made, self-diffusion studies in alloys and oxides, distribution studies in growing oxides etc. they will give new information and a more accurate picture of the oxidation and its mechanism.

7 Experimental methods

To determine self-diffusion coefficients the activity is initially distributed uniformely on a plane, and after a know diffusion time the distribution of radioisotopes is measured and the diffusion coefficient calculated.

Different techniques are employed in depositing the active metarial on the surface. In the study of metals and alloys at high temperatures

[17] DUNN, J. S.: J. Inst. Metals **26**, 25 (1931),

[18] WAGNER, C.: J. Electrochem. Soc. **99**, 369 (1952).

the method of pressure welding an radioactive foil between the ends of two cylinders of the same chemical composition has been used[19]. However, for diffusion studies of non-metallic material and for measurements at low-temperatures the methods of electroplating and vacuum evaporation are preferable. Furthermore, if the measurements are to be carried out at a temperature where the tracer has an appreciable vapor pressure, it is advisable to sandwich the layer of tracer between two inactive sections in order to minimize loss by evaporation.

There are three basically different techniques available for measuring the activity penetration curve: sectioning, surface-counting and autoradiography.

7.1 Sectioning method[20]

As the name implies the sectioning method consists of sectioning the specimen by chemical or mechanical means into thin sections perpendicular to the direction of diffusion. From a measurement of the amount of tracer in each section the concentration curve is obtained, from which the diffusion coefficient is calculated.

The chemical method of etching may be employed for removing very thin layers. However, great care should be taken as the rate of solution of crystals is largely dependent upon the direction of the crystallographic axis. This may result in a non-uniform etching of the specimen.

In mechanical sectioning the layers may be removed by an ordinary lathe or by grinding. The use of a lathe is of course only possible when one is studying a metal or a similarly easily machined material. Furthermore the use of a lathe requires a root mean square penetration of 0,00—0,01 cm. Thus for smaller depths of penetration other methods have to be used.

To overcome these difficulties Letaw, Slifkin and Portnoy[21] constructed a precision grinding machine for diffusion studies. It has been found that this machine is suitable for studying diffusion when the mean penetration depth is of the order of 10 μ, a distance to small for lathe techniques. This means that this method enables one to extend conventio nal diffusion experiments to lower temperature or to work with shorter-lived isotopes.

---

[19] See f. ex. A. C. Gatos and A. D. Kurtz: J. Met. **6**, 616 (1954).

[20] For reports describing the sectioning method see f. ex. ref. 4, 5, 7, 8, 21, 25, C. T. Tomizuka and L. M. Slifkin: Phys. Rev. **96**, 610 (1954). — Turnbull, C.: Phys. Rev. **76**, 471 (1949).

[21] Letaw, Jr. H., L. M. Slifkin and W. M. Portnoy: Rev. sci. Instr. **25**, 865 (1954).

7.2 Autoradiographic technique[22]

Most of the experimental procedure in the autoradiographic technique is similar to that used in the sectioning technique. One section is cut in a plane parallell with or at an angle with the direction of diffusion. The exposed section is then put in contact with a photographic film which is sensitive to the radioation emitted by the isotope. The exposed film thus gives the entire concentrationdistance curve expressed in terms of the photographic density. In the present state of development the use of this method requires relatively large penetration depths in order to resolve the variation in the photographic density. This means that the method is only applicable for measuring relatively large diffusion coefficients or for studies with long diffusion anneals. This latter condition require, however, isotopes with sufficiently long half-lives so that the radioactivity do not decay to an impractically low level. Furthermore, the isotopes to be used must emit β-rays of sufficiently low energy so that their range is an order magnitude less then the diffusion range.

7.3 Surface-activity method[23]

This method consists of measuring the surface activity of the specimen on which a thin layer of radioisotopes have been deposited, before and after the diffusion anneal. Because of the diffusion of the isotopes, the measured surface-activity decreases with annealing time as the radiation of the diffused isotopes is more or less absorbed by the specimen. Thus the decrease of surface-activity is a measure of the diffusion coefficient.

Although the surface-activity method might seem to be very simple, many precaution must be taken to obtain accurate and reproducible results. The use of the method requires on accurate knowledge of the absorption characteristics of the material under investigation for the radiation used; the counting geometrics should as closely as possible be identical to the diffusion geometry, and changes in the counter characteritics must be corrected for by the use of a reference standard of the same isotope.

LINDNER[24], who has made self-diffusion studies on oxides and silicates, employ the socalled contact-method. This consists of pressing uniformely radioactive tablet against a non-radioactive tablet of the

[22] For reports describing the autoradiographic technique see f. ex. ref. 19. — KURTZ, A. D., B. L. AVERBACK and M. COHEN: Contract AF 33(038)-23281. — KRUEGER, H., and H. N. HERSH: J. Metals 7, 125 (1955) etc.

[23] For reports describing the surface-activity method see f. ex. ref. 5, 10, 25 etc.

[24] HEDVALL, J. A.: Einführung in die Festkörperchemie. Braunschweig 1952.

same size and composition and measure the amount of radioactivity which is transferred. This method amounts to a sintering of the two tablets. It seems advisable to check the results obtained by this method by a sectioning technique.

Although the above mentioned methods have been widely used, only few comparisons have been made between the different techniques. CARTER and RICHARDSON[5] compared the surface-activity and sectioning method in self-diffusion studies in wüstite. The two methods give close agreement above 850° C, but below this temperature the results obtained by the surface-activity method are much lower than those from the sectioning technique. CARTER and RICHARDSON interpret this as being due to activity which is bound to the surface of the specimen. This interpretation is also supported by other studies; this suggests that the phenomena of bound tracer on the surface of diffusion specimens may be common.

The two methods were also compared in self-diffusion studies in zinc by JAUMOT and SMITH[25]. They did also observe differences between the two methods in the lower temperature range. This result is interpreted in terms of grain boundary diffusion in addition to the pure volume diffusion observed at high temperatures. This discrepency is also understandable as the surface-activity method presupposes a volume diffusion, and it is obvious that no significance can be attached to the data of this method under these conditions.

On the basis of these studies it appears that the surface-activity method offers many pitfalls to the investigator who does not check his results by the sectioning technique. Thus it seems that the sectioning method is the most reliable and should be used whenever possible.

[25] JAUMOT, F. E., and R. L. SMITH: U. S. A. E. C. Contract AT (30-1), (1484).

Über die Schutzschichtbildung bei der Oxydation von Molybdändisilizid*

Von E. Fitzer

(Diskussionsbeitrag zum Vortrag HAUFFE, Wissenschaftliche und industrielle Probleme der Metalloxydation und -korrosion)

Mit 14 Abbildungen

Neben die bekannten zunderbeständigen Legierungen auf Basis der Chrom-Eisen- und Chrom-Nickel-Legierungen ist in neuester Zeit ein metallischer Werkstoff getreten, der nicht nur diese bekannten Legierungen, sondern auch das Edelmetall Platin und sogar den für

a) 2000 Stunden bei 1500° C an Sauerstoff

b) 3500 Stunden bei 1700° C an Luft

Abb. 1a u. b. Aussehen von $MoSi_2$-Körpern nach mehrtausendstündiger Oxydation. V = 5×

extreme Temperaturbeanspruchungen bisher verwendeten Hartstoff Siliziumkarbid in seiner Zunderbeständigkeit um ein beträchtliches übertrifft. Wie bereits an anderer Stelle mitgeteilt worden ist[1,2,3], ist

* Dieser Beitrag ist Herrn Prof. Dr. HOHN zu seinem 50. Geburtstag gewidmet.

1 FITZER, E.: Jahresversammlung des Vereins Österr. Chemiker, Klagenfurt 1954, vgl. Metall **9**, 1062-66 (1955).

2 FITZER, E.: 2. Plansee-Seminar, Reutte (Tirol) 1955.

3 KIEFFER, R., F. BENESOVSKY u. C. KONOPICKY: Berichte der deutschen keram. Gesellschaft **31**, 223—230 (1954).

Molybdändisilizid bis 1700° C auch bei längsten Oxydationsbeanspruchungen von mehreren tausend Stunden vollkommen oxydationsbeständig (Abb. 1).

Molybdändisilizid ist somit der gegebene Werkstoff für Heizleiter bei Verwendungstemperaturen über 1200° C und tatsächlich werden zur Zeit derartige Heizelemente von der Siemens-Plania A. G. für Kohlefabrikate herausgebracht (s. Abb. 2).

Abb. 2. U-förmiges Heizelement der Siemens-Plania AG aus $MoSi_2$ mit 5 kW Heizleistung, bis 1700° C in oxydierender Atmosphäre belastbar 1/5 d. natürl. Größe

Molybdändisilizid ist ein Hartstoff von der ungefähren Zusammensetzung 63 Gew.-% Molybdän und 37 Gew.-% Silizium, mit einem Schmelzpunkt oberhalb 2000°C. Für die technische Formgebung kommen praktisch nur pulvermetallurgische Arbeitsmethoden in Frage. Die gute Leitfähigkeit von Molybdänsilizid für Elektrizität und Wärme, die in der gleichen Größenordnung liegt wie bei den Chrom-Nickel-Legierungen, und der negative Temperaturkoeffizient der elektrischen Leitfähigkeit kennzeichnen den reinmetallischen Charakter dieser Verbindung. Diese Disilizide der hochschmelzenden Übergangsmetalle können als dichtestgepacktes Silizium mit einem Metallskelett aufgefaßt werden, denn der Si-Si-Abstand in diesen Verbindungen ist zum Teil geringer als bei elementaren Silizium (Novotny und Parthé[4]).

Ähnlich wie bei den bekannten zunderbeständigen Legierungen beruht auch bei Molybdändisilizid der Zunderschutz auf der Ausbildung einer praktisch gasundurchlässigen oxydischen Deckschichte. Bei Molybdändisilizid besteht diese aus Siliziumdioxyd. Unterschiedlich zu den bekannten oxydischen Deckschichten ist diese SiO_2-Schichte jedoch nicht kristalliner Natur, sondern ein Glas. In Abb. 3 ist die Oberflächenaufnahme einer derartigen Glasschichte auf $MoSi_2$ in Scharfstellung auf die Glasoberfläche gezeigt. Die Sprünge in der Schicht, welche unter Umständen beim Abkühlen auftreten, beim

[4] Novotny, H., u. E. Parthé: Planseeberichte für Pulvermetallurgie 2, 34—56 (1954).

Wiederaufheizen jedoch sofort wieder ausheilen, lassen die Glasoberfläche erkennen. Abb. 4 zeigt die gleiche Stelle mit Scharfstellung auf die unter dem Glas befindlichen $MoSi_2$-Kristalle.

Diese völlig durchsichtige, farblose SiO_2-Glasschichte haftet äußerst fest auf dem Molybdändisiliziduntergrund, wie aus der Aufnahme einer $MoSi_2$-Bruchfläche mit Glasschichte in Abb. 5 ersehen werden kann.

Dieses Glas weicht in seinem Kristallisationsverhalten beträchtlich von dem des bekannten reinen SiO_2-Glases ab, worauf zurückgekommen wird.

Es war nun interessant, den zeitlichen Zunderverlauf bei verschiedenen Temperaturen kennenzulernen. In der üblichen Weise ist dies durch Aufnahme des Zu- bzw. Abbrandes bestimmt worden. Bis 1400° C wurden die Proben indirekt durch einen Silitrohrofen in reinem Sauerstoff erhitzt. Die Kurven in Abb. 6a lassen sehr gut erkennen, daß die anfängliche Gewichtsveränderung nach wenigen Stunden, also nach Ausbildung der Schutzschichte fast völlig zum Stillstand kommt.

Die anfängliche Ausbildung der Schutzschichte ist

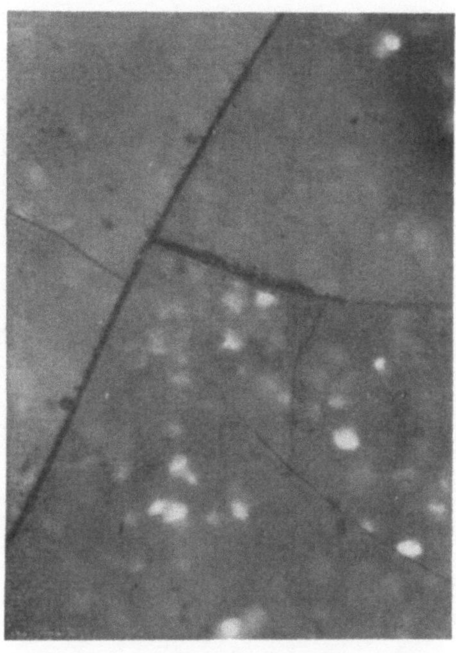

Abb. 3 mit Scharfstellung auf die Glasoberfläche
V = 120 ×

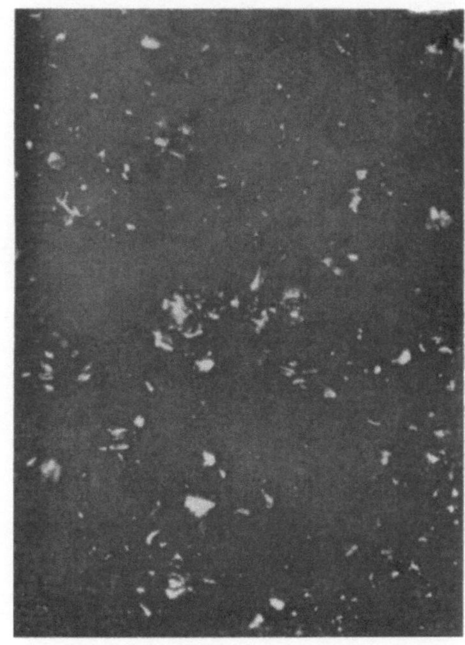

Abb. 3 u. 4. Aufsichtsaufnahmen einer Glasschichte auf oxyd. $MoSi_2$

Abb. 4 mit Scharfstellung auf die $MoSi_2$-Oberfläche unter der Glasschichte
V = 120 ×

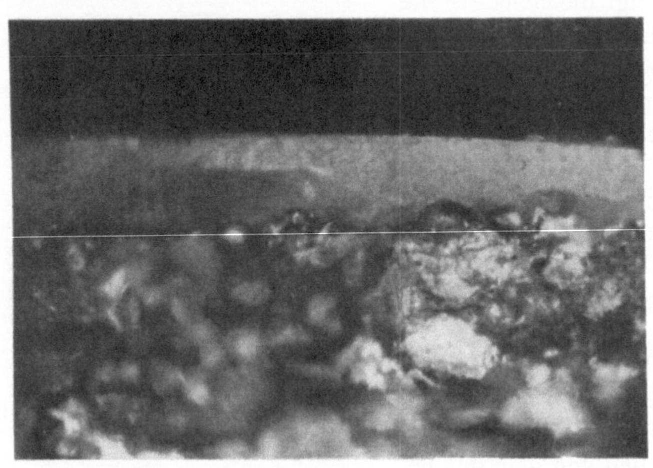

der Gewichtszunahme im heißen Teil und der Gewichtsabnahme an den kälteren Enden. Jedoch aus der Schichtdicke können Vergleiche gezogen werden. Diese beträgt z. B. bei 1700°C nach 50 Stunden 0,03 mm und nach 3000 Stunden 0,04 mm. Also kann man auch bei diesen extremen Beanspruchungstemperaturen mit einem nahezu völligen Stillstand des weiteren Sauerstoffangriffs nach der anfänglichen Oxydation rechnen.

Als charakteristische Merkmale der Molybdändisilizid-Zunderbeständigkeit möchte ich hervorheben:

1. Nach Ausbildung der Schutzschichte wird die weitere Oxydation auch nach mehrtausendstündigem Angriff nahezu völlig unterbunden.

2. Diese ausgezeichnete Schutzwirkung durch die Glasschichte bleibt auch bei steigender Temperatur in gleichem Maße erhalten. Es kann sogar festgestellt werden, daß eine Temperaturerhöhung die rasche Ausbildung der Schutzschichte fördert. Wir kommen somit zu der ungewöhnlichen Festellung, daß Molybdändisilizid um so zunderbeständiger wird, je höher die Beanspruchungstemperatur ist. Die obere Grenze der Zunderbeständigkeit liegt bei 1700°C, oberhalb welcher Temperatur die Schutzschichte in Form von Schmelztropfen abrinnt.

Wir erkennen bedeutende Abweichungen von dem Zundermechanismus bei den bekannten Legierungen. Keinesfalls dürfte ein parabolisches Schichtwachstum vorliegen. Auch die fehlende Temperaturabhängigkeit der Wachstumsgeschwindigkeit scheint eine Ionendiffusion in der Schicht als geschwindigkeitsbestimmenden Faktor der Verzunderung auszuschließen. Somit erhebt sich die Frage, wie man den Wachstumsmechanismus derartiger Schichten, die ja praktisch eine völlige Sperre für das Fortschreiten der Oxydation darstellen, erklären soll.

Zur Kennzeichnung der Natur der Schutzschichte sollen im folgenden weitere experimentelle Ergebnisse vorgelegt werden. Wie aus der zeitlichen Verfolgung der Gewichtsänderung (Abb. 6a) hervorgeht, erfolgt die Ausbildung der Schutzschichte bei tieferen Temperaturen vor allem unter Gewichtsabnahme, die jedoch bei Erhöhung der Zundertemperatur in eine Gewichtszunahme übergeht. Die Gewichtsabnahme ist leicht durch Bildung flüchtiger Molybdänsäure (MoO_3) zu erklären. Tatsächlich kann abrauchende Molybdänsäure immer beim ersten oxydierenden Erhitzen von Molybdändisilizid beobachtet werden. Bekanntlich erreicht ja der Dampfdruck von Molybdäntrioxyd bereits bei 1155°C eine Atmosphäre. Die Gewichtszunahme ist eine Folge der Siliziumoxydation zu SiO_2. Nun zeigt bereits eine einfache Rechnung, daß bei gleichzeitiger Oxydation des Molybdändisilizids zu flüchtiger Molybdänsäure und zu zurückbleibendem Siliziumdioxyd schließlich eine Gewichtsabnahme resultieren müßte ($MoSi_2 : 2\,SiO_2 = 152 : 120$).

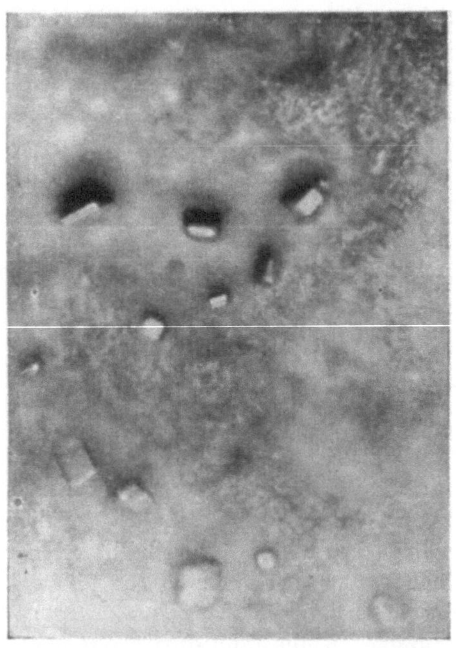

a) im Auflicht erscheint diese metallisch glänzend V = 100 ×

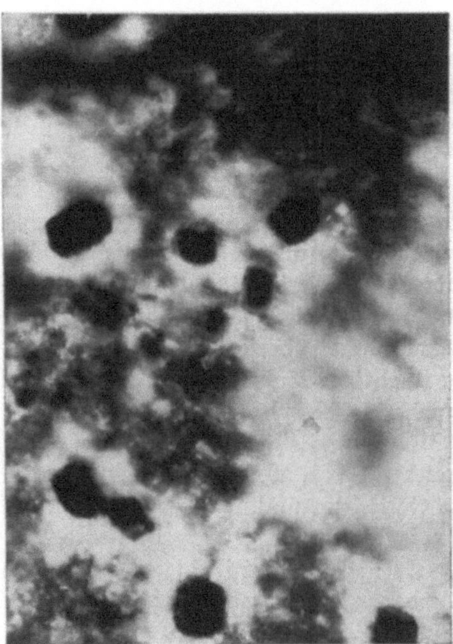

Die beobachtete Gewichtszunahme muß also entweder auf der selektiven Oxydation des Siliziums im $MoSi_2$ beruhen, oder aber es wird ein nichtflüchtiges Mischoxyd des Molybdäns und des Siliziums gebildet. Für letztere Möglichkeit haben wir gewisse Anhaltspunkte.

Betrachtet man bei 700 bis 800° C oxydiertes Molybdändisilizid mikroskopisch, so erkennt man neben flokkiger bis flaumiger Kieselsäure eine kristallisierte rote Oxydphase (Abb. 7). Unsere Bemühungen zur Isolierung dieser Phase waren noch nicht von Erfolg gekrönt, jedoch glauben wir aus verschiedenen Beobachtungen (z. B. hoher Brechungsindex, Löslichkeit in Schwefelsäure), daß es sich um ein Molybdänoxyd handeln dürfte.

Bei 1000 bis 1100° C bildet sich in oxydierender Atmosphäre verstärkt Kieselsäure. Dabei entsteht aus der amorphen Form mindestens zum Teil Cristobalit, was dem bekannten Kristallisationsverhalten von reiner Kieselsäure entspricht (vgl. Abb. 11). Diese kristallisierte Kieselsäure sintert auch bei höherer Temperatur (1100 bis 1300° C) etwas zusammen (Abb. 8).

Abb. 7a u. b. Kristallisierte Oxydphase bei der Oxydation von $MoSi_2$ bei 750° C
b) im polarisierten Licht erkennt man deren tiefrote Färbung, während die reine Kieselsäure weiß erscheint V = 100 ×

Auch fasrige Kieselsäure konnten wir immer wieder beobachten (Abb. 9). Dieser Befund deutet auf eine intermediäre Siliziumsuboxydbildung. Tatsächlich erscheint es verständlich, daß bei ungenügendem Sauerstoffzutritt an der Grenzfläche SiO_2-$MoSi_2$ gemäß den thermodynamischen Gleichgewichtsbedingungen flüchtiges Siliziumsuboxyd entsteht, welches dann bei weiterer Oxydation die bereits beschriebene[5] fasrige Kieselsäure bildet. Wir fanden Nadellängen bis 100 Mikron. Neben dieser Kieselsäure kann man bei Temperaturen um und über 1000°C auch noch die rote Oxydphase beobachten, welche wir für ein Molybdänoxyd halten. Mikroskopisch kann man jedoch deutlich erkennen, wie diese rote Oxydphase in die Kieselsäure übergeht und diese leicht rot färbt (Abb.10) Damit ändert der Cristobalit seine Eigenschaften. Er schmilzt etwa bei 1350°C und bildet vorerst ein dunkles, schwarz gefärbtes Glas, welches sowohl bei längerer Glühzeit als auch bei steigender Temperatur

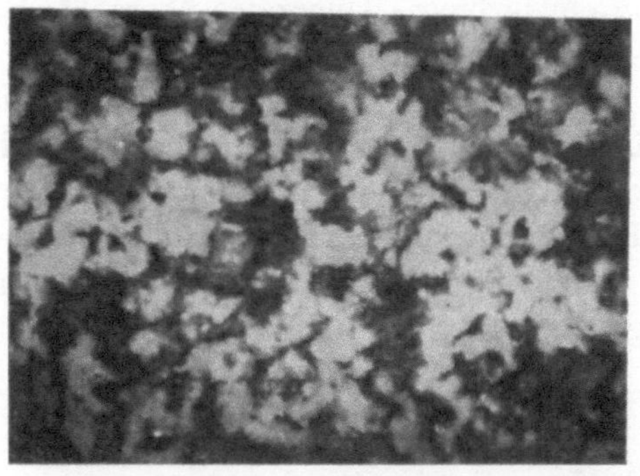

Abb. 8. Cristobalit-Ausbildung bei der $MoSi_2$-Oxydation bei 1000° C

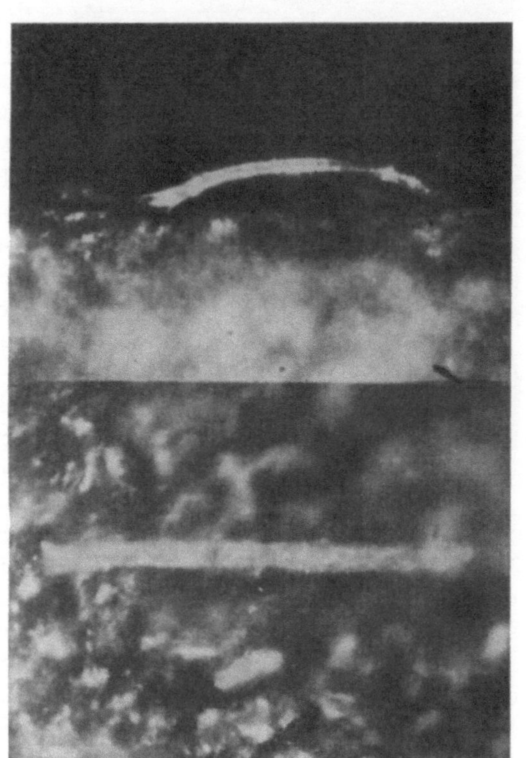

Abb. 9a u. b. Ausbildung fasriger Kieselsäure bei der Verzunderung von $MoSi_2$
a) Aufnahme quer zur Oberfläche, V = 100 ×
b) Oberflächenaufnahme, V = 300 ×

[5] WEISS, A., u. A. WEISS: Z. anorg. Chem. 276, 95—112 (1954).

in ein farbloses Quarzglas übergeht. Wir kennen noch nicht die Zusammensetzung dieses SiO_2-Glases.

Molybdänsilikate sind nicht bekannt und auch nicht wahrscheinlich (Feiser[6]). Vielleicht handelt es sich um ein niederwertiges Mischoxyd des Siliziums und Molybdäns. Vor allem die starke Färbung bei Entstehung des Glases würde dafür sprechen.

Wichtig sind die Eigenschaftsänderungen, die sich für das Quarzglas aus der Aufnahme von Molybdänoxyden ergeben. Die Gleichgewichtsformen der Kieselsäure bei verschiedenen Temperaturen ergeben sich aus dem bekannten *p-t*-Diagramm (Abb. 11). Die instabilste Form ist das Quarzglas. Freilich bilden sich aus diesem infolge der Umwandlungsträgheit nie die Gleichgewichtsformen des Quarzes bzw. Tridymits. Es ist jedoch bekannt, daß beim Glühen von SiO_2-Glas etwa oberhalb 1000° C immer die Ausbildung des an sich instabilen Cristobalits aus dem Quarzglas beobachtet wird. Bei dieser Umwandlung wirkt z. B. Natriummolybdat als bekannter Mineralisator. Auf Grund unserer Beobachtungen wirken nun die aus Molybdändisilizid entstandenen Molybdänoxyde im Gegensatz zur Wirkung von Natriummolybdat nicht nur stabilisierend auf das Quarzglas, sondern sie ermöglichen sogar die Glasbildung weit unterhalb des Schmelzpunktes des Cristobalits.

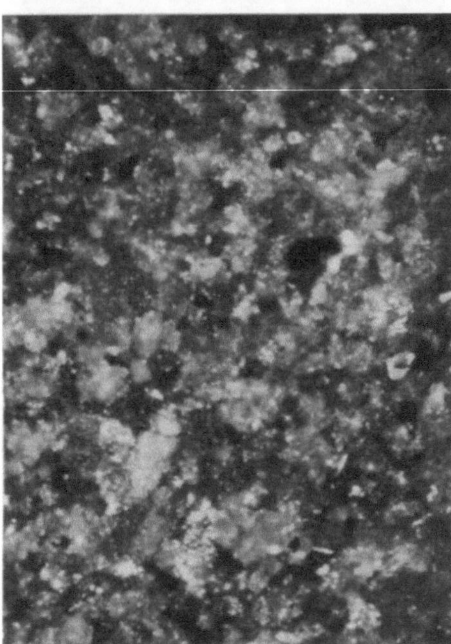

Abb. 10. Die kristallisierte rote Oxydphase löst sich um 1000° C in der reinen Kieselsäure unter leichter Rotfärbung derselben, V = 120 ×

In dünnsten Oberflächenschichten des SiO_2-Glases auf Molybdändisilizid kann man auch vereinzelte Entglasungen feststellen (Abb. 12). Wahrscheinlich dampft Molybdänsäure aus der Glasoberfläche ab, wodurch der glasstabilisierende Einfluß verlorengeht. Das langsame Fortschreiten dieser Entglasungen deutet auf eine geringe Beweglichkeit des Molybdäns im Kieselsäureglas.

Abschließend möchte ich noch eine Zerfallserscheinung des Molybdändisilizids bei der Oxydation bei tiefen Temperaturen, also unterhalb

[6] Feiser, J.: Metall u. Erz 28, 298. (1931).

600° C erwähnen, weil daraus ebenfalls Hinweise auf den Mechanismus der Schutzschichtbildung entnommen werden können. Oxydiert man Molybdändisilizid, welches noch keine Schutzschichte aufweist, bei

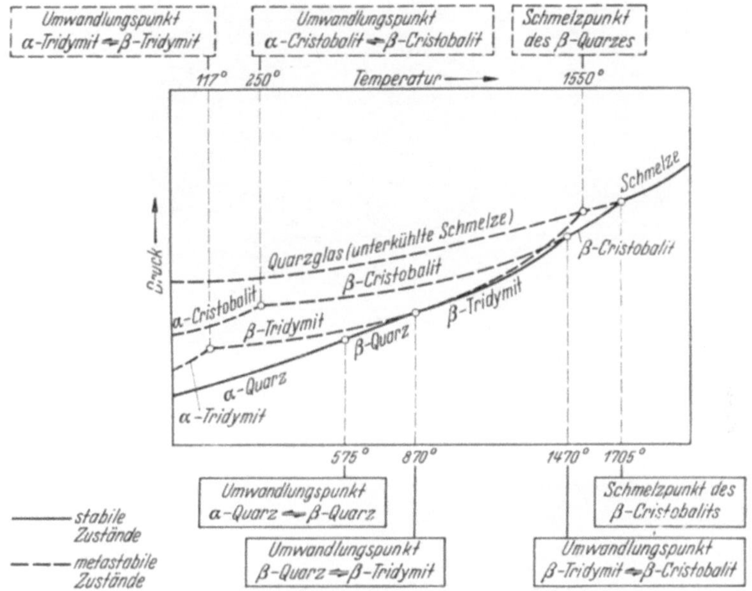

Abb 11. Das Einstoffdiagramm der Kieselsäure

Abb. 12. Oberflächliche Entglasungen auf oxydiertem $MoSi_2$ nach 450 Stunden bei 1380° C, die glasige Schutzschicht ist bei diesen Temperaturen noch dunkel gefärbt, V = 450 ×

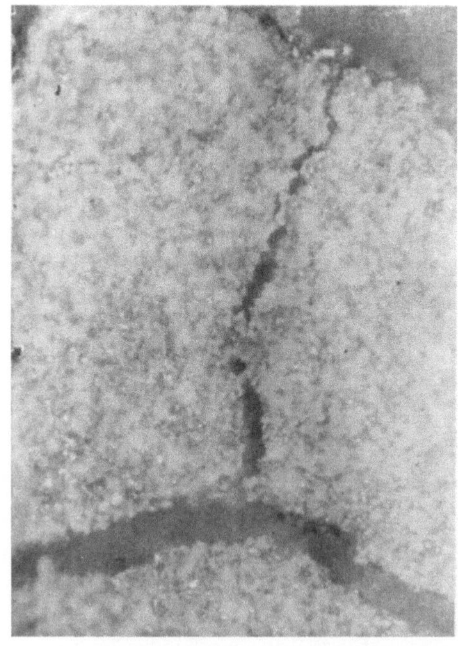

Diskussionsbemerkungen

W. Jaenicke:

Die von Fitzer für das $MoSi_2$ gefundenen Zunderkurven erinnern stark an die im Vortrag von Block näher beschriebene Germanium-Oxydation. (R. B. Bernstein, D. Cubicciotti, J. Amer. chem. Soc. **79**, 4112 (1951). Es scheint, daß in beiden Fällen ein Bedeckungsvorgang maßgebend ist: Am Anfang der Reaktion verdampft ein Teil des Mo aus der Oberfläche als MoO_3, die Nachlieferung aus dem Innern der Legierung hört bei schneller Oxydation bald auf. Die jeweils verdampfende Menge ist proportional der noch freien Oberfläche. Diese vermindert sich durch die gleichzeitige Oxydation des zurückbleibenden Si. Die zugehörige Differentialgleichung lautet im einfachsten Fall integriert: $m = m_\infty\,[1 - \exp(-k\,t)]$ und entspricht gut den gefundenen Kurven.

Es muß angenommen werden, daß ein Teil des Mo in die SiO_2-Schicht eingebaut wird. Nach der Bedeckung der gesamten Oberfläche setzt ein zweiter Vorgang ein: die weitere Oxydation kann nur noch durch eine dichte, fast nichtleitende Deckschicht hindurch weiterlaufen. Dies könnte durchaus parabolisch vor sich gehen, genaueres ist aus den Kurven noch nicht zu entnehmen. Jedenfalls scheint sich die Deckschicht bei höheren Temperaturen etwas schneller zu verstärken, als bei tieferen. Wird bei niedrigen Temperaturen oxydiert, kann sich die zusammenhängende SiO_2-Schicht nicht schnell genug bilden und es tritt interkristalline oder innere Oxydation auf.

E. Fitzer (*Antwort*):

Mit der Ansicht von Jaenicke über zwei grundsätzlich verschiedene Zundermechanismen vor und nach Ausbildung der schützenden Deckschichte stimme ich völlig überein.

Es schiene mir nun interessant, eine theoretische Erklärung des so langsamen weiteren Zunderverlaufs nach bereits erfolgter Ausbildung der glasigen Schutzschicht zu versuchen im Hinblick auf die doch sicher zu erwartende hohe Ionenbeweglichkeit im Glas. Auch müßte schließlich an der Grenzfläche SiO_2-$MoSi_2$ Siliziumsuboxydbildung erwartet werden, die jedoch noch nicht beobachtet werden konnte, während sie an Grenzflächen Cristobalit-$MoSi_2$ immer auftritt.

Der Tieftemperaturzerfall hängt offensichtlich nicht mit ungenügend *rascher* Ausbildung der SiO_2-Schutzschicht zusammen, sondern mit der durch die fehlende MoO_3-Abdampfung bedingten qualitativen Veränderung der Oxydationsprodukte.

W. Jaenicke:

Die Ionenbeweglichkeit muß in der Glasschicht recht klein sein, wie die Beobachtungen über die Färbung und Entfärbung zeigen. Im übrigen kommt es bei der Zunderung ebenso sehr auf die Elektronenbeweglichkeit an und diese scheint abnorm niedrig zu sein. Das spricht allerdings gegen die Anwesenheit von Elementen mit verschiedenen Wertigkeitsstufen in der Schutzschicht.

Oxydationsvorgänge mit nichtparabolischem Zeitgesetz

Von **H.-J. Engell**

Mit 8 Abbildungen

1 Einleitung

Die Kinetik der Oxydation wird in der überwiegenden Zahl der Fälle durch Transportvorgänge innerhalb der Oxydschicht bestimmt. Das Fortschreiten der Reaktion ist nur möglich, wenn die beiden Reaktionspartner — Metall und Sauerstoff — miteinander in Berührung kommen. Da in den meisten Fällen das gebildete Oxyd einen direkten Kontakt von Metall und Gasphase sehr bald unterbindet, muß einer der beiden oder beide Reaktionspartner durch Transportvorgänge innerhalb der Oxydschicht an den Reaktionsort gebracht werden.

Für das Verständnis dieser Transportvorgänge ist eine von Wagner[1] eingeführte und heute gut gesicherte Hypothese von grundlegender Bedeutung: Es wird angenommen, daß nicht neutrale Atome oder Moleküle, sondern Ionen und Elektronen getrennt voneinander wandern. Dieser Umstand gestattet es, den für die Oxydation von Metallen erforderlichen Stofftransport mit den Erscheinungen der Leitung des elektrischen Stromes in den Oxydschichten in Verbindung zu bringen. Dieser Zusammenhang ist besonders von K. Hauffe[2] für die Steigerung der Zunderfestigkeit von Metallen ausgenutzt worden.

Die treibende Kraft für jede Art von Transport elektrisch geladener Teilchen in einer beliebigen Phase — im vorliegenden Falle in der Oxydschicht — ist ein Gradient des elektrochemischen Potentials der betreffenden Teilchenart dieser Phase. Zur Wanderung befähigt sind in dem Oxydgitter vor allem die Ionen, die nicht auf regulären Gitterpunkten, sondern zwischen den anderen Ionen auf sogenannten Zwischengitterplätzen befindlich sind. Normale Gitterionen können sich nur dann bewegen, wenn sich benachbart unbesetzte Gitterplätze, sogenannte Ionenleerstellen, befinden. Diese Form der Wanderung läßt sich formal auch durch Wanderung der erwähnten Leerstelle in umgekehrter Richtung beschreiben. Ebenso formal läßt sich diesen Leerstellen ein bestimmtes elektrochemisches Potential zuordnen, dessen Gradient ihre Bewegung bewirkt.

---

[1] Wagner, C.: Z. phys. Chem. Abt. B **21**, 25.

[2] Zusammenfassende Darstellung K. Hauffe, Progr. Metal Phys. **4**, 71 (1953).

Das elektrochemische Potential η setzt sich aus zwei Anteilen, dem elektrischen Potential V und dem chemischen Potential μ zusammen. Das chemische Potential wird im allgemeinen in Energieeinheiten angegeben. Im vorliegenden Falle ist es jedoch besonders bequem, das chemische Potential ebenso wie das elektrische Potential in Volt anzugeben, was durch Division des zugehörigen Energiemaßes durch die Faradaykonstante $F = e\,N_L$ erfolgt. Mit dieser Festsetzung erhält man für die Teilchenart i mit der Ladung z_i

$$\operatorname{grad}\eta_i = \operatorname{grad}\mu_i + z_i \operatorname{grad} V. \tag{1}$$

Es ist vorteilhaft und allgemein üblich, sich bei der Festlegung der Ladung z_i auf das ungestörte Grundgitter zu beziehen. Ein auf Zwischengitterplatz sitzendes, zweiwertiges Überschuß-Metallion bekäme also die Ladung $+2$, eine Leerstelle, auf der im ungestörten Gitter ein solches zweiwertiges Metallion sitzen würde, dagegen die Ladung -2 zugeordnet.

Die Gleichheit der Dimensionen von V und μ, die durch die oben beschriebene Umrechnung von μ in Spannungswerte erreicht ist und die für die Möglichkeit der Summation beider Größen zu der als elektrochemisches Potential bezeichneten Größe Voraussetzung ist, darf doch nicht über ganz prinzipielle Unterschiede in der Art des chemischen und des elektrischen Potentials hinwegtäuschen. Unterschiede des chemischen Potentials in einer einheitlichen Phase bei einheitlicher Temperatur werden stets durch unterschiedliche Konzentrationen der betrachteten Teilchenart in dieser Phase hervorgerufen. Das chemische Potential hat also einen statistischen Charakter. Die Bewegung von Teilchen in einem Gradienten des chemischen Potentials beruht nur darauf, daß im Mittel in der Zeiteinheit aus Gebieten höherer Konzentration mehr Teilchen in Gebiete niedrigerer Konzentration übertreten als im entgegengesetzten Sinne. Eine wirkliche Kraftwirkung auf die einzelnen Teilchen übt ein chemischer Potentialgradient nicht aus. Dagegen bewirkt ein Gradient des elektrischen Potentials eine Bewegung geladener Teilchen durch eine direkte Kraftwirkung auf jedes einzelne dieser Teilchen. Diese Unterscheidung ist für das Verständnis des Weiteren wichtig.

Wie schon bemerkt, ist der Transport der Reaktionspartner durch die Oxydschicht hindurch entscheidend für die Kinetik der Oxydationsreaktion. Als treibende Kraft für diesen Transport wurde der Gradient des elektrochemischen Potentials genannt. Für die Kinetik der Reaktionen ist nun weiter bedeutungsvoll, welcher der beiden Anteile des elektrochemischen Potentialgradienten, der chemische oder der elektrische Potentialgradient, überwiegt. Ein Gradient des elektrischen tritt bei Vorhandensein von Raumladungen auf. Derartige Raumladungen treten in Halbleitern in der Nähe von Phasengrenzen in einem als Randschicht bezeichneten Gebiet auf. Im Innern hinreichend dicker Schichten ist dagegen stets mit makroskopischer Elektroneutralität zu rechnen. Der Transport durch solche dicken Schichten erfolgt demnach auch vorwiegend durch Wanderung der Teilchen im chemischen Potentialgefälle (Diffusion). Bei Schichten bis zur Dicke der Randschichten — in der Größenordnung von 1000 Å — ist dagegen der elektrische Potentialgradient wesentlich mitbestimmend für den Teilchentransport. Im ersteren Fall ist für die Kinetik der Oxydation das parabolische Anlaufgesetz (Tammannsches Anlaufgesetz) gültig, über das im Diskussionsbeitrag von KOFSTAD zusammenfassend berichtet wird. Bei den dünnen Schichten dagegen, bei denen die Mitwirkung des elektrischen Feldes wesentlich ist, treten andere Zeitgesetze auf, über die hier im einzelnen berichtet werden soll.

2 Die Bedeutung des Zeitgesetzes der Oxydation für die Zunderbeständigkeit von Metallen

Ob ein Metall bei einer bestimmten Temperatur durch Anlaufen matt oder durch stärkere Verzunderung für einen bestimmten Zweck unbrauchbar wird, hängt nur selten mit seinem *edlen* oder *unedlen* Charakter, also der freien Enthalpie der Bildung des Oxyds, zusammen. Weitaus entscheidender ist, ob die in fast allen Fällen gebildete Oxydschicht den Transport der Reaktionspartner so stark behindern kann, daß in endlichen Zeiten eine gewisse Dicke der Oxydschicht nicht überschritten wird. Abb. 1 gibt einen qualitativen Überblick über das Dickenwachstum von Oxydschichten, deren Bildung nach verschiedenen Zeitgesetzen erfolgt. Man erkennt, daß die Dickenzunahme pro Zeiteinheit beim parabolischen, kubischen und reziprok-logarithmischen Zeitgesetz ständig abnimmt. Beim reziprok-logarithmischen Zeitgesetz ist die Steigung der Kurve bei längeren Zeiten — nach einigen Tagen — praktisch Null geworden, die Oxydschichtdicke bleibt dann also annähernd konstant. Ein Metall, das nach einem solchen Zeitgesetz mit Sauerstoff reagiert, ist bei der betreffenden Temperatur als unbegrenzt zunderbeständig zu bezeichnen. Das gilt z. B. für Silber, Kupfer und

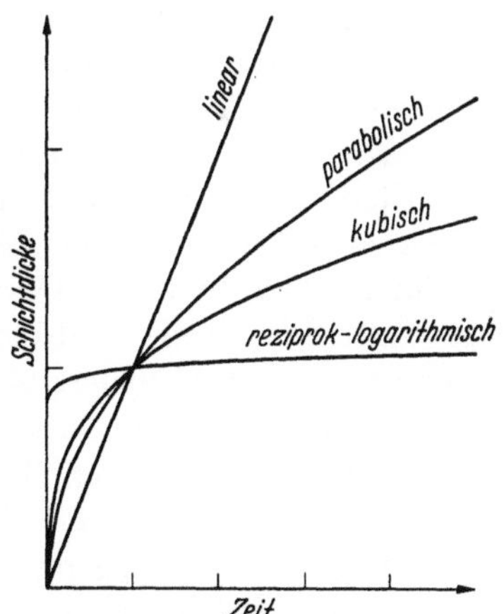

Abb. 1. Schematische Darstellung des Dickenwachstums von Anlaufschichten nach verschiedenen Zeitgesetzen

Aluminium bei Raumtemperatur, wobei Anlaufschichten von 50 bis 200 Å Dicke gebildet werden. Aber auch andere Metalle, z. B. das Eisen, fallen bei Raumtemperatur unter diesen Typ von Anlaufreaktionen. Daß trotzdem das Eisen auch bei Raumtemperatur nicht blank bleibt, beruht auf anderen Vorgängen, an denen besonders die Luftfeuchtigkeit beteiligt ist.

Es ist also nicht nur von wissenschaftlichem Interesse zu ermitteln, was für ein Zeitgesetz für die Oxydation eines bestimmten Metalls maßgeblich ist, sondern auch von praktischer Bedeutung. Abgesehen von dem Absolutwert der Geschwindigkeitskonstanten der Oxydation ist die Zunderbeständigkeit eines Metalls bei linearem Zeitgesetz der Oxydation am geringsten, bei reziprok-logarithmischem Zeitgesetz am höchsten.

Allerdings ist bis heute noch kein Verfahren bekannt geworden, das es ermöglicht, Änderungen des Zeitgesetzes für die Oxydation eines gegebenen Metalls durchzuführen. Im allgemeinen wird nur von der Verringerung der Zunderkonstanten durch Legierungszusätze zum Grundmetall Gebrauch gemacht. Theoretisch ist es jedoch keineswegs ausgeschlossen, daß es möglich wäre, auch das Zeitgesetz des Vorganges im günstigen Sinne zu verändern.

3 Diskussion der nichtparabolischen Zeitgesetze

3.1 Die Zeitgesetze für sehr dünne Filme

Den Beginn der Oxydation eines Metalls hat man sich etwa folgendermaßen vorzustellen: Zunächst wird Sauerstoff an der freien Metalloberfläche adsorbiert, was unter teilweiser Aufspaltung und Ionisierung der Sauerstoffmoleküle verläuft. Die dazu erforderlichen Elektronen werden dem Metall entnommen, die positiven Gegenladungen bleiben an der Oberfläche des Metalls. Je nach Ionisierungsgrad des Sauerstoffs wird bei einer Belegung von 10^{12} bis 10^{14} Teilchen pro cm^2 zwischen Sauerstoffionen und Metall eine Potentialdifferenz von etwa 1 V erreicht. In dieser Größenordnung dürfte auch der maximal mögliche Wert liegen, der sich im einzelnen Falle aus Dissoziationsenergie und Elektronenaffinität des Sauerstoffs angenähert berechnen läßt. Durch diesen Vorgang wird an der Metalloberfläche ein elektrisches Feld in der Größenordnung von 10^7 V/cm erzeugt. Diese Feldstärken reichen aus, um Metallionen zum Verlassen des Metallgitters und zum Übergang in die energetisch günstigeren Lagen zu veranlassen, die der Aufbau eines Oxydgitters anbietet.

Sobald eine deckende Oxydschicht entstanden ist, wird der Weiterbau des Oxydgitters in der schon oben angedeuteten Weise durch den Transport der Reaktionsteilnehmer durch die Schicht hindurch bestimmt. Selbstverständlich muß im gegebenen Falle auch der Einfluß von Energieschwellen an den Phasengrenzen berücksichtigt werden, jedoch ist es in vielen Fällen nicht möglich, eine so feine Unterteilung mit Sicherheit durchzuführen.

Als Reaktionspartner treten bei der Oxydation von Metallen wegen der Ionisierung von Metall und Sauerstoff Metallionen, Sauerstoffionen und Elektronen auf. Die Elektronen können je nach Leitfähigkeitstyp der Oxydschicht als Leitungselektronen oder über Elektronendefektstellen durch das Oxyd hindurchfließen; die Ionen bewegen sich über die im Oxydgitter vorhandenen Fehlordnungsstellen. Sowohl der Ionen- als auch der Elektronenstrom können dabei den höheren Flußwiderstand haben und somit zeitbestimmend sein. Denn obwohl die Oxydschichten im allgemeinen gute Elektronenleiter sind, besteht doch die Möglichkeit von Übergangshemmungen für die Elektronen an den Phasengrenzen. Diese Hemmungen können durchaus so beträchtlich sein, daß auf Grund der hohen Feldstärken, die in Schichten von nur wenigen Gitterparametern herrschen, der Antransport der Ionen schneller als der der Elektronen wird.

Für die Elektronen besteht die Möglichkeit, die Energieschwellen durch wellenmechanischen Tunneleffekt zu überwinden. Ist dieser Vorgang zeitbestimmend, dann erhält man für den Anlaufvorgang nach HAUFFE und ILSCHNER[3] ein logarithmisches Zeitgesetz. Für die Schichtdicke ξ in Abhängigkeit von der Zeit t gilt dann

$$\frac{d\xi}{dt} \sim \exp(-\xi/\xi_T) \qquad \xi_T = \frac{h}{4\pi}\sqrt{2 m_e \Phi} \tag{2}$$

oder, integriert und in logarithmischer Schreibweise,

$$\xi = \xi_T \ln(t + t_0) - \xi_T \ln t_0 .$$

Es bedeutet hierbei h das PLANCKsche Wirkungsquantum, m_e die Elektronenmasse und Φ die Höhe der zu überwindenden Potentialschwelle.

Experimentell wurde diese Form eines Anlaufvorgangs z. B. von SCHEUBLE[4] bei der Einwirkung von Sauerstoff auf aufgedampfte Nickelfilme bei Temperaturen zwischen 80 und 500°K festgestellt. Abb. 2 zeigt eine Auftragung der Messungen von SCHEUBLE gemäß der integrierten Form von Gl. (2).

Werden die Anlaufschichten dicker, dann nimmt der Flußwiderstand für die Ionen rascher zu als der für die Elektronen. In diesem

[3] HAUFFE, K., u. B. ILSCHNER: Z. Elektrochem. **58**, 382 (1954).
[4] SCHEUBLE, W.: Z. Phys. **135**, 125 (1953).

Falle wird der Anlaufvorgang nach CABRERA und MOTT[5] durch

$$\frac{d\xi}{dt} \sim \exp(\xi_0/\xi)$$
$$\xi_0 = \frac{z\,a\,V}{2\mathfrak{v}}\;;\; \mathfrak{v} = \frac{k\,T}{e} \tag{3}$$

beschrieben, wobei z die Wertigkeit der wandernden Ionen-Störstellen, a den Gitterparameter des Teilgitters der wandernden Ionensorte und V die Potentialdifferenz innerhalb der Oxydschicht bedeutet. Bei der Ableitung von Gl. (3) ist die für dünne Schichten und also für sehr

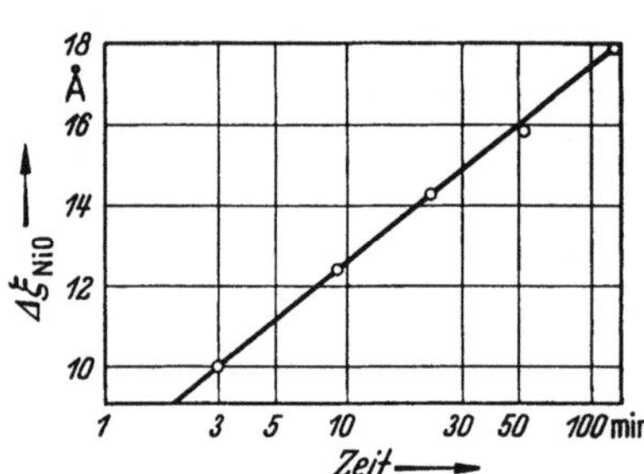

Abb. 2. Logarithmisches Anlaufgesetz der Oxydation von Nickel bei 200° C in Sauerstoff, ausgewertet von HAUFFE u. ILSCHNER aus Versuchsergebnissen von SCHEUBLE

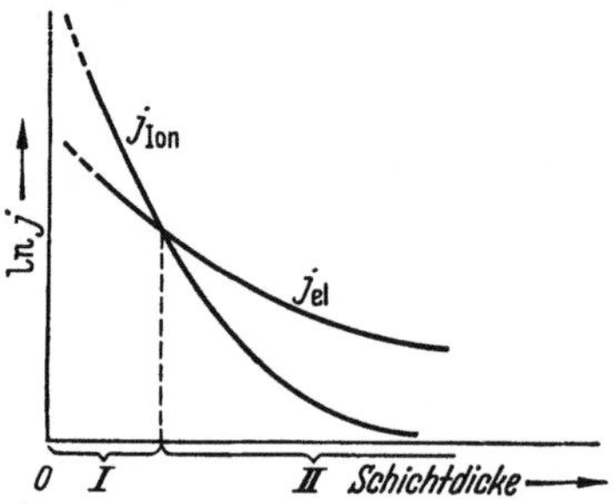

Abb. 3. Logarithmische Darstellung der maximal möglichen Transportströme durch sehr dünne Schichten nach HAUFFE u. ILSCHNER
Bereich I: $j_{Ion} > j_{el}$, logarithmisches Zeitgesetz
Bereich II: $j_{el} > j_{Ion}$, reziprok-logarithmisches Zeitgesetz

hohe Feldstärken ($\sim 10^7$ V/cm) zutreffende Annahme gemacht, daß der Ionenstrom exponentiell von der Feldstärke abhängt. Experimentell wurde diese Annahme beim anodischen Wachstum von Al_2O_3 auf Al von GÜNTERSCHULZE und BETZ[6] bestätigt gefunden. Abb. 3 zeigt schematisch, wie sich die Wachstumsgeschwindigkeit der Oxydschicht nach Gl. (2) und nach Gl. (3) mit der Dicke der bereits gebildeten Oxydschicht ändert. Da die Kinetik des Vorganges stets von der langsamsten Teilreaktion bestimmt wird, folgt die Oxydationsgeschwindigkeit im Bereich dünnster Schichten (Bereich I) der Gl. (2), im Bereich etwas dickerer Schichten (Bereich II) der Gl. (3). Wann der Übergang zwischen den beiden Zeitgesetzen erfolgt, hängt von den Konstanten in den Gleichungen ab; vermutlich ist Gl. (2) nur für Schichten von wenigen Gitterparametern Dicke als gültig zu erwarten.

Das wichtigste Kennzeichen des durch Gl. (3) gegebenen sogenannten reziprok-logarithmischen Zeitgesetzes ist die starke Abnahme der Anlaufgeschwindigkeit bei längeren Zeiten. Abb. 4 zeigt einige experi-

[5] CABRERA, N., u. N. F. MOTT: Rep. Progr. Phys. **12**, 163 (1949).

[6] GÜNTERSCHULZE, A., u. H. BETZ: Z. Phys. **92**, 367 (1934).

mentelle Beispiele für dieses Verhalten. Praktisch kann man sagen, daß der Anlaufvorgang in diesen Fällen nach einiger Zeit zum Stillstand kommt. Dieser Stillstand der Reaktion tritt, wie man erkennt, bei Schichten von 50 bis 200 Å Dicke ein.

3.2 Zeitgesetze für dünne Filme

Der Grund für das Aufhören des Dickenwachstums von Oxydschichten, die nach dem reziprok-logarithmischen Zeitgesetz gebildet werden, ist die Abnahme der elektrischen Feldstärke in der Oxydschicht bei zunehmender Schichtdicke. Gegen Ende der Reaktion, also im Bereich des fast waagerechten Astes der Kurven in Abb. 4, reicht die Feldstärke nicht mehr aus, um eine nennenswerte Anzahl von Ionenstörstellen über die Sattelpunkte im Gitter zu heben und somit ihre Wanderung zu ermöglichen. Die Reaktion kann jedoch wieder einsetzen, wenn die für den Sattelsprung erforderliche Energie den Ionen durch eine Temperaturerhöhung zugeführt wird. Das elektrische Feld hat nun nicht mehr die Aufgabe, den Sattelsprung zu ermöglichen, sondern es verleiht den Störstellen nur noch eine Vorzugsrichtung für ihre thermische Bewegung. In diesem Falle hängt der Ionenstrom nicht mehr exponentiell, sondern linear von der Feldstärke in der Oxydschicht ab. Damit entfällt eine der Voraussetzungen für das reziprok-logarithmische Zeitgesetz, und es ist erklärlich, warum dieses Zeitgesetz nur bei niedrigen Temperaturen — im allgemeinen bis wenig oberhalb Zimmertemperatur — zu finden ist.

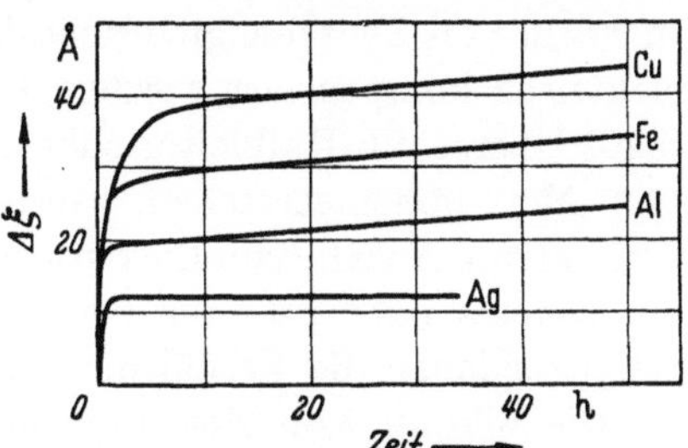

Abb. 4. Zusammenstellung einiger Oxydationskurven bei Raumtemp. nach KUBASCHEWSKI u. HOPKINS

Die Zeitgesetze, die nun für den Anlaufvorgang charakteristisch sind, behalten ihre Gültigkeit so lange, wie der Anteil des elektrischen Feldes am Ionentransport gegenüber dem chemischen Potentialgefälle überwiegt. Ein elektrisches Feld kann hier nur in Verbindung mit einer Raumladung auftreten. Daher ist die Dicke der Raumladungsrandschicht, die sich durch die Sauerstoffadsorption an einer Oxydoberfläche bildet, ein Maß für die maximale Oxydschichtdicke, bis zu der die hier zu behandelnden Zeitgesetze gültig sind. Nach einer Berechnung von MOTT[7] sind die Raumladungserscheinungen in einer Entfernung ξ^* von der Oberfläche im wesentlichen abgeklungen. Nach MOTT gilt

$$\xi^* = \sqrt{\frac{\varepsilon k T}{2\pi e^2 n_i}}. \tag{4}$$

[7] MOTT, N. F.: J. Chim. physique Physico-Chim. biol. **44**, 172 (1947).

ε bedeutet die Dielektrizitätskonstante des Oxyds, e die Elementarladung und n_i die Störstellenkonzentration im Innern des Oxyds. Durch Einsetzen angemessener Werte für n_i ergibt sich aus Gl. (4) ξ^* zu einigen tausend Ångström-Einheiten.

Die Art des Zeitgesetzes, das für die Bildung von Schichten zwischen (ungefähr) hundert und einigen tausend Å gilt, ist davon abhängig, an welchem Ort der Oxydschicht die Bildung der maßgeblichen Art von Ionenstörstellen erfolgt. Wenn das Metall bevorzugt zum Sauerstoff hin durch die Oxydschicht hindurchwandert, während die Sauerstoffionen unbeweglich im Gitter sitzen*, dann können die Metallionen entweder über Zwischengitterplätze oder über Leerstellen wandern. Im ersten Fall enthält das Oxydgitter überschüssige positive Ladungen in Form von Zwischengittermetallionen, die durch Leitungselektronen elektrisch kompensiert werden. Dieses Oxyd würde also ein (Elektronen-) Überschuß-Halbleiter oder n-Leiter sein. Im Falle der Ausbildung von Metallionenleerstellen würde die Elektroneutralität durch eine äquivalente Anzahl von Elektronendefektstellen hergestellt; es läge also ein Defekt- oder p-Leiter vor. Bei einer Fehlordnung im Sauerstoffteilgitter lägen die Verhältnisse umgekehrt.

Die Bildung von Metallionenleerstellen erfolgt durch Reaktion des Oxyds mit adsorbiertem Sauerstoff an der Phasengrenze Oxyd/Sauerstoff. Die Bildung der Zwischengitterkationen dagegen geht durch Auflösung von Metall im Oxyd an der Phasengrenze Metall/Oxyd vor sich.

Für Oxyde mit Zwischengitterkationen ergibt sich das Zeitgesetz wie folgt:

Zeitbestimmend für das Wachstum der Oxydschicht ist der Strom der Ionenstörstellen j_{Ion}, hier also der Zwischengitterkationen, durch die Schicht hindurch. Dieser Ionenstrom ist einmal proportional der Feldstärke in der Schicht, zum anderen proportional der Konzentration der Zwischengitterkationen. Vernachlässigt man die in der Schicht auftretende Raumladung gegenüber den Flächenladungen an den Phasengrenzen Metall/Oxyd und Oxyd/Sauerstoff, die durch die Chemisorption des Sauerstoffs am Oxyd gebildet worden sind, dann erhält man eine ortsunabhängige Feldstärke in der Schicht. Aus energetischen Gründen muß der Potentialabfall in der Schicht konstant bleiben, so daß die Feldstärke linear mit ansteigender Schichtdicke abfällt.

Unter diesen Annahmen ergibt sich für das Wachstum der Schichtdicke[6,8]

$$\frac{d\xi}{dt} \sim j_{\text{Ion}} \sim \mathfrak{E}\, n_{\text{Ion}} \sim \frac{1}{\xi}, \tag{5}$$

* Diese Annahme ist zwar üblich, keineswegs aber in allen Fällen als richtig erwiesen.

[8] HAUFFE, K., u. B. ILSCHNER: Z. Elektrochem. **58**, 467 (1954).

da $\mathfrak{E}$ proportional ξ^{-1} ist. Gl. (5) ergibt integriert ein parabolisches Anlaufgesetz der Form

$$\xi = k_1 t^{1/2}, \tag{6}$$

jedoch hat die Konstante k_1 hier eine völlig andere Bedeutung als bei der Oxydation unter Bildung dicker Schichten, bei denen das Gefälle des chemischen Potentials die treibende Kraft für den Ionenstrom ist.

Die Vernachlässigung der Raumladung in der Schicht gegenüber den Flächenladungen an den Phasengrenzen, die bei der Ableitung des obigen Zeitgesetzes erfolgte, ist im vorliegenden Fall berechtigt, solange die Schichtdicke ξ klein gegenüber der durch Gl. (4) gegebenen Randschichtbreite ξ^* ist. Von HAUFFE und ILSCHNER[8] wurde bei der Ableitung des parabolischen Zeitgesetzes für dünne Schichten auch der Konzentrationsgradient in der Schicht mit berücksichtigt. Eine grundsätzliche Änderung ergibt sich hierdurch nicht, der Charakter des Gesetzes bleibt erhalten.

Seine experimentelle Bestätigung hat das Zeitgesetz Gl. (6) durch Versuche von GULBRANSEN und WYSONG[9] am Aluminium bei etwa 400° C und solche von MOORE und LEE[10] am Zink bei 350° bis 400° C

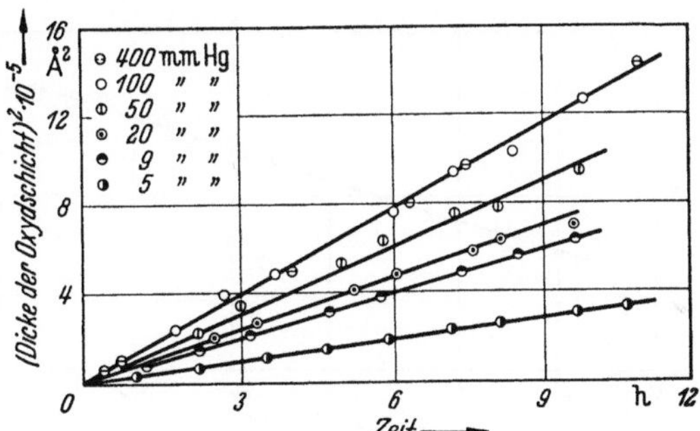

Abb. 5. Oxydationsgeschwindigkeit von Zink bei 400° C und verschiedenen Sauerstoffdrucken nach MOORE u. LEE

gefunden (Abb. 5). Deutlich unterschieden von dem bei dicken Schichten gültigen Zeitgesetz ist Gl. (6) dadurch, daß die Zunderkonstante k_1 hier vom Sauerstoffdruck abhängt, was bei n-leitenden Oxyden bei der Bildung dicker Schichten nicht der Fall ist.

Bei der Oxydation unter Bildung dünner, defektleitender Schichten, also bei der Bildung von Oxyden mit Kationenleerstellen ist in der Theorie auch das chemische Potentialgefälle und die Bildung einer Raumladung in der Schicht mit berücksichtigt worden[11]. Das Zeit-

---

9 GULBRANSEN, E. A., u. W. WYSONG: J. physic. Colloid. Chem. **51**, 1087 (1947).

10 MOORE, W. J., u. J. K. LEE: Trans. Faraday Soc. **47**, 501 (1951).

11 ENGELL, H.-J., K. HAUFFE u. B. ILSCHNER: Z. Elektrochem. **58**, 478 (1954).

gesetz wird allerdings durch diese beiden Verfeinerungen nicht wesentlich berührt. Der Hauptunterschied ist hier gegenüber der Oxydation unter Bildung eines Oxyds mit Zwischengitterkationen der, daß die Bildung der wandernden Ionenstörstellen hier an der Phasengrenze Oxyd/Sauerstoff erfolgt[6]. Es ist anzunehmen, daß die an dieser Phasengrenze im Gleichgewicht vorhandene Konzentration an Kationenleerstellen proportional der Konzentration des chemisorbierten Sauerstoffs ist. Bezeichnen wir die Kationenleerstellen-Konzentration mit $n_\square$ und die Oberflächenkonzentration des chemisorbierten Sauerstoffs mit $\mathfrak{n}^\sigma$, dann gilt also

$$n_\square = k' \mathfrak{n}^\sigma. \tag{7}$$

Da $e\mathfrak{n}^\sigma$ gleichzeitig gleich der Flächenladungsdichte an der Phasengrenze Oxyd/Sauerstoff ist, gilt ferner die POISSONsche Gleichung:

$$\mathfrak{E} = \frac{4\pi e}{\varepsilon} \mathfrak{n}^\sigma. \tag{8}$$

Nun muß die elektrische Feldstärke $\mathfrak{E}$ hier ebenso wie bei der Bildung dünner, n-leitender Oxydschichten aus energetischen Gründen linear mit wachsender Schichtdicke abfallen. Aus diesem Grunde fällt nach

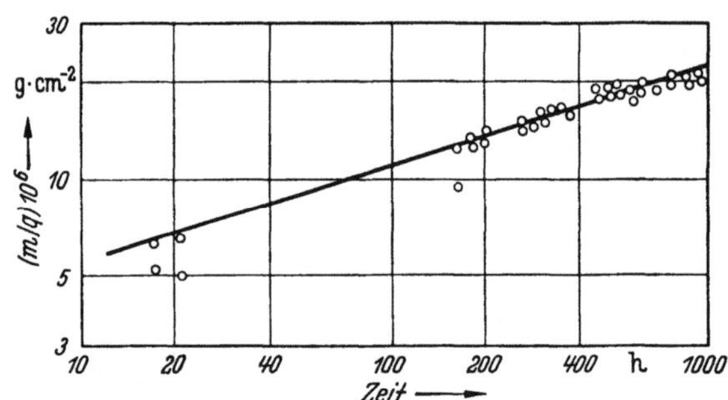

Abb. 6. Kubisches Anlaufgesetz der Oxydation von Tantal in Sauerstoff bei 350° C nach WABER ($1/n = 0{,}305$)

Gl. (7) u. (8) auch die Störstellenkonzentration in der Schicht proportional der Schichtdicke ξ ab. Wir erhalten also wegen $\mathfrak{E} \sim \xi^{-1}$, $n_\square \sim \xi^{-1}$

$$\frac{d\xi}{dt} \sim j_\square \sim \mathfrak{E}\, \mathfrak{n}_\square \sim \frac{1}{\xi^2} \tag{9}$$

oder in integrierter Form

$$\xi = k_2 t^{1/3}. \tag{10}$$

Dieses sogenannte kubische Anlaufgesetz ist experimentell mehrfach beobachtet worden. J. T. WABER[12] fand ein derartiges Zeitgesetz bei der Oxydation von Tantal bei 350° C und bei der Oxydation von Titan bei 216° C, wie in Abb. 6 und 7 gezeigt ist. W. E. CAMPBELL und

[12] WABER, J. T.: J. chem. Phys. **20**, 734 (1952).

U. B. THOMAS[13] zeigten, daß auch die Oxydation von Kupfer zu Cu_2O diesem Gesetz gehorcht. Die Gültigkeit von Gl. (10) ist weiterhin durch die Versuche von E. A. GULBRANSEN und K. F. ANDREW[14]

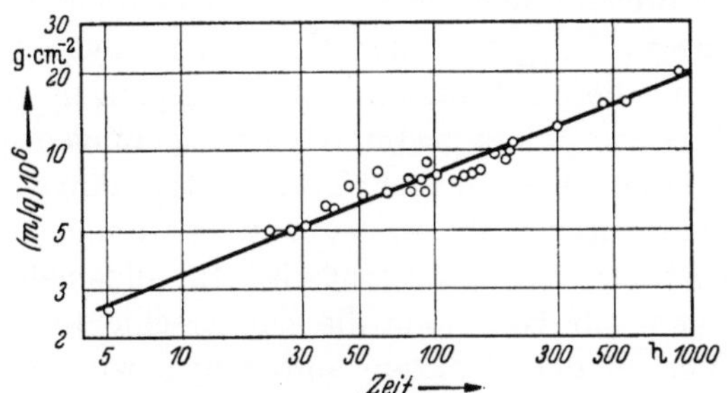

Abb. 7. Kubisches Anlaufgesetz der Oxydation von Titan in Sauerstoff bei 216° C nach WABER ($^1/n$ = 0,386)

und H.-J. ENGELL, K. HAUFFE und B. ILSCHER[11] für die Oxydation von Nickel bei 475° C bzw. 400° C bewiesen worden (Abb. 8). Auch die Oxydation von Cu_2O zu CuO bei hohen Temperaturen folgt nach K. HAUFFE und P. KOFSTAD[15] dieser Formel.

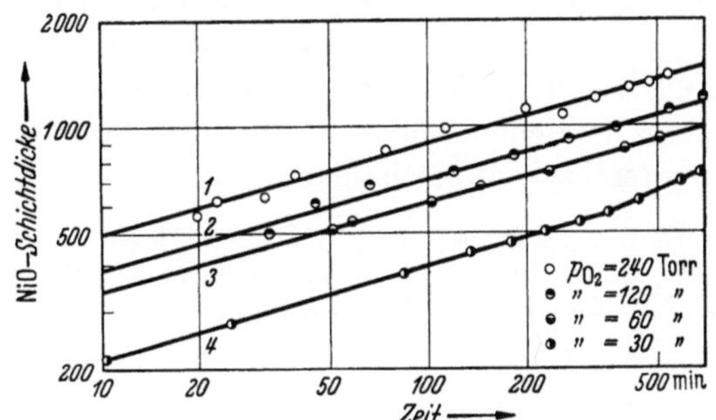

Abb. 8. Kubisches Anlaufgesetz der Oxydation von Nickel bei 400° C u. verschiedenen Sauerstoffdrucken nach ENGELL, HAUFFE u. ILSCHNER

4 Schlußbetrachtung

Den hier behandelten Zeitgesetzen ist allen gemeinsam, daß sie bei der Bildung dünner Oxydfilme (Schichtdicke < 2000 Å) — außer bei der Cu_2O-Oxydation, wo Schichtdicken bis zu 20000 Å beobachtet wurden* — beobachtet werden und daß sie durch das Auftreten elek-

[13] CAMPBELL, W. E., u. U. B. THOMAS: Trans. Electrochem. Soc. **91**, 345 (1947).

[14] GULBRANSEN, E. A., u. K. F. ANDREW: J. electrochem. Soc. **101**, 128 (1954).

[15] HAUFFE, K., u. P. KOFSTAD: Z. Elektrochem. **59**, 399 (1955).

* Jedoch kann gegenwärtig nicht entschieden werden, ob die 20000 Å dicke CuO-Schicht porenfrei ist, wie von HAUFFE vermerkt wird, so daß in der Tat eine wesentlich dünnere Schicht für den Feldtransport in Frage kommt.

trischer Felder in diesen dünnen Filmen bedingt sind. Im Übergangsbereich zwischen den Schichtdicken oder Temperaturen, innerhalb derer die einzelnen Zeitgesetze gelten, liegen kompliziertere Verhältnisse vor, die sich theoretisch nicht geschlossen behandeln lassen.

Auf das lineare Zeitgesetz der Oxydation und Zunderung von Metallen wurde in diesem Rahmen nicht eingegangen, da es nicht zu den durch elektrische Felder bedingten Erscheinungen gehört. Dieses Zeitgesetz tritt dann auf, wenn nicht Transportvorgänge in der Schicht, sondern eine Phasengrenzreaktion der langsamste und also zeitbestimmende Teilschritt des Gesamtvorgangs ist. Im allgemeinen liegen derartige Verhältnisse nur vor, wenn die Zunderschichten nicht deckend sind oder im Verlauf der Reaktion aufbrechen, wie das z. B. bei der Schwefelung von Nickel von K. HAUFFE und A. RAHMEL[16] beobachtet wurde. Aber auch dann, wenn die gebildete Zunderschicht deckend ist, aber dem Transport der Ionenstörstellen durch die Schicht ein vergleichsweise nur geringer Widerstand entgegensteht, kann ein lineares Zeitgesetz beobachtet werden. Dieser Fall ist z. B. von K. HAUFFE und H. PFEIFFER[17] bei der Oxydation von Reineisen in CO_2/CO-Gemischen oberhalb 900° C verwirklicht gefunden worden.

Die Ausbildung deckender Zunderschichten wurde bei der Ableitung aller anderen hier behandelten Zeitgesetze vorausgesetzt.

U. R. EVANS[18] versuchte kürzlich, auch Zeitgesetze für Zunderreaktionen abzuleiten, bei denen Schichten mit Spalten, Rissen oder Poren gebildet werden (crack-heal-mechanism).

---

[16] HAUFFE, K., u. A. RAHMEL: Z. phys. Chem. **199** 152 (1952).
[17] HAUFFE, K., u. H. PFEIFFER: Z. Elektrochem. **56**, 390 (1952).
[18] EVANS, U. R.: Nature **157**, 732 (1946).

Verlauf der chemischen, elektrischen und elektrochemischen Potentiale in einer festen Anlaufzelle

Von K. Nagel

(Diskussionsbeitrag zum Vortrag ENGELL, Oxydationsvorgänge mit nichtparabolischem Zeitgesetz)

Mit 1 Abbildung

Beispiel: Bildung einer oxydischen Anlaufschicht auf einem zweiwertigen Metall, z. B. Zink[1].

Aufbau der Anlaufzelle: Metall/Metalloxyd/Sauerstoff mit Pt als Ableite-Elektrode (s. Phasenschema Abb. 1).

Das Metalloxyd wird als Überschußhalbleiter mit Me^{++}-Ionen auf Zwischengitterplätzen ($Me^{++}_{\circ}$) angenommen. Leerstellen im Me^{++}-Gitter und Metallatome sollen in definierter Konzentration nicht vorhanden sein.

Annahme bzgl. der Phasengrenzen: An den Phasengrenzen wird Gleichgewicht für die dort ablaufenden chemischen und elektrochemischen Reaktionen angenommen.

Phasengrenze Metall 1/Metalloxyd 2a: Gleichgewicht für die Reaktion:

$$ {}_{1}Me \rightarrow {}_{2a}Me $$

Lösungsgleichgewicht Metall/im Oxyd gelöstes Metall

$$ {}_{1}\mu_{Me} = {}_{2a}\mu_{Me} = {}_{2a}\mu_{O} + 2\,{}_{2a}\mu_{\ominus}. $$

Elektrochemisches Gleichgewicht für die Elektrodenreaktion:

$$ {}_{1}\ominus \rightarrow {}_{2a}\ominus . $$

Elektrochemische Potentiale $\eta_{\ominus}$ sind gleich:

$$ {}_{1}\eta_{\ominus} = {}_{2a}\eta_{\ominus}. $$

Galvanispannung

$$ {}_{1,2a}g = {}_{1}\varphi - {}_{2a}\varphi = ({}_{1}\mu_{\ominus} - {}_{2a}\mu_{\ominus})\,/F $$

φ: inneres elektrisches Potential

[1] Vgl. hierzu E. LANGE, Schweiz. Arch. angew. Wiss. Techn. **1952**, 395 u. E. LANGE, G. RÄDLEIN: Z. Elektrochem. **59**, 708 (1955).

Phasengrenze Metalloxyd 2b/Sauerstoff 3: Gleichgewicht für die Reaktion:

$$_{2b}\mathrm{Me}_{\mathrm{O}}^{+2} + 2\,_{2b}\ominus + \tfrac{1}{2}\,_{3}\mathrm{O}_2 \rightarrow {}_{2b}\mathrm{MeO}$$

$$_{2b}\mu_{\mathrm{O}} + 2\,_{2b}\mu_{\ominus} + \tfrac{1}{2}\,_{3}\mu_{\mathrm{O}_2} = {}_{2b}\mu_{\mathrm{MeO}}\,.$$

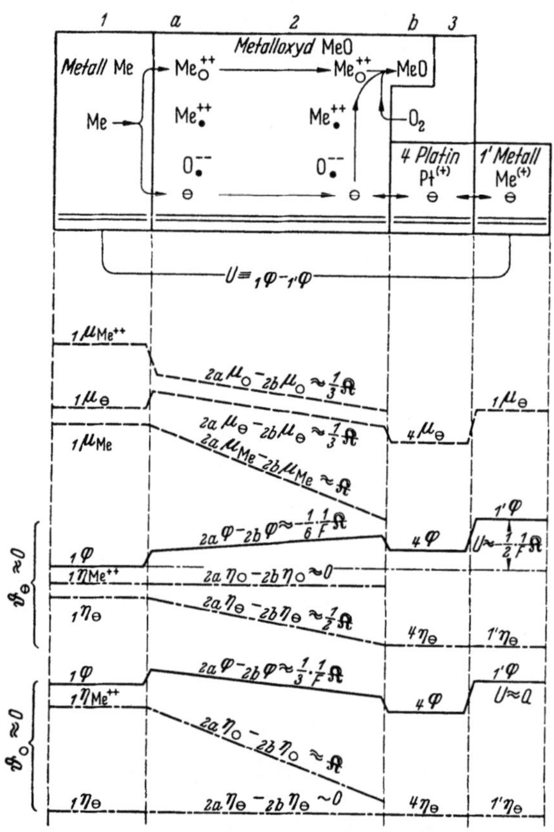

Abb. 1 Schematische Darstellung des Verlaufs der chemischen Potentiale μ_i, des inneren elektrischen Potentials φ und der elektrochemischen Potentiale η in einer festen Anlaufzelle

Phasengrenze Metalloxyd 2b/Platin 4: Elektrochemisches Gleichgewicht für die Elektrodenreaktion:

$$_{2b}\ominus \rightarrow {}_{4}\ominus$$

$$_{2b}\eta_{\ominus} = {}_{4}\eta_{\ominus};\quad \text{Galvanispannung}\ {}_{2b,4}g \equiv {}_{2b}\varphi - {}_{4}\varphi = ({}_{2b}\mu_{\ominus} - {}_{4}\mu_{\ominus})\,/F\,.$$

Phasengrenze Platin 4/*Metall* 1′: Elektrochemisches Gleichgewicht für die Elektrodenreaktion:

$$_{4}\ominus \rightarrow {}_{1'}\ominus$$

$$_{4}\eta_{\ominus} = {}_{1'}\eta_{\ominus};\quad \text{Galvanispannung}\ {}_{4,1'}g \equiv {}_{4}\varphi - {}_{1'}\varphi = ({}_{4}\mu_{\ominus} - {}_{1}\mu_{\ominus})\,/F.$$

Potentialabfälle im Inneren der Oxydphase 2: Berechnung der Gefälle aus der Affinität $\mathfrak{K}$ der Anlaufreaktion, speziell der Oxydation $Me + {}^1/_2\, O_2 \rightarrow MeO$.

Chemisches Potentialgefälle der Metallionen und Elektronen:

$$({}_{2a}\mu_{\circ} - {}_{2b}\mu_{\circ}) + 2\,({}_{2a}\mu_{\ominus} - {}_{2b}\mu_{\ominus}) = {}_{2a}\mu_{Me} - {}_{2b}\mu_{Me}$$
$$= {}_{1}\mu_{Me} + \tfrac{1}{2}\,{}_{3}\mu_{O_2} - {}_{2b}\mu_{MeO} = \mathfrak{K}$$

Mit ${}_2\mu_{\circ} = {}_2\underline{\mu}_{\circ} + RT\ln c_{\circ}$, ${}_2\mu_{\ominus} = {}_2\underline{\mu}_{\ominus} + RT\ln c_{\ominus}$: (Ideal verdünnte Lösung):

$$RT\left(\ln\frac{{}_{2a}c_{\circ}}{{}_{2b}c_{\circ}} + 2\ln\frac{{}_{2a}c_{\ominus}}{{}_{2b}c_{\ominus}}\right) = \mathfrak{K}.$$

Mit $c_{\ominus} = 2\,c_{\circ}$ (Elektroneutralitätsbedingung):

$$RT\ln\frac{{}_{2a}c_{\circ}}{{}_{2b}c_{\circ}} = RT\ln\frac{{}_{2a}c_{\ominus}}{{}_{2b}c_{\ominus}} = \frac{1}{3}\mathfrak{K}$$

Elektrisches Potentialgefälle:

Allgemein:	*Speziell:* Überwiegende Elektronen-Leitfähigkeit $\vartheta_{\circ} \rightarrow 0$	*Speziell:* Überwiegende Ionen-Leitfähigkeit $\vartheta_{\ominus} \rightarrow 0$
${}_{2a}\varphi - {}_{2b}\varphi = \int_b^a d\varphi = -\frac{1}{2F}\int_b^a \vartheta_{\circ}\, d\mu_{\circ} + \frac{1}{F}\int_b^a \vartheta_{\ominus}\, d\mu_{\ominus}$; $\vartheta_{\circ} = \frac{\varkappa_{\circ}}{\varkappa}$; $\vartheta_{\ominus} = \frac{\varkappa_{\ominus}}{\varkappa}$	$\sim \frac{1}{3}\frac{1}{F}\mathfrak{K}$	$\sim -\frac{1}{6}\frac{1}{F}\mathfrak{K}$

Elektrochemisches Potentialgefälle:

a) *Elektronen:* ${}_{2a}\eta_{\ominus} - {}_{2b}\eta_{\ominus} = ({}_{2a}\mu_{\ominus} - {}_{2b}\mu_{\ominus}) - F\,({}_{2a}\varphi - {}_{2b}\varphi)$	~ 0	$\sim \frac{1}{2}\mathfrak{K}$
b) *Metallionen:* ${}_{2a}\eta_{\circ} - {}_{2b}\eta_{\circ} = ({}_{2a}\mu_{\circ} - {}_{2b}\mu_{\circ}) + 2F\,({}_{2a}\varphi - {}_{2b}\varphi)$	$\sim \mathfrak{K}$	~ 0

Spannung der Anlaufzelle:	*Speziell:* Überwiegende Elektronen-Leitfähigkeit	*Speziell:* Überwiegende Ionen-Leitfähigkeit
$U = {}_{1,2a}g + {}_{2b,4}g + {}_{4,1'}g + ({}_{2a}\varphi - {}_{2b}\varphi) = -\frac{1}{3}\frac{1}{F}\mathfrak{K} + ({}_{2a}\varphi - {}_{2b}\varphi)$	~ 0	$\sim -\frac{1}{2}\frac{1}{F}\mathfrak{K} = -E_0$
Anlaufgeschwindigkeit: $\frac{dn}{dt} = \frac{q}{x}\frac{\bar{\varkappa}_{\circ}\bar{\varkappa}_{\ominus}}{\bar{\varkappa}F}E_0$	$\frac{dn}{dt} = \frac{q}{x}\vartheta_{\circ}\bar{\varkappa}\frac{1}{F}E_0$	$\frac{dn}{dt} = \frac{q}{x}\vartheta_{\ominus}\bar{\varkappa}\frac{1}{F}E_0$

n: Zahl der Äquivalente MeO x, q: Dicke bzw. Querschnitt der Anlaufschicht
$\bar{\varkappa}$: Mittelwert der Leitfähigkeit (Parabolisches Anlaufgesetz)
E_0: EMK der reversiblen Anlaufzelle

Die an einem verhältnismäßig einfachen System übersichtlich dargestellten Potentialverhältnisse in einer festen Zelle können auch als Grundlage für die Behandlung verwickelterer Fälle (andere Arten von Fehlordnung, keine Gleichgewichte an den Phasengrenzen) dienen. Darüberhinaus lassen sie sich auch auf Deckschichten übertragen, die sich im System Metall/wässerige Lösung ausbilden können.

Größe und Vorzeichen der Potentialsprünge an den Phasengrenzen wurden willkürlich angenommen. Der Potentialverlauf im Inneren der Oxydschicht wurde vereinfachend geradlinig gezeichnet.

Diskussionsbemerkungen

K. J. Vetter:

Im ersten Teil wurde gesagt, daß bei hinreichend dicken Schichten wegen einer makroskopischen Elektroneutralität im Innern kein elektrisches Feld auftritt, das den Transport der Teilchen verursacht. Allgemein möchte ich dem widersprechen. Ein Wachsen der Schichtdicke ist nur möglich, wenn ein Gradient des chemischen Potentials von neutralem Metall, also $Me^{+z} + ze^-$ von der Metall- zur Gasseite des Oxyds vorhanden ist. Diese ambipolare Diffusion des Metalls besteht in einer gemeinsamen aber unabhängigen Wanderung von Me^{+z} und z Elektronen und führt im allgemeinen Fall, wenn die Einzelleitfähigkeiten verschieden sind, zu einem elektrischen Potentialgefälle, das den Flüssigkeitsdiffusionspotentialen entspricht. Eine Elektroneutralität im Innern bedeutet nach der POISSONschen Gleichung $d^2 V/d\xi^2 = 0$. Diese Beziehung läßt trotzdem noch das Vorhandensein eines Feldes $d V/d\xi \neq 0$ zu.

H.-J. Engell (*Schlußwort*):

Ich bin VETTER für diese Präzisierung der Begriffe zu Dank verpflichtet und stimme ihm durchaus zu. Wenn ich auf diese Verhältnisse nicht näher eingegangen bin, so liegt es einmal daran, daß mein Referat sich nicht mit dicken, sondern gerade mit dünnen Schichten beschäftigt, in denen die mit einer Raumladung verbundenen Felder von überwiegender Bedeutung sind. Andererseits lassen sich die von VETTER erwähnten Diffusionspotentiale bei sehr unterschiedlichen Teilleitfähigkeiten der Ionen und Elektronen formal in die Diffusionsformel mit einbeziehen und treten dann nicht mehr explizit in den Geschwindigkeitsgleichungen auf, wenn man für den Diffusionskoeffizienten der weniger beweglichen Komponente den Ausdruck

$$D = (1 + z) D_0$$

benutzt[1]. D ist hierin der *formale*, D_0 der wirkliche Diffusionskoeffizient und z die Wertigkeit der betrachteten Teilchenart. Diese Behandlungsweise erscheint deshalb nicht ganz unberechtigt, weil diese Felder nicht a priori vorhanden sind, sondern nur als Folge der Diffusionsvorgänge auftreten — daher auch der Name *Diffusionspotential.*

Die übersichtliche Darstellung der Verläufe der chemischen, elektrochemischen und elektrischen Potentiale in dicken Anlaufschichten, wie NAGEL sie gegeben hat, stimmt mit meiner Auffassung und, wie ich glauben möchte, auch mit der von VETTER überein. NAGEL kommt dabei zu dem gleichen Ergebnis, wie es sich aus den von C. WAGNER[1] angegebenen Formeln ergibt und wie es formelmäßig auch von anderen Autoren[2] angegeben wurde. Die von NAGEL angegebene Tabelle entspricht etwa der in etwas anderer Schreibweise für den Fall von überwiegender Elektronenleitfähigkeit und für die verschiedensten Fehlordnungstypen in der zitierten Arbeit von WAGNER[1] auf Seite 455 abgedruckten Übersicht.

---

[1] WAGNER, C.: Z. phys. Chem. Abt. B **34**, 309, 317, 447 (1936); s. auch K. HAUFFE u. B. ILSCHNER: Z. Elektrochem. **58**, 467 (1954).

[2] KOI, YOSHITAKO: J. Sci. Hiroshima Univ. A **14**, 245 (1950).

Über den Mechanismus der elektrolytischen Passivschichtbildung

Von **K. J. Vetter**

Mit 5 Abbildungen

1 Begriff der Passivität

Das vorliegende Referat soll nicht so sehr auf die Einzelheiten spezieller Passivitätsprobleme, sondern vielmehr auf die allgemeinen Prinzipien eingehen, auf die sich ein Verständnis der Eigenschaften und der Ausbildung der Passivität gründet. Bevor jedoch auf diese grundlegenden Vorstellungen eingegangen werden kann, muß zunächst näher erläutert werden, was phänomenologisch unter Passivität, hier vor allem der elektrolytischen Passivität, zu verstehen ist.

Zwischen einem Metall Me und einem Elektrolyten, der die Ionen $Me^{z+}(aq)$ dieses Metalls gelöst enthält, stellt sich in bekannter Weise ein Metallionenpotential ε ein, das der NERNSTschen Gleichung

$$\varepsilon_0 = E_0 + \frac{RT}{zF} \ln c$$

gehorcht, wenn keine Störungen auf diese Potentialeinstellung einwirken. Hierin ist c die Konzentration oder genauer die Aktivität der Metallionen im Elektrolyten und E_0 das Normalpotential des Metalls. Das Metall, oder besser die Metallionen des Metalls, stehen bei diesem Gleichgewichtspotential ε_0 in einem thermodynamischen Gleichgewicht mit den gleichartigen Metallionen im Elektrolyten. Ist nun aus irgendeinem Grunde (anodischer Strom, oxydierender Elektrolyt) das tatsächlich sich einstellende Potential ε positiver (also edler) als dieses Gleichgewichtspotential $\varepsilon_0 < \varepsilon$, so besteht thermodynamisch die Tendenz zur Auflösung von Ionen des Metalls im Elektrolyten. Dieser Übergang von Metallionen aus dem Metall in den Elektrolyten ist wegen der elektrischen Ladung der Metallionen mit einem Elektrizitätstransport, also mit einem anodischen Strom durch die Phasengrenze, verknüpft. Dieser anodische Strom, der evtl. nur ein Teilstrom eines Gesamtstromes ist, ist gleichzeitig über die FARADAYschen Gesetze ein Maß für die Auflösungsgeschwindigkeit des Metalls. Da die Menge des in Lösung gehenden Metalls unter definierten Bedingungen der Oberflächengröße proportional ist, muß als Maß der Auflösungsgeschwindigkeit die in der Zeiteinheit in Lösung gehende Metallmenge pro Oberflächeneinheit, also die anodische Teilstromdichte in Amp/cm², verwendet werden.

Die Größe dieser anodischen Stromdichte der Metallauflösung ist nun eine Funktion des Elektrodenpotentials. Bei $\varepsilon = \varepsilon_0$ ist $i = 0$. i hat einen um so größeren Wert, je positiver das Potential $\varepsilon > \varepsilon_0$ ist, wie es die Abb. 1 schematisch darstellt. Bei einem Potential $\varepsilon < \varepsilon_0$ (negativer als ε_0, also unedler als ε_0) besteht thermodynamisch die Tendenz zur kathodischen Abscheidung der gelösten Metallionen. Die Geschwindigkeit dieses Vorganges kann durch eine potentialabhängige kathodische Stromdichte dargestellt werden, die als kathodischer Strom vereinbarungsgemäß ein negatives Vorzeichen besitzen soll. Sie ist ebenfalls in Abb. 1 schematisch eingezeichnet worden.

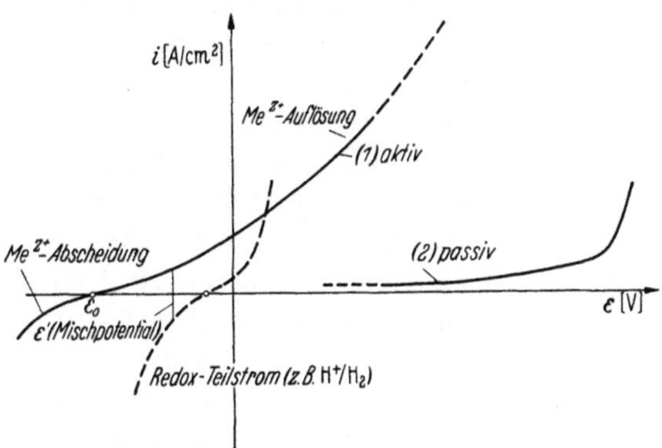

Abb. 1. Schematischer Verlauf von Stromdichte-Potentialkurven der Metallauflösung im aktiven (1) und passiven (2) Zustand und der Reduktion und Oxydation von Redoxsystemen (gestrichelt).

An der gleichen Oberfläche kann nun gleichzeitig, vollständig unabhängig voneinander, noch ein anderer elektrochemischer Vorgang, z. B. die Reduktion von H^+-Ionen zu molekularem Wasserstoff oder die kathodische Reduktion der oxydierten Substanz in einem Redoxsystem, ablaufen (gestrichelte Kurve in Abb. 1). Die Teilstromdichte dieses Vorganges ergibt dann mit der Teilstromdichte der Metallionenauflösung additiv die Gesamtstromdichte, die unter Umständen $i = 0$ sein kann, obwohl an der gleichen Oberfläche eine anodische Metallauflösung unter kathodischer H_2-Entwicklung bzw. Reduktion des Oxydationsmittels beim sogenannten Mischpotential $\varepsilon > \varepsilon_0$ abläuft. Die Geschwindigkeit der Metallauflösung richtet sich nach der ersten (ausgezogenen) Stromdichte-Potentialkurve für den Metallionenübergang und hängt somit nur vom Potential ab.

In dem hier zu diskutierenden Zusammenhang interessieren aber zunächst nicht die Gründe oder Ursachen für das Auftreten eines gewissen Metallpotentials, sondern nur die Kurve *1* der Abb. 1. Wie es rein experimentell gemacht wird, daß sich ein vorgegebenes Potential ausbildet, ist für die augenblickliche Betrachtung von untergeordneterem Interesse.

Die Kurve *1* soll dem aktiven Zustand des Metalls angehören. Unter gewissen Umständen ist aber das Metall, oder wohl besser die

Metalloberfläche, in einem Zustand, in dem die Auflösungsgeschwindigkeit, also die anodische Teilstromdichte, um Zehnerpotenzen kleiner ist als im aktiven Zustand beim gleichen Potential, wie es die Kurve *2* wiedergibt. Dieser Zustand des Metalls, in dem die Metallionenauflösung fast vollständig gehemmt ist, wird als *passiver Zustand* bezeichnet.

Zwischen einer geringen Verlangsamung des Metallauflösungsvorganges durch eine sogenannte Inhibition bis zu einer Verzögerung um Zehnerpotenzen bei Eintritt der Passivität ist selbstverständlich ein fließender Übergang. Vollständig passiv wäre theoretisch ein Metall nur dann, wenn es trotz großer anodischer Überspannungswerte $\eta = \varepsilon - \varepsilon_0 > 0$ überhaupt nicht mehr in Lösung gehen würde. In der Praxis hängt dieser Begriff der vollständigen Passivität jedoch von der Grenze der Nachweisbarkeit kleinster sich lösender Mengen ab. Ein Metall mit einer Korrosion von 10^{-3} mm/Tag Schichtdicke, die einer anodischen Stromdichte von etwa $5 \cdot 10^{-5}$ Amp/cm² entspricht, dürfte wohl als praktisch unangreifbar, also passiv anzusehen sein. Nach Untersuchungen von Franck, Vetter und Weil[1-4] fällt die Auflösungsstromdichte am Eisen bei der Passivierung von etwa 20 Amp/cm² auf $1 \cdot 10^{-5}$ Amp/cm², also um mehr als 6 Zehnerpotenzen ab.

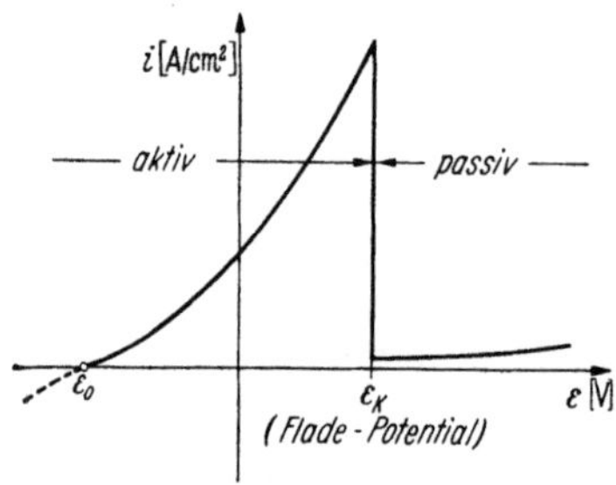

Abb. 2. Prinzipieller Stromverlauf bei der anodischen Passivierung eines Metalls. ε_K = Flade-Potential, ε_0 = Me/Me^{z+}-Gleichgewichtspotential

Bei Steigerung des Potentials eines Metalls vom Gleichgewichtspotential ε_0 zu positiveren, also edleren Werten hin wächst die hierfür benötigte anodische Stromdichte zunächst stark an, wie es nochmals die Abb. 2 zeigt. Nach dem Überschreiten eines bestimmten, für das Metall und den p_H-Wert charakteristischen Potentials ε_K fällt die anodische Stromdichte auf einen sehr kleinen Wert herunter. Das Metall wird dann oberhalb dieses Potentialwertes ε_K als passiv bezeichnet. Die Beobachtung dieses Stromverlaufes ist wohl das sicherste Kriterium für den Eintritt der Passivität eines Metalls.

2 Ursache der Passivität

Als Ursache der Passivität, die an einer großen Zahl von Metallen, wie z. B. Fe, Co, Ni, Cr, Al, Ta, Ti, Pt, Pd, Au und anderen Metallen bei anodischer Behandlung oder in oxydierendem Elektrolyten beobach-

[1] Franck, U. F.: Z. Naturf. **4**a, 383 (1949).
[2] Vetter, K. J.: Z. Elektrochem. **55**, 274 (1951).
[3] Vetter, K. J.: Z. Elektrochem. **59**, 67 (1955).
[4] Franck, U. F., u. K. Weil: Z. Elektrochem. **56**, 814 (1952).

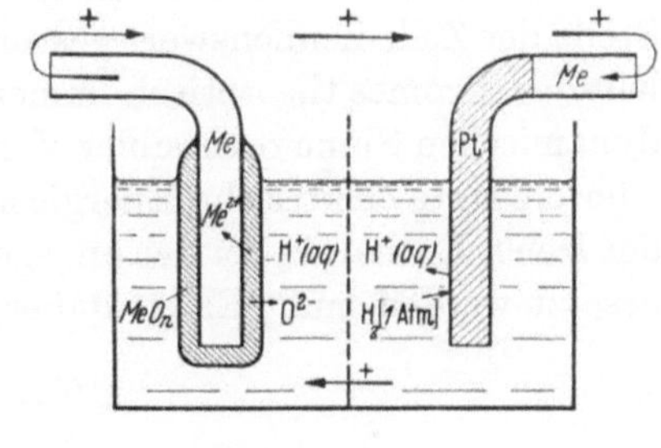
+
+
+
Me
Me
Pt
Me2+
H+(aq)
H+(aq)
MeOn
O2-
H2(1 Atm)
+

Elektrolyten vorhandene Me-Ionen keinen Einfluß auf das Potential der Wasserstoffelektrode ausüben.

Wird nun durch diese Elektroden ein Strom hindurchgeschickt, so läuft bei der in Abb. 3 angegebenen Stromrichtung an der passiven Metallelektrode die Elektrodenbruttoreaktion

$$\mathrm{MeO}_n + 2n\,\mathrm{H}^+ + 2n\,e^- \rightarrow \mathrm{Me} + n\,\mathrm{H_2O}$$

ab, die einer Reduktion von Passivoxyd entspricht. An der Platin-Wasserstoffelektrode findet die Elektrodenbruttoreaktion

$$n\,\mathrm{H}_2 \rightarrow 2n\,\mathrm{H}^+ + 2n\,e^-$$

statt. Beide Reaktionen zusammen ergeben dann die Zellbruttoreaktion

$$\mathrm{MeO}_n + n\,\mathrm{H}_2 \rightarrow \mathrm{Me} + n\,\mathrm{H_2O} \tag{1}$$

mit der Pfeilrichtung, die der angegebenen Stromrichtung entspricht.

Ist nun der Strom so klein, daß die Gleichgewichte an keiner Stelle der Zelle nennenswert gestört werden, was bei genügender Kleinheit des Stromes theoretisch immer möglich ist, so läuft ein im thermodynamischen Sinne reversibler Vorgang ab, bei dem die aufzuwendende oder erzeugte elektrische Energie $nF\,\varepsilon$ pro Formelumsatz der Änderung der freien Enthalpie bei der angegebenen Reaktionsrichtung ΔG gleichgesetzt werden muß. Es ist daher

$$\Delta G = -n F \varepsilon. \tag{2}$$

Hierin ist $F = 96500$ Coulb/Äquiv die FARADAYsche Zahl und n die Elektrodenreaktionswertigkeit. Das Vorzeichen der Zellspannung ε soll so gewählt sein, daß $\varepsilon = \varphi$ (pass. Me) $-\,\varphi$ ($\mathrm{H_2}$, Pt) ist. Bei positivem Potential der Passivelektrode gegenüber dem Potential der Platin-Wasserstoffelektrode ist also ε definitionsgemäß positiv. Dann läuft der Strom in der angegebenen Richtung bei äußerem Stromschluß ohne weitere äußere Stromquelle unter Abgabe von Energie ab. Die Gesamtzelle gibt also diese Energie ab, ΔG ist daher negativ. Es muß also das negative Vorzeichen im vorliegenden Fall in Gl. (2) stehen. Das Potential der Passivelektrode gegen die Wasserstoffelektrode in gleicher Lösung ist daher

$$\varepsilon = -\frac{\Delta G}{nF}. \tag{3}$$

ΔG setzt sich andererseits aus der Reaktionsenthalpie ΔH (= negative Wärmetönung) und der Änderung der Entropie ΔS bei Ablauf der Zellreaktion in der angegebenen Richtung nach $\Delta G = \Delta H - T\,\Delta S$

zusammen und ist für die angegebene Zellbruttoreaktion aus den Tabellenwerten[6] der Bildungsenthalpien und der Normalentropien der beteiligten Stoffe zu berechnen. Damit ist dann auch das reversible Bildungs- und Reduktionspotential ε_K theoretisch zu ermitteln.

Da in der Zellbruttoreaktion Gl. (1) keine Wasserstoffionen enthalten sind, muß die Zellspannung zwischen der Passivelektrode und der Wasserstoffelektrode in gleicher Lösung unabhängig vom p_H-Wert sein. Das Potential der Wasserstoffelektrode auf die Normalwasserstoffelektrode bezogen besitzt aber die bekannte p_H-Abhängigkeit $\varepsilon_{H_2} = -2{,}303 \frac{RT}{F} p_H$, so daß sich für die p_H-Abhängigkeit des FLADE-Potentials für alle Passivelektroden $\varepsilon_K = \varepsilon + \varepsilon_{H_2}$

$$\varepsilon_K = \varepsilon_0 - 2{,}303 \frac{RT}{F} p_H = \varepsilon_0 - 0{,}059\, p_H \tag{4}$$

ergibt. ε_0 hat für jedes Metall einen charakteristischen Wert.

Diese p_H-Abhängigkeit ist z. B. für Eisen von U. F. FRANCK[1] recht gut bestätigt worden. Der Wert $\varepsilon_0 = +0{,}58$ V beim Fe hat jedoch auf Grund der Enthalpie- und Entropiewerte der bekannten Eisenoxyde einen um 0,63 V zu positiven Wert, worauf K. F. BONHOEFFER[7] hinwies. Bemühungen[8], diesen Effekt zu klären, hatten jedoch noch keinen Erfolg.

Auch an Pt, Pd, Au konnte eine p_H-Abhängigkeit nach Gl. (4) festgestellt werden[9].

An der Antimonelektrode, die zur p_H-Messung verwendet wird, wird offenbar ebenfalls das Potential ε_K einer Passivschicht gemessen, dessen p_H-Abhängigkeit zur p_H-Messung praktisch ausgenutzt wird.

4 Porenfreiheit

Passivschichten, die im Sinne von W. J. MÜLLER[10] zu einer *chemischen* Passivität im Gegensatz zur *mechanischen* Passivität führen, sollten porenfrei sein, denn ihre Bildung sollte nicht in einer Konzentrationsfällung vor der Oberfläche bestehen. Theoretisch ist die Ausbildung von Poren bei der unmittelbaren Bildung der Passivschicht aus dem Metall und den O^{2-}-Ionen des Wassers schwer vorstellbar. Es

---

[6] Zum Beispiel in J. D'ANS u. E. LAX: Taschenbuch für Chemiker und Physiker, S. 312—343. Berlin/Göttingen/Heidelberg: Springer 1949.

[7] BONHOEFFER, K. F., u. H. BEINERT: Z. Elektrochem. **47**, 536 (1941), spez. S. 542.

[8] VETTER, K. J.: Z. phys. Chem. **202**, 1 (1953) — Z. Elektrochem. **59**, 67 (1955) — Z. phys. Chem. N. F. **4**, 165 (1955).

[9] Nach bisher unveröffentlichten Untersuchungen von D. BERNDT und K. J. VETTER.

[10] MÜLLER, W. J.: Z. Elektrochem. **30**, 401 (1942). — Monath. **48**, 559 (1927).

müßte dann an gewissen Oberflächenteilen, an denen Poren liegen, trotz recht erheblich größerem (positiverem) Potentialwert ε gegenüber dem experimentellen FLADE-Potential ε_K keine Passivschichtbildung einsetzen, obwohl sie an den anderen Oberflächenteilen bereits am FLADE-Potential sehr schnell abläuft. Aber auch wenn an irgendwelchen vielleicht kristallographisch ausgezeichneten Flächen der polykristallinen Oberfläche gegen alle Erwartung diese Passivschichtbildung stark gehemmt sein sollte, müßte sich im sauren Elektrolyten an dieser Oberfläche das Metall wie im aktiven Zustand außerordentlich stark auflösen. Hierbei müßten schließlich nach einem gewissen mikroskopisch kleinen Lochfraß Oberflächenteile freigelegt werden, an denen dann die Passivschichtbildung doch wie an den anderen Flächen möglich wird. Nach kürzester Zeit müßten also eventuelle Poren so oder so ausheilen.

Es bestehen aber an einigen genauer untersuchten Metallen auch rein experimentelle Gründe für die Porenfreiheit der Passivschichten dieser Metalle. Die Untersuchungen von A. GÜNTHERSCHULZE und H. BETZ[11] an Al, Ta und Ti zeigen erst bei recht hohen Potentialen geringe stationäre anodische Stromdichten, die zum Wachsen der Schichtdicke oder evtl. für eine geringe Korrosion aufgewendet werden. Eine Korrosion dieser Metalle im Passivzustand, die leider noch nicht genauer untersucht ist, könnte also maximal die Größe dieser anodischen Ströme haben, die aber noch bei relativ stark positiven Potentialen unterhalb der Meßempfindlichkeit liegen. In den aktiven Poren müßten aber vor allem bei den stark positiven Potentialen ganz bedeutende Stromdichten der anodischen Metallauflösung herrschen. Bei der gar nicht vorhandenen oder nur außerordentlich kleinen Korrosion dieser passiven Metalle würden sich daher mögliche maximale Porendurchmesser errechnen, die kleiner als Atomabmessungen wären und somit keinen physikalischen Sinn mehr hätten. Es sind daher Poren in diesen Schichten auszuschließen.

An der Passivschicht des Eisens konnte K. J. VETTER[12] Poren in einer ähnlichen Untersuchung ausschließen. Die Äquivalentstromdichte[13] der Korrosion des passiven Eisens ist von der Größenordnung $i_K = 10\ \mu A/cm^2$, wie auch U. F. FRANCK und K. WEIL[4] feststellen konnten. Bereits beim FLADE-Potential müßte aber die Stromdichte der anodischen Fe-Auflösung in eventuellen Poren den von U. F. FRANCK[1] an aktivem Eisen festgestellten Wert der Größen-

[11] GÜNTHERSCHULZE, A., u. H. BETZ: Z. Phys. **91**, 70 (1934); **92**, 367 (1934) Siehe auch W. C. VAN GEEL: Halbleiterprobleme I, 299 (1954), herausgegeben von W. SCHOTTKY.

[12] VETTER, K. J.: Z. Elektrochem. **55**, 274 (1951), spez. S. 278.

[13] Der Begriff *Äquivalentstromdichte* einer chemischen Reaktion wurde von K. F. BONHOEFFER und U. F. FRANCK, Z. Elektrochem. **55**, 180 (1951) eingeführt.

ordnung 20 Amp/cm^2 haben. Die Poren dürften also höchstens einen Bruchteil 10μ A/20 Amp. $= 5 \cdot 10^{-7}$ der Gesamtoberfläche ausmachen. Wegen der experimentell beobachteten homogenen Verteilung der Passivitätseigenschaften müßten mindestens 10^6 Poren/cm^3 auftreten, wenn überhaupt die Korrosion innerhalb der Poren stattfindet. Die Größe der einzelnen Poren würde also auch hier schon in die atomaren Dimensionen gehen. Gegen die Existenz von Poren spricht außerdem die Unabhängigkeit der Korrosion des Passiveisens vom Potential[2,4] und die primäre Auflösung des Passiveisens bei der geringen Korrosion als Fe^{3+}-Ion[3] und nicht als Fe^{2+}-Ion, wie bei der anodischen Auflösung des aktiven Eisens.

Am Nickel sind die quantitativen Verhältnisse ganz ähnlich[14], so daß auch am passiven Nickel keine Poren anzunehmen sind.

Es kann daher auf Grund der experimentellen Ergebnisse einiger untersuchter Metalle und der allgemeinen theoretischen Überlegungen vorausgesetzt werden, daß die Passivschichten keine aktiven Poren besitzen.

5 Korrosion der passiven Metalle

Der Eintritt der vollständigen Passivität bedeutet, daß keine Metallionen mehr in Lösung gehen, obwohl das Potential wesentlich positiver ist als das Gleichgewichtspotential Me/Me^{z+}. Aber vielfach ist diese Bedingung nur angenähert erfüllt. Beim passiven Eisen oder passiven Nickel gehen in 1n H_2SO_4 noch Metallionen mit einer Äquivalentstromdichte der Größenordnung 10μ A/cm^2 in Lösung, wie von K. J. VETTER[2,3] und U. F. FRANCK und K. WEIL[4] durch Analyse am Fe festgestellt werden konnte[15]. Wegen der Porenfreiheit der Schicht kann diese verbleibende geringe Korrosion nicht die Folge eines anodischen Auflösungsvorganges $Me \rightarrow Me^{z+}(aq)$ in Poren sein, sondern die Metallionen müssen sich mit dieser Geschwindigkeit aus der Oberfläche der Passivschicht herauslösen. Die verbleibende geringe Korrosion hat also ihre Ursache in einer langsamen Auflösung des Passivoxyds im Elektrolyten.

Infolge einer derartigen Auflösung des Passivoxyds kann sich der Passivzustand bei Stromlosigkeit in einem nichtoxydierenden Elektrolyten nicht halten, da sich nach einer gewissen Zeit die Passivschicht aufgelöst hat und sich somit das Metall von selbst aktiviert. Unterstützt und beschleunigt wird diese Selbstaktivierung noch durch eine vorzeitige Lochbildung mit folgender Lokalstromausbildung. Derartige

---

[14] Nach noch unveröffentlichten Messungen von K. J. VETTER am passiven Nickel.

[15] Am passiven Nickel tritt eine stärkere Potentialabhängigkeit der Korrosionsäquivalentstromdichte auf, deren kleinster Wert in 1 n H_2SO_4 nach unveröffentlichten Untersuchungen von K. J. VETTER bei etwa 3 μA/cm^2 liegt.

Selbstaktivierungen wurden schon von F. FLADE[5] und in letzter Zeit ausführlich von U. F. FRANCK[1] an Fe in H_2SO_4 untersucht.

Zur Aufrechterhaltung der Passivität muß daher in nicht oxydierenden Elektrolyten eine anodische Stromdichte fließen, die durch Nachbildung von Passivoxyd die Verluste durch die Auflösung gerade kompensiert. Es findet dann an der Oberfläche des Passivoxyds nicht ein gleich schnelles Auflösen von Metallionen und Sauerstoffionen (O^{2-} (Oxyd) $+ 2 H^+$ (aq) $\rightarrow H_2O$) statt, sondern nur allein ein Übergang von Metallionen vom Passivoxyd in den Elektrolyten ohne Verlust von Sauerstoffionen. Die Dicke der Passivschicht bleibt dann erhalten. Die Schicht muß allerdings eine ausreichende Ionenleitfähigkeit an Me^{z+} oder an O^{2-}-Ionen haben, wie in einem der folgenden Abschnitte noch auseinandergesetzt wird.

In Gegenwart eines oxydierenden Elektrolyten, der also mit anderen Worten ein Redoxsystem enthält, kann die Passivität auch äußerlich stromlos aufrecht erhalten werden. Bei einer ausreichenden Elektronenleitfähigkeit der Passivschicht kann unter Umständen an der gleichen Oberfläche der Passivschicht gleichzeitig ein kathodischer Elektronenstrom unter Reduktion des Elektrolyten (Kurve *2*) und ein gleich großer anodischer Metallionenstrom (Kurve *1*), der der Korrosionsäquivalentstromdichte i_K entspricht, im Sinne einer Mischpotentialbildung[16] fließen, so wie es die Abb. 4 zeigt. Bei äußerer Stromlosigkeit stellt sich dann ein Mischpotential ein (kein Gleichgewichtspotential), bei dem die anodische Teilstromdichte gleich der kathodischen ist.

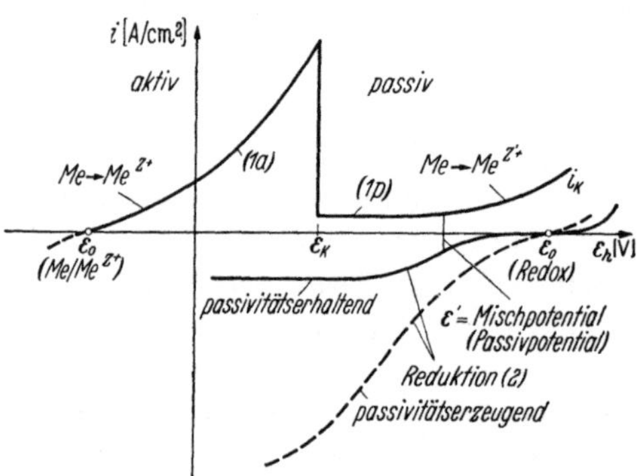

Abb. 4. Stromdichtepotentialkurven der anodischen Metallauflösung (1) im aktiven und passiven Zustand und der Reduktion des Redoxsystems (2) zur Deutung der Vorgänge bei der chemischen Passivierung

Neben der ausreichenden Elektronenleitfähigkeit, die die Schicht besitzen muß, muß das Redoxsystem noch zwei Bedingungen erfüllen, damit die Passivität des Metalls für die Dauer erhalten bleibt. Erstens muß das Gleichgewichtspotential ε_0 (Redox) positiver sein als das FLADE-Potential $\varepsilon_K < \varepsilon_0$ (Redox) und zweitens muß sich das Redoxsystem oberhalb des FLADE-Potentials $\varepsilon > \varepsilon_K$ mit einer Stromdichte reduzieren lassen, die größer als die Korrosionsstromdichte i_K ist, also $i_{\text{Redox}}(\varepsilon) > i_K(\varepsilon)$ muß irgendwo im Bereich $\varepsilon_K < \varepsilon < \varepsilon_0$ (Redox)

[16] Siehe C. WAGNER u. W. TRAUD: Z. Elektrochem. angew. phys. Chem. **44**, 391 (1938).

erfüllt sein. i_{Redox} (ε) ist ein Maß für die Oxydationsgeschwindigkeit des Redoxsystems.

Diese Bedingungen reichen aber nur zur Passivitätserhaltung aus. Soll der Elektrolyt sogar passivitätserzeugend wirken, so muß der kathodische Strom i_{Redox} (ε_K) am FLADE-Potential ε_K größer sein als der anodische Strom der aktiven Metallauflösung $i_{\mathrm{Me/Me^{z+}}}$ (ε_K) am FLADE-Potential. Salpetersäure erfüllt unter Umständen auch die letzte Bedingung und wirkt daher auf Eisen sowohl passivitätserhaltend wie auch passivitätserzeugend, während andere Redoxsysteme mit zum Teil höheren Redoxgleichgewichtspotentialen nur passivitätserhaltend sind[17].

Die Korrosion des passiven Al, Ta oder Ti scheint analytisch nicht nachweisbar klein zu sein. Hier tritt keine Selbstaktivierung auf.

Metalle, deren oxydische Deckschichten noch eine große Lösungsgeschwindigkeit im Elektrolyten haben, können wegen der damit verbundenen großen Korrosionsäquivalentstromdichten keine eigentlich passiven Zustände erreichen. Bei den Alkalimetallen dürfte diese Bedingung z. B. zutreffend sein.

Die Korrosion passiver Metalle ist meines Wissens bisher nur ausführlich am Eisen untersucht worden. Hier fanden U. F. FRANCK und K. WEIL[4, 2] in einem großen Potentialbereich eine Unabhängigkeit der Korrosion vom Potential. Nach K. J. VETTER[18] hängt die Korrosionsgeschwindigkeit in saurer Lösung weniger als proportional von der Wasserstoffionenkonzentration ab. Das Eisen geht hierbei als dreiwertiges Ion sogar ohne Umweg über ein zweiwertiges Ion in Lösung, wie ebenfalls VETTER[18] feststellen konnte. An passivem Nickel zeigt dagegen die Korrosionsäquivalentstromdichte einen starken Anstieg mit dem Potential. Es ist ebenfalls eine p_{H}-Abhängigkeit vorhanden[14]. Eine eindeutige Erklärung für dieses Verhalten liegt noch nicht vor.

6 Elektronenleitfähigkeit der Passivschicht

Wichtig ist für das elektrochemische Verhalten der Passivschicht die Elektronenleitfähigkeit. Bei guter Leitfähigkeit für Elektronen wird sich das Elektronengleichgewicht zwischen den Metallelektronen und den Elektronen der Passivschicht bis in die Oberfläche hinein leicht einstellen und auch durch geringe Ströme nicht nennenswert gestört werden. Das elektrochemische thermodynamische Potential

---

[17] VETTER, K. J.: Z. Elektrochem. **55**, 274 (1951). — BONHOEFFER, K. F., u. K. J. VETTER: Z. phys. Chem. **196**, 127 (1950). — VETTER, K. J.: Z. Elektrochem. **55**, 675 (1951); **56**, 106 (1952).

[18] VETTER, K. J.: Z. Elektrochem. **59**, 67 (1955). Über die Korrosion in neutraler und schwach saurer Lösung siehe K. G. WEIL u. K. F. BONHOEFFER: Z. phys. Chem. N. F. **4**, 173 (1955).

$\eta = \mu + z F \varphi$ mit μ = chemisches Potential, $z = -1$ als Elektronenladung, F = FARADAYsche Zahl und φ = GALVANI-Potential kann dann vom Metall bis in die Oberfläche der Passivschicht als konstant angesehen werden. Wenn im Elektrolyten ein Redoxsystem enthalten ist, das mit den Oberflächenelektronen der Passivschicht im Gleichgewicht steht, so besteht auch noch eine Gleichheit des elektrochemischen Potentials der Elektronen η_e zwischen Oberfläche der Passivschicht und Elektrolyt und somit auch zwischen Elektrolyt und Metall. Für das sich hierbei ausbildende Redoxpotential ist es daher gleich, ob zwischen Elektrolyt und Metall noch eine Passivschicht besteht oder nicht. Es muß sich das gleiche Redoxpotential einstellen wie an einem noch aktiven Edelmetall. Beim passiven Eisen konnte diese Einstellung der normalen Redoxpotentiale bestätigt werden[2, 4].

Die anodische Sauerstoffentwicklung gibt nach der Bruttoreaktion $2\, H_2O \rightarrow O_2 + 4\, H^+ + 4e^-$ Elektronen an die Passivschicht ab, die sich somit wegen der guten Elektronenleitfähigkeit der Passivschicht des Eisens[2] nicht anhäufen, sondern in das Metall abfließen. Die anodische Sauerstoffentwicklung läuft daher am passiven Eisen im gleichen Potentialbereich ab, wie es von anderen Metallen bekannt ist.

Es sei noch hervorgehoben, daß sich am Platin bei höheren Potentialen auch eine Passivschicht ausbildet, bei der ebenfalls gute Elektronenleitfähigkeit angenommen werden muß, da keine Widerstandspolarisation bei Strombelastung von Redoxpotentialen beobachtet wird.

Bei Metallen wie Al, Ti, Ta, deren Passivschichten nach GÜNTHERSCHULZE und BETZ[11] bei den elektrochemisch interessanten Potentialen nur eine außerordentlich geringe Elektronenleitfähigkeit aufweisen, kann somit an der passiven Oberfläche kein Redoxvorgang ablaufen, wie z. B. eine Sauerstoffentwicklung. Diese setzt an diesen Passivschichten erst bei Potentialdifferenzen innerhalb der Schicht von 10 oder 100 V ein, bei denen infolge der hohen Feldstärken von 10^7 V/cm eine geringe Elektronenleitfähigkeit einsetzt.

7 Ionenleitfähigkeit der Passivschicht

Für das Wachsen der Dicke einer Passivschicht ist eine Ionenwanderung nötig, die als Diffusion infolge eines Aktivitätsgefälles oder als elektrische Leitung als Folge einer Potentialdifferenz innerhalb der Schicht auftritt. Wandern hierbei die Metallionen, so findet die Oxydbildung an der Oberfläche Oxyd/Elektrolyt statt, und wandern die Sauerstoffionen, so erfolgt die Bildung der Passivschicht an der Metall/Passivschicht-Phasengrenze. Ist keine Ionenwanderung in einer Passivschicht energetisch möglich, so kann die Schicht nach Ausbildung eines monomolekularen Oxydfilms nicht mehr weiterwachsen.

Die Diffusion ist in Halbleitern bei Zimmertemperatur meistens viel zu klein, um überhaupt beobachtbare Ionentransporte hervorzubringen. Erst nach Anlegen von elektrischen Feldern, die so groß sind, daß die Potentialdifferenz pro Atomschicht ein Vielfaches von RT/zF (z = Ladung der wandernden Ionenart in Elementareinheiten) ist, können hier nennenswerte Ionenströme auftreten. Bei diesen Feldstärken von 10^6 bis 10^7 V/cm gilt dann aber nicht mehr das OHMsche Gesetz. Wie GÜNTHERSCHULZE und BETZ[10] am Al, Ti, Ta und anderen Metallen, und K. J. VETTER[19] am Fe im passiven Zustand feststellen konnten, gehorcht die Ionenleitfähigkeit einem Gesetz der Form

$$i = i_0 \exp\left(\beta \frac{\Delta\varphi}{\delta}\right). \tag{5}$$

Der Logarithmus der Stromdichte ist danach eine lineare Funktion des Potentials. Hierin ist δ die Schichtdicke und $\Delta\varphi/\delta$ damit die Feldstärke. β hat in allen Fällen eine mit der Theorie im Einklang stehende Größe [s. Gl. (13)].

8 Die Schichtdicke und ihre zeitliche Veränderung

Wie schon einführend gesagt wurde, schwanken die verschiedenen Passivschichten zwischen monoatomarer Dicke (z. B. Edelmetalle) bis zu einer Größenordnung der Schichtdicke von etwa 100 AE oder auch noch etwas mehr. Diese Größenordnung kommt etwa dadurch zustande, daß erst bei Feldstärken der Größenordnung 10^6 Volt/cm ausreichende Ionenleitfähigkeiten in Festkörpern bei Zimmertemperatur auftreten. Bei Potentialdifferenzen der Größenordnung 1 V ergibt sich dann eine Schichtdicke der Größenordnung $\delta \sim 100$ AE.

Am ausführlichsten ist wohl auch hier wieder die Schicht des passiven Eisens untersucht worden. Für die Ermittlung der Schichtdicke sind dabei sehr verschiedene Methoden angewandt worden. L. TRONSTAD und Mitarbeiter[20] bestimmten die Schichtdicke von Passivschichten durch Messen der Polarisation des an der Passivschicht reflektierten Lichtes. W. SCHWARZ[21] ermittelte analytisch die Eisenmenge, die bei der Auflösung der Passivschicht in Lösung geht. K. F. BONHOEFFER

[19] VETTER, K. J.: Z. Elektrochem. **58**, 230 (1954).

[20] TRONSTAD, L., u. C. W. BORGMANN: Trans. Faraday Soc. **30**, 349 (1934); vgl. auch bei anodischer Strompassivierung in nichtsoxydierenden Medien L. TRONSTAD: Trans. Faraday Soc. **29**, 502 (1933). — TRONSTAD, L., u. T. HÖVENSTAD: Z. phys. Chem. Abt. A **170**, 172 (1934) und zur Theorie des Verfahrens L. TRONSTAD: Trans. Faraday Soc. **31**, 1151 (1935).

[21] SCHWARZ, W.: Z. Elektrochem. **55**, 170 (1951).

und K. J. VETTER[22] diskutierten den zeitlichen Verlauf der kathodischen Aktivierung in Salpetersäure und schätzten hieraus die Schichtdicke. Aus dem zeitlichen Anstieg des Passivpotentials in Abhängigkeit von der anodisch verbrauchten Elektrizitätsmenge beim Aufbau der Schicht ermittelte K. J. VETTER[23] ebenfalls die Passivschichtdicke. Alle Untersuchungen ergaben beim Eisen Dicken von etwa 20 bis 80 AE, die reproduzierbar von den Versuchsbedingungen abhingen[23].

Bei den nicht löslichen und sehr wenig elektronenleitenden Passivschichten von Al, Bi, Nb, Ta, Ti und Ce konnten A. GÜNTHERSCHULZE und H. BETZ[23] aus der für die elektrolytische Formierung verwendeten Elektrizitätsmenge unter Beachtung des Wirkungsgrades oder auch aus Kapazitätsmessungen die Passivschichtdicke bestimmen. Nach festgelegter Formierungsdauer ergab sich meistens eine recht gute Proportionalität zwischen Spannung und Schichtdicke der Größenordnung 1,5 AE/Volt bei Al, 5 AE/Volt bei Bi, 13 AE/Volt bei Nb, 9 AE/Volt bei Ta, etwa 20 AE/Volt bei Ti und 43,9 AE/Volt bei Ce. Die soeben genannten reziproken Feldstärken hängen mit der Ionenleitfähigkeit der Schichten zusammen. Bei diesen Feldstärken ist jeweils der Ionenstrom, der die Schicht aufbaut, so klein geworden, daß praktisch eine konstante Schichtdicke erreicht wurde (vgl. Abb. 5).

Die noch geringfügig löslichen Passivschichten, wie sie beim Eisen und Nickel auftreten, führen auf eine Grenzschichtdicke, die asymptotisch erreicht wird und die ebenfalls vom angelegten Potential[23] und außerdem noch vom p_H-Wert des Elektrolyten[3] stark abhängt, da die Korrosionsgeschwindigkeit i_K eine Abhängigkeit vom p_H-Wert zeigt.

Zum Schluß soll daher noch auf Grund des Gesetzes Gl. (5) für den Ionenstrom die zeitliche Abhängigkeit der Schichtdicke δ mit und ohne Korrosionsäquivalentstromdichte i_K bei vorgegebener Potentialdifferenz $\Delta\varphi$ innerhalb der Schicht[8,19,24] abgeleitet werden. Die Darstellung entspricht etwa den theoretischen Grundvorstellungen, wie

---

[22] BONHOEFFER, K. F., u. K. J. VETTER: Z. phys. Chem. **196**, 142 (1950). — VETTER, K. J.: Z. Elektrochem. **55**, 675 (1951); **56**, 16 (1952); **56**, 106 (1952). Vgl. auch zur Passivität des Eisens die früheren Arbeiten von K. F. BONHOEFFER und Mitarbeiter: BEINERT, H., u. K. F. BONHOEFFER: Z. Elektrochem. **47**, **441**, 536 (1941). — BONHOEFFER, K. F.: Naturwiss. **31**, 270 (1943). — Ber. Sächs. Akad. Wiss. **95**, 57 (1943). — BONHOEFFER, K. F., E. BRAUER u. G. LANGHAMMER: Z. Elektrochem. **52**, 29 (1948). — BONHOEFFER, K. F., V. HAASE u. G. LANGHAMMER: Z. Elektrochem. **52**, 60 (1948). — BONHOEFFER, K. F., u. G. LANGHAMMER: Z. Elektrochem. **52**, 67 (1948).

[23] VETTER, K. J.: Z. Elektrochem. **58**, 230 (1954). — WEIL, K. G.: Z. Elektrochem. **59**, 711 (1955) konnte diese Messungen prinzipiell bestätigen.

[24] GÜNTHERSCHULZE, A., u. H. BETZ: Z. Phys. **91**, 70 (1934); **92**, 367 (1934).

sie N. F. MOTT und N. CABRERA[25] eingeführt haben und die ebenfalls auch K. HAUFFE[26] den Oxydationsvorgängen zugrunde legt.

Zum Aufbau einer Schicht der Dicke $\Delta\delta$ wird auf Grund der FARADAYschen Gesetze eine Elektrizitätsmenge

$$\Delta Q = 2nF\frac{s\Delta\delta}{M} \tag{6}$$

benötigt. Hierin ist $s =$ spez. Gewicht, $M =$ Molekulargewicht der Schichtsubstanz MeO_n mit $n =$ Anzahl der O-Atome, $F =$ FARADAYsche Zahl. Diese Elektrizitätsmenge ΔQ wird andererseits gegeben durch

$$\Delta Q = (i - i_K)\,\Delta t \tag{7}$$

$i - i_K$ ist die für den Aufbau der Schicht verbleibende Stromdichte und Δt die Zeit. Aus Gl. (6) und Gl. (7) ergibt sich somit für die Wachstumsgeschwindigkeit $d\delta/dt$

$$\frac{d\delta}{dt} = \frac{M}{2nFs}(i - i_K). \tag{8}$$

Im Falle $i_K = 0$ (unlösliche Passivschicht) folgt nach Einsetzen der Gl. (5) mit $\beta\,\Delta\varphi = \delta_0$

$$\frac{d\delta}{dt} = \frac{M\,i_0}{2nFs}\exp\left(\frac{\delta_0}{\delta}\right). \tag{9}$$

Gl. (9) führt durch Integration auf Gl. (10)

$$t = \frac{2nFs}{M\,i_0}\int\limits_0^{\delta}\exp\left(-\frac{\delta_0}{x}\right)dx = A\int\limits_0^{\delta}\exp\left(-\frac{\delta_0}{x}\right)dx \tag{10}$$

mit $A = 2\,n\,F\,s/\,M\,i_0$. Wird die Substitution $\frac{1}{x} = \frac{1}{\delta} - \frac{1}{\delta_0}$ eingeführt, so geht Gl. (10) in

$$t = A\frac{\delta^2}{\delta_0}\exp\left(-\frac{\delta_0}{\delta}\right)\int\limits_{-\infty}^{0}\frac{1}{\left(1 - \frac{\delta}{\delta_0}u\right)}\exp u\,du \tag{11}$$

über. Das bestimmte Integral in Gl. (11) ist eine Funktion $I\,(\delta/\delta_0) \approx 1$

[25] VERWEY, E. J. W.: Physica **2**, 1059 (1935). — MOTT, N. F.: Trans. Faraday Soc. **43**, 429 (1947). — J. Chim. Phys. **44**, 172 (1947). — CABRERA, N., u. N. F. MOTT: Rep. Progr. Phys. **12**, 163 (1949). — CABRERA, N.: Phil. Mag. **40**, 175 (1949). — MOTT, N. F., u. R. W. GURNEY: Electronic Processes in Ionic Crystals, Oxford 1950.

[26] HAUFFE, K.: Z. Metallkde. **44**, 576 (1953). — HAUFFE, K., u. I. PFEIFFER: Z. Metallkde. **45**, 554 (1954). — HAUFFE, K.: Werkstoffe u. Korrosion **6**, 117 (1955). — HAUFFE, K.: Reaktionen in und an festen Stoffen, S. 564ff. Springer-Verlag 1955.

für die hier interessierenden kleinen Werte von $\delta/\delta_0 \ll 1$ [27], so daß angenähert

$$t = A\frac{\delta^2}{\delta_0}\exp\left(-\frac{\delta_0}{\delta}\right) \quad \text{reziprok-logarithmisch} \tag{12}$$

für die Abhängigkeit zwischen Zeit t und Schichtdicke δ gesetzt werden kann.

Obwohl die Ionenleitfähigkeit der verschiedenen Oxyde, die im wesentlichen durch die Größe i_0 auszudrücken ist, außerordentlich verschiedene Größenordnungen haben kann, folgt aus Gl. (12) immer die gleiche Größenordnung für δ, so wie es auch beobachtet wird. Gleichzeitig nimmt die Schicht nach einer gewissen Zeit eine praktisch, nicht aber theoretisch zeitlich konstante Dicke an, wie es ebenfalls die Beobachtungen ergeben haben. Die Ursache dafür ist der Umstand, daß die Schichtdicke δ in Gl. (12) im Exponenten vorkommt und daß z. B. eine Verdopplung von δ eine um viele Zehnerpotenzen größere Zeit t ergeben würde.

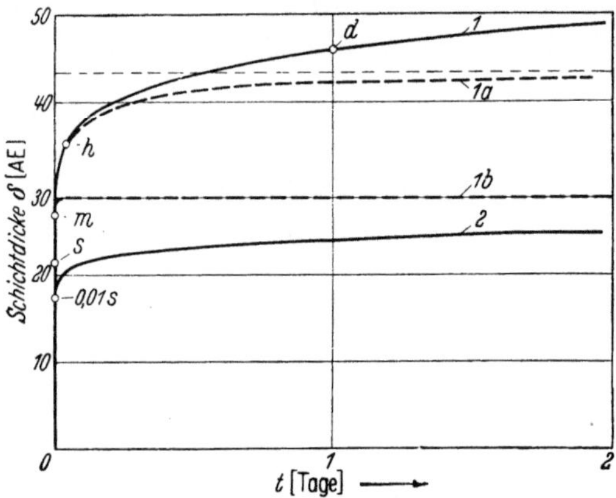

Abb. 5. Abhängigkeit der Schichtdicke δ nach der Zeit t für die Durchschnittswerte von $M = 100$, $2n = 2$, $s = 5$ g/cm³, $\alpha\delta' = 5$ AE, $\Delta\varphi = 1$ Volt mit $i_0 = 10^{-12}$ Amp/cm² (Kurven *1*, *1a*, *1b*) und $i_0 = 10^{-16}$ Amp/cm² (Kurve 2) Die Korrosionsäquivalentstromdichte i_K, ist in Kurve *1* und 2 $i_K = 0$, in Kurve *1a* $i_K = 10^{-8}$ Amp/cm² und in Kurve *1b* $i_K = 10^{-6}$ Amp/cm²

In Abb. 5 sind für einige Durchschnittswerte von M, n, s, i_0 und δ_0 die nach Gl. (12) berechneten Kurven $\delta = f(t)$ eingetragen worden. Die Größe δ_0 berechnet sich nach[19, 25]

$$\delta_0 = \frac{2nF}{RT}\alpha\,\delta'\,\Delta\varphi. \tag{13}$$

Hierin ist $2n$ die Wertigkeit[28] der Metallatome in MeO_n, α ein Durchtrittsfaktor[29] zwischen $0 < \alpha < 1$, wie er in der Elektrochemie üblich ist, δ' die Länge des Energieberges, den das Ion bei seiner Wanderung zu überwinden hat und $\Delta\varphi$ die angelegte Potentialdifferenz[8, 19, 24] innerhalb der Schicht. Werden die Durchschnittswerte von $2n = 2$, $\alpha\,\delta' = 5$ AE und $\Delta\varphi = 1$ V gewählt, so ergibt sich $\delta_0 = 400$ AE. Für

[27] Die numerische Integration ergibt für $I(0{,}217) = 0{,}731$; $I(0{,}1085) = 0{,}853$ und $I(0{,}0434) = 0{,}944$.

[28] Statt $2n$ kann auch 2 stehen, wenn die O^{2-}-Ionen wandern.

[29] VETTER, K. J.: Z. Naturf. 7a, 328 (1952).

die Größe A folgt mit den Durchschnittswerten, dem Molekulargewicht $M = 100$, der Anzahl O-Atome $n = 1$ und dem spez. Gewicht der Schicht $s = 5$: $A = 2n\, F\, s/M\, i_0 = 10^4/i_0$. Kurve *1* ist für $i_0 = 10^{-12}$ Amp/cm² und Kurve *2* für $i_0 = 10^{-16}$Amp/cm² bei $i_K = 0$ berechnet worden. Trotz der Änderung der Leitfähigkeit um 4 Zehnerpotenzen verändert sich die Schichtdicke nur um einen Faktor 2.

Bei einer endlichen Auflösungsgeschwindigkeit der Passivschicht i_K folgt aus Gl. (8) nach Einsatz von Gl. (5) über $i_K = i_0 \exp(\delta_0/\delta)$ eine Schichtdicke

$$\delta = \frac{\delta_0}{\ln \frac{i_K}{i_0}} \tag{14}$$

die im Falle $i_0 = 10^{-12}$ Amp/cm² bei $i_K = 10^{-8}$ Amp/cm² eine Grenzschichtdicke $\delta = 43{,}5$ AE (Kurve *1a*) und bei $i_K = 10^{-6}$ Amp/cm² einen Wert $\delta = 29{,}0$ AE (Kurve *1b*) ergibt. Die asymptotische Einstellung dieser Grenzschichtdicken ist ebenfalls in Abb. 5 eingezeichnet worden. Es folgt hieraus, daß auch i_K keinen Einfluß auf die Größenordnung von δ ausübt.

Anhang

Zu den Korrosionstheorien von VETTER und SCHOTTKY am passiven Eisen

Im folgenden sollen noch kurz die wesentlichen Gesichtspunkte der Korrosionstheorien für das passive Eisen von K. J. VETTER[1] und W. SCHOTTKY[2] angegeben werden. Die Korrosionsgeschwindigkeit des passiven Eisens, die im Stromdichtemaß durch die Korrosionsstromdichte i_K ausgedrückt werden soll, ist unabhängig vom Potential des Passiveisens[3], von der Schichtdicke[4], von den Konzentrationen an Fe^{3+} und Fe^{2+} [1] im Elektrolyten und der Rührung (also der Dicke δ der Diffusionsschicht im Elektrolyten[5]), und vom p_H-Wert nach $\log i_K = -0{,}84 \cdot p_H + \text{const}$[1] abhängig.

Da die Passivschicht des Eisens porenfrei[6] sein muß, kann die Korrosion des Eisens, das auch primär dreiwertig[1] in Lösung geht, nur an der Phasengrenze Oxyd/Elektrolyt vor sich gehen. VETTER[1] diskutiert einen Mechanismus, bei dem die Geschwindigkeit des Durchtritts der Fe^{3+}-Ionen durch diese Phasengrenze für i_K maßgebend ist. Am passi-

[1] VETTER, K. J.: Z. Elektrochem., Ber. Bunsenges. phys. Chem. **59**, 67 (1955).

[2] SCHOTTKY, W.: Halbleiterprobleme II, 233 (1955), hrsg. von W. SCHOTTKY..

[3] FRANCK, U. F., u. K. WEIL: Z. Elektrochem., Ber. Bunsenges. phys Chem. **56**, 814 (1952).

[4] VETTER, K. J.: Z. Elektrochem., Ber. Bunsenges. phys. Chem. **58**, 230 (1954).

[5] Nach unveröffentlichten Versuchen von K. J. VETTER.

[6] VETTER, K. J.: Z. Elektrochem. angew. phys. Chem. **55**, 274 (1951).

ven Eisen wird ein elektrischer Potentialabfall an den Phasengrenzen Eisen/Oxyd und Oxyd/Elektrolyt und außerdem innerhalb des Oxyds angenommen[7]. Für die Potentialdifferenz $\varepsilon_{2,3}$ Oxyd/Elektrolyt muß die Elektrodenbruttoreaktion O^{2-} (Oxyd) + 2 H^+ (aq) $\rightleftharpoons$ H_2O(aq) verantwortlich gemacht werden, da die Elektrodenreaktion Fe^{3+} (Oxyd) $\rightleftharpoons$ Fe^{3+} (aq) wegen der Unabhängigkeit von der Fe^{3+} (aq)-Konzentration nicht im Gleichgewicht sein kann. Es liegen berechtigte Gründe für die Einstellung des Gleichgewichtes O^{2-} (Oxyd) + 2 H^+ (aq) $\rightleftharpoons$ H_2O(aq) vor[4, 7]. Die Geschwindigkeit des Durchtritts der Fe^{3+}-Ionen muß daher durch $i_K = k \exp (\alpha\, z F \varepsilon_{2,3}/R T)$ gegeben werden. Für die Potentialunabhängigkeit von i_K ist daher eine Unabhängigkeit von $\varepsilon_{2,3}$ vom Potential ε des Passiveisens zu fordern. Diese Forderung läuft auf eine Potentialunabhängigkeit des chemischen Potentials $\mu_{O^{2-}}$ der O^{2-}-Ionen an der Oxydoberfläche hinaus, die nahegelegt werden kann, aber immerhin etwas problematisch ist. Da $\varepsilon_{2,3}$ auf Grund der Bruttoreaktion vom p_H-Wert nach $\varepsilon_{2,3} = {}_0\varepsilon_{2,3} - 0{,}059 \cdot p_H$ abhängig sein muß, ist $\log i_K = -\alpha\, z\, p_H + \text{const}$ auf Grund dieser Vorstellungen zu erwarten. Mit $z = 3$ ergibt sich ein vernünftiger Wert für den Durchtrittsfaktor $\alpha = 0{,}28$, der prinzipiell $0 < \alpha < 1$ sein muß. Die genannten anderen Unabhängigkeiten können hierdurch ebenfalls erklärt werden.

W. SCHOTTKY[2] nimmt dagegen an der Phasengrenze Oxyd/Elektrolyt ein eingestelltes Gleichgewicht Fe_2O_3 + 2 H^+ (aq) $\rightleftharpoons$ 2 FeO^+(aq) + H_2O mit dem beim Eisen bisher nicht bekannten Ferriylion FeO^+ an. Dieses FeO^+-Ion soll vor der Oberfläche im Elektrolyten innerhalb der Diffusionsschicht homogen mit Bestandteilen des Elektrolyten unter Bildung von FeO(OH) oder auch Fe^{3+} abreagieren. Die Gleichgewichtskonzentration unmittelbar vor der Oberfläche im Elektrolyten ist proportional der H^+-Ionenaktivität und unabhängig vom Potential des Passiveisens und der Passivschichtdicke. Die Größe der Korrosionsstromdichte $i_K = 3F \cdot D (dc/d\xi)_{\xi=0}$ ist dem Konzentrationsgefälle $(dc/d\xi)_{\xi=0}$ von FeO^+ proportional. Da jedoch gleichzeitig FeO^+ im Elektrolyten mit einer Reaktionsgeschwindigkeit $v_1 = d[FeO^+]/dt = k_1 [FeO^+][H_2O]$ bzw. $v_2 = k_2 [FeO^+][H^+]$ abreagieren soll, besteht nach dem 2. FICKschen Diffusionsgesetz noch die Beziehung $D\, \delta^2 c/\delta\xi^2 = \delta c/\delta t = -v$. Aus D, k und c_0 folgt damit eindeutig eine Korrosionsstromdichte i_K, die bei genügend großer Geschwindigkeitskonstante k unabhängig von der Rührung ist, da dann die Reaktion praktisch vollständig noch innerhalb der Diffusionsschicht abläuft. Im Falle 1 $v = k_1 [FeO^+][H_2O]$ ergibt sich $\log i_K = -\alpha\, p_H + \text{const}$ und im Falle 2 mit $v = k_2 [FeO^+][H^+]$ folgt $i_K = -0{,}5\, p_H + \text{const}$.

---

[7] VETTER, K. J.: Z. phys. Chem. **202**, 1 (1953). — Z. phys. Chem., N. F. **4**, 165 (1955).

Da v und c_0 unabhängig von den Fe^{3+}- bzw. Fe^{2+}-Konzentrationen sein werden, haben diese Stoffe keinen Einfluß.

Beide Theorien erklären die experimentellen Befunde in ausreichendem Maße. Eine Entscheidung zwischen beiden Theorien ist zur Zeit noch nicht möglich.

Diskussionsbemerkungen

G. Schikorr:

Wenn man die Arbeiten zur Grundlagenforschung der Passivität insgesamt betrachtet, entsteht der Eindruck, daß sowohl Eisen als auch Nickel besonders stark zur Passivität neigen. Die Theorie von H. H. Uhlig beruht geradezu auf dieser Anschauung. Der Galvanotechniker hingegen kennt Nickel als ein Metall, dessen Unfähigkeit zur Passivität es ermöglicht, Nickelüberzüge von Eisen abzulösen; denn z. B. in rauchender Salpetersäure löst sich Nickel leicht, während Eisen völlig passiv ist. Auch anodisch kann man Nickel von Eisen ablösen, wenn man es bei genügender Stromstärke in 70%iger Schwefelsäure anodisch behandelt. Hierbei wird sogar Kupfer leichter passiv als Nickel. Die Erklärung liegt sicherlich in der verschiedenen Löslichkeit der anodisch entstehenden Korrosionsprodukte. Auffälligerweise scheint dagegen Nickel trotz der Löslichkeit des Hydroxyds in wäßriger Ammoniaklösung bei Gegenwart von Oxydationsmitteln wie Wasserstoffperoxyd passiv zu sein. Man sollte auch diese Passivitätserscheinungen bei der Erforschung der Passivität berücksichtigen [zu den Einzelheiten der Ablösung von Nickelüberzügen von Eisen vgl. z. B. G. Schikorr: Metalloberfläche 6 B (1954), S. 49].

K. J. Vetter *(Antwort)*:

Bezüglich der Elektronenkonfigurationstheorie der Passivität von H. H. Uhlig möchte ich mich der Anschauung von Th. Heumann [Z. Elektrochem. 55, 287 (1951)] anschließen. Die Theorie ist in der von Uhlig angenommenen Art abzulehnen, wobei allerdings irgendeine Beziehung der Elektronenkonfiguration zur Passivität nicht ausgeschlossen werden soll. Die Bildung von oxydischen Passivschichten in einer Dicke von mehreren Atomlagen kann meiner Meinung nach heute als gesichert angenommen werden.

Für das theoretische Verständnis des genannten Verhaltens der Nickelüberzüge sehe ich auf Grund der zuvor diskutierten Vorstellungen keinerlei Schwierigkeiten. Die Korrosionsgeschwindigkeit (Korrosionsstromdichte i) der Nickelpassivschicht ist in der starken Säure sicherlich viel größer als die der Eisenpassivschicht, wobei die Einwirkung eines Oxydationsmittels der Wirkung eines anodischen Stroms äquivalent ist. Eine leichtere Passivierbarkeit in alkalischen Lösungen ist infolge der starken Senkung des Bildungspotentials (FLADE-Potentials) mit steigendem p_H-Wert bei Beachtung der Konstanz des Me/Me^{z+} Gleichgewichtspotentials nach Abb. 4 gut verständlich.

K. Nagel:

Zur Stromleitung durch poröse Deckschichten. Einige Betrachtungen über den besonderen Bewegungsmechanismus von Ionen an der Grenze fester Elektrolyt/Lösung und die Möglichkeit einer beträchtlichen *Oberflächenleitfähigkeit* beim Stromdurchgang durch enge Poren wurden von E. LANGE und K. NAGEL im Rahmen einer Arbeit über *zweifache Elektroden* angestellt. Z. Elektrochem. **44**, 805 (1938).

Zu „Reaktionsdiffusion". Ein einfaches, leicht überschaubares Beispiel einer Elektrode mit *Reaktionsdiffusion* ist das System Silber/ Silberbromiddeckschicht/Lösung, bei dem unter bestimmten Bedingungen innerhalb der Diffusionsschicht als *Binnenreaktion* die Bildung eines schleierförmigen Silberbromidniederschlages erfolgt. Näheres bei K. NAGEL, Z. Elektrochem. **59**, 696 (1955).

Zur Definition der Passivität. Ein Metall ist passiv, wenn der Übergang der Metallionen vom Metall 1 in eine angrenzende Lösung 2 und damit die Korrosion des Metalls so stark gehemmt ist, daß trotz stark positiver Bezugsspannung und dementsprechender hoher anodischer Überspannung für die Elektrodenreaktion $_1Me^+ \rightarrow {}_2Me^+$ (hydratisiert) der zugehörige Teilstrom der Me^+-Ionen vernachlässigbar klein ist, während stofflich mögliche Elektrodenreaktionen der Elektronen mit geringer Hemmung ablaufen können und bei kathodischer oder anodischer Überspannung zu einem entsprechenden Teilstrom führen.

Nach dieser Definition befindet sich Blei, welches mit einer dichten Schicht von Bleisulfat überzogen ist und deshalb nicht korrodiert, nicht im passiven Zustand, weil nicht nur der Übertritt der Metallionen, sondern auch der der Elektronen stark gehemmt ist.

Allgemeine Voraussetzungen für das Entstehen des passiven Zustandes. Maßgebend beteiligt an der notwendigen Hemmung der Metallionen ist eine zwischen Metall und Lösung befindliche Deckschicht. Allgemein kann die geschwindigkeitsbestimmende Hemmung auftreten

1. beim Durchtritt der Metallionen aus dem Metall in die Deckschicht,
2. beim Transport der Metallionen innerhalb der Deckschicht,
3. beim Durchtritt der Metallionen von der Deckschicht in die Lösungsgrenzschicht,
4. beim Transport der Metallionen ins Innere der Lösung.

Damit *ohne Stromfluß durch Eintauchen in eine passivierende Lösung* der passive Zustand eines Metalls sich einstellt, müssen die Ausgangsstoffe für den kathodischen Ablauf einer Elektrodenreaktion der Elektronen vorhanden sein, die

1. eine genügend hohe positive Gleichgewichtsbezugsspannung $U_{h,\ominus}$,

2. einen genügend hohen Austauschstrom $i_{0,\ominus}$ aufweist.

Wenn man mit $U_{h,\,\mathrm{Oxyd}}$ die Gleichgewichts-Bezugsspannung einer Elektrodenreaktion der Metallionen bezeichnet, die zur Bildung einer passivierenden Metalloxydschicht führt, läßt sich die Forderung 1 exakter darstellen durch $U_{h,\ominus} > U_{h,\,\mathrm{Oxyd}}$.

Beispiel für Elektrodenreaktionen der Elektronen, die dieser Forderung entsprechen:
Reduktion von Sauerstoff: $\ominus + {}^1/_4\,O_2 + H^+ \rightarrow {}^1/_2\,H_2O$,
Reduktion von Salpetersäure: $\ominus + NO_3^- + 2\,H^+ \rightarrow NO_2 + H_2O$.

Die Elektrodenreaktion der Elektronen läuft bei der Passivierung kathodisch unter Reduktion der Ausgangsstoffe, die der Metallionen anodisch unter Oxydbildung ab.

Wenn der Austauschstrom der Elektronen-Elektrodenreaktion nicht genügend groß ist, kann nach K. Vetter die betreffende Elektrodenreaktion zwar passivitätserhaltend, aber nicht passivitätserzeugend wirken.

K. J. Vetter (*Antwort*):

Wesentlich für den Begriff der Passivität halte ich die weitgehende Verhinderung des Auflösungsvorganges des Metalls im Elektrolyten durch die Schicht. Für mein Empfinden ist es daher unwesentlich, ob gleichzeitig eine Elektronenleitfähigkeit vorliegt oder nicht. Dies ist natürlich eine Definitionsfrage.

Die nochmals genannten allgemeinen Voraussetzungen für das Entstehen des passiven Zustandes sind auch schon im gleichen Sinne im vorangehenden Vortrag behandelt worden. Ich freue mich, daß Herr Nagel sich dieser Anschauung anschließt.

Das System Eisen/wäßrige Lösung als mehrfache Elektrode. $U_h(a_i)$-Diagramm der verschiedenen möglichen Elektrodenreaktionen

Von K. Nagel

(Diskussionsbeitrag zum Vortrag VETTER, Über den Mechanismus der elektrolytischen Passivschichtbildung)

Mit 1 Abbildung

Im System Eisen/wäßrige Lösung können *zahlreiche Elektrodenreaktionen* unter Übergang von Metallionen oder Elektronen ablaufen. Trägt man die zugehörigen Gleichgewichts-U_h-Werte[1] als Funktion der Aktivität a_i der potentialbestimmenden Ionen (Eisen-Ionen, H^+-Ionen oder OH^--Ionen) auf, so erhält man eine *graphische Darstellung der thermodynamischen Grundlagen* dieses Systems Metall/Lösung im Sinne einer *mehrfachen Elektrode*, wie sie bereits früher[2] vorgeschlagen wurde.

Im Gegensatz zu den ähnlich aufgebauten *Spannungs-p_H-Diagrammen* von M. POURBAIX[3], die im Sinne von Zustandsdiagrammen die Gebiete der Immunität, der Korrosion und der Passivität abgrenzen, sollen die $U_h(a_i)$-Diagramme eine qualitative und quantitative *Übersicht über die möglichen Elektrodenreaktionen* geben. Wie unten an Beispielen gezeigt wird, kann eine solche Darstellung zur Entnahme von Gleichgewichtskonzentrationen und von Affinitätswerten benutzt werden, und zwar nicht nur für die dargestellten Elektrodenreaktionen, sondern auch für chemische Reaktionen, d. h. für Reaktionen, die ohne Ladungsübertritt ablaufen und die durch Kopplung von je zwei Elektrodenreaktionen entstehen.

Man erhält auf diese Weise eine sichere thermodynamische *Grundlage für die kinetische Betrachtung der Elektrodenreaktionen* und der durch Kopplung entstehenden chemischen Reaktionen. Thermodynamisch nicht mögliche Vorgänge kann man von vornherein ausschließen. Die ablesbaren Affinitäten der Elektrodenreaktionen und

---

[1] Gemessene oder auf Grund thermodynamischer Daten berechnete Werte.

[2] LANGE, E., u. K. NAGEL: Z. Elektrochem. **44**, 792, 856 (1938).

[3] POURBAIX, M.: Korrosion VIII, Bericht über die Korrosionstagung 1954, 9. Verlag Chemie.

der chemischen Reaktionen sind unabhängig von der Art des Ablaufs. Insbesondere gelten die Affinitätswerte für die chemischen Reaktionen auch dann, wenn der Ablauf der Reaktion kinetisch nicht über zwei gekoppelte Elektrodenreaktionen erfolgt. Für die Lage der ohne äußeren Stromfluß sich einstellenden Mischspannungen $U_{h,\,M}$ läßt sich der Bereich ablesen. Die genaue Lage von $U_{h,\,M}$ wird durch die Kinetik der zugehörigen Elektrodenreaktionen bestimmt.

In der Abbildung ist die Abhängigkeit der U_h-Werte von der Aktivität der gelösten potentialbestimmenden Ionen für folgende Elektrodenreaktionen dargestellt:

I. Übergang von Metallionen zwischen Metall (Phase 1) und Lösung (Phase 2)

a) Mit Lösungsbindung:
Elektrodenreaktion 1:

$${}_1\mathrm{Fe}^{+2} \rightarrow {}_2\mathrm{Fe}^{+2} \left({}_1\mathrm{Fe} \rightarrow {}_2\mathrm{Fe}^{+2} + 2_1\ominus\right)$$

$$U_{h,1} = -0{,}440 + 0{,}029 \log a_{\mathrm{Fe}^{+2}}.$$

Die zweite in Klammern angeführte Formulierung ist die meist benutzte Schreibweise, bei der statt ${}_1\mathrm{Me}^{+2}$-Ionen Metallatome Me und Elektronen als Reaktionspartner auftreten.

Elektrodenreaktion 2:

$${}_1\mathrm{Fe}^{+3} \rightarrow {}_2\mathrm{Fe}^{+3} \left({}_1\mathrm{Fe} \rightarrow {}_2\mathrm{Fe}^{+3} + 3_1\ominus\right)$$

$$U_{h,2} = -0{,}037 + 0{,}019 \log a_{\mathrm{Fe}^{+3}}.$$

b) Mit Reaktionsbindung:
Elektrodenreaktion 3:

$${}_1\mathrm{Fe}^{+2} + 2\,{}_2\mathrm{H_2O} \rightarrow \mathrm{Fe(OH)_2} + 2\,{}_2\mathrm{H}^{+}$$

$$\left({}_1\mathrm{Fe} + 2_2\mathrm{H_2O} \rightarrow \mathrm{Fe(OH)_2} + 2_2\mathrm{H}^{+} + 2_1\ominus\right)$$

$$U_{h,3} = -0{,}055 - 0{,}059\, p_{\mathrm{H}}.$$

Elektrodenreaktion 4:

$${}_1\mathrm{Fe}^{+3} + \frac{3}{2}\,{}_2\mathrm{H_2O} \rightarrow \frac{1}{2}\,\mathrm{Fe_2O_3} + 3_2\mathrm{H}^{+}$$

$$\left({}_1\mathrm{Fe} + \frac{3}{2}\,{}_2\mathrm{H_2O} \rightarrow \frac{1}{2}\,\mathrm{Fe_2O_3} + 3_2\mathrm{H}^{+} + 3_1\ominus)\right)$$

$$U_{h,4} = -0{,}051 - 0{,}059\, p_{\mathrm{H}}$$

Elektrodenreaktion 5:

$$2_1\mathrm{Fe}^{+3} + {}_1\mathrm{Fe}^{+2} + 4_2\mathrm{H_2O} \rightarrow \mathrm{Fe_3O_4} + 8_2\mathrm{H}^{+}$$

$$\left(3_1\mathrm{Fe} + 4_2\mathrm{H_2O} \rightarrow \mathrm{Fe_3O_4} + 8_2\mathrm{H}^{+} + 8_1\ominus\right)$$

$$U_{h,5} = -0{,}085 - 0{,}059\, p_{\mathrm{H}}$$

Nicht aufgenommen wurden Elektrodenreaktionen der Eisenionen, die zur Bildung von gelösten komplexen Eisenverbindungen führen.

II. Übergang von Elektronen zwischen Metall 1 und Lösung 2

a) Gaselektroden:

Elektrodenreaktion 6:

$$_2H^+ + {}_1\ominus \rightarrow \frac{1}{2} H_2 \quad \text{(Wasserstoffelektrode)}$$

$$U_{h,6} = -0{,}059\, p_H \quad \text{(bei 1 Atm. } H_2\text{)}.$$

Elektrodenreaktion 7:

$$\frac{1}{4} O_2 + {}_2H^+ + {}_1\ominus \rightarrow \frac{1}{2}\, {}_2H_2O \quad \text{(Sauerstoffelektrode)}$$

$$U_{h,7} = 1{,}227 - 0{,}059\, p_H \quad \text{(bei 1 Atm. } O_2\text{)}.$$

b) Redox-Elektrode mit gelösten Eisenionen

Elektrodenreaktion 8:

$$_1\ominus + {}_2Fe^{+3} \rightarrow {}_2Fe^{+2}$$

$$U_{h,8} = 0{,}771 + 0{,}059 \log \frac{a_{Fe^{+3}}}{a_{Fe^{+2}}}$$

$$= 0{,}771 - 0{,}059 \log \frac{a_{Fe^{+2}}}{a_{Fe^{+3}}}$$

c) Redox-Elektrode mit 1 reduzierbaren festen Phase

Elektrodenreaktion 9:

$$2_1\ominus + Fe_2O_3 + 6_2H^+ \rightarrow 2_2Fe^{+2} + 3_2H_2O$$

$$U_{h,9} = 0{,}728 - 0{,}1773\, p_H - 0{,}059 \log a_{Fe^{+2}}.$$

Elektrodenreaktion 10:

$$2_1\ominus + Fe_3O_4 + 8_2H^+ \rightarrow 3_2Fe^{+2} + 4_2H_2O$$

$$U_{h,10} = 0{,}980 - 0{,}2364\, p_H - 0{,}0885 \log a_{Fe^{+2}}.$$

d) Redox-Elektrode mit 2 festen Oxydphasen

Elektrodenreaktion 11:

$$2_1\ominus + 3\, Fe_2O_3 + 2_2H^+ \rightarrow 2\, Fe_3O_4 + {}_2H_2O$$

$$U_{h,11} = 0{,}221 - 0{,}059\, p_H.$$

Anwendungsbeispiele

I. Entnahme der Gleichgewichts-Aktivitäten chemischer Reaktionen

Die chemische Reaktion entspreche einer Kopplung der beiden Elektrodenreaktionen α und β mit den Gleichgewichtsbezugsspannungen $U_{h,\alpha}$ und $U_{h,\beta}$. Gleichgewicht für die zugehörige chemische Reaktion besteht, wenn $U_{h,\alpha} = U_{h,\beta}$ ist. Man kann also zusammengehörige Gleichgewichtswerte von Aktivitäten für diese Reaktion an den Schnittpunkten einer Parallele zur Abszisse mit den Kennlinien der beiden Elektrodenreaktionen ablesen.

Spezielle Reaktionen:

(a) $$_{2}Fe^{+2} + 2_{2}OH^{-} \rightarrow Fe(OH)_2.$$

Zugehörige Elektrodenreaktionen: 1 und 3.

Zahlenbeispiele:

1. Schnittpunkt der beiden Kennlinien: Gleichgewicht besteht für

$$a_{OH^-} = a_{Fe^{+2}} = 10^{-5}.$$

2. Bei $a_{Fe^{+2}} = 1$ ist die zugehörige Gleichgewichtsaktivität der OH^--Ionen $a_{OH^-} = 10^{-7,5}$.

Diese Werte entsprechen einem Löslichkeitsprodukt $a^2_{OH^-} \cdot a_{Fe^{+2}} \approx 10^{-15}$.

(b) $$_{2}Fe^{+3} + \frac{3}{2} H_2O \rightarrow \frac{1}{2} Fe_2O_3 + 3H^+.$$

Zugehörige Elektrodenreaktionen: 2 und 4.

Zahlenbeispiele:

1. Schnittpunkt der beiden Kennlinien: Gleichgewicht besteht für

$$a_{OH^-} = a_{Fe^{+3}} = 10^{-10,85}, \; p_H = 3{,}15.$$

2. Gleichgewichtskonzentration der Fe^{+3}-Ionen bei $a_{OH^-} = 10^{-14}$

$$(p_H = 0): \; a_{Fe^{+3}} \approx 10^{-1}.$$

II. Entnahme der Affinität chemischer Reaktionen

Die chemische Reaktion wird in zwei Elektrodenreaktionen α und β zerlegt, von denen die eine anodisch, die anderen kathodisch abläuft. Sind die zugehörigen Gleichgewichts-U_h-Werte $U_{h,\alpha}$ und $U_{h,\beta}$, so ist die Affinität der chemischen Reaktion gegeben durch

$$\mathfrak{K} = (U_{h,\alpha} - U_{h,\beta})\, n F.$$

n ist die Zahl der umgesetzten Äquivalente.

Ist $U_{h,\alpha} > U_{h,\beta}$, so ist $\mathfrak{K} > 0$, d. h., es handelt sich um eine freiwillige Reaktion, die einem gleichzeitigen kathodischen Ablauf der Elektrodenreaktion α und anodischen Ablauf der Elektrodenreaktion β entspricht.

Spezielle Reaktionen: Einige Beispiele für den Aufbau chemischer Reaktionen im System Eisen/Lösung aus je zwei Elektrodenreaktionen enthält Tab. 1.

III. Entnahme der Affinität von Elektrodenreaktionen

Ist außer dem p_H-Wert und der Konzentration der Eisenionen der U_h-Wert der Elektrode Eisen/Lösung vorgegeben, so kann man aus Abb. 1 die elektrochemische Affinität der verschiedenen Elektroden-

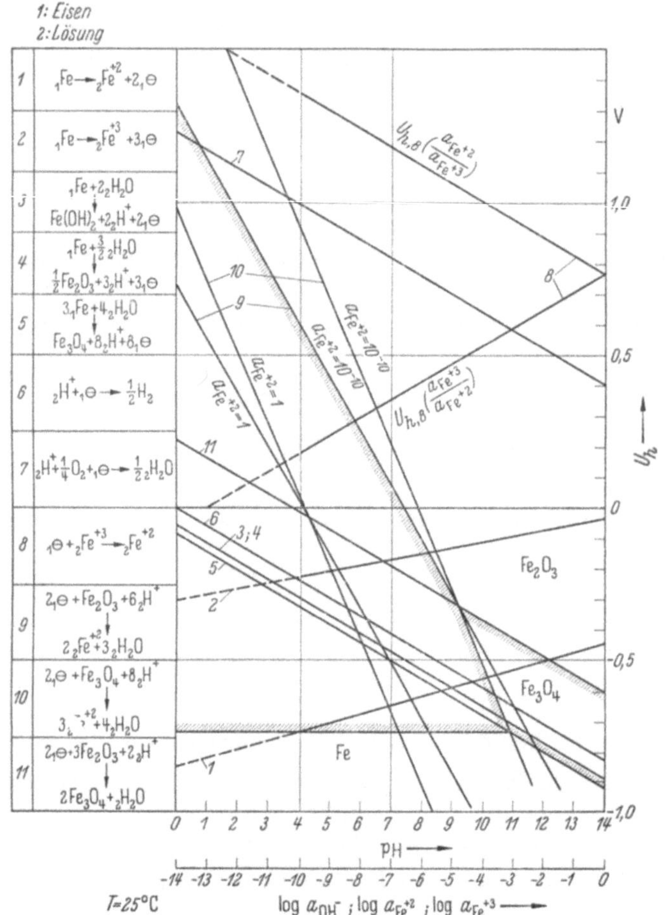

Abb. 1. $U_h(a_i)$ = Diagramm für Elektrodenreaktionen im System Eisen/Wasser
= Begrenzung des Spannungs-p_H-Diagramms von M. POURBAIX. (Bei einer Grenzkonzentration der Fe^{+2}-Ionen von $a_{Fe^{+2}} = 10^{-10}$)

reaktionen entnehmen. Sie ergibt sich aus der in Volt ablesbaren Überspannung $\Delta g = U_h - U_{h,\alpha}$ der betreffenden Elektrodenreaktion α: $|\tilde{\mathfrak{K}}_\alpha| = |\Delta g_\alpha|\, n F$; n: Zahl der beim Ablauf der Elektrodenreaktion umgesetzten FARADAY. Bei positiver Überspannung läuft die Elektrodenreaktion freiwillig in anodischer, bei negativer Überspannung in kathodischer Richtung ab.

Beispiel: Vorgegebene Werte $U_h = 0$ V, $p_H = 4$, $a_{Fe^{+2}} = 10^{-10}$. (Praktisch Fe^{+2}-freie Lösung).

Tabelle 1. *Aufbau chemischer Reaktionen aus Elektrodenreaktionen*

Chemische Reaktion	Elektrodenreaktionen	Affinität
a) $2Fe^{+3} + Fe \rightarrow 3Fe^{+2}$	1: $Fe \rightarrow Fe^{+2} + 2\ominus$ 2: $Fe \leftarrow Fe^{+3} + 3\ominus$	$\mathfrak{R} = (U_{h,2} - U_{h,1})\, 6F$ Beisp.: $a_{Fe^{+3}} = 10^{-2}$ $a_{Fe^{+2}} = 10^{-2}$ $\mathfrak{R} = 58$ kcal
b) $Fe + 2H^+ \rightarrow Fe^{+2} + \frac{1}{2}H_2$	1: $Fe \rightarrow Fe^{+2} + 2\ominus$ 6: $\ominus + H^+ \rightarrow \frac{1}{2}H_2$	$\mathfrak{R} = (U_{h,6} - U_{h,1})\, 2F$ Beisp.: $a_{Fe^{+2}} = 10^{-10}$ $p_H = 7$ $\mathfrak{R} = 9{,}66$ kcal
c) $Fe + 2H^+ +$ $+ \frac{1}{2}O_2 \rightarrow Fe^{+2} + H_2O$	1: $Fe \rightarrow Fe^{+2} + 2\ominus$ 7: $\frac{1}{4}O_2 + H^+ +$ $+ \ominus \rightarrow \frac{1}{2}H_2O$	$\mathfrak{R} = (U_{h,7} - U_{h,1})\, 2F$ Beisp.: $a_{Fe^{2+}} = 10^{-10}$ $p_H = 7$ $\mathfrak{R} = 71{,}1$ kcal
d) $4Fe(OH)_2 \rightarrow Fe_3O_4 +$ $+ Fe + 4H_2O$	3: $Fe + 2H_2O \leftarrow Fe(OH)_2 +$ $+ 2H^+ + 2\ominus$ 5: $3Fe + 4H_2O \rightarrow Fe_3O_4 +$ $+ 8H^+ + 8\ominus$	$\mathfrak{R} = (U_{h,3} - U_{h,5})\, 8F$ $= 5{,}52$ kcal
e) $3Fe(OH)_2 \rightarrow Fe +$ $+ Fe_2O_3 + 3H_2O$	3: $Fe + 2H_2O \leftarrow Fe(OH)_2 +$ $+ 2H^+ + 2\ominus$ 4: $Fe + \frac{3}{2}H_2O \rightarrow \frac{1}{2}Fe_2O_3 +$ $+ 3H^+ + 3\ominus$	$\mathfrak{R} = (U_{h,4} - U_{h,3})\, 6F$ $= 0{,}552$ kcal
f) $Fe + Fe_2O_3 +$ $+ 6H^+ \rightarrow 3Fe^{+2} + 3H_2O$	1: $Fe \rightarrow Fe^{+2} + 2\ominus$ 9: $2\ominus + Fe_2O_3 +$ $+ 6H^+ \rightarrow 2Fe^{+2} + 3H_2O$	$\mathfrak{R} = (U_{h,9} - U_{h,1})\, 2F$ Beisp.: $p_H = 4$, $a_{Fe^{+2}} = 10^{-10}$ $\mathfrak{R} = 61.6$ kcal
g) $Fe + Fe_3O_4 +$ $+ 8H^+ \rightarrow 4Fe^{+2} + 4H_2O$	1: $Fe \rightarrow Fe^{+2} + 2\ominus$ 10: $2\ominus + Fe_3O_4 +$ $+ 8H^+ \rightarrow 3Fe^{+2} + 4H_2O$	$\mathfrak{R} = (U_{h,10} - U_{h,1})\, 2F$ Beisp.: $p_H = 4$, $a_{Fe^{+2}} = 10^{-10}$ $\mathfrak{R} = 75{,}9$ kcal
h) $Fe + 4Fe_2O_3 \rightarrow 3Fe_3O_4$	4: $Fe + \frac{3}{2}H_2O \rightarrow \frac{1}{2}Fe_2O_3 +$ $+ 3H^+ + 3\ominus$ 11: $2\ominus + 3Fe_2O_3 +$ $+ 2H^+ \rightarrow 2Fe_3O_4 + H_2O$	$\mathfrak{R} = (U_{h,11} - U_{h,4})\, 3F$ $\mathfrak{R} = 18{,}75$ kcal

Überspannung für die Elektrodenreaktion 4: $\Delta g_4 = +0{,}29$ V.

Überspannung für die Elektrodenreaktion 9: $\Delta g_9 = -0{,}61$ V.

Es besteht also zwar eine positive Affinität für die Bildung von Fe_2O_3 auf Grund der Elektrodenreaktion 4. Gleichzeitig besteht aber eine Affinität für das Verschwinden von Fe_2O_3 durch kathodischen Ablauf der Elektrodenreaktion 9. Fe_2O_3 ist also bei den vorgegebenen Werten von Spannung, p_H und $a_{Fe^{+2}}$ thermodynamisch nicht beständig. Diese Tatsache sollte bei der Diskussion über die Lage des FLADE-Potentials mit berücksichtigt werden.

Zum Begriff und Mechanismus der Inhibition

Von **H. Fischer**

(Diskussionsbeitrag zum Vortrag VETTER, Über den Mechanismus der elektrolytischen Passivschichtbildung)

Auf dieser Tagung ist häufig von Passivität der Metalle die Rede gewesen. In der Diskussion hat sich ergeben, daß es verschiedene Auffassungen vom Inhalt und Umfang des Passivitätsbegriffes gibt, so z. B. diejenige von VETTER und diejenige von UHLIG. VETTER hat den Begriff der Passivität demjenigen der Inhibition gegenübergestellt, etwa in dem Sinne, daß Passivität einen *vollständigen* Schutz der Metalle vor sonst angreifenden Mitteln bedeute, Inhibition hingegen einen nur teilweisen Schutz. Nach VETTER läge z. B. beim Eisen oberhalb des FLADE-Potentials Passivität vor, darunter Inhibition. UHLIG (und andere amerikanische Autoren) bezeichnen ein Metall auch als passiv, wenn es unterhalb des FLADE-Potentials mit einer (meist oxydischen *dünnen*, nicht *sichtbaren*) Deckschicht bedeckt ist, sofern diese ausreichenden Schutz (zu mehr als etwa 99%)* gewährt.

Ich möchte die Frage von der Seite des Inhibitionsbegriffes erörtern, dessen Umfang 1954 bereits Gegenstand sehr ausgiebiger Diskussionen gewesen ist, einmal in diesem Ausschuß (in Karlsruhe), zweitens in der Societé de la Chimie industrielle (in Paris) gemeinsam mit dem Komitee für elektrochemische Thermodynamik und Kinetik (CITCE), auf der Hauptversammlung der deutschen Gesellschaft für Metallkunde (in Pyrmont), auf der Korrosionstagung der Arbeitsgemeinschaft Korrosion (in Frankfurt) und schließlich 1955 auf dem internationalen Metallkongreß (in Düsseldorf). Als Ergebnis aller dieser Diskussionen wird der Begriff Inhibition nicht als ein Gegenstück zum Passivitätsbegriff aufgefaßt, er liegt also mit diesem nicht auf der gleichen Ebene, sondern kann, wenn es sich um die Anwendung der Inhibitoren in der Reaktionskinetik handelt, als ein *Oberbegriff* zur Passivität gelten**.

---

* Auch der Schutz durch passive Filme oberhalb des FLADE-Potentials ist absolut genommen nicht vollständig, da die passive Haut sich in, wenn auch geringem Umfange löst (vgl. die Diskussionsbemerkungen von SCHOTTKY).

** Auf gleicher Ebene mit dem Passivitätsbegriff können liegen, wie hier vorweggenommen sei, andere *Unter*begriffe der Inhibition, z. B. physikalische Inhibition, Inhibition infolge Chemisorption oder infolge Bildung dickerer Deckschichten usw.

Inhibition der Korrosion von Metallen heißt ganz allgemein *jeder* Vorgang einer Hemmung dieses Prozesses durch einen oder mehrere Stoffe, die dem angreifenden Mittel zugesetzt werden können.

Dabei ist gleichgültig, auf welche Weise die Hemmung zustandekommt. Auf jeden Fall soll die Inhibition erst im angreifenden Mittel selbst wirksam werden. Die Stoffe, die auf diese Weise die Korrosion vermindern, nennt man Inhibitoren.

Nicht zu den Inhibitoren gehören also Stoffe, die bereits *außerhalb* des Korrosionsmittels auf das zu schützende Metall aufgebracht werden, z. B. Lacke und Anstriche, galvanische Metallüberzüge, Eloxalschichten, Phosphatfilme usw.:

Allerdings kann ein Anstrich gewisse Pigmente (z. B. Chromate) enthalten, die als Inhibitoren wirken, wenn der Anstrich Feuchtigkeit aufgesaugt hat. Korrosionsmindernde Legierungsbestandteile in einem zu schützenden Metall kann man nicht als Inhibitoren bezeichnen, es sei denn, sie hemmen den Angriff erst, indem sie sich in dem Korrosionsmittel auflösen und dann die Oberfläche schützen. Dabei scheiden sie sich entweder aus dem Korrosionsmittel in einer geeigneten Form wieder auf der zu schützenden Oberfläche ab oder machen den angreifenden Bestandteil des Korrosionsmittels durch chemische Umsetzung unschädlich.

Wenn die Definition der Inhibition gilt, nennen wir also nicht etwa die im Inhibitionsvorgang entstandenen Schutzfilme selbst Inhibitoren, sondern stets die Stoffe, aus denen sich die Schutzfilme bilden. (Zum Beispiel organische Subsxtanzen, Sauerstoff, Chromate, Phosphate, Nitrite usw.) Die Inhibition der Metallkorrosion beschränkt sich heute übrigens nicht mehr auf flüssige Korrosionsmittel, es gibt auch bereits gasförmige Inhibitoren, die in der angreifenden Luft wirksam werden können (z. B. in der Verpackungsatmosphäre).

Als Hilfsmittel zur Inhibition können alle jenen Vorgänge dienen, die auf dieser Tagung erörtert worden sind: Adsorption, Chemisorption, Bildung dünner (unsichtbarer) Passivfilme, Bildung dicker (sichtbarer) Deckschichten. Inhibition können außerdem noch einige weitere, hier nicht interessierende Vorgänge hervorrufen, wie die Abscheidung bestimmter Metalle aus dem Korrosionsmittel oder die Beseitigung angreifender Stoffe durch chemische Umsetzung innerhalb des Korrosionsmittels.

Man kann die Inhibitoren in physikalische und chemische Inhibitoren einteilen[1, 2]. Physikalische Inhibitoren blockieren die kathodisch oder anodisch wirkende Metalloberfläche, indem sie von ihr physikalisch (mit VAN DER WAALS-LONDONschen Dispersionskräften oder elektrostatisch) adsorbiert werden, d. h. reversibel, ohne die Oberfläche

[1] FISCHER, H.: Z. Metallkde. **46**, 350 (1955).

[2] FISCHER, H.: Werkstoffe u. Korrosion **6**, 26 (1955).

chemisch zu verändern. Oftmals befindet sich auf dem Metall noch eine (lückenhafte) oxydische Deckschicht, die ihrerseits die physikalischen Inhibitoren adsorbiert. Die physikalischen Inhibitoren gehorchen im allgemeinen den Konzentrationsbeziehungen der Adsorption in Form der bekannten LANGMUIRschen Adsorptionsisotherme.

Chemische Inhibitoren setzen sich chemisch um. Sie reagieren entweder mit der Oberfläche des zu schützenden Metalls (oder mit der darauf befindlichen oxydischen Deckschicht) oder mit den angreifenden Bestandteilen des Korrosionsmittels. Im ersten Fall bilden sie einen schützenden Film auf der Metalloberfläche, im zweiten (seltener) beseitigen sie angreifende Stoffe des Korrosionsmittels, sei es durch Reduktion, Ausfällung oder Komplexbildung. Dieser zweite Fall interessiert uns hier nicht.

Die physikalischen und chemischen Inhibitoren kann man weiter einteilen (Tab. 1). Physikalische Inhibitoren können z. B. Wasserstoffionen oder organische Kationen, atomarer oder molekularer Wasserstoff, kolloides Metallhydroxyd oder organische Molekeln sein, ferner auch anorganische oder organische Anionen (sofern diese nicht bereits zur Chemisorption neigen). Nicht selten wirken auch verschiedene physikalische Inhibitoren zusammen, wobei sich bei passender Wahl der Paare (Kation/Anion, Kation/Dipol, Anion/Dipol, Dipol/Dipol) erheblich größere als bloß additive Wirkungen ergeben (sogenannte Verstärkungs- oder Potenzierungseffekte).

Tabelle 1. *Einteilung der Korrosionsinhibitoren*

I.

Physikalische Inhibitoren

organ. und anorgan. Inhibitoranionen — organische Inhibitormolekeln — organische Inhibitorkationen

Inhibitor-Kombinationen

II.

Chemische Inhibitoren

Chemisorbentien — Passivatoren — Deckschichtenbildner — elektrochemische Inhibitoren — Destimulatoren

Anorgan. Anionen

Anorgan. Kationen

Organ. Anionen

Organ. Kationen

Anorgan. Molekeln

Organ. Molekeln

Die chemischen Inhibitoren lassen sich in fünf Gruppen einteilen[1, 2]: Chemisorbentien, Passivatoren, Deckschichtenbildner, elektrochemische Inhibitoren und Destimulatoren. Die Stoffe der ersten vier Gruppen belegen die Metalloberfläche als *Grenzflächen* inhibitoren, diejenigen der letzten Gruppe wirken auf das Korrosionsmittel angriffsverzögernd ein. Im Zusammenhang mit unseren Diskussionen interessieren uns nur die ersten drei Gruppen. Zum Unterschied von den physikalischen Inhibitoren gilt für die blockierenden chemischen Inhibitoren gewöhnlich nicht die Adsorptionsisotherme.

Über den Mechanismus der Bildung von Chemisorptionsfilmen, passivierenden Häuten und dickeren Deckschichten ist auf dieser Tagung bereits von anderer Seite alles Wesentliche gesagt worden. Ich kann auf eine Wiederholung verzichten. Lediglich bei den Deckschichtenbildnern sei noch auf eine Besonderheit aufmerksam gemacht. *Arteigene* Deckschichten können unter Beteiligung des zu schützenden Metalls, z. B. in Verbindung mit Phosphat, Arsenat, Chromat, Molybdat oder als feste Lösung dieser Salze mit dem entsprechenden Hydroxyd usw. entstehen. *Artfremde* Deckschichten sind das Ergebnis von Fällungsreaktionen einzelner Bestandteile des Korrosionsmittels, z. B. der Abscheidung von $CaCO_3$ oder von $CaSO_4$ auf der Metalloberfläche. An praktischer Bedeutung stehen die Deckschichtenbildner allgemein hinter den Passivatoren zurück, die dünne, aber dichte Filme bilden.

Auf den Mechanismus der Schutzwirkung bei den verschiedenen Inhibitoren muß ich näher eingehen. Hierbei sind drei Fälle zu unterscheiden:

1. Schutz einer völlig *freien* Metalloberfläche.
2. Schutz einer mit einer porösen Deckschicht bedeckten Metalloberfläche.
3. Schutz einer Metalloberfläche, bedeckt mit einer zwar dichten Deckschicht, die aber vom Korrosionsmittel angegriffen werden kann.

Der Fall eins einer völlig freien Metalloberfläche dürfte nur selten vorkommen. An der Atmosphäre wird das Metall stets mit einer Oxydhaut bedeckt sein. Möglicherweise reagiert aber das angreifende Mittel (z. B. Säure, Lauge oder komplexbildende Salzlösung) mit dem Oxydfilm so rasch, daß noch vor Wirksamwerden der Inhibition tatsächlich eine rein metallische Oberfläche vorliegt.

Als anodische Teilvorgänge treten bei der Korrosion Übergänge von Metallionen aus dem Metall in das Korrosionsmittel auf. Als entsprechende kathodische Teilvorgänge können sich entweder Übergänge von Wasserstoffionen aus dem Korrosionsmittel auf das Metall unter Entladung zu Wasserstoffatomen oder Elektronenübergänge von Metall in das Korrosionsmittel unter Reduktion von Sauerstoff oder anderen oxydierenden Stoffen abspielen. Als Folgereaktion der kathodischen

Wasserstoffabscheidung kann die Rekombination zweier Wasserstoffatome zur Wasserstoffmolekel wichtig werden.

Den anodischen Übergang von Metallionen aus dem Metall in die Lösung vermögen physikalische Inhibitoren, Chemisorbentien, Passivatoren und Deckschichtenbildner zu hindern. Die katodischen Elektronenübergänge werden von physikalischen Inhibitoren nicht aufgehalten. Dazu können hingegen unter bestimmten Bedingungen Chemisorbentien, Passivatoren und Deckschichtenbildner fähig sein. Den Übertritt von H^+-Ionen aus der Lösung zum Metall vermögen physikalische Inhibitoren selbst unter günstigeren Voraussetzungen (möglichst dichte Belegung) nur teilweise zu hemmen. Passivatoren und Deckschichtenbildner sind eher dazu in der Lage, doch können sie statt dessen unter Umständen reduziert werden.

Anodisch wirkende Inhibitoren schützen im allgemeinen besser als kathodische wirkende, vor allem wenn der kathodische Vorgang in einem Elektronenübergang besteht. Noch besser inhibieren Stoffe, die gleichzeitig anodisch und kathodisch wirken.

Physikalische Inhibitoren eignen sich besonders dazu, den Vorgang der Rekombination der H-Atome aufzuhalten. Sie wirken hier als Katalysatorgifte. Die Rekombination vollzieht sich vorzugsweise an wenigen, besonders aktiven Stellen der (primär deckschichtfreien) Metalloberfläche. Gerade diese Stellen werden aber auch von Inhibitoren bevorzugt bewirkt. Um die Rekombination wesentlich aufzuhalten, reicht eine viel kleinere Menge von Inhibitoren aus als zur Hemmung des Ionenüberganges. Vergiftung mit Inhibitoren erhöht also den Druck des atomaren Wasserstoffes an der Metalloberfläche, was gleichbedeutend ist mit erhöhter Wasserstoffüberspannung und mit verringerter Korrosion.

Fall zwei, der Schutz einer mit einer porösen Deckschicht bedeckten Metalloberfläche, dürfte wohl am häufigsten vorkommen. In Korrosionsmedien nahe dem Neutralpunkt kann er als Regel gelten. Gewöhnlich wird das in den Poren bloßliegende Metall die anodischen Bereiche darstellen, die z. B. von anodisch wirkenden physikalischen Inhibitoren oder Chemisorbentien blockiert werden können.

An der Deckschicht selbst werden sich kathodische Vorgänge abspielen, z. B. der Abbau der Deckschicht infolge kathodischer Reduktion oder die Reduktion von Sauerstoff oder von anderen Oxydationsmitteln. Derartige, auf Elektronenübergängen beruhende Vorgänge werden sich mit den meisten Inhibitoren kaum aufhalten lassen. Allenfalls dürften sich hier Deckschichtenbildner, die eine isolierende Deckschicht ergeben, als wirksam erweisen. In der Mehrzahl der Fälle wird wahrscheinlich auch hier der anodische Schutz den Ausschlag geben. Chemisorbentien oder Passivatoren werden die Poren der primären Deckschicht *abdichten* (vgl. Hoar und Evans[3], Pryor und Cohen[4].

Uhlig und Geary[5] haben z. B. gefunden, daß sich Eisen, Titan oder Chromstahl im schwach sauren Medium mit einem Film von Chromationen bedeckt, der etwa 1,8 Molekellagen entspricht*. Ein Teil dieser Belegung ist reversibel adsorbiert, ein Teil chemisorbiert. Der Bedeckungsvorgang gehorcht noch der Langmuirschen Adsorptionsisotherme. Vermutlich werden die Chromationen auf den (kathodischen) oxydischen Bereichen der Deckschicht adsorbiert, während sie an den (anodischen) metallischen Lücken chemisorbiert werden.

Im Fall drei, dem Schutz einer mit einer dichten Deckschicht** bedeckten Metalloberfläche, handelt es sich um die Hemmung der Auflösung der Deckschicht im Korrosionsmedium. Bei diesem — meist nicht elektrochemischen — Vorgang werden wohl am ehesten die Deckschichtenbildner wirksam bleiben, sofern sie gelartige Schutzfilme auf der primären Deckschicht ausbilden.

Wahrscheinlich geht der Fall drei leicht in den Fall zwei über, wenn die Deckschicht nicht gleichmäßig angegriffen wird.

Schlußbemerkungen: Es wurde hier die Inhibition der Korrosion als wichtigsten uns interessierenden Prozeß kurz besprochen. Inhibition der Korrosion ist jedoch nur *ein* Beispiel für die Inhibition heterogener Reaktionen im allgemeinen, von der hier die Inhibition der heterogenen Katalyse und die Inhibition der Kristallisationsvorgänge als weitere wichtige Beispiele erwähnt sein mögen. Für alle diese verschiedenen Beispiele der Inhibition gelten im Grunde die gleichen Gesichtspunkte wie für die Inhibition der Korrosion. Auf diese interessanten Inhibitionsvorgänge kann hier jedoch nicht näher eingegangen werden.

Neuere Literatur über Inhibition und Inhibitoren***

I. Definition und Einteilung der Korrosionsinhibitoren

1 Fischer, H.: Z. Metallkde. **46**, 350 (1955).
2 Fischer, H.: Werkstoffe u. Korrosion **6**, 26 (1955).
3 Fischer, H.: Jahrbuch der Oberflächentechnik 1956.
4 Elze, J.: Gesundheitsingenieur **76**, 1 (1955).

---

[3] Hoar, T. P., u. U. R. Evans: J. electrochem. Soc. **99**, 212 (1952).
[4] Pryor, M. J., u. M. Cohen: J. electrochem. Soc. **100**, 203 (1953).
[5] Uhlig, H. H., u. A. Geary: J. electrochem. Soc. **101**, 215 (1954).
[6] Uhlig, H. H., u. S. Lord: J. electrochem. Soc. **100**, 216 (1953).

* Entsprechendes fanden z. B. Uhlig und Lord[6] für die inhibierende Wirkung von O_2.

** Die aber die verschiedenartigsten Fehlstellen besitzen kann.

*** Sie erhebt keineswegs Anspruch auf Vollständigkeit.

II. Phys. chem. Grundlagen der Inhibition

1 Fischer, H.: Z. Elektrochem. **55**, 92 (1951).
2 Evans, U. R.: Chemistry and Ind. 530 (1953).
3 Fischer, H.: C. r. CITCE, 2. Réunion à Milan (1950).

III. Physikalische Inhibitoren und Chemisorbentien

1 *Inhibition der Korrosion.*
1.1 Jenckel, E., u. F. Woltmann: Z. anorg. Chem. **233**, 236, 244 (1937).
1.2 Fischer, H.: Korr. u. Metallschutz **20**, 285 (1944).
1.3 Ch'Jao, J., u. C. A. Mann: Ind. Eng. Chem. **39**, 910 (1947).
1.4 Hoar, T. P., u. R. D. Holliday: J. appl. Chem. **3**, 502 (1953).
1.5 Elze, J., u. H. Fischer: J. electrochem. Soc. **99**, 259 (1952); Metalloberfl. **6** (A), 177 (1952).
1.6 Lüttringhaus, A., u. H. Goetze: Angew. Chem. **64**, 661 (1952).
1.7 Piatti, L.: Chimia **5**, 8 (1951); Werkstoffe u. Korrosion **2**, 441 (1951).
1.8 Hoar, T. P., u. U. R. Evans: J. electrochem. Soc. **99**, 212 (1952).
1.9 Pryor, M. J., u. M. Cohen: J. electrochem. Soc. **100**, 203 (1953).
1.10 Uhlig, H. H., u. A. Geary: J. electrochem. Soc. **101**, 215 (1954).
1.11 Uhlig, H. H., u. S. Lord: J. electrochem. Soc. **100**, 216 (1953).

2 *Inhibition von Teilvorgängen der Korrosion.*
2.1 Kathodische Wasserstoffabscheidung.
2.11 Fischer, H.: Z. Elektrochem. **52**, 111 (1948).
2.12 Ch'Jao, J., u. C. A. Mann: Ind. Eng. Chem. **39**, 910 (1947).
2.13 Fischer, H., u. H. Heiling: Z. Elektrochem. **54**, 184 (1950).
2.14 Conway, B. E., J.. O'.M Bockris and B. Lovrecek: Poitiers: 1954, London: Butterworth 1955, CITCE S. 207.
2.15 Elze, J., u. H. Fischer: J. electrochem. Soc. **99**, 259 (1952).
2.16 Baukloh, W., u. G. Zimmermann: Arch. Eisenhüttenwes. **8**, 459 (1936).
2.2 Anodische Auflösung von Metallen.
2.22 Fischer, H.: Korrosion u. Metallschutz **20**, 287 (1944).

3 *Inhibitoren der kathodischen Metallabscheidung.*
3.1 Fischer, H., u. J. Goesch: Z. Elektrochem. **47**, 879 (1941).
3.2 Fischer, H.: Z. Elektrochem. **49**, 342, 376 (1943); Koll. Z. **106**, 50 (1944).
3.3 Fischer, H.: Z. Elektrochem. **54**, 459 (1950).
3.4 Fischer, H., H. Matschke u. F. Pawleck: Z. Elektrochem. **54**, 977 (1950).
3.5 Roth, C. C., u. H. Leidheiser jr.: J. electrochem. Soc. **100**, 553 (1953).
3.6 Fischer, H.: Elektrolyt. Abscheidung u. Elektrokristallisation v. Metallen, S. 210ff. Berlin, Göttingen, Heidelberg: Springer 1954.

IV. Passivatoren und Deckschichtenbildner als Korrosionsinhibitoren

1 s. III 1.8—1.11.
2 Evans, U. R.: Chem. and Ind. 530 (1953).
3 Indelli, A.: Ann. Chim. **40**, 189 (1950).
4 Cavallaro, L., u. A. Indelli: Ann. Chim. **40**, 181 (1950).
5 Rabald, E.: Werkstoffe u. Korrosion **5**, 368 (1954).
6 Powers, R. A., u. N. Hackermann: J. electrochem. Soc. **100**, 314 (1953).

V. Technische Anwendung von Korrosionsinhibitoren

1 Fischer, H.: Z. Metallkde. **46**, 350 (1955). — Werkstoffe u. Korrosion **6**, 26 (1955).
2 Report of Technical Unit Comittee T—3A on Corrosions-Inhibitors (1955) (R. R. Wise, National Aluminate Co, Chicago).

Über den Mechanismus der inneren Oxydation von Metallegierungen*

Von S. Raether und K. Hauffe

Mit 7 Abbildungen

1 Einleitung und Problemstellung

Wie in den vorangehenden Referaten gezeigt wurde, folgt häufig bei höheren Temperaturen der zeitliche Verlauf der Oxydation sowohl von reinen Metallen als auch von Metallegierungen dem parabolischen Zeitgesetz nach TAMMANN. Diese Gesetzmäßigkeit behält ihre Gültigkeit, solange die Diffusion von Metallionen + Elektronen oder Sauerstoffionen allein auf Grund eines chemischen Potentialgefälles dieser wanderungsfähigen Teilchen als der maßgebende Vorgang angesehen werden kann. Im Falle der Oxydation reiner Metalle, wo das Auftreten nur einer oder auch mehrerer definierter Oxydschichten vorher zu übersehen ist, wird die Aufklärung des Oxydationsmechanismus durch keine weiteren zusätzlichen Erscheinungen mehr erschwert. Erheblich komplizierter werden jedoch die Verhältnisse für die Oxydation von Metallegierungen. Hier haben wir grundsätzlich zwischen drei Mechanismen zu unterscheiden:

1. Es gibt viele Metallegierungen, die im Bereich kleiner Legierungszusätze bei der Oxydation bevorzugt eine oxydische Mischphase bilden und damit unter Anwendung der WAGNERschen Zundertheorie und unter Berücksichtigung der Fehlordnungstheorie der heterotypen Mischphasen zu beschreiben sind[1].

2. Bei anderen Metallegierungen (Edelmetallegierungen und Legierungen mit stark unterschiedlichen Oxydationsarbeiten ihrer Legierungskomponenten) wird häufig der Aufbau der Zunderschicht und das Zunderschichtwachstum infolge der thermodynamischen Bildungsbedingungen der einzelnen Oxyde überwiegend durch das Oxyd mit der höchsten Bildungsarbeit bestritten. Es findet also ein überwiegender Verbrauch des *unedlen* Legierungspartners statt, so

---

* Die Arbeiten wurden von S. RAETHER im Institut für physikalische Chemie, Greifswald durchgeführt.

[1] HAUFFE, K.: The Mechanism of Oxidation of Metals and Alloys at High Temperatures. Progr. Metal Physics **4**, 71 (1953).

daß infolge Verarmung desselben in der Legierung mit Diffusionsvorgängen in ihr zu rechnen ist, die auch häufig den zeitlichen Verlauf der Oxydation bestimmen[2].

3. Als weitere Komplikation tritt zusätzlich noch eine Erscheinung auf, die die Aufklärung des Oxydationsmechanismus weiter erschweren kann. Das ist die Sauerstofflöslichkeit in verschiedenen Metallen, wie z. B. in Ag, Cu, Ni, Ti, Zr usw., und die hierdurch verursachte Oxydation des unedleren Legierungspartners — auch wenn er in sehr kleiner Konzentration auftritt — in der Legierungsphase. Diese Erscheinung, die wir als innere Oxydation bezeichnen, wurde zuerst von RHINES[3] in seiner vollen Tragweite erkannt und durch eingehende Untersuchungen an einer größeren Zahl von Kupfer- und Silberlegierungen aufgeklärt.

Da die Löslichkeit und Diffusion des Sauerstoffs und anderer oxydierender Gase die Voraussetzung für die innere Oxydation schafft, wollen wir uns in den folgenden Abschnitten zunächst einmal mit diesen Erscheinungen befassen und im Anschluß hieran die innere Oxydation und ihren Einfluß auf die mechanischen Eigenschaften — insbesondere auf die Härte — beschreiben.

2 Gaslöslichkeit in Metallen und Legierungen

Die Bestimmung der Löslichkeit von Sauerstoff in Metallen ist mit Ausnahme der Edelmetalle insofern recht schwierig, als eine separate Oxydphase gebildet wird, wenn die Grenze der Sauerstofflöslichkeit überschritten wird. Häufig wird die tatsächlich gelöste Menge an Sauerstoff im Vergleich zum Totalverbrauch von Sauerstoff durch ein Metall klein sein. In geschmolzenen Metallen nimmt im allgemeinen der relativ große Gehalt an gelöstem Sauerstoff beim Erstarren der Schmelze scharf ab. Hierbei kann es dann auch zur Oxydbildung kommen.

Besonders eingehende Untersuchungen liegen am Sauerstoff-Kupfersystem vor. Als oberste Löslichkeitsgrenze bei 1000° C werden hier von HANSON, MARRYAT und FORD[4] $<0{,}009$ Gew.-% Sauerstoff angegeben. ALLEN und STREET[5] schätzen den Sauerstoffgehalt von Kupfer bei 500° C nicht über 0,005 Gew.-%. Während RHINES und MATHEWSON[6] erheblich höhere Löslichkeitsgrenzen (bei 600° C etwa 0,007 und bei 1050° C sogar 0,015 Gew.-%) angeben, werden diese Werte von PHILLIPS und SKINNER[7] als zu hoch angesehen. Sie fanden im Tempera-

[2] WAGNER, C.: J. electrochem. Soc. **99**, 369 (1952).
[3] RHINES, F. N.: Trans. AIME **137**, 246 (1940). — J. Corrosion **4**, 15 (1947).
[4] HANSON, D., C. MARRYAT u. G. W. FORD: J. Inst. Met. **30**, 197 (1923).
[5] ALLEN, N. P., u. A. C. STREET: J. Inst. Met. **51**, 233 (1933).
[6] RHINES, F. N., u. C. H. MATHEWSON: Trans. AIME **111**, 337 (1934).
[7] PHILLIPS, A., u. E. N. SKINNER: Trans. AIME **143**, 301 (1941).

turgebiet zwischen 700 und 1050° C eine Sauerstofflöslichkeit von nur 0,0022 bis 0,0077 Gew.-%. Offensichtlich sind diese unterschiedlichen Werte in den analytischen Bestimmungsmethoden zu suchen, die wir im nächsten Kapitel behandeln wollen. An Hand analytischer Untersuchungen und Schliffbildaufnahmen konnten SEYBOLT und MATHEWSON[8] die Sauerstofflöslichkeit in Kobalt bei 550° C zu etwa 0,004 und bei 875° C zu etwa 0,020 Gew.-% bestimmen. Bei der letztgenannten Temperatur findet eine Gitterumwandlung des Kobalts statt (hexagonal → kubisch flächenzentriert). Oberhalb dieses kristallographischen Umwandlungspunktes steigt der Sauerstoffgehalt im Kobalt bei konstantem Sauerstoffdruck linear mit der Temperatur.

Eindeutige Angaben über die Löslichkeit von Sauerstoff in Nickel sind nach Wissen der Verfasser noch nicht bekannt geworden. Weitere Hinweise bezüglich der Löslichkeit von Gasen in Metallen sind in einem Sammelreferat von KUBASCHEWSKI[9] und in einem größeren Beitrag von CUPP[10] aufgeführt.

2.1 Theoretische Betrachtung der Gaslöslichkeit in Metallen

Interessant ist die Frage nach den theoretischen Zusammenhängen der Gaslöslichkeit in Metallen. Da z. Zt. das System Metall/Sauerstoff einer solchen Behandlung noch nicht zugänglich ist, wollen wir am System Metall/Wasserstoff die Faktoren behandeln, die die Löslichkeit weitgehend bestimmen. Die Grundlagen wurden insbesondere durch die Arbeiten von WAGNER[11] und HIMMLER[12] geschaffen, aus denen einige allgemeine Folgerungen für die Löslichkeit von Sauerstoff gewonnen werden.

HIMMLER[12] vergleicht die Löslichkeit von Wasserstoff in einigen Metallen mit ihrer Stellung im periodischen System. Die Übergangselemente, d. h. also die Metalle mit nicht abgeschlossenen inneren Elektronenschalen, zeigen eine besonders gute Löslichkeit für Wasserstoff. Ausnahmen können Metalle mit abgeschlossenen Schalen sein, wenn im geringen Maße im *Metallionengitter* noch Ionen mit höherer Wertigkeit eingebaut sind, wie z. B. beim Kupfer.

Für die quantitativen Zusammenhänge der Wasserstofflöslichkeit verwenden wir im folgenden die Darstellung von WAGNER[11].

Aus der Thermodynamik der Mischphasen läßt sich für die Druckabhängigkeit der gelösten Menge Wasserstoff bei kleinen Drucken die Gleichung

$$x_{\mathrm{H}} = K\sqrt{p_{\mathrm{H}_2}} \qquad (x_{\mathrm{H}} = \text{Molenbruch der gelösten H-Atome})$$

[8] SEYBOLT, A. U., u. C. H. MATHEWSON: Trans. AIME **117**, 156 (1935).
[9] KUBASCHEWSKI, O.: Z. Elektrochem. **44**, 152 (1938).
[10] CUPP, C. R.: Gases in Metals. In: Progr. Metal Physics. **4**, 174 (1953).
[11] WAGNER, C.: Z. phys. Chem. Abt. A. **193**, 386, 407 (1944).
[12] HIMMLER, W.: Z. phys. Chem. **195**, 245, 253 (1950).

aufstellen. In der Konstanten K sind die Grundpotentiale unter Standardbedingungen zusammengefaßt, d. h. wenn die Löslichkeit von Wasserstoff gemäß der folgenden Gleichung

$$1/2\,H_2^{(g)} = [H^+ + \ominus]^{\text{Metall}}$$

beschrieben wird, auch das chemische Potential der quasifreien Elektronen im Metall. Mit Berücksichtigung der Konzentrationsabhängigkeit

$$\mu_i = \mu_i^{\circ} + RT \ln x_i,$$

wobei μ_i das chemische Potential des Bestandteiles i ist, folgt für das Gleichgewicht

$$1/2\mu_{H_2}^{\circ} + 1/2\,RT \ln p_H = \mu_H^{\circ} + RT \ln x_H + \mu_{\ominus}.$$

Aus dieser Gleichung läßt sich K berechnen zu:

$$K = \frac{x_H}{\sqrt{p_{H_2}}} = \exp \frac{1/2\mu_{H_2}^{\circ} - \mu_{H^+}^{\circ} - \mu_{\ominus}}{RT}.$$

Durch Zulegieren eines Metalles, welches das chemische Potential der freien Elektronen $\mu_{\ominus}$ herabsetzt (heraufsetzt), wird x_H, der Molenbruch des gelösten Wasserstoffes, größer (kleiner). Himmler[12] konnte damit die schon oben erwähnte Löslichkeitsbeeinflussung von Wasserstoff in Kupferlegierungen unter Berücksichtigung der Einbauart der Legierungspartner (entweder als Atome oder Ionen) ohne weitere Annahmen deuten.

Die Sauerstofflöslichkeit hingegen muß, da jetzt $\mu_{\ominus}$ mit positivem Vorzeichen im Exponenten steht, fallen, wenn $\mu_{\ominus}$ kleiner wird. In Übereinstimmung mit diesen Ergebnissen stellten Sieverts und Krumbhaar[13] eine Verminderung der Sauerstofflöslichkeit durch Goldzusätze in geschmolzenem Silber fest. Himmler[12] fand eine Heraufsetzung der Sauerstofflöslichkeit bei Palladium-Silber-Legierungen mit 5 Atom-% Pd.

Wegen der großen experimentellen Schwierigkeiten bei der Messung der Sauerstofflöslichkeit in Metallen und Legierungen stehen nur sehr wenig Ergebnisse zur Verfügung. Diese Tatsache ist bedauerlich, da für die Aufklärung der Vorgänge der inneren Oxydation die Kenntnis der Löslichkeitsbeeinflussung durch Legierungszusätze wichtig ist.

2.2 Experimentelle Bestimmung der Löslichkeit

Zunächst sollen einige Verfahren genannt werden, die gestatten, die Löslichkeit mit großer Genauigkeit zu bestimmen.

---

[13] Sieverts, A., u. H. Krumbhaar: Ber. dtsch. chem. Ges. **43**, 893 (1910).

a) *Kaltextraktion*[14]. Das Metallgefüge wird im Vakuum auf chemischem Wege (Säuren, Quecksilberchlorid) durch Verbindungsbildung zerstört. Das gelöste Gas wird frei und kann analysiert werden. Das Verfahren gestattet auch, durch entsprechende Vorbehandlung der Probe, die Bestimmung von Gasmengen im Metall, die nicht einem bestimmten Gleichgewichtszustand entsprechen.

b) *Heißextraktion*[15]. Die Metallprobe wird im Vakuum geschmolzen, und mit Hilfe einer Quecksilbertropfpumpe die freiwerdenden Gase in den Meßteil der Apparatur befördert. Gegenüber der Kaltextraktion besteht der Vorteil, daß auch die Gase mit analysiert werden, die im Metall in Form einer Verbindung vorliegen, z. B. Sauerstoff im Kupfer als Cu_2O.

c) *Gasvolumetrische Messung*[16]. In einem heizbaren und mit dem Meßteil verbundenen Quarzrohr befindet sich die Metallprobe. Eine abgemessene Gasmenge wird mit der Probe in Berührung gebracht und nach einer bestimmten Zeit aus der Druckänderung die gelöste Menge Gas berechnet.

d) *Widerstandsmessung*. Der elektrische Widerstand reiner Metalle wird im allgemeinen durch gelöste Gase heraufgesetzt. Die Änderung bei Eisen- und Platindrähten z. B. ist direkt proportional der gelösten Gasmenge. Mit Hilfe weniger Absolutbestimmungen lassen sich Eichkurven aufstellen und die Gaslöslichkeit aus Widerstandswerten berechnen [17]. Nachteil dieser Methode ist, daß der elektrische Widerstand sehr weitgehend von sekundären Einflüssen abhängt, wie z. B. Kristallitgröße und Spannungen im Metallgefüge[18].

e) Neben der Gitteraufweitung steht uns besonders die Änderung der magnetischen Suszeptibilität eines Metalls als Funktion der gelösten Gasmenge zur Verfügung. Hier kann auf eingehende Untersuchungen von Vogt[19] zurückgegriffen werden.

Tab. 1 gibt noch einmal eine Übersicht

Am Schluß dieser kurzen Aufstellung soll noch auf die Absorptionsgeschwindigkeit eingegangen werden. Als Beweis für den großen Einfluß der Oberflächenvorgänge beim Lösungsvorgang kann der Versuch von Chaudron[20] angesehen werden. Bei der Entgasung in der Gas-

---

[14] Oberhoffer, H., u. E. Piwowarsky: Stahl u. Eisen **42**, 801 (1922).

[15] Heuer, K.: J. Amer. chem. Soc. **49**, 2711 (1927).

[16] Sieverts, A.: Z. phys. Chem. **60**, 129 (1907).

[17] Sieverts, A., u. H. Brünning: Z. phys. Chem. Abt. A **174**, 365 (1935). — Wrigth, P.: Proc. phys. Soc. Abt. A **63**, 727 (1950).— Jaffee, R. I., u. W. E. Campbell: Trans. AIME **185**, 646 (1949). — Raether S.: Diss. Greifswald 1955.

[18] Vgl. u. a. W. A. Wood: Phil. Mag. **23**, 984 (1937). — Hume-Rothery, W., u. M. R. J. Wyllie: Proc. roy. Soc. (A) **181**, 331 (1943).

[19] Vogt, E.: Ann. Phys., Lpz. **14**, 1 (1932). — Fitzwilliam, J., A. Kaufmann u. C. Squire: J. chem. Phys. **9**, 678 (1941) (Zr/H_2).

[20] Chaudron, G.: Aluminium **19**, 594 (1937).

Tabelle 1. *Zusammenstellung der Meßmethoden*

	Art des Gasaustausches	zu best. Meßgröße	Umsetzungstemperatur
Kaltextraktion	Desorption	v oder p	20°
Heißextraktion	Desorption	v oder p	Schmelzpunkt
Gasvolumentrisch	Absorption	v oder p	bis zum Schmelzp.
Widerstandsmessung	Desorption oder Absorption	v oder p mit R	bis zum Schmelzp.
Magnetische Messung	Desorption oder Absorption	v oder p mit χ	

(R = Widerstand, χ = magnetische Suszeptibilität)

entladung wurde ein etwa 10 mal größerer Wert der Löslichkeit in Aluminium gefunden, als mit Hilfe der Heißextraktion. Die Absorptions- bzw. Desorptionsgeschwindigkeit muß bei der Durchführung der Versuche entsprechend berücksichtigt werden. Der Absolutwert der Löslichkeit ist weitgehend von der Lösungsgeschwindigkeit unabhängig, d. h., es darf ganz allgemein von einer hohen Löslichkeit nicht auf eine große Diffusionsgeschwindigkeit des Gases in dem betreffenden Metall geschlossen werden[21]. In diesem Zusammenhang sind die von Pawlek[22] veröffentlichten Untersuchungen über die elektrische Leitfähigkeit von *reinstem* Kupfer sehr interessant und aufschlußreich. Es wurde beobachtet, daß reinstes Kupfer, welches in Luft wärmebehandelt wurde, eine höhere elektrische Leitfähigkeit zeigte als das gleiche Kupfer, wenn man es im Hochvakuum wärmebehandelte. Dieses unterschiedliche elektrische Verhalten der beiden Kupferproben läßt sich nach den folgenden Ausführungen über den Mechanismus der inneren Oxydation offenbar nur so verstehen, daß im ersten Fall die noch im Kupfer vorhandenen Spuren an unedleren Legierungsbestandteilen, die stets zu einer Abnahme der elektrischen Leitfähigkeit führen, durch den eindringenden Sauerstoff infolge einer Oxydation *herausextrahiert* wurden, während diese bei einer Wärmebehandlung im Hochvakuum oder in einem sauerstofffreien Inertgas in der Legierung verblieben.

Während also für die reine Gaslösung Widerstandsmessungen als eine elegante Methode zur Ermittlung der Gasmenge im Metall in Betracht kommen, ist bei gleichzeitig auftretender innerer Oxydation mit erheblichen Komplikationen zu rechnen. Erst kürzlich versuchte der eine von uns (Raether[17]) das zeitliche Wachsen der inneren Oxydation durch die zeitliche Änderung des elektrischen Widerstandes zu bestimmen. Ganz abgesehen von der nicht einfachen Durchführung

[21] Tammann, G.: Z. Elektrochem. **35**, 21 (1929).
[22] Pawlek, F.: Z. Metallkunde **43**, 350 (1952).

bereitet die Überwindung von anderen Störungsquellen, wie z. B. das Inlösunggehen von intermediären Kristallarten mit fortschreitender innerer Oxydation, erhebliche Schwierigkeiten insofern, als bereits kleinste Veränderungen in der Legierungszusammensetzung eine Widerstandsänderung verursachen, die häufig in derselben Größenordnung liegt wie die durch die innere Oxydation auftretende. Weitere vergleichende Untersuchungen nach den in Tab. 1 zusammengestellten Meßverfahren erscheinen wünschenswert.

3 Innere Oxydation von Metallegierungen

Bei der Oxydation von z. B. Kupferlegierungen entsteht nach Rhines nicht nur eine Zunderschicht auf der Legierung, die je nach den herrschenden Sauerstoffpartialdrucken und Temperaturen aus Cu_2O oder aus Cu_2O mit einer äußeren CuO-Schicht besteht und die wir als *äußere Zunderzone* (external scale) bezeichnen, sondern auch eine Oxydationszone im Innern der Legierung, die wir als *innere Oxydationszone* (subscale) bezeichnen. Als Ursache für das Auftreten einer solchen inneren Oxydationszone sind die oben diskutierte Löslichkeit von Sauerstoff in der Legierungsphase und die höheren Bildungsarbeiten der Oxyde der unedlen Legierungsbestandteile anzusehen, die laufend Sauerstoff verbrauchen und dadurch infolge des sich ausbildenden hohen chemischen Potentialgefälles an Sauerstoff (in guter Näherung häufig identisch mit dem Konzentrationsgefälle an Sauerstoff) zwischen den Phasengrenzen Legierung/äußere Zunderschicht und Legierung/innere Oxydationszone eine laufende Nachlieferung von Sauerstoff bewirken, der durch die Dissoziation

$$Cu_2O_{(\text{Äußere Oxydschicht})} \longrightarrow 2\,Cu + O_{(\text{gelöst in Leg})}$$

der inneren Oxydation zur Verfügung steht. In einer neueren Arbeit werden die Meßergebnisse von Rhines an Cu-Legierungen durch Meijering und Druyvesteyn[23] bestätigt. Aufschlußreiche Messungen über die Bildung der inneren Oxydationszone in Cu-Pd-Legierungen

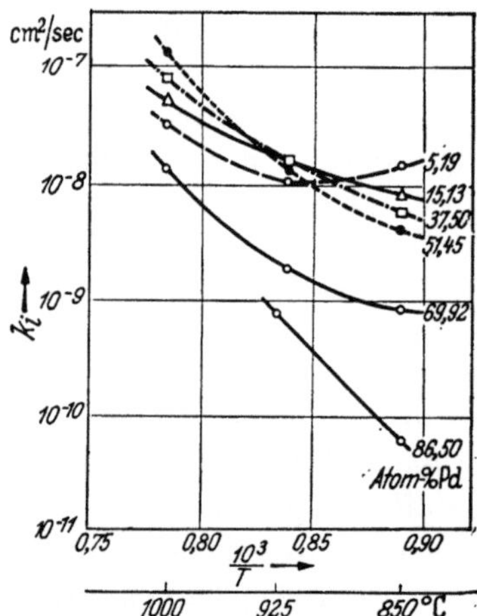

Abb. 1. Temperaturabhängigkeit der parabolischen Wachstumskonstanten k_i der inneren Oxydationszone von einigen Cu-Pd-Legierungen bei Vorhandensein einer äußeren Oxydschicht nach Thomas

[23] Meijering, J. L., u. M. J. Druyvesteyn: Philips. Res. Rep. 2, 81, 260 (1947).

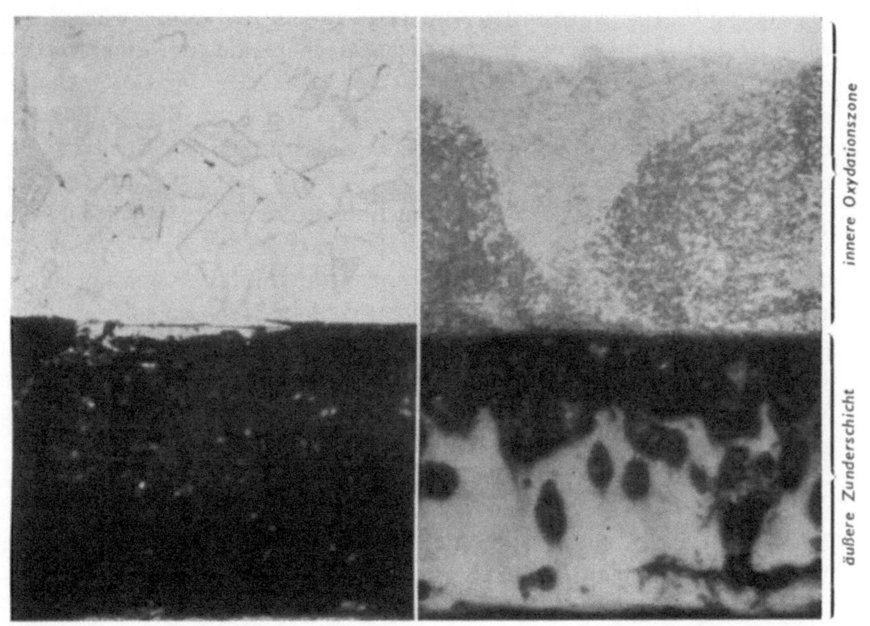

a b

gen (z. B. Cu- und Ni-Legierungen) wäre wünschenswert, da das Auftreten einer inneren Oxydation stets mit einer Veränderung der mechanischen Eigenschaften (z. B. Zunahme der Härte) verknüpft ist. Aus diesen Messungen ließen sich dann mit Sicherheit die Gasatmosphäre und die Temperatur vorherbestimmen, die zu einer merklichen inneren Oxydation führen, was für den Apparatebau von Bedeutung wäre. Nach diesem Sachverhalt ist die Kenntnis des Mechanismus der inneren Oxydation und der Faktoren, die für die Herabsetzung der Geschwindigkeit der inneren Oxydation verantwortlich sind, zur Beurteilung der technischen Verwendbarkeit derartiger Legierungen als Hoch-Temperatur-Werkstoffe unerläßlich.

Die ersten quantitativen Untersuchungen über diesen Vorgang der Oxydation stammen von Rhines und Mitarbeitern[3, 25], die zunächst die innere Oxydation allein an Legierungen auf Kupferbasis mit geringen Fremdmetallgehalten im α-Mischkristallgebiet bei verschiedenen Temperaturen in Luft und Sauerstoff und auch in Cu_2O-Einbettungen in Gegenwart von Inertgasen bzw. im Vakuum untersuchten. Die letzte Versuchsanordnung wurde dann gewählt, wenn es galt, die Ausbildung einer äußeren Oxydationszone zu verhindern. In Abb. 2 sind die Schliffbildaufnahmen von je einer reinen Cu-Probe und einer Cu-Si-Legierung mit 0,5 Gew.-% Si nach einer 2stündigen Oxydation bei 1000° C in Luft wiedergegeben. Obwohl die beiden Proben unter den gleichen Versuchsbedingungen oxydiert wurden, erkennt man an der gezunderten Legierung im Gegensatz zu reinem Kupfer zwei deutlich voneinander unterscheidbare Oxydationszonen. Die äußere (dunklere), die im wesentlichen aus einem Gemenge von Cu_2O und SiO_2 besteht, hat praktisch dieselbe Schichtdicke wie die Zunderschicht des reinen Kupfers. Die sich an die äußere Oxydationszone der Legierung anschließende innere Oxydationszone besteht aus SiO_2-Kristallen, die in Kupfer eingebettet sind und in der kein Kupferoxyd beobachtet werden konnte.

Eine ausführliche und zusammenfassende Darstellung über die Arbeiten der inneren Oxydation von Rhines und Mitarbeitern wurde kürzlich von Hauffe gegeben[26]. Die folgende Zeichnung (Abb. 3) gibt nach Rhines einen Überblick über den Konzentrationsverlauf des Sauerstoffes, des Kupfers und des Aluminiums einer Kupfer-Aluminium-Legierung in den einzelnen Oxydationszonen.

Zeitbestimmend für das Fortschreiten der inneren Oxydation ist die Diffusion des Sauerstoffes von der Phasengrenze II nach innen.

---

[25] Rhines, F. N., W. A. Johnson u. W. A. Anderson: Trans. AIME, Techn-Publ. Nr. 1368 (1941).

[26] Hauffe, K.: Reaktionen in und an festen Stoffen, S. 516ff. Berlin 1955.

Der durch Dissoziation des Cu_2O entstehende Sauerstoff wird im wesentlichen durch zwei Vorgänge verbraucht, durch die Oxydation des Legierungsmetalls an der Phasengrenze III und durch zusätzliches Lösen in der inneren Oxydationszone. Die Bildungsgeschwindigkeit der äuße-

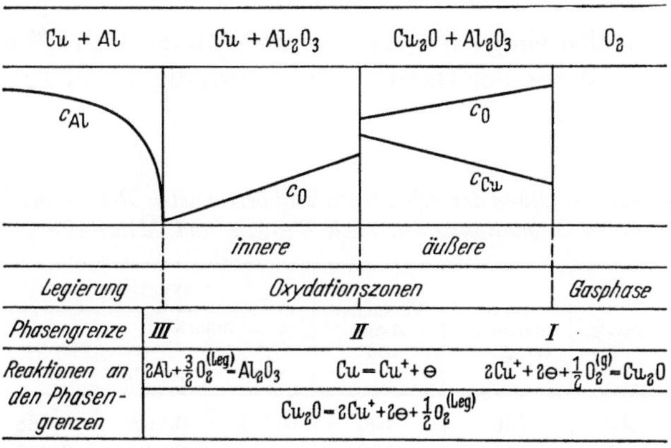

Abb. 3. Schematische Darstellung des Konzentrationsverlaufs des Aluminiums c_{Al} in der Cu-Al-Legierung, des Sauerstoffs c_O und des Kupfers c_{Cu} in der nichtoxydierten Legierung und in der inneren Oxydationszone

ren Oxydationszone wird durch das Konzentrationsgefälle der Kupferionen in der Kupferoxydulschicht bestimmt. Dieses wird im Falle der gemeinsamen inneren und äußeren Oxydation durch die an der Phasengrenze durch Dissoziation entstehenden Kupferionen verändert, und muß bei der Berechnung entsprechend berücksichtigt werden[26].

Da die Konzentration des Legierungsmetalls in der Legierung und des Sauerstoffs in der inneren Oxydationszone von Ort und Zeit abhängen, muß mit dem zweiten Fickschen Diffusionsgesetz gerechnet werden. Für die Zunderkonstante der inneren Oxydation folgt nach Rhines die Gleichung:

$$\frac{S^2}{t} = \frac{2 D_O c_O^{II} - 1{,}68\, c_{Me} D_{Me} \frac{m_O}{m_{Me}}}{c_{Me} \frac{m_O}{m_{Me}} + \frac{c_O^{II}}{3}}$$

S innere Oxydationszone zur Zeit t,

D_O Diffusionskoeffizient des Sauerstoffs in der inneren Oxydationszone,

D_{Me} Diffusionskoeffizient des Legierungsmetalls in der Legierung,

c_{Me} Ausgangskonzentration des Legierungsmetalls in der Legierung,

c_O^{II} Sauerstoffkonzentration an der Phasengrenze II,

$\frac{m_O}{m_{Me}}$ Quotient der Gewichte von Sauerstoff und Metall im Legierungsmetalloxyd.

Die Ableitung und Kommentierung dieser Gleichung wurde bereits an anderer Stelle von einem von uns gegeben[26].

3.1 Versuchsergebnisse über die innere Oxydation

Zunächst sollen einige von RHINES und Mitarbeitern[7,25] berechnete und gemessene Werte der Oxydationsgeschwindigkeit in Tab. 2 gegenübergestellt werden.

Tabelle 2. *Zusammenstellung der gefundenen und berechneten Breiten der inneren und äußeren Oxydationszonen nach* RHINES *und Mitarbeitern*

Grund- und Legierungsmetall		Gew.-%	Oxydationstemp. °C	Versuchsdauer Std.	Oxydationszonen in cm			
					innere		äußere	
					exp.	berechn.	exp.	berechn.
Cu	Al	0,03	750	100	0,061	0,093	0,038	0,042
Cu	Al	0,45	750	100	0,0129	0,017	0,047	0,041
Cu	Al	0,45	875	100	0,097	0,072	0,107	0,126
Cu	Al	0,45	1000	100	0,260	0,235	0,247	0,314
Cu	Si	0,076	750	100	0,032	0,048	0,028	0,042
Cu	Si	0,18	750	100	0,028	0,028	0,032	0,041
Cu	Si	0,18	875	100	0,126	0,110	0,111	0,128
Cu	Si	0,59	750	100	0,0142	0,012	0,029	0,040
Cu	Si	0,59	875	100	0,068	0,048	0,080	0,124
Ag	Cd	2,48	850	3	0,0276	0,0139	—	—
Ag	Cu	1,10	850	3	0,0945	0,0242	—	—
Ag	In	0,73	850	3	0,0809	0,0414	—	—
Ag	Sn	2,89	850	3	0,0294	0,0180	—	—
Ag	Sb	2,79	850	3	0,0235	0,0106	—	—

Weiter wurden von RHINES und Mitarbeitern Kupferlegierungen mit folgenden Legierungsmetallen untersucht: Li, Be, Mg, Ca, Sr, Ba, Zn, Cd, Al, Ce, Ga, In, Si, Ti, Zr, Ge, Sn, Pb, P, V, Nb, Ta, Cr, Mn, Fe, Co und Ni (s. auch K. HAUFFE[26]).

RHINES untersuchte ferner eine Reihe von ternären Kupferlegierungen. Besteht ein wesentlicher Unterschied der Bildungsarbeiten beider Legierungsmetalloxyde, so bilden sich zwei innere Oxydationszonen. In der einen, die der äußeren Oxydationszone bzw. der Gasphase benachbart ist, liegt ein Gemisch der Oxyde beider Legierungsmetalle im Kupfer vor, während in der zweiten inneren Oxydationszone nur das Metalloxyd mit der größeren negativen Bildungsarbeit vorhanden ist. Ist die Differenz der Bildungsarbeiten nur gering, so kann wie bei den binären Legierungen nur eine Oxydationszone beobachtet werden.

Für diesen Fall konnten RHINES und Mitarbeiter ebenfalls eine Gleichung zur Berechnung der Geschwindigkeit der inneren Oxydation aufstellen.

Wie weitgehend allgemein die theoretische Betrachtung den realen Bedingungen während der Oxydation gerecht wird, zeigt ein Schichtdickenvergleich der Kupfer-Silizium- bzw. Kupfer-Aluminium-Legierungen in Tab. 2. Die Oxydationsgeschwindigkeit der inneren Oxydation sinkt mit steigendem Silizium- bzw. Aluminiumgehalt, während die Geschwindigkeit der äußeren Oxydation nur wenig beeinflußt wird. Die Übereinstimmung zwischen experimentell gefundenen und berechneten Werten ist recht gut, wenn man bedenkt, daß der Einfluß der Vorbehandlung der Legierungsprobe auf die Geschwindigkeit der Oxydation oder auch auf die Diffusionskoeffizienten der Metall- bzw. Sauerstoffionen nicht berücksichtigt wurde. Den Einfluß der Vorbehandlung kann man z. B. für die Oxydation von Kobalt aus den Versuchsdaten von GULBRANSEN und ANDREW[27] entnehmen. In Tab. 3 sind einige Zunderschichtdicken in Abhängigkeit von der Temperatur und der Vorbehandlung aufgeführt.

Tabelle 3. *Oxydationsgeschwindigkeiten und Schichtdicken auf Kobalt in Sauerstoff von 76 mm Hg nach* GULBRANSEN *und* ANDREW

	Schichtdicke nach 10 Stunden in cm			
Oxydationstemperatur °C	Co-Bleche kalt bearbeitet	k'' $g^2 \cdot cm^{-4} \cdot sec^{-1}$	Co-Bleche mit 6 stündiger Wärmebehandl. bei 885 °C	k'' $g^2 \cdot cm^{-4} \cdot sec^{-1}$
400°	$2{,}1 \cdot 10^{-4}$	$1{,}2 \cdot 10^{-12}$	$5{,}7 \cdot 10^{-5}$	$8{,}9 \cdot 10^{-14}$
500°	$3{,}2 \cdot 10^{-4}$	$2{,}8 \cdot 10^{-12}$	$2{,}4 \cdot 10^{-4}$	$1{,}6 \cdot 10^{-12}$
600°	$5{,}4 \cdot 10^{-4}$	$8{,}1 \cdot 10^{-12}$	$4{,}6 \cdot 10^{-4}$	$5{,}8 \cdot 10^{-12}$
700°	$6{,}9 \cdot 10^{-4}$	$1{,}3 \cdot 10^{-11}$	$8{,}9 \cdot 10^{-4}$	$2{,}2 \cdot 10^{-11}$

Im Gegensatz zu diesem Ergebnis beim Kobalt stehen die Ergebnisse von FRÖHLICH[28], der die Oxydationsgeschwindigkeit von reinem, unlegiertem Kupfer in Abhängigkeit von der Herstellung und der Vorbehandlung untersuchte und keinen Einfluß fand. Kupferlegierungen wurden von FRÖHLICH in diesem Zusammenhang nicht untersucht.

Da die Geschwindigkeit der inneren Oxydation von der Sauerstoffdiffusion abhängt, sollen im folgenden einige Untersuchungen über die Abhängigkeit der Gasdiffusion von sekundären Effekten besprochen werden. Ein Hinweis, daß die Diffusionsgeschwindigkeit von Gasen durch die Kristallitgröße in der Metallprobe beeinflußt wird, ist in der Arbeit von BAUKLOH[29] zu finden. Hier setzt ein sehr feines und

[27] GULBRANSEN, E. A., u. K. F. ANDREW: J. electrochem. Soc. **98**, 241 (1951).
[28] FRÖHLICH, K. W.: Z. Metallkde. **28**, 368 (1936).
[29] BAUKLOH, W.: Z. Metallkde. **29**, 427 (1937).

streifenförmiges Korn die Diffusionsgeschwindigkeit von Wasserstoff herab.

Eine ähnliche Erscheinung tritt bei einigen Kupfer-Aluminium- bzw. Kupfer-Beryllium-Legierungen während der Oxydation auf. Hier

Abb. 4. Innere Oxydationszone einer 2 Std. bei 1000° C in Luft anoxydierten Cu-Al-Legierung mit 0,72 Gew.-% Al nach RAETHER

Abb. 5. Zwei innere Oxydationszonen einer vor der Oxydation 5 Std. bei 380° C in Wasserstoff wärmebehandelten Cu-Al-Legierung mit 0,72 Gew.-% Al, die anschließend 2 Std. bei 1000° C in Luft oxydiert wurde. (Nach unveröffentlichten Versuchen von RAETHER)

konnte im Korn eine streifenförmige Ausscheidung des Legierungsmetalloxydes in der inneren Oxydationszone beobachtet werden. Diese, dem Auftreten der LIESEGANG*schen Ringe* (rhythmische Fällung

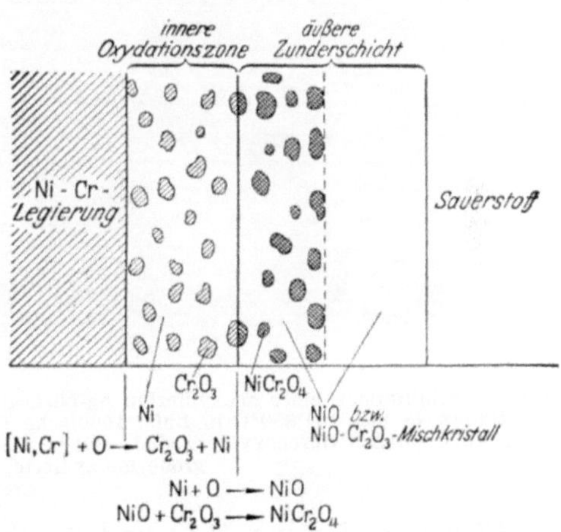
innere
Oxydationszone
äußere
Zunderschicht
Ni - Cr -
Legierung
Sauerstoff
Cr_2O_3
Ni
$NiCr_2O_4$
NiO bzw.
$NiO \cdot Cr_2O_3$-Mischkristall
$[Ni,Cr] + O \rightarrow Cr_2O_3 + Ni$
$Ni + O \rightarrow NiO$
$NiO + Cr_2O_3 \rightarrow NiCr_2O_4$

man in zunehmendem Maße eine selektive Oxydation. In diesem Fall wird bevorzugt das Chrom oxydiert, das als Cr_2O_3 in Form einer äußeren Zunderschicht auf der Legierung auftritt. Offenbar ist hier

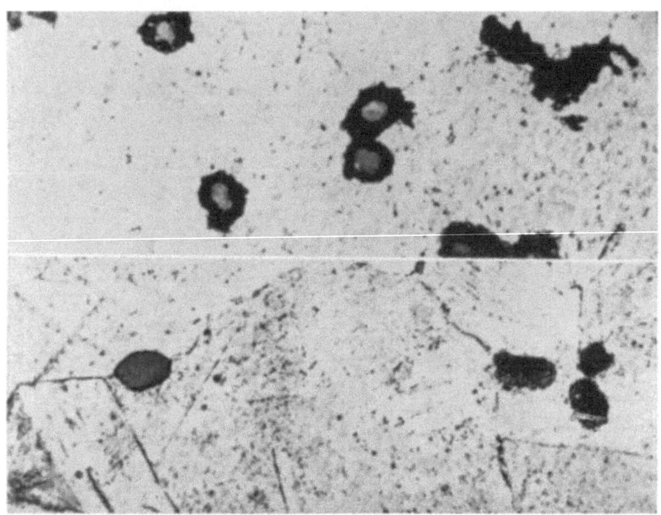

Abb. 7. Schliffbilder einer anoxydierten Ag-Ni-Legierung mit 0,40 Gew.% Ni nach RHINES und GROBE. (3 Std. bei 850°C in Luft; 1500fache Vergr.). Während auf der oberen Seite die β-Legierungspartikel durchoxydiert sind, zeigen diese auf der unteren Seite der Abb. noch große unoxydierte Gebiete

die Chemisorption von H_2O und die Spaltung gemäß der Brutto-Reaktionsgleichung:

$$H_2O^{(g)} \longrightarrow O_{(\text{gelöst in Leg})} + H_2^{(g)}$$

merklich langsamer als die Andiffusion von Chrom aus der Legierung zur Phasengrenze Legierung/Zunderschicht.

Ein neuer Typ der inneren Oxydation wurde von RHINES und GROBE[32] an einer Ag-Ni-Legierung mit 0,4 Gew.-% Ni beobachtet. Da die Löslichkeit von Nickel in Silber außerordentlich klein ist, erscheint der größte Teil des Nickels in einer neuen Phase, der β-Phase. Das Schliffbild zeigt nach der Oxydation keine fein verteilte NiO-Ausscheidung in den Silberkristalliten, sondern nur eine Oxydation der β-Phase (Abb. 7). Während kleine Kriställchen der β-Phase durchoxydiert waren, zeigen größere Kristallite der β-Phase nur eine Umhüllung mit einer NiO-Schicht. Entsprechend den Zunderversuchen an reinem Nickel dürfte für das Fortschreiten der Oxydation der β-Kristalle die Wanderungsgeschwindigkeit von Ni^{2+}-Ionen + Elektronen durch die NiO-Schicht maßgebend sein. Diese Erscheinung wird mit

[32] RHINES, F. N., u. A. H. GROBE: Trans. AIME **147**, 318 (1942).

fallender Temperatur sich dahingehend auswirken, daß der größte Teil des in Silber sich lösenden Sauerstoffs nicht verbraucht wird. Es käme also im Gegensatz zur Darstellung des Konzentrationsverlaufs in Abb. 3 nicht zu einem Konzentrationsabfall des Sauerstoffs von der Oberfläche ins Innere der Legierung, sondern es würde sich eine dem Sauerstoffdruck und der Temperatur entsprechende Gleichgewichtskonzentration des Sauerstoffs einstellen, die stationär nur unmerklich durch die NiO-Bildung auf den β-Kristallen abnimmt.

Diese Erscheinungen lassen sich gegenwärtig noch nicht rechnerisch behandeln.

Abschließend sei erwähnt, daß die innere Oxydation nicht nur an Kupfer-Nickel- und Silberlegierungen eine maßgebende Rolle für die Zunderbeständigkeit und das mechanische Verhalten (Warmfestigkeit, Härte, Ermüdungserscheinungen bei Wechselbelastungen usw.) dieser Legierungen spielt, sondern daß diese Erscheinung der Oxydation auch für andere Legierungen (z. B. Stähle, Titan- und Zirkonlegierungen) mit Legierungspartnern hoher negativer Oxydbildungsarbeiten in kleinen Konzentrationen von Bedeutung sein kann.

Zur Deutung der Härte von Metallegierungen wurden die Vorgänge der inneren Oxydation zuerst von MEIJERING und DRUYVESTEYN[23] herangezogen. MARTIN und SMITH[33] untersuchten das Kriechverhalten von Kupferlegierungen in Abhängigkeit von der sogenannten Vorbehandlung, die hier Art und Ausmaß der inneren Oxydation bestimmt. Mit Hilfe der inneren Oxydation ist es möglich, in Legierungen mit geringen, besonders zur Oxydbildung im Legierungsinneren neigenden Fremdmetallzusätzen, Oxydpartikelchen sehr fein zu verteilen. Diese Oxydteilchen behindern die Verschiebung der Gleitebenen im Gitter während einer mechanischen Beanspruchung. Diese Vorstellung konnte experimentell insbesondere an Cu-Al-Legierungen (z. B. mit 0,05 Gew.-% Al) gestützt werden. Ferner wurde festgestellt, daß mit sinkender Temperatur die innere Oxydation ab- und die Kriechfestigkeit zunahm, was sich auch an Einkristallen (Cu-Si mit 0,3 Gew.-% Si) beobachten ließ (RHINES[32]). Die Art der Oxydausscheidung, die von der Temperatur der Wärmebehandlung abhängt, scheint für das Ausmaß der Änderung der Kriechfestigkeit von Bedeutung zu sein. Offenbar erfolgt bei hohen Temperaturen im allgemeinen die Oxydausscheidung im Inneren der Kupferkristalle, während bei tieferen Temperaturen diese Ausscheidungen bevorzugt an den Korngrenzen beobachtet werden[33].

Wie bereits aus den wenigen, bisher vorliegenden, Versuchsergebnissen hervorgeht, kann für das Ausmaß der Änderung der mechanisch-technologischen Eigenschaften an solchen Legierungen, deren Basis-

---

[33] MARTIN, J. W., u. G. C. SMITH: J. Inst. Met. 83, 153 (1954/55).

metall eine gewisse Sauerstofflöslichkeit zeigt, nicht nur das Auflösen oder Ausscheiden von metallischen intermediären Kristallarten verantwortlich gemacht werden, sondern auch die Sauerstofflöslichkeit und die Fremdoxydausscheidung durch eine innere Oxydation. Machen sich die letzten Erscheinungen ernsthaft störend bemerkbar, so wird man bemüht sein müssen, entweder durch eine geeignete Plattierung des Werkstoffs oder durch eine Inertgas-Atmosphäre, das Eindringen von Sauerstoff in die Legierung soweit als möglich herabzusetzen.

Diskussionsbemerkungen

A. Rahmel:

Man vermißt eigentlich eine klare Definition des Begriffs *innere Oxydation*. Wann liegt eine innere Oxydation einer Legierung vor? Bisher hat man m. W. innere Oxydation nur an Legierungen beschrieben, deren Legierungszusatz eine *größere* Oxydbildungsarbeit aufwies als das Grundmetall, wie dieses auch Hauffe in seinem Referat zum Ausdruck brachte, und Raether hat auch kein Beispiel angeführt, das dieser Voraussetzung widerspricht. Demgegenüber bin ich der Ansicht, daß innere Oxydation auch auftreten kann, wenn man einem Grundmetall in geringer Konzentration ein Metall mit *kleinerer* Oxydbildungsarbeit, also ein *edleres* Metall zusetzt. Allerdings müßte erst der Begriff *innere Oxydation* definiert werden. Da m. E. das Charakteristische bei der inneren Oxydation die Sauerstoffdiffusion in der *Metallphase* ist, könnte man den Begriff etwa folgendermaßen abgrenzen: Wandert Sauerstoff (allgemeiner: Nichtmetall) von der Phasengrenze Zunder/Metall oder, wenn die äußere Oxydschicht fehlt (dieses kann beim System Grundmetall + *unedlerer* Zusatz durchaus vorliegen), von der Phasengrenze Metall/Gas durch die *Metallphase* in die Legierung ein und bildet in derselben durch Reaktion mit einem Legierungsbestandteil eine Oxydphase, so stellt dieser Vorgang eine innere Oxydation dar.

Während also bei der *äußeren Oxydation* (gasdichte Deckschicht vorausgesetzt) Elektronen + Kationen bzw. Anionen durch die *Oxydphase* diffundieren, die entscheidenden Diffusionsvorgänge also in der Oxydphyse erfolgen, erfolgt bei der *inneren Oxydation* neben einer Metalldiffusion in der Legierung eine Sauerstoffdiffusion (Nichtmetalldiffusion) in der *Metallphase*, d. h. die entscheidenden Vorgänge, die zur Oxydbildung führen, laufen innerhalb der Metallphase ab.

Definiert man den Begriff der inneren Oxydation etwa wie oben, so läßt sich zeigen, daß unter bestimmten Voraussetzungen (Sauerstofflöslichkeit der Legierung, Beseitigung von Keimbildungshemmungen) auch durch einen relativ kleinen Zusatz eines Metalls mit einer gegenüber dem Grundmetall *kleineren* Oxydbildungsarbeit innere Oxydation auftreten kann.

Ein derartiger Fall scheint z. B. bei Eisen-Nickel-Legierungen vorzuliegen, wie dieses die Mikroaufnahmen der Abb. 1 und 2 zeigen. Unter einer relativ gut begrenzten äußeren Oxydschicht, die in diesem Falle aus einer Fe_2O_3- und einer Fe_3O_4-Schicht besteht (FeO wird bei diesen Legierungen bei dieser Temperatur aus Gründen, die demnächst an anderer Stelle erörtert werden, noch nicht gebildet), bildet sich eine ebenfalls recht scharf begrenzte Zone aus, in der Oxydeinschlüsse in der Metallphase eingebettet sind.

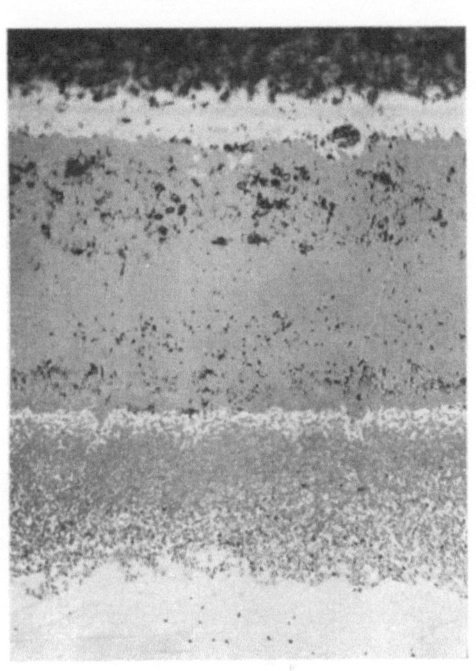

Abb. 1 Reinsteisen mit 3% Ni, 48 Std. in Luft bei 630° C geglüht, Vergrößerung 200:1 (Probe schräg angeschliffen)

Diese innere Oxydationszone wird bei diesen Legierungen wahrscheinlich durch folgenden Vorgang gebildet: Es ist bekannt und auch zu erwarten, daß sich der edlere Legierungsbestandteil unter der Zunderschicht anreichert, nach unseren Beobachtungen bei einer Legierung mit etwa 3% Nickel auf etwa den zehnfachen Wert. Bilden nun die beiden Legierungspartner eine lückenlose Mischkristallreihe, so erhält man einen Aktivitätsverlauf der Komponenten innerhalb der Legierung, wie dieses schematisch in Abb. 3 dargestellt ist. Der Sauerstoff-Gleichgewichtsdruck Metall/Oxyd hängt aber von der Metallaktivität ab, wie die folgende Betrachtung des Gleichgewichtes Fe/FeO zeigt. Für die Reaktionen

$$Fe + 1/2\,O_2 = FeO \tag{1}$$

lautet der vollständige Massenwirkungsansatz

$$K_p = \frac{a_{FeO}}{a_{Fe}\, p_{O_2}^{1/2}}\,. \tag{2}$$

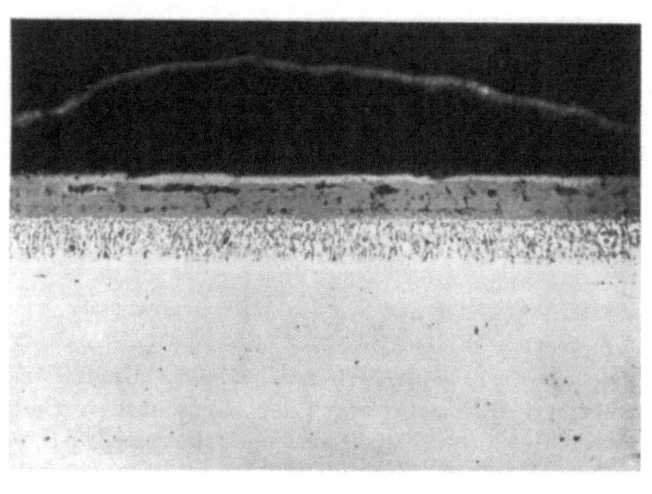

Grundmetall ein Metall mit einer größeren Oxydbildungsarbeit zulegiert worden ist, eine innere Oxydation auch ohne äußere Oxydation erfolgen kann, ist bei Legierungen, bei denen dem Grundmetall ein Metall mit geringerer Oxydbildungsarbeit zugesetzt worden ist, eine innere Oxydation nur möglich, wenn gleichzeitig eine äußere Oxydation erfolgt, da sonst die für die innere Oxydation dieser Legierungen erforderliche Anreicherung der edleren Komponente an der Oberfläche nicht erfolgt. Weiterhin wird im ersten Falle das zulegierte Element herausoxydiert, während im zweiten Falle das Grundmetall oxydiert wird.

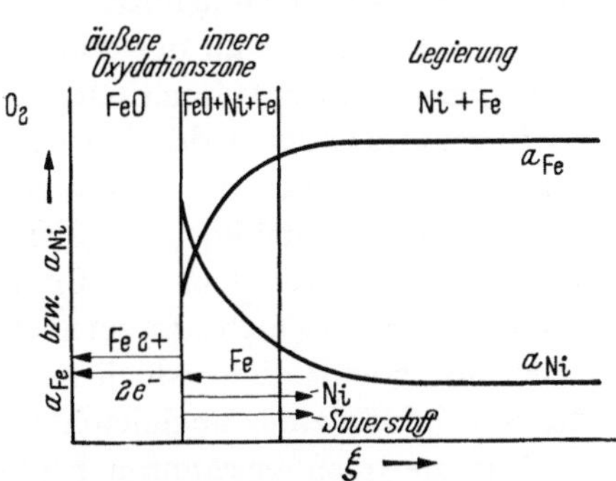

Abb. 3. Vereinfachte schematische Darstellung des Aktivitätsverlaufes der Komponenten innerhalb der Legierung während der Oxydation. (Die Fe_2O_3- und Fe_3O_4-Schicht sind in der Darstellung fortgelassen worden)

Möglicherweise sind verschiedene in der Literatur vorliegende Beobachtungen über die Ausbildung einer *unscharfen* Phasengrenze Metall/Oxyd, z. B. von C. Wagner und K. Grünewald [Z. phys. Chem. (B) **40**, 455 (1938)] an Nickel-Gold-Legierungen oder E. Raub und M. Engel (Vorträge der Hauptversammlung 1938 der Deutschen Gesellschaft für Metallkunde S. 83, Berlin 1938) auf eine derartige *innere Oxydation* der betreffenden Legierung zurückzuführen.

In einer neueren Arbeit untersucht C. Wagner (J. electrochem. Soc., im Druck) das Problem der Bildung einer unscharfen mit Oxydeinbuchtungen versehenen Phasengrenze Legierung/Oxyd für Legierungen, die eine Edelmetallkomponente enthalten. Bei diesen Betrachtungen wird eine Sauerstoffeinwanderung und innere Oxydation, wie sie oben diskutiert wurde, ausgeschlossen. Wagner zeigt, daß mit der Bildung einer gleichmäßig stark ausgebildeten Oxydschicht zu rechnen ist, wenn die Diffusionsgeschwindigkeit innerhalb der Legierung groß ist gegenüber der Diffusionsgeschwindigkeit in der Oxydschicht. Ist dagegen umgekehrt die Diffusionsgeschwindigkeit innerhalb der Oxydschicht groß gegenüber der Diffusionsgeschwindigkeit in der Legierung, so besteht die Tendenz der Bildung einer ungleichmäßig ausgebildeten Oxydschicht. Als Folge der starken Anreicherung der edleren Komponente unter der Zunderschicht kann es zur Bildung örtlich unterschiedlicher Oxydbildungsgeschwindigkeiten kommen, als deren Folgen wiederum bei genügender Fließgeschwindigkeit und Plastizität der Oxydschicht Oxydeinwachsungen in die Legierung entstehen können.

WAGNER leitet einen Ausdruck

$$q = \frac{N_A^*}{1 - N_A^*} \frac{D'/V'}{D''^*/V''} \tag{6}$$

ab, in dem N_A^* der Molenbruch der oxydbildenden Komponente innerhalb der Legierung an der Phasengrenze Legierung/Oxyd ist, D' der Diffusionskoeffizient innerhalb der Legierung, D''^* der Diffusionskoeffizient im Oxyd an der Phasengrenze Legierung/Oxyd, V' das molare Volumen der Legierung, V'' das molare Volumen des Oxyds. Ist $q > 1$, so ist eine gleichmäßig starke Oxydschicht stabil, ist dagegen $q < 1$, so besteht die Tendenz der Bildung einer ungleichmäßig stark ausgebildeten Oxydschicht. Es sei noch vermerkt, daß Gl. (6) nach WAGNER wohl eine notwendige jedoch noch keine hinreichende Bedingung für die Ausbildung einer ungleichmäßigen Oxydschicht ist.

Für die oben erwähnten FeNi-Legierungen ist tatsächlich $q < 1$, so daß in diesem Falle auch der von WAGNER erörterte Mechanismus für die Bildung von Oxydeinwanderungen in Betracht zu ziehen wäre. Ob die Bildung der mit Oxydadern durchwachsenen Schicht unter der äußeren Zunderschicht wie eingangs diskutiert durch *innere Oxydation* oder nach dem von WAGNER angenommenen Mechanismus erfolgt, muß durch geeignete Experimente entschieden werden, z. B. durch Markierung der ursprünglichen Metalloberfläche durch Aufbringen einer die Diffusion nicht behindernden dünnen Fremdmetallschicht. Liegt der WAGNER-*Mechanismus* vor, so sollte dieser Metallfilm entlang den Oxydeinwanderungen in die Legierung *hineingedrückt* werden und hinter diesem Film sollte kein Oxyd gefunden werden. Liegt dagegen innere Oxydation vor, so sollte der Film ohne Störungen parallel zur Phasengrenze Oxyd/Gas liegen und hinter dieser Markierung müßte eine Zone mit Oxydeinschlüssen zu finden sein. Derartige Versuche sind in Vorbereitung.

S. Raether *(Antwort):*

Für die Ausbildung einer inneren Oxydationszone müssen nach RHINES zwei Bedingungen erfüllt sein: die Legierung muß eine gewisse Löslichkeit für Sauerstoff besitzen, und weiter muß die Beweglichkeit des Sauerstoffs größer sein als die des Legierungsmetalls in der Legierung.

Ist keine Sauerstofflöslichkeit vorhanden, so kann der an der Phasengrenze Legierung/Oxyd auf Grund des Gleichgewichtsdruckes des Grundmetalloxydes vorhandene Sauerstoff nur in unmittelbarer Nähe der Phasengrenze das Legierungsmetall oxydieren; es tritt keine beobachtbare innere Oxydationszone auf. Ist die Beweglichkeit des Legierungsmetalls größer als die des Sauerstoffs in der Legierung, so ist ebenfalls die Ausbildung einer inneren Oxydationszone nicht möglich, und es kommt innerhalb bestimmter Bereiche zu einer Anreicherung des Legierungsmetalls in der Zunderschicht.

Schon FRÖHLICH und SCHEIL beobachteten eine Anreicherung des Legierungszusatzes an der Phasengrenze Metall/Metalloxyd, die, wenn die Reaktionsarbeit bei der Bildung des Oxydes positiver als die des Grundmetalls ist, in metallischer Form, sonst aber als Oxyd vorliegt.

Ist das Legierungsmetall edler als das Grundmetall und weiter in der Legierung noch sehr beweglich, so kann in der Nähe der Phasengrenze Legierung/Oxydschicht die Konzentrationsänderung so groß sein, daß jetzt das unedlere Metall seine Eigenschaften als Grundmetall verliert. Auch die Änderung des chemischen Potentials des Grundmetalloxydes kann bei geringeren Konzentrationsänderungen diese Eigenschaften schon weitgehend beeinflussen.

Die Untersuchungen von RHINES wurden an Legierungssystemen mit geringen Legierungszusätzen gemacht, die die von uns genannten Bedingungen erfüllten.

W. Jaenicke:

Bei der inneren Oxydation der hier betrachteten Metalle und Legierungen besitzt das Oxyd stets ein größeres Volumen als das verbrauchte Metall. Im Gegensatz zur äußeren Oxydation sollte sich diese Erscheinung hier durch starke mechanische Spannungen im Metall bemerkbar machen und zu Formveränderungen führen. Ist das beobachtet worden?

H. Pfeiffer:

Die Frage von JAENICKE, ob auf Grund des im allgemeinen größeren Mol-Volumens von Oxyden im Vergleich zu dem des betreffenden Metalls durch die innere Oxydation nicht äußerlich sichtbare Formveränderungen bedingt sind, wurde dahingehend beantwortet, daß derartige Beobachtungen nicht gemacht werden.

Anders liegen u. U. die Verhältnisse bei der inneren Nitridbildung, z. B. bei gewissen Aluminium enthaltenden Legierungen. Der Mechanismus einer solchen Nitridbildung ist völlig analog dem der inneren Oxydation. Wird z. B. eine Chrom-Aluminium-Eisen-Legierung mit etwa 20% Chrom und 5% Aluminium in Luft bei höheren Temperaturen (z. B. $> 1000°$C) gezundert und die aufwachsende praktisch aus reinem Al_2O_3 bestehende Oxydschicht an irgendeiner Stelle durch äußere Einflüsse zerstört, so heilt bei nicht genügendem Angebot an Aluminium die Deckschicht nicht mehr aus. Es entsteht an dieser Stelle ein wenig schützendes Oxydgemenge aus Aluminium-, Chrom- und Eisenoxyden, das einer Einwärtsdiffusion der Luft keinen wesentlichen Widerstand entgegensetzt. Stickstoff diffundiert in die Legierung ein und wird von den unedleren Komponenten als Nitrid gebunden. Die durch diesen Prozeß bedingte Volumenaufweitung im Innern der Legierung macht sich in durchaus störender Weise durch Verwerfungen und Aufweitungen des Materials, das als Heizleiterlegierung üblicherweise in Draht- oder Bandform vorliegt, bemerkbar.

Phasengrenzreaktionen bei der Metalloxydation

Von Jochen Block

Mit 9 Abbildungen

1 Die Oxydationskinetik an Metallen mit kompakten Deckschichten

Bei der Oxydation eines Metalls Me zu einem Metalloxyd MeO werden die Reaktionspartner Me und gasförmiger Sauerstoff, sobald sich eine festhaftende, kompakte Oxydschicht ausbildet, räumlich voneinander getrennt. Eine weiterschreitende chemische Oxydationsreaktion ist dann nur möglich, wenn die Reaktionspartner durch Diffusionsvorgänge in der festen, trennenden Phase zusammentreffen. Als Teilschritte der Gesamtreaktion $Me + \frac{1}{2} O_2 = MeO$ treten dann gemäß Abb. 1 folgende Reaktionen auf (C. Wagner[1, 2, 3]):

1. Transport von Metallionen und Elektronen durch die trennende Deckschicht der Dicke $\Delta\xi$.
2. Reaktion der Metallionen und Elektronen mit gasförmigem oder adsorbiertem Sauerstoff an der Phasengrenze MeO/O_2.
3. Adsorption und Chemisorption von Sauerstoff an der Phasengrenze MeO/O_2.
4. Wanderung von Sauerstoffionen und Elektronen (diese in entgegengesetzter Richtung) durch das Oxydgitter.
5. Übertritt von Metallionen und Elektronen aus der Metallphase in das Oxydgitter und Reaktion mit Sauerstoffionen.
6. Ferner kann, wenn Me eine Legierung mit den Bestandteilen Me_A und Me_B darstellt, die Nachlieferung der reagierenden Komponente Me_A aus der Legierungsphase bedeutungsvoll werden.
7. Bei kleinen Sauerstoffdrucken und großen Oxydationsgeschwindigkeiten besteht die Möglichkeit, daß die Diffusion des Sauerstoffs durch die Gasphase als meßbarer Teilschritt auftritt.

Die unter 1. bis 7. dargestellten Teilschritte stellen Folgereaktionen dar, von denen der langsamste die Geschwindigkeit der Gesamtreaktion bestimmt. Durch die kinetische Analyse kann der geschwindigkeitsbestimmende Teilschritt ermittelt werden. Dabei ergeben sich folgende Gesichtspunkte:

Die Teilschritte 1. und 4. sind durch Transportvorgänge innerhalb der Deckschicht gekennzeichnet. Die Diffusionskoeffizienten der Metall-

[1] Wagner, C.: Z. phys. Chem. Abt. B **21**, 25 (1933).

[2] Wagner, C.: Z. phys. Chem. Abt. B **32**, 447 (1936).

[3] Wagner, C.: Diffusion and High Temperature Oxydation of Metals in „Atom Movements" S. 153. Ohio 1951.

ionen, Sauerstoffionen und Elektronen und der Diffusionsweg, d. h. die Dicke der schon vorhandenen Deckschicht ($\Delta\xi$), bestimmen die Geschwindigkeit dieses Teilschrittes. Betrachtet man die Diffusionskoeffizienten als unabhängig von der Schichtdicke und damit als unabhängig von der in ihr veränderlichen Fehlordnungskonzentration, so muß die Zunahme der Deckschichtdicke umgekehrt proportional der bereits vorhandenen Deckschichtdicke sein:

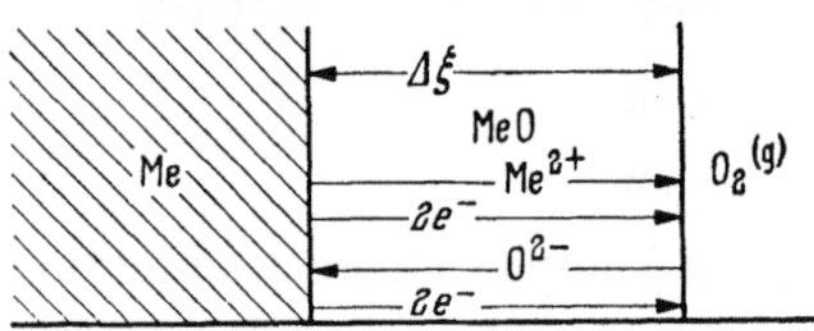

Abb. 1. Allgemeines Oxydationsschema für kompakte Deckschichten (nach C. WAGNER)

$$\frac{d(\Delta\xi)}{dt} = \frac{k'}{\Delta\xi}, \tag{1}$$

wobei t die Zeit und k' eine Konstante (die TAMMANNsche Anlaufkonstante der Dimension [$cm^2\,sec^{-1}$]) sind. Die integrierte Form der Beziehung (1):

$$(\Delta\xi)^2 = 2k't \tag{2}$$

stellt das *parabolische Anlaufgesetz* dar, wie es von TAMMANN[4] und PILLING und BEDWORTH[5] empirisch gefunden und von WAGNER[1,2,3] theoretisch interpretiert wurde.

Die Teilschritte 2., 3. und 5. sind echte chemische Reaktionen. Ihre Geschwindigkeit ist unabhängig von der vorliegenden Deckschichtdicke. Ist einer dieser Teilschritte für die Gesamtreaktion bestimmend, so wird auch diese von der bereits vorliegenden Schichtdicke unabhängig:

$$\frac{d(\Delta\xi)}{dt} = l' \tag{3}$$

bzw.

$$\Delta\xi = l't. \tag{4}$$

Es gilt das *lineare Anlaufgesetz* mit der Anlaufkonstanten l' [$cm\,sec^{-1}$]. Diese Reaktionen werden wegen ihres topochemischen Charakters unter dem Begriff Phasengrenzreaktionen zusammengefaßt. Sie lassen sich folgendermaßen formulieren:

An der Phasengrenze Me/MeO Teilschritt 5.

$$Me \rightarrow Me^{2+} + 2e^- \qquad \text{oder}$$

$$Me + O^{2-} \rightarrow MeO + 2e^-$$

An der Phasengrenze MeO/O_2 die Teilschritte 2. und 3.

$$Me^{2+} + 2e^- + \tfrac{1}{2}O_2^{(g)} \rightarrow MeO \qquad \text{und}$$

$$\tfrac{1}{2}O_2 + e^- \rightarrow O^-_{(\text{chemisorbiert})}.$$

[4] TAMMANN, G.: Z. anorg. Chem. **111**, 78 (1920).

[5] PILLING, N. B., u. R. E. BEDWORTH: J. Inst. Met. **29**, 529 (1923).

Auch die Reaktionen 6. und 7. sind in ihrer Geschwindigkeit unabhängig von der vorliegenden Deckschichtdicke, können also dem linearen Anlaufgesetz Gl. (4) folgen, sind aber keine chemischen Grenzflächenreaktionen, sondern durch Transportvorgänge außerhalb der Deckschicht bestimmt*. Das lineare Anlaufgesetz ist deshalb kein eindeutiger Nachweis für geschwindigkeitsbestimmende Grenzflächenreaktionen.

Neben den so verständlichen parabolischen und linearen Anlaufgesetzen sind experimentell eine Reihe weiterer Gesetzmäßigkeiten gefunden worden:

Das kubische Zeitgesetz:

$$(\Delta\xi)^3 = k_c'' t \tag{5}$$

mit der kubischen Anlaufkonstanten k_c'' wird häufig bei dünnen Anlaufschichten gefunden. CABRERA und MOTT[6] haben abgeleitet, daß dieses Gesetz an Metallen mit p-leitenden Oxydschichten unter bestimmten Voraussetzungen gilt, wenn ein konstantes elektrostatisches Feld als Triebkraft der Ionenwanderung betrachtet wird. ENGELL, HAUFFE und ILSCHNER[7] können nachweisen, daß Raumladungen in der Oxydschicht, die durch die Chemisorption des Sauerstoffs an der Oxydoberfläche entstehen, zu einem kubischen Zeitgesetz führen.

Ferner wurden das *logarithmische Anlaufgesetz*:

$$\Delta\xi = k_1 - k_2 \ln t \tag{6}$$

und das *reziprok-logarithmische Anlaufgesetz* gefunden:

$$\frac{1}{\Delta\xi} = k_1 - k_2 \ln t. \tag{7}$$

Das logarithmische (oder auch exponentielle) Gesetz wurde zuerst von EVANS[8] unter der Annahme abgeleitet, daß sich parallel zur Metalloberfläche Schichtungen in der Oxydschicht ausbilden. Dieses Gesetz gilt für dickere Deckschichten mit makroskopischen Fehlern und darf nicht verwechselt werden mit den von CABRERA und MOTT[6] und HAUFFE und ILSCHNER[9] abgeleiteten kinetischen Beziehungen für die Bildung sehr dünner Oxydschichten bei der Tieftemperaturoxydation.

In zahlreichen Fällen wurden auch Abweichungen von diesen Gesetzmäßigkeiten oder Übergänge zwischen ihnen gefunden. Damit

---

* Siehe dazu die Diskussionsbemerkung von H. PFEIFFER S. 157.

[6] CABRERA, N., u. N. F. MOTT: Rep. Progr. Phys. **12**, 163 (1949).

[7] ENGELL, H.-J., K. HAUFFE u. B. ILSCHNER: Z. Elektrochem. **58**, 478 (1954).

[8] EVANS, U. R.: Metallic Corrosion, Passivity and Protection, S. 134ff. London 1945. — [9] HAUFFE, K., u. B. ILSCHNER: Z. Elektrochem. **58**, 382 (1954).

ist immer dann zu rechnen, wenn nicht ein Teilschritt allein für die Oxydationsreaktion bestimmend ist, sondern mehrere konkurrierende langsame Reaktionen Einfluß nehmen.

Für geschwindigkeitsbestimmende Phasengrenzreaktionen ist nach dem Bisherigen ein lineares Zeitgesetz Voraussetzung. Damit ist aber über den Mechanismus einer derartigen Reaktion noch nichts bekannt. Die Natur der Phasengrenzvorgänge läßt sich mit Hilfe einer vollständigen kinetischen Analyse aufklären, indem man die Abhängigkeit der Oxydationsgeschwindigkeit vom chemischen Potential oder Partialdruck sämtlicher Reaktionsteilnehmer studiert. Die Situation ist also derjenigen einer heterogenen Gasphasenreaktion in der heterogenen Katalyse sehr verwandt. Dies gilt nicht nur für die formelle Kinetik, sondern auch insofern, als zu erwarten ist, daß auch die Phasengrenzreaktionen bei der Metalloxydation — zumindest an der Grenzfläche MeO/O_2 — durch den Festkörper katalytisch beeinflußt werden.

2 Die Oxydationskinetik an Metallen mit porösen Deckschichten

Bei den bisher behandelten Beziehungen galt die Voraussetzung, daß das Reaktionsprodukt, das Metalloxyd, die Reaktionspartner räumlich voneinander trennt. Für die Ausbildung kompakter Deckschichten ist neben den Faktoren der Kristallorientierung und der Kristallisationsgeschwindigkeit der aufwachsenden Oxyde von besonderer Bedeutung, ob das Molvolum des gebildeten Metalloxyds größer ist als das Atomvolum des elementaren Metalls. Darauf haben zuerst PILLING und BEDWORTH[5] hingewiesen. Bei porösen Deckschichten hat das Reaktionsgas freien Zutritt zur Metalloberfläche. Wie aus Abb. 2 hervorgeht, wird die Oxydationsreaktion nur noch zu einem kleinen Bruchteil über die Oxydphase stattfinden, der Hauptanteil der Reaktion erfolgt als Phasengrenzreaktion direkt an der Metalloberfläche. In Tab. 1 sind u.a. einige Metalle, deren Volumquotient (Vol_{MeO}/Vol_{Me}) kleiner als eins ist, aufgeführt*.

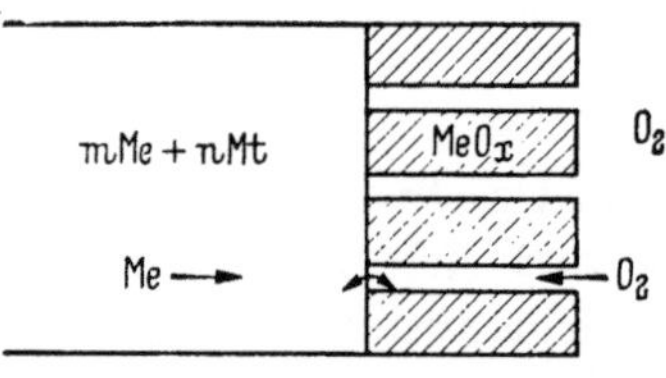

Abb. 2. Schematische Darstellung eines Metalls mit poröser Oxyddeckschicht

Die Kinetik der Oxydationsreaktionen an Metallen mit porösen Deckschichten sollte im allgemeinen dem linearen Zeitgesetz folgen, da die Reaktion an der Grenzfläche durch die Stärke der porösen Deckschicht

* Wie H.-J. ENGELL u. W. JAENICKE im Verlaufe dieser Tagung (s. S. 162) ausführlich dargelegt haben, kann der Volumquotient nicht allein darüber entscheiden, ob sich poröse oder kompakte Deckschichten bilden. In jedem Fall werden die Kristallorientierung und die Kristallisationsgeschwindigkeit der einzelnen Kristallrichtungen des aufwachsenden Oxyds maßgeblich an der Ausbildung poröser oder kompakter Deckschichten beteiligt sein.

Tabelle 1

Me	MeO	Vol.-Quot.	Oxydations-kinetik	Temperatur-Bereich	Autor des Oxydat.-Vers.
Mg	MgO	0,81	lin.	475— 575	10
Mg	$Mg(OH)_2$	1,74			
Ca	CaO	0,64	lin.	300— 500	5
Ba	BaO	0,67	lin.		5
Sr	SrO	0,61			
Li	Li_2O	0,58			
Na	Na_2O	0,55			
K	K_2O	0,45			
Rb	Rb_2O	0,42			
Cs	Cs_2O	0,44			
Be	BeO	1,68	par. + C		11, 12
Al	Al_2O_3	1,28	par., lin.	350— 475	13
Ge	GeO	(leichtflüchtig)			
Ge	GeO_2	1,23	lin. + par.		14
Fe	FeO		par.	500—1100	5, 15, 16, 17, 18, 19
	Fe_3O_4	2,10	par. + lin.		
	Fe_2O_3	2,14			
Co	CoO	1,86	par. + C	200— 600	20
	Co_3O_4	2,01	par.	400— 625	21
	Co_2O_3	2,46			
Ni	NiO	1,65	par. + C	750—1240	5, 22, 23, 24, 25, 26
Cu	Cu_2O	1,64	par. + C	300— 550	27, 28, 29
	CuO	1,72	par.		
U	UO_2	1,94	par. + lin.	350— 450	30
Ti	TiO_2	1,73	par. + C	400— 600	31
	(Rutil)		lin.	650— 950	32
Ce	CeO_2	1,22	par. + lin.	30— 190	33
Zr	ZrO_2	1,56	par. + C	200— 425	31
			par.	600— 900	34
V	VO_2	2,12	par. + C	400— 600	12
	V_2O_5	3,19	par.	600— 920	34
Nb	Nb_2O_5		par. + C	200— 375	35
Ta	Ta_2O_5	2,54	par. + C	250— 450	35
Cr	Cr_2O_3	2,07	par. + C	700— 900	36
Mo	MoO_2	2,10	par. + C	350— 450	37
	MoO_3	3,24			

[10] LEONTIS, T. E., u. F. N. RHINES: Trans. AIME **166**, 265 (1946).
[11] CUBICCIOTTI, D.: J. Amer. Chem. Soc. **72**, 2084 (1950).
[12] GULBRANSEN, E. A., u. K. F. ANDREW: J. electrochem. Soc. **97**, 383, 396 (1950).
[13] GULBRANSEN, E. A., u. W. S. WYSONG: J. phys. Chem. **51**, 1087 (1947).
[14] BERNSTEIN, R. B., u. D. CUBICCIOTTI: J. Amer. chem. Soc. **73**, 4112 (1951).
[15] STANLEY, J. K., J. VON HOENE u. R. T. HUNTOON: Trans. Amer. Soc. Met. **43**, 426 (1951).
[16] KRUPOWSKI, A., u. J. JASCZUROWSKI: J. Rev. Met. **33**, 646 (1936).

Fortsetzung nächste Seite.

Zur Erläuterung der Tabelle 1: In der ersten Spalte sind die Metalle, in der zweiten die Metalloxyde und in der dritten die entsprechenden Volum-Quotienten aufgeführt. Bei der Oxydationskinetik (4. Spalte), die von dem in der letzten Spalte zitierten Autor im angegebenen Temperaturbereich (5. Spalte) gefunden wurde, bedeuten: par.: parabolisches, lin.: lineares Anlaufgesetz, par. $+ C$: parabolisches Anlaufgesetz nur in einem bestimmten Versuchsbereich und par. + lin.: Übergang vom parabolischen zum linearen Anlaufgesetz. Die Angaben über die Natur der Oxydationsprodukte sind vielfach nicht sicher. Die Tabelle erhebt keinen Anspruch auf Vollständigkeit.

nicht beeinflußt wird. Es sind jedoch auch Abweichungen von dieser nullten Ordnung nach der Schichtdicke denkbar. Die Metalloberfläche wird durch das entstehende Metalloxyd stellenweise abgedeckt. Dieser Vorgang braucht nicht schon im ersten Stadium der Oxydation zu einem stationären Zustand zu führen. Es kann bei gewissen Schichtdicken des Oxyds zu Rekristallisationserscheinungen führen, die den Anteil der dem Reaktionsgas zugänglichen Metalloberfläche und damit die Oxydationsgeschwindigkeit verändern. Ein Beispiel dafür bietet das Magnesium. Obgleich MgO ein kleineres Molvolumen besitzt als Mg (Vol.-Quot. = 0,81), bildet sich bei Raumtemperatur eine vor weiterer Oxydation schützende Oxyddeckschicht. Gulbransen[38] konnte zeigen, daß dieses MgO eine anomale Struktur besitzt. Erst wenn eine kritische Schichtdicke überschritten wird, entsteht das kubische Gitter des MgO, wobei die Deckschicht aufreißt.

In Tab. 1 sind Metalle zusammengestellt, bei denen Abweichungen vom parabolischen Anlaufgesetz gefunden wurden oder bei denen

[17] Portevin, A., E. Pretet u. H. Jolivet: Rev. Metall **31**, 101, 186 (1934).

[18] Hauffe, K., u. H. Pfeiffer: Z. Elektrochem. **56**, 390 (1952).

[19] Fischbeck, K., u. F. Salzer: Metallwirtsch., Metallwiss., Metalltechn. **14**, 733 (1935).

[20] Gulbransen, E. A., u. K. F. Andrew: J. electrochem. Soc. **98**, 241 (1951).

[21] Johns, C. R., u. W. M. Baldwin: J. Met., N. Y. **1**, 720 (1949).

[22] Kubaschewski, O., u. O. von Goldbeck: Z. Metallkde. **39**, 158 (1948).

[23] Wagner, C., u. K. Zimens: Acta Chem. Scand. **1**, 547 (1947).

[24] Kubaschewski, O.: Z. Elektrochem. **49**, 446 (1943).

[25] Pfeiffer, H., u. K. Hauffe: Z. Metallkde. **43**, 364 (1952).

[26] Gulbransen, E. A., u. K. F. Andrew: J. electrochem. Soc. **101**, 128 (1954).

[27] Wagner, C., u. K. Grünewald: Z. phys. Chem. Abt. B **40**, 455 (1938).

[28] Tylecote, R. F.: J. Inst. Met. **78**, 259 (1950).

[29] Valensi, G.: Rev. Metall **45**, 10 (1948).

[30] Levesque, P., u. D. Cubicciotti: J. Amer. chem. Soc. **73**, 2028 (1951).

[31] Gulbransen, E. A., u. K. F. Andrew: J. Metals, N. Y. **1**, 515, 741 (1949).

[32] Davies, M. H., u. C. E. Birchenall: J. Metals, N. Y. **3**, 877 (1951).

[33] Cubicciotti, D: J. Amer. chem. Soc. **74**, 1200 (1952).

[34] Cubicciotti, D.: J. Amer. chem. Soc. **72**, 4138 (1950).

[35] Gulbransen, E. A., u. K. F. Andrew: J. Metals N. Y. **2**, 586 (1950).

[36] Gulbransen, E. A., u. K. F. Andrew: J. electrochem. Soc. **99**, 402 (1952).

[37] Gulbransen, E. A., u. W. S. Wysong: Trans. AIME **175**, 611 (1948).

[38] Gulbransen, E. A.: Trans. electrochem. Soc. **87**, 589 (1945).

der Volumquotient Abweichungen vom parabolischen Anlaufgesetz erwarten läßt (Werte nach [39] und aus anderen Quellen).

Die Metalloberfläche kann während der Oxydation stark aufgerauht werden, wenn Poren und Risse im Metall entstehen. Die damit verbundene Oberflächenvergrößerung führt zu Abweichungen vom linearen Zeitgesetz, obgleich Phasengrenzreaktionen geschwindigkeitsbestimmend sind.

Ein Problem erlangt an porösen Deckschichten besondere Bedeutung: Die Diffusion des Sauerstoffs durch die poröse Oxydschicht kann wegen des verminderten effektiven Diffusionskoeffizienten D_{eff} sehr viel langsamer verlaufen als die Gasphasendiffusion des O_2. Wird der effektive Diffusionskoeffizient D_{eff} mit der Geschwindigkeitskonstanten der Oberflächenreaktion vergleichbar, so wirkt die Gasphasendiffusion auf die Kinetik der Reaktion ein. Da die durch Poren transportierte Sauerstoffmengen:

$$\frac{dn}{dt} = D_{\text{eff}} F \frac{p_1 - p_2}{\Delta \xi}. \tag{8}$$

(F = Größe der Metalloberfläche, $\Delta \xi$ = Deckschichtdicke) neben der Differenz seiner Partialdrucke ($p_1 - p_2$) auch vom Querschnitt der Oxydschicht abhängt, ist das lineare Zeitgesetz nicht mehr erfüllt. Die Größe D_{eff} enthält hierbei einen *Labyrinthfaktor*, der die Porengestalt, Porenlänge und Porenverzweigung berücksichtigt[40]. Im Extremfall, bei vernachlässigbar rascher Oberflächenreaktion, gilt auch an porösen Deckschichten ein parabolisches Anlaufgesetz. Es wird dann nämlich:

$$\frac{d\Delta \xi}{dt} = \frac{dn}{dt} = D_{\text{eff}} F \frac{p_1 - p_2}{\Delta \xi} \tag{9}$$

und:

$$(\Delta \xi)^2 = D_{\text{eff}} F (p_1 - p_2)\, t + C \quad (C = \text{Integrationskonstante}). \tag{10}$$

D_{eff} ist im Bereich normaler Diffusion dem herrschenden Partialdruck umgekehrt proportional, $D_{\text{eff}} \sim 1/p$. An der Metalloberfläche ist stets der Sauerstoff-Gleichgewichtsdruck des Metalloxyds eingestellt. Daher wird die Oxydationsgeschwindigkeit unabhängig vom Sauerstoffdruck, ganz gleich, ob ein Defekt- oder ein Überschußleiter die Deckschicht bildet. Im Bereich der Knudsen-Diffusion, wo D_{eff} unabhängig vom Druck ist, wird eine erste Ordnung der Oxydationsreaktion nach dem Sauerstoffdruck gefunden. Auch die Aktivierungsenergie der Reaktion ist verändert. Es wird nicht die Temperaturabhängigkeit der chemischen Oberflächenreaktion gemessen, sondern die der Diffusion, die

[39] Kubaschewski, O. u. B. E. Hopkins: Oxidation of Metals and Alloys' S. 127. London 1953.

[40] Wheeler, A.: Advances in Catalysis, Vol. III, N. Y. 1951, S 249ff.

im ersten Fall (normale Diffusion) aus Geschwindigkeitskonstanten, die proportional $T^{1,75}$ sind, und im zweiten (Knudsen-Diffusion) aus solchen, die proportional $T^{0,5}$ sind, resultiert.

Auch an Metallen, deren Volumquotienten größer als eins sind, treten häufig poröse Deckschichten auf. Zur Ausbildung kompakter Deckschichten sind nämlich zusätzlich spezielle Voraussetzungen zu erfüllen. Nur wenn die Gitterparameter von Metall und Metalloxyd nicht zu unterschiedlich sind, kann Epitaxie, d. h. orientiertes Aufwachsen und damit die Ausbildung kompakter Deckschichten erwartet werden. F. C. Frank und J. H. van der Merwe[41] berechnen, daß nur bis zu Abweichungen der Gitterkonstanten von etwa 15% pseudomorphes Aufwachsen zu erwarten ist, anderenfalls bildet das Oxyd sein eigenes Gitter. Je nach der Kompressibilität und der gegenseitigen Löslichkeit von Metall und Metalloxyd kommt es früher oder später zum Abplatzen der Oxydschicht, so daß wiederum, wie zu Beginn der Oxydation, die Metalloberfläche für einen Zeitraum freiliegt und die Phasengrenzreaktion die Geschwindigkeit der Oxydation bestimmt. Evans[8] hat für diesen Fall ein logarithmisches Zeitgesetz abgeleitet.

3 Oxydationskinetik an extrem dünnen Schichten mit nicht eingestellten Phasengrenzgleichgewichten

Die Kinetik der Oxydation an dünnen und extrem dünnen Deckschichten wurde von Mott[42], Cabrera und Mott[43] und Engell, Hauffe und Ilschner[44, 45] untersucht. Es ergeben sich in den theoretischen Ansätzen Situationen, in denen mit nicht eingestellten Phasengrenzgleichgewichten gerechnet wird. Auf diese Verhältnisse wollen wir uns hier beschränken.

Die erste Phase einer Oxydationsreaktion besteht in der Chemisorption des Sauerstoffs am Metall. Die Chemisorptionsgeschwindigkeit ist maßgebend für die Ausbildung einer monomolekularen oder monoatomaren Chemisorptionsschicht. Im weiteren Oxydationsstadium liegen Verhältnisse vor, in denen der Stofftransport vorwiegend durch ein starkes elektrisches Feld bewirkt wird. Ursache dafür ist das Kontaktpotential zwischen dem adsorbierten Sauerstoff und dem Metall. Bei einer Potentialdifferenz von etwa 2 V entstehen bei Schichtdicken von 50 Å Felder von etwa 10^8 bis 10^7 V/cm. Da Elektronen durch ther-

---

[41] Frank, F. C., u. J. H. van der Merwe: Proc. roy. Soc., Lond. A **141**, 398 (1933). — Proc. phys. Soc., Lond. A **46**, 148 (1934).

[42] Mott, N. F.: Trans. Faraday Soc. **35**, 1175 (1939); **36**, 472 (1940); **43**, 429 (1947) — Research **2**, 162 (1949).

[43] Cabrera, N., u. N. F. Mott: Rep. Progr. in Physics **12**, 163 (1949).

[44] Engell, H.-J., K. Hauffe u. B. Ilschner: Z. Elektrochem. **58**, 478 (1954).

mische Emission oder auf Grund des quantenmechanischen Tunneleffektes rasch zum Sauerstoff gelangen, bilden sich Flächenladungen aus. Der chemisorbierte Sauerstoff wird negativ aufgeladen, das Metall besitzt positive Flächenladung. Die Geschwindigkeit der Oxydation wird jetzt in dem Maße erfolgen, wie Metallionen durch die Deckschicht wandern. Dabei kann, je nach Lage der Energieterme, direkt der Transport in der Deckschicht oder die Bildung von Fehlstellen, über die der Transport dann erfolgt, geschwindigkeitsbestimmend werden. Letzteres geschieht immer, wenn die Wanderungsgeschwindigkeit der Fehlstellen im elektrischen Feld groß ist, so daß jede Fehlstelle, sobald sie einmal gebildet wurde, im starken elektrischen Feld sofort an die Oxydoberfläche wandert. Diese Verhältnisse lassen sich nach HAUFFE[45] etwa folgendermaßen beschreiben:

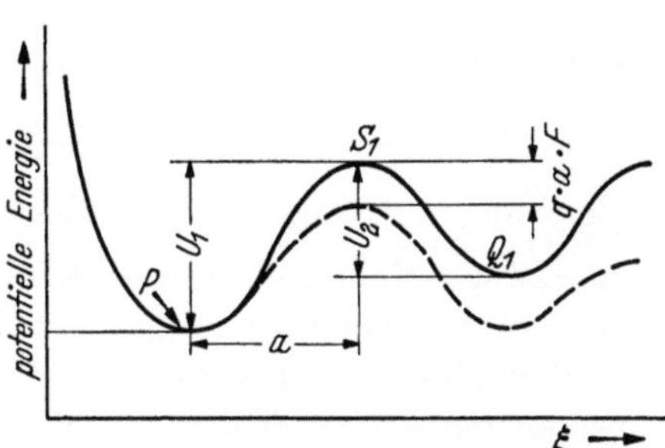

Abb. 3. Schematische Darstellung der energetischen Verhältnisse beim Übertritt eines Metallions vom Platz P der Metalloberfläche auf einen benachbarten Zwischengitterplatz Q_1. Im elektrischen Feld (gestrichelte Kurve) wird die Kurve der potentiellen Energie verzerrt, so daß die erste Potentialschwelle S_1 um den Betrag $q \cdot a \cdot F$ vermindert wird. (Nach CABRERA, MOTT[6] u. HAUFFE[45])

Ein Metallatom am Platz P der Metalloberfläche benötigt zum Durchschreiten der Phasengrenzfläche Me/MeO die Energie U_1 (Abb 3), zum Platzwechsel auf Zwischengitterplätzen die Energie U_2. Die Wahrscheinlichkeit für einen Phasengrenzschritt ist dann dem Ausdruck $\exp(-U_1/k\,T)$ proportional, und die Anzahl n_1 der pro Zeiteinheit durch die Phasengrenze tretenden Ionen wird:

$$n_1 = A_1 \exp\left\{-\frac{U_1}{k\,T}\right\}, \tag{11}$$

wobei die Größe A_1 Schwingungsfrequenz, Entropieglieder usw. enthält. Für die Anzahl n_2 der Ionen, die zu benachbarten Zwischengitterplätzen wandern, ergibt sich der analoge Ausdruck:

$$n_2 = A_2 \exp\left\{-\frac{U_2}{k\,T}\right\}. \tag{12}$$

Für eine langsame Phasengrenzreaktion $n_1 \ll n_2$ wird die Oxydationsgeschwindigkeit dann:

$$\frac{d\Delta\xi}{dt} = \text{const}\, n_1 = \text{const}' \exp\left\{-\frac{U_1}{k\,T}\right\}. \tag{13}$$

[45] HAUFFE, K.: Reaktionen in und an festen Stoffen, S. 564ff. Berlin/Göttingen/Heidelberg: Springer 1955.

Nun wird das Potential U_1 im elektrischen Feld in Feldrichtung um den Wert $q\,a\,F$ vermindert, wenn q die Ladung des Ions, a der Abstand $\overline{P\,S_1}$ und F das Feld sind. Die Reaktionsgeschwindigkeit wird dann:

$$\frac{d\Delta\xi}{dt} = \text{const}' \exp\left\{-\frac{U_1}{kT} + \frac{q\,a\,V}{k\,T\,\Delta\xi}\right\}, \tag{14}$$

wobei gleichzeitig berücksichtigt wird, daß $F = \frac{V}{\Delta\xi}$ ist (V = Kontaktpotential). Für den Fall $\Delta\xi \ll \frac{q\,a\,V}{k\,T} = X$ ist die Differentialgleichung mit Näherungen lösbar. Der Ausdruck $\frac{q\,a\,V}{k\,T}$ wird durch X, eine Längeneinheit von der Größenordnung 10^{-5} bis 10^{-6} cm dargestellt. Die obige Grenzbedingung $\Delta\xi \ll X$ legt dar, daß wir uns im Bereich starker elektrischer Felder (in denen der Ionenstrom nicht mehr als proportional der Feldstärke angesehen werden kann) befinden. Die Differentialgleichung:

$$\frac{d\Delta\xi}{dt} = \text{const}' \exp\left\{-\frac{U_1}{k\,T}\right\} \exp\left\{\frac{X}{\Delta\xi}\right\} \tag{15}$$

wird mit der Näherung $\frac{X}{2\Delta\xi + X} \approx 1$ (es war $\Delta\xi \ll X$) lösbar. Wir vereinfachen die Schreibweise durch

$$\text{const}' \exp\left\{-\frac{U_1}{k\,T}\right\} = K'', \tag{16}$$

und erhalten:

$$\frac{d\Delta\xi}{dt} = K'' \frac{X}{X + 2\Delta\xi} \exp\left\{\frac{X}{\Delta\xi}\right\}. \tag{17}$$

Die Lösung dieser Differentialgleichung lautet:

$$t + t_0 = \frac{1}{K''X} \Delta\xi^2 \exp\left\{-\frac{X}{\Delta\xi}\right\} \tag{18}$$

oder für $\Delta\xi \ll X$:

$$\frac{1}{\Delta\xi} = \frac{2}{X} \ln\left(\frac{\Delta\xi}{K''X}\right) - \frac{1}{X} \ln(t + t_0). \tag{19}$$

Dieser Ausdruck entspricht dem *reziprok-logarithmischen* Gesetz der Form:

$$\frac{1}{\Delta\xi} = A - B \ln t. \tag{20}$$

Diese Zeitabhängigkeit ist nun keineswegs für eine geschwindigkeitsbestimmende Phasengrenzreaktion beweisend. Dieselben Überlegungen lassen sich für das Übertreten der Potentialschwellen U_2 innerhalb der

Deckschicht durchführen, wobei dann nicht die Phasengrenzreaktion, sondern der Ionentransport durch die Deckschicht als langsamster Schritt die Oxydationsreaktion beeinflußt. Die unterschiedliche Temperaturabhängigkeit der Größen U_1 und U_2 wird dazu führen, daß in einem Temperaturbereich der Ionentransport in der Deckschicht, im anderen das Durchschreiten der Phasengrenze meßbar werden. Auf Grund der formalen Kinetik bleibt weiterhin unbestimmt, an welcher der beiden Phasengrenzen Me/MeO oder MeO/O_2 die Potentialschwelle U_1 auftritt. CABRERA und MOTT[43] beziehen ihre Ableitung auf den Übertritt von Metallatomen oder -ionen in das Oxydgitter.

Das obige reziprok-logarithmische Anlaufgesetz ließ sich bei der anodischen Oxydation des *Aluminiums*[46] und bei der Passivschichtbildung an *Eisen* auffinden[47].

Eine durch Phasengrenzvorgänge bestimmte Oxydationsgeschwindigkeit liegt also nach Aussage der kinetischen Analyse im allgemeinen dann vor, wenn das lineare Anlaufgesetz gilt, und kann weiterhin dann auftreten, wenn bei dünnen Schichten ein reziprok-logarithmisches Anlaufgesetz gefunden wird. Phasengrenzreaktionen werden unter folgenden Bedingungen maßgebend:

1. An porösen Deckschichten bei genügender Sauerstoffdiffusion durch die Gasphase,
2. bei kompakten Deckschichten, wenn der Ionen- und Elektronentransport durch die Deckschicht sehr rasch verläuft,
3. zeitweilig bei Oxydationsreaktionen, bei denen nicht festhaftende Oxyddeckschichten gebildet werden und
4. zu Beginn jeder Oxydationsreaktion.

Auf einen Sonderfall muß hierbei noch hingewiesen werden: Bei der Oxydation eines Metalls kann unter gegebenen Voraussetzungen ein leicht flüchtiges Oxyd entstehen (z. B. beim Ge und As). Auch dann kann die Geschwindigkeit der Metalloxydation durch Phasengrenzreaktionen bestimmt werden.

4 Untersuchungen über Phasengrenzreaktionen

4.1 Phasengrenzreaktionen im Anfangsstadium der Metalloxydation

Das parabolische Anlaufgesetz [Gl. (2)] verliert bei sehr dünnen Deckschichten ($\Delta\xi \rightarrow 0$) seinen Sinn, da die Oxydationsgeschwindigkeit unendlich groß werden sollte. Hier werden Phasengrenzreaktionen geschwindigkeitsbestimmend.

---

[46] GÜNTERSCHULZE, A., u. H. BETZ: Z. Phys. **92**, 367 (1934).

[47] VETTER, K. J.: Z. Elektrochem. **58**, 230 (1954).

Der allgemeine Ausdruck der Zundergeschwindigkeit lautet in diesem Gebiet, wie EVANS[48], JOST[49] und NÖLDGE[50] zeigen konnten:

$$\left(\frac{\Delta m}{q}\right)\frac{1}{l''} + \left(\frac{\Delta m}{q}\right)^2 \frac{1}{k''} = t. \tag{21}$$

Dieses Gesetz umfaßt das lineare und das parabolische Anlaufgesetz als Grenzgefälle und enthält die lineare (l'') und die parabolische (k'') Anlaufkonstante. Von WAGNER und GRÜNEWALD[29] wurde das Gesetz in dieser Form bei der *Kupferoxydation* zu Cu_2O und der *Nickeloxydation* gefunden. Bringt man die obige Gleichung in die Form:

$$\frac{t}{\Delta m/q} = \frac{1}{k''}\,\frac{\Delta m}{q} + \frac{1}{l''}, \tag{22}$$

so sieht man, daß im Diagramm $\frac{t}{\Delta m/q}$ gegen $\frac{\Delta m}{q}$ die parabolische Anlaufkonstante aus der Neigung der Geraden und die lineare Anlaufkonstante aus dem Ordinatenabschnitt zu ermitteln sind. Wie Abb. 4 zeigt, gelten die Ergebnisse von WAGNER und GRÜNEWALD für diese Beziehung auch nur näherungsweise. Besonders bei kleinen Drucken

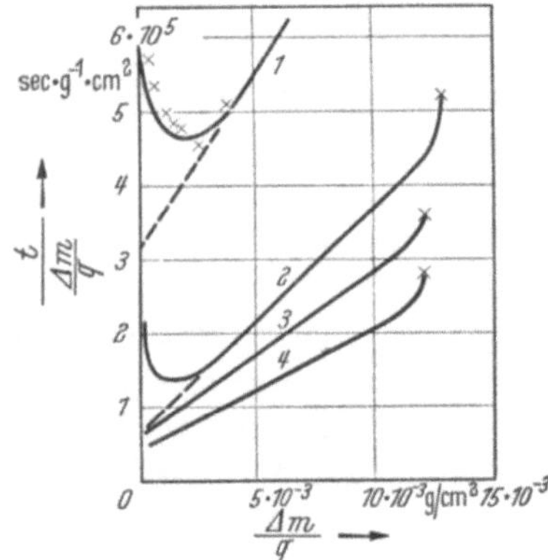

Abb. 4. (Nach WAGNER und GRÜNEWALD.) Diagramm zur Auswertung der Oxydationsversuche von Cu
Kurve 1: p_{O_2} = 0.23 mm Hg = 30·10⁻⁴ Atm.
Kurve 2: p_{O_2} = 171 mm Hg = 145·10⁻⁴ Atm.
Kurve 3: p_{O_2} = 11 mm Hg = 145·10⁻² Atm.
Kurve 4: p_{O_2} = 63 mm Hg = 83·10⁻² Atm.

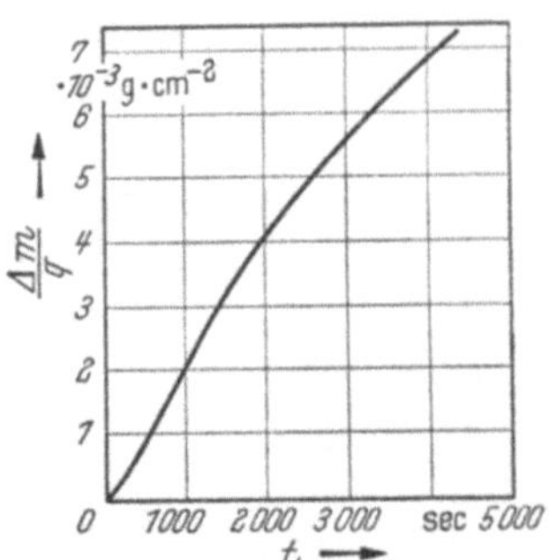

Abb. 5. Umsatzwerte $\Delta m/q$ im Anfangsstadium der Oxydation von Kupfer zu Kupferoxydul als Funktion der Zeit t (1000° C; p_{O_2} = 0,23 mm Hg = 30 · 10⁻⁴ Atm., nach WAGNER u. GRÜNEWALD)

treten zu Beginn der Reaktion starke Abweichungen auf, die wegen der Kurvenform auch nicht durch verzögerte Sauerstoffdiffusion erklärt werden können. Die Abweichungen sprechen vielmehr für einen zu

[48] EVANS, U. R.: Trans. electrochem. Soc. **46**, 247 (1924).

[49] JOST, W.: Diffusion und chemische Reaktion in festen Stoffen, S. 31. Dresden 1937. — [50] NÖLDGE, H.: Phys. Z. **39**, 546 (1938).

Beginn der Reaktion autokatalytischen Charakter der Reaktion. Dies wird noch deutlicher, wenn man in Abb. 5 die Massenzunahme $\Delta m/q$ als Zeitfunktion betrachtet. Die Reaktionsgeschwindigkeit (Neigung der Kurve) nimmt zunächst mit wachsender Versuchszeit zu. Erst bei größeren Schichtdicken ($\Delta \xi > 6 \cdot 10^{-3}$ cm) tritt mit zunehmendem Diffusionsweg in der Deckschicht eine Verringerung der Reaktionsgeschwindigkeit auf, die dem beginnenden Einfluß des parabolischen Zeitgesetzes zuzuschreiben ist. Der autokatalytische Kurventeil läßt sich möglicherweise durch eine verzögerte Keimbildung der Cu_2O-Phase begründen. Dieser Schluß wird auf Grund ähnlicher Schlußfolgerungen VOLMERS[51] nahegelegt, ein eindeutiger Nachweis läßt sich hierfür jedoch nicht führen.

Auch NÖLDGE[50] findet bei der Kupferoxydation Abweichungen vom parabolischen Anlaufgesetz, die durch geschwindigkeitsbestimmende Phasengrenzreaktionen erklärt werden können. Der von NÖLDGE seinerzeit aufgestellte Mechanismus der Oxydation, nach dem Sauerstoff durch die Oxyddeckschicht wandern soll, erscheint nach unseren heutigen Kenntnissen jedoch unzutreffend. Zu erwähnen sind hier ferner ältere Arbeiten von WILKINS und RIDEAL[52, 53] über die *Kupferoxydation*, bei denen die Probleme der Phasengrenzreaktionen erstmalig berücksichtigt werden. Im Temperaturbereich zwischen 142° C und 305° C wird an aktiviertem Kupfer (durch wiederholte Oxydation und Reduktion aktiviert) bei geringen Sauerstoffdrucken (etwa 10 mm Hg) ein lineares Anlaufgesetz gefunden. Da die Reaktion der ersten Ordnung nach dem Sauerstoffdruck folgt $\left(\frac{d p_{O_2}}{d t} = k p_{O_2}\right)$, wird geschlossen, daß die Chemisorptionsgeschwindigkeit des Sauerstoffs der eigentlich geschwindigkeitsbestimmende Vorgang ist. Oberhalb eines kritischen Druckes, der von der Oberflächenbeschaffenheit des Kupfers abhängt, wird ein parabolisches Anlaufgesetz gefunden, weil nun die Chemisorption rasch genug erfolgt und die Diffusion durch die Deckschicht im Verhältnis langsamer verläuft. Auch bei den Untersuchungen von TYLECOTE[54] treten zu Beginn der Kupferoxydation Inkubationszeiten auf. Es wird in diesem Bereich jedoch kein lineares Anlaufgesetz gefunden, die Gewichtszunahme ist im Gegenteil in den ersten Minuten der Reaktion sehr klein. Die anfängliche Reaktionsverzögerung wird hier außerdem durch steigende Strömungsgeschwindigkeit des Sauerstoffs vermindert. Es wird vermutet, daß diese Inkubationsperiode

---

[51] VOLMER, M.: Z. Elektrochem. **35**, 555 (1919).
[52] WILKINS, F. J., u. E. K. RIDEAL: Proc. roy. Soc., Lond. A **128**, 394 (1930).
[53] WILKINS, F. J.: Proc. roy. Soc., Lond. A **128**, 407 (1930).
[54] TYLECOTE, R. F.: J. Inst. Met., Lond. **81**, 681 (1952/53).

durch die Verdrängung von adsorbierten Fremdgasen (z. B. Stickstoff und H_2O) hervorgerufen wird.

Mit dem Problem der Anfangsstadien der ***Eisenoxydation*** befassen sich BÉNARD und TALBOT[55]. Sie finden an Eisenblechen von 0,3 mm Stärke zwischen 850° C und 1050° C drei verschiedene Anlaufperioden (s. Abb. 6): Während der ersten 20 sec stellt sich das thermische Gleichgewicht ein. In einer folgenden Periode, ($\overline{AB}$), die ebenfalls 20 sec dauert, ist das lineare Zeitgesetz erfüllt und von da an das parabolische. Das lineare Zeitgesetz gilt so lange, wie die Diffusion durch die Deckschicht rasch verläuft. Das ist bei 850° C für Deckschichten bis zu $1{,}3 \cdot 10^{-4}$ cm und bei 950° C bis zu $7 \cdot 10^{-4}$ cm der Fall. Mit anwachsender Deckschicht wird der Diffusionsstrom vermindert, so daß schließlich der Stofftransport geringer wird, als die an der Phasengrenze umgesetzte Stoffmenge.

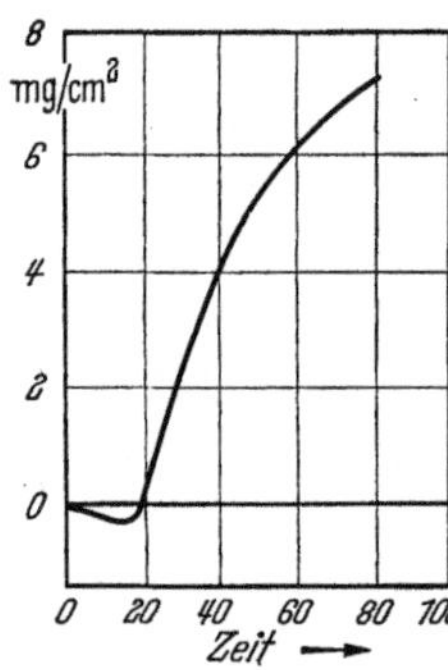

Abb. 6. Zeitlicher Verlauf der Oxydation von Eisen bei 950° C im ersten Reaktionsstadium nach BENARD/TALBOT

Prinzipiell sollte zu Beginn jeder Oxydationsreaktion mit geschwindigkeitsbestimmenden Phasengrenzvorgängen gerechnet werden. Im Experiment wird jedoch vielfach schon im Anfangsstadium das parabolische Anlaufgesetz erfüllt. Die Gültigkeit des parabolischen Zeitgesetzes ist dabei in vielen Fällen nur scheinbar, da die experimentellen Unsicherheiten zu Versuchsbeginn, besonders das Einstellen der Temperatur und des Druckes, den linearen Ast vor Beginn der Parabel verdecken. Vielfach tritt das lineare Zeitgesetz auch deshalb nicht auf, weil die Metallprobe schon vor dem Versuchsbeginn mit einer Oxydhaut überzogen ist. G. VALENSI[56] konnte z. B. zeigen, daß die Oxydation des *normalen* Kobalts schon von Anbeginn dem parabolischen Zeitgesetz entspricht. Wird das Metall vorher sorgfältig gereinigt, so läßt sich das kombinierte linear-parabolische Anlaufgesetz auffinden.

4.2 Phasengrenzreaktionen an kompakten Deckschichten

Bei gewöhnlichen Temperaturen verlaufen die Diffusionsvorgänge in einer festen Deckschicht viel zu langsam, so daß Phasengrenzvorgänge einer Messung nicht zugänglich werden. Die Diffusion und die chemische Reaktion besitzen nun aber unterschiedliche Aktivierungsenergien. Bei stark unterschiedlichen Temperaturkoeffizienten der einzelnen Teilschritte kann man bei sehr verschiedenen Temperaturen mit einem Wechsel des geschwindigkeitsbestimmenden Teil-

[55] BÉNARD, J., u. J. TALBOT: C. R. hebd. Seances Acad. Sci. Paris **226**, 912 (1948). — [56] VALENSI, G.: Metallurgia ital. **42**, 104, 77 (1950).

vorgangs rechnen. Da nun häufig die Diffusion in der festen Phase eine höhere Aktivierungsenergie besitzt als die chemische Reaktion (das muß nicht immer so sein), kann man erwarten, daß bei genügend hohen Temperaturen Phasengrenzvorgänge für die Oxydationsreaktion geschwindigkeitsbestimmend werden können.

Das bedeutet, daß mit steigender Temperatur ein Übergang vom parabolischen zu einem linearen Zeitgesetz der Oxydation auftreten soll. Tatsächlich wird auch an einer Reihe von Metallen ein derartiger Übergang gefunden, z. B. an Cer [57, 58], Thorium[32], Uran[59, 60], Aluminium[15], Titan[61] und anderen. Jedoch ließen sich in all diesen Fällen andere Gründe für den Wechsel der Oxydationskinetik angeben als die der geschwindigkeitsbestimmenden Phasengrenzreaktionen. Es treten Änderungen in der Struktur und Zusammensetzung der Oxydschicht auf, die mit Änderungen der Oxydationskinetik verbunden sind. Im allgemeinen ist es wohl so, daß sich bei Phasenänderungen der Oxydschicht oder bei sehr unterschiedlichem Volumquotienten die Oxydschicht bis auf eine konstant bleibende Restschicht vom Metall ablöst. Wenn dann die Diffusion durch diese konstante Restschicht geschwindigkeitsbestimmend ist, wird das lineare Anlaufgesetz gefunden. Da diese Fragen sehr eng mit der Struktur der sich bildenden Oxydschicht zusammenhängen, soll hier auf eine eingehende Besprechung verzichtet werden. Einzelheiten sind im Beitrag von W. JAENICKE ersichtlich.

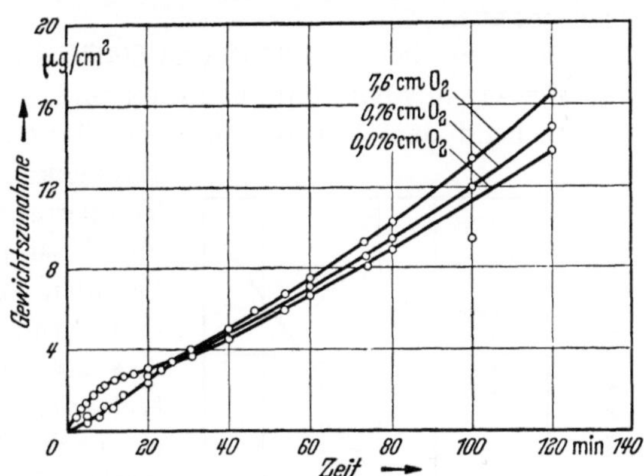

Abb. 7 Lineares Oxydationsgesetz an poliertem Aluminium bei 500° C nach GULBRANSEN und WYSONG. Messungen bei drei verschiedene p_{O_2}

Nur einige in bezug auf Phasengrenzreaktionen interessante Beispiele sollen hier noch angeführt werden. An *Aluminium* gilt zwischen 350° und 450°C das parabolische Anlaufgesetz (GULBRANSEN und WYSONG[62]), wobei eine Aktivierungsenergie von 22,8 kcal/Mol und

[57] CUBICCIOTTI, D.: J. Amer. chem. Soc. **74**, 1200 (1952).
[58] LORIES, J.: C. R. Acad. Sci. Paris **229**, 547 (1949); **231**, 522 (1950).
[59] CUBICCIOTTI, D.: J. Amer. chem. Soc. **74**, 1079 (1952).
[60] ALBERMAN, K. B., u. J. ANDERSON: J. chem. Soc. (**1949**) 303.
[61] GULBRANSEN, E. A., u. K. F. ANDREW: J. Metals, N. Y. **1**, 515, 741 (1949).
[62] GULBRANSEN, E. A., u. W. S. WYSONG: J. phys. Chem. **51**, 1087 (1947).

eine Aktivierungsentropie von —25 bis —28 Cl/Mol gefunden werden. Oberhalb 450° C ist das parabolische Anlaufgesetz nur noch schlecht erfüllt und oberhalb 500° C folgt die Oxydation bis 550° C dem linearen Gesetz. Die bei 500° C während der Oxydation einer polierten Aluminiumprobe erfolgenden Gewichtszunahmen sind in Abb. 7 für drei verschiedene Sauerstoffdrucke aufgetragen. Die Schichtdicke des Al_2O_3 betrug nach zwei Versuchsstunden 850 Å. Bei kleinen Schichtdicken ($\Delta\xi < 100$ Å) ist das lineare Anlaufgesetz nur mäßig erfüllt. Auffallend ist die nur sehr geringe Abhängigkeit der Oxydationsgeschwindigkeit vom Sauerstoffdruck, die etwa einer Proportionalität mit der dreißigsten Wurzel entspricht, also praktisch zu vernachlässigen ist. Dieser geringe Sauerstoffeinfluß im Gültigkeitsbereich der linearen Kinetik schließt geschwindigkeitsbestimmende Phasengrenzvorgänge an der Oxydoberfläche, wie Sauerstoffadsorption oder Chemisorption, aus.

Titan wird zwischen 350° und 600° C entsprechend dem kubischen Anlaufgesetz oxydiert (GULBRANSEN und ANDREW[61]), oberhalb 650° C entsprechend dem linearen (s. auch DAVIES und BIRCHENALL[34] und KIEFFER und KÖLBL[63]). Im oberen Temperaturbereich tritt bei 830° C eine Unstetigkeit in der ARRHENIUS-Geraden auf (Abb. 8), die DAVIES[34] einer Änderung der Oxydstruktur, JAFFEE[64] der sonst bei 882° C auftretenden Phasenumwandlung von α- nach β-Titan zuschreiben. Im letzten Falle wäre nur eine geschwindigkeitsbestimmende Phasengrenzreaktion an der Phasengrenze Metall/Oxyd denkbar. Andererseits ist bekannt, daß Titan bei höheren Temperaturen sehr spröde wird[65], so daß man im Abplatzen der Oxyddeckschicht eine Erklärung für die Unstetigkeit der ARRHENIUS-Geraden und möglicherweise auch für das lineare Anlaufgesetz suchen könnte.

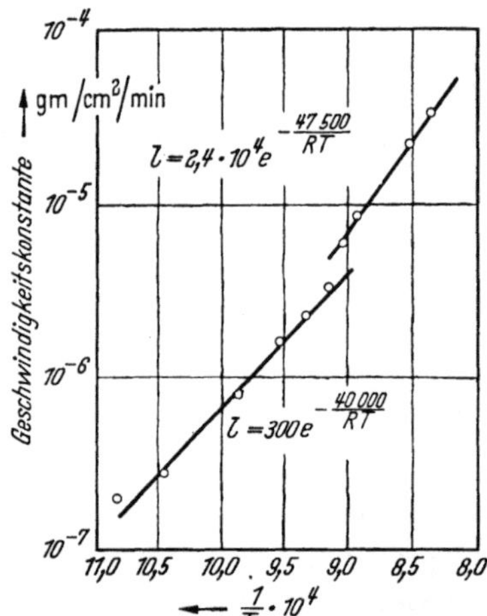

Abb. 8. ARRHENIUS-Diagramm der linearen Geschwindigkeitskonstanten bei der Titanoxydation nach DAVIES u. BIRCHENALL.

Beim *Molybdän* deuten sich Abweichungen vom parabolischen in Richtung zum linearen Anlaufgesetz bei 450° an (GULBRANSEN und

[63] KIEFFER, R., u. F. KÖLBL: Z. anorg. Chem. **262**, 229 (1950).
[64] JAFFEE, R. I.: J. Met., N. Y. **4**, 536 (1952).
[65] CARPENTER, L. G., u. F. R. REAVELL: Metallurgia **39**, Dec. 63 (1948).

Wysong[39]), bei 600° C sind sie stark ausgeprägt (Lustman[66]). Bei höheren Temperaturen verdampft MoO_3. Darauf gehen wir später ein.

An *Wolfram* ist die Kinetik nicht ganz eindeutig. Ein lineares Anlaufgesetz wurde von Scheil[67] und Kieffer und Kölbl[63] zwischen 500° und 900° C gefunden. Dem widersprechen jedoch Angaben von Dunn[68], der zwischen 700° und 900° C das parabolische Anlaufgesetz findet, und von Nachtigall[69], bei dem dieses zwischen 500° und 800° C gilt. Nach Gulbransen und Wysong gilt das lineare Anlaufgesetz nur bei verminderten Sauerstoffdrucken.

4.3 Phasengrenzreaktionen bei verdampfenden Metalloxyden

Bei der Oxydation des Germaniums entstehen zwei verschiedene Oxyde, zuerst das instabile GeO und dann das stabile GeO_2. Das GeO hat bei den Reaktionstemperaturen bereits einen beachtlichen Dampfdruck. Das führt dazu, daß GeO zum Teil in die Dampfphase übergeht und dort mit Sauerstoff zu GeO_2 reagiert. Dabei wird die Metalloberfläche freigelegt und die Phasengrenzflächenreaktion zwischen metallischem Ge und Sauerstoff wird in dem Maße, wie die Oberfläche noch nicht mit GeO_2 bedeckt ist, meßbar. Die Ergebnisse von Bernstein und Cubicciotti[16] führen zu dem empirischen Zeitgesetz:

$$Q = Q_\infty (1 - e^{-kT}), \tag{23}$$

wobei Q die zur Zeit t verbrauchte Sauerstoffmenge und Q_∞ und k im isothermen Reaktionsablauf im geschlossenen Reaktionsgefäß konstant sind. Die Größe Q_∞ ist etwa umgekehrt proportional dem Sauerstoffdruck, die Größe k ist temperaturabhängig. Während der Versuche wird ein Gewichtsverlust der Germaniumproben beobachtet, der dem Sauerstoffdruck etwa umgekehrt proportional ist. Für diese Ergebnisse ließ sich folgende Erklärung finden: Germanium wird zu GeO und GeO_2 oxydiert. In dem Maße, wie noch kein GeO_2 die Oberfläche bedeckt, verdampft GeO. Die Druckabhängigkeit der Größe Q_∞ stammt von der Druckabhängigkeit der Verdampfungsgeschwindigkeit des GeO. Eine Erhöhung des Sauerstoffdruckes setzt die Verdampfungsgeschwindigkeit des GeO herab und schränkt damit den Gesamtanteil des während eines Versuches verdampfenden GeO ein.

---

66 Lustman, B.: Metal Progr. **57**, 629 (1950).
67 Scheil, E.: Z. Metallkde. **29**, 209 (1937).
68 Dunn, J. S.: J. chem. Soc., Lond. **1929**, 1149.
69 Nachtigall, E.: Z. Metallkde. **43**, 23 (1952).

Bernstein und Cubicciotti[16] formulieren dieses Wechselspiel der einzelnen Reaktionen folgendermaßen:

$GeO_s + \frac{1}{2} O_2 \xrightarrow{k_1} GeO_2$	(langsame Oberflächenreaktion)
$GeO_s \xrightarrow{k_2} GeO_g$	(langsame Verdampfung)
$GeO_g + \frac{1}{2} O_2 \xrightarrow{k_3} GeO_2$	(schnell verlaufende Oxydation in der Gasphase)

Für diese Reaktionen ergeben sich folgende Geschwindigkeiten:

$$v_1 = + \frac{d[GeO_2]}{dt} = k_1 GeO_s$$

$$v_2 = + k_2 f_{(p)} [GeO_s]$$

($f_{(p)}$ drückt die Druckabhängigkeit der Verdampfungsgeschwindigkeit des GeO aus)

$$v_3 = k_3 [GeO_g] p_{O_2}^{\frac{1}{2}} .$$

Bei großen Sauerstoffdrucken wird v_3 als unabhängig von diesen betrachtet. Nimmt man zudem an, daß der Sauerstoffverbrauch der langsamen Oberflächenreaktion gering ist gegenüber dem der Gasphasenoxydation ($k_1 \ll k_3$), so erhält man:

$$-\frac{dp_{O_2}}{dt} = \frac{dQ}{dt} = k_3 [GeO_g] = k_3 k_2 f_{(p)} [GeO_s] .$$

Da die Oberfläche nur durch GeO und GeO_2 bedeckt ist, gilt:

$$d[GeO_2] = -d[GeO_s] .$$

Die GeO-Konzentration der Oberfläche wird als exponentiell mit der Zeit t zunehmend betrachtet ($[GeO_s]_0$ gilt für $t = 0$):

$$[GeO_s] = [GeO_s]_0 e^{-kt} .$$

Setzt man $k_3 k_2 f_{(p)} [GeO_s] = b$*, so erhält man die Gleichung:

$$\frac{dQ}{dt} = b[GeO_s]_0 e^{-kt} .$$

Bei den Grenzbedingungen $t \to O$, $Q \to O$ wird

$$Q = b[GeO_s]_0 (1 - e^{-kt})$$

oder

$$Q = Q_\infty (1 - e^{-kt}) ,$$

---

* Da die Gesamtreaktion $Ge + O_2 = GeO_2$ betrachtet wird, muß natürlich auch der Sauerstoffverbrauch des ersten Teilschritts der Reaktion, nämlich $Ge + \frac{1}{2} O_2 \xrightarrow{k_0} GeO$ berücksichtigt werden. Bernstein und Cubicciotti lassen diesen Anteil unberücksichtigt oder beziehen ihn in die Größe b mit ein. Das bedeutet, daß die Startreaktion, die Oxydation des Ge zu GeO, in ihrer Geschwindigkeit unabhängig vom Sauerstoffdruck und unabhängig von der Zeit sei, was natürlich sehr zweifelhaft erscheint.

also die experimentell gefundene Beziehung. Verlangt wird für diese Deutung demnach eine mit der Verdampfungsgeschwindigkeit des GeO konkurrierende Oxydationsgeschwindigkeit des festen GeO und eine unmeßbar rasch verlaufende Oxydation von Ge zu GeO_2. Als Phasengrenzreaktion wird demnach die Verdampfung des GeO beobachtet.

Ähnlich scheint auch das *Arsen* wegen einer Oxydationsreaktion in der Gasphase dem linearen Anlaufgesetz zu folgen (KALMAN[70a]). Beim *Molybdän* wurde eine Verdampfung des Oxyds festgestellt (LUSTMAN[66].) Bei 590°C verdampft noch kein Molybdänoxyd, bei 732°C sind nach dreistündigem Versuch bereits 43% des entstehenden MoO_3 in die Gasphase gelangt und oberhalb vom Schmelzpunkt des MoO_3 (795°C) bleibt kaum etwas vom entstehenden Oxyd an der Oberfläche zurück (nur 0,7 bis 1,3%). Im ganzen Temperaturbereich gilt etwa gleichmäßig das lineare Zundergesetz, so daß die Verdampfung auf die Kinetik anscheinend keinen Einfluß ausübt. Die Geschwindigkeit der Reaktion wird dagegen am Schmelzpunkt stark und sprunghaft erhöht. Der Temperaturkoeffizient wird oberhalb dieser Temperatur praktisch gleich Null. Geschmolzenes MoO_3 benetzt die Metalloberfläche offenbar nicht vollständig, so daß der Sauerstoff freien Zutritt zum Metall hat. Die starke Änderung der Aktivierungsenergie am Schmelzpunkt deutet darauf hin, daß hier ein Wechsel im geschwindigkeitsbestimmenden Schritt stattfindet. Über den Reaktionsverlauf unterhalb des Schmelzpunktes sind jedoch zur Zeit noch keine Aussagen möglich.

4.4 Phasengrenzreaktionen bei porösen Deckschichten

Wie bereits eingangs auseinandergesetzt, ist bei Metallen mit porösen Deckschichten (Volumquotient $MeO/Me < 1$) im gesamten Reaktionsbereich mit einem linearen Anlaufgesetz zu rechnen, sofern nicht Transporthemmungen des Sauerstoffs in der porösen Deckschicht auftreten und sofern nicht Besonderheiten der Kristallisation zu kompakten Deckschichten führen. Im allgemeinen wird das auch beobachtet. Als Beispiel ist in Abb. 9 das Ergebnis bei der *Barium-Oxydation* wiedergegeben (Ergebnisse von PILLING und BEDWORTH[5], wiedergegeben nach KUBASCHEWSKI und HOPKINS[70]). Die Oxydationsgeschwindigkeit weicht nur zu Beginn der Reaktion etwas von der Linearität ab, was sicherlich auf die Bildung einer Hydroxydschicht (Volumquotient $Ba(OH)_2/Ba > 1$) zurückgeführt werden kann.

An *Calcium* finden ebenfalls PILLING und BEDWORTH[5] die Linearität der Oxydationskinetik zwischen 300° und 500° C erfüllt. Zu Reaktionsende wurde dabei eine Stimulierung der Reaktion beobachtet.

---

[70] KUBASCHEWSKI, O. u. B. E. HOPKINS: Oxidation of Metals and Alloys, S. 127, Lond. 1953. — [70a] KALMAN, L.: Mag. Chem. Foly **57**, 65 (1951); Amer. chem. Abstr. **45**, 10010 (1951).

Cubicciotti[71] findet dagegen zwischen 300° und 385°C während der ersten 100 min der Reaktion ein parabolisches Anlaufgesetz, zwischen 425 und 475°C gilt stets das lineare.

Magnesium verhält sich anders, als man nach dem Volumquotienten, der kleiner als eins ist, erwarten sollte. Das zeigt schon die Tatsache, daß Magnesium trotz der erheblichen Bildungsenthalpie des MgO von —146,1 kcal/Mol bei Raumtemperatur vollständig stabil ist. Finch und Quarrell[72] konnten hierfür eine Erklärung geben. In dünnen Schichten wächst nämlich MgO in einer instabilen Modifikation orientiert auf dem Metall auf und bildet kompakte Deckschichten. Erst wenn eine gewisse Deckschichtdicke erreicht ist, reichen die Gitterkräfte des MgO aus, die normale kubische Struktur des MgO auszubilden. Damit in Übereinstimmung findet auch Gulbransen[10] bei Temperaturen unterhalb 450°C und bei höheren Temperaturen, zumindest im ersten Oxydationsstadium, das parabolische Anlaufgesetz. Beim Aufplatzen der schützenden Deckschicht wird der Übergang zum linearen Anlaufgesetz gefunden (Teran[73]). Für die dann einsetzende chemische Oxydationsreaktion finden Leontis und Rhines[74] zwischen 475° und 575°C eine Aktivierungsenergie von 50,5 kcal/Mol, die sehr groß erscheint. Über 600°C wird die Verdampfungsgeschwindigkeit des Magnesiums merklich, so daß die Oxydation in der Gasphase erfolgt. Die Selbstentzündung des Magnesiums erfolgt in Sauerstoff von 1 atm Druck bei 623°C (Fassell[75]). In feuchter Luft ist die Oxydationsgeschwindigkeit des Magnesiums geringer als in trockener, da sich eine schützende Hydroxydschicht ausbildet (Teran[73]).

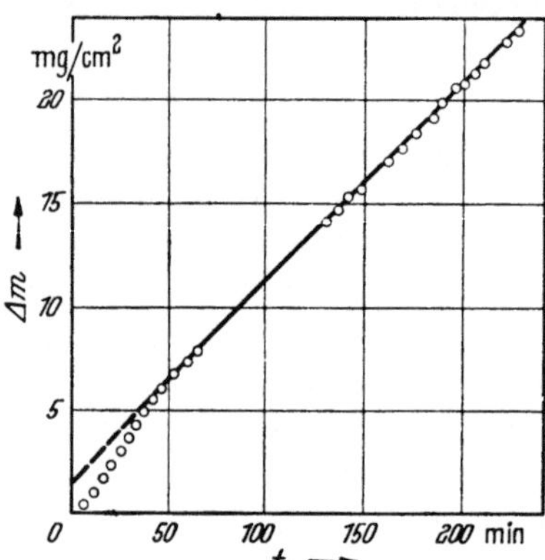

Abb. 9. Gewichtszunahme des Bariums bei 17°C in Luft mit 71,5% relativer Feuchtigkeit (p = 765 mm Hg. Nach Pilling u. Bedworth)

4.5 Zum Mechanismus von Phasengrenzreaktionen

Bisher wurde nur erörtert, unter welchen Bedingungen Phasengrenzvorgänge für die Geschwindigkeit der Metalloxydation bestimmend

[71] Cubicciotti, D.: J. Amer. chem. Soc. **74**, 557 (1952).

[72] Finch, G. J., u. A. G. Quarrell: Nature, Lond. **131**, 877 (1933); Proc. roy. Soc. **141**, 398 (1933).

[73] Teran, H. N.: C. R. Acad. Sci. Paris **226**, 460 (1951).

[74] Leontis, T. E., u. F. N. Rhines: Trans. AIME **166**, 265 (1946).

[75] Fassell, W. M., L. B. Gulbransen, J. R. Lewis u. J. H. Hamilton: J. Metals, N. Y. **3**, 522 (1951).

sein können und in welchen Fällen das lineare Anlaufgesetz den maßgebenden Einfluß von Phasengrenzvorgängen nahelegt. Für den Mechanismus von Phasengrenzreaktionen ist es nun zuerst einmal wichtig zu wissen, an welcher der verschiedenen Grenzflächen Metall/Metalloxyd oder Metalloxyd/Sauerstoff oder zwischen zwei verschiedenen Oxyden Phasengrenzvorgänge langsam verlaufen. Im weiteren interessieren die einzelnen Teilschritte, die dabei eine Rolle spielen. Diese können sein:

1. Die Aufspaltung der Sauerstoffmolekel und die Chemisorption der Atome an der Grenzfläche MeO/O_2,
2. Der Einbau der Sauerstoffionen in das Oxydgitter an der Phasengrenze MeO/O_2,
3. Der Übertritt von Metallionen in das Oxydgitter an der Phasengrenze Metall/Metalloxyd und dort die Reaktion mit Sauerstoff und
4. Wenn mehrere Oxydphasen in der Deckschicht vorliegen, der Übertritt von Metallionen oder Sauerstoffionen von einer Oxydphase in die benachbarte oder die weitere Ionisierung des Metalls.

Zwischen diesen Teilschritten eindeutig zu entscheiden, bereitet große Schwierigkeiten, zumal ihre Abgrenzung gegeneinander nicht streng durchführbar ist. Obgleich das lineare Zeitgesetz in zahlreichen Fällen beobachtet wurde, ist es daher nur in wenigen Fällen gelungen, eine eindeutige Zuordnung der Phasengrenzreaktion zu einem bestimmten Teilschritt zu finden. Über die für Phasengrenzvorgänge maßgebenden Faktoren herrscht daher meistens Unklarheit. Angesichts der Vielfalt heterogener Gasreaktionen muß erwartet werden, daß auch die Elementarvorgänge bei Phasengrenzvorgängen der Metalloxydation in mannigfaltiger Weise durch die Struktur des Festkörpers beeinflußt werden. Ähnlich wie auf dem Gebiet der heterogenen katalysierten Gasreaktionen wird man daher versuchen müssen, aus kinetischen Studien und aus systematischen Untersuchungen der strukturellen Festkörpereinflüsse Rückschlüsse für den Reaktionsverlauf zu gewinnen. Wir müssen uns hier bei der Besprechung des Reaktionsverlaufs von Phasengrenzreaktionen der Metalloxydation auf die wenigen inzwischen bekannten Beispiele beschränken und können im übrigen nur das Prinzip der Nachweismöglichkeiten darlegen.

5 Die Abhängigkeit vom Sauerstoffdruck

Die Abhängigkeit der Oxydationsgeschwindigkeit vom herrschenden Sauerstoffdruck kann unter bestimmten Voraussetzungen Aufschluß über den Reaktionsverlauf geben. Das parabolische Anlaufgesetz ist, wie WAGNER[76] experimentell und theoretisch nachweisen konnte, nur

[76] WAGNER, C.: Handbuch der Metallphysik, Herausgegeb. von G. Masing, Bd. **1**, Teil II, S. 123.

bei p-leitenden Deckschichten (z. B. NiO, Cu_2O, FeO) eine Funktion des Sauerstoffdruckes ($k' = k' p_{O_2}^{+n}$). Das die Reaktion treibende Konzentrationsgefälle der Kationendefektstellen wird hier durch den Sauerstoffdruck eingestellt. Bei n-leitenden Deckschichten (z. B. ZnO, CdO, Al_2O_3) wird dagegen das Konzentrationsgefälle der überzähligen Metallionen hauptsächlich durch das Metall an der Phasengrenze Me/MeO bedingt. An der Phasengrenze MeO/O_2 ist der Metallüberschuß so gering, daß eine Erhöhung des Sauerstoffpartialdruckes ihn kaum noch weiter herabsetzen kann. Metalle mit n-leitenden Deckschichten besitzen daher eine vom Sauerstoffdruck unabhängige Oxydationsgeschwindigkeit.

Im Gültigkeitsbereich des linearen Anlaufgesetzes ist daher die Abhängigkeit der Oxydationsgeschwindigkeit vom Sauerstoffdruck nur bei Metallen mit n-leitenden Deckschichten ein Hinweis dafür, daß die geschwindigkeitsbestimmende Reaktion an der Phasengrenze MeO/O_2 stattfindet. Bei Metallen mit p-leitenden Deckschichten ist auch die Gleichgewichtskonzentration der Kationendefektstellen vom Sauerstoffdruck abhängig. Daher kann der Sauerstoffdruck hier auch noch auf eine bestimmende Reaktion an der Phasengrenze Me/MeO einwirken. Allerdings sollte hierbei die Sauerstoffdruckabhängigkeit bestimmte, durch die Fehlordnungsgleichgewichte festgelegte Werte annehmen (Cu: $k' \sim k'_0 p_{O_2}^{1/7}$; Ni: $k \sim k'_0 p_{O_2}^{1/6}$ usw.). Geschwindigkeitsbestimmende Phasengrenzreaktionen an der Oberfläche eines n-leitenden Metalloxyds sollten dem Sauerstoffdruck direkt proportional sein, wenn die Adsorption molekularen Sauerstoffs gemessen wird, und der Wurzel des Sauerstoffdruckes proportional sein, wenn die Chemisorption atomaren Sauerstoffs oder der Einbau von Sauerstoffatomen in das Oxydgitter im langsamsten Teilschritt auftreten.

Moore und Lee[77] fanden bei der *Zinkoxydation* eine Sauerstoffdruckabhängigkeit der Oxydationsgeschwindigkeit, die sie durch eine bestimmende Phasengrenzreaktion des Sauerstoffes interpretieren.

Zu dieser Deutung steht jedoch das parabolische Anlaufgesetz, das gefunden wird, in Widerspruch. Engell und Hauffe[78] können diesen Widerspruch lösen: An dünnen Oxydschichten, die bei diesen Versuchen vorlagen (100 bis 1200 Å), wird der Transport der Zinkionen durch die Deckschicht durch ein elektrisches Feld bewirkt, das durch den negativ chemisorbierten Sauerstoff erzeugt wird. Da für diese Schichtdicken ein annähernd konstantes Feld angenommen werden kann — an Stelle der auf S. 138 angegebenen Grenzbedingung $\Delta\xi \ll X$ gilt hier also $\Delta\xi > X$ — erwartet man hier das parabolische Anlaufgesetz (Cabrera und Mott[6]). Die Feldstärke ist aber von der Konzentration chemisorbierten Sauerstoffs abhängig, und damit steigt auch die Oxydationsgeschwindigkeit mit wachsendem Sauerstoffdruck. Der geschwindigkeitsbestimmende Schritt ist demnach der Transport von Zinkionen. Dieser wird jedoch indirekt durch eine Phasengrenzflächenreaktion, die Sauerstoffchemisorption, beeinflußt.

---

[77] Moore, W. J., u. J. K. Lee: Trans. Faraday Soc. **47**, 501 (1952).

[78] Engell, H.-J., u. K. Hauffe: Metall **6**, 285 (1952).

Metalle, bei denen trotz mutmaßlich *n*-leitender Deckschicht eine Abhängigkeit der Oxydationsgeschwindigkeit vom Sauerstoffdruck gefunden wurde, sind weiterhin: *Zirkon*[61], *Titan*[61, 36], *Vanadin*[14], *Aluminium*[62], *Niob* und *Tantal*[79].

An *Titan* und *Zirkon* tritt die Druckabhängigkeit auf, obgleich bei diesen Meßtemperaturen eindeutig das parabolische Anlaufgesetz gilt (550° bzw. 375°C). Bei Druckänderungen von 0,76 mm Hg Sauerstoff auf 760 mm Hg werden die gebildeten Oxyddeckschichten nach gleichen Versuchszeiten von 120 min um 10 bis 20% stärker. Der größte Unterschied in den Oxydationsgeschwindigkeiten besteht bei Versuchsbeginn bis zu Schichtdicken von etwa 2000 Å. Anschließend verlaufen die Kurven der zeitlichen Gewichtszunahme parallel; die Oxydationsgeschwindigkeiten sind dann also gleich groß. Daraus ist zu schließen, daß der Sauerstoffdruck nur zu Beginn die langsame Phasengrenzreaktion der Sauerstoffchemisorption beeinflußt oder aber die Ionendiffusion im Randschichtbereich durch Raumladungen beschleunigt.

Beim *Aluminium* wurde die Abhängigkeit der Oxydationsgeschwindigkeit im Gültigkeitsbereich des linearen Anlaufgesetzes untersucht (s. S. 7, Abb. 7). Die nur sehr geringe Sauerstoffdruckabhängigkeit schließt geschwindigkeitsbestimmende Phasengrenzvorgänge an der Oxydoberfläche — etwa Sauerstoffchemisorption oder -adsorption — aus.

Ein Beispiel, bei dem aus Kinetik und Partialdruckabhängigkeit übereinstimmend auf einen geschwindigkeitsbestimmenden Chemisorptionsvorgang zu schließen ist, ist die einer Oxydationsreaktion analoge Schwefelung des Nickels. Obgleich Nickelsulfid ein Überschußleiter ist[80], steigt die Schwefelungsgeschwindigkeit bei 630°C proportional der Wurzel des S_2-Partialdruckes an[81]. Die Schwefelungsgeschwindigkeit ist außerdem unabhängig von der bereits vorliegenden Deckschichtdicke. Mikroskopisch wurden Poren in der Deckschicht beobachtet, so daß Schwefeldampf vermutlich freien Zutritt zur metallischen Oberfläche hatte und die Chemisorptionsgeschwindigkeit des Schwefels als langsamer Vorgang gemessen wurde.

Die Oxydationsgeschwindigkeit von Metallen mit *p*-leitender Deckschicht ist stets druckabhängig. Aussagen über eine vermutliche langsame Grenzflächenreaktion sind jedoch möglich, wenn Abweichungen von der theoretisch zu erwartenden Druckabhängigkeit — die aus Leitfähigkeitsänderungen bei veränderten Sauerstoffdrucken ermittelt werden können — auftreten.

---

79 Gulbransen, E. A., u. K. F. Andrew: J. Met., N. Y. **2**, 586 (1950).

80 Hauffe, K., u. H. G. Flint: Z. phys. Chem. **200**, 199 (1952).

81 Hauffe, K., u. A. Rahmel: Z. phys. Chem. **199**, 152 (1952).

Bei der *Kupferoxydation* finden Lustman und Mehl[82] bei tieferen Temperaturen (105° und 118° C) entgegen den für höhere Temperaturen (1000° C) gültigen Ergebnissen von Wagner und Grünewald[83] zwischen 15 und 100 mm Hg Sauerstoffdruck eine Abnahme der Oxydationsgeschwindigkeit, obwohl theoretisch eine Zunahme mit der achten Wurzel zu erwarten ist. Unterhalb 15 mm Hg Sauerstoffdruck nimmt die Oxydationsgeschwindigkeit mit steigendem Sauerstoffdruck zu. Dieses Maximum läßt sich möglicherweise mit der Ausbildung der CuO-Phase in Zusammenhang bringen.

Bei kleinen Drucken finden, wie bereits auf S. 141 berichtet, auch Wilkins und Rideal[52, 53] eine Zunahme der Oxydationsgeschwindigkeit des Kupfers mit steigenden Sauerstoffdrucken. Bei etwa 10 mm Hg Sauerstoffdruck ist die Oxydationsgeschwindigkeit proportional dem Sauerstoffdruck. Es ist anzunehmen, daß in diesem Bereich die Sauerstoffadsorption als geschwindigkeitsbestimmende Phasengrenzreaktion die Oxydation bestimmt.

An dieser Stelle scheinen einige Beispiele erwähnenswert, bei denen eine Abhängigkeit der Oxydationsgeschwindigkeit von der *Strömungsgeschwindigkeit* des Sauerstoffs gefunden wurde, obgleich kompakte Deckschichten vorliegen sollen. Baukloh und Reif[84] finden, daß die Oxydationsgeschwindigkeit von *Armco-Eisen* von der Strömungsgeschwindigkeit des Sauerstoffes abhängt. Sie vermuten jedoch, daß nicht Phasengrenzreaktionen, sondern unterschiedliche Art und Orientierung der Oydschichten Ursache dieser Erscheinung sind. Murphy, Wood und Jominy[85] beobachten bei der Oxydation von weichem *Stahl* eine gewisse kritische Strömungsgeschwindigkeit, bis zu der die Oxydationsgeschwindigkeit ansteigt und oberhalb konstant bleibt.

Schröder[86] findet ebenfalls bei weichem Stahl in ruhender Luft nur etwa 15% der Oxydationsgeschwindigkeit, die bei strömendem Reaktionsgas (Strömungsgeschwindigkeit 30 bis 50m/min) gemessen wurde. Hier sind allem Anschein nach Transportvorgänge in der Gasphase für die Geschwindigkeit der Gesamtreaktion von Bedeutung.

6 Oxydation mit anderen Gasen als elementarem Sauerstoff

Die Nachlieferung des Sauerstoffs aus der Gasphase kann erheblich herabgesetzt werden, wenn nicht elementarer Sauerstoff selbst zur Oxydation verwandt wird, sondern eine chemische Verbindung, aus

[82] Lustman, B., u. R. F. Mehl: Trans. Amer. Inst. min. (Metall) Engr. **166**, 265 (1946).

[83] Wagner, C., u. K. Grünewald: Z. phys. Chem. Abt. B **40**, 455 (1938).

[84] Baukloh, W., u. O. Reif: Metallwirtsch. **14**, 1055 (1935).

[85] Murphy, D. W., W. P. Wood u. W. E. Jominy: Trans. Amer. Soc. Steel Treat. **19**, 193 (1931). — [86] Schroeder, W.: Arch. Eisenhüttenw. **6**, 47 (1932).

der der Sauerstoff entzogen wird. In vielen Fällen wird dann die vorgelagerte chemische Reaktion geschwindigkeitsbestimmend. Die Oxydation des *Eisens* ist bei 1000° C, gemäß einem linearen Anlaufgesetz, unabhängig von der vorliegenden Deckschichtdicke, wenn statt mit Sauerstoff mit einem CO_2-CO-Puffergemisch oxydiert wird (HAUFFE und PFEIFFER[87]). Die Oxydationsgeschwindigkeit ist dann geringer als dem Sauerstoffgleichgewichtsdruck des CO_2-CO-Puffers entsprechen würde. Hieraus und aus dem linearen Anlaufgesetz folgt, daß eine Phasengrenzreaktion an der Grenzfläche MeO/Reaktionsgas meßbar langsam verläuft (vgl. dagegen die Ansicht FISCHBECKS S. 154). Es ist die Chemisorption des CO_2 oder die Spaltung der CO_2-Molekel in CO und chemisorbierten Sauerstoff:

$$CO_2^{(g)} \rightarrow O^-_{\text{chem}} + \oplus + CO^{(g)} \qquad \oplus = \text{(Elektronendefektstelle)}.$$

Vereinbar damit wurde folgende Abhängigkeit der Oxydationskonstanten l'' vom Gasdruck gefunden:

$$l'' = \text{const}\left(\frac{p_{CO_2}}{p_{CO}}\right)^{\frac{2}{2,8}} \approx \text{const}\, p_{O_2}^{1/3}.$$

Ein weiteres Beispiel ist die Oxydation des *Kupfers* durch Stickoxydul. Wie bei katalytischen Untersuchungen von DELL, STONE und TILEY[88] festgestellt wurde, ist in der Reaktionsfolge:

$$N_2O^{(g)} \rightarrow N_2^{(g)} + O_{\text{ads}}.$$

$$O_{\text{ads}} + 2\,Cu \rightarrow Cu_2O$$

der zweite Teilschritt sehr schnell. Die Zerfallsgeschwindigkeit des Stickoxyduls wird durch die Schichtdicke des Kupferoxyduls nicht beeinflußt. Andererseits wird auch kein gasförmiger Sauerstoff gebildet, d. h. die Desorptionsgeschwindigkeit des Sauerstoffs ist gegenüber der Oxydationsgeschwindigkeit des Kupfers zu vernachlässigen. Die Kinetik der Gesamtreaktion ist etwas geringer als einer ersten Ordnung nach dem N_2O-Druck entsprechen würde. An diesem Beispiel läßt sich zeigen, in welchem Maße Phasengrenzreaktionen durch die Festkörperstruktur, Fehlordnung, Fremdgasadsorption und dgl. bestimmt werden. Der Zerfall des N_2O, in diesem Falle der zeitbestimmende Teilschritt der Metalloxydation, ist ein viel untersuchtes Beispiel der heterogenen Gaskatalyse. Präadsorbierter Sauerstoff oder erhöhte Defektstellenkonzentration im Cu_2O fördern den N_2O-Zerfall (s. die analogen Fälle:

---

[87] HAUFFE, K., u. H. PFEIFFER: Z. Elektrochem. **56**, 390 (1952).

[88] DELL, R. M., F. S. STONE u. P. F. TILEY: Trans. Faraday Soc. **49**, 201 (1953).

Hauffe, Glang und Engell[89] und Schwab und Block[90]) und beschleunigen damit die Metalloxydation.

Über den Mechanismus der Metalloxydation sollte man auch Auskunft erhalten, wenn das Reaktionsgas Sauerstoff energetisch angeregt wird. Dravnieks[91] untersuchte den Einfluß der Gasionisation auf die Oxydationsgeschwindigkeit. Beim Tantal, Zirkon, Nickel und Kupfer hat die Ionisation des Sauerstoffes keinen Einfluß auf die Oxydationsgeschwindigkeit, was eine langsame Sauerstoffchemisorption als Phasengrenzreaktion ausschließt. An Zirkon wurde dagegen durch die Ionisation von CO_2 (und weniger deutlich von H_2O-Dampf und CO) eine Steigerung der Oxydationsgeschwindigkeit erzielt. Allerdings ist dieser Effekt allein, ohne nachweislich lineares Anlaufgesetz, für eine geschwindigkeitsbestimmende CO_2-Chemisorption nicht beweisend. Man muß vielmehr vermuten, daß während der CO_2-Anregung Sauerstoff entstanden ist.

7 Verhalten an Umwandlungspunkten

Während durch Verändern der Sauerstoffdrucke immerhin die Möglichkeit gegeben ist, in Kinetik und Mechanismus der Phasengrenzreaktionen an der Oxydoberfläche Einblick zu erhalten, sind die Teilschritte an der Phasengrenze Me/MeO wesentlich unzugänglicher. Die Aktivitäten der Reaktionsteilnehmer lassen sich hier nicht verändern, ohne auch gleichzeitig die chemischen Eigenschaften, z. B. durch Wahl geeigneter Legierungen, zu verändern. Es ist bereits eine erfreuliche Aussage, wenn der Nachweis gelingt, daß Phasengrenzreaktionen wirklich an der Phasengrenze Me/MeO geschwindigkeitsbestimmend sind. Dies ist möglich, wenn man das Verhalten an Umwandlungspunkten des Metalls oder des Mealloxyds untersucht.

Bei der Oxydation des *Eisens* haben Fischbeck, Neundeubel und Salzer[92] gefunden, daß in der Nähe des α-γ-Umwandlungspunktes (900°C) α-Eisen rascher oxydiert wird als γ-Eisen. Sie nehmen an, daß der Übertritt von Eisenionen und Elektronen aus dem α-Fe in die FeO-Phase rascher verläuft als aus γ-Eisen. Diese Annahme setzt ein lineares Anlaufgesetz voraus. Die Ergebnisse lassen sich jedoch nur durch ein parabolisches Gesetz interpretieren. Eine langsame Phasengrenzreaktion an der Grenzfläche Me/MeO ist zudem deswegen unwahrscheinlich, weil die entscheidenden Oxydationsversuche mit CO_2, NO und H_2O-Dampf durchgeführt wurden, so daß die effektiven Sauerstoff-

[89] Hauffe, K., R. Glang u. H.-J. Engell: Z. phys. Chem. **201**, 223 (1952).

[90] Schwab, G.-M., u. J. Block: Z. Elektrochem. **58**, 756 (1954).

[91] Dravnieks, A.: J. Amer. chem. Soc. **72**, 3761 (1950); J. phys. Chem. **55**, 540 (1951).

[92] Fischbeck, K., L. Neundeubel u. F. Salzer: Z. Elektrochem. **40**, 517 (1934).

partialdrucke sehr gering waren. Die Ergebnisse sind außerdem mit denjenigen von HAUFFE und PFEIFFER[87] nicht vereinbar. Eine Deutung ist bisher nicht möglich gewesen, obwohl auch BÉNARD und TALBOT[93] die unterschiedliche Oxydationsgeschwindigkeit von α- und γ-Eisen bestätigen konnten. (Allerdings liegt hier der Schnittpunkt der Oxydationskurven 5° bis 10°C oberhalb des Fe-Umwandlungspunktes.)

Die Unstetigkeit der ARRHENIUS-Geraden der *Titanoxydation*[34] wurde, wie eingangs berichtet, von JAFFEE[64] auf die Phasenumwandlung α-β-Titan zurückgeführt, was eine geschwindigkeitsbestimmende Phasengrenzreaktion an der Phasengrenze Metall/Oxyd einschließen würde. Jedoch ist auch dieser Auffassung widersprochen worden (s. S. 144).

8 Die Anisotropie der Oxydationsgeschwindigkeit

Häufig wird eine Anisotropie der Oxydationsgeschwindigkeit kubischer Kristalle mit Deckschichten, die ebenfalls im kubischen System kristallisieren, gefunden. Da die Diffusionskoeffizienten im kubischen System nicht richtungsabhängig sind, Elektronenaustrittsarbeiten und dgl. aber an jeder Fläche unterschiedlich sind, müssen Phasengrenzreaktionen mitspielen.

Bei der Oxydation des *Kupfers* sind zahlreiche Arbeiten bekanntgeworden, die sich mit diesem Problem beschäftigen. THIESSEN und SCHÜTZA[94] beobachten, daß die Oktaederflächen von Kupfereinkristallen bei 260°C langsamer oxydiert werden, als die Würfelflächen. LUSTMAN[95] kann diese Anisotropie bei der Kupferoxydation bestätigen. Bei BÉNARD und TALBOT[96] nimmt die Oxydationsgeschwindigkeit von Kupfereinkristallen bei 900°C in folgender Reihenfolge der Kristallflächen ab: (210), (221) > (211), (110) > (111) > (100) > (123). Auch GWATHMEY und BENTON[97] finden bei 1000°C Unterschiede für die einzelnen Kristallflächen. Da sowohl Kupfer wie Kupferoxydul regulär kristallisieren, sind die Diffusionskoeffizienten in jeder Kristallrichtung gleich groß. Erwähnenswert sind weiterhin die Arbeiten von MENZEL, die sich mit der Oxydation von Cu-Einkristallkugeln beschäftigen[98]. Andererseits fanden WAGNER und GRÜNEWALD[29] ein parabolisches Anlaufgesetz. Eine Erklärung ist also nur möglich, wenn man annimmt, daß die Defektstellenkonzentrationen im Gleichgewicht an den Grenz-

---

[93] BÉNARD, J., u. J. TALBOT: C. R. hebd. Seances Acad. Sci., Paris **226**, 912 (1948).

[94] THIESSEN, P. A., u. H. SCHÜTZA: Z. anorg. Chem. **233**, 35 (1937).

[95] LUSTMAN, B.: Trans. electrochem. Soc. **81**, 359 (1942).

[96] BÉNARD, J., u. J. TALBOT: C. R. Acad. Sci., Paris **225**, 411 (1948).

[97] GWATHMEY, A. T., u. A. F. BENTON: J. chem. Phys. **8**, 431 (1940).

[98] MENZEL, E.: Z. anorg. Chem. **256**, 49 (1948); Z. Phys. **132**, 508 (1952); Naturwiss. **37**, 166 (1950).

flächen der verschiedenen Kristallflächen unterschiedlich sind. Der geschwindigkeitsbestimmende Diffusionsstrom der Kupferionen durch das Kupferoxydul ist dem Konzentrationsgefälle der Kupferionendefektstellen proportional und wird daher durch die an verschiedenen Kristallflächen unterschiedlichen Phasengrenzgleichgewichte beeinflußt. Die Anisotropie der Kupferoxydation ist also nur auf einen indirekten Einfluß der Phasengrenzvorgänge zurückzuführen.

9 Zusammenfassung

Wesentliche Teilschritte der Metalloxydation vollziehen sich an den Phasengrenzen Metall/Metalloxyd oder Metalloxyd/Sauerstoff. Für die Geschwindigkeit der Metalloxydation werden diese Vorgänge immer dann bestimmend, wenn der Ionentransport durch die trennende Oxydschicht rasch verläuft, oder wenn bei porösen Deckschichten das Reaktionsgas freien Zutritt zum Metall hat.

Aus der Kinetik der Metalloxydation kann ermittelt werden, ob Phasengrenzvorgänge langsam verlaufen. Geschwindigkeitsbestimmende Grenzflächenreaktionen erfordern ein lineares Anlaufgesetz, d. h. die Unabhängigkeit der Oxydationsgeschwindigkeit vom Durchmesser der bereits gebildeten Oxyddeckschicht. Ein lineares Anlaufgesetz ist kein eindeutiger Nachweis für geschwindigkeitsbestimmende Phasengrenzreaktionen, denn auch Transportvorgänge außerhalb der Deckschicht können langsam verlaufen. Phasengrenzvorgänge sind zuweilen auch — zumindest indirekt — für die Oxydationsgeschwindigkeit von Einfluß, wenn ein anderes als das lineare Anlaufgesetz gefunden wird, z. B. ein reziprok-logarithmisches oder ein parabolisches (letzteres, wenn ein anomaler Sauerstoffeinfluß gemessen wird).

Es werden Fälle besprochen, in denen Phasengrenzvorgänge der Messung zugänglich sind oder in denen auf Grund der Oxydationskinetik die Vermutung geschwindigkeitsbestimmender Grenzflächenreaktionen naheliegt. Die Bedingungen dafür sind gegeben:

a) zu Beginn der Metalloxydation, wenn elementares Metall oder nur dünne Deckschichten vorliegen,

b) bei hohen Temperaturen, wenn die Ionendiffusion durch die Deckschicht rasch verläuft und

c) an porösen Deckschichten.

Für den Mechanismus von Phasengrenzvorgängen ist entscheidend zu wissen, an welcher der Phasengrenzen Metall/Metalloxyd oder Metalloxyd/Sauerstoff oder zwischen verschiedenen Oxyden langsame

---

[99] WICKE, E., u. W. BRÖTZ: Chem. Ing.-Techn. **21**, 219 (1949). — WICKE, E.: Angew. Chem. B **19**, 57 (1947). — WICKE, E., u. VOIGT: Angew. Chem. B **19**, 94 (1947).

Vorgänge auftreten. Die Sauerstoffdruckabhängigkeit der Oxydationsgeschwindigkeit, die Verwendung von Puffergemischen mit bekanntem Sauerstoffgleichgewichtsdruck (z. B. CO_2/CO) und die energetische Anregung der Reaktionsgase sind zur Aufklärung der Vorgänge an der Oxydoberfläche geeignet. Untersuchungen über das Verhalten der Oxydation an Umwandlungspunkten des Metalls oder des Metalloxyds und die Anisotropie der Oxydationsgeschwindigkeit an kubischen Metallen mit kubischen Deckschichten können für Phasengrenzvorgänge an der Metall-Metalloxyd-Grenzfläche Hinweise liefern.

Über den Mechanismus von Phasengrenzvorgängen bei der Metalloxydation ist bisher nur in wenigen Fällen Klarheit geschaffen worden. Es ergibt sich hier für die Zukunft ein weites und interessantes Arbeitsgebiet. Angesichts der Verwandtschaft zu der heterogenen Gaskatalyse muß man mit einem charakteristischen Einfluß der Struktur und der Fehlordnung auf die Phasengrenzvorgänge an der Oxydoberfläche rechnen. Für die Vorgänge an der Grenzfläche zwischen Metall und Metalloxyd werden die Probleme der Keimbildung von besonderer Bedeutung sein.

Diskussionsbemerkungen

H. Pfeiffer:

Wenn die im vorliegendem Referat unter Punkt 6 oder 7 aufgeführten Teilschritte die Geschwindigkeit der Oxydation bestimmen, so ist zwar die Reaktionsgeschwindigkeit unabhängig von der Deckschichtdicke, kann aber dennoch nicht durch das lineare Anlaufgesetz beschrieben werden. Das Diffusionsgefälle, z. B. der reagierenden Metallkomponente Me_A in der Legierungsphase ist bei zeitbestimmender Nachlieferug von Me_A an die Phasengrenze Metall/Oxyd zeitabhängig. Zu Beginn der Oxydation herrscht in der als homogen angenommenen Legierung Gleichverteilung des Bestandteils Me_A. Unter der Voraussetzung gehemmter Nachdiffusion verarmen zunächst die Oberflächenschichten an Me_A; es stellt sich ein zeitlich variables Diffusionsgefälle ein, bis die Front der Konzentrationsverarmung in die Mitte der Legierungsprobe vorgedrungen ist. Im weiteren Verlauf der Oxydation nimmt das Diffusionsgefälle wegen der Verarmung der reagierenden Komponente im Innern und der als konstant anzusehenden Konzentration von Me_A an der Phasengrenze Metall/Oxyd fortlaufend ab. Die Abhängigkeit des Diffusionsgefälles von der Zeit bedingt, daß die je cm^2 sec an der Metalloberfläche eintreffende Menge der Metallatome Me_A nicht konstant ist. Ein mengenmäßig zeitlich konstanter Antransport aber ist Bedingung für die Gültigkeit des linearen Anlaufgesetzes.

Andererseits wird ebenfalls keine Gültigkeit des parabolischen Zundergesetzes erwartet werden können, obwohl keine Phasengrenzreaktion, sondern ein Diffusionsprozeß die Geschwindigkeit der Oxydation regelt.

Denn im Gegensatz zur zeitbestimmenden Diffusion in Oxydschichten mit zeitlich konstanter Differenz der chemischen Potentiale der diffundierenden Teilchen ist in diesem Fall die Differenz der chemischen Potentiale zeitlich variabel, da die Me_A-Konzentration im Innern der Legierung mit der Zeit abnimmt.

J. Block *(Antwort)*:

Wenn die Nachlieferung der Metallionen Me_A aus der Legierungsphase mit einem zeitlich veränderlichen Konzentrationsgefälle betrieben wird, kann ein durch diesen Teilschritt bestimmter Gesamtvorgang keinem linearen Zeitgesetz mehr folgen. Ein lineares Zeitgesetz ist nur zu erwarten, wenn das Konzentrationsgefälle infolge einer Inhomogenität der Legierung oder infolge vorhandener Sperrschichten für einen gewissen Zeitraum konstant bleibt. Der im vorliegenden Referat unter Punkt 6 aufgeführte Tatbestand soll nur darauf hinweisen, daß experimentell nachweisbare lineare Zeitgesetze nicht zwangsläufig auch geschwindigkeitsbestimmende Phasengrenzreaktionen bedeuten.

A. Rahmel:

Block führt am Anfang seines Referates die einzelnen Teilschritte auf — insgesamt sieben —, aus denen sich der Gesamtvorgang der Oxydation eines Metalls oder einer Legierung zusammensetzt. Vielleicht kann man ergänzend als Punkt 8 noch die Diffusion durch eine Art *Sperrschicht* anführen, was bei technischen zunderbeständigen Legierungen auftreten dürfte. In diesem Falle kann unter bestimmten Voraussetzungen — zeitlich konstante Dicke der *Sperrschicht* und geschwindigkeitsbestimmend die Diffusion durch diese *Sperrschicht* — ebenfalls ein lineares Zeitgesetz erhalten werden. Wir haben einen derartigen Fall z. B. bei einer Eisen-Chrom-Legierung mit 5,8% Chrom gefunden. Diese Legierung oxydiert in Luft bei Temperaturen um 700° C zunächst nach einem linearen Zeitgesetz. Nach einer bestimmten Zeit, wenn die über der *Sperrschicht* aufwachsenden Schichten der Eisenoxyde eine bestimmte *kritische* Schichtdicke erreicht haben, erfolgt ein Übergang zu einem parabolischen Zeitgesetz, da jetzt offenbar nicht mehr die Diffusion durch die *Sperrschicht*, sondern durch die über dieser aufgewachsenen Oxydschicht geschwindigkeitsbestimmend ist.

Hiermit übereinstimmend findet man bei der mikroskopischen Untersuchung eine aus vier Schichten bestehende Zunderschicht in der Anordnung Legierung/Sperrschicht/FeO/Fe_3O_4/Fe_2O_3/Gas.

Die *Sperrschicht* scheint nicht ein dichter Chromoxydfilm zu sein, sondern ein Konglomerat aus Chromoxyd und Eisenoxyd, ein Fall, wie er in einer neueren Arbeit von C. WAGNER (J. electrochem. Soc., im Druck) unter allgemeinen Gesichtspunkten behandelt wird.

Nähere Einzelheiten werden wir demnächst an anderer Stelle veröffentlichen.

W. Jaenicke:

Der Ansatz, daß der Diffusionskoeffizient im Bereich normaler Diffusion umgekehrt proportional dem Druck ist, gilt genähert für Selbstdiffusion von Gasen bei konstantem Druck. Bei Vorgängen in Poren diffundiert das Gas aber in einem starken Druckgradienten, im Grenzfall gegen $p = 0$. Gilt dieser Ausdruck dann überhaupt noch? Mit welchen Porendimensionen ist denn üblicherweise zu rechnen? Mir scheint, daß Poren im allgemeinen so eng sein werden (10^{-4} bis 10^{-5} cm), daß man noch bei Atmosphärendruck und darüber in der Nähe der KNUDSEN-Diffusion bleibt.

J. Block *(Antwort)***:**

Der Diffusionskoeffizient D_{eff} ist nur so lange umgekehrt proportional dem Gesamtdruck, wie die mittlere freie Weglänge die Porendimensionen noch nicht erreicht. Nimmt man an, daß der Druckgradient innerhalb der Poren so groß ist, daß das Gas im Grenzfall gegen den Sauerstoffgleichgewichtsdruck des entstehenden Oxyds diffundiert, so gilt obiger Ausdruck (Gl. auf S. 135) nicht mehr streng. Ist nämlich innerhalb der Poren der Gasdruck soweit gefallen, daß die Anzahl der Zusammenstöße mit der Porenwand im Verhältnis zur gaskinetischen Stoßzahl stark ansteigt, so gilt die Beziehung $D_{eff} \sim 1/p$ nicht mehr. Man gerät in das Übergangsgebiet zur KNUDSEN-Diffusion, in dem der Diffusionskoeffizient druckunabhängig ist[40, 99]. Wenn das Gas in einer Flüssigkeit gelöst ist, muß wohl der Übergang von der normalen zur KNUDSEN-Diffusion entsprechend der verminderten mittleren freien Weglängen der gelösten Gasmolekeln bei kleineren Drucken (Konzentrationen) und kleineren Porenradien erfolgen. Nach einer Abschätzung von WHEELER[40] ist für Gase bei Atmosphärendruck etwa bei Poren von 10^{-5} cm Durchmesser mit beginnender Einwirkung der KNUDSEN-Diffusion zu rechnen.

Die Bildung poröser Deckschichten bei der Korrosion

Von **Walther Jaenicke**

Mit 23 Abbildungen

1 Einleitung

Abgrenzung des Gebiets, Definitionen, Einteilung des Stoffs

Die Korrosion unter Deckschichtbildung ist für zwei Spezialfälle theoretisch weitgehend geklärt: Die geschwindigkeitsbestimmende Volumdiffusion fehlgeordneter Teilchen durch die Schicht (WAGNER[1]) und die Bildung dünner Schichten als Folge von Randschichtvorgängen[2].

Der erste Mechanismus führt zu Schichten, deren Dicke proportional der Wurzel aus der Zeit wächst (parabolisches Gesetz). Die Voraussetzung geschwindigkeitsbestimmender Volumdiffusion verlangt aber Temperaturen, bei denen die thermische Energie RT mit den zugehörigen Platzwechselenergien vergleichbar wird.

Die Bildung dünner Schichten, etwa unter dem Einfluß elektrischer Felder, die bei der Chemisorption entstehen, ist dagegen besonders bei tiefen Temperaturen zu erwarten: Hier lassen sich je nach den speziellen Voraussetzungen logarithmische, reziprok-logarithmische oder kubische Anlaufgesetze ableiten[2]. Die nach solchen Gesetzen wachsenden Deckschichten erreichen Dicken der Größenordnung von etwa 100 Å.

Ein großer Teil der Experimente läßt sich unter diesen Voraussetzungen annähernd behandeln. Bei genauerer Betrachtung liefert aber eine erhebliche Zahl von Reaktionen, besonders bei mittleren und tiefen Temperaturen abweichende Resultate: Lineares Wachstum, parabolisches Wachstum bei niedrigen Temperaturen, Gesetze mit Exponenten zwischen 0,5 und 1 in der Zeit, Übergänge zwischen linearem und parabolischem Wachstum bei zunehmender Schichtdicke, genähert logarithmisches Wachstum bei dicken Schichten, sprungweise und unregelmäßige Deckschichtzunahme, Abweichungen von

---

[1] WAGNER, C.: Z. phys. Chem. Abt. B. **21**, 25 (1933). Zusammenfassende Darstellung: K. HAUFFE, Reaktionen in und an festen Stoffen. Berlin/Göttingen/Heidelberg: Springer 1955.

[2] Zusammengefaßt dargestellt bei K. HAUFFE[1], vgl. auch den Beitrag von H. J. ENGELL.

der theoretisch zu fordernden Druck- und Konzentrationsabhängigkeit usw.

Der Grund für diese Mängel an Übereinstimmung von Theorie und Experiment liegt darin, daß bei den oben genannten Theorien die Bedeckung des Metalls in Oberflächenrichtung stets als homogen angesehen wird. Die für die Eigenschaften der Schichten charakteristischen Fehlordnungen werden innerhalb der Schicht konstant gesetzt oder höchstens als Funktion der Schichtdicke betrachtet. In Wirklichkeit sind alle Schichten mehr oder weniger unregelmäßig aufgebaut*. Mechanische Kräfte, Keimbildungs- und -wachstumsvorgänge oder sekundäre Umlagerungen in der Schicht spielen dabei eine Rolle. Dazu kommen Störungen infolge der besonderen Oberflächenstruktur oder der Verunreinigungen des Grundmetalls.

Deckschichten, die infolge dieser Erscheinungen inhomogene Struktur besitzen, sollen im folgenden besprochen werden. Der Begriff *poröse Schichten* wird also im Sinne von *durch Baufehler gestörte Schichten* verallgemeinert. Werden diese beiden Begriffe unterschieden, so sollen *Poren* Gebiete der Schichten bedeuten, in denen Gasmoleküle oder solvatisierte Ionen beweglich sind, *Störungen* solche Gebiete, in denen Zahl und Beweglichkeit der Fehlstellen gegenüber dem Hauptteil der Schicht erhöht ist.

Aus dem bisher Gesagten geht hervor, daß Schichten, die keine chemische Beziehung zum Grundmetall haben, wie galvanische Überzüge, Anstriche, Aufdampfschichten nicht berücksichtigt werden sollen.

Auch ohne dies umfaßt der Sammelbegriff *poröse Deckschichten* schon außerordentlich verschiedenartige Erscheinungen und eine unübersehbare Zahl von Veröffentlichungen[3], so daß hier nur eine kleine Auswahl typischer Fälle gebracht werden kann. Diese wird noch dadurch erschwert, daß infolge der verschiedenartigen Ziele der einzelnen Arbeiten und der Kompliziertheit vieler Erscheinungen der Grad der theoretischen Durchdringung des Gebietes sehr ungleichmäßig ist. So ist ein Teil der Arbeiten chemisch-morphologisch ausgerichtet, das Hauptinteresse liegt auf Zusammensetzung und Ausbildungsform des Deckschichtmaterials; ein anderer, mehr praktischer Teil beschäftigt sich mit der Phänomenologie der Korrosion, also den Brutto-Bildungsgesetzen und ihrer Abhängigkeit von den Versuchsbedingungen. Nur selten ist Aufschluß über den Mechanismus und die

[3] Übersicht bei U. R. Evans: Corrosion, Passivity, Protection. London: Arnold 1947. — Bauer, O., O. Kröhnke u. G. Masing: Korrosion metallischer Werkstoffe. Leipzig: Hirzel 1938. — F. Tödt: Korrosion und Korrosionsschutz. Berlin: de Gruyter 1955.

* Charakteristisch hierfür ist oft das Fehlen von Anlauffarben [z. B. wenn Oxydnadeln (whiskers) entstehen, vgl. Tylecote[42] und den Diskussionsbeitrag von Heumann].

Geschwindigkeit der einzelnen Reaktionsschritte zu erhalten. Im übrigen dient der Begriff der porösen Deckschicht oft nur als Hilfsvorstellung, die gestattet, vielerlei Beobachtungen anschaulich zu interpretieren, sich dabei aber selbst häufig der exakten Behandlung entzieht. Ähnliches gilt bis zu einem gewissen Grade für das *Aufbrechen* und *Umlagern* der Schichten, das in den folgenden Betrachtungen eine Rolle spielt.

Alle Korrosionsreaktionen sind formal in zwei elektrochemische Teilreaktionen zu zerlegen: Reduktion des Korrosionsmittels und Oxydation des Metalls. Diese Unterteilung dürfte bei nahezu allen Reaktionen auch in Wirklichkeit zutreffen: Entweder wandern Elektronen und Ionen einzeln durch die Schicht, oder sie reagieren an verschiedenen Stellen der Oberfläche.

Der erste Fall führt auf chemisch einheitliche Reaktionen über der gesamten Metalloberfläche. Er bildet bei homogenen Deckschichten die Grundlage der Wagnerschen Zundertheorie. Sind die Deckschichten inhomogen, so ergibt sich unter Umständen ein anderer Reaktionsverlauf mit anderen Transportmechanismen. Beispiele solcher Reaktionen sind in Abschn. 3 behandelt (physikalisch inhomogene Schichten).

Im zweiten Fall bilden sich zumindest primär auch chemisch verschiedene Stoffe an verschiedenen Gebieten der Oberfläche. Vorgänge dieser Art werden als Lokalelementreaktionen bezeichnet. Für die vorliegende Betrachtung interessiert der Spezialfall, daß anodische oder kathodische Deckschichten auftreten.

Voraussetzung dafür, daß die Teilreaktionen örtlich getrennt auf der Metalloberfläche verlaufen können, ist elektrische Leitfähigkeit des korrodierenden Mediums. Solche Vorgänge treten also nur in feuchten Medien, eventuell auch in Salzschmelzen auf. Sie führen prinzipiell zu porösen Deckschichten und werden in Abschn. 4 besprochen.

Zwischen beiden Grenzfällen liegt die Korrosion von Legierungen, bei denen die Bildung heterogener Deckschichten auch in nichtleitenden Medien möglich ist. Derartige Fälle sind hier nicht behandelt. Einzelne Beispiele finden sich in den Referaten von Raether und Heumann. Wichtige Untersuchungen, besonders an Edelmetall-Legierungen, hat Wagner[4] durchgeführt.

2 Ursachen für das Entstehen gestörter und poröser Schichten

2.1 Zur Regel von Pilling und Bedworth*

Seit den Arbeiten von Pilling und Bedworth[5] wird weithin als charakteristisches Merkmal dafür, ob bei der Metalloxydation dichte

[4] Wagner, C.: J. electrochem. Soc., im Druck.

[5] Pilling, N. B., u. R. E. Bedworth: J. Inst. Met. **29**, 529 (1923).

* Für eine ausführliche Diskussion zur Regel von Pilling und Bedworth möchte ich H. J. Engell danken.

oder poröse Deckschichten entstehen, das Verhältnis V/v der Volumina von gebildetem Oxyd und verbrauchtem Metall angesehen:

$$\frac{V}{v} = \frac{M d}{z m D}. \tag{1}$$

(M, m, D, d = Molekulargewichte und Dichten von Deckschicht und Metall, z = Molzahl des Metalls je Formelumsatz).

Ist dieses > 1, sollen tangentiale Druckkräfte auftreten, wobei dichte Schichten wahrscheinlich werden, liegt es unter 1, sollen die Deckschichten infolge von Zugspannungen aufreißen und Poren bilden. Diese Unterschiede sollen mit dem Gültigkeitsbereich des parabolischen und linearen Zeitgesetzes für die Schichtbildung zusammenfallen.*

Wie eine genauere Betrachtung zeigt, spielt der Volumenquotient aber nur dann eine maßgebende Rolle, wenn die Schichten durch den Transport des Korrosionsmittels (z. B. Sauerstoff) weiterwachsen. In diesem Falle (der noch von PILLING und BEDWORTH als allein maßgebend angesehen wurde) ist der Reaktionsort die Zone zwischen den beiden festen Phasen Metall und Deckschicht (Oxyd).

Ist hierbei das Volumen des verbrauchten Metalls größer als das des gebildeten Oxyds ($V/v < 1$), so müssen im Innern Hohlräume auftreten, so daß eine lockere Struktur entsteht, wobei es zum Zusammenbrechen der Schicht kommen kann.

Besitzt das Oxyd jedoch das größere Volumen ($V/v > 1$), so drückt es die über ihm liegende Schicht weg. Auch dies kann zu lockeren Schichten führen, aber ohne innere Hohlräume.

Wesentlich ist, daß in beiden Fällen die einmal entstehenden Schichtfehler erhalten bleiben, da innerhalb der Schicht keine Reaktion auftritt. Selbstverständlich kann sinngemäß das gleiche auch innerhalb der Oxydschicht auftreten, wenn diese z. B. unter Bildung höherer Oxyde weiterreagiert und die Reaktionszone mehr oder weniger an der inneren Phasengrenze liegt[5a]. In welcher Weise sich die geschilderten Vorgänge auf die Bildungsgesetze der Schichten auswirken, hängt von den mechanischen Eigenschaften des Systems ab, ist also im Gegensatz zu der Meinung von PILLING und BEDWORTH nicht ohne weiteres vorauszusagen.

Wenn die Deckschichten durch den Transport von Metallionen wachsen, ist der Reaktionsort die äußere Phasengrenze zwischen Oxyd und Gas. Wie in den nächsten beiden Abschnitten gezeigt wird, können

* Zur Übersicht über die Volumverhältnisse und Anlaufgesetze bei verschiedenen Metallen vgl. Tab. 1 des Referats von J. BLOCK.

[5a] Ein Beispiel liefert die Oxydation von Fe-Mo-Cr-Legierungen, bei der sich u. U. flüssiges MoO_3 bildet, das durch Fe wieder reduziert wird (katastrophale Oxydation). — BRENNER, S. S.: J. Electrochem. Soc. **102**, 16 (1955).

auch hier mechanische Kräfte auftreten, die beim weiteren Schichtwachstum zu Umlagerungen in der Schicht führen. Kommt es dabei aber zu Rissen oder Poren, durch die Sauerstoff diffundieren kann, findet die weitere Reaktion bevorzugt in ihnen statt. Sie entsprechen nämlich Gebieten kleinerer Schichtdicke, also höherer Reaktionsgeschwindigkeit.

Es zeigt sich also, daß beim Schichtwachstum durch den Transport von Metallionen etwaige Poren die Tendenz haben, zuzuwachsen. Ob dies in vollem Maße gelingt, ist nicht von vornherein zu entscheiden, hängt aber offensichtlich nicht vom Volumquotienten ab, sondern von anderen Vorgängen und Schichteigenschaften, die im folgenden untersucht werden sollen.

Einen Hinweis auf die Unterschiede der Schichtbildung bei Sauerstoff- oder Metallionentransport bieten unter anderem die Versuche von SCHEIL[6] *.

2.2 Innere Spannungen in dünnen Schichten

Sehr dünne, bei niedrigen Temperaturen erzeugte Deckschichten sind zuweilen amorph, etwa beim Al (PRESTON und BIRCUMSHAW[7]) oder Zn (GULBRANSEN und MCMILLAN[8]). Häufig, besonders bei höheren Temperaturen kommt es zu einer Orientierung in der Wachstumsrichtung oder gegenüber dem Grundmetall. Hierbei treten Versetzungen auf, wenn die Gitterdimensionen um mehr als 15% voneinander abweichen (FRANK und v. D. MERVE[9]) oder die Schichten bilden sich mit verzerrten Gittern. So entsteht Cu_2O zunächst in einer Form, bei der das Cu-Gitter ohne Änderung seiner Lage aufgeweitet wird (MEHL, CANDLESS und RHINES[10]), während sehr dünne Al_2O_3- (STEINHEIL[11]) und MgO-

* Ein weiteres Beispiel fanden kürzlich H. PFEIFFER und B. ILSCHNER [Z. Elektrochem. **60**, 424 (1956)] bei der Oxydation von Armco-Drähten: Werden diese bei Temperaturen zwischen 500° und 600° C durchoxydiert, entstehen Oxydzylinder (Wanderung von Sauerstoff durch Poren und innere Grenzflächen). Vollständige Oxydation bei 700° bis 1000° C liefert dagegen Oxydrohre, deren Innendurchmesser dem Drahtdurchmesser annähernd gleicht (Diffusion von Fe durch eine kompakte Deckschicht). Vgl. auch GRAUE[82].

[6] SCHEIL, E.: Z. Metallkde. **29**, 209 (1937); vgl. die Diskussionsbemerkung von G. SCHIKORR.

[7] PRESTON, G. D., u. L. L. BIRCUMSHAW: Phil. Mag. **22**, 654 (1936). — WILSDORF, H. G. F.: Nature, Lond. **168**, 600 (1951).

[8] GULBRANSEN, E. A., u. W. R. MCMILLAN: J. electrochem. Soc. **99**, 393 (1952); **100**, 292 (1953) [Diskussionsbemerkung von W. H. J. VERNON]. Die kritische Temperatur hierfür ist 225° C.

[9] FRANCK, F. C., u. J. H. v. D. MERVE: Proc. roy. Soc., Lond. A **198**, 203, 216 (1949). — MERVE, J. H. v. D.: Disc. Faraday Soc. **5**, 201 (1949).

[10] MEHL, R. F., E. L. MCCANDLESS u. F. N. RHINES: Nature, Lond. **134**, 1009 (1934). — [11] STEINHEIL, A.: Ann. Phys. **19**, 465 (1934).

Schichten (FINCH und QUARREL[12]) das Kristallsystem des Grundmetalls annehmen.

Derartige Vorgänge dürften mit erheblichen mechanischen Kräften in der Schicht verknüpft sein, wobei je nach dem Verhältnis der Gitterparameter Zug- oder Druckspannungen in tangentialer Richtung auftreten.

Einen ersten Versuch zur Messung solcher Spannungen haben DANKOW und TSCHURAJEW[13] gemacht*. Sie dampften Fe, Ni oder Mg in etwa $2 \cdot 10^{-6}$ cm dicken Schichten auf Glimmerfolien von etwa $1{,}5 \cdot 10^{-3}$ cm Stärke auf. Die Metalle wurden bei Zimmertemperatur in trockenem Sauerstoff oxydiert. Die Versuchsbedingungen machen es wahrscheinlich, daß dabei in allen Fällen reziprok-logarithmische Wachstumsgesetze und Schichtdicken von einigen 10^{-7} cm auftraten.

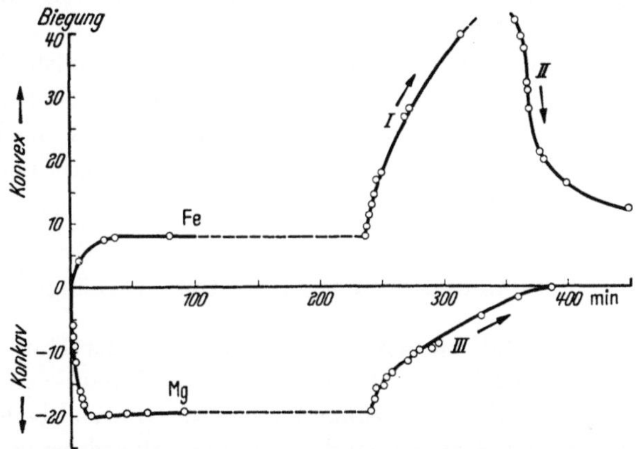

Abb. 1. Innere Spannungen während der Bildung dünner Oxydschichten auf Eisen und Magnesium bei Zimmertemperatur (nach DANKOW und TSCHURAJEW[13]) Ordinate: Biegung der Schichtunterlage in willkürlichen Einheiten; Abszisse: Zeit.
I und III: Langsames Einleiten von feuchter Luft in die Apparatur bis zum Druck von 1 Atm.; II: Abpumpen der feuchten Luft bis auf 10^{-3} mm Hg

Während der Oxydation bogen sich die eisen- und nickelbedeckten Folien entsprechend einer Dehnung der Schicht, die magnesiumbedeckten entsprechend einer Kompression. Aus der Krümmung

* Die hier wiedergegebene Auffassung weicht von der Meinung der Autoren ab, die ihre Versuche als eine Bestätigung der Regel von PILLING und BEDWORTH ansehen. Die von ihnen gefundenen Effekte sind aber um etwa den Faktor 20 kleiner, als aus der Regel zu berechnen ist.

[12] FINCH, G. I., u. A. G. QUARRELL: Nature, Lond. **131**, 877 (1933). — Proc. roy. Soc., Lond. **141**, 398 (1933). (Eine bei den gleichen Autoren bei ZnO gefundene, nach Zn pseudomorphe Struktur wurde später nicht bestätigt, vgl.[8] und F. G. SHEARER, zitiert bei[17], S. 322. — Weitere Messungen über MgO: GULBRANSEN, E. A.[73, 74].

[13] DANKOW, P. D., u. P. V. TSCHURAJEW: Ber. Akad. Wiss. UdSSR **73**, 1221 (1950)

konnte auf die Spannung geschlossen werden. Die Schichten nahmen in feuchter Luft Wasser auf und dehnten sich dabei in allen Fällen aus (Abb. 1). Die Dehnung geht beim Evakuieren auf 10^{-3} Torr fast völlig wieder zurück (Abb. 1), da die vermutlich gebildeten Hydroxyde bei so niedrigen Drucken nicht mehr beständig sind.

In gewisser Hinsicht lassen sich an diese Versuche die Beobachtungen von EVANS[14] anschließen, der zeigte, daß sich Eisen- (oder Nickel-) Oxydfilme, die von der Metalloberfläche gelöst wurden, je nach ihrer Dicke und Gleichmäßigkeit rollen oder kräuseln. Dabei steht besonders die Fe_2O_3-Schicht unter Spannung, während die darunterliegende Magnetitschicht keine Spannung zeigte, vermutlich, weil sie von einigen Punkten aus entstand und sich seitlich ausbreitete (DAVIES, EVANS und AGAR[15]). Die Versuche sind jedoch nicht immer ganz überzeugend, da die Temperaturen der Herstellung und Messung weit auseinander lagen (vergl. Abschn. 2.5).

Sehr dünne, fehlerfreie Filme sind oft von außerordentlicher Korrosionsbeständigkeit. So fand LOOSE[16], daß unter trockenem Benzol poliertes Mg bei 550°C in trockenem Sauerstoff noch nach 48 Std. keine sichtbare Schicht zeigte, während z. B. an Luft poliertes Mg rasch angegriffen wurde*.

2.3 Keimbildungs- und Ausbreitungsvorgänge

Es ist auf jeden Fall zu erwarten, daß die von der Unterlage ausgehenden Wirkungen mit größerer Schichtdicke allmählich verschwinden[19]. Es müssen dabei Umlagerungen auftreten, die von bedeutendem Einfluß auf die Schichtstruktur sind, da sie zu stark gestörten, sehr feinkristallinen Bedeckungen führen, die bei niedrigen Temperaturen nicht durch Rekristallisation ausheilen. Bei der Umlagerung werden sich wahrscheinlich spontan Kristallkeime bilden, die sich dann seitlich ausbreiten.

---

[14] EVANS, U. R.: Inst. Met. Symp. on Intern. Stresses in Metals and Alloys (1947) S. 291 [s. auch [22]].

[15] DAVIES, D. E., U. R. EVANS u. J. N. AGAR: Proc. roy. Soc., Lond. A **225**, 443 (1954).

[16] LOOSE, W. S.: Trans. electrochem. Soc. **91**, 571 (1947).

[17] VERNON, W. H. J., E. J. AKEROYD u. G. STROUD: J. Inst. Met. **65**, 301 (1939).

[18] Diskussionsbemerkung von U. R. EVANS in W. H. J. VERNON[17]. Vgl. auch F. P. BOWDEN u. H. E. W. RIDLER: Proc. roy. Soc., Lond. A **154**, 160 (1936).

* Eine ähnliche Wirkung des Schmirgelns oder Polierens an Luft gibt auch VERNON[17] an. Eine der Ursachen kann darin liegen, daß bei dieser Vorbehandlung durch die Reibungswärme rasch Oxyd erzeugt und teilweise in die Oberfläche gedrückt wird, so daß die Schichten dann ungleichmäßig aufwachsen[18].

Derartige Rekristallisationen sind elektronenmikroskopisch beobachtet worden[19]. Sie zeigen sich aber u. U. sogar in einer Änderung des Leitungsmechanismus (vgl. Abschn. 3.2). Ein Beispiel bieten CuJ-Deckschichten, bei denen DRAVNIEKS und MCDONALD[20] eine starke Änderung der Überführungszahlen während der Rekristallisation feststellten.

Sehr ähnlich wird der Fall liegen, wenn die Korrosion nicht zuerst zu einer dünnen Schutzschicht führt, sondern die Deckschicht an einzelnen begünstigten Stellen zu wachsen beginnt, an denen die Keimbildungsarbeit niedrig ist. Die Keime werden nach außen wachsen, sich aber bevorzugt seitlich ausbreiten, da hier die Diffusionswege der Reaktionspartner kürzer sind. Diese Form der Korrosion ist besonders zu erwarten, wenn die Schichten sich sekundär durch Abscheidung aus gesättigten Lösungen bilden, also bei zahlreichen Lokalelementvorgängen (s. Abschn. 4).

Entscheidend ist nun, was beim Zusammenwachsen der Keime geschieht. Kommt es dabei nur zu den im Kristallverband üblichen Korngrenzen und findet keine Korngrenzdiffusion für beide Reaktionspartner (Metall und Sauerstoff usw.) statt, wächst die Schicht nur normal zur Oberfläche weiter. Vernetzen sich die Keime nicht *gasdicht* an der Berührungsfläche oder gelangt Metall und Gas längs der Korngrenzen zueinander, so können die Keime bis zu einem gewissen Ausmaß seitlich weiterwachsen. Dabei müssen starke seitliche Spannungen auftreten, die sich bis zum Aufplatzen der Schicht steigern können. Maßgebend hierfür sind die Festigkeiten der Verbindungen und ihre Adhäsionseigenschaften[21].

Derartige Effekte sollten mit wachsender Schichtdicke x wirksamer werden: Die Kompressionsenergie E_c ist nämlich dem Schichtvolumen, die Adhäsionsenergie E_a der Schichtoberfläche proportional, so daß erst für eine bestimmte Mindest-Schichtdicke x_0: $x_0 E_c > E_a$ wird, so daß es zum Aufplatzen kommt (EVANS[22])*. Ein solches Abspringen von dicken Deckschichten wurde häufig beobachtet, z. B. an Kupfer-

---

[19] Beispiele bei verschiedenen Metallen vgl. R. T. PHELPS, E. A. GULBRANSEN u. J. W. HICKMANN: Ind. Eng. Chem [Anal. Ed.] **18**, 391 (1946) — Speziell für Cu vgl.[10], für Zn: H. RAETHER: J. Phys. Radium **11**, 11 (1950).

[20] DRAVNIEKS, A., u. H. J. MCDONALD: Trans. electrochem. Soc. **93** 177, 352 (1948).

[21] Eine ausführliche Untersuchung über Festigkeit und Adhäsion von CuO- und Cu_2O-Schichten auf Cu hat R. F. TYLECOTE durchgeführt [J. Inst. Met. **78**, 301 (1951)].

[22] EVANS, U. R.: Trans. electrochem. Soc. **91**, 547 (1947).

* Eine wahrscheinlichere Ursache des Aufplatzens sind jedoch Vorgänge an der inneren Phasengrenze (s. Abschn. 2.4) oder auch Temperaturschwankungen (s. Abschn. 2.5).

(FEITKNECHT[23] TYLECOTE[21, 42]) und Eisenoxyden (BAUKLOH und THIEL[24]) oder an Silberhalogeniden (JAENICKE[25]).

Ebenso kann es auch zu Spannungen kommen, wenn die Keime nach ihrem seitlichen Zusammentreffen rekristallisieren. Hierbei sind vermutlich Zug- und Druckkräfte möglich. Auch sie können zum Zusammenbruch der Schicht Anlaß geben, wobei Risse und Poren auftreten. (Über den weiteren Reaktionsverlauf vgl. das in Abschn. 2.1 Gesagte).

Eine weitere bedeutsame Ursache für Umlagerungen in der Schicht, die sich bis zur Porosität steigern können, ist eine geringe Keimbildungsgeschwindigkeit der thermodynamisch stabilen Verbindungen. Dann entstehen zunächst andere Reaktionsprodukte, die sich später umlagern. Ein Beispiel bietet etwa die Bildung von Fe_3O_4 zwischen FeO und Fe_2O_3 in den Versuchen von DAVIES, EVANS und AGAR[15] oder die Umlagerung von primär gebildetem MgO oder CdO in die Hydroxyde bei Versuchen zur anodischen Metalloxydation in $NaOH$-Lösung (HUBER[26]), ferner die Bildung von CuO aus Cu_2O und Sauerstoff (TYLECOTE)[42].

Im wesentlichen dasselbe geschieht z. B. bei der atmosphärischen Korrosion, wenn primäre Oxydschichten durch in geringer Menge vorhandene Fremdgase allmählich in basische Salze übergeführt werden (Patina-Bildung usw. [27]). Auch die langsame Oxydation von Sulfiden ist hier zu erwähnen. Zusammenfassend hat VERNON[28] hierüber berichtet. Neuere Versuche über die Wirkung von feuchtem HCl-Dampf auf Metalle wurden u. a. von FEITKNECHT[29] veröffentlicht.

Bei all diesen Vorgängen ist über den Mechanismus im einzelnen noch fast nichts bekannt, aber es ist sicher, daß derartige Reaktionen zu starken mechanischen Kräften in der Schicht führen können, da sie nur durch den gegenseitigen Austausch von Anionen möglich sind. Ein einfaches Beispiel liefert die Umwandlung von Silberchlorid in -bromid, -jodid oder -rhodanid, die von SCHWAB[30] und JAENICKE[31] untersucht wurde. Sie führt außer beim Rhodanid zu ganz lockeren Schichten.

---

[23] FEITKNECHT, W.: Z. Elektrochem. **35**, 142 (1929).

[24] BAUKLOH, W., u. G. THIEL: Korrosion u. Metallsch. **16**, 121 (1940).

[25] JAENICKE, W.: Unveröffentlichte Versuche.

[26] HUBER, K.: J. electrochem. Soc. **100**, 376 (1953).

[27] Patina ist $CuSO_4 \cdot 3\,Cu(OH)_2$; zur Bildung vgl. W. H. J. VERNON: J. chem. Soc., Lond. (1934) 1853. — EVANS, U. R.: Werkstoffe u. Korrosion **3**, 165 (1952). — Zur atmosphärischen Korrosion vgl. auch W. H. J. VERNON[68].

[28] VERNON, W. H. J.: J. Soc. chem. Ind. **62**, 314 (1943).

[29] FEITKNECHT, W.: Chimia **6**, 3 (1952).

[30] SCHWAB, G. M.: Kolloid-Z. **101**, 204 (1942).

[31] JAENICKE, W.: Z. Elektrochem. **57**, 843 (1953).

2.4 Vorgänge an der Grenzfläche Metall/Schicht

Auch wenn die Reaktion nicht an der inneren Schichtgrenze erfolgt, können an ihr Vorgänge auftreten, die das Schichtgefüge beeinflussen. Sie hängen mit der Nachlieferung des Metalls zusammen[32]. Wird es durch die Bildung der Deckschicht verbraucht, müssen zunächst Leerstellen entstehen, die sich bis zur Sättigung vermehren und dann ausscheiden. Die dabei gebildeten Löcher liegen in manchen Fällen im Metallinnern, wie Abb. 2 zeigt (BRASUNAS[33]) oder an Kristallitgrenzen, werden aus energetischen Gründen jedoch meist an der Metalloberfläche auftreten, was ebenfalls auf Abb. 2 ersichtlich ist.

Gleichbedeutend damit ist ein Abbau des Metalls von der Oberfläche her. Er kann zu dauernden Umlagerungen der Deckschicht Anlaß geben, eventuell auch zu ihrem Zusammenbrechen führen.

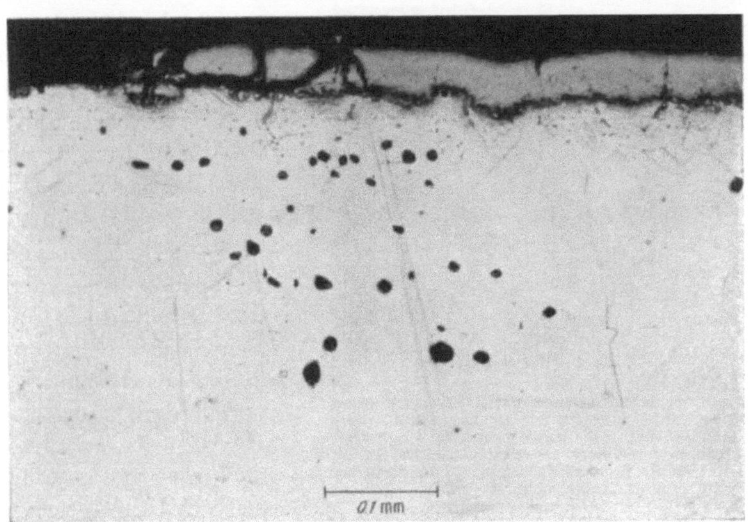

Abb. 2. Bildung von Hohlräumen im Metallinnern und an der Grenzfläche Metall/Oxyd während der Oxydation von Inconel-Legierung (80% Ni, 14% Cr, 6% Fe) in Luft. Versuchsbedingungen: 210 Std. bei 1250° C geglüht. Schliff ungeätzt (nach BRASUNAS[33])

Bei starker Adhäsion und genügender Plastizität der Deckschicht kann es dabei zu plastischem Fließen[34] kommen, wie es z. B. die Versuche von MOORE[35] für die Cu-Oxydation bei 1000° wahrscheinlich machen.

[32] Zur Diffusion im Metallgitter vgl. W. JOST: Diffusion in Solids, Liquids, Gases, Kap. 5. New York: Academic Press 1952, und W. SEITH: Diffusion in Metallen, Berlin/Göttingen/Heidelberg: Springer 1955.

[33] BRASUNAS, A. S. DE: Metal Progress **62**, 88 (1952).

[34] Vgl. B. W. DUNNINGTON, F. H. BECK u. M. G. FONTANA: Corrosion **8**, 2 (1952). — EVANS, U. R.: Research **6**, 130 (1953).

[35] MOORE, W. J.: J. chem. Phys. **21**, 1117 (1953).

Häufig wird die Kohäsion zwischen Metall und Grenzfläche klein sein oder während des Metallverbrauchs gering werden, so daß sich die Deckschicht abhebt oder abreißen läßt, wie Versuche an Cu (FEITKNECHT[23], TYLECOTE[21]) oder Eisen[36] zeigen. Solche Erscheinungen werden besonders deutlich, wenn die Schicht eine geschlossene Oberfläche bildet, also z. B. bei der Korrosion von zylindrischen Proben. Ein Beispiel bieten die Versuche von BAUKLOH und THIEL[24] an Eisen.

Eine genauere Diskussion der Vorgänge an der inneren Phasengrenze läßt sich an Hand einer Arbeit von DRAVNIEKS und MACDONALD[37] führen. Die Autoren zeigten, daß Hohlräume an der Grenzfläche aus thermodynamischen Gründen die Tendenz haben, zusammenzuwachsen, indem stehengebliebene Brücken zwischen Metall und Schicht um so eher verschwinden, je kleiner sie sind. Dies geschieht durch Verdampfung des Oxyds und Anlagerung an vorhandene Keime, die sich dabei bevorzugt seitlich ausbreiten. Wichtiger als derartige Rekristallisationen (vgl. Abschn. 2.3) ist aber die Diffusion von Metall aus dem Innern der über den Hohlräumen befindlichen Deckschicht an die äußere Oberfläche. Dies entspricht der Dissoziation des Oxyds, wobei Sauerstoff an der inneren Phasengrenze frei wird und sich neues Oxyd auf der Metalloberfläche bildet, während das chemische Potentialgefälle des Metalls in der Schicht durch Verdampfung von Metall aufrechterhalten wird. Im Endergebnis bedeutet das ein Wachstum von Oxyd nach beiden Seiten der ursprünglichen Metalloberfläche. Da das Oxydvolumen im Innern nicht ausreicht, um den gesamten Volumverlust des Metalls zu decken, wird die Schicht im Innern eine lockere Struktur annehmen.

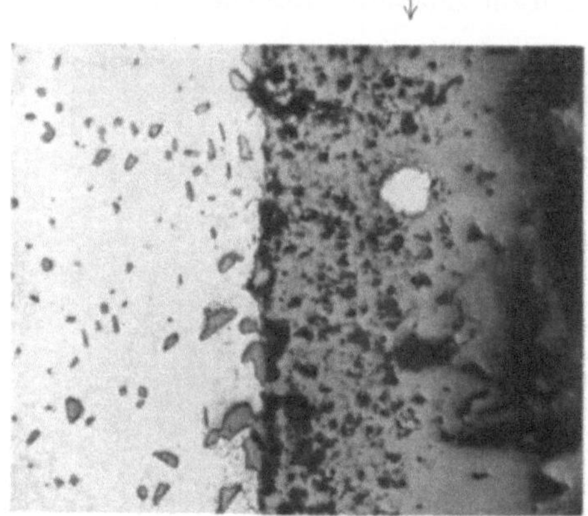

Abb. 3. NiO-Schicht auf Ni mit Platindrahtmarkierung (↓ ←) Schnitt senkrecht zur Drahtrichtung, Vergrößerung 150fach. Die grauen Flecken im Metall (links) rühren von innerer Oxydation her. Der in die Metalloberfläche hineingewachsene Oxydanteil ist porös, die äußere Oxydschicht wesentlich dichter (nach ILSCHNER und PFEIFFER[38])

So bestehen CuJ-Schichten auf Cu aus drei deutlich unterscheidbaren Lagen[37], wobei die innerste besonders porös ist, die mittlere durch Rekristallisation der inneren entsteht.

[36] Nach vorläufigen unveröffentlichten Versuchen von H. J. ENGELL (Privatmitteilung).

[37] DRAVNIEKS, A., u. H. J. MCDONALD: Trans. electrochem. Soc. **94**, 139 (1948).

Ein weiteres Beispiel fanden Ilschner und Pfeiffer[38] bei der Oxydation von Mn-haltigem Ni. Hierbei blieb eine Markierung der Blechoberfläche mit dünnen Pt-Drähten nach längerer Oxydation am gleichen Ort (was plastische Verformung ausschloß), lag jedoch nunmehr im Innern der Deckschicht. Die Markierung trennte dabei eine stark poröse Zone an der Metalloberfläche von einer dichteren Schicht an der Außenseite (Abb. 3).

Auch wenn die Bildung der Schichten durch bevorzugten Metallionentransport an bestimmten inneren Grenzflächen erfolgt, wird das Grundmetall ungleichmäßig abgebaut, was allmählich zu kraterartigen Formen führt, wie sie häufig nach der Ablösung der Deckschichten gefunden wurden, z. B. bei der Eisenoxydation (Baukloh und Thiel[24]), der anodischen Oxydation von Al[39] oder der Silberhalogenidbildung[25].

All diese Vorgänge lassen eine Oberflächenvergrößerung und damit eine erhöhte Aktivität für die Grenzfläche Metall/Deckschicht erwarten. Aber auch dann, wenn zunächst atomar glatte Grenzflächen zwischen Metall und Schicht auftreten könnten, müssen sich infolge der verschiedenen Elektronenniveaus Raumladungs-Randschichten und daher stark gestörte Gitter an der inneren Oberfläche ausbilden, vgl. Abb. 4. Hierauf deuten viele Beobachtungen, z. B. die von Evans[41] gefundene Möglichkeit, Deckschichten von Metallen durch Einwirkung einer Jodlösung abzuziehen, die nur längs der Grenzfläche angreift.

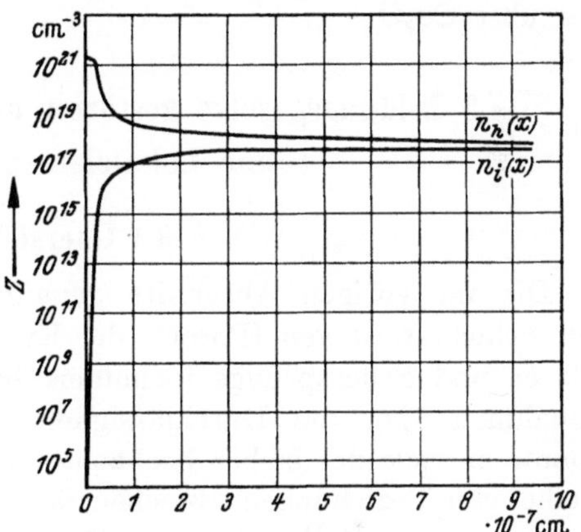

Abb. 4. Konzentration der Schichtfehlstellen an der inneren Phasengrenze einer Silberbromid-Deckschicht auf Silber (nach Grimley und Mott[40]). Abszisse: Abstand von der Metalloberfläche; Ordinate: Fehlstellenkonzentration; $n_i(x)$ = Ag^+-Zwischengitterionen, $n_h(x)$ = Ag^+-Defektstellen

2.5 Temperaturschwankungen

Eine der häufigsten und gefährlichsten Ursachen für mechanische Spannungen in Deckschichten sind Temperaturschwankungen, die z. B. bei periodisch geheizten Apparaturen unvermeidlich sind. Fast

---

[38] Ilschner, B., u. H. Pfeiffer: Naturwiss. **40**, 603 (1953).

[39] Vgl. die elektronenmikroskopischen Aufnahmen von F. Keller, M. S. Hunter u. D. L. Robinson: J. electrochem. Soc. **100**, 411 (1953) und H. Fischer u. F. Kurz: Korrosion u. Metallsch. **18**, 42 (1942).

immer besitzt das Metall den größeren Ausdehnungskoeffizienten, so daß Erwärmung zu Rissen in der Schicht, Abkühlung zum Zerdrücken oder Abspringen führen wird.

Abgesehen von der technischenBedeutung dieser Erscheinung ist sie auch bei wissenschaftlichen Experimenten genau zu beachten und daher sind Temperaturschwankungen während der Versuche nach Möglichkeit zu vermeiden. Jedenfalls sind Messungen an Deckschichten, die bei anderen Temperaturen als denen ihrer Bildung vorgenommen wurden, stets nur mit Vorsicht auszuwerten.

Ein charakteristisches Beispiel für die Bedeutung von Temperaturschwankungen bieten die Untersuchungen von TYLECOTE[42], der fand, daß CuO-Deckschichten abspringen, wenn sie im Temperaturbereich zwischen 200° und 550° C erzeugt werden. Hierbei entstehen sie sekundär über Cu_2O.

3 Bildungsgesetze gestörter und poröser Schichten (ohne Lokalelementvorgänge)

3.1 Übersicht

Die im vorigen Abschnitt genannten Bildungsursachen führen auf Schichtstörungen (Poren), die EVANS[14,22] vereinfacht als Löcher, Blasen und Schersprünge formuliert hat. Mit verschiedenen Zusatzannahmen über die Durchlässigkeit solcher Fehler für Sauerstoff konnte er viele der bisher beobachteten Zeitgesetze ableiten und eine Reihe von Beziehungen zwischen den Konstanten angeben, die aber bisher experimentell nicht zu prüfen sind, so daß es noch fraglich ist, wie weit die physikalische Bedeutung dieser Betrachtungen geht.

Es ist bei allen Messungen an porösen Schichten zu bedenken, daß die Resultate so gut wie immer durch Wägungen oder volumetrische Messungen gewonnen wurden. Der Übergang von den Schichtmengen auf die Schichtdicken, die den theoretischen Ableitungen der Bildungsgesetze meist zugrunde liegen, ist aber gerade bei den häufig ungleichmäßigen porösen Schichten mit einer erheblichen Willkür verbunden, so daß die angegebenen Beziehungen stets nur näherungsweise gelten werden.

Im folgenden werden die wichtigsten experimentell bei der Bildung von Deckschichten gefundenen Zeitgesetze diskutiert und an charak-

---

[40] GRIMLEY, T. B., u. N. F. MOTT: Disc. Faraday Soc. **1**, 3 (1947).

[41] EVANS, U. R.: J. chem. Soc., Lond. (1927) 1024. — VERNON, W. H. J. F. WORMWELL u. T. J. NURSE: J. chem. Soc., Lond. (1939) 621. — PRYOR, M. J. u. D. S. KEIR: J. electrochem. Soc. **102**, 370 (1955).

[42] TYLECOTE, R. F.: J. Inst. Met. **78**, 337 (1950); **81** 681 (1953).

teristischen Beispielen gezeigt, wie sie auf Grund von Schichtstörungen und Poren verständlich gemacht werden können. Zusammenfassend läßt sich sagen, daß in gestörten und porösen Schichten ein parabolisches Gesetz immer zu erwarten ist, wenn bei geschwindigkeitsbestimmender Diffusion die innere Struktur der Schicht während ihres Wachstums unverändert bleibt (Abschn. 3.2 und 3.3). Existieren Vorgänge, die die Durchlässigkeit der Schichten steigern, kommt es sofort oder allmählich zu linearer Schichtbildung (Abschn. 3.4), werden die Schichten während des Wachstums undurchlässiger, so treten je nach dem speziellen Mechanismus genähert kubische (vgl. Abschn. 3.2), logarithmische (Abschn. 3.5) oder asymptotische Bildungsgesetze (Abschn. 3.6) auf.

Der Zusammenhang zwischen Schichtdicke und Zeit nach den verschiedenen Gesetzen ist in Abb. 5 schematisch dargestellt.

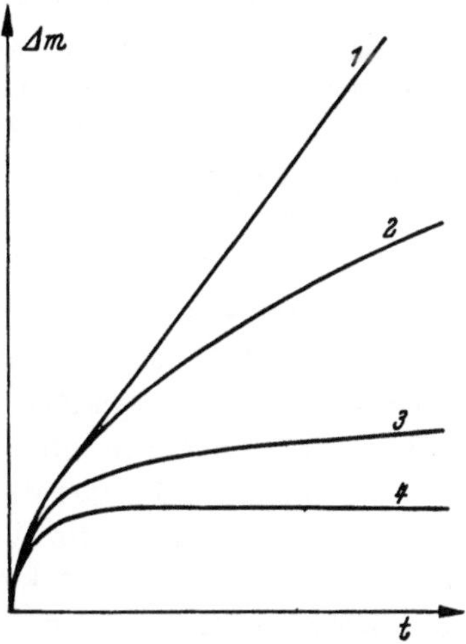

Abb. 5. Schematische Darstellung verschiedener Zundergesetze an porösen Deckschichten (nach VERNON[28]). Abszisse: Zeit; Ordinate: Schichtmenge; *1* Lineares Gesetz (nach parabolischem Beginn); *2* Parabolisches Gesetz; *3* Logarithmisches Gesetz; *4* Asymptotisches Gesetz

3.2 Parabolisches Gesetz bei gestörten Deckschichten (Korngrenzdiffusion)

Für den Zusammenhang von Deckschichtdicke x und Zeit t liefern die Experimente bei höheren Temperaturen für die Mehrzahl der Metalle die Beziehung

$$x = K\sqrt{t} + \text{const.} \tag{2}$$

Sie deutet auf geschwindigkeitsbestimmende Diffusion in der Schicht hin. In der WAGNERschen Zundertheorie[1] wird der Transport durch die Schicht aus Zahl und Beweglichkeit der fehlgeordneten Teilchen berechnet. Dabei wird die Schicht als homogen angesehen, so daß ihre Gesamtfläche für die Diffusion wirksam ist (Volumdiffusion).

Mit sinkender Temperatur nimmt die Fehlordnung und ebenso die Beweglichkeit der fehlgeordneten Ionen (nicht die der Elektronenfehlordnungsstellen, diese nimmt zu) sehr stark ab, so daß bei Zimmertemperatur unter dem Einfluß eines Diffusionsgradienten lediglich Überschuß- oder Defektelektronenbeweglichkeit übrigbleibt. Alle Halb- und Ionenleiter sollten daher bei tiefen Temperaturen lediglich Elektronenleitung zeigen. In Wirklichkeit sinkt jedoch die Reaktionsgeschwindigkeit bei tiefen Temperaturen meistens weniger ab, als durch Extrapolation aus Hochtemperaturwerten zu erwarten wäre. Dies kann durch zwei Ursachen bedingt sein:

1. Feldtransport, der wenigstens zu Beginn der Reaktion erheblich rascher verläuft als die durch Extrapolation zu niedrigen Temperaturen zu erwartende reine Diffusion als Folge lediglich eines chemischen Potentialgefälles*.

2. Diffusion entlang von Poren und Korngrenzen, allgemein an örtlich stärker gestörten Stellen der Schicht. Diese können auch im Innern von Einkristallen auftreten (Blockstruktur).

In solchen Gebieten sind niedrigere Aktivierungsenergien für Transportvorgänge zu erwarten, so daß sie bei tieferen Temperaturen den Hauptanteil der diffundierenden Teilchen enthalten.

Bei höheren Temperaturen überwiegt jedoch trotz ihrer größeren Aktivierungsenergie die Volumendiffusion, da der Volumanteil der Korngrenzgebiete meist klein ist.

Die Zahl der in diesem Zusammenhang genauer bearbeiteten Systeme ist sehr gering. Am besten sind die Verhältnisse wohl für die Reaktion von Silber mit Brom als Dampf oder in wäßrigen Lösungen bekannt, die von Wagner[43], Jaenicke, Pfeiffer und Hauffe[44,45] untersucht wurde. Einige Messungen liegen auch für Zinkoxyd vor (Huber[46]).

Die Verhältnisse beim Silberbromid seien etwas ausführlicher besprochen.

Wagner[43] fand für die Hochtemperatur-Bromierung das parabolische Anlaufgesetz und bis herunter zu Temperaturen von 200°C die Gültigkeit seiner Zundertheorie. Aus der Temperaturabhängigkeit der Reaktionsgeschwindigkeit im Bereich zwischen 350°C und 200°C erhielt er bei 200°C bereits eine Überführungszahl für die Defektelektronen von 0,17. Neue Messungen an Silberbromideinkristallen ergaben, daß diese Überführungszahl bei 20° C bis auf 0,985 ansteigt (Pfeiffer, Hauffe u. Jaenicke[45]). Silberbromideinkristalle sind also bei Zimmertemperatur reine Elektronenleiter. Der Beweis wurde durch Potentialmessungen geführt: Die Einkristalle zeigen in Brom/Bromidlösungen nahezu das Potential der reversiblen Bromelektrode, so daß der potentialbestimmende Vorgang

$$Br_2 + 2e^- = 2Br^-$$

sein muß.

---

* Dieser Fall wird in dem Referat von H. J. Engell behandelt.

[43] Wagner, C.: Z. phys. Chem. Abt. B. **32**, 469 (1936).

[44] Jaenicke, W.: Z. Elektrochem. **55**, 186 (1951).

[45] Pfeiffer, I., K. Hauffe u. W. Jaenicke: Z. Elektrochem. **56**, 728 (1952).

[46] Briefliche Mitteilung von Prof. K. Huber.

Wird dagegen Silber thermisch bei 150° C oder in wäßriger Bromlösung bei Zimmertemperatur korrodiert (JAENICKE[44]), so steigt die Schichtdicke ebenfalls parabolisch mit der Zeit, jedoch weit schneller, als durch Extrapolation der WAGNERschen Versuche berechnet wird. Das Potential der aus Silber und Deckschicht gebildeten Elektrode entspricht hier nahezu dem des Silbers in der betreffenden Bromidlösung, so daß der potentialbestimmende Vorgang

$$Ag = Ag^+ + e^-$$

ist. Somit zeigen diese Schichten eine reine Ionenleitung ($n_{e^-} = 0{,}007$)*.

Wie das Gesetz des Schichtwachstums zeigt, ist in beiden Fällen die Diffusion geschwindigkeitsbestimmend, jedoch liegt bei tiefen Temperaturen ein völlig anderer Leitungsmechanismus vor: Es kann sich dabei nur um Diffusion längs innerer Korngrenzen handeln. Einen sehr deutlichen Hinweis hierauf bieten die Reduktionsversuche an solchen Schichten: hier wächst stets Silber fadenförmig entlang den Korngrenzen (JAENICKE, TISCHER u. GERISCHER[47]). Die Ionenbeweglichkeit ist also an Korngrenzen so viel größer als im Kristallinnern, daß sie bei tiefen Temperaturen den Hauptanteil des Stromes übernimmt. Für die Selbstdiffusionskoeffizienten bei 20° C wurde gefunden[45]: Einkristall $D = 1{,}0 \cdot 10^{-15}$, gestörte Schicht: $D = 0{,}8 \cdot 10^{-12} \mathrm{cm}^2 \cdot \mathrm{sec}^{-1}$. Dementsprechend liegt auch die elektrische Leitfähigkeit solcher Schichten um Zehnerpotenzen über der von Einkristallen[44, 47].

Formal scheint es in solchen Fällen durchaus möglich, die Gedankengänge der WAGNERschen Theorie zu übernehmen, indem als wirksamer Querschnitt, durch den Elektronen und Ionen wandern, die jeweiligen Korngrenzgebiete betrachtet werden[44]. Dabei bedarf es allerdings genauerer Nachprüfung, wie weit sich in solchen Fällen noch Fehl-

---

* Die angegebenen Überführungszahlen wurden nach einer von C. WAGNER[1] aufgestellten Formel aus Potentialmessungen gewonnen:

Bezeichnet man die reversiblen Potentiale der kathodischen und anodischen Teilreaktion mit E_K und E_A, die bei der Korrosion gemessenen Potentialabweichungen mit η_A bzw. η_K, so gilt für die Überführungszahlen (im vorliegenden Fall die der Kationen und Elektronen):

$$n_{e^-} = \frac{|\eta_K|}{E_A - E_K} \quad \text{und} \quad n_K = \frac{|\eta_A|}{E_A - E_K}. \tag{3}$$

$E_A - E_K$ ist identisch mit der freien Enthalpie der Bruttoreaktion.

Entsprechende Messungen wurden bei der Korrosion einiger Metalle in gasförmigen Medien von DRAVNIEKS und MCDONALD[20] durchgeführt.

Zu derartigen Potentialmessungen vgl. auch E. LANGE: Schweizer Arch. angew. Wiss. Techn. **18**, 395 (1952).

[47] JAENICKE, W., R. P. TISCHER u. H. GERISCHER: Z. Electrochem **59**, 448 (1955).

ordnungsgleichgewichte einstellen können. Physikalisch besser begründen läßt sich die Mitwirkung von Randschichtvorgängen (Hauffe[48])*.

Sehr bemerkenswert sind in diesem Zusammenhang auch die Messungen von Hedges und Mitchell[49]. Diese Autoren konnten zeigen, daß die Bewegung der Ladungsträger bei Zimmertemperatur auch in Silberhalogenid-Einkristallen entscheidend von deren Mosaikstruktur abhängt. Diese scheint somit die Voraussetzung für das sogenannte innere latente Bild der Photographie zu sein.

Geht man zu höheren Temperaturen über, ist zu erwarten, daß außer der Zunahme der Volumdiffusion gleichzeitig Rekristallisation eintritt, wobei die Korngrenzdiffusion weiter zurückgeht.

In den Temperaturbereichen, in denen die Korngrenzdiffusion noch einflußreich ist, die Rekristallisation aber schon merklich wird, sind also Anlaufgesetze der Form

$$x = K' t^n \quad \text{mit} \quad n < 0{,}5 \tag{4}$$

zu erwarten.

Einen Hinweis hierauf bieten etwa die Versuche von Feitknecht[23] zur Oxydation von Cu zu Cu_2O. Es ergab sich experimentell, daß bei nicht zu hohen Temperaturen nur die Korngrenzdiffusion eine Rolle spielt, gleichzeitig aber eine Rekristallisation so vor sich geht, daß die Kristallitgröße etwa genauso zunimmt, wie die Schichtdicke. Dies führt auf ein kubisches Anlaufgesetz**:

$$x = K\, t^{1/3}. \tag{5}$$

---

* Mit allen diesen Vorstellungen ist es möglich, die Unabhängigkeit der Reaktionsgeschwindigkeit vom Bromgehalt der Lösung zu begründen, die im Gegensatz zu den Messungen bei höheren Temperaturen steht: Entweder liegt in den Korngrenzgebieten Metallüberschuß vor, oder die Elektronendefektstellenkonzentration setzt sich nicht mit dem Kristallinnern ins Gleichgewicht, oder es ist schon bei den niedrigsten angewandten Bromkonzentrationen Sättigung der Chemisorption eingetreten.

[48] Hauffe, K.: Werkstoffe u. Korrosion **6**, 128 (1955). — Z. Metallk. **44**, 576 (1953).

[49] Hedges, J. M., u. J. W. Mitchell: Phil. Mag. (7) **44**, 223, 357 (1953).

** Setzt man nach Tammann:

$$\frac{dx}{dt} = K'' \frac{q}{x},$$

so ist der für das Schichtwachstum wirksame Querschnitt q, da es sich hier um Korngrenzendiffusion handelt, proportional der gesamten Oberfläche der Kristallite, aus denen die Schicht besteht. Ist der mittlere Durchmesser der Kristallite $= d$, so folgt $q \sim \frac{1}{d}$.

Da experimentell gefunden wurde: $d \sim x$, ergibt sich:

$$\frac{dx}{dt} = \frac{K'}{x^2}, \quad \text{und damit Gl. (5)}$$

Tatsächlich lassen sich die von FEITKNECHT[50] gefundenen Kurven gut so darstellen.

3.3 Parabolisches Gesetz bei porösen Deckschichten. — Zur Ermittlung von Porositäten

Eine andere Möglichkeit, ein quadratisches Zeitgesetz für poröse Deckschichten abzuleiten, wurde von W. J. MÜLLER[51] zur Erklärung der Strom-Zeitabhängigkeit bei der *Bedeckungspassivierung* diskutiert. Bei der anodischen Polarisation von Metallen wie Fe in angesäuerten wäßrigen Lösungen ergab sich nach dem Ende des eigentlichen Bedeckungsvorganges durch eine Salzschicht für konstantes Anodenpotential die Beziehung:

$$\frac{1}{i^2} = \frac{1}{B} t + \text{const.} \tag{6}$$

Diese Gleichung ist aber identisch mit dem parabolischen Gesetz*:

$$m^2 = A\,t + \text{const} \tag{7}$$

und läßt sich unter der Voraussetzung ableiten, daß die als nichtleitend betrachtete Deckschicht Poren enthält, deren Querschnittsfläche zeitlich konstant bleibt und durch die hydratisierten Ionen hindurchwandern können, wobei durch chemische Reaktion mit dem Metall die Schicht wächst. (Die Reaktion findet nach W. J. MÜLLER an der Metalloberfläche statt.)

Wie die Ableitung dieser Gleichungen zeigt, ergibt eine Bestimmung von B (oder A) im Prinzip die Porenfläche der Deckschicht und ist auch zu solchen Messungen benutzt worden**. Es ist aber zu bedenken, daß es sich lediglich um eine Umformung des quadratischen Anlaufgesetzes handelt und bei Gültigkeit des OHMschen Gesetzes unabhängig von allen speziellen Voraussetzungen für die Porenstruktur herauskommt. So bedarf es noch unabhängiger Messungen, ehe der in der Gleichung eingeführten Porenfläche physikalische Realität zugeschrieben werden kann. Trotzdem ist es sicher, daß Deckschichten in vielen

[50] Vgl. Abb. 1 in W. FEITKNECHT: Z. Elektrochem. **36**, 16 (1930).

[51] MÜLLER, W. J., u. K. KONOPICKY: Mh. Chem. **50**, 385 (1928).

* Es gilt das OHMsche Gesetz, also $\frac{1}{i^2} = \frac{W^2}{E^2}$, weiterhin ist bei der Bildung der Schicht W proportional m. (E = const).

** Es ist nämlich mit den MÜLLERschen Voraussetzungen:

$$B = \frac{M\,n}{2E\,z\,F\,\varrho\,(q - q_p)\,\varkappa\,q_p}\,; \quad A = \frac{2E\,M\,\varkappa\,q_p\,(q - q_p)\,\varrho\,n}{z\,F}\,;$$

$\varkappa$ = Spez. Leitfähigkeit in der Pore; q_p = gesamte (konstante) Porenfläche; q = Gesamtfläche; M = Molekulargewicht der Deckschicht; z = Wertigkeit des Metalls; n = Überführungszahl der Anionen; ϱ = Dichte der Schicht; E = Spannung an der Schicht. (Bei MÜLLER steht q_p^2 statt $(q - q_p)\,q_p$.)

Fällen Poren in der Art besitzen, daß auch hydratisierte Ionen hindurchtreten können[52], so daß auch die übrigen Formulierungen von W. J. MÜLLER, die in zahlreichen Arbeiten benutzt wurden[53], trotz der Fragwürdigkeit vieler Annahmen (wie z. B. der Voraussetzung des potentiostatischen Falles) eine gewisse Berechtigung besitzen. Dies gilt ebenso für die Porenprüfmethode von W. J. MÜLLER[54], deren Aussagen wenigstens einen Vergleich der Porosität von Deckschichten an passivierbaren Metallen ermöglichen*.

Wie bereits in der Einleitung betont wurde, sind also zwei Konzeptionen zur Beschreibung der Inhomogenität von Deckschichten möglich: In der einen wird der Hauptwert auf innere Störungen und den Einfluß von Korngrenzen gelegt, während der Wanderungsmechanismus im Prinzip dem an homogenen Deckschichten entspricht[55], in der zweiten sind die Inhomogenitäten so groß, daß Diffusion von Molekülen[56] oder sogar von hydratisierten Ionen[39, 47, 52] möglich ist.

Zweifellos ist dieser Unterschied bis zu einem gewissen Grade fließend. Häufig werden beide Arten von Schichtfehlern gleichzeitig vorliegen. Nur in seltenen Fällen ist es bisher gelungen, den einen oder anderen Mechanismus auszuschließen.

Dies ist z. B. möglich durch Widerstandsmessungen von Deckschichten in verschiedenen Elektrolyten[44, 47, 57, 58]. Hier weist die Unabhängigkeit vom Elektrolyten auf die Abwesenheit eigentlicher Poren hin.

Eine weitere Möglichkeit bietet die Untersuchung von der Unterlage abgelöster Deckschichten auf ihre Eigenschaften als Membran (HUBER[59]): Poröse Deckschichten werden durch Ionenadsorption in den Poren

---

* Es gilt empirisch bei Vermeidung von Konvektion (waagrechte Elektrode) für die anodische *Passivierungszeit* τ eines mit einer nichtleitenden porösen Deckschicht überzogenen, passivierbaren Metalls:

$$q_p \tau^n = \text{const.} \tag{8}$$

Die Konstante kann prop. der Anfangsstromstärke i_0 gesetzt werden. Für n wurde in 1 n Na_2SO_4-Lösung der Wert 1,57 gefunden.

[52] Vgl. hierzu T. P. HOAR: Trans. Faraday Soc. **45**, 683 (1949).

[53] MÜLLER, W. J.: Die Bedeckungstheorie der Passivität der Metalle und ihre experimentelle Begründung. Berlin: Verlag Chemie 1933.

[54] MÜLLER, W. J., u. O. LÖW: Mh. Chem. **49**, 47 (1928). — MÜLLER, W. J., u. W. MACHU: Mh. Chem. **60**, 359 (1932); **63**, 347 (1933); — Z. phys. Chem. Abt. A. **166**, 357 (1933).

[55] Diese Vorstellung auch für Korrosionen im flüssigen Medium vgl. T. P. HOAR u. U. R. EVANS: J. electrochem. Soc. **99**, 212 (1952).

[56] Dieser Fall scheint z. B. bei den Versuchen von U. R. EVANS u. L. C. BANNISTER [Proc. roy. Soc., Lond. A. **125**, 370 (1929)] für die Bildung von AgJ aus Silber in organischen Jodlösungen vorgelegen zu haben, bei der das parabolische Gesetz erfüllt war. Vgl. hierzu jedoch[44].

[57] MÜLLER, W. J.: vgl. 53, S. 17.

[58] BURWELL, R.L., u. T. P. MAY: Trans. electrochem. Soc. **94**, 195 (1948).

[59] HUBER, K.: Z. Electrochem. **59**, 693 (1955).

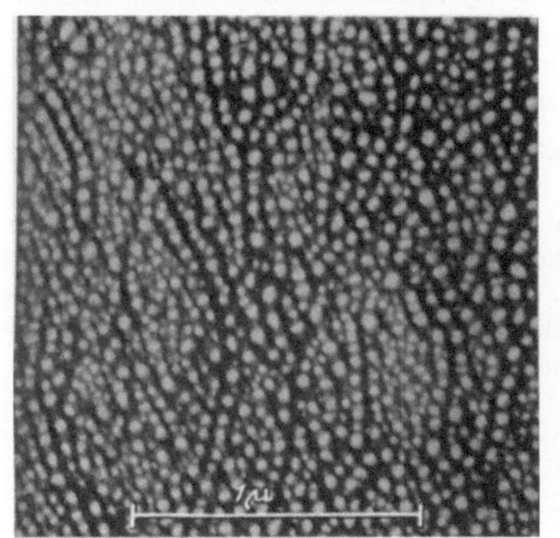

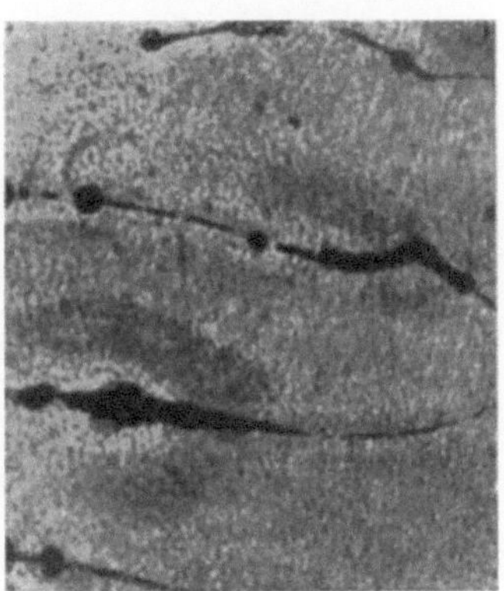

Poren in schwer reduzierbaren, „nichtleitenden" Deckschichten lassen sich auch dadurch erkennen, daß sich nur an ihnen bei kathodischer Behandlung Metalle wie Cu elektrolytisch niederschlagen lassen (AKIMOW und PALEOLOG[62]), vgl. Abb. 7.

3.4 Lineare Zundervorgänge

Lineare Zundervorgänge, die auf unvollkommene Deckschichten schließen lassen, sind unter verschiedenen Voraussetzungen möglich. Zunächst kann die quadratische Beziehung nicht für sehr dünne Schichten gelten, da die zugehörige Differentialgleichung dabei eine Unendlichkeitsstelle besitzt. Im Anfangszustand wird entweder die Grenzflächenreaktion oder die Zudiffusion des Korrosionsmittels an die Metalloberfläche maßgebend, bis sich eine genügend dichte Deckschicht bildet.

Eine Gleichung, die in vereinfachter Form diese Effekte berücksichtigt, wurde von EVANS[63] aufgestellt*:

$$x^2 + K_1 x = K_2 t. \tag{9}$$

Ein Beispiel liefert etwa die Oxydation von Co, bei der nicht besonders gereinigte Oberflächen* das normale quadratische Gesetz

---

* Die Phasengrenzreaktion an der Metalloberfläche: $\frac{dn}{dt} = K_1\, q c_i$ ist im stationären Zustand gleich der Diffusion durch die Deckschicht: $\frac{dn}{dt} = \frac{K_2 q}{x}(c_a - c_i)$ (x = Schichtdicke; q = Oberfläche; c_i, c_a = Konzentration des Reaktionsmittels an Metall- und Deckschicht-Oberfläche).

Dies gibt mit $n = q\, x\, \varrho/M$ (M = Molekulargewicht, ϱ = Dichte der Schicht) nach Gleichsetzung und Integration:

$$x^2 + \frac{K_2}{K_1} x = K_2 \frac{M}{\varrho} c_a t.$$

Sieht man die Diffusion des Reaktionsmittels an die Oberfläche der Probe als geschwindigkeitsbestimmend an, solange die Schicht noch sehr dünn ist, so gilt etwa:

Diffusion an Deckschicht: $\frac{dn}{dt} = \frac{K_3 q}{\delta}(c_0 - c_a)$,

Diffusion durch Deckschicht: $\frac{dn}{dt} = \frac{K_4 q}{2x} c_a$.

(δ = Diffusionsschichtdicke im Gasraum [konstant gesetzt]; c_0 = Konzentration des Reaktionsmittels im Gasraum).

Weiterrechnung wie oben liefert: $x^2 + \frac{K_4 \delta}{K_2} x = K_4 \frac{M}{\varrho} c_0 t$.

[61] HUBER, C.: J. Colloid Sci. **3**, 197 (1948).

[62] AKIMOW, G. V., u. E. N. PALEOLOG: Ber. Akad. Wiss. UdSSR **51**, 295 (1946).

[62a] MURAKAWA, T.: J. electrochem. Soc. Japan **24**, 18 (1956).

[63] EVANS, U. R.: Trans. electrochem. Soc. **46**, 247 (1924); vgl. auch K. FISCHBECK: Z. Elektrochem. **39**, 316 (1933); **40**, 522 (1934).

ohne meßbare Abweichungen ergeben, sehr sorgfältige Reinigung aber das lineare Glied deutlich werden läßt (GULBRANSEN, ANDREWS[64]).

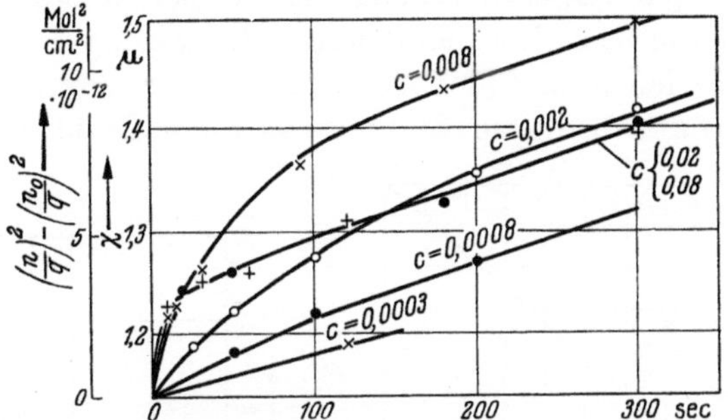

Abb. 8. Übergang vom linearen Zeitgesetz (zeitbestimmende Zudiffusion zur Schicht) zum parabolischen Zeitgesetz (geschwindigkeitsbestimmende Korngrenzdiffusion) bei der Korrosion von Silber in wäßrigen Bromlösungen. Ordinate quadratisch unterteilt; Parameter: Br_2-Konzentration (nach JAENICKE[44])

Ferner verläuft die Reaktion von Silber mit Br_2 oder J_2 in wäßrigen Lösungen in der Art, daß zunächst die Diffusion des Halogens an die Oberfläche maßgebend ist, bis die Schicht genügend kompakt ist und die Reaktion parabolisch fortschreitet (JAENICKE[44]), vgl. Abb. 8.

Weitere Möglichkeiten, lineares Wachstum zu erreichen, bestehen darin, daß das Korrosionsprodukt in einer sehr lockeren Form gebildet wird oder durch Sekundärreaktionen dauernde Zerstörung der Deckschicht eintritt.

Lockere Deckschichten sind immer wahrscheinlich, wenn das Reaktionsprodukt an der inneren Phasengrenze gebildet wird (vgl. Abschn. 2.1). Ein interessantes Beispiel liefert die Chlorierung und Bromierung von Blei (DRAVNIEKS und MC DONALD[20]): Die Bleihalogenide sind Anionenleiter. Ähnlich verhalten sich wohl auch die von SCHEIL[6] untersuchten W-Verbindungen**.

Andere Ursachen für lockere Schichten liefern die in Abschn. 2.3 geschilderten Keimbildungserscheinungen. Hierzu gehören vermutlich eine Reihe von Reaktionen in wäßrigen Lösungen, wie die Jodierung von Cu, deren Geschwindigkeit unabhängig von der gebildeten Deckschicht ist (BIRCUMSHAW, EVERDELL[65]).

---

[64] Vgl. E. GULBRANSEN u. K. F. ANDREW: J. electrochem. Soc. **98**, 241 (1951). Ein Fall extrem niedriger Konzentration des Korrosionsmittels, der bei den untersuchten Reaktionszeiten ein lineares Gesetz liefert, scheint vorzuliegen bei A. GEMANT: J. electrochem. Soc. **99**, 279 (1952); ferner F. J. WILKINS u. E. K. RIDEAL: Proc. roy. Soc., Lond. A. **128**, 394, 407 (1930).

[65] BIRCUMSHAW, L. L., u. M. H. EVERDELL: J. chem. Soc., Lond. (1942) 598; (1947) 1119.

* Über Störungen beim Schmirgeln und Polieren vgl. S. 166, Anm. *.

** Zur quantitativen Behandlung der linearen Oxydation von W nach C. WAGNER, vgl. den Diskussionsbeitrag von K. HAUFFE, S. 217.

Durch Sekundärreaktionen lassen sich einige atmosphärische Korrosionen erklären, wie die lineare Reaktion von Cu oder Zn mit feuchter, eine Spur SO_2 enthaltender Luft, wobei vermutlich das primär gebildete Oxyd in basisches Sulfat umgesetzt wird, vgl. Abb. 9. Ferner reagiert Zn in feuchten Chlorwasserstoff in einer linearen Reaktion (GILBERT, HADDEN[67]), die zur Bildung von ZnOHCl führt. Ausführliche

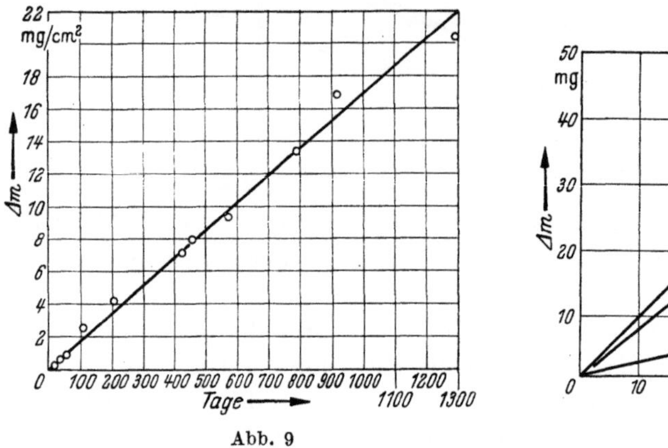

Abb. 9

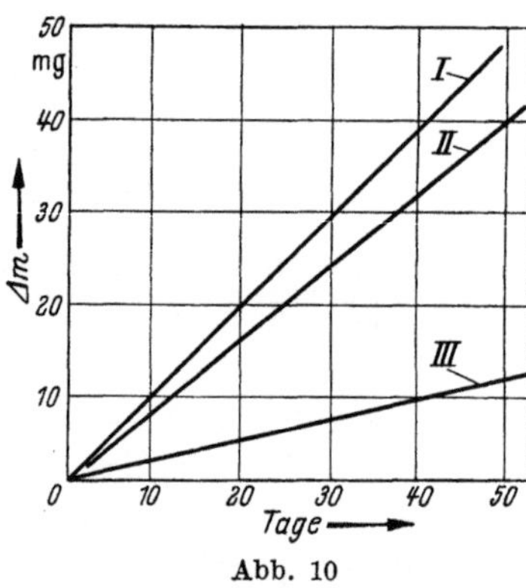

Abb. 10

Abb. 9. Lineare Korrosion von Zink unter den Bedingungen atmosphärischer Korrosion (Zimmerluft, SO_2-haltig)
Abszisse: Zeit in Tagen; Ordinate: Gewichtszunahme in mg/dm² (nach VERNON[66])

Abb. 10. Lineare Korrosion von Zink (I), Nickel (II) und Cadmium (III) in feuchtem Chlorwasserstoff vom Druck 0,016mm (nach FEITKNECHT[23])
Ordinate: Gewichtszunahme; geschwindigkeitsbestimmend ist die HCl-Diffusion. Die Kurvenneigung entspricht der Bildung von $Zn_{2,5}(OH)_4Cl$ und $Ni_{1,5}(OH)_2Cl \cdot H_2O$. Bei der Bildung von Cd(OH)Cl liegt die Geschwindigkeit unter der Diffusionsgeschwindigkeit des HCl (vielleicht wegen der hohen Wasserstoffüberspannung am Cd)

Messungen über die gleiche Reaktion an anderen Metallen liegen von FEITKNECHT[68] vor. Hier bilden sich durch Sekundärreaktionen so lockere Schichten, daß die Zudiffusion des HCl die Geschwindigkeit bestimmt (Abb. 10). Diese Vorgänge sind jedoch nur bedingt hier zu behandeln, da sie mit Lokalelementenreaktionen verknüpft sind.

Ferner ergibt sich auch ein annähernd lineares Wachstum, wenn dichte Deckschichten nach einem beliebigen Bildungsgesetz entstehen, aber z. B. durch innere Spannungen immer wieder zusammenbrechen (vgl. Abschn. 2). Dabei werden die entstehenden Fehler rasch geheilt, so daß eine stufenförmige Kurve entsteht, die über sehr lange Zeiten hinweg genähert als Gerade erscheint. Solche Stufenkurven fanden z. B. VERNON[69] bei atmosphärischer Korrosion von Al, PILLING und

---

[66] VERNON, W.H.J.: Trans. Faraday Soc. **23**, 113 (1927), speziell S. 117, 135, 146.
[67] GILBERT, P. T., u. S. E. HADDEN: J. Inst. Met. **78**, 47 (1950).
[68] FEITKNECHT, W.: Helv. chim. acta **29**, 1801 (1946); vgl. auch [29].
[69] VERNON, W. H. J.: Trans. Faraday Soc. **23**, 113 (1927), speziell S. 150.

BEDWORTH[5] sowie TYLECOTE[42] bei Cu (Abb. 11), DRAVNIEKS[69a] bei Fe. Sie sind besonders bei Temperaturschwankungen während der Schichtbildung zu erwarten.

Ein sehr erheblicher Teil der Reaktionen, für die lineare Gesetze gefunden wurden, geht vermutlich in der Weise vor sich, daß die zuerst

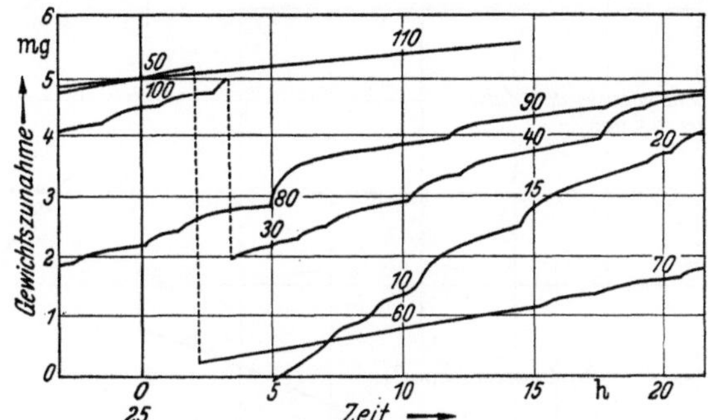

Abb. 11. Unregelmäßige Zunderung infolge Aufplatzens der Deckschicht bei der Kupferoxydation in Sauerstoff bei 725 °C (Kupferfläche 0,80 cm²). Die Kurvenstücke sind vertikal längs der gestrichelten Linien und horizontal entsprechend den Zahlen aneinanderzusetzen. Versuchsdauer 110 Std. (nach TYLECOTE[12])

gebildeten dünnen Schichten bei einer bestimmten Dicke instabil werden und sich umlagern (vgl. Abschn. 2.3). Führt die Rekristallisation auf Poren, die infolge der besonderen Schichteigenschaften nicht zuheilen, so ist der Diffusionswiderstand allein durch die festhaftende Schicht annähernd konstanter Dicke gegeben, so daß auch bei geschwindigkeitsbestimmender Diffusion lineare Schichtzunahme auftritt (DUNN, WILKINS[70]).

Es ist recht wahrscheinlich, daß die Oxydation der Alkalien auf diese Weise erfolgt. Leider liegen bei ihnen kaum Messungen unter definierten Bedingungen vor, und auch die Fehlordnungseigenschaften der Reaktionsprodukte sind nur wenig untersucht. Die meisten Messungen wurden in Zimmerluft vorgenommen, so daß Feuchtigkeit und Kohlensäuregehalt zu Sekundärreaktionen Anlaß geben können. So hat YAMAGUGHI[71] gefunden, daß Na und K sich in Luft zu $NaHCO_3$ und $KHCO_3$ umsetzen.

Auch einige Erdalkalien scheinen sich ähnlich zu verhalten. So ist bei Mg je nach der Vorbehandlung entweder rascher Stillstand der Oxydation gefunden worden (LOOSE[16], LEONTIS und RHINES[72]) oder,

[69a] Bei der Schwefelung von Fe: A. DRAVNIEKS J. electrochem. Soc. **102**, 435 (1955).

[70] DUNN, J. S., u. F. J. WILKINS: Rev. of Oxidation and Scaling of heated solid Metals (1935) S. 67.

[71] YAMAGUGHI, S.: Nature, Lond. **145**, 742 (1940).

[72] LEONTIS, T. E., u. F. N. RHINES: Trans. Amer. Inst. min. metallurg. Engrs. **166**, 265 (1946).

falls sich die Primärschicht nicht gleichmäßig ausbilden konnte, ziemlich rasche Oxydation, die je nach der Temperatur mit konstanter Geschwindigkeit vor sich geht (>475° C) oder bald langsamer wird (<450° C) (GULBRANSEN[73]). Kennzeichnend für die verschiedene

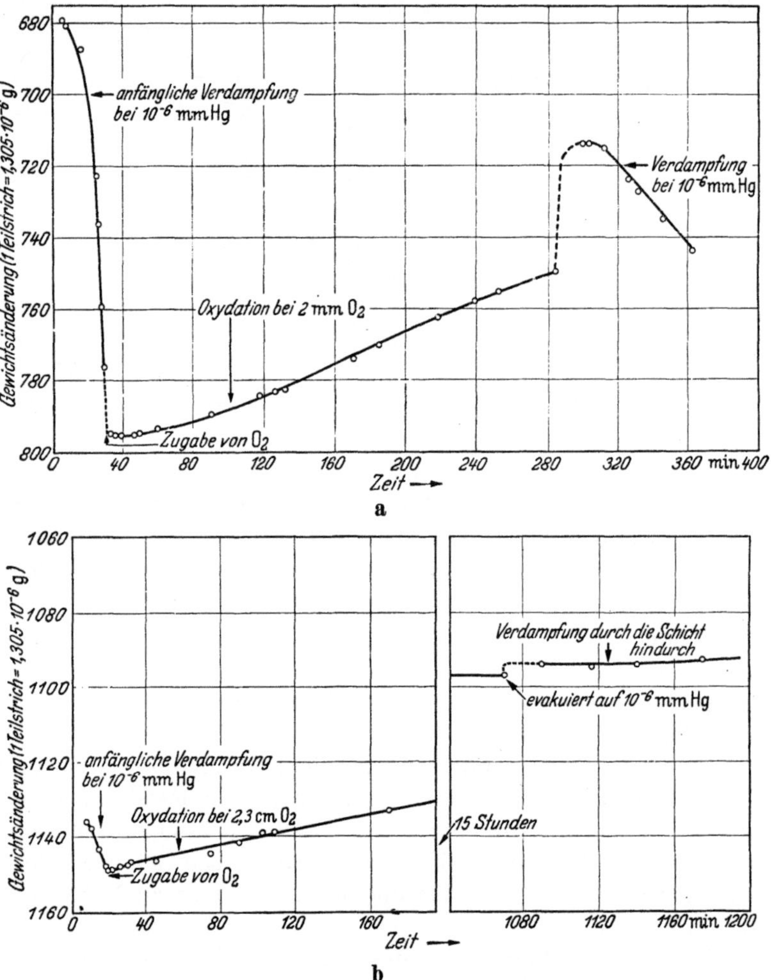

Abb. 12 a u. b. Verdampfungsgeschwindigkeit (bei 10^{-6} mm Hg) und Oxydationsgeschwindigkeit von Magnesium (gegeben durch die Steigungen der Kurvenäste). Ordinate: willkürliche Einheiten a) lineare Oxydation bei 2 mm O_2 und 475° C. Bildung einer porösen Schicht; b) lineare, dann abnehmende Oxydation bei 20 mm O_2 und 450° C. Bildung einer dichten Schicht gleicher Dicke wie bei a) (nach GULBRANSEN[73]) Die gestrichelt gezeichneten Unstetigkeiten des Gewichts beruhen auf einem Mangel der Apparatur.

Durchlässigkeit der Schichten ist die Verdampfungsgeschwindigkeit des Grundmetalls durch sie hindurch ins Hochvakuum (Abb. 12).

[73] GULBRANSEN, E. A.: Trans. electrochem. Soc. **87**, 589 (1945).

[74] GULBRANSEN, E. A.: Trans. electrochem. Soc. **91** 573 (1947).

Der Temperaturkoeffizient der Reaktion ist mit 73 kcal außerordentlich hoch.

Ca oxydiert nach PILLING und BEDWORTH[5] linear mit einem sehr niedrigen, wenig konstanten Temperaturkoeffizienten, nach CUBICCIOTTI[75] bei tieferen Temperaturen (425° C) parabolisch, bei höheren nach einem S-förmigen Anfang linear (Abb. 13). Der Reaktionsbeginn weist vielleicht auf eine gehemmte Keimbildung hin (vgl. Abschnitt 3.6) und läßt damit die in Abschn. 2.3 geschilderten Ausbreitungsvorgänge als maßgebend erscheinen.

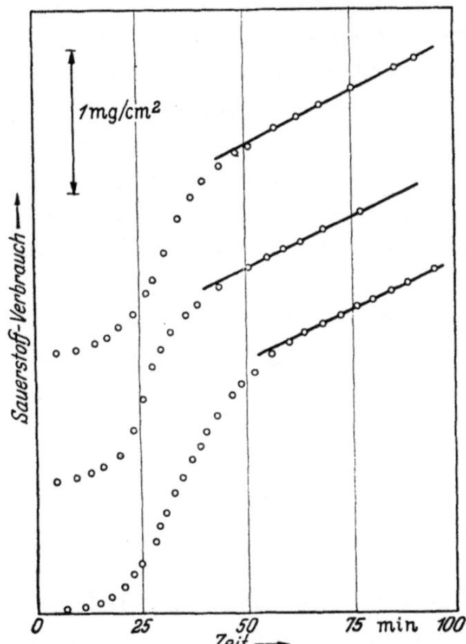

Abb. 13. Lineare Oxydation mit S-förmigem Beginn. Calcium bei 425°, 460°, 475° C; Kurven in vertikaler Richtung parallel verschoben (nach CUCICCIOTTI[75])

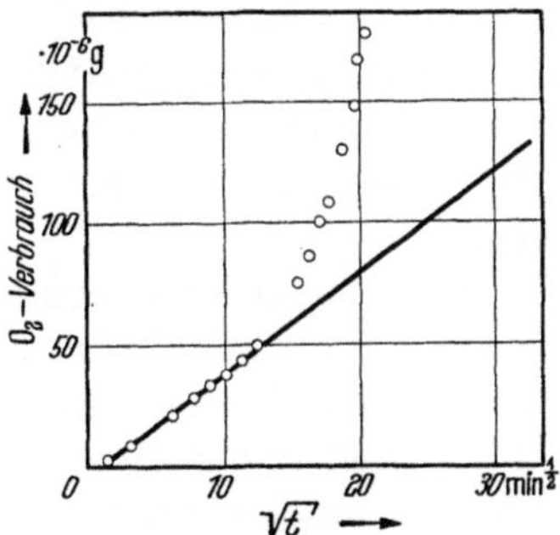

Abb. 14. Übergang von parabolischer zu linearer Oxydation bei wachsender Schichtdicke (Oxydation von U bei 170° C) (nach CUBICCIOTTI[77])

Besonders instruktiv sind in diesem Zusammenhang eine Reihe von Arbeiten über die Oxydation einiger Schwermetalle, wie Th (LEVESQUE und CUBICCIOTTI[76], U (CUBICCIOTTI[77]), Ce (CUBICCIOTTI[78]). Alle diese Metalle oxydieren schon bei sehr niedrigen Temperaturen (100° bis 200° C) nach einem parabolischen Gesetz, wobei der genaue Platzwechselmechanismus zur Zeit noch nicht bekannt ist.

Bei höheren Temperaturen tritt lineares Schichtwachstum auf. Bei Th ist dies ab 350° C der Fall und mit der Umwandlung von schwarzem Oxyd in weißes Dioxyd verbunden, das aufblättert und so eine Oxyddeckschicht konstanter Dicke zurückläßt.

---

[75] CUBICCIOTTI, D.: J. Amer. chem. Soc. **74**, 557 (1952).
[76] LEVESQUE, P., u. D. CUBICCIOTTI: J. Amer. chem. Soc. **73**, 2028 (1951).
[77] CUBICCIOTTI, D.: J. Amer. chem. Soc. **74**, 1079 (1952).
[78] CUBICCIOTTI, D.: J. Amer. chem. Soc. **74**, 1200 (1952).

Bei Ce wächst die Schicht während Versuchszeiten von 120 min nur zwischen 30° und 125° C parabolisch. Bei höheren Temperaturen folgt stets auf einen parabolischen Beginn ein linearer Kurvenzweig.

Bei U wird Dioxyd gebildet. Die Kurven sind nur bis 165° parabolisch und werden dann linear, um bei Temperaturen über 215° C noch schneller anzusteigen. Weder der Übergang zum linearen Wachstum noch die weitere Beschleunigung bei höheren Temperaturen kann einer Selbsterhitzung zugeschrieben werden, da nach einer Unterbrechung der Oxydation durch Wegpumpen des Sauerstoffs die Reaktion mit der gleichen Geschwindigkeit wie zuvor von neuem einsetzt, wenn wieder Sauerstoff zugeführt wird. Auch hier tritt bei Temperaturen, bei denen anfangs parabolisches Wachstum gefunden wurde, nach längeren Versuchszeiten, also größeren Schichtdicken, ein Übergang zu linearem Wachstum ein (Abb. 14).

Besonders diese Beobachtung schließt die Annahme aus, daß bei den linearen Zundervorgängen Grenzflächenreaktionen geschwindigkeitsbestimmend sein können. (Auch das superproportionale Ansteigen der Schichtmenge mit der Zeit beim Uran für $T > 215°$ C spricht dagegen.)

Es ist vielmehr anzunehmen, daß bei bestimmten, von der Temperatur abhängigen Schichtdicken Umlagerungen auftreten, die das Aufbrechen der Schichten bewirken, wobei sie in einer Weise weiterwachsen, die das Zuheilen der Risse verhindert (vgl. Abschn. 2.3). Jedenfalls bleiben die geschwindigkeitsbestimmenden Vorgänge beim linearen und parabolischen Schichtwachstum dieselben, wie auch die nahezu gleichen Aktivierungsenergien zeigen: Beim Uran ist E_A(parabol.) = 24, E_A(lin.) = 22 kcal; beim Cerium 14 und 12 kcal.

Einen ganz ähnlichen Übergang von parabolischem zu linearem Wachstum fand Gulbransen[74] auch für Al innerhalb einer schmalen Übergangzone bei 450° C.

Von all diesen Vorgängen ließ sich bisher erst ein Spezialfall quantitativ behandeln, nämlich die aufeinanderfolgende Bildung zweier verschiedener Oxyde (vgl. oben bei Th). Dies gelang Webb, Norton und Wagner[79] an Hand von Versuchen über die Oxydation des Wolframs*.

3.5 Logarithmische Zundervorgänge bei porösen Schichten

Logarithmische Anlaufgesetze für dünne Schichten und tiefe Temperaturen sind mit Hilfe von Raumladungswirkungen zu deuten[2]. Eine Reihe von Arbeiten zeigt jedoch, daß auch Strukturinhomogeni-

[79] Webb, W. W., J. T. Norton u. C. Wagner: J. electrochem. Soc. **103**, 107 (1956).

* Zusammenfassend wiedergegeben im Diskussionsbeitrag von K. Hauffe S. 217.

täten in Betracht zu ziehen sind, und daß man auch unter dieser Voraussetzung auf ein logarithmisches Gesetz kommen kann. Diese Funktion ist z. B. zu erwarten, wenn bei der Deckschichtbildung die Tendenz besteht, Störungen zu heilen. Besonders leicht ist dies wieder der Fall, wenn die Schicht nicht allein durch Kationentransport wächst, sondern z. B. auch Sauerstoff durch die Schicht hindurchtreten kann.

Geschieht dies nicht durch deren gesamtes Volumen, sondern nur durch bestimmte, stark gestörte Gebiete, so wird jede Reaktion mit dem Metall gleichzeitig die weitere Diffusion hemmen und durch Expansion benachbarte Poren verengen. Somit wird die Abnahme der durchlässiggen Gebiete $-dN$ prop. der aufgenommenen Menge Sauerstoff und der jeweils vorhandenen Zahl von Poren N (cm^{-3}) sein (Davies, Evans, Agar[15]):

$$-dN = k_1 N\,dW, \quad \text{also:} \quad N = k_2 \exp(-k_1 W).$$

Ist die je sec aufgenommene Menge Sauerstoff prop. N, so gilt:

$$pW/dt = k_3 \exp(-k_1 W) \quad \text{oder integriert:} \quad W = k_4 \log(k_5 t + k_6). \quad (10)$$

Eine Druckabhängigkeit müßte in k_5 enthalten sein, in erster Näherung sollte k_5 prop. $p(O_2)$ sein.

Auch unter verschiedenen anderen, jedoch im Prinzip ähnlichen Voraussetzungen konnte Evans[22, 80] eine analoge Beziehung ableiten. Wieweit experimentell gefundene logarithmische Gesetze mit solchen Mechanismen erklärbar sind, kann noch nicht sicher entschieden werden, da der Einfluß der verschiedenen Variablen nur unzureichend bekannt ist. Immerhin bringen die Arbeiten von Vernon, Calnan, Clews und Nurse[81] sowie von Davies, Evans und Agar[15] über die Oxydation von Eisen einige Argumente dafür. Es ist jedenfalls sicher, daß bei Temperaturen unter 300° C Eisen nach einem logarithmischen Gesetz anläuft (Abb. 15), wobei Sauerstoff durch eine γ-Fe_2O_3-Schicht wandert. War das Eisen vor der Erhitzung bei Zimmertemperatur der Luft ausgesetzt, bildet sich dabei unter einem Fe_2O_3-Film konstanter Dicke ein Gemisch von α-Fe_2O_3 und Fe_3O_4 [Temp. unter 200° C (Vernon[81])]. Bei zuvor mit Wasserstoff reduzierten Proben treten nach längerer Versuchszeit plötzlich Keime von Fe_3O_4 auf, die sich seitlich unter der Schicht ausbreiten und sie immer wieder aufreißen (Evans[15]) (Temp. 250° C).

Diese Porenwanderung von Sauerstoff wird gestützt durch einige Arbeiten von Graue[82], der an Fe_2O_3 und Eisenoxydhydraten mit

[80] Evans, U. R.: Trans. electrochem. Soc. **83**, 337 (1943); **91**, 547 (1947).

[81] Vernon, W. H. J., E. A. Calnan, C. J. B. Clews u. T. J. Nurse: Nature, Lond. **164**, 910 (1949). — Proc. roy. Soc., Lond. A. **216**, 375 (1953).

[82] Graue, G.: Werkst. u. Korrosion **5**, 161, 212 (1954).

Hilfe der Emaniermethode (HAHN und GRAUE[83]) die Porosität bestimmte. Je nach den Bildungsbedingungen besitzt Fe_2O_3 eine mehr oder weniger große Aufnahmefähigkeit für Emanation in Poren atomarer Größe,

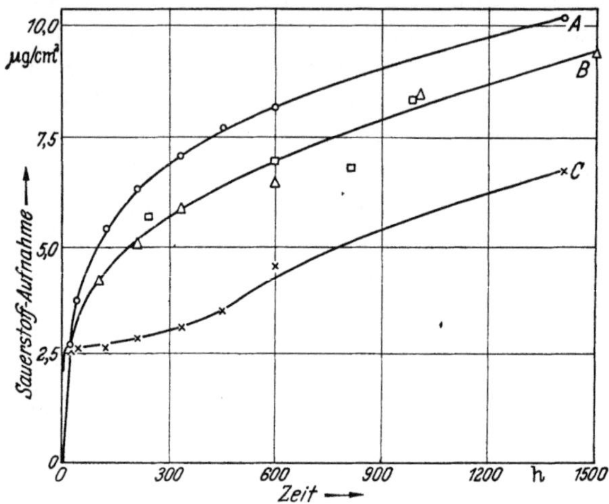

Abb. 15. Logarithmische Oxydation von Eisen bei 180° C. Ordinate: O_2-Aufnahme in μg/cm². Kurve *A*: Insgesamt verbrauchter Sauerstoff; Kurve *B*: O_2-Gehalt des abgezogenen Films Δ = chemischgeätzte; □ = im Vakuum getemperte Oberfläche); Kurve *C*: O_2-Gehalt des abgezogenen Films, geschmirgelte Oberflächen (nach VERNON und Mitarbeitern[81])

wahrscheinlich an Korngrenzgebieten. Diese geht beim Erhitzen auf 450° C verloren, um bei Temperaturen von 600° C wieder anzusteigen, da sich dann Rn im Gitter von Fe_2O_3 löst.

Ein Fall von logarithmischem Wachstum dickerer Schichten (Dicke bis ca. 40 μ) wird bei der Korrosion von Stahlrohren in strömendem, sauerstoffhaltigem Wasser berichtet (PASSANO, NAGLEY[84]) und von EVANS[85] ähnlich wie oben angegeben gedeutet.

Eine genauere Auswertung der Meßkurven zeigt jedoch, daß die Oxydation eher als Ausbreitungsvorgang (Asymptotische Reaktion, vgl. Abschn. 3.6) darstellbar ist. Dafür spricht auch die bis zu langen Reaktionszeiten gefundene Abhängigkeit von der Strömung.

Bemerkenswert ist schließlich eine Untersuchung von DIGHTON und MILEY[86] über die Oxydation von Cu bei 225° C. Die Autoren fanden, daß hier unter besonderen Umständen ein parabolisches Wachstum plötzlich in ein logarithmisches überging. DAVIES, EVANS und AGAR[15] versuchen eine Deutung durch Leerstellenbildung von Cu an der Phasengrenze Metall-Oxyd (vgl. Abschn. 2.4), wodurch die wirksame Fläche sich vermindert und ein logarithmisches Wachstum eintreten könnte.

[83] HAHN, O., u. G. GRAUE: Z. phys. Chem. Bodenstein-Festband 608 (1931).

[84] PASSANO, R. F., u. F. R. NAGLEY: Proc. Amer. Soc. Test. Mater. **33**, II 387 (1933). — [85] EVANS, U. R.: siehe[3], S. 352.

[86] DIGHTON, A. L., u. H. A. MILEY: Trans. electrochem. Soc. **81**, 321 (1942).

So einleuchtend auch die von EVANS formulierte Ableitung eines logarithmischen Gesetzes ist, zeigt doch eine Durchsicht der bisherigen Veröffentlichungen, daß sich ein solcher Mechanismus nur in ganz wenigen Fällen mit einiger Sicherheit nachweisen ließ.

3.6 Asymptotische Vorgänge und Ausbreitungserscheinungen

Gelegentlich ist die Möglichkeit eines asymptotischen Gesetzes bei der Oxydation von Al diskutiert worden[23]. Es sollte unter der Annahme auftreten, daß an der Oberfläche eine Struktur bestimmter Dicke reaktionsfähig sei und die Reaktionsgeschwindigkeit jeweils proportional dem noch nicht oxydierten Anteil ist:

$$dm/dt = k(m_\infty - m), \quad \text{also: } m = m_\infty(1 - \exp(-kt)). \tag{11}$$

Dieser Gedankengang ist aber für den Fall des Al nicht sehr wahrscheinlich, wenn sich auch die Kurven von VERNON[66] gut so darstellen lassen. Dies besagt jedoch nicht viel, da aus experimentellen Gründen die Unterscheidung eines solchen Gesetzes von einem reziprok logarithmischen schwierig ist.

Viel wichtiger ist eine andere Deutung der genannten Reaktionsgleichung, die allerdings strenggenommen erst in den nächsten Abschnitt gehört, da sie chemisch verschiedenartige Oberflächengebiete annimmt:

Setzt man die Massen den Flächen proportional, so entspricht der Ansatz dem einfachsten Bedeckungsvorgang mit einer Schicht konstanter Dicke. Er besagt, daß die jeweilige Bedeckungsgeschwindigkeit proportional der noch unbedeckten Fläche ist*.

Experimentell kommt er z. B. für Korrosionen in Frage, bei denen gleichzeitig gasförmige (oder lösliche) und feste Korrosionsprodukte entstehen. Beispiele liefern die Beobachtungen von BERNSTEIN und CUBICCIOTTI[88] über die Oxydation des Ge (Abb. 16) und vermutlich auch die Zunderung des $MoSi_2$**.

Eine Modifikation der einfachen Bedeckungsgleichung ergibt sich, wenn auch die Keimbildung berücksichtigt wird. Nimmt man an, daß sich die einmal gebildeten Keime seitlich ausbreiten, so ergeben sich

---

* Hierin liegt auch seine Bedeutung für manche Lokalelementreaktionen, die zur Bildung von Schichten führen. Auch hier tritt gleichzeitig Auflösung und Abscheidung an verschiedenen Stellen der Oberfläche auf (vgl. Abschn. 4). Es sei z. B. auf den Versuch hingewiesen, die Bildung von Phosphatschichten auf Eisen mit der genannten Gleichung zu behandeln[87]. Vgl. Anm.* auf S. 200.

** Vgl. den Beitrag von E. FITZER. auf S. 43.

[87] MACHU, W.: Arch. Metallkde. 3, 213 (1949).

[88] BERNSTEIN, R. B., u. D. CUBICCIOTTI: J. Amer. chem. Soc. 73, 4112 (1951).

nach Evans[89] S-förmige, asymptotische Kurven für die Beziehung von Bedeckungsgrad und Zeit. Es ist der unbedeckte Flächenanteil

$$f_\infty - f = A \exp(-\pi\,\omega\,v^2\,t^2), \tag{12}$$

wenn statistisch über die Fläche verteilte Keime alle zur Zeit $t = 0$ zu

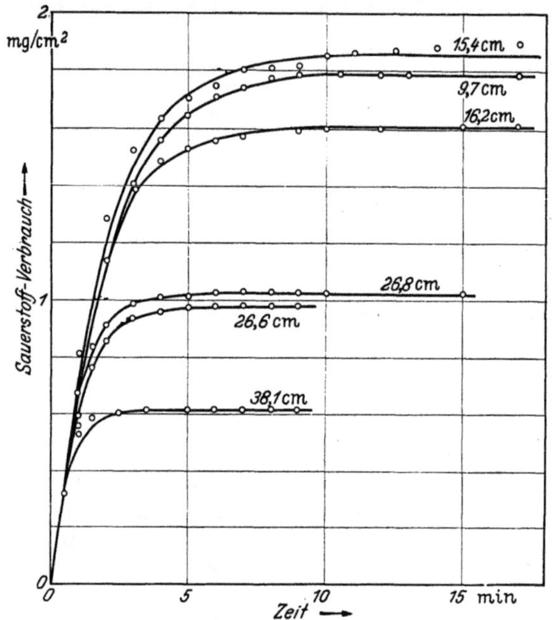

Abb. 16. Asymptotische Oxydation von Ge unter Bildung von GeO_2
Ordinate: Verbrauchter Sauerstoff in mg/cm²; Parameter: Sauerstoffdruck (nach Bernstein und Cubicciotti[88])

wachsen beginnen, anderseits, wenn die Keime in Ort und Zeit statistisch erscheinen.

$$f_\infty - f = B \exp\left(-\frac{\pi\,\Omega\,v^2}{3}\,t^3\right). \tag{13}$$

(v = Keimwachstumsgeschwindigkeit, ω = Keimzahl/cm², Ω = Keimbildungsgeschwindigkeit.)

S-förmige Kurven wurden mehrfach gefunden, z. B. von Wagner und Grünewald[90] für die Oxydation von Cu zu Cu_2O (1000° C)*, von Cubicciotti[75] bei der Oxydation des Ca (425° C) oder von Patterson[91] und Vernon[28] für die Oxydation von Eisen in feuchter Luft, besonders in Anwesenheit von Staub als Keimbildner. Qualitativ sind Aus-

[89] Evans, U. R.: Trans. Faraday Soc. **41**, 365 (1945).
[90] Wagner, C., u. K. Grünewald: Z. phys. Chem., Abt. B. **40**, 455 (1938).
[91] Patterson, W. S.: J. Soc. chem. Ind. **49**, 203 T (1930).
* Vgl. Abb. 5 des Beitrags von J. Block.

breitungserscheinungen und Keimbildung auch bei anderen einfachen Oxydationen beobachtet worden, z. B. von LOOSE bei Mg[16] oder mit elektronenmikroskopischen Aufnahmen von PHELPS, GULBRANSEN und HICKMAN[19] an Oxydhäuten von Ni und anderen Metallen.

Auch die zahlreichen Reaktionen in wäßrigem Medium, bei denen sich Deckschichten aus übersättigten Lösungen abscheiden[92], sollten nach einem derartigen Bildungsgesetz verlaufen.

4 Bildung poröser Schichten durch Lokalelemente

4.1 Reaktionsschema uud Reaktionstypen

Überzieht sich die ganze Metalloberfläche mit chemisch gleichartiger Substanz, so ist ein Weiterwachsen nur möglich, wenn die Schicht für Ionen und Elektronen (bzw. neutrale Moleküle) durchlässig ist. Bei Lokalelementen finden die Teilreaktionen auf verschiedenen Oberflächengebieten statt. Es genügt also, daß die kathodischen Gebiete Elektronenleiter*, die anodischen Ionenleiter sind. Dies ist der Hauptgrund, warum Korrosionen in leitenden Medien viel wirksamer sind als in Gasen gleicher Temperatur.

In reinem Wasser müssen wegen seiner geringen Leitfähigkeit anodische und kathodische Gebiete sehr dicht benachbart sein, so daß auch in Anwesenheit von Luft bei allen technischen Metallen die geringe Anfangskorrosion bald durch Hydroxydbildung zum Erliegen kommt. Aber auch in gut leitenden neutralen Salzlösungen ist Korrosion nur in Anwesenheit von Oxydationsmitteln möglich. Als solche kommen H^+, O_2, Halogene und anodische Ströme in Frage.

Das Reaktionsschema, das in abgewandelter Form bei allen derartigen Reaktionen vorliegt, ist in Abb. 17 dargestellt.

Wird die natürliche Deckschicht des Metalls in der Lösung an bestimmten Stellen durch irgendeine einleitende Reaktion zerstört**,

---

* Die Mehrzahl der Schwermetalloxyde sind Halbleiter, z. B. ZnO, Fe_3O_4, FeO usw.

** Für die Einleitung der Korrosion und auch ihren weiteren Verlauf spielen die vorhandenen Anionen eine bedeutende Rolle, die bisher nur zum Teil geklärt ist. Häufig dürfte sie auf der Bildungsmöglichkeit verschiedenartiger basischer Salze beruhen (siehe Abschn. 4.5). Der Anioneneinfluß existiert aber auch bei Metallen, die kaum solche Salze bilden, z. B. Fe. Bei ihm ist die Wirkung von Nitrat leicht verständlich, das zur anodischen Bildung von Fe^{+++} führt, mit den Konsequenzen der Hydrolyse[52] oder Passivierung. Weniger klar ist die Rolle der Chloride. Sie bewirken eine Aufhebung der Passivität und fördern auch sonst die Korrosion in starkem Maße, vielleicht durch Austausch von O^{--} oder OH^- an Oxyddeckschichten und Bildung leicht löslicher Salze (BONHOEFFER, FRANCK[92a]).

[92] Ein Beispiel liefert etwa die Bleisulfatbildung, vgl. W. FEITKNECHT[60].

[92a] BONHOEFFER, K. F., u. U. F. FRANCK: Z. Elektrochem. 55, 180 (1951).

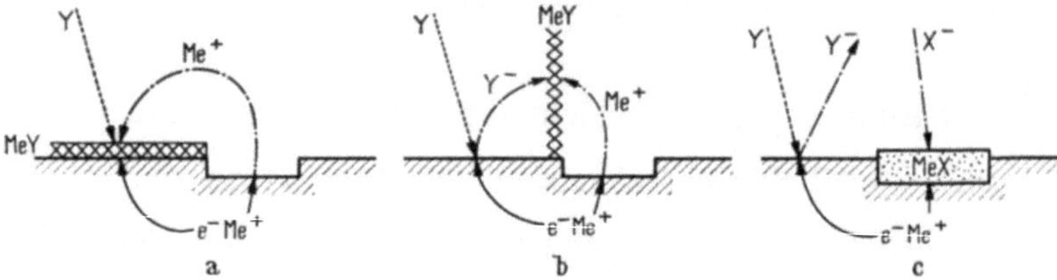
Y
Me+
MeY
e− Me+
a
Y
MeY
Y−
Me+
e− Me+
b
Y
Y−
X−
MeX
e− Me+
c

Es verbleiben als wichtige Reaktionstypen Metallauflösung in Säuren* und in sauerstoffhaltigen Salzlösungen. Für die vorliegende Übersicht kommt es auf Reaktionen an, bei denen auf der Kathode oder Anode unlösliche, mehr oder weniger poröse Deckschichten gebildet werden.

4.2 Thermodynamische Voraussetzungen für die Bildung von Deckschichten in Elektrolytlösungen

Maßgebend für den chemischen Aufbau der Deckschicht sind die Aktivitäten sämtlicher vorhandener Ionen an der betreffenden Stelle des Metalls. Um sich eine genaue Übersicht über die thermodynamischen Verhältnisse zu verschaffen, ist es zweckmäßig, die Existenzgebiete der möglichen Reaktionsprodukte in Diagrammen einzutragen, die z. B. Ionenaktivität des Metalls (anodische Reaktion) und p_H-Wert (kathodische Reaktion) als Koordinaten enthalten. Gleichberechtigt sind Potential-p_H-Kurven (Diagramme nach POURBAIX[95]).

Diese Diagramme berücksichtigen nur das Verhalten des Metalls gegenüber den eigenen Ionen und denen des Wassers. Häufig spielen jedoch auch die übrigen Anionen eine wichtige Rolle, besonders, wenn sich basische Salze als Korrosionsprodukte bilden können. In diesem Fall hängt das sich einstellende Potential gleichzeitig vom p_H-Wert und der Anionenaktivität ab und läßt sich mit Hilfe der Löslichkeitsprodukte der verschiedenen Verbindungen berechnen. Als Beispiel ist in Abb. 18 ein Potential-p_H-Diagramm für das Verhalten von Zink in Chloridlösungen verschiedener Azidität dargestellt. Der stark ausgezogenen Kurvenzug (*a b c e*) gibt die Existenzbereiche der beiden Hydroxychloride $ZnCl_2 \cdot 4\,Zn(OH)_2$ und $ZnCl \cdot 6\,Zn(OH)_2$ sowie des β_1-$Zn(OH)_2$ an, wenn Zink- und Chlorionen im äquivalenten Verhältnis 1 : 2 vorliegen. Die dünnen Linien gelten für jeweils konstante Konzentration an Zink- oder Chlorionen. Die Berechnungsgrundlagen sind einer Arbeit von FEITKNECHT und HÄBERLI[96] entnommen und in der Unterschrift der Abbildung angegeben.

Für Korrosionsuntersuchungen in Fremdsalzlösungen (z. B. Meerwasser) ist es häufig zweckmäßiger, die Existenzbereiche der verschiedenen, Deckschicht bildenden Substanzen als Funktion der Anionenaktivität und des p_H-Wertes darzustellen (Methode von AEBI und

---

* Hierzu gehört auch Wasser für Metalle mit stark negativen Normalpotentialen (Mg, Al).

[95] POURBAIX, M.: Comptes Rendus C.I.T.C.E. **3**, 15, Milano 1952. Korrosion VII (Dechemabericht 1954), Weinheim 1955 S. 9. — DELAHAY, P., M. POURBAIX u. P. VAN RYSSELBERGHE: J. electrochem. Soc. **98**, 57, 65, 101 (1951) — J. chem. Educ. **27**, 683 (1950).

[96] FEITKNECHT, W., u. E. HÄBERLI: Helv. chim. Acta **33**, 922 (1950). — FEITKNECHT, W.: Werkst. u. Korrosion **6**, 15 (1955).

FEITKNECHT[97]). Dies ist wieder für Zink in Chloridlösungen in Abb. 19 geschehen.

Der aus gebrochenen Geraden bestehende Kurvenzug *a b c e* ist identisch mit dem der Abb. 18, entspricht also äquivalenter Menge von

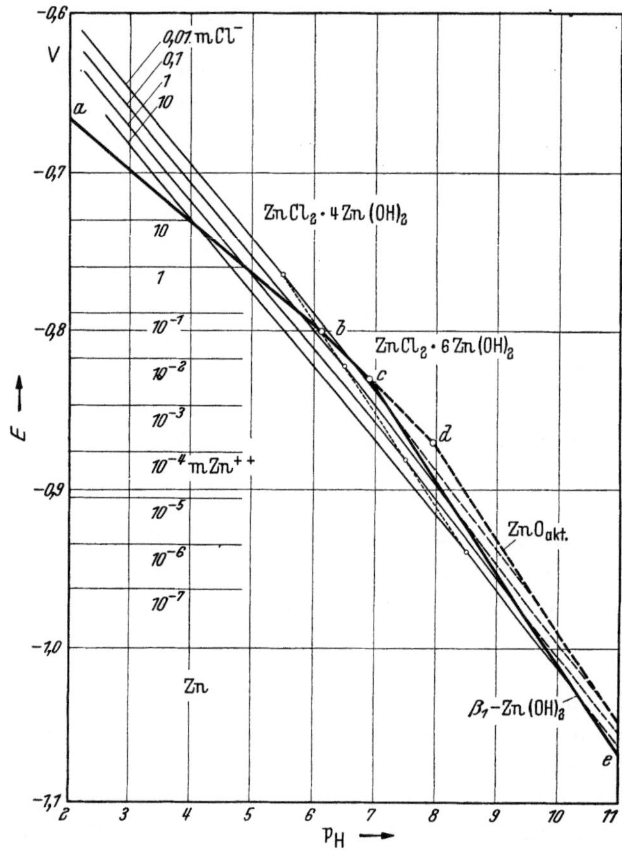

Abb. 18. Beständigkeitsdiagramm von Zinkionen in Lösungen verschiedenen Chloridgehalts und p_H-Wertes

Ordinate: Zinkpotential gegen n-H_2-Elektrode   Abszisse: p_H-Wert

Schräge, schwach ausgezogene Kurven: Gleichgewichtslinien bei konstanten Chloridaktivitäten (0,01 bis 10 m)

Waagerechte Linien: Gleichgewichte Zn/Zn^{++} für verschiedene Zinkionenaktivitäten.

Stark ausgezogene Kurven: Beständigkeit bei äquivalenter Zink- und Chlorionenkonzentration

gestrichelt: Instabile Verbindungen

Bereiche: $a-b$: $ZnCl_2 \cdot 4\,Zn(OH)_2 = ZnCl_{0,4}\,OH_{1,6}$ $c-e$: β_1-$Zn(OH)_2$

$b-c$: $(-d)$ $ZnCl_2 \cdot 6\,Zn(OH)_2 = ZnCl_{0,29}\,(OH)_{1,71}$ $d-e$: aktives $Zn(OH)_2$

Punktiert: Übergang $ZnCl_2 \cdot 4\,Zn(OH)_2 \longleftrightarrow ZnCl_2 \cdot 6\,Zn(OH)_2$

Berechnung aus den Löslichkeitsprodukten[96]:

$[Zn^{\cdot\cdot}]\,[Cl^-]^{0,4}\,[OH^-]^{1,6} = 3 \cdot 10^{-15}$ $[Zn^{\cdot\cdot}]\,[OH']^2_{stab} = 2,2 \cdot 10^{-17}$

$[Zn^{\cdot\cdot}]\,[Cl']^{0,29}\,[OH']^{1,71} = 6 \cdot 10^{-16}$ $[Zn^{\cdot\cdot}]\,[OH']^2_{instab} = 8 \cdot 10^{-17}$

---

[97] AEBI, F.: Diss. Bern 1946. — FEITKNECHT: W. Mét. et. Corros. **22**, 192 (1947).

Zink- und Chlorionen (die Ordinatenwerte von Abb. 18 und Abb. 19 sind wegen der NERNSTschen Gleichung einander proportional). Die neu auftretenden Geraden ergeben sich, wenn die Lösung noch andere Chloride enthält. Sie schließen die Existenzbereiche der verschiedenen Verbindungen ein. Die Gleichgewichtsaktivität der Metallionen ist bei dieser Darstellung nicht unmittelbar abzulesen, sie kann jedoch aus dem Löslichkeitsprodukt der Verbindung berechnet werden, in deren Bereich der gesuchte Punkt liegt.

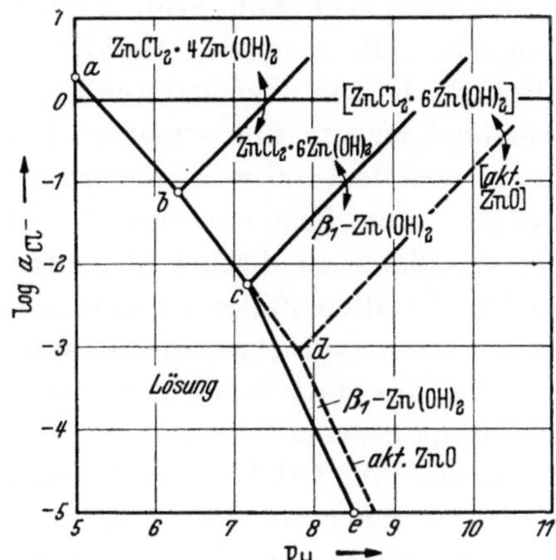

Abb. 19. Existenzbereiche von Zinksalzen in Chloridlösungen verschiedenen p_H-Wertes Ordinate: $\log[Cl^-]$ Abszisse: p_H-Wert. Berechnet aus den Daten der Abb. 18: ⟷Gleichgewichtslinie zwischen den angegebenen Verbindungen; gestrichelt: instabile Verbindungen. (Nach FEITKNECHT[98])

Solche Diagramme lassen sich bisher nur für wenige, einfache Systeme aufstellen, da das Versuchsmaterial nicht ausreicht[98]. Sollen sie zur Beurteilung der Korrosion unter Deckschichtbildung benutzt werden (vgl. Abschn. 4.5), so müssen sie auch die Existenzbereiche instabiler (aktiver) Verbindungen enthalten, die häufig primär entstehen und deshalb wichtiger sind als die thermodynamisch stabilen Formen. Derartige Bereiche sind in den Abb. 18 und 19 gestrichelt eingezeichnet.

4.3 Kathodische und anodische Schichten

Je nach der Lösungszusammensetzung an jedem Punkt der korrodierenden Metalloberfläche und den thermodynamischen Eigenschaften der Reaktionsprodukte können unlösliche Deckschichten auf kathodischen oder anodischen Gebieten entstehen.

Kathodische Schichten können direkt durch eine Anlaufreaktion der kathodischen Metallbereiche mit zudiffundierendem Sauerstoff auftreten. Solche Fälle sind keine Lokalelementreaktionen und gehören in Abschn. 3. Sie werden im allgemeinen zu vernachlässigen sein.

Die durch Lokalelemente gebildeten kathodischen Deckschichten sind vielmehr Oxyde, Hydroxyde und Doppelsalze, die sekundär über die Lösung entstehen, indem durch das erhöhte p_H an der Kathode das Löslichkeitsprodukt der betreffenden Verbindungen überschritten wird (Abb. 17a).

[98] Analoge Messungen für Cd: FEITKNECHT, W., u. R. REINMANN: Helv. chim. Acta **34**, 2255 (1951).

Anodische Deckschichten entstehen primär, also ohne Hydratation der Metallionen, wenn sich eine unlösliche Verbindung mit den an der Anodenfläche vorhandenen Anionen bilden kann (Müller und Schwabe[99]) (vgl. Abb. 17c). Auch hier sind sekundäre Deckschichten möglich, z. B. wenn das Metall intermediär solvatisiert wird und die Deckschicht aus übersättigter Lösung ausfällt, ferner, wenn bei hoher Anionenkonzentration zunächst lösliche Komplexsalze entstehen, die dann zerfallen, oder wenn primär gebildete lösliche Verbindungen hydrolysieren. Eine experimentelle Unterscheidung primär und sekundär gebildeter anodischer Schichten dürfte auf große Schwierigkeiten stoßen. In allen Fällen ist eine Ausbreitung von bestimmten Keimen zu erwarten (vgl. etwa Feitknecht, Gaumann[60]).

Über das Haftvermögen sekundär gebildeter Deckschichten scheint nur wenig gearbeitet worden zu sein und es liegen keine präzisen Vorstellungen vor. Oft besitzen sie eine sehr lockere Struktur, so daß sie keinen nennenswerten Korrosionswiderstand bieten. Die Gründe hierfür sind recht verschieden und oft im einzelnen nicht genau erforscht[100].

Zuweilen ist die Ursache lediglich, daß die Schichten in größerer Entfernung von der Unterlage entstehen. Dies ist z. B. der Fall, wenn kathodische und anodische Gebiete größere Flächen einnehmen und Niederschläge dort auftreten, wo in der Lösung kathodisch gebildete OH-Ionen mit anodisch gebildeten Metallionen zusammentreffen (vgl. Abb. 17b). Dies trifft besonders in Fällen ungleichmäßiger Belüftung zu. Bei solchen Schichten verliert die Unterscheidung zwischen kathodischen und anodischen Schichten ihren Sinn. Mit wachsendem Sauerstoffgehalt der Lösung und erhöhter Konvektion wird dagegen die Deckschicht immer dichter an der Kathode entstehen (Evans[101]).

Ferner spielt die Entstehungsgeschwindigkeit der Deckschichten eine erhebliche Rolle. Bei schnellen Reaktionen können instabile Verbindungen entstehen, die unter Volumabnahme in poröse stabile Verbindungen übergehen (Feitknecht und Petermann[102]). Derartiges findet sich bei vielen Hydroxyden, die kolloidal als Gele gebildet werden. Bei der Flockung dieser Gele werden die verschiedenen Ionen der Lösung eine Rolle spielen, besonders wenn sie höhere Ladung tragen[103].

---

[99] Müller, E., u. K. Schwabe: Z. Elektrochem. **39**, 414, 815 (1933).

[100] Evans, U. R., vgl.[3]; siehe auch V. Kohlschütter: Korrosion u. Metallsch. **12**, 118 (1936).

[101] Die ersten Untersuchungen von U. R. Evans: Industr. Engng. Chem. **17**, 363 (1925).

[102] Feitknecht, W., u. R. Petermann: Korrosion u. Metallsch. **19**, 181 (1943). Vgl. auch W. Feitknecht[93].

[103] Vgl. die Versuche zur Al-Korrosion in Cl^-- und SO_4^{--}-Lösungen von U. R. Evans: J. chem. Soc. Lond. (1929) 92; speziell 116, 124.

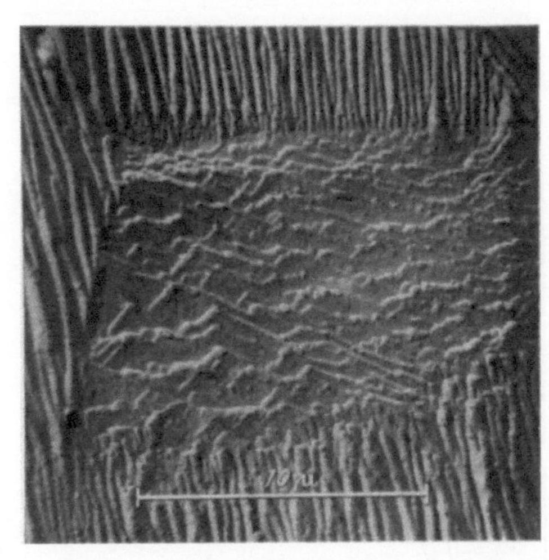

Diese Alternative hängt von der Polarisierbarkeit der beiden Teilreaktionen ab, also der Form der Stromdichte-Spannungskurven. Da bei allen Lokalelementreaktionen kathodische und anodische Stromstärken gleich sein müssen, sind die Stromdichten jeweils mit den zugehörigen Flächen zu multiplizieren. Dies führt auf die Stromspannungskurven. Sie sind derart zu überlagern, daß kathodischer Strom (bei dem an der Kathode vorliegenden Arbeitspotential) und anodischer Strom (beim Anodenpotential) identisch werden.

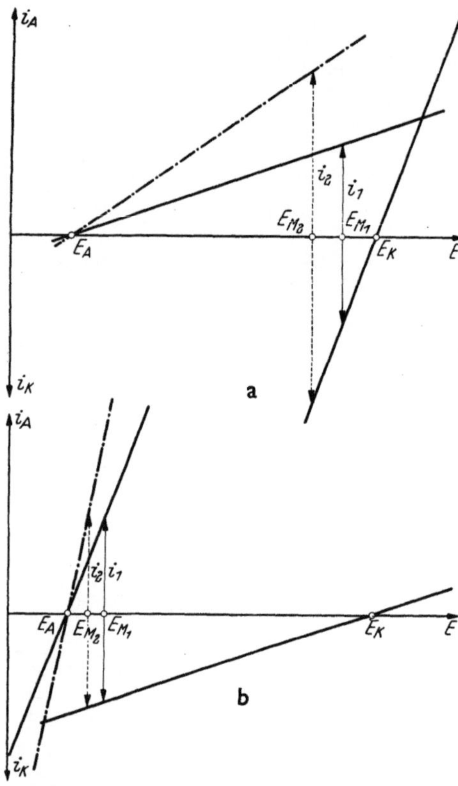

Abb. 21 a u. b. Stromspannungskurven bei a) kathodisch, b) anodisch bestimmten Reaktionen. Gestrichelt: Verhältnisse bei Verdoppelung der anodischen Fläche. E_M = Arbeitspotential über der Deckschicht (s. Text).

Bilden sich poröse Deckschichten auf den Metallen, so ist es am anschaulichsten, ihren Widerstand in die Stromspannungskurven einzubeziehen, deren Neigung dementsprechend sinkt[107].

Setzt man voraus, daß die Leitfähigkeit der Lösung genügend groß und die kathodischen und anodischen Bereiche genügend klein sind, so wird mit guter Annäherung das an der Oberfläche der Deckschicht gemessene Potential etwa ortsunabhängig sein ($= E_M$). Dann erhält man für kathodisch und anodisch kontrollierte Reaktionen schematisch die Kurven Abb. 21. Anodisch bestimmte Reaktionen verlaufen in der Nähe des Kathodenruhepotentials und umgekehrt. Verdoppelung der Steilheit der anodischen Kurve, etwa durch entsprechende Flächenvergrößerung der Anoden (gestrichelte Kurven) steigert die Reaktionsgeschwindigkeit (Stromstärke) bei anodisch bestimmten Reaktionen fast auf das Doppelte und läßt sie bei kathodisch bestimmten nahezu unverändert. Bei geeigneter Wahl der reagierenden Flächen ist jeder Lokalelementvorgang kathodisch oder anodisch bestimmt zu machen.

[107] Eine andere Methode bei U. R. EVANS[3], S. 343

Besonders gefährlich bei Korrosionen sind kathodisch bestimmte Reaktionen mit örtlich festliegenden Anoden, bei denen eventuell auftretende kathodische Schichten genügende Elektronenleitfähigkeit besitzen. Hierbei tritt nämlich Lochfraß auf. Dieser wird besonders stark, wenn sich lockere, sekundäre Schichten über den Anoden ablagern, die ionendurchlässig sind, aber Diffusion von Sauerstoff hemmen. In solchen Fällen ist die Korrosionsgeschwindigkeit über längere Zeiten konstant.

Als Maß für den Umsatz ist für Lokalelementreaktionen die Deckschichtdicke unzweckmäßig, da die Schichten stets ungleichmäßig dick oder sogar verschieden zusammengesetzt sind. Eine geeignetere Variable für die Bruttoreaktionen stellt die je Zeiteinheit gebildete Schichtmenge oder gelöste Metallmenge dar.

Beide Werte sind proportional dem resultierenden Strom, wenn man die Stromspannungskurven der Abb. 21 überlagert. Es ist im Prinzip also möglich, den Reaktionsumsatz an Hand der Stromspannungskurven darzustellen. Diese Methode ist bei Lokalelementen jedoch wegen der meist unbekannten Elektrodenverteilung, der örtlichen Verschiedenheit der Stromdichten und den dauernden zeitlichen Veränderungen des Systems nur in seltenen Ausnahmefällen gangbar (z. B. bei den EVANSschen Belüftungselementen.)

Es wird deshalb nicht weiter auf die alten, sehr groben Ansätze von ERICSON-AURÉN und ihre Verbesserung durch STRAUMANIS[108] oder die theoretischen Ansätze von WAGNER[109] mit ihren vereinfachenden Annahmen eingegangen.

4.5 Beispiele für den Zusammenhang von Lokalelementmechanismus und Deckschichtstruktur

Besonders eingehende Untersuchungen über Korrosionsmechanismus und Deckschichtstruktur in Elektrolytlösungen liegen für Eisen und seine Legierungen[110], Al (speziell bei anodischer Oxydation in lösenden Substanzen (Eloxierung)[111], sowie für Zn vor[93, 97]. Für das technische Problem der Phosphatierung von Eisen, das nur am Rande hierher gehört, da die entsprechenden Deckschichten zwar porös und weitgehend elektrochemischen Ursprungs sind, aber großenteils aus

---

[108] STRAUMANIS, M.: Korrosion u. Metallsch. **9**, 1 29 (1933); speziell für Deckschichten: Korrosion u. Metallsch. **14**, 81 (1938).

[109] WAGNER, C.: Handbuch der Metallphysik I, 2. Teil, S. 192. Leipzig 1940 — J. electrochem. Soc. **99**, 1 (1952).

[110] Vgl. die Untersuchungen der Cambridger Schule, zitiert bei U. R. EVANS[3].

[111] siehe Anm. * S. 179.

dem Grundmetall fremden Verbindungen bestehen, ist das Buch von Machu[112] zu nennen*.

Als Beispiel für die bisher geschilderten Reaktionsmöglichkeiten sei noch etwas ausführlicher auf neuere Untersuchungen[93, 97, 102, 105] über die Korrosion von Zn (ähnlich auch Cd[104, 114] und Cu[115]) in O_2-haltigen Chloridlösungen eingegangen, die von Feitknecht und Mitarbeitern durchgeführt wurden. Die Korrosionsprodukte an den verschiedenen Stellen des Metalls wurden dabei isoliert und chemisch identifiziert. Durch mikroskopische, elektronenmikroskopische und röntgenographische Methoden konnte Struktur und Aufwachsform festgestellt werden. In Abb. 22 und 23 sind schematisch die an Hand dieser Messungen und der Beständigkeitsdiagramme (s. Abb. 18 u. 19) erhaltenen Reaktionsmechanismen in reiner 0,5 m NaCl-Lösung und in 0,5 m NaCl + 0,0025 m $ZnCl_2$-Lösung dargestellt.

Zn ist stets mit einer elektronenleitenden ZnO-Schicht bedeckt. In NaCl-Lösungen (Abb. 22) wirkt der Hauptteil der Schicht als Kathode, an Fehlern ist eine Zerstörung durch Cl^- und Durchtritt von $Zn^{\cdot\cdot}$ möglich (s. Anm. ** S. 191). Potentialbestimmend ist Reaktion 1 (Abb. 22). Solange das p_H an diesen Stellen nicht zur Fällung von $Zn(OH)_2$ ausreicht, erfolgt eine Umsetzung zwischen $ZnCl_2$ und ZnO, die zur sekun-

* Bonderschichten bestehen aus Mischfällungen von tertiärem Zn-Phosphat (oder Mn-Phosphat) mit 2 bis 5% sekundärem oder tertiärem Fe(II)-Phosphat. Sie entstehen auf Eisen in Lösungen von primärem Zn-Phosphat an Stellen, an denen das p_H bei der Eisenauflösung genügend ansteigt. Als Zusatz werden z. B. Nitrate und Nitrite benutzt, um kathodische Reaktionen zu beschleunigen und um gelöstes $Fe^{\cdot\cdot}$ als unlösliches $Fe^{\cdot\cdot\cdot}$-Phosphat aus der Lösung zu entfernen. Als Reaktionsgleichung für die Schichtbedeckung hat W. Machu[87] eine Gleichung der Form: $F = F_\infty(1 - \exp(-k\,t))$ vorgeschlagen, die identisch mit Gl. (11) ist (F = Fläche). Sie bedeutet, daß die Reaktion kathodisch bestimmt ist und die auf den Kathoden gebildete Deckschicht sich wie ein Nichtleiter verhält, so daß sich die Reaktion mit Anwachsen der bedeckten Fläche selbst stoppt. Weder experimentell, noch theoretisch kann jedoch dieser Ansatz höhere Ansprüche an Genauigkeit befriedigen. Häufig werden z. B. Induktionsperioden und S-förmige Kurven für die Schichtbildung gefunden, die darauf hindeuten, daß auch Keimbildungsvorgänge entscheidend sind (vgl. Abschn. 3.6 mit den Gl. (12) und (13), ferner den Beitrag von H. Keller, Abb. 3a und 3b.) Andererseits liegen jedoch Untersuchungen vor, nach denen sich das Schichtwachstum parabolisch darstellen läßt (Durer, Schmid u. Graf v. Schweinitz[113]). Gegen einen Porenwachstumsmechanismus in der von Müller und Löw (vgl. Abschn. 3.3) behandelten Form spricht, daß das Ölaufsaugevermögen der Schicht nahezu unabhängig von ihrer Dicke ist[113]. So scheint der Wachstumsmechanismus der Schichten noch nicht wirklich geklärt.

112 Machu, W.: Die Phosphatierung. Weinheim 1950.

113 Durer, A., E. Schmid u. H. D. Graf v. Schweinitz, VDI. Zeitschr. **86**, 15 (1942).

114 Feitknecht, W., u. E. Wyler: Helv. chim. acta **24**, 2269 (1951).

115 Feitknecht, W., u. W. Schütz: Rév. Metall. **52**, 327 (1955).

dären Abscheidung einer porösen Schicht von Zn-Hydroxychlorid II ($4\,Zn(OH)_2 \cdot ZnCl_2$) führt [116] (Reaktion 3b). Dadurch wird die Deckschicht weiter zerstört und die Reaktion geht unter Bildung der gleichen Verbindung nach Reaktion 3a weiter. Weiteres $Zn^{\cdot\cdot}$ reagiert mit

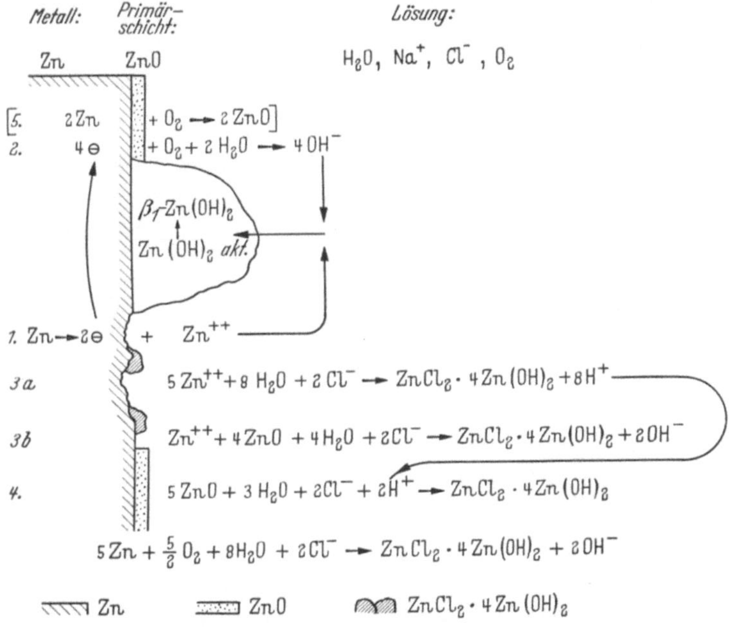

Abb. 22. Reaktionsschema von Zn in lufthaltiger 0,5 m NaCl-Lösung (nach FEITKNECHT[105])

dem kathodisch gebildeten $OH^{\cdot-}$ zu amorphem $Zn(OH)_2$, das sich schließlich zu stabilem β_1- $Zn(OH)_2$ oder ZnO umlagert und am Anodenrand eine lockere Ablagerung liefert.

Kathodisch herrscht hohes p_H, potentialbestimmend ist Reaktion 2. Somit ist das Potential trotz größerer Zn-Konzentration an den Anoden dort negativer. Durch die kathodischen und anodischen Reaktionen bleiben die p_H-Unterschiede etwa stationär, so daß als Endergebnis Löcher an den anodischen Stellen auftreten, die mit Hydroxychlorid bedeckt und von lockerem Hydroxyd umgeben sind. In verdünnten Chloridlösungen sind die Hydroxychloride unbeständig und als Korrosionsprodukt entstehen lediglich instabile Zn-Hydroxyde*.

* Die Abb. geben nur ein ungefähres Schema. In Wirklichkeit treten noch weitere Verbindungen auf (vgl. Abb. 18 und 19), besonders $6Zn(OH)_2 \cdot ZnCl_2$ an den Außenrändern der Löcher (also den stärker alkalischen Stellen). Die angegriffenen Gebiete liegen oft rhythmisch um ein Zentrum herum, ähnlich wie bei LIESEGANGschen Ringen (FEITKNECHT[93]).

[116] Zur Chemie und Struktur derartiger basischer Salze vgl. W. FEITKNECHT: Fortschr. chem. Forschg. 2, 670 (1953).

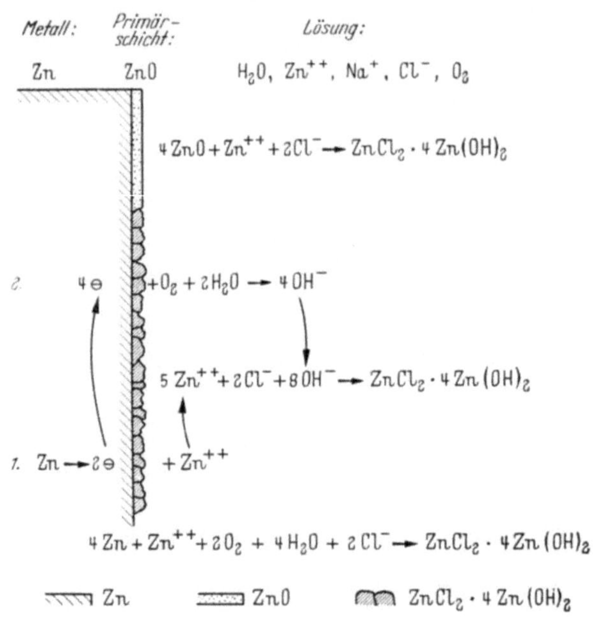
Metall:
Primär-schicht:
Lösung:
Zn
ZnO
H_2O, Zn^{++}, Na^+, Cl^-, O_2
$4\,ZnO + Zn^{++} + 2\,Cl^- \rightarrow ZnCl_2 \cdot 4\,Zn(OH)_2$
2. 4⊖
$+ O_2 + 2\,H_2O \rightarrow 4\,OH^-$
$5\,Zn^{++} + 2\,Cl^- + 8\,OH^- \rightarrow ZnCl_2 \cdot 4\,Zn(OH)_2$
1. Zn → 2⊖
$+ Zn^{++}$
$4\,Zn + Zn^{++} + 2\,O_2 + 4\,H_2O + 2\,Cl^- \rightarrow ZnCl_2 \cdot 4\,Zn(OH)_2$
Zn
ZnO
$ZnCl_2 \cdot 4\,Zn(OH)_2$

permeable to molecules or solvated particles, or *grain boundaries* or other disturbances exceeding the equilibrium disorder, only permeable to lattice ions. They may exist in chemically homogeneous or heterogeneous layers, the latter mostly being formed by local Voltaic couples.

The following causes of porous layer formation are treated:

1. Reactions at the inner phase boundary (metal/layer);

2. Mechanical stresses produced by different lattice parameters of metal and oxyde, which will disappear by recristallisation or breaking up.

3. Formation of nuclei and their spreading out across the surface.

4. Loss of metal under the growing layer.

5. Cracking of the films when temperature is fluctuating.

The PILLING-BEDWORTH-Rule ist only valid for some special cases. The thickness of porous films increases according to a parabolic law, if the inhomogeneity remains unchanged, it grows according to a logarithmic or asymptotic law, if the inhomogeneities are healed up. The law of formation will change into an almost linear form, if there is any cracking mechanism within the layers. Illustrations are given.

In order to treat the different kinds of local Voltaic couples which may cause chemically heterogeneous layers, the thermodynamic conditions of layer formation are discussed. Furthermore a distinction is drawn between cathodic and anodic layers and also between corrosion velocities, limited by cathodic or anodic reactions. The connection between the structure of layers and the special mechanism of the electrochemical reaction is demonstrated by several examples.

Bericht über die elektronenmikroskopischen Beobachtungen von Pfefferkorn über das Nadelwachstum von Metalloxyden

Von Th. Heumann

(Diskussionsbeitrag zum Vortrag Jaenicke, Die Bildung poröser Deckschichten bei der Korrosion)

Mit 5 Abbildungen

Bei Verwendung von Kupferdrahtnetzen als Trägermaterial für elektronenoptische Untersuchungen, die an Luft auf Temperaturen von einigen 100° C erhitzt worden waren, konnte Pfefferkorn[1] feine, auf der Kupferoberfläche aufgewachsene Nädelchen beobachten. Diese aus Oxyd bestehenden Nadeln können eine beträchtliche Länge

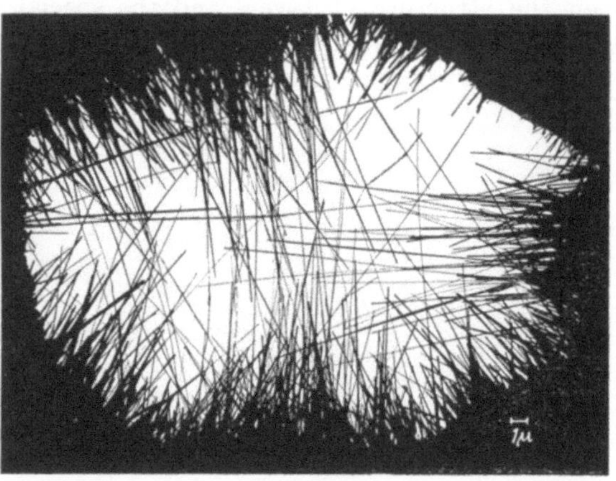

Abb. 1. Oxydnadeln in der Masche eines Netzes aus Phosphorbronze

[1] Pfefferkorn, G.: Naturwiss. **40**, 551 (1953) — Z. wiss. Mikroskopie **62**, **109** (1954) — Rapport Europees Toegepaste Elektronenmicroscopie Gent, 299 (1954) — Techn. Mitt. **47**, 452 (1954) — Z. Metallkde. **46**, 204 (1955).

erreichen. In Abb. 1 sieht man, wie die Oxydnadeln in die Maschen des Netzes hineingewachsen sind. Mit fortschreitender Erhitzung schießen immer wieder neue Nadeln aus der Metalloberfläche hervor, so daß schließlich die ganze Masche überdeckt ist.

Abb. 2a-i. a) Kupferoxyd auf Phosphorbronze, 1 Std. bei 430° oxydiert; b) Tantaloxyd, beim Erhitzen auf 560° oxydiert; c) Zinkoxyd, 15,5 Std. bei 340° oxydiert; d) Eisenoxydnadeln, beim Erhitzen auf 700° oxydiert; e) Nickeloxydnadeln, 12 Std. bei 525° oxydiert; f) Molybdänoxydnadeln, 1 Std. bei 220° und 2,5 Std. bei 310° oxydiert; g) Eisenoxydlamellen, 19 Std. bei 450° oxydiert; h) Nickeloxydlamellen, 12 Std. bei 525° oxydiert; i) Molybdänoxydblättchen, 1 Std. bei 220° und 2,5 Std. bei 310° oxydiert

Die Frage, ob es sich hier um eine nur für Kupfer charakteristische oder um eine allgemein verbreitete Erscheinung handelt, wurde von PFEFFERKORN durch weitere Versuche geprüft. Auf Grund solcher Versuche muß man annehmen, daß hier eine Eigenschaft bezüglich des Wachstums der Metalloxyde beobachtet worden ist, die von grundsätzlicher Bedeutung zu sein scheint. An fast allen untersuchten Metallen (Cu, Fe, Ni, Zn, Mo, Ta) wurde das Nadelwachstum fest-

Abb. 3. Abhängigkeit des Nadelwachstums bei Eisenoxyd von der Temperatur

gestellt, wie Abb. 2 erkennen läßt. Nur auf Al, Sn und Pb bildeten sich während der Oxydation keine Nädelchen, was offenbar mit der Tatsache im Zusammenhang steht, daß diese Metalle einen relativ niedrigen Schmelzpunkt besitzen. Bei erhöhten Temperaturen zeigen auch die oben genannten Metalle kein Nadelwachstum.

Die bisherigen Untersuchungen lassen nun folgende Gssetzmäßigkeiten erkennen. Die Dicke der Nadeln liegt in der Größenordnung von Bruchteilen eines μ und nimmt mit wachsender Temperatur zu. Abb. 3. Bei niedriger Temperatur entstehen zahlreiche dünne Nädelchen, bei höherer Temperatur wenige, aber dickere. Die Länge der Oxydnadeln ist sehr unterschiedlich, da während der Erhitzung laufend neue entstehen. In der Regel wachsen sie senkrecht aus der Oberfläche hervor. Das Geschwindigkeitsgesetz des Wachsens läßt sich aus experimentellen Gründen nur schwer ermitteln. Man kann jedoch beobachten, daß die Geschwindigkeit mit der Zeit abnimmt. Ein lineares Wachstum tritt demnach nicht auf. Ob ein parabolisches vorliegt, ist noch nicht mit Sicherheit entschieden.

Abb. 4 zeigt in drastischer Weise die Abhängigkeit der Dicke von der Temperatur. Die Oxydation wurde mehrfach unterbrochen und die jeweils aufgetretenen Veränderungen an ein und derselben Nadel durch elektronenmikroskopische Aufnahmen festgehalten. Dem größten Durchmesser der Keule in Abb. 4a entspricht die höchste Temperatur. Die Oxydation bei tieferer Temperatur (Abb. 4b) läßt eine dünnere Nadel aufwachsen, eine erneute Temperatursteigerung bringt wieder eine dickere (Abbildung 4c), ohne daß dabei die bereits vorliegende in ihrem dünnen Teil in die Breite wächst. Dieser Befund läßt außerdem erkennen, daß die Nadeln an ihrer Spitze wachsen. Aus Beugungsaufnahmen muß geschlossen werden, daß die Stäbchen einkristallin sind.

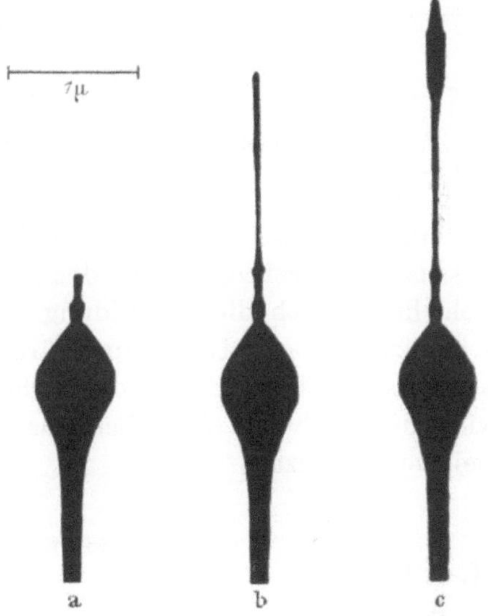

Abb. 4a – c. Wachsen einer Oxydnadel auf Kupfer bei periodischer Erhitzung

Das Auftreten der Nadeln dürfte von äußeren Bedingungen weitgehend unabhängig sein. Es ist gleichgültig, ob die Proben in Luft oder in reiner Sauerstoffatmosphäre, ob sie in einem Ofen oder durch elektrischen Strom erhitzt werden. Auch die Sulfidbildung in Schwefelatmosphäre führt zu nadelförmigen Kriställchen, die den Oxydstäbchen weitgehend ähneln.

Eine besonders wichtige Feststellung ist die, daß die feinen Stäbchen nur dann beobachtet werden, wenn das Metall bereits mit einer Anlaufschicht versehen ist. Demnach können die Nadeln offenbar nur aus einer Oxydschicht hervorwachsen und nicht unmittelbar auf der Metalloberfläche sich bilden. Abb. 5 bringt den Sachverhalt in schematischer Darstellung.

Auf weitere interessante Einzelheiten, bezüglich derer auf die Originalarbeiten von PFEFFERKORN verwiesen sei, soll hier nicht näher eingegangen werden. Es sei noch erwähnt, daß PAIDASSI[2] auch im Lichtmikroskop Oxydnadeln bei der Oxydation von Eisen beobachtet hat. Ferner konnte SCHMIDT[3] Nadeln auf Wolframpulver nach starker Elektronenbestrahlung feststellen.

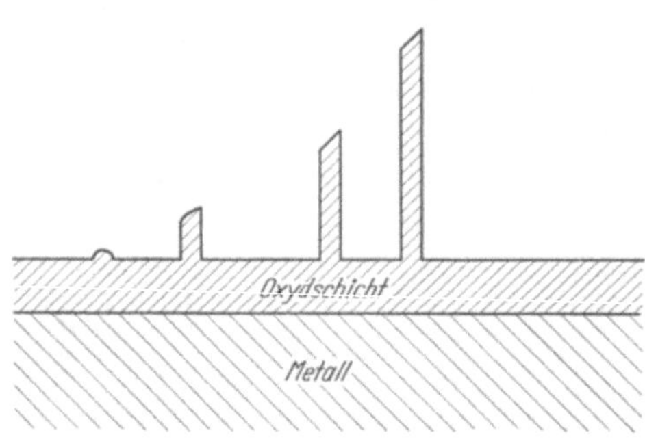

Abb. 5. Schematische Darstellung vom Wachsen der Nadeln auf einer Oxydschicht

Die Mechanismen, welche diese merkwürdigen Wachstumsvorgänge verursachen, sind noch völlig ungeklärt. Obwohl die Entdeckung anfänglich insofern besorgniserregend wirkte, als unsere bisherige Vorstellung über das Wachsen von Zunderschichten sich als falsch herauszustellen drohte, scheint doch das flächenhafte Wachstum solcher Schichten durch die Ausbildung der Nädelchen nicht sonderlich gestört zu werden. Immerhin wäre die Feststellung interessant, ob auch das flächenhafte Wachsen dadurch zustande kommt, daß sehr viele dichtstehende Stäbchen zusammenwachsen und zu einer Einheit verschmelzen.

Diskussionsbemerkungen

H.-J. Engell:

Die sehr interessante Erscheinung des Nadelwachstums auf Oxydschichten, wie sie PFEFFERKORN beobachtet hat, erinnert sehr stark an die Bildung von sogenannten *Whiskern* auf Metallen. Bei den Metall-Whiskern ist festgestellt worden, daß es sich um eine Rekristallisationsform handelt, die durch Oberflächendiffusion und Anlagerung der Atome um eine durch die Oberfläche stoßende Schraubenversetzung zustande kommt. Auf diese Weise wachsen aus der Oberfläche lange, dünne Kristalle heraus, die außer der einen Schraubenversetzung keine Kristallbaufehler enthalten und daher auch die theoretisch geforderten mechanischen Eigenschaften von Metall-Einkristallen haben. Das trifft ja für anders hergestellte Metallkristalle keineswegs zu. Es wäre durchaus denkbar, daß die von PFEFFERKORN beobachteten Oxydnadeln auf ähnliche Weise gebildet werden.

---

[2] PAIDASSI, J.: Bol. Soc. Chilena Quimica **4**, 61 (1952) — Trans. AIME **197**, 1570 (1953). — [3] SCHMIDT, R. W.: Kolloid-Z. **102**, 15 (1943).

W. Jaenicke:

Handelt es sich bei den gezeigten Erscheinungen wirklich um eine Reaktion des Metalls mit Sauerstoff oder ist es vielleicht eine spezielle Rekristallisationserscheinung? Wandert also Metall und Sauerstoff oder das Metall allein? Vielleicht sollte man dies durch Versuche ohne Metallunterlage oder im Hochvakuum (bzw. unter Zusatz von Edelgasen) prüfen.

Die Erscheinungen erinnern etwas an die Silberfäden, die sich bei der photographischen Entwicklung bilden. Solche Fäden sind zwar gekrümmt, besitzen aber ähnliche Dimensionen. Während bei ihnen noch nicht sicher entschieden ist, ob sie aus dem Silberhalogenidkristall gedrückt werden, durch Oberflächenwanderung wachsen oder aus der Lösung abgeschieden werden, scheidet bei den gezeigten Nadeln ein Wachstum von der Basis her aus. Auch bei der photographischen Entwicklung sprechen manche Beobachtungen für eine Anlagerung an der Spitze.

G. Schikorr:

E. Scheil hat 1937 (Z. Metallkde. 29, 209) eine Regel aufgestellt, die mir wichtig erscheint, auf die aber in den bisherigen Ausführungen nicht näher eingegangen wurde. Diese Regel unterscheidet zwei Ausbildungsformen der Zunderschicht, die hier der Kürze halber als *geschlossene* und als *offene* Form bezeichnet seien. Bei der geschlossenen Zunderform umschließt der Zunder ziemlich gleichmäßig den ganzen verzundernden Körper; die Zundergeschwindigkeit folgt dem Parabelgesetz; die Metallionen und die Elektronen wandern durch die Zunderschicht; die Oxydation erfolgt an der Grenze Zunder/Luft. Bei der offenen Zunderform wächst der Zunder senkrecht auf die Fläche auf, so daß an den Kanten Lücken ausgespart bleiben. Querschnitte durch einen derart aus einem Würfel entstehenden Zunderkörper nehmen schließlich die Form eines Malteserkreuzes an. Bei offener Zunderform ist die Zundergeschwindigkeit konstant und wird durch die Reaktion an der Grenzfläche Zunder/Metall geregelt. Meines Wissens kann bei manchen metallischen Werkstoffen je nach den Bedingungen sowohl die geschlossene als auch die offene Zunderform entstehen.

Beim atmosphärischen Rosten des Eisens an der Meeresküste kann man mitunter eine der offenen Zunderform durchaus entsprechende Rostform beobachten, bei der z. B. Sechskantmuttern fast die Form einer Blüte mit sechs Blütenblättern annehmen. Der Rost nimmt hierbei die etwa 7fache Dicke derjenigen Eisenschichten ein, aus der er entstanden ist; dieser höhere Raumbedarf erstreckt sich aber ausschließlich in einer einzigen Richtung, eine Möglichkeit, die grundsätzlich auch als Einschränkung der Regel von Pilling und Bedworth zu beachten ist.

Ich wäre dem Vortragenden dankbar, wenn er dazu Stellung nähme, wie die Regel von Scheil mit seinen Erfahrungen übereinstimmt.

W. Jaenicke *(Antwort)*:

Daß die Schichten, bei denen die *offene* Form der Korrosion gefunden wird, durch Sauerstofftransport wachsen, stimmt gut mit den in den ersten Abschnitten des Referats geschilderten Möglichkeiten für das Entstehen poröser Schichten überein.

Allerdings ist nicht leicht verständlich, daß die Würfel bei der Korrosion ihre Form beibehalten, also an den Kanten nicht stärker abgetragen werden.

Die atmosphärische Korrosion des Eisens an der Meeresküste dürfte wesentlich durch Lokalströme bedingt sein.

H. J. Engell:

Erlauben Sie mir bitte, zu dem Referat von Jaenicke ein paar experimentelle Einzelheiten beizutragen. Einmal möchte ich etwas zu der Ausbildung von Rissen in der Deckschicht und ihrem Einfluß auf den Aufbau der Zunderschicht bei der Verzunderung von Eisen berichten. Zum anderen will ich auf die Lokalelementtätigkeit zwischen nicht-deckenden Oxydschichten und Metallen am Beispiel des Systems Eisen/Wüstit/Schwefelsäure eingehen.

Man hat Gründe zu der Annahme, daß im FeO, dem wesentlichsten Bestandteil aller oberhalb 570°C auf Eisen gebildeten Zunderschichten, überwiegend das Metall wanderungsfähig ist. Diese bevorzugte Metalldiffusion führt mitunter zur Ausbildung von Spalten zwischen Eisen und FeO im Verlauf der Verzunderung, da für das hinausdiffundierende Metall kein Füllmaterial vorhanden ist.

In Abb. 1 und 2 sehen Sie die Oxydschichten auf einem weitgehend verzunderten Armco-Eisen-Blech (900°C, 20 min an Luft) Sie sehen, daß auf der einen Seite das Oxyd guten Kontakt mit dem Metall hat (Abb. 1). Hier ist die Oxydschicht fast ausschließlich aus FeO aufgebaut; am Außenrand ist eine dünne Fe_3O_4-Schicht zu erkennen.

In Abb. 2 ist ein breiter Spalt zwischen Oxyd und Metall zu erkennen. Weiter werden Sie bemerken, daß die Dicke der FeO-Schicht abgenommen und die der Fe_3O_4-Schicht zugenommen hat. Außen tritt jetzt auch etwas Fe_2O_3 auf. Die Abb. 3 und 4 zeigen ein ähnliches Ergebnis bei einer gleichfalls bei 900°C an Luft oxydierten Probe. Beide Abbildungen stammen von der gleichen Schicht; Abb. 3 zeigt den Beginn eines Spalts, der weiter rechts, wie Abb. 4

zeigt, schon wesentlich breiter geworden ist. Weiter sieht man, daß die Fe_3O_4-Schicht bei wachsender Spaltbreite an Dicke zunimmt, die FeO-Schicht an Dicke verliert. Nimmt man an, daß die Breite des

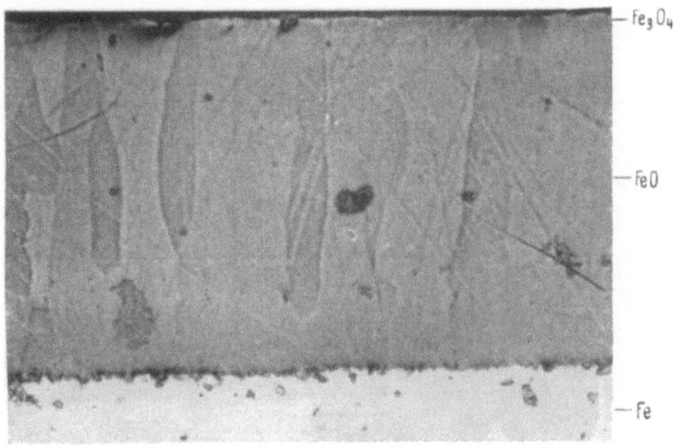

Abb. 1. Armco-Eisen, 20 min bei 900° C an Luft verzundert. Vergr. 300 ×

Spalts an jeder Stelle proportional der Zeit seit seinem Entstehen ist, so lassen sich beide Bildpaare zwanglos wie folgt deuten:

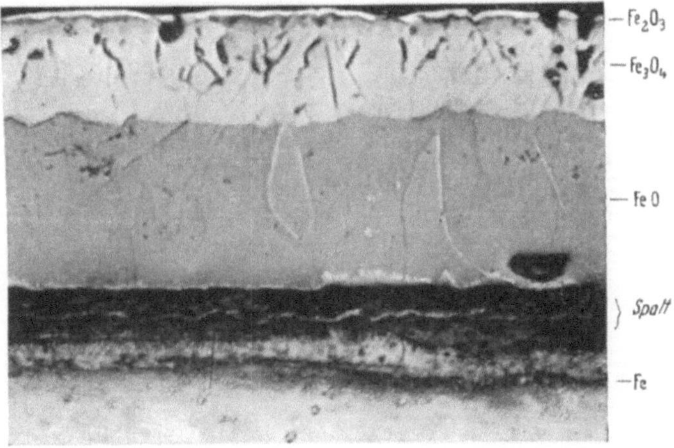

Abb. 2. Die andere Seite des in Abb. 1 gezeigten Bleches. Vergr. 300 ×

In Abb. 5 ist schematisch das chemische Potential des Eisens in der Zunderschicht in Abhängigkeit von der Ortskoordinate dargestellt. Am linken Ende der Ortskoordinate möge sich das Eisen, am rechten der Sauerstoff befinden. Im linken Teil von Abb. 5 ist der Normalfall dargestellt, bei dem sich kein Spalt zwischen Oxyd und Metall befindet. Das chemische Potential des Eisens fällt zum Sauerstoff hin ab. Unterschreitet es gewisse kritische Werte, so entsteht in der Zunderschicht jeweils das nächste, sauerstoffreichere Oxyd. Die

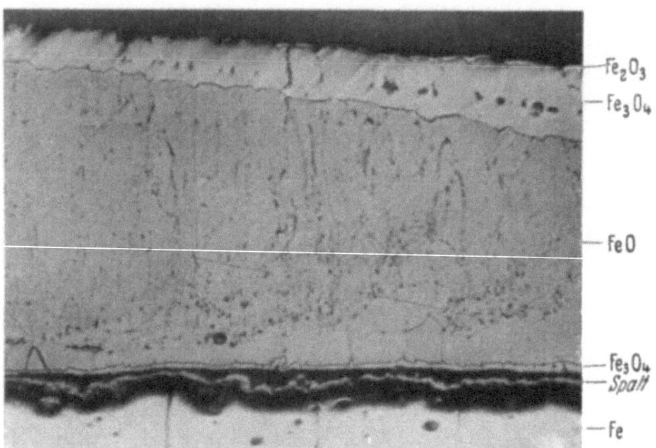

Abb. 3. Armco-Eisen, 20 min bei 900° C an Luft verzundert; Erläuterungen im Text. Vergr. 300 ×

Abb. 4. Fortsetzung der in Abb. 3 gezeigten Zunderschicht nach rechts. Vergr. 300 ×

Neigung des chemischen Potentials in den einzelnen Phasen ist jeweils durch die zugehörigen Diffusionskoeffizienten und die Bedingung gegeben, daß der Eisen-Teilstrom an allen Stellen der Zunderschicht den gleichen Wert haben muß.

Auf der rechten Seite der Abbildung ist der Fall dargestellt, daß sich zwischen Eisen und FeO ein Spalt gebildet hat. Das chemische Potential des Eisens fällt nun schon innerhalb des Spalts beträchtlich ab. Der Eisen-Teilstrom und damit die Neigung des chemischen Potentials des Eisens in den einzelnen Phasen sinken gleichfalls, und dadurch wird das Dickenverhältnis der einzelnen Schichten verschoben: Die Dicke der FeO-Schicht nimmt zugunsten des Fe_3O_4 und des Fe_2O_3 ab. Das ist aber genau das Ergebnis, das auch die Schliffbilder 1 bis 4 gezeigt haben.

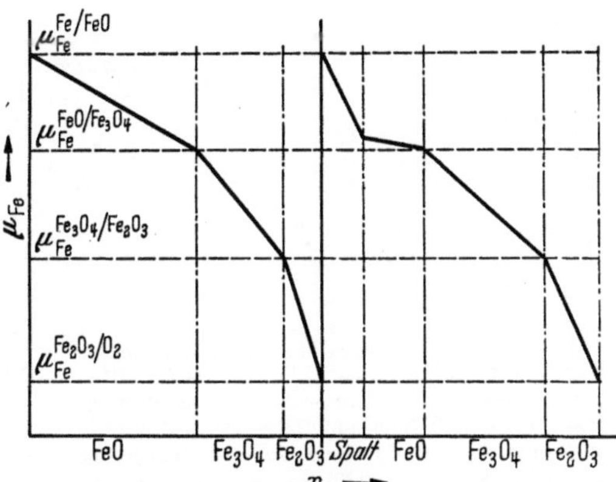

Abb. 5. Schematische Darstellung des Verlaufs des chemischen Potentials des Eisen μ_{Fe} in einer Zunderschicht ohne (links) und mit (rechts) Ausbildung eines Spalts zwischen Metall und Zunder

Aus einem dünnen Anflug von Fe_3O_4 an der Grenzfläche zwischen FeO und Spalt, der in den Abb. 2, 3 und 4 zu sehen war, läßt sich schließen, daß die Oxydschichten im Verlauf der (hier sehr langsam erfolgten) Abkühlung aufgerissen sind und Luft in den Spalt eingedrungen war. Durch die gleichen Risse kann nun im gegebenen Falle ein Elektrolyt an die Phasengrenze Oxyd/Metall gelangen. In diesem Falle kommt es zu einer Lokalelementwirkung zwischen Metall und Oxyd. Diese Erscheinung ist für das Abbeizen von Zunder und die sogenannte Walzhaut-Korrosion sehr bedeutsam. Das Element Metall/Oxyd/Elektrolyt ist schematisch in Abb. 6 dargestellt. Das Eisen wirkt als Anode und sendet Fe^{2+}-Ionen in den Elektrolyten und Elektronen zum FeO. Diese Elektronen reduzieren das im FeO stets vorhandene dreiwertige Eisen bzw. vernichten die durch Fe^{3+}-Ionen verkörperten Elektronen-Defektstellen. Die Fe^{2+}-Ionen des FeO gehen unmittelbar, die O^{2-}-Ionen unter Bindung an H^+-Ionen des Elektrolyten in Lösung.

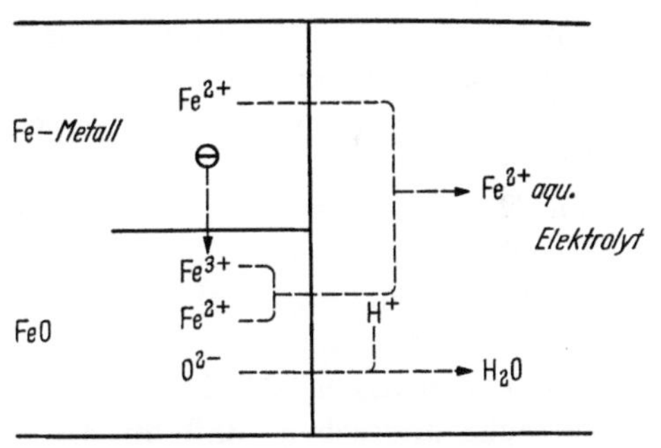

Abb. 6. Elektrochemisches Phasenschaubild der Korrosionszelle Eisen/Eisenoxyd/Elektrolyt

Wir haben nun die Strom-Spannungs-Kurve für die Auflösung von Eisen und von FeO in 1 n H_2SO_4 bei 25°C getrennt aufgenommen. Aus ihrer Kombination ergibt sich das in Abb. 7 dargestellte Strom-Spannungs-Schaubild. Es ist zu erkennen, daß die Reaktion vorwiegend kathodisch kontrolliert ist. Die Auflösungsgeschwindigkeit des FeO, dargestellt durch die $I_{Fe^{2+}}^{FeO}$-Kurve, ist um den Faktor 30 größer als die Auflösungsgeschwindigkeit des Eisens. Es sei hier aber gleich angemerkt, daß das für höhere Säurekonzentrationen und höhere Temperaturen nicht mehr in diesem Maße gilt.

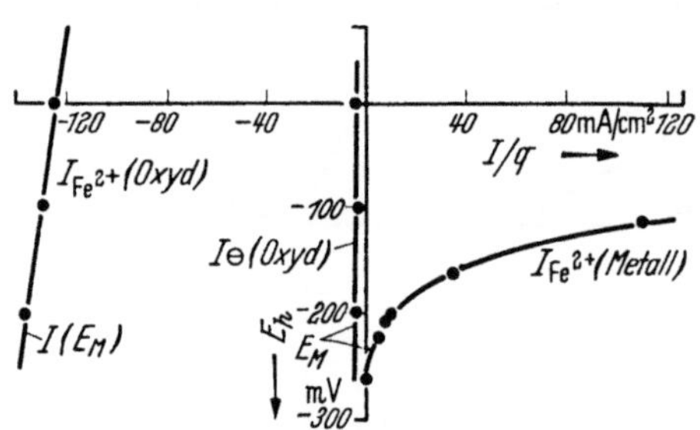

Abb. 7. Strom-Spannungs-Schaubild des Lokalelements Fe/1 n H_2SO_4, 25° C/FeO. $I_{Fe^{2+}}$(Metall) = Teil-Stromspannungs-Kurve der Eisenauflösung, $I_{Fe^{2+}}$(Oxyd) = Stromspannungskurve der Oxydauflösung, $I_{\ominus}$ (Oxyd) = bei der Oxydauflösung aus dem Oxyd ins Metall übergehender Elektronenstrom E_M = Mischpotential des Lokalelements

H. Pfeiffer:

Die im Verlaufe der Diskussion häufig angeschnittene Frage, ob Oxydkeime aus einer bereits vorhandenen dünnen Oxydschicht herauswachsen oder sich auf der oxydfreien Oberfläche bilden, ist im Hinblick auf eine Arbeit von MOREAU und BÉNARD [J. Inst. Metals **83**, 87 (1954—1955)] im Sinne der ersteren Annahme zu beantworten.

Die genannten Autoren beobachten bei der selektiven Oxydation von Chrom-Nickel-Legierungen die Ausbildung von Riefen an der Oberfläche, die entsprechend der Orientierung der unterliegenden Kristallite ausgerichtet sind. Anschließende Glühung in Wasserstoff bringt die Riefen sehr schnell, in Argon recht langsam zum Verschwinden. Der Prozeß ist reversibel. Die Bedingung für das Auftreten solcher Riefen ist das Vorhandensein einer dünnen Oxydschicht, die durch Elektronenbeugung nachgewiesen wurde. Aus diesem Grunde verschwinden die Riefen bei anschließender Glühung in Wasserstoff bzw. sehr reinem Argon. Als Ursache des geschilderten Verhaltens wird die Tatsache angesehen, daß die Oberflächenspannung zwischen Metall und Oxyd kleiner als die zwischen Metall und Gas ist, so daß bei oxydfreiem Material die geometrisch kleinste Oberfläche beobachtet wird, während sich bei Vorhandensein einer Oxydschicht ein Gleichgewichtsprofil ausbildet, das von Kristallit zu Kristallit variiert. Das Verschwinden der Riefen durch Glühung in Argon wird durch Kontraktion des Oberflächenoxyds und Bildung einzelner Oxydinseln gedeutet, wodurch ebenfalls freie Oberfläche entsteht.

Die Ausbildung derartiger Riefen ist ebenfalls auf Kupfer und Silber beobachtet worden. Ihr Entstehen in oxydierender und ihr Verschwinden in reduzierender Atmosphäre, die Ergebnisse der Elektronenbeugung und die Arbeiten von PFEFFERKORN sprechen eindeutig dafür, daß bei Beginn der Oxydation zunächst eine sehr dünne, geschlossene Oxydschicht gebildet wird, aus der heraus anschließend Keime wachsen.

W. Jaenicke *(Antwort, schriftlich eingereicht)*:
Ein genaueres Verständnis der von MOREAU und BÉNARD gemachten Beobachtungen über die Folgen der Gasadsorption auf die Gleichgewichtsformen von Metallkristallen dürfte die Untersuchung von O. KNACKE und I. N. STRANSKI bieten. [Vortrag auf der Bunsentagung 1956 in Freiburg, Z. Elektrochem. **60** (1956) (im Druck).]

A. Kutzelnigg:

In dem Referat von JAENICKE wird auf Versetzungen hingewiesen, die in Deckschichten infolge mangelnder Übereinstimmung der Gitterdimensionen auftreten können. Hierzu ist zu bemerken, daß auch Versetzungen, die das Grundmetall z. B. infolge von Kaltbearbeitung aufweist, bei einer topochemischen Umsetzung offenbar auf die Reaktionsschicht übertragen werden können. Als Beispiel sei die Umsetzung von Silber mit Eisenchlorid erwähnt. Gegossenes oder rekristallisiertes Silber liefert normales weißes Silberchlorid. Auf kaltgewalztem oder auch galvanisch abgeschiedenem Silber dagegen entstehen violettbraune Silberchloridschichten. Die Färbung ist augenscheinlich auf die Baufehler der Grundmetallschicht zurückzuführen, die sich in der Silberchloridschicht wiederfinden. [E. BEUTEL u. A. KUTZELNIGG: Mh. Chem. **61**, 189, 199 (1932); A. KUTZELNIGG: Metalloberfläche 7 B, 17 (1955)].

W. Jaenicke *(Antwort)*:

Ähnliche Erscheinungen haben wir auch bei Deckschichtbildung durch anodische Polarisation gefunden. Silberchloridschichten sind je nach der Vorbehandlung des Metalls grau, rötlich oder violett, möglicherweise durch Silberüberschuß (z. B. als F-Zentren). Bei hohen Stromdichten, bei denen die Schicht sekundär durch Ausscheidung aus übersättigter Lösung entsteht, hat sie dagegen die weiße Farbe des normalen Silberchlorids (s. auch W. JAENICKE, R. P. TISCHER, H. GERISCHER: Z. Elektrochem. **59**, 448 (1955).)

Auch K. HUBER berichtet von derartigen Färbungen an anodisch erzeugtem Zinkoxyd. Er zeigte, daß sie auf Zinküberschuß beruht, wodurch sich auch die hohe Leitfähigkeit der Deckschicht erklärt. (Helv. chim. acta **26**, 1037, 1253 (1943); **27**, 1443 (1944)].

K. Löhberg:

ENGELL zeigte soeben am Beispiel der Oxydation des Eisens, daß das Verhältnis der Anteile $FeO : Fe_3O_4 : Fe_2O_3$ sich unter sonst gleichen

Bedingungen ändert, wenn die Oxydschicht sich von der Metallunterlage ablöst und damit der Nachschub von Eisenionen entfällt. Ich möchte hier kurz auf eine Änderung des Verhältnisses von $Cu_2O : CuO$ bei der Oxydation von Kupferblechen verschiedenen Kaltwalzgrades bei 400°C hinweisen, über die WOLSTEIN und ich noch ausführlicher berichten werden. Mit zunehmender Kaltverformung der Bleche, die mit einer Änderung von Textur und Spannungszustand verbunden ist, nimmt die dem parabolischen Zeitgesetz folgende Zundergeschwindigkeit zu[1]. In gleicher Weise steigt auch das Mengenverhältnis $Cu_2O : CuO$ in der Zunderschicht an, wobei jedoch der absolute Gehalt der Schichten an CuO nahezu unverändert bleibt. Eine Ablösung der Zunderschicht vom Kupferblech wurde nicht festgestellt.

Wir deuten diese Beobachtung folgendermaßen: Die Geschwindigkeit der Reaktion $Cu_2O + \frac{1}{2} O_2 \rightarrow 2\, CuO$ ist zweifellos in allen Fällen die gleiche, unabhängig davon, was sich an der Grenzfläche Cu/Cu_2O ereignet, so daß die Unabhängigkeit des absoluten Mengenanteils CuO von der Vorgeschichte der Bleche verständlich wird. Die Zunahme des Mengenanteils Cu_2O mit steigendem Kaltwalzgrad kann nur darauf beruhen, daß in der Zeiteinheit um so mehr Atome aus der Unterlage in die Oxydschicht übergehen, je stärker verformt das Blech ist. Das Gefälle des chemischen Potentials zwischen den Grenzflächen Cu/Cu_2O und Cu_2O/CuO ist demnach abhängig vom *metallkundlichen Zustand* und damit auch die Konstante der WAGNERschen Zunderformel[1].

Zeitbestimmend ist — wie aus der Erfüllung des parabolischen Zeitgesetzes hervorgeht — die Diffusion der Ionen durch die Oxydschicht. Das Ausmaß der Gewichtszunahme je Zeiteinheit wird aber wesentlich bestimmt durch das Gefälle des chemischen Potentials zwischen den Grenzflächen der Oxydschicht.

W. Jaenicke *(Antwort)*:

Ich weiß nicht, wie groß die Änderungen des chemischen Potentials bei der Kaltverformung sind und ob sie ausreichen, um den Unterschied in der Zunderkonstante zu erklären.

Vielleicht wäre eine andere Möglichkeit zum Verständnis der Experimente, daß durch die Änderung des Kristallgefüges beim Walzen auch die Struktur der später aufwachsenden Deckschicht beeinflußt wird (vgl. die Diskussionsbemerkung von Dr. KUTZELNIGG), Dadurch könnte eine stärkere Korngrenzdiffusion auftreten und so die Zundergeschwindigkeit steigen. Voraussetzung dazu ist, daß die Temperatur zu niedrig ist, um eine erhebliche Rekristallisation des Cu_2O zu ermöglichen.

---

[1] LÖHBERG, K., u. F. WOLSTEIN: Z. Metallkde **46**, 734 (1955).

Zusammenwirken eines parabolischen und linearen Wachsens zweier aufeinander folgender Oxydschichten

Von **K. Hauffe**

(Diskussionsbeitrag zum Vortrag BLOCK, Phasengrenzreaktionen bei der Metalloxydation und zum Vortrag JAENICKE, Die Bildung poröser Deckschichten bei der Korrosion)

Recht kompliziert können die Verhältnisse werden, wenn nach mehr oder minder langen Oxydationszeiten das parabolische in das lineare Zeitgesetz übergeht, so wie dies z. B. für den Fall der Ce-, Th-, W- und Ti-Oxydation beschrieben wurde. Die Ursache der Änderung des zeitlichen Verlaufs der Oxydation kann recht verschiedenartig sein. Neigen beispielsweise die unter dem höchstwertigen Oxyd — wie z. B. im Falle der Ti-Oxydation TiO und Ti_2O_3 unter TiO_2 — entstehenden niederwertigen Oxyde zu einer porösen Struktur infolge Mangels einer guten Epitaxie, so wird die gesamte Oxydschicht einschließlich der anfänglich kompakten äußeren Schicht im Laufe der Oxydation porig. In solchen Fällen ist eine Vorherberechnung des zeitlichen Verlaufs der Oxydation und des Übergangs ins lineare Zeitgesetz nicht ohne weiteres möglich. Erheblich übersichtlicher werden aber die Verhältnisse, wenn die kompakte Schicht unmittelbar auf dem Metall aufwächst und erst auf dieser sich im Laufe der Oxydation eine poröse Schicht ausbildet. Hier läßt sich durch rechnerische Ansätze die maximale Dicke der kompakten Oxydschicht berechnen und der Zeitpunkt bestimmen, wo das parabolische in das lineare Zeitgesetz übergeht. Im Falle der Wolframoxydation konnten WAGNER und Mitarbeiter[1] den letzten Fall realisiert finden und ihre Versuchsergebnisse auswerten. Wegen seiner allgemeinen Gültigkeit soll hier der Rechengang beschrieben werden.

Wolframbleche wurden in Sauerstoff von 1 Atm zwischen 700 und 1000° C oxydiert. In der ersten Oxydationsperiode verlief die Oxydation nach einem parabolischen Zeitgesetz unter Ausbildung einer fest haftenden, porenfreien Deckschicht aus einem dunkelblauen Oxyd mit der Zusammenfassung $WO_{2,75}$.

[1] WEBB, W. W., J. T. NORTON u. C. WAGNER: J. electrochem. **103**, 107 (1956).

Jedoch schon recht bald macht sich außen eine gelbe lockere Oxydschicht mit der Zusammensetzung WO_3 bemerkbar. Die dunkelblaue Oxydschicht wächst nach dem parabolischen Zeitgesetz und erreicht bei 700° C eine Dicke von etwa $2 \cdot 10^{-3}$ cm, die bei 900° C um den Faktor 3 größer ist. Die Wachstumsgeschwindigkeiten der beiden Oxydschichten lauten:

$$\frac{d m_1}{d t} = \frac{a}{m_1} - b, \tag{1a}$$

$$\frac{d m_2}{d t} = f b. \tag{1b}$$

m_1 bzw. m_2 ist die Masse des Sauerstoffs in der kompakten unteren bzw. porigen äußeren Schicht je Flächeneinheit und f ist das Verhältnis der Sauerstoffgehalte je g-Atom Metall in der porigen und in der kompakten Oxydschicht. Ferner sind a und b Konstanten.

Die gesamte aufgenommene Sauerstoffmenge je Flächeneinheit ist dann:

$$\Delta m = m_1 + m_2. \tag{2}$$

Nach kurzen Oxydationszeiten mit ausschließlichem Sauerstoffverbrauch m_1 ($\Delta m \approx m_1$) kann die Konstante a aus Gl. (1a) folgendermaßen berechnet werden:

$$a = \lim_{t \to 0} \left\{ \frac{1}{2} \frac{d (\Delta m)^2}{d t} \right\} = \frac{1}{2} k''. \tag{3}$$

a ist also gerade die Hälfte der praktischen Zunderkonstanten k'' (in $g^2\,\mathrm{cm}^{-4}\,\mathrm{sec}^{-1}$).

Nach längeren Oxydationszeiten wird schließlich der gesamte Sauerstoff nur zum Aufbau der äußeren Oxydschicht verbraucht, d. h., der Antransport von Wolframionen zur Phasengrenze $WO_{2,75}/WO_3$ ist gerade so groß wie der Verbrauch von Wolfram zum Weiterbau der äußeren porigen Oxydschicht. Dadurch erreicht m_1 einen Grenzwert, $m_{1(\max)}$, und es wird $d m_1/d t = 0$. Hieraus folgt:

$$m_{1(\max)} = a/b. \tag{4}$$

Die Geschwindigkeit der Massenzunahme je Flächeneinheit wird dann $d m_2/d t$ und wir erhalten aus Gl. (1b) unter Beachtung von Gl. (2) ($\Delta m = m_2$):

$$f b \approx \lim_{t \to \infty} \left\{ \frac{d (\Delta m)}{d t} \right\} = l'', \tag{5}$$

wo l'' (in $\mathrm{g\,cm}^{-2}\,\mathrm{sec}^{-1}$) die Geschwindigkeitskonstante des linearen Zeitgesetzes für lange Oxydationszeiten ist.

Integration der Gl. (1a) und (1b) ergibt die folgenden Ausdrücke:

$$\ln(1 - b\,m_1/a)^{-1} - b\,m_1/a = b^2\,t/a, \tag{6a}$$

$$m_2 = b\,f\,t, \tag{6b}$$

wobei die Werte m_1 und m_2 durch Gl. (2) bestimmt sind. Unter Verwendung der folgenden Substitutionen:

$$X = \ln(1 - b\,m_1/a)^{-1} \tag{7}$$

und

$$Y = b^2\,t/a \tag{8}$$

können wir Gl. (6a) auf die folgende Form umschreiben:

$$X - [1 - \exp(-X)] = Y \tag{9}$$

und $\log Y$ — berechnet aus Gl. (9) — gegen $\log X$ auftragen. Mit Hilfe dieser Auftragung erhalten wir die Werte von X für ein vorgegebenes $Y = b^2\,t/a$. Durch Substitution von Gl. (6a) und (6b) in Gl. (2) erhalten wir schließlich:

$$\Delta m = \frac{a}{b}\ln(1 - b\,m_1/a)^{-1} + b(f-1)\,t = \frac{a}{b}[X + Y(f-1)]. \tag{10}$$

Aus dieser Gleichung läßt sich für jede Versuchszeit der entsprechende Wert Δm berechnen und mit den Versuchsdaten vergleichen. ($f = 1{,}09$ für $WO_{2,75}$; gerechnet wurde mit $f \approx 1$, da die Zusammensetzung der Schicht noch nicht genügend bekannt ist; ferner mit $a = {}^1/_2\,k''$ und $b = l''$).

Die maximale Dicke $\Delta\xi_{max}$ der kompakten blauen Oxydschicht läßt sich aus der folgenden Beziehung berechnen:

$$\Delta\xi_{max} = m_{1(max)}\,M/(16 N_0\,\varrho), \tag{11}$$

wo M das Molekulargewicht und ϱ die Dichte des blauen Oxyds ist. Ferner kennzeichnet N_0 die Zahl der Sauerstoffatome je Wolframatom. Unter der Annahme in erster Näherung: $N_0 \approx 3$ ergibt sich für $\Delta\xi_{max}$ und $m_{1(max)}$

	700	800	900	1000 °C	
$\Delta\xi_{max}$	$2{,}0 \cdot 10^{-3}$	$3{,}1 \cdot 10^{-3}$	$5{,}5 \cdot 10^{-3}$	$1{,}35 \cdot 10^{-2}$	cm
$m_{1(max)}$	$3{,}1 \cdot 10^{-3}$	$4{,}7 \cdot 10^{-3}$	$8{,}4 \cdot 10^{-3}$	$2{,}0 \cdot 10^{-2}$	$g\,cm^{-2}$
$t_{0,5}$	1490	280	264	214	sec

Die gleichzeitig mit aufgeführte *Halbwertszeit* $t_{0,5}$, die erforderlich ist für $m_1 = \frac{1}{2}\,m_1\,(max)$; — also für die halbe maximal erreichbare

Dicke der schützenden blauen Oxydschicht — berechnet sich aus Gl. (4) und (6a) zu:

$$t_{0,5} = \frac{a}{b^2}(\ln 2 - 0,5) = 0,19\,\frac{a}{b^2}\,. \qquad (12)$$

Nach Klärung dieses Sachverhaltes für die Oxydation von Wolfram erscheinen zwecks Aufklärung des Oxydationsmechanismus im obigen Sinne zusätzliche Untersuchungen über die Oxydation von Cer, Thorium, Uran und weiteren Metallen, die während der Oxydation einen Übergang vom parabolischen zum linearen Zeitgesetz zeigen, wünschenswert.

Experimentelle Methoden zur Untersuchung dünner Oxydschichten auf Metallen*

Von A. Politycki

Mit 7 Abbildungen

Zusammenfassung. Zum Nachweis der bei Zimmertemperatur auf Metallen entstehenden oxydischen Anlaufschichten lassen sich gravimetrische, elektrometrische und manometrische Verfahren heranziehen. Eine direkte Bestimmung kann auch mit Hilfe von Elektronenbeugung, nach der Transparenz- oder der Polarisationsmethode erfolgen. An Hand der neuesten Arbeiten wird die experimentelle Durchführung dieser Verfahren beschrieben. Die Ergebnisse werden miteinander verglichen.

Einleitung. Es ist bekannt, daß sich die meisten Metalle an der Luft mit einer sehr dünnen Oxydschicht bedecken. Diese, häufig als *Luftoxydschicht* bezeichnete Oberflächenbelegung ist unsichtbar und gibt sich nur in wenigen Fällen, z. B. durch eintretende Passivität des Metalls, zu erkennen. Es ist deshalb nicht leicht, ihr Vorhandensein nachzuweisen. Die Bestimmung ihrer Stärke und Wachstumsgeschwindigkeit gehört zu den Aufgaben, die an die Grenze der heutigen Experimentierkunst heranführen. Es gibt zwar Methoden, die es erlauben, bis in das Gebiet der monomolekularen Filme vorzudringen, keinem Verfahren ist jedoch bisher uneingeschränktes Vertrauen entgegengebracht worden. Die Skepsis war verständlich, da die auf verschiedenen Wegen erhaltenen Aussagen stark — teilweise um mehr als eine Größenordnung — voneinander abwichen. Im Verlaufe der letzten Jahrzehnte ist auf dem Gebiete jedoch beachtlich viel geleistet worden, und es mag sich lohnen, einen Blick auf den Stand dieser Entwicklung und die nun vorliegenden Ergebnisse zu werfen.

---

* Dieses Referat wurde erst nach der Tagung auf Wunsch der Teilnehmer angefügt. (Die Herausgeber)

Die Methoden, die sich für die Untersuchung (20—1000 Å) dünner Oxydschichten auf Metallen eignen, sind folgende:

1. Die gravimetrische Methode	4. die Elektronenbeugungsmethode
2. die elektrometrische Methode	5. die Transparenzmethode
3. die manometrische Methode	6. die Polarisationsmethode

Die experimentelle Anwendung der einzelnen Methoden sei im folgenden an Hand der neueren Literatur kurz erläutert.

1 Die gravimetrische Methode

Es mag vielleicht überraschen, daß man die Ausbildung der äußerst dünnen Oxydhaut auf einem Metall durch Gewichtszunahme der Probe nachweisen kann. Um einen Überblick über die hierbei auftretenden Masseänderungen zu erhalten, sei folgende Überschlagsrechnung vorangestellt: Ein Metall hat an seiner Oberfläche etwa 10^{15} Atome/cm² zur Reaktion verfügbar. Die Anlagerung von z. B. zwei Atomen Sauerstoff für jedes Metallatom bedeutet dann eine Gewichtszunahme von $3 \cdot 10^{-8}$ g/cm². Hat man eine Gesamtfläche von 10 cm², so muß sich eine monomolekulare Sauerstoffbelegung durch eine Gewichtszunahme der Probe von mindestens $0{,}3 \cdot 10^{-6}$ g nachweisen lassen. Diese Menge ist mit speziellen Mikrowaagen tatsächlich bereits erfaßbar. Eine Konstruktion geht auf A. GULBRANSEN[1] zurück, der sie für die Ermittlung von Anlaufkonstanten einer Anzahl von Metallen verwandte, und damit auch die bei Zimmertemperatur entstehenden Oxydschichten, z. B. auf Eisen und Wolfram, bestimmte. Mechanisch polierte Bleche wurden zur Herstellung einer oxydfreien Oberfläche im Wasserstoffstrom bei 600° C behandelt. Die anschließende Einwirkung von Sauerstoff war von einer beobachtbaren Gewichtszunahme der Proben begleitet, die beim Eisen nach 10 min einer etwa 15 Å dicken Oxydschicht entsprach. Beim Wolfram ergab sich in gleicher Weise für eine *Zwei-Minuten-Schicht* bereits eine Stärke von 54 Å. Diesen Werten sind die Dichten für kompaktes Oxyd zugrunde gelegt.

T. N. RHODIN[2] verbesserte die GULBRANSENsche Waage so weit, daß die Empfindlichkeit auf 10^{-7} g anstieg. Er benutzte elektrolytisch poliertes Kupfer und konnte durch Adsorptionsversuche mit Argon und Stickstoff bei 80° K zeigen, daß bei den Versuchsproben eine recht gute Übereinstimmung zwischen makroskopischer und submikroskopischer Oberfläche vorlag. RHODIN verwandte auch besondere Sorgfalt auf die extreme Reinigung des für die Reduktion benutzten Wasser-

[1] GULBRANSEN, E. A.: Rev. sci. Instrum. **15**, 201 (1944) — Trans. electrochem. Soc. **91**, 573 (1947).

[2] RHODIN, T. N.: J. Amer. chem. Soc. **72**, 4343 u. 5102 (1950); **73**, 3143 (1951).

stoffs und entgaste die Versuchsproben vor der Oxydation bei 400° C, bis ein Vakuum von 10^{-7} mm Hg erreicht war. Als Gewichtszunahme der Proben betrachtete er nur jenen Sauerstoffanteil, der sich nach der Einwirkung trotz Erhöhung der Temperatur auf 500° K nicht mehr abpumpen ließ. Ein weiterer entscheidender Fortschritt gegenüber den Versuchen von GULBRANSEN besteht darin, daß RHODIN mit einkristallinem Material arbeitete und jeweils die gleichen Oxydationsversuche an verschiedenen Flächenarten des kubisch-flächenzentrierten Gitters ablaufen ließ. Es zeigte sich, daß die Anlaufschicht an der Würfelfläche rascher als an der Oktaederfläche wächst, und daß sie nach 34 Std. bei 300° K an der (1 0 0)-Fläche etwa 16 Å, an einer (1 1 1)-Fläche dagegen nur etwa 8 Å Grenzdicke erreicht hat.

In guter Übereinstimmung mit den obigen Ergebnissen sind die Messungen von J. A. ALLEN[3], der ebenfalls das Wachstum der natürlichen Oxydschicht auf elektrolytisch poliertem Kupfer untersucht, dabei aber die elektrometrische Methode benutzt hat. Dieses Verfahren soll im folgenden Kapitel kurz erläutert werden.

2 Die elektrometrische Methode

Bei vielen Metallen läßt sich das Oberflächenoxyd elektrolytisch reduzieren. Sofern sich keine anderen elektrochemischen Vorgänge abspielen und der Elektrolyt den Oxydfilm nicht chemisch angreift, ist die zur Reduktion benötigte Strommenge der Oxydmenge äquivalent (FARADAYsches Gesetz). Als Indikator für den Endpunkt der Reduktion läßt sich die Änderung des Galvanipotentials heranziehen, die nach Beendigung des Abbaus der Oxydschicht durch einen anderen — häufig scharf einsetzenden — elektrochemischen Vorgang, z. B. der Entwicklung von Wasserstoff, verursacht wird. Die Versuchsdurchführung sei an Hand der Abb. 1 beschrieben, in der die Anordnung schematisch dargestellt ist. Das Versuchsgefäß ist so ausgebildet, daß es im Hochvakuum entgast werden kann. Bei Beschickung mit einem Elektrolyten wird es zu einer elektrolytischen Zelle, in der das Versuchsmaterial kathodisch geschaltet ist. Durch eine HABER-LUGGIN-Kapillare ist für eine leitende Verbindung zu

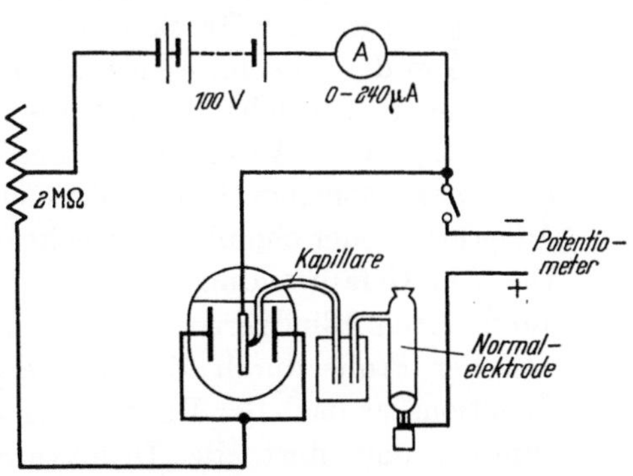

Abb. 1. Versuchsanordnung für die elektrometrische Oxydbestimmung. (Nach J. A. ALLEN)

[3] ALLEN, J. A.: Trans. Faraday Soc. 48, 273 (1952).

einer Normalelektrode gesorgt. Das GALVANI-Potential wird hinreichend verstärkt und leistungslos gemessen. Nun wird bei kleiner, konstanter Stromdichte polarisiert und die Zeit ermittelt, die bis zur Änderung des GALVANI-Potentials verstreicht. Diese Methode stammt von U. R. EVANS und L. C. BANNISTER[4]. Sie wurde später von H. A. MILEY[5], U. B. THOMAS und W. E. CAMPBELL[6], sowie E. RAUB und A. VON POLACZEK-WITTEK[6a] herangezogen.

J. A. ALLEN benutzte als Elektrolyten 0,1 n KCl-Lösung. Er behandelte seine elektrolytisch polierten Kupferbleche bei einer kathodischen Stromdichte von $6 \cdot 10^{-5}$ A/cm² und bekam, entsprechend der Belüftung nach wenigen Minuten einen Potentialsprung von etwa 700 mV (Abb. 2). Die Berechnung der Strommenge ergab, daß die natürliche Oxydschicht binnen einer halben Stunde etwa 15 Å und nach 20 Std. etwa 20 bis 25 Å dick war. Dieser Befund deckt sich gut mit den Ergebnissen, die RHODIN (s. o.) nach der gravimetrischen Methode erzielt hat.

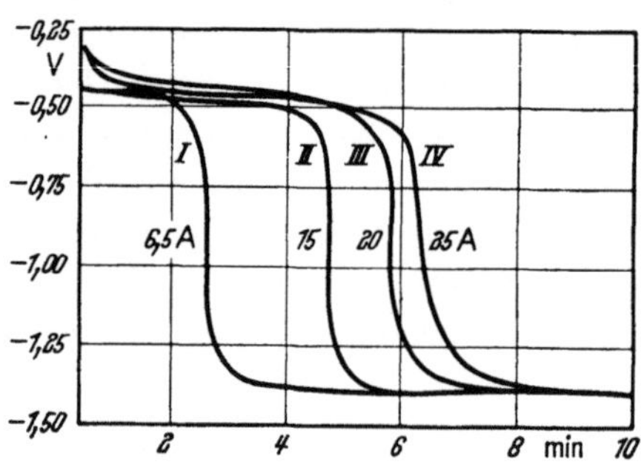

Abb. 2. Potential-Zeitkurven beim Kupfer (Nach J. A. ALLEN)
I unbelüftet (elektropoliert). *II* 30 min belüftet. *III* 17 Std. belüftet. *IV* 20 Std. belüftet

3 Die manometrische Methode

Nach dem Gasgesetz ist der Gasdruck in einem bestimmten Volumen der Anzahl der in ihm enthaltenen Teilchen proportional. Man kann also aus einer Druckverminderung in einem konstanten Volumen auf die in der Gasphase verschwundene Teilchenzahl zurückschließen. Auf dieser Tatsache basiert die manometrische Methode zur Bestimmung von Adsorptions- und Anlaufschichten: Man läßt eine bekannte Gasmenge in das Versuchsgefäß und beobachtet die infolge Adsorption oder chemischer Reaktion eintretende Druckverminderung. Die von Gefäßwandungen usw. adsorbierten Gasmengen lassen sich durch einen Blindversuch gesondert bestimmen. Zur Ermittlung des von der Probe durch Einbau festgehaltenen Anteils kann man das Reaktionsgas nach der Einwirkung wieder in sein Vorratsgefäß zurückpumpen und dort die Druckverminderung feststellen. Recht genaue Messungen sind möglich, wenn das durch Reaktion verbrauchte Gasvolumen in einer Mikrobürette bei konstantem Druck

[4] EVANS, U. R., u. L. C. BANNISTER: Proc. roy. Soc., Lond. A **125**, 370 (1929).
[5] MILEY, H. A.: J. Amer. chem. Soc. **59**, 2626 (1937).
[6] CAMPBELL, W. E., u. U. B. THOMAS: Trans. electrochem. Soc. **76**, 303 (1939).
[6a] RAUB, E., u. A. von POLACZEK-WITTEK: Z. Metallkunde **34**, 275 (1942).

(im Thermostaten-Raum) gemessen wird. Der konstante Gasdruck wird hierbei durch ein Differentialtensiometer mit waagerechter Meßkapillare und mit einem darin befindlichen Tropfen einer organischen Flüssigkeit von niedrigem Dampfdruck sehr genau eingehalten. Das Tensiometer arbeitet als Nullinstrument[7a]. Alle diese Verfahren lassen jedoch stets nur eine indirekte Auswertung zu. Man wird deshalb bestrebt sein, eine Kontrolle des Reaktionsablaufes durch weitere Beobachtungen an der Metallprobe selbst vorzunehmen.

R. Suhrmann und K. Schulz[7] haben eine derartige Kontrolle ermöglicht, indem sie die Oxydation an sehr dünnen Aufdampfschichten vornahmen — es handelt sich um Nickelfilme — und den Anstieg des elektrischen Widerstandes feststellten. Sie fanden eine nahezu lineare Beziehung zwischen der irreversibel angelagerten Sauerstoffmenge (chemischer Anbau von Sauerstoff unter NiO-Bildung) und der Widerstandszunahme. Die von ihnen aufgenommenen Adsorptions- bzw. Chemisorptionsisothermen sind in Abb. 3 wiedergegeben. Wie ersichtlich, liegt die bei Zimmertemperatur verbrauchte Gasmenge etwa bei 4 Molekeln pro Oberflächen-Ni-Atom, und zwar einschließlich des reversibel chemisorbierten Anteils. Die Verfasser haben in ihren Ergebnissen vorsichtigerweise keine Schichtdicken angegeben; es sei jedoch erlaubt, wenigstens eine obere Grenze zu nennen, die durch die obige Aussage bereits festgelegt scheint: Stellt man sich vor, daß sich jeweils 8 Atome Sauerstoff in einer Kette vor einem Ni-Atom befinden, so würde diese Schicht eine Dicke von höchstfalls 25 Å aufweisen.

Die auf manometrischem Wege ermittelte Adsorbatmenge läßt sich auch durch andere Erscheinungen an der Metallprobe, z. B. den Rückgang der Feldemission kontrollieren, der mit der Belegung der Oberfläche beobachtet wird. Wie E. W. Müller[8] am Wolfram festgestellt hat, kann dieser Rückgang bis zu 5 Größenordnungen ausmachen. Leider herrscht jedoch zwischen den einzelnen Flächen ein Kontrast vom etwa gleichen Betrag, so daß die genaue Auswertung erschwert ist. Der Autor berechnet die Gesamtemission bei definierten Sauerstoffdrucken und ermittelt daraus eine Beziehung zwischen der (manometrisch bestimmten) Anzahl aufgetroffener Moleküle/cm² und der gleichzeitig (über den Emissionsstrom) zugänglichen Elektronenaustrittsarbeit. Es ergibt sich, daß die Austrittsarbeit mit zunehmender Belegung wächst und dann einem Grenzwert zustrebt (Abb. 4). Der Verfasser macht die Annahme, daß dieser Grenzwert etwa einer monomolekularen Belegung entspricht und daß die weitere Adsorption nur

[7] Suhrmann, R., u. K. Schulz: Z. phys. Chem. N. F. **1**, 79 (1955).

[7a] Siehe z. B.: H. J. Engell, K. Hauffe u. B. Ilschner: Z. Elektrochem., Ber. Bunsenges. phys. Chem. **58**, 478 (1954).

[8] Müller, E. W.: Z. Elektrochem. **59**, 372 (1955).

noch langsam erfolgt und von geringem Einfluß auf die Austrittsarbeit ist. Er räumt dabei allerdings ein, daß es selbst bei dem benutzten Hochvakuum von etwa 10^{-8} mm Hg schwer ist, die von der Wolfram-

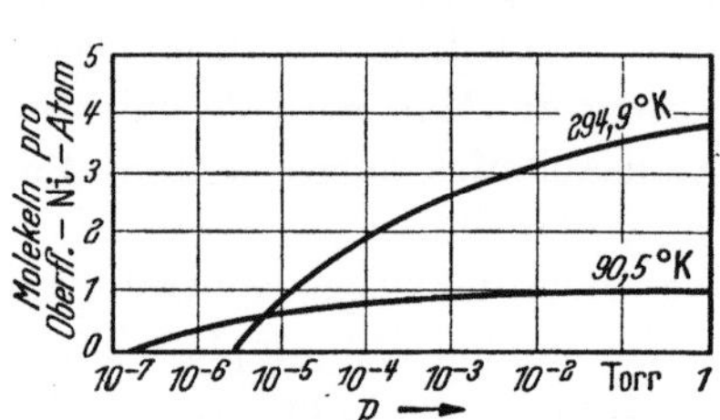

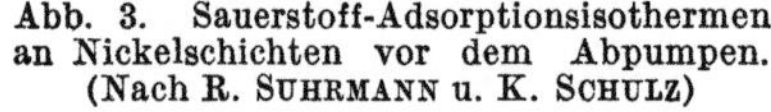

Abb. 3. Sauerstoff-Adsorptionsisothermen an Nickelschichten vor dem Abpumpen. (Nach R. Suhrmann u. K. Schulz)

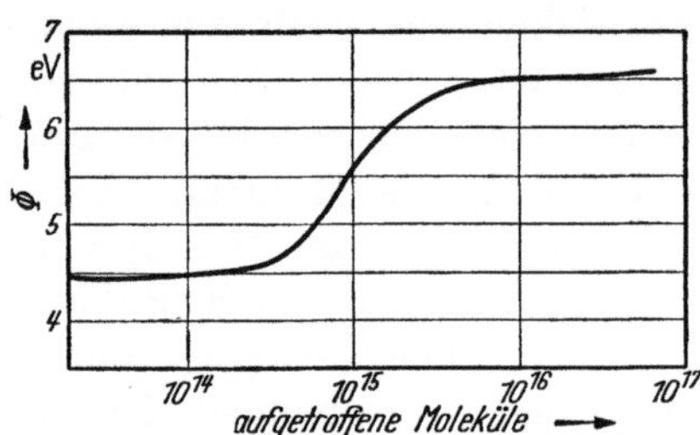

Abb. 4. Effektive Austrittsarbeit einer Wolframspitze in Abhängigkeit von der Zahl der aufgetroffenen Sauerstoffmoleküle. (Nach E. W. Müller)

spitze adsorbierte Gasmenge zu kontrollieren. Die Aussage ist deshalb mit einem relativ großen Unsicherheitsfaktor behaftet. Es bleibt zu hoffen, daß sich die Methode auf makroskopische Flächen übertragen läßt. Die Untersuchungen von T. S. Martin[9] sowie K. Kerner[11a] scheinen in dieser Hinsicht vielversprechend zu sein.

4 Die Elektronenbeugungsmethode

Wenn ein unter hoher Spannung erzeugter Elektronenstrahl eine Substanz durchstrahlt, die dünner als 100 Å ist, so wird die Intensität der Beugungsreflexe etwa der Substanzmenge (Schichtdicke) proportional. L. H. Germer[10] hat diese Beobachtung beim Studium der atmosphärischen Korrosion von Kupfer-Aufdampfschichten gemacht: Im Verlaufe eines Jahres stellte er eine stetige Intensitätsverminderung der Cu-Reflexe fest, während die Intensität der Cu_2O-Reflexe ständig zunahm. In der Folgezeit haben H. White und L. H. Germer[11] dieses Verfahren weiter ausgearbeitet und zum Studium der natürlichen Oxydschicht auf Kupfer herangezogen.

Auf eine etwa 100 Å dicke Unterlage, deren Beugungsbild vor Versuchbeginn aufgenommen wurde, brachten die Verfasser durch Aufdampfen bei $5 \cdot 10^{-5}$ mm Hg-Druck eine etwa 50 Å dicke Kupferschicht auf. Ihre Dicke wurde nach einer gravimetrischen Methode abgeschätzt. Das Beugungsdiagramm der Schicht wurde sofort bzw. nach Einwirkung von Sauerstoff aufgenommen. Die Auswertung der Photometerdiagramme erfolgte — nach Durchführung gewisser Korrekturen — in der Weise, daß die Schwärzungsmaxima

[9] Martin, S. T.: Phys Rev. **56**, 947 (1939).
[10] Germer, L. H.: Phys. Rev. **56**, 58 (1939).
[11] White, H., u. L. H. Germer: Trans. electrochem. Soc. **81**, 305 (1942).
[11a] Kerner, K.: Z. angew. Phys. **8**, 1 (1956).

für die (1 1 1)-Ringe des reinen Oxyds und des reinen Metalls als Indikator genommen und aus dem Intensitätsverhältnis beider Maxima der oxydische Anteil berechnet wurde. Andere Flächen, deren Interferenzringe ebenfalls erschienen, wurden bei der Auswertung nicht berücksichtigt. Die Autoren untersuchten nun die bei 20 mm Sauerstoffdruck wachsenden Oxydschichten in Abhängigkeit von der Einwirkungsdauer. Sie fanden bei 20° C und $p_{O_2} = 20$ mm Hg ein logarithmisches Zeitgesetz der Form: $\xi = 4 + 6{,}5 \log t$ (ξ in Å und t in min). Danach beläuft sich die Dicke der in einer halben Stunde entstandenen Oxydschicht auf 27 bis 38 Å. Als Grenzdicke (Wachstumsgeschwindigkeit von 1 Å/Jahr) wird der Wert 50 Å angegeben.

Mittels Elektroneninterferenzen lassen sich auch die auf kompaktem Metall aufwachsenden Oxydfilme nachweisen. Der Elektronenstrahl muß dazu streifend einfallen, so daß die optische Weglänge durch das Oxyd hinreichend groß wird.

H. Wesemeyer und H. Raether[12] haben auf elektrolytisch polierten und durch kathodisches Zerstäuben gereinigten Kupfer-Einkristallflächen nach einer Lufteinwirkung von wenigen Minuten eine etwa 20 Å dicke CuO-Schicht festgestellt.

Zwei weitere optische Methoden, die zu einer Aussage, über das Wachstum natürlicher Oxydschichten verhelfen können, benutzen sichtbares Licht: die Transparenz- und die Polarisationsmethode.

5 Die Transparenzmethode

Die Transparenzmethode beruht auf der Erkenntnis, daß Licht von einem Metall viel stärker absorbiert wird als von seinem Oxyd. Die Durchlässigkeit einer sehr dünnen Metallschicht wird also bei der Ausbildung einer Oxydschicht ansteigen. A. Steinheil[13] hat diese Erkenntnis — offenbar als erster — zum Studium des Oxydwachstums beim Aluminium angewandt. Ein frisch gespaltenes Glimmerplättchen wurde im Vakuum mit Aluminium bedampft. Der durch diese Schicht hindurchgehende Lichtstrom $(J)_{t_0}$ wurde unter Zuhilfenahme einer Selenzelle gemessen und mit dem nach Wegklappen des Plättchens ankommenden Lichtstrom J_0 verglichen. Anschließend wurde Sauerstoff in das Versuchsgefäß eingelassen und der durch den Metallfilm hindurchgehende Lichtstrom in Abhängigkeit von der Expositionszeit $(J)_t$ aufgenommen. Die umgewandelte Metalldicke d ist aus der Beziehung

$$\alpha d = \log \frac{J_0}{(J)_{t_0}} - \log \frac{J_0}{(J)_t}$$

berechenbar, wenn α, der Absorptionskoeffizient des Metalls bekannt ist. Die von Steinheil erhaltene Kurve war reproduzierbar und hatte

[12] Wesemeyer, H., u. H. Raether: Naturwiss. **39**, 398 (1952).

[13] Steinheil, A.: Ann. Phys. **19**, 475 (1934).

die in Abb. 5 dargestellte Form. Ein Parallelversuch mit einer Gold-Aufdampfschicht zeigte den charakteristischen Anstieg der Durchlässigkeit beim Lufteintritt nicht. Die anfänglich zu hoch berechnete Schichtdicke von etwa 400 Å beruhte auf einen falschen Wert für den Absorptionskoeffizienten (A. HASS[14]). Nach Richtigstellen dieses Wertes berechnet sich aus den Ergebnissen von STEINHEIL eine Dicke von etwa 74 Å. N. CABRERA und J. HAMON[15] haben (1947) mit der gleichen Untersuchungsmethode für die bei 10° C entstehende Oxydschicht nach 15 Tagen eine Dicke von etwa 30 Å gefunden.

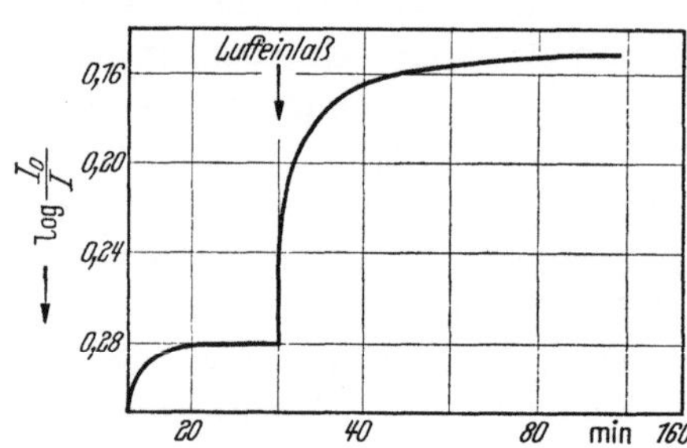

Abb. 5. Lichtdurchlässigkeit einer Aluminium-Aufdampfschicht. (Nach A. STEINHEIL)

6 Die Polarisationsmethode

Als zweites optisches Verfahren sei noch die sogenannte DRUDEsche Polarisationsmethode kurz umrissen.

Das Prinzip der Methode besteht darin, daß man linear polarisiertes, monochromatisches Licht an der zu untersuchenden Metallfläche reflektieren läßt. Nach der Reflexion ist es elliptisch polarisiert, und aus dem Maß der relativen Phasenverzögerung Δ und dem Amplitudenverhältnis $\operatorname{tg} \delta$ der beiden Hauptkomponenten läßt sich die Dicke der Oxydschicht mit großer Genauigkeit berechnen. Die dafür notwendige Umrechnungsformel wurde bereits im vorigen Jahrhundert von DRUDE angegeben.

Die Durchführung des Verfahrens kann z. B. mit einer Anordnung geschehen, wie sie A. HASS[14] in den Jahren vor 1944 zur Untersuchung der Oxydschicht des Aluminiums benutzt hat (Abb. 6). Das zu untersuchende Metall wird im Hochvakuum auf eine spiegelnde Unterlage aufgedampft, die in ein Spektrometer drehbar eingebaut ist und genau justiert werden kann. Das von einem Monochromator ankommende Licht geht durch einen Polarisator, durch den es unter 45° gegen die Einfallsebene linear polarisiert wird. Es trifft unter einem bestimmten Einfallswinkel auf den zur Untersuchung stehenden Metallspiegel, wird reflektiert und tritt durch den Analysator aus. Dieser ist so beschaffen, daß sich eine Phasenverschiebung von nur 0,5° bereits mit Sicherheit nachweisen läßt. Ein Elektroneninterferenzrohr mit Kamera gestattet die strukturelle Untersuchung der entstehenden Oxydschicht.

Unmittelbar nach der Herstellung des Metallspiegels werden die Messungen für das oxydfreie Metall durchgeführt und nach dem Ein-

[14] HASS, G.; Z. anorg. Chem. **254**, 96 (1947).

[15] CABRERA, N., u. J. HAMON: C. R. **224**, 1713 (1947).

tritt von Luft ständig wiederholt. Aus den für das oxydfreie Metall gemessenen Δ und tg δ-Werten lassen sich die optischen Konstanten des Metalls (der Brechungsquotient n und der Absorptionskoeffizient $\varkappa$) bestimmen. Die Dicke des Oberflächenoxyds sowie sein Brechungsquotient lassen sich dann aus den späteren Messungen nach der DRUDEschen Formel berechnen. Diese Formel enthält außer den zu messenden Größen nur noch die Lichtwellenlänge und die (zu Beginn ermittelten) optischen Konstanten des Metalls. Voraussetzung für ihre Gültigkeit ist allerdings, daß die Schichtdicke klein gegen die Wellenlänge bleibt ($d < 200$ Å). HASS fand, daß sich die Aluminiumschicht in kurzer Zeit mit einem 15 bis 20 Å dicken Oberflächenoxyd bedeckt. Diese Schicht war bei einer 700 Å dikken Al-Unterlage im Verlaufe eines Monats auf 45 Å (Abb. 7), bei einer 5000 Å starken, offenbar grobkörnigeren Aufdampfschicht hingegen auf 90 Å angewachsen. Die natürlichen Oxydhäute zeigten *glasförmigen* (amorphen) Aufbau.

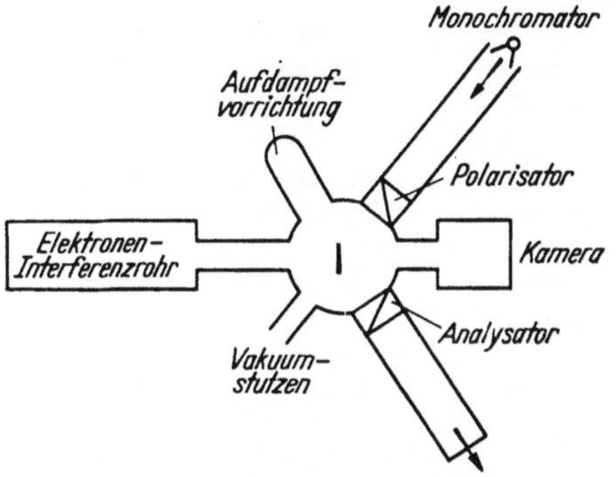

Monochromator
Aufdampfvorrichtung
Polarisator
Elektronen-Interferenzrohr
Kamera
Analysator
Vakuumstutzen

Abb. 6. Anordnung für die Oxydbestimmung nach der Polarisationsmethode. (Nach G. HASS)

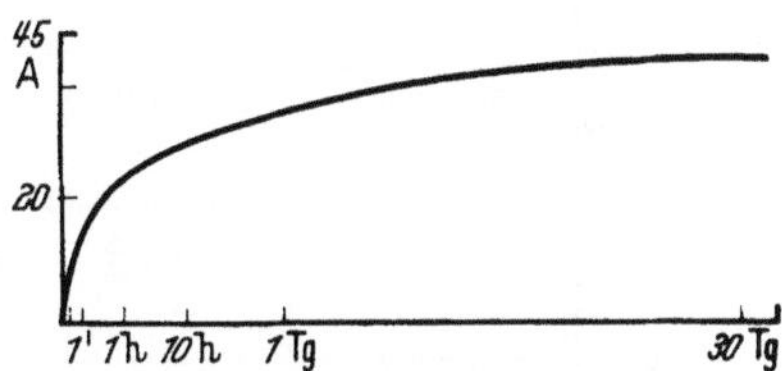

Abb. 7. Oxydwachstum auf einer Aluminium-Aufdampfschicht. (Nach G. HASS)

A. B. WINTERBOTTOM[16] hat das Verfahren im Jahre 1950 herangezogen, um die Oxydation von Eisen zwischen 20 und 265° C zu untersuchen. Er ging jedoch nicht von Aufdampfschichten aus, sondern benutzte mechanisch poliertes Material, das er im Wasserstoffstrom reduzierte. An seinen Versuchen ist besonders interessant, daß er auch den Reduktionsvorgang auf optischem Wege verfolgte und so einen nahezu reversiblen Redox-Zyklus erhielt. Der Verfasser gibt als wahrscheinliche Grenzschichtdicke des natürlichen Oberflächenoxydes den Wert 30 bis 40 Å an.

Schlußbetrachtung. Dem nicht ganz unvoreingenommenen Leser wird sich beim Lesen dieser knappen Darstellungen die Frage aufdrängen, inwieweit die zitierten Methoden zu einer *wirklich sicheren Aussage* führen können. Dazu sei bemerkt, daß eine ins einzelne gehende kritische Betrachtung den Rahmen dieser Arbeit überschreiten würde. Eines aber darf und soll gesagt werden: Das Studium von Ober-

[16] WINTERBOTTOM, A. B.: J. Iron Steel Inst. May 1950, S. 9.

Tabelle 1. *Dicke der natürlichen Oxydschichten*

Metall	Dauer der Luftberührung	Schichtdicke	angewandte Methode	Beobachter	Jahr der Veröffentl.
Cu	wenige min	20 Å	Elektronen-Beuggs.-Methode (Reflexion)	WESEMEYER u. RAETHER [12]	1952
	30 min	25 bis 38 Å	Elektronen-Beuggs.-Methode (Durchstrahlg.)	WHITE u. GERMER [11]	1942
	34 Std.	8 bis 16 Å	gravimetr. Methode	RHODIN [2]	1951
	17 bis 20 Std.	20 bis 25 Å	elektrometr. Methode	ALLEN [3]	1951
Al	15 Tage	bis 30 Å	Transparenz-methode	CABRERA u. HAMON [15]	1947
	30 Tage	45 (90) Å	Polarisations-methode	HASS [14]	1944
Fe	10 min	15 Å	gravimetr. Methode	GULBRANSEN [1]	1947
	10 Tage	35 bis 40 Å	Polarisations-methode	WINTER-BOTTOM [16]	1950
Ni	30 min	< 25 Å	manometr. Methode	SUHRMANN u. SCHULZ [7]	1955
Zn	wenige min	10 bis 15 Å	Elektronen-Beuggs.-Methode (Reflexion)	WESEMEYER u. RAETHER [12]	1952
W	2 min	54 Å	gravimetr. Methode	GULBRANSEN [1]	1947

flächenreaktionen stellt höchste Ansprüche an die Experimentiertechnik und ist auch heute noch zum Teil problematisch. Früher fand man Oxydschichten, die nicht selten wesentlich dicker als 100 Å waren. Die jetzt vorliegenden Ergebnisse lassen dagegen schließen, daß die natürliche Oxydbedeckung der Metalle wesentlich dünner, nämlich zwischen 15 und 50 Å dick ist. Dies mag an Hand einer Zusammenstellung der neuesten, nach den verschiedenen Methoden erzielten Resultate veranschaulicht sein (Tab. 1).

Es ist erstaunlich, daß sich die Oxydschichten der einzelnen Metalle in ihrer Dicke offenbar nur sehr wenig voneinander unterscheiden, und es bleibt abzuwarten, ob sich dieser Befund weiter erhärten und bestätigen läßt.

Die bei der atmosphärischen Korrosion der Metalle entstehenden Deckschichten und ihre Schutzwirkung

Von G. Schikorr

1 Einleitung

Bei Betrachtungen über die atmosphärische Korrosion der Metalle lassen sich wie bei jeder angewandten Wissenschaft zwei Richtungen deutlich unterschieden: eine deduktive, die von der Theorie, und eine induktive, die von den tatsächlich auftretenden Erscheinungen ausgeht. Die deduktive Anschauung, die bei Nichtspezialisten überwiegt, leitet z. B. auch heute noch aus der elektrochemischen Korrosionstheorie in unzulässiger Verallgemeinerung ab, daß reine Metalle korrosionsbeständiger seien als unreine, was sich in der Tat auch mit einigen Beispielen belegen läßt. Der Korrosionsfachmann hingegen, der ständig mit der Praxis der atmosphärischen Korrosion zu tun hat, kennt mindestens genau so viele Gegenbeispiele; er ist zwar von der Richtigkeit der elektrochemischen Korrosionstheorie überzeugt, kennt aber auch die Schwierigkeit ihrer Anwendung auf atmosphärische Verhältnisse und stellt in seinen Darstellungen die unabhängig von der Theorie reproduzierbar gefundenen Erscheinungen in den Vordergrund. Der Gegensatz zwischen Theorie und Praxis ist jedoch nur scheinbar; er erklärt sich aus dem Thema des vorliegenden Berichtes: dem Einfluß der Deckschichten aus Korrosionsprodukten auf die atmosphärische Korrosion.

Die Theorie der Deckschichten ist zwar im Zusammenhang mit der atmosphärischen Korrosion nicht so weit entwickelt wie auf dem Gebiete der Verzunderung; doch ist immerhin die Brücke zwischen beiden Gebieten geschlagen.

In anderen Fällen ergeben sich für scheinbar verwickelte oder gar paradoxe Zusammenhänge — ohne daß etwa ein Widerspruch zu der Theorie bestünden — sehr einfache Aufklärungen, die man für selbstverständlich halten könnte; sie sind aber meist doch schwer zu finden und noch schwerer zu beweisen. Mehreren von ihnen haftet daher trotz ihrer Bedeutung noch manches Hypothetische an. Die wichtigste Korrosionsart und der Erscheinung nach bekannteste chemische Reaktion überhaupt, nämlich das atmosphärische Rosten des Eisens, ist in mehreren Beziehungen noch so wenig erforscht, daß sie auch heute noch nicht befriedigend im Laboratorium nachgeahmt werden kann.

Das Schrifttum, in dem über Deckschichten bei der atmosphärischen Korrosion berichtet wird, ist umfangreich. Es läßt sich auf mindestens mehrere hundert Veröffentlichungen schätzen, die in diesem kurzen Bericht nicht alle behandelt werden können. Arbeiten, die die grundsätzlichen Zusammenhänge schildern, sind jedoch auffällig selten. Sie stehen im folgenden im Vordergrund.

2 Die Bedeutung der Primärfilme für die atmosphärische Korrosion

Unter Primärfilmen werden mit W. H. J. VERNON im folgenden die unsichtbaren dünnen Oxydhäute von weit weniger als etwa 0,1 μ Dicke verstanden, die sich auf allen blanken Gebrauchsmetallen befinden. Die physikalisch-chemische Erforschung dieser Schichten hat, wie die vorhergehenden Berichte zeigen, in den letzten Jahrzehnten große Fortschritte gemacht. Auf diesem Gebiet sind auch Beispiele eines Zusammenhanges mit der Praxis der atmosphärischen Korrosion bekannt. Diese sollen nun beschrieben werden.

Ganz allgemein sind die Primärfilme die Ursache der atmosphärischen Beständigkeit der im blanken Zustande verwendeten metallischen Gegenstände und damit ein entscheidender Umstand für die materiellen Grundlagen unserer Kultur. Daß eiserne Handwerkszeuge in der Regel beim normalen Gebrauch nicht rosten, beruht auf der Gegenwart eines unsichtbaren Oxydfilms. Dieser ist an reiner Atmosphäre widerstandsfähiger, als man meist annimmt. Wie U. R. EVANS[1] fand, kann man unter bestimmten Bedingungen auf blankem Eisen Wassertröpfchen erzeugen, die auch bei unbegrenzt langer Einwirkung auf das Eisen keinen Rost erzeugen, was zweifellos auf der Schutzwirkung des Primärfilms beruht. Diese Rostschutzwirkung des Films hängt weitgehend von der Reinheit des Eisens ab. Auf sehr reinem Karbonyleisen rufen selbst größere Wassertropfen mitunter keinen Rost hervor[2]. Auch das ist leicht aus der Eigenschaft des Primärfilms erklärlich; denn je reiner und gleichförmiger die Metalloberfläche ist, desto weniger Fehlerstellen wird der Primärfilm enthalten. Voraussetzung ist der Zutritt ausreichender Mengen Sauerstoff. Die Rostbeständigkeit des Eisens ist dabei ein Fall echter Passivität. Die Lokalelementtheorie in ihrer populären Form gibt für diese Rostbeständigkeit des reinen Eisens keine befriedigende Erklärung. Befindet sich nämlich Karbonyleisen ganz eingetaucht unter ruhendem reinen Wasser, so rostet es stets; die mangelhafte Möglichkeit der Ausbildung von Lokalelementen an dem reinen Eisen kann also die Ursache

[1] EVANS, U. R.: J. chem. Soc. **1930**, 478.
[2] SCHIKORR, G.: Z. Elektrochem. **39**, 410 (1933).

der Rostbeständigkeit des Karbonyleisens gegen die Tropfen nicht sein; denn an ganz eingetauchtem Eisen müßte wegen des geringeren Sauerstoffzutritts eine noch geringere Stromstärke und damit Verrostung entstehen als in den Tropfen (Näheres bei[2]). Nach R. B. MEARS[3] ist der Schwefel dasjenige Begleitelement des normalen Stahls, das die Schutzwirkung des Primärfilms am meisten herabsetzt.

Das Wachstum des Primärfilms auf Eisen bei 25°C und 10% rel. Feuchtigkeit wurde von W. H. J. VERNON[4] mit Hilfe einer Mikrowaage untersucht. Zwischen 90 und 100 Tagen wurden noch eindeutige Gewichtszunahmen von etwa 0,008 mg bei 50 cm^2 Probenfläche gefunden, ohne daß etwa Rost zu beobachten war. Auch nach längeren Versuchsdauern verstärkte sich der Primärfilm noch deutlich. Sein Hauptwachstum aber erfolgt, wie H. A. MILEY und U. R. EVANS[5] elektrometrisch feststellten, in den ersten zehn bis zwanzig Minuten, in denen er auf eine Dicke* von etwa 200 Å anwächst, um sich dann mit einer bis zu 140 min ziemlich gleichbleibenden Geschwindigkeit von etwa 0,2 Å je min zu verstärken. Bei früheren Versuchen von W. H. J. VERNON[6] war Eisen, auf dem der Primärfilm unter Verhütung von Rostbildung mehrere Monate lang wachsen konnte, einige Zeit gegen das normale Rosten in einem geschlossenen Raum beständiger als frisch geschmirgeltes Eisen.

Auch bei Kupfer, Zink, Aluminium und Blei kennt man interessante Zusammenhänge zwischen der atmosphärischen Korrosion in geschlossenen Räumen und dem Primärfilm, die man ebenfalls W. H. J. VERNON verdankt. Die Untersuchung des Anlaufens ergab, daß die Gewichtszunahme des anlaufenden Kupfers mitunter dem Parabelgesetz folgt; dabei spielten die Schwankungen der Korrosionsbedingungen im Versuchsraum während des laufenden Versuchs merkwürdigerweise keine Rolle; entscheidend wichtig für die Anlaufgeschwindigkeit hingegen war die erste Versuchszeit. War in dieser die Luft arm an Schwefelverbindungen und feucht, so entstand eine genaue Parabel als Zeit-Korrosionskurve, während bei einer Anfangskorrosion an schwefelreicher und trockener Atmosphäre eine Gerade entstand. Die unter Einwirkung von feuchter, reiner Luft entstehenden Filme übten also einen ausgesprochenen Schutz gegen das spätere Anlaufen aus.

---

[3] MEARS, R. B.: Carnegie Scholarship Memoirs of the Iron and Steel Institute **24**, 69 (1935).

* Auf die Schwierigkeiten der Definition der Schichtdicke kann hier nicht eingegangen werden (vgl. Fußnote [5]).

[4] VERNON, W. H. J.: Trans. Faraday Soc. **31**, 1668 (1935).

[5] MILEY, H. A., u. U. R. EVANS: J. chem. Soc. **1937**, 1295 — Metallurgist **1937**, 30. April — J. Amer. chem. Soc. **59**, 2626 (1937).

[6] VERNON, W. H. J.: Trans. electrochem. Soc. **64**, 31 (1933).

Bei Zink fand W. H. J. Vernon[7] ebenfalls eine Abhängigkeit der Korrosion von den Anfangsbedingungen des Angriffs; die Charakteristik war jedoch eine andere: nur in den ersten Tagen nahm die Korrosionsgeschwindigkeit ab, um sich dann nicht mehr zu verändern. Die Angriffsbedingungen in der ersten Korrosionszeit bestimmten dabei die spätere Neigung der Zeit-Korrosionskurve gegen die Abszisse.

Bei Aluminium und Blei folgte die Korrosion anfangs dem Exponentialgesetz. Sie wurde jedoch dann erheblich langsamer, so daß praktisch keine Gewichtszunahme mehr festgestellt werden konnte. Bei Aluminium wurde jedoch gelegentlich eine plötzliche Wiederzunahme der Korrosion durch die Entstehung von Rissen im Oxydfilm beobachtet.

Über den Mechanismus des Wachsens des Primärfilms unter atmosphärischen Bedingungen ist nur wenig gearbeitet worden. Das Wandern der Anionen, Kationen und Elektronen durch den Film, das nach den von K. Fischbeck, E. Wagner und K. Hauffe[8] geklärten Grundlagen bei der Erforschung des Zunders so erfolgreich war, ist für die atmosphärische Korrosion bisher nach Wissen des Berichterstatters nur von T. P. Hoar und R. E. Price[9] für das Anlaufen des Silbers herangezogen worden. Da dieses jedoch in einem besonderen Vortrag behandelt wird, soll an dieser Stelle nicht näher darauf eingegangen werden.

Über die chemische Zusammensetzung und den kristallographischen Aufbau der Primärschichten sind in den genannten Arbeiten mannigfache Angaben zu finden. Sie sind für das Wandern der Anionen, Kationen und Elektronen von entscheidender Bedeutung. Da diese Betrachtungen für die atmosphärische Korrosion jedoch, wie gesagt, noch in den Anfängen stehen, erscheint es verfrüht, in dieser kurzen Übersicht näher hierauf einzugehen. Es sei nur bemerkt, daß die Anlaufschichten auf Kupfer aus Oxyd-Sulfid-Gemischen bestehen.

3 Aussehen, Wachstum und Zusammensetzung der sekundären Deckschichten

Wenn sich die mit dem unsichtbaren Primärfilm bedeckten Metalle an Atmosphären von entsprechender Angriffskraft befinden, verdicken sich die Primärfilme entweder ziemlich gleichmäßig, wobei sie meist als Trübungen oder Anlauffarben sichtbar werden, oder es

---

[7] Vernon, W. H. J.: Trans. Faraday Soc. **19**, 886 (1924); **23**, 159 (1927); **27**, 155 (1931) — J. Soc. chem. Industry, Symposium on Atmospheric Corrosion **1937**, 1.

[8] Vgl. z. B. K. Fischbeck: Z. Metallkde. **24**, 313 (1937) — Z. Elektrochem. **49**, 316 (1933). — Wagner, C.: Angew. Chem. **49**, 753 (1936) — Z. Elektrochem. **47**, 696 (1941). — Hauffe, K.: Werkst. u. Korrosion (1955).

[9] Hoar, T. P., u. R. E. Price: Trans. Faraday Soc. **34**, 867 (1938). — Price, R. E., u. G. J. Thomas: J. Inst. Met. **63** (1938) Advance Copy.

wachsen aus dem Metall unter Durchbrechung der Primärfilme pulverige oder körnige Korrosionsprodukte heraus, von denen der Rost am bekanntesten ist. Beide Arten von Schichten, die sich weder gegeneinander noch gegenüber den Primärfilmen scharf abgrenzen lassen, werden im folgenden als sekundäre Deckschichten bezeichnet. Nachfolgend werden sie für einzelne Metalle rein beschreibend kurz dargestellt. (Die bisher erkannten Zusammenhänge mit der Korrosionsgeschwindigkeit werden in den späteren Abschnitten 4 bis 6 behandelt.)

3.1 Aluminium bleibt an der Atmosphäre wegen der bekannt guten Schutzwirkung des Primärfilms verhältnismäßig lange blank. Erst dann beginnt sich seine Oberfläche zu trüben. Ist das Metall völlig frei der Atmosphäre und dem Regen ausgesetzt, so bleibt seine Oberfläche ziemlich glatt, weil die Korrosionsprodukte abgewaschen werden; befindet es sich jedoch unter Regenschutz in der freien Atmosphäre, so bedeckt es sich allmählich mit einem weißen Mehl. Dieses kann in starkem Maße freie oder gebundene Schwefelsäure (aus den in der Luft befindlichen Verbrennungsgasen stammend) enthalten. In Tau, der an solchem Aluminium entstanden war, stellte man bis zu 3,4 mg SO_3 je ml fest[10].

3.2 Eisen bildet an der Atmosphäre in geschlossenen Räumen und im Freien unter Regenschutz zunächst meist ziemlich unregelmäßig kleine Flecken dunklen Rostes, die nach W. H. J. VERNON[4,7] durch hier abgesetzte Schwebeteilchen entstehen, während andere Stellen sehr viel länger blank bleiben. An beregnetem Eisen entsteht zunächst hell ockerfarbener Rost, der erst im Laufe von Tagen oder Wochen in den wohlbekannten dunkelbraunen Rost übergeht. Allmählich überzieht sich das Eisen mit einer ziemlich gleichmäßigen Rostschicht, die im normalen europäischen Binnenklima unter Dach ziemlich leicht pulverig abbröckelt, während im Regen kompakte Rostschichten entstehen, die am Winterende oder Frühjahrsbeginn in bis zu z. B. 1 dm^2 großen Platten abfallen. In reinen Atmosphären und bei Gegenwart von Chloriden — im besonderen im Bereich von Meerwasserspritzern — haftet der Rost aber mitunter jahrelang[10]. Er hat dann etwa die siebenfache Dicke der Eisenschicht, aus der er entstanden ist, so daß in derartigen Fällen das Eisen viel stärker korrodiert aussieht, als es in Wirklichkeit ist. An gekupfertem Stahl bildet sich nach K. DAEVES[11] und nach J. C. HUDSON[11] glatterer und dunklerer Rost als an normalem Stahl.

---

[10] SCHIKORR, G.: Z. Elektrochem. **42**, 107 (1936); **43**, 697 (1937) — Korrosion u. Metallsch. **17**, 305 (1941).

[11] DAEVES, K. in: BAUER, KRÖHNKE u. MASING: Die Korrosion metallischer Werkstoffe Bd. 1, 424. Leipzig 1936. — HUDSON, J. C.: J. Iron Steel Inst. **159**, 276 (1948).

Der Zusammensetzung nach besteht atmosphärischer Rost in der Hauptsache aus FeOOH — und zwar sowohl in der α- als auch in der γ-Form[12], aus etwas Fe_3O_4[14], ferner aus Eisensulfaten, sonstigen Sulfaten und auch freier Schwefelsäure[10,13]. Im Meeresklima sind auch die entsprechenden Chloride im Rost enthalten.

3.3 Auf **Kadmium** bilden sich ziemlich helle Korrosionsprodukte, die so locker sind, daß sie sich leicht entfernen lassen. Kadmiumüberzüge werden daher gerne für Schrauben verwendet, die öfters gelockert werden müssen[15].

Beim Angriff von Kadmium in Gegenwart flüchtiger Fettsäuren — der z. B. in kunststoffhaltigen Apparaten leicht eintreten kann — sind in den Korrosionsprodukten fettsaure Kadmiumsalze vorhanden, die infolge Hygroskopizität korrosionsbegünstigend wirken können (vgl. Punkt 5).

3.4 Kupfer bildet sehr bekannte Korrosionsprodukte an der Atmosphäre: den *Grünspan* und die *Patina.*

Unter Grünspan versteht man basische Kupferazetate; man unterscheidet *grünen Grünspan,* der aus $Cu(CH_3COO)_2 \cdot 2\,Cu(OH)_2$ bestehen soll, und *blauen Grünspan.* Untersuchungen über Grünspan sind in den letzten Jahrzehnten nicht ausgeführt worden.

Um so genauer hat man sich hingegen mit der Patina befaßt, schon aus dem Grunde, um die architektonisch erwünschte Patina künstlich erzeugen zu können. Am erfolgreichsten ist hier wiederum W. H. J. VERNON gewesen[16]. Die grüne Patina ist meist nicht basisches Kupferkarbonat, wie man auch heute noch in bekannten chemischen Lehrbüchern findet, sondern basisches Kupfersulfat von Malachit- oder Brochantittypus oder im Meeresklima basisches Kupferchlorid. Einige Prozent basisches Karbonat sind allerdings in der Patina meist ebenfalls vorhanden. Anfangs bilden sich auf Kupfer an der Atmosphäre braune und schwarze Korrosionsprodukte, und erst nach z. B. 20 Jahren entsteht die schöne, grüne Patina.

3.5 Magnesium verhält sich an der Atmosphäre äußerlich ziemlich ähnlich wie Aluminium, denn im Regen entsteht eine dünne und glatte, unter Regenschutz hingegen eine dicke und pulverige Schicht von Korrosionsprodukten. Wie L. WHITBY[17] zeigte, enthält die Schicht mitunter viel Magnesiumsulfat, das jedoch von Regen ausgewaschen werden kann, so daß dann der Gehalt an Magnesiumkarbonat überwiegt.

[12] DREXLER, F.: Korrosion u. Metallsch. **6**, 3 (1930).

[13] DEARDEN, J.: J. Iron. Steel Inst. **159**, 241 (1948).

[14] CARIUS, C., u. E. H. SCHULZ nach DAEVES s. (11), S. 425.

[15] Normblatt-Entwurf DIN 50960, Beiblatt.

[16] VERNON, W. H. J. (z. T. mit L. WHITBY): J. Inst. Met. **42**, 181 (1929); **44**, 389 (1930); **49**, 153 (1932); **52**, 93 (1933) — J. chem. Soc. **1934**, 1853.

[17] WHITBY, L.: Trans. Faraday Soc. **29**, 844 (1933).

3.6 Nickel ist an der Atmosphäre weniger beständig als man meist annimmt. Es trübt sich ziemlich bald unter Bildung einer Schicht aus anfangs saurem, später basischem Nickelsulfat (W. H. J. VERNON[18]).

3.7 Zink trübt sich an der Atmosphäre ziemlich bald. Seine Oberfläche wird dann dunkel und unansehnlich. Die Korrosionsprodukte fallen bald von dem Metall ab, so daß man Gewichtszunahmen nur in den ersten Wochen findet (G. SCHIKORR und I. SCHIKORR[19]). Die Korrosionsprodukte enthalten in der Hauptsache Zinkoxyd- oder -hydroxyd, Zinkkarbonat und Zinksulfat[19, 20], im Meeresklima wahrscheinlich Zinkchlorid statt Zinksulfat, außerdem Magnesiumverbindungen[21].

4 Deckschichten mit scheinbarer Wirkungslosigkeit und Deckschichten mit ausgleichender Wirkung

Durch eine Reihe von Deckschichten wird die Korrosionsgeschwindigkeit scheinbar nicht beeinflußt; denn diese verändert sich an der Atmosphäre nur wenig. In einigen seltenen Fällen sind die Deckschichten wahrscheinlich auch in der Tat ohne Einfluß auf die Korrosionsgeschwindigkeit, nämlich (nach N.B. PILLING und R.E. BEDWORTH) dann, wenn die Korrosionsprodukte einen geringeren Raum einnehmen als das Metall, aus dem sie entstehen — also bei den Alkali- und Erdalkalimetallen. Bei hohen Temperaturen ist dieser Fall bekanntlich gut untersucht. Bei Zimmertemperatur ist nur ein hierher gehöriger Versuch von N. B. PILLING und R. E. BEDWORTH[22] bekannt, bei dem die Korrosion von Barium an der Luft von Zimmertemperatur untersucht wurde. Die Versuchsdauer erstreckte sich zwar nur auf einige Stunden; doch nahm die Korrosion mit der Zeit so eindeutig linear zu, daß man die gleiche Abhängigkeit sicherlich auch auf längere Versuchsdauern extrapolieren kann. Bei den eigentlichen Gebrauchsmetallen sind derartige Ergebnisse jedoch nicht bekannt. Wenn man hier ein lineares Fortschreiten der Korrosion mit der Zeit findet, so ist diese Gesetzmäßigkeit in der Regel wohl nur scheinbar. Im ersten nicht genauer untersuchten und verhältnismäßig kurzen Zeitabschnitt der Korrosion bildet sich die primäre Deckschicht, die eine starke Verringerung der Korrosion zur Folge hat. Die Korrosion schreitet dann mit einer stark verringerten, aber gleichbleibenden Korrosionsgeschwindigkeit fort, so daß wegen der Kürze der ersten Zeit eine insgesamt gleichbleibend linear erscheinende Zeit-Korrosionskurve

---

[18] VERNON, W. H. J.: J. Inst. Met. **48**, 121 (1932).
[19] SCHIKORR, G., u. I. SCHIKORR: Z. Metallkde. **35**, 175 (1943).
[20] DEISS, E.: Wiss. Abh. dtsch. Materialprüf.-Anst. II. Folge, H. 2, 31 (1941).
[21] SCHIKORR, G.: Z. Metallkde. **32**, 314 (1940).
[22] Zitiert nach O. KUBASCHEWSKI u. B. E. HOPKINS: Oxidation of Metals and Alloys. London 1953, 39.

vorgetäuscht wird. Derartige Fälle sind ziemlich häufig. Schon genannt wurde die von Vernon beobachtete lineare Abhängigkeit der Korrosionsgeschwindigkeit von der Zeit bei der Kupfer- und Zinkkorrosion in geschlossenen Räumen. An der freien Atmosphäre sind die Verhältnisse ähnlich, besonders bei der Korrosion an Stadtluft und an Industrieluft (J. C. Hudson[23]; J. C. Hudson und J. F. Stanners[24]; G. Schikorr und I. Schikorr[19]). Auch beim atmosphärischen Rosten des Eisens findet man mitunter ähnliche Verhältnisse, so z. B. im Meeresklima im Bereich der Meerwasserspritzer (G. Schikorr[25]). Verfolgt man die atmosphärische Korrosion des Eisens nur von Jahr zu Jahr, so findet man hier eine derartige Abhängigkeit der Rostgeschwindigkeit von der Versuchsdauer noch häufiger (J. C. Hudson[23]; K. Daeves, K.-F. Mewes und E. H. Schulz[26]). In diesen Fällen tritt jedoch vielfach im Laufe des Jahres eine Schutzwirkung des Rostes auf (vgl. 6.4), die durch Abfallen des Rostes in bestimmten Zeitabständen wieder verlorengeht.

Es ist anzunehmen, daß auch bei anderen Metallen die Korrosionsgeschwindigkeit nur scheinbar unabhängig von der entstehenden Deckschicht ist. Genaue Untersuchungen dazu sind dem Verfasser nicht bekannt; sie dürften sich jedoch in der eingehenden Untersuchung der *American Society for Testing Materials* (ASTM) finden, von denen nur der Bericht über eine Versuchsdauer von 10 Jahren erhalten werden konnte[27].

Die genannte zeitliche Gleichmäßigkeit der atmosphärischen Korrosion entsteht in vielen Fällen dadurch, daß die Korrosionsgeschwindigkeit nicht mehr durch die Reaktionsgeschwindigkeit des Metalls selbst, sondern durch diejenige der Deckschicht bestimmt wird. Hierauf ist es meistens zurückzuführen, daß die auf den Besonderheiten des Metalls beruhenden Unterschiede durch die häufig weitgehende Gleichartigkeit der Deckschicht ausgeglichen werden. So findet man etwa, daß zu Beginn des atmosphärischen Rostens Seigerungen deutlich hervortreten. Ist aber erst einmal die ganze Eisenfläche verrostet, so machen sich diese Unterschiede beim weiteren Rosten nicht mehr bemerkbar. Diese Erscheinung ist praktisch von großer Wichtigkeit, indem alle normalen — im besonderen kupferarme — Stähle an derselben Atmosphäre mit etwa gleicher Geschwindigkeit rosten. Die oft zu hörende Behauptung, daß reines Eisen an der Atmosphäre all-

[23] Hudson, J. C.: 5th Rep. Corros. Commit. Iron Steel Inst. **1938**, 13.

[24] Hudson, J. C., u. J. F. Stanners: J. appl. Chem. **3**, 86 (1953).

[25] Schikorr, G.: Korrosion u. Metallsch. **17**, 205 (1941).

[26] Daeves, K., K.-F. Mewes u. E. H. Schulz: Korrosion u. Metallsch. **19**, 233 (1943).

[27] Symposium on Atm. Exposure on Nonferrous Metals. Philadelphia ASTM-Verlag 1946.

gemein weniger roste als normaler Stahl ist nie bewiesen worden. Auch bei anderen Metallen (mit Ausnahme von Aluminium und Magnesium) ist kein Anwachsen der Korrosionsbeständigkeit an der Atmosphäre mit dem Reinheitsgrad festzustellen (vgl. z. B. [19, 27]).

Die ausgleichende Wirkung der Deckschichten auf die Korrosionsgeschwindigkeit geht so weit, daß mehrere Nichteisenmetalle an der Atmosphäre mitunter gleich rasch korrodieren (in Äquivalenten je Fläche und Zeiteinheit gerechnet). Die Erklärung hierfür liegt einfach darin, daß die Korrosionsgeschwindigkeit durch die Auflösung der Deckschicht bestimmt wird und daß diese Auflösungsgeschwindigkeit abhängt von der Menge Schwefelsäure, die aus der Luft an die Deckschicht gelangt (SCHIKORR[28]).

5 Deckschichten mit korrosionsbegünstigender Wirkung

Deckschichten aus Korrosionsprodukten können die atmosphärische Korrosionsgeschwindigkeit aus zwei Ursachen beschleunigen, und zwar

5.1 infolge hygroskopischer Eigenschaften und

5.2 infolge des Gehaltes an korrosionsbegünstigenden Verunreinigungen.

Scharfe Grenzen zwischen diesen beiden Möglichkeiten sind nicht zu ziehen.

5.1 Deckschichten mit hygroskopischen Eigenschaften. Ausreichende Hygroskopizität der Deckschicht kann zur Folge haben, daß an dem Metall eine höhere Feuchtigkeit herrscht als ohne die Deckschicht. Hieraus ist die Korrosionsbegünstigung zwanglos erklärt. Hierbei spielt die *kritische Feuchtigkeit* eine besondere Rolle (W. H. J. VERNON[7], J. C. HUDSON[29]); sie liegt z. B. für das Rosten bei etwa 60% rel. Feuchtigkeit. Bei geringeren Feuchtigkeiten rostet Eisen in der Regel nicht. Enthalten die Deckschichten stark hygroskopische Stoffe, so kann dennoch Feuchtigkeit und zufolge dieser weiterer Rost auf dem Eisen entstehen. Zusammenhänge des atmosphärischen Rostens mit den hygroskopischen Eigenschaften des reinen Rostes nehmen W. S. PATTERSON und L. HEBBS[30] an, wobei sie eine ähnliche Feuchtigkeitsbildung in den Kapillaren des Rostes vermuten, wie VAN BEMMELEN und ZSIGMONDY in ihren bekannten Untersuchungen über Eisenoxyd-Gele. Über die Bewährung dieser Hypothese hat man jedoch in der letzten Zeit nur wenig gehört.

Von entscheidender Wichtigkeit für die Hygroskopizität der Deckschicht sind offenbar die in dieser vorhandenen löslichen Metallsalze

[28] SCHIKORR, G.: Metalloberfläche **1**, 245 (1947); Arch. Metallkde. **2**, 223 (1948).

[29] HUDSON, J. C.: Trans. Faraday Soc. **25**, 177 (1929).

[30] PATTERSON, W. S., u. L. HEBBS: Trans. Faraday Soc. **27**, 277 (1931).

und der von ihren Lösungen ausgeübte Dampfdruck. Ist der Wasserdampfdruck der Atmosphäre geringer als derjenige der gesättigten Lösung der Metallsalze, so bleibt die Deckschicht trocken und es kommt zu keiner verstärkten Korrosion. Bei höherem Dampfdruck der Atmosphäre hingegen sind die Bedingungen für die Bildung einer wäßrigen Phase in den Korrosionsprodukten und damit für verstärkte Korrosion gegeben. Hiernach erklärt sich nach U. A. Evans[31], daß nach W. Feitknecht[32] Nickel über konzentrierter Salzsäure weniger angegriffen wird als über verdünnter, aus dem geringeren Wasserdampfdruck über der konzentrierten Salzsäure. Ebenso erklärt sich auf diese Weise, daß Kadmium gegen Essigsäuredämpfe erheblich anfälliger ist als Zink; denn Kadmiumazetat ist hygroskopischer als Zinkazetat. Dieses kann für die Beständigkeit von metallischen Überzügen aus diesen Metallen in Holz- und Kunststoffgehäusen von hoher Wichtigkeit sein (G. Schikorr[33]).

5.2 Deckschichten mit korrosionsbegünstigenden Verunreinigungen. Die zweite Art, in der Verunreinigungen in Deckschichten beschleunigend auf die atmosphärische Korrosion wirken können, zeigen z. B. die Chloride. Abgesehen davon, daß auch sie stark hygroskopisch sein können, haben sie zusätzlich die Eigenschaft, die Passivität von Metallen infolge Durchdringung des passivierenden Oxydfilms zerstören zu können (U. R. Evans[34], vgl. auch [2]). Da die Metalle an der Atmosphäre leicht passive Eigenschaften zeigen können, erklärt sich die Korrosionsbegünstigung durch Chloride an der Atmosphäre ganz entsprechend wie bei Zerstörung der Passivität in wäßrigen Lösungen. Das verstärkte Rosten des Eisens im Bereich von Meerwasserspritzern kommt auf diese Weise zustande.

Die wichtigsten Verunreinigungen des Rostes an städtischen Atmosphären im Binnenlande, die Schwefelsäure und ihre Salze, bieten ein anderes Beispiel für die Korrosionsbegünstigung durch Verunreinigungen der Deckschicht (Schikorr[28]). Aus der Luft an das Eisen gelangende Schwefelsäure bildet zunächst Eisen(II)-sulfat; dieses oxydiert sich an der Luft zu Eisen(III)-sulfat, das nicht beständig ist. Es zerfällt in Rost und Schwefelsäure, so daß die Schwefelsäure auf diese Weise immer wieder frei wird und gewissermaßen katalytisch auf die Rostgeschwindigkeit wirkt. Die hygroskopischen Eigenschaften des Eisen(II)-sulfats wirken sich andererseits dahin aus, daß seine Oxydation in größerem Maße erst oberhalb 92% rel. Feuchtigkeit

---

[31] Evans, U. R.: Metallic Corrosion Passivity and Protection, S. 154. London 1948.

[32] Feitknecht, W.: Schweiz. Arch. **6**, 1 (1940) (zit. nach Evans[31]).

[33] Schikorr, G.: Metalloberfläche **5**, 177 (1951).

[34] Evans, U. R.: a. a. O. s. (31), S. 22.

(entsprechend dem Dampfdruck einer gesättigten Eisen(II)-sulfatlösung) vonstatten geht; dementsprechend findet man die starke Beschleunigung des atmosphärischen Rostens durch Eisen(II)-sulfattropfen erst oberhalb dieser Feuchtigkeit (SCHIKORR[35]).

Auch der Befund, daß die atmosphärische Korrosion des Zinks in kalten Wintermonaten nicht wesentlich von der Unterschreitung von 0° C beeinflußt wird, während das atmosphärische Rosten des Eisens wenig unter 0° C zum Stillstand kommt, erklärt sich wahrscheinlich auf diese Weise; denn während die atmosphärische Korrosion des Zinks im wesentlichen der aus der Luft an das Zink gelangende Schwefelsäure äquivalent ist[28], erklärt sich das etwa eine Größenordnung höhere atmosphärische Rosten des Eisens aus der genannten oxydativen Zersetzung des Eisen(II)-sulfats. Diese aber geht unterhalb des eutektischen Gefrierpunktes einer gesättigten Eisen(II)-sulfatlösung offenbar nur gehemmt vonstatten, während die äquivalente Auflösung des Zinks durch die Schwefelsäure erst unterhalb des erheblich tiefer liegenden Gefrierpunktes der sich auf der Metalloberfläche konzentrierenden Schwefelsäure zum Stillstand kommt. Hierzu ist jedoch noch ein genauer Nachweis erforderlich.

Vermutlich erklärt sich auf ähnliche Weise auch die Beobachtung, daß in den Wintermonaten der an der Atmosphäre auf dem Eisen entstehende Rost in den ersten Tagen und Wochen das atmosphärische Rosten begünstigt (SCHIKORR[36]).

6 Deckschichten mit korrosionshemmender Wirkung

Die korrosionshemmenden Deckschichten kann man, soweit sich zur Zeit übersehen läßt, entsprechend der Verstärkung ihrer Schutzwirkung mit der Zeit in vier Gruppen einteilen, nach denen diese Deckschichten im folgenden besprochen werden sollen.

6.1 Die erste Gruppe wird von solchen Deckschichten gebildet, die in der ersten Korrosionszeit entstehen, dann aber so gut schützend sind, daß sie die weitere Korrosion praktisch völlig verhindern. Ein Musterbeispiel für diesen Fall ist die Korrosion von Aluminium, Chrom und hochwertigen nichtrostenden Stählen an mäßig angreifenden Atmosphären. Hierbei entsteht in der ersten Korrosionszeit aus einer sehr geringen Menge oxydierten Metalls ein unsichtbar dünner Oxydfilm, der eine weitere Korrosion nicht mehr erkennen läßt, so daß diese Werkstoffe an den genannten Atmosphären sichtbar nicht angegriffen werden. Die hierbei entstehenden Filme sind zwar noch zu den oben genannten Primärfilmen zu rechnen; es ist aber durchaus möglich, daß es grundsätzlich auch dickere Deckschichten aus Korrosions-

[35] SCHIKORR, G.: Unveröffentlichte Versuche.
[36] SCHIKORR, G.: Z. Elektrochem. **42**, 107 (1936); **43**, 697 (1937).

produkten gibt, die so dicht aufwachsen, daß die Korrosion schließlich völlig zum Stillstand kommt. Beispiele hierfür sind die *Weißrost*bildung des Zinks in Sprühnebeln von destilliertem Wasser (P. T. Gilbert und S. E. Hadden[37]) und vermutlich die Korrosion von Blei in Atmosphären mit erheblichem Schwefelsäuregehalt.

6.2 Bei der zweiten Gruppe nimmt die Korrosionsgeschwindigkeit mit zunehmender Dicke der Deckschicht ab; die Korrosion kommt aber nie zum Stillstand. Eine strenge Anwendbarkeit etwa des Parabelgesetzes hierauf kann man unter normalen Verhältnissen nicht erwarten, weil die Stärke der Angriffsbedingungen sich im Laufe des Jahres meist periodisch ändert. Beim Anlaufen des Kupfers allerdings, das schon bei der Behandlung der Primärfilme genannt wurde, entsteht mitunter trotz der schwankenden Angriffsstärke eine strenge Parabel. Dieses ist vielleicht daraus zu erklären, daß hier nur die Diffusion der Kupferionen durch die Deckschicht geschwindigkeitsbestimmend ist. Diese hängt in der Hauptsache von der Deckschicht und bei gleicher Temperatur nur wenig von den äußeren Bedingungen ab, wie ja auch bei der Verzunderung des Kupfers der Sauerstoffdruck der angreifenden Atmosphäre für die Verzunderungsgeschwindigkeit weitgehend belanglos ist.

Grundsätzlich — wenigstens formal — ähnlich scheint auch der Schutz des Kupfers durch die Patinabildung vonstatten zu gehen, indem mit der Verdickung der Patinaschicht auch die Korrosionsgeschwindigkeit abnimmt; wegen der sehr langsamen Dauer der Patinabildung, die, wie oben gesagt, mehr als 10 Jahre beträgt, sind jedoch hierzu keine Unterlagen vorhanden.

Ebenfalls in diese Gruppe gehören die Schutzschichten, die sich auf gewissen Stählen erhöhter Rostbeständigkeit an verschiedenen Atmosphären und auf Zink an sehr reinen Atmosphären bilden. Zu der genannten Stahlgruppe gehören die gekupferten Stähle, die besonders an Industrieatmosphären infolge der entstehenden deutlich schützenden Rostschicht eine ständig abnehmende Rostgeschwindigkeit zeigen, wie z. B. die Versuche von K. Daeves, K. F. Mewes und E. H. Schulz[26], J. C. Hudson[11] und H. R. Copson[38] ergeben. Daß Zink Deckschichten der genannten Art bildet, die vermutlich viel Karbonat enthalten, läßt sich aus Versuchen von Hudson und Stanners[23, 24] in gewissen tropischen Gebieten erkennen.

6.3 Die dritte Gruppe der schützenden Deckschichten zeigt den folgenden Verlauf: in der ersten Versuchszeit bildet sich eine Deckschicht aus — bei Zink wahrscheinlich ebenfalls wegen seines Karbonatgehaltes —, die gegen die Korrosion durch Regen oder feuchte Luft

[37] Gilbert, P. T., u. S. E. Hadden: J. Inst. Met. **78**, 47 (1950).
[38] Copson, H. R.: 55. Jahresversammlung der ASTM 1952, Preprint.

schützend wirkt, nicht aber gegen die in der Luft enthaltene Schwefelsäure. Die Korrosion des Metalls ist daher abhängig von der Fähigkeit, mit der die Schwefelsäure der Luft die Deckschicht aufzulösen vermag. Auf diese Art wird Zink an städtischen und Industrie-Atmosphären angegriffen (HUDSON und STANNERS[23, 24]; SCHIKORR[19]).

6.4 Bei der vierten Gruppe fällt die schützende Deckschicht in jedem Jahr ab, um sich dann wieder neu zu bilden. Dies trifft für die vermutlich wichtigste Korrosionsart überhaupt zu, nämlich für das atmosphärische Rosten des Eisens im Stadt- und Industrieklima. Es ist weithin unbekannt, daß Rost, der einige Monate alt ist, gegen das Weiterrosten eine eindeutig hemmende Wirkung ausüben kann. Besonders gilt das für Rost, der im Sommer entstanden ist. Gelegentlich ist diese Schutzwirkung so stark, daß Eisen, das vom Mai eines Jahres bis zum Mai des nächsten Jahres rostet, insgesamt weniger angegriffen wird als Eisen, das vom November des ersten Jahres, also ohne die Schutzschicht des Sommerrostes, bis zum Mai des folgenden Jahres derselben Atmosphäre ausgesetzt ist (G. SCHIKORR[36]). Bei dieser Korrosionsart nimmt die Korrosion wegen der jährlich wieder abfallenden Deckschicht proportional mit den Jahren zu (vgl. z. B. K. DAEVES, K.-F. MEWES und E. H. SCHULZ[26]).

Über den Mechanismus der Schutzwirkung des Rostes lassen sich zur Zeit nur hypothetische Angaben machen. Wenn, wie oben ausgeführt worden ist, der Gehalt des Rostes an Schwefelsäure für die Rostgeschwindigkeit entscheidend ist, so ergibt sich hieraus, daß bei Auswaschen der Schwefelsäure aus dem Rost, z. B. durch Regen, das Rosten verlangsamt werden kann. Regen kann also zwei Wirkungen haben, eine beschleunigende, indem er das Eisen feucht hält, aber auch eine verlangsamende, indem er korrosionsbegünstigende Bestandteile aus dem Rost auswäscht (G. SCHIKORR[39], J. DEARDEN[13]). Es ist verständlich, daß aus einer dicken Rostschicht die Schwefelsäure durch Regen zu einem größeren Teil vor ihrer Reaktion mit dem Eisen ausgewaschen wird als aus einer dünneren Rostschicht. In unveröffentlichten Versuchen des Verfassers wurde in der Tat gefunden, daß auf einem Fabrikdach im November rostendes Eisen, das wöchentlich zweimal mit destilliertem Wasser abgespült wurde, weniger rostete als unbehandelt neben ihm rostendes Eisen. Auch die reine Hemmung der Diffusion der Schwefelsäure an das Eisen durch den Rost an die Grenzfläche Rost/Eisenmetall kann man zur Erklärung der Schutzwirkung des Rostes an der Atmosphäre heranziehen. Denn beim Rosten von blankem Eisen in geschlossenen Räumen genügt bereits ein Andrücken eines Glasstabes an das rostende Eisen, um nicht nur die

[39] SCHIKORR, G.: Chim. et Ind. **41**, Sonder-Nr. 4bis, 50 C (1938) — Metall **6**, 356 (1952).

Berührungsstelle Glas/Eisen, sondern auch einen mehrere Millimeter breiten Streifen zu beiden Seiten dieser Berührungslinie von Rost freizuhalten, wobei es sich nicht etwa um eine Fernhaltung von sich absetzendem, rostbegünstigendem Staub handelt (G. Schikorr und I. Schaller[40]).

Auf die Herabsetzung der rostbegünstigenden Wirkung des Regens führt K. Daeves[11] die erhöhte Schutzwirkung des Rostes auf gekupfertem Stahl zurück. Er gibt an, daß dieser Rost wegen seiner größeren Glätte Regenwasser weniger lange festhält als normaler Rost. C. Carius und E. H. Schulz[14] hingegen nehmen an, daß die Schutzwirkung des Rostes auf gekupfertem Stahl auf einer patinaartigen Wirkung beruht, die durch den Kupfergehalt des Rostes zustande kommt.

7 Einordnung der atmosphärischen Korrosion in die allgemeine Korrosionslehre

Zum Schluß sei versucht, den Einfluß der Deckschichten auf die atmosphärische Korrosion zusammenfassend vom Standpunkt der allgemeinen Korrosionslehre zu betrachten.

Man hat lange Zeit die Korrosionserscheinungen nach zwei großen Klassen unterschieden: der Verzunderung und der Korrosion bei gewöhnlicher Temperatur. Wenn beide Klassen auch keineswegs gegensätzlich, sondern durch ihren elektrochemischen Charakter grundsätzlich ähnlich sind (vgl. [8, 41]), so lassen sich doch die meisten Korrosionserscheinungen zwanglos danach in zwei Gruppen einteilen, ob sie ohne oder bei Gegenwart von flüssigem Wasser vonstatten gehen. Auch für die atmosphärische Korrosion ergibt sich hiernach eine natürliche Einteilung in trockene und in nasse Korrosion.

7.1 Die trockene atmosphärische Korrosion ist gewissermaßen Verzunderung bei gewöhnlicher Temperatur. Daß hier kein grundsätzlicher Unterschied besteht, ist schon von G. Tammann und seiner Schule[42] angenommen worden, wenn man damals auch die Diffusion von Metallionen durch die Deckschicht noch nicht in Betracht gezogen hatte.

Zu der trocknen atmosphärischen Korrosion gehört das Anlaufen von Kupfer und unter gewissen Bedingungen auch von Silber; hierfür ist ebenso wie bei der Verzunderung das Parabelgesetz von Bedeutung, indem der geschwindigkeitsbestimmende Vorgang die Diffusion der Metallionen durch die Deckschicht ist. Die Einwirkung von trockener Luft auf Eisen wird weit stärker abgebremst als nach dem Parabelgesetz, wofür es entsprechende Beispiele bekanntlich in

40 Schikorr, G., u. I. Schaller: Öst. Chem.-Ztg. **45**, 135 (1942).
41 Evans, U. R.: Nature, Lond. **168**, 853 (1951).
42 Z. B. G Tammann. u. W. Köster: Z. anorg. allgem. Chem. **123**, 196 (1922).

großer Zahl auch bei der Verzunderung gibt. Bei der merkwürdigen Linearität des späteren Fortschreitens der trockenen atmosphärischen Korrosion des Kupfers und des Zinks schließlich ist man versucht, trotz der anfänglichen Abnahme der Korrosionsgeschwindigkeit eine Erklärung wie bei der Verzunderung der Erdalkalimetalle entsprechend der Theorie von PILLING und BEDWORTH zu suchen und eine so starke Durchlässigkeit zumindest der äußeren Deckschicht anzunehmen, daß deren Wachstum die Diffusion angreifender Stoffe aus der Luft an tiefer gelegene Schichten nicht mehr geschwindigkeitsbestimmend vermindert[4]. Man sieht, daß die trockene atmosphärische Korrosion und die Verzunderung offenbar grundsätzlich gleichartig sind.

7.2 Die nasse atmosphärische Korrosion zeigt ihrerseits mit der Korrosion in wäßrigen Lösungen so viele Gemeinsamkeiten, daß auch hier die grundsätzliche Gleichartigkeit nicht bezweifelt werden kann. Korrosion unter Wasserstoffentwicklung ist zwar, soweit man bisher weiß, außer bei der Korrosion der Alkalimetalle, bei der nassen atmosphärischen Korrosion nicht vertreten; um so größer ist aber die Ähnlichkeit mit der Korrosion in wäßrigen Lösungen unter Sauerstoffverbrauch. Wie bei dieser, ist auch bei der nassen atmosphärischen Korrosion die Geschwindigkeit, mit der der angreifende Stoff (bei der atmosphärischen Korrosion meist die Schwefelsäure der Luft) an das Metall oder die Deckschicht gelangt, in manchen Fällen für die Korrosion geschwindigkeitsbestimmend.

In anderen Fällen stehen Entpassivierungserscheinungen oder die Zerstörung von Schutzschichten im Vordergrund (Verrostung von Eisen im Meeresklima, Korrosion von Blei durch essigsäurehaltige Luft), in wieder anderen die Bildung von Deckschichten, die in dem angreifenden wäßrigen Medium unlöslich sind. Beispiele für die Bildung anodisch entstehender unlöslicher Deckschichten sind die Bildung von Deckschichten aus basischem Kupfersulfat oder -chlorid bei Kupfer, aus Bleisulfat bei Blei (Schutz gegen die Schwefelsäure in der Luft) und aus basischem Zinkkarbonat bei Zink (Schutz gegen reines Regenwasser). Wahrscheinlich auf kathodischer Schutzschichtbildung beruht die Erscheinung, daß Zink von Meerwassersprühnebeln viel weniger angegriffen wird als von Sprühnbeeln aus Natriumchloridlösung[43]; denn das im Meerwasser vorhandene Magnesiumsalz bildet magnesiumhydroxydhaltige Schichten auf den kathodischen Flächen, die deren korrosionserzeugende Wirksamkeit abschwächen.

Da die nasse atmosphärische Korrosion grundsätzlich meist stärkere Korrosion bewirkt als die trockene, ist es allgemein für die atmosphärische Korrosion von entscheidender Bedeutung, ob die nasse Korro-

---

[43] SCHIKORR, G.: Z. Metallkde. **32**, 314 (1940).

sion überhaupt zustande kommt. Dieser Umstand verdient deshalb, wie bei der Bedeutung der Rostschicht für das Rosten ausgeführt worden ist, besondere Beachtung.

Ungeklärt ist allerdings noch die Frage, ob diejenigen atmosphärischen Korrosionserscheinungen, bei denen Wasser zwar erforderlich ist, jedoch nicht in flüssiger Form in Erscheinung tritt (also die Korrosionen wenig oberhalb der kritischen Feuchtigkeit) zur trockenen oder zur nassen atmosphärischen Korrosion zu rechnen sind. Der Verfasser neigt zu der letzten Annahme. Als Beleg hierfür sind ihm jedoch keine Unterlagen bekannt.

Diskussionsbemerkungen

K. Hauffe:

Leider gibt es noch keine elektrochemische Korrosionstheorie, nach der eine Beschreibung der Korrosionserscheinungen bis in die Elementarvorgänge möglich ist. Aus diesem Grunde lassen sich auch heute noch keine allgemeinen Aussagen über den Ablauf der Korrosion machen. Jedoch wurden in neuerer Zeit beachtliche Erfolge auf gewissen Teilgebieten der Korrosion — der Passivität und der Auflösung von Passivschichten — insbesondere von Bonhoeffer und Mitarbeitern sowie von Vetter erzielt. Selbstverständlich sind diese Arbeiten, die unter weitgehenden Modellbedingungen durchgeführt wurden, noch nicht geeignet, um Auskunft über praktische Korrosionsfälle zu geben. Hingegen erscheint es mir unumgänglich, daß der Praktiker, der sich mit Korrosionsproblemen beschäftigt, sich auch mit den physikalisch-chemischen Formulierungen der Vorgänge befaßt. Es ist wohl nicht zu bezweifeln, daß bereits die aus den Arbeiten mit theoretischer Problemstellung sich ergebende Arbeitsmethodik und Denkweise auch für praktische Korrosionsversuche von hohem Nutzen ist.

Auf Grund der gegenwärtig in der Literatur vorliegenden Arbeiten sollte das Auffinden der maßgebenden Teilvorgänge bei der atmosphärischen Korrosion und ihre Zurückdrängung durchaus möglich sein. Zur Erreichung dieses Zieles ist es allerdings notwendig, daß man mit der elektrochemischen Thermodynamik und Kinetik kritisch operiert. Aus dieser Situation heraus ist auch der Wunsch einer Zusammenarbeit zwischen Theoretikern und Praktikern verständlich, um gemeinsam die Mannigfaltigkeit der die *praktische* Korrosion bedingenden Teilvorgänge Schritt für Schritt systematisch aufzuklären.

Besonders aus dem Referat von Schikorr geht eindrucksvoll hervor, wie wenig systematisch theoretisch man sich gerade mit dem interessanten Gebiet der atmosphärischen Korrosion beschäftigt hat. Hier wäre es an der Zeit, ähnlich systematisch, wie man es bereits im Falle der Hochtemperatur-Oxydation seit etwa 20 Jahren betreibt, an die Auflösung sinnvoller Fragen heranzugehen.

G. Schikorr (*Antwort*):

Ich begrüße die Ausführungen von HAUFFE besonders deshalb, weil sie ein Thema berühren, das unausgesprochen ein Hauptanliegen dieser Tagung war, aber bisher nicht behandelt wurde: die Überbrückung der Kluft zwischen dem reinen Physikochemiker und dem speziellen Korrosionsforscher. Es ließe sich so viel hierzu sagen, daß es Stoff für einen besonderen Aufsatz gäbe. Ich muß mich daher ganz kurz auf den Hauptpunkt beschränken. Die Ursache des häufig zu beobachtenden Aneinandervorbeiredens ist die Betonung verschiedener Seiten der Wissenschaft. Der reine Physikochemiker sieht als ein Hauptziel der Wissenschaft die Erforschung bis zur mathematischen Formulierung, wofür er — unabhängig von praktischen Fragen — geeignete Vorgänge auswählt; der spezielle Korrosionsforscher betrachtet es als Aufgabe der Wissenschaft für sein Gebiet, die Fülle der Erscheinungen in ein System zu bringen, das diese grundsätzlich verstehen läßt und auf Möglichkeiten zu ihrer Vermeidung hinweist. Der reine Physikochemiker findet daher Korrosionsuntersuchungen häufig unbefriedigend, weil sie dort aufhören, wo sie für ihn interessant werden; der spezielle Korrosionsforscher sucht in den Arbeiten der reinen Physikochemiker zur Korrosionstheorie meist vergebens nach der Behandlung der Frage, wieweit die theoretischen Betrachtungen mit der Gesamtheit der Tatsachen verträglich sind.

Die von HAUFFE genannten Untersuchungen sollten sich bei der atmosphärischen Korrosion besonders auf die Primärfilme und das Anlaufen anwenden lassen; in den erwähnten Arbeiten von HOAR, PRICE und THOMAS[9] (s. S. 234) ist das ja auch verhältnismäßig früh geschehen. Von besonderem Interesse ist es, ob bei gewöhnlicher Temperatur dem reziprok-logarithmischen Gesetz die bevorzugte Bedeutung zukommt, die man erwarten sollte. Die in dem Referat von ENGELL Abb. 4 angeführte Zusammenstellung nach KUBASCHEWSKI und HOPKINS (s. S. 61) bestätigt offenbar diesen Zusammenhang wenigstens für den Anfang; dann aber scheint die Korrosion fast linear fortzuschreiten, was mit dem genannten Gesetz sicherlich nicht in Übereinstimmung steht. Aber gerade dieser zweite Teil des Korrosionsverlaufes ist für die Gesamtkorrosion möglicherweise der wichtigere. — In einem zusammenfassenden Aufsatz von U. R. EVANS[1] der sich allerdings fast ausschließlich mit der Oxydation bei hoher Temperatur befaßt, werden unveröffentlichte Versuche von R. K. HART erwähnt, nach denen die Oxydschichtbildung auf Aluminium an trockenem Sauerstoff dem reziprok-logarithmischen Gesetz, hingegen an feuchter Luft anfangs dem direkt-logarithmischen und später dem

[1] Rev. of pure a applied Chem. **5**, 1 (1955).

reziprok-logarithmischen Gesetz folgt. Es ist hier also noch manches zu klären.

Auf dem Gebiet der nassen atmosphärischen Korrosion wäre es sicherlich reizvoll und wohl auch erfolgversprechend, z. B. den Einfluß des Kupfers in gekupfertem Stahl auf das atmosphärische Rosten nach den von HAUFFE genannten Gesichtspunkten zu erforschen. Die in diesen nicht betrachteten äußeren Abhängigkeiten (z. B. den Einfluß des Regens, der relativen Luftfeuchtigkeit und der Verunreinigungen der Luft), die dieses Gebiet so besonders komplex machen, wird man aber ebenfalls nicht vernachlässigen dürfen. Daß hierüber Arbeiten mit wissenschaftlichen Fragestellungen in der Tat selten sind, liegt aber nicht daran, daß man mit den bisherigen Methoden nicht weiterkäme, sondern daran, daß solche Arbeiten, wie schon gesagt, sehr langwierig sind und schließlich doch nur zu Ergebnissen führen, die, wenn man sie kennt, als selbstverständlich empfunden werden, obwohl sie theoretisch meist nicht vorherzusehen waren. Die Neigung, solche Untersuchungen auszuführen, ist daher gering. An ihrer grundsätzlichen Notwendigkeit wird jedoch wohl niemand zweifeln.

W. Jaenicke:

Sind die eigenartigen Beobachtungen von VERNON über das Sommer- und Winteranlaufgesetz auch in neuerer Zeit und von anderer Seite bestätigt worden? Besonders schwer verständlich erscheint mir, daß die Reaktion nach dem Zeitgesetz weiterlaufen soll, nach dem sie angefangen hat, auch wenn später äußere Bedingungen eintreten, die anderer Zeitgesetze verlangen sollten.

Erlauben die Versuche überhaupt, mit solcher Sicherheit auf verschiedene Zeitgesetze zu schließen? Wahrscheinlich sind doch nur Gewichtszunahmen gemessen worden, so daß die Umrechnung auf Schichtdicken sowieso etwas fraglich ist.

G. Schikorr (*Antwort*):

Es ist bisher kein Versuch von anderer Seite unternommen worden, die Ergebnisse VERNONS über das Anlaufen des Kupfers zu reproduzieren. Ich habe aber keinen Zweifel daran, daß seine Behauptungen zutreffen. Grundsätzlich sind sie für den speziellen Korrosionsforscher nicht so sehr überraschend. Denn es gibt mehrere Fälle, in denen geringe Verschiedenheiten der Umweltverhältnisse beim Korrosionsbeginn, die später keine Bedeutung mehr haben, für den Verlauf der weiteren Korrosion entscheidend sind. Ich nenne die bekannten und auch reproduzierten Korrosionsarten I und II bei der Korrosion von

Blei in destilliertem Wasser[2], die vom anfänglichen Kohlensäurezutritt zu dem Blei abhängen und ebenfalls linear bzw. etwa parabolisch mit der Zeit verlaufen. Beim Anlaufen des Kupfers könnte es z. B. so sein, daß es bei Korrosionsbeginn darauf ankommt, ob die offene oder geschlossene Zunderform nach SCHEIL entsteht, und daß hierfür der anfängliche Gehalt der Luft an Schwefelwasserstoff entscheidend ist. Überhaupt scheint mir die von JAENICKE aufgeworfene Frage von allgemeiner Bedeutung zu sein, indem auch bei der Verzunderung je nach den (zur Zeit noch unbekannten Anfangsbedingungen) mitunter der lineare, mitunter der parabolische Reaktionsverlauf unter scheinbar den gleichen Bedingungen auftritt, so z. B. beim Wolfram; auch hier spielen also offenbar die späteren Angriffsbedingungen eine geringere Rolle als die anfänglichen.

Die Frage der Umrechnung von Gewichtszunahme auf Schichtdicken ist in der Tat problematisch; sie ist in den späteren Arbeiten VERNONS eingehend diskutiert.

K. J. Vetter:

Eisen, das längere Zeit der atmosphärischen Luft ausgesetzt war, ist nach meinen Erfahrungen nicht passiv, sondern ist vielmehr nur mit einer Adsorptionsschicht von Sauerstoff bedeckt, die den Auflösungsvorgang des aktiven Eisens, also Ferroions, nach Eintauchen in saure Lösung nicht verhindert. Eine gewisse Veredelung des Potentials, die bald wieder zurückgeht, kann ich jedoch bestätigen. Das Potential erreicht aber nicht Werte, die positiver als das FLADE-Potential (Bildungs- und Reduktionspotential der Passivschicht) sind. In diesem Sinne kann das Eisen daher nicht als passiv angesehen werden.

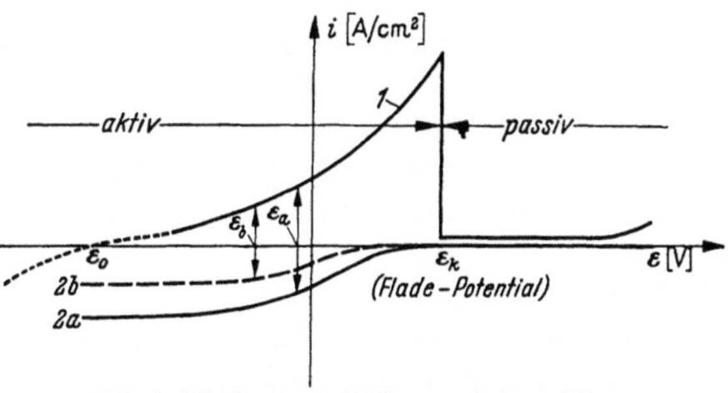

Abb. 1. Mischpotentialbildung zwischen aktiver Eisenauflösung und Sauerstoffreduktion.

Die Veredelung des Potentials muß durch eine Mischpotentialbildung erklärt werden, wie sie in Abb. 1 schematisch dargestellt ist. Kurve *1* ist die Stromspannungskurve der aktiven und passiven Eisenkorrosion (vgl. Abb. 2 von K. J. VETTER S. 74). Kurve *2a* sei die Stromspannungskurve für die Reduktion des adsorbierten Sauerstoffs am Anfang und *2b* etwas später, wenn bereits ein Teil O_2 redu-

[2] Vgl. z. B.: G. SCHIKORR: Korrosion u. Metallsch. **16**, 181 (1940). — KATZ, W. in F. TÖDT: Korrosion u. Korrosionsschutz. S. 307. Berlin: de Gruyter 1955.

ziert worden ist. Die Potentiale ε_a und ε_b sind die zugehörigen Mischpotentiale, bei denen der anodische Teilstrom auf Kurve *1* gleich dem kathodischen Teilstrom auf Kurve *2a* bzw. *2b* an der gleichen Fläche ist. Mit Verminderung der adsorbierten Sauerstoffmenge ist somit ein Unedelerwerden des Potentials mit der Zeit zu verstehen.

G. Schikorr (*Antwort*):

Für die von Vetter angeschnittene Frage der Passivität des Eisens an der Luft ist die Definition des Begriffs *Passivität* von entscheidender Bedeutung. In meinen Ausführungen ist unter Passivität entsprechend Normblatt DIN 50900 *Korrosion der Metalle. Begriffe* das Folgende verstanden: *Mit Potentialveredlung verknüpfte erhöhte Beständigkeit eines Metalls gegen oxydierende Stoffe oder elektrischen Strom, obgleich thermodynamisch die Möglichkeit einer erheblichen Korrosion besteht.* Das Potential von Eisen in Wassertröpfchen, die sich auf ihm an der Luft befinden, ohne Rost zu erzeugen, ist meines Wissens bisher nicht gemessen worden. Es ist aber unwahrscheinlich, daß es unedler ist als das Potential von an der Luft gelagertem Eisen im Augenblick des Eintauchens in destilliertes Wasser, und dieses beträgt etwa —0,1 bis 0,2 V gegen die n-Wasserstoffelektrode; es ist mindestens etwa 0,2 V edler als das Potential aktiven Eisens gegen destilliertes Wasser. Da das Eisen in den genannten Tröpfchen nicht rostet, ist es auch unwahrscheinlich, daß es dort aktiv wird. Daß diese Passivitätserscheinungen auf einer Oxydschicht und nicht auf einer einfachen Adsorptionsschicht von Sauerstoff beruhen, kann meiner Meinung nach auf Grund der Untersuchungen von Evans und von Vernon nicht bezweifelt werden. Zusätzlich ist jedoch auch Sauerstoff erforderlich.

F. Tödt:

Die von Schikorr erwähnten Angaben über das Wachstum der Primärschichten auf Eisenoberflächen können durch eigene Ergebnisse ergänzt und bestätigt werden. Die von uns angewandte Methode der Messung von Oxydschichten auf Eisen ist eine rein chemische und besteht in der Feststellung der Auflösungsgeschwindigkeit des Eisens nach verschiedenen Belüftungszeiten[3]. Hierbei konnten wir feststellen, daß unsere Ergebnisse im Einklang mit den von Evans und Miley nach 5 min Belüftung sich befanden. Das von uns benutzte Verfahren gestattet außerdem die Feststellung, daß nach 1 min etwa $^1/_3$ und nach wenigen Sekunden etwa $^1/_{30}$ der Filmbedeckung stattfindet, im Vergleich zum Wert nach

[3] Tödt, F., R. Freier u. W. Schwarz: Die Messung der Oxydationsgeschwindigkeit und Oxydschichtdicke von Metalloberflächen sowie der Lokalelementtätigkeit zwischen Metall und Metalloxyd, Z. Elektrochem. **53**, 139—141 (1949).

5 min. Ebenfalls das weitere langsame von EVANS und MILEY gefundene Wachstum konnte durch unsere chemische Methode bestätigt werden. Es ist allerdings zu bedenken, daß die Werte je nach Art und Oberfläche der Eisensorte sehr große Schwankungen aufweisen können.

G. Schikorr (*Antwort*):

Leider war mir die Arbeit von TÖDT, FREIER und SCHWARZ entfallen, so daß ich sie in meinem Referat nicht genannt habe. Ich halte sie ebenfalls für einen Beweis dafür, daß auf dem Eisen eine Oxydschicht entsteht, denn wenn sich allein eine Schicht von adsorbiertem Sauerstoff bildete (diese wird zusätzlich vorhanden sein), wären bei der großen Geschwindigkeit von Adsorptionsvorgängen die in der genannten Arbeit gefundenen, im Verhältnis zu Adsorptionsgeschwindigkeiten langen Zeiten nicht erklärlich.

H.-J. Engell:

Im Vortrag und in der Diskussion wurde die Frage aufgeworfen, ob man die atmosphärische Korrosion an Luft mit wechselnder Feuchtigkeit als elektrolytischen Vorgang deuten könne. Diese Frage kann man für eine relative Luftfeuchtigkeit von etwa 60% oder mehr durchaus mit Ja beantworten. Einmal setzt bei einem derartigen relativen Dampfdruck des Wassers in hinreichend engen Poren und Spalten der abgelagerten Korrosionsprodukte bereits eine Kapillar-Kondensation ein. Weiterhin tritt bei Annäherung an den Sättigungsdruck eine Adsorption des Dampfes in Schichten von mehreren Moleküldurchmessern Dicke ein[4]. In einem solchen Flüssigkeitsfilm können Vorgänge ablaufen, die einer elektrochemischen Reaktion in Lösungen sehr ähnlich sein werden.

Der Einfluß von Seigerungen auf das Korrosionsverhalten von Metallen, insbesondere von Stählen, wurde von SCHIKORR bereits erwähnt. Diese Frage scheint mir für weitere Untersuchungen besonders wichtig zu sein, da es wenig wirklich eingehende Angaben hierzu gibt. Wir waren vor einiger Zeit um ein Gutachten in einem Schadensfall an einer Heißdampfleitung aus nahtlos gezogenen niedrig legierten Stahlrohren gebeten worden. Die Untersuchung ergab, daß die schadhaften Rohre überwiegend aus unberuhigt vergossenem Material hergestellt waren. Unter den nicht angegriffenen Rohrteilen befanden sich erstaunlicherweise aber gleichfalls einzelne Stücke mit Seigerungen an der Rohrinnenwand. Es scheint also, daß nicht nur die Existenz der Seigerungen, sondern auch ihre Zusammensetzung und Ausscheidungsform das Korrosionsverhalten wesentlich beeinflussen.

[4] BRUNAUER, S. T., P. H. EMMETT u. E. TELLER: J. Amer. chem. Soc. **60**, 309 (1938).

G. Schikorr (*Antwort*):

Wie ich schon am Schluß meines Referates gesagt habe, neige auch ich zu der von Engell genannten Ansicht, daß man nach den jetzigen Kenntnissen die Korrosion knapp oberhalb der kritischen Feuchtigkeit als nasse Korrosion zu betrachten hat. Als unbefriedigend dabei empfinde ich jedoch das Fehlen eines unmittelbaren Beweises. Die von Engell genannte Arbeit von Brunauer, Emmett und Teller scheint mir fast dagegen zu sprechen, daß es sich um nasse Korrosion handelt. Denn wenn erst bei Annäherung an den Sättigungsdruck mehrere Molekülschichten Wasserdampf von dem Metall absorbiert werden, wie wenige mögen es dann bei 60% rel. Feuchtigkeit sein?

Der Befund von Engell an der Heißdampfleitung gibt wiederum ein Beispiel gegen die Verallgemeinerung, daß geseigerte Zonen in Stahl stets stärker angegriffen werden als ungeseigerte.

H. Determann:

Schikorr berichtete, daß sich die stärkere Korrosion in der Seigerungszone nur anfänglich bemerkbar macht. Ich bin erstaunt über diesen Befund, da sich die Seigerung bei der Korrosion in Seewasser auch auf die Dauer ungünstig auswirkt. Besonders stark ist diese Erscheinung an Nietköpfen zu beobachten. Man findet hier starke Anfressungen, die der Seigerungszone genau folgen, wohingegen die außerhalb der Seigerungszone liegenden Metallschichten nicht angegriffen werden. Offensichtlich liegt hier eine Elementwirkung vor. Abb. 1 zeigt eine flächenhafte, etwa gleichmäßig über die Seigerungszone verteilte Anfressung. Der Zusammenhang mit der Seigerungszone wird durch den Schwefelabdruck Abb. 2 deutlich. Abb. 3 zeigt, daß die Korrosion auch innerhalb der Seigerungszone je nach der Menge und Art der Verunreinigung stark verschieden sein kann.

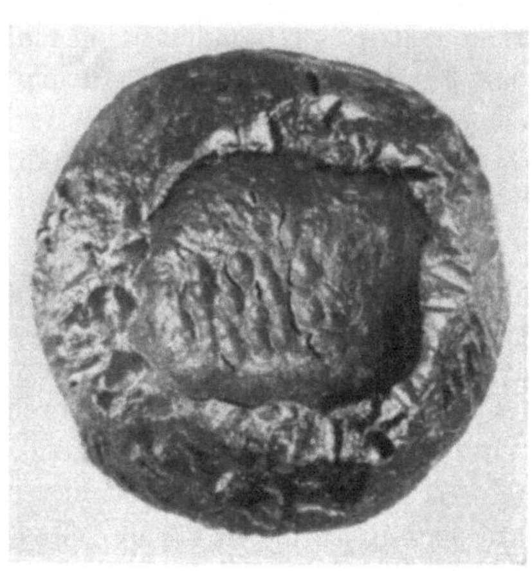

Abb. 1
Korrosion eines Nietkopfes in Form der Seigerung

Man könnte nun sagen, daß derartige Elementwirkungen wohl auftreten, wenn das ganze Metall vom Elektrolyten umspült ist, nicht aber bei der atmosphärischen Korrosion. Dagegen spricht aber wieder die Beobachtung von Korrosionserscheinungen an Schiffsaufbauten, wo sich die Elementwirkung zunderbedecktes/zunderfreies Eisen sehr stark auswirkt. Diese Erscheinung gibt es außen bei der atmosphärischen Korrosion und sogar in Innenräumen. Abb. 4 zeigt den Korrosionsverlauf an Stahlplatten von Schiffsbauten, die mit dem Schweißbrenner gerichtet sind. Man sieht, daß sich in dem Bereich des Bleches, der vom Schweißbrenner hellrot warm wurde, keine Korrosion ausbildete, weil hier eine dichte Zunderschicht entstand. In dem Nachbarbereich korrodiert das Blech dagegen besonders stark. Hier liegt offensichtlich eine Elementwirkung vor, deren Wirkung *in der Atmosphäre* über mehrere Zentimeter geht. Man könnte vielleicht meinen, daß es sich nicht um eine Elementwirkung, sondern lediglich um eine unterschiedliche Korrosionsbeständigkeit der mit Zunder bedeckten Schicht und der Zone, auf der eine alte Zunderschicht infolge der Wärmespannungen zerstört ist, handelt. Dagegen spricht aber, daß es sich hier um ältere Aufbauten handelt, bei denen sicher keine alte Zunderschicht mehr vorhanden ist. Außerdem erkennt man die Elementwirkung deutlich im Anfangsstadium, wo sich eine ganz scharf begrenzte Korrosionszone dicht neben der durch den Schweißbrenner erwärmten Stelle ausbildet. Abb. 5 zeigt diesen Zustand. Die Korrosionsfelder sehen fast so aus, als ob man die Schweißbrennerstellen mit einem Farbstift bezeichnet hätte.

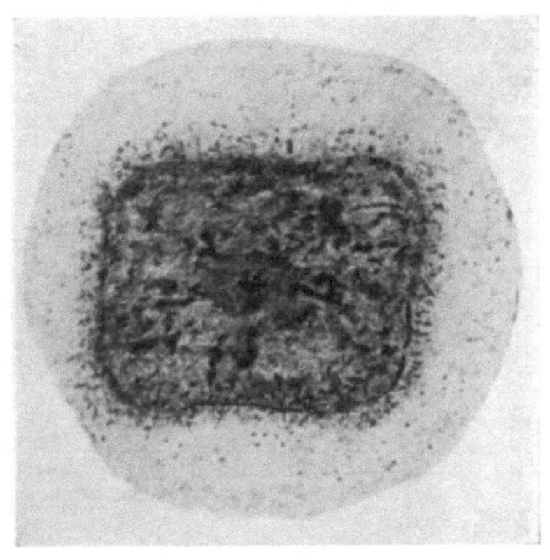

Abb. 2
Schwefelabdruck von der Rückseite des Nietkopfes zur Kennzeichnung der Seigerungszone

Abb. 3. Korrosion an einem Schiffsniet infolge von Seigerungen im Material (Elementbildung)

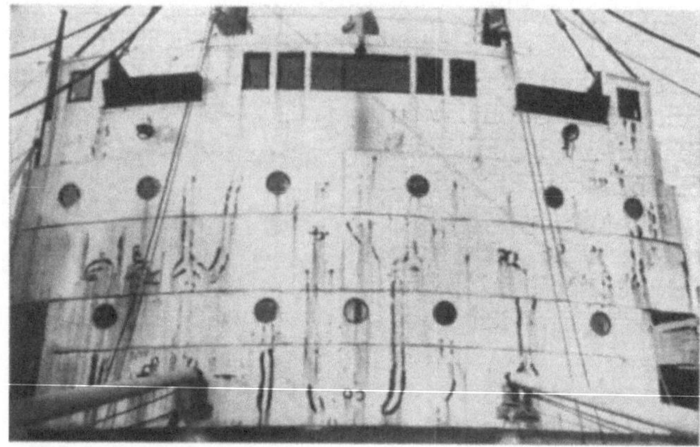

Abb. 4. Korrosionsverlauf an Stahlplatten von Schiffsaufbauten, die mit dem Schweißbrenner gerichtet sind. Im Bereich der Bleche, die rotwarm gewesen sind, fand keine Korrosion statt. In den Nachbarbereichen war der Angriff besonders stark. Auf den dunklen Streifen ist die Anstrichschicht unterrostet und abgefallen

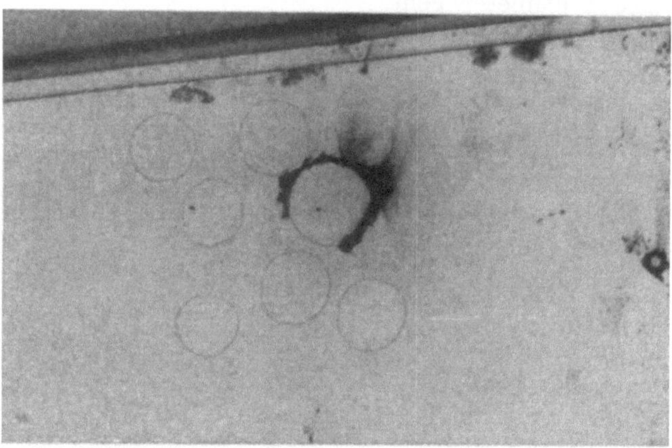

Abb. 5. Korrosion an Stahlblechen von Schiffsaufbauten, die mit dem Schweißbrenner gerichtet sind. Die dunklen Kreise zeigen die Begrenzung der rotwarm gewesenen Blechteile an. An einer Stelle ist die Unterrostung schon weiter fortgeschritten, so daß die Anstrichschicht auf größerer Fläche abgefallen ist

G. Schikorr (*Antwort*):

Zu den Beobachtungen von Determann über die korrosionsbegünstigende Wirkung der Seigerungen möchte ich sagen, daß ich die Möglichkeit einer solchen Wirkung grundsätzlich keineswegs bezweifle. So haben wir bei 75 Jahre in Flußwasser befindlich gewesenem Paketier-Schweißstahl gefunden, daß bei insgesamt ziemlich geringem Angriff nichtmetallische Einschlüsse an der Oberfläche herausgefressen waren. Andererseits sind mir keine Veröffentlichungen bekannt, nach denen Seigerungen beim atmosphärischen Rosten eine große Rolle spielten. DETERMANNS Beispiele betreffen das Rosten im Meerwasser und die Rostbegünstigung durch Zunder unter Anstrichen, die beide

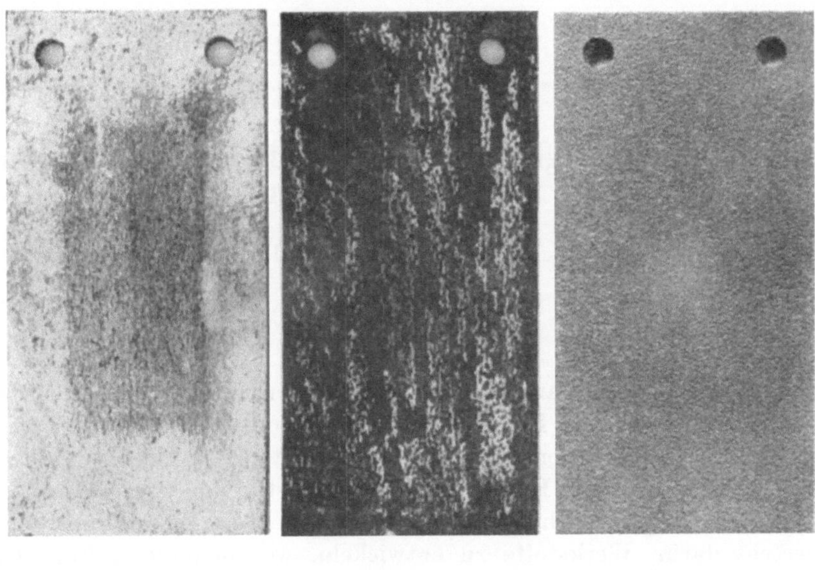

Abb. 6a—c. Von einem Stahlknüppel abgeschnittene und geschliffene Platten mit Seigerungszone. a) Platte nach 3tägiger Lagerung auf einem Dach in Stuttgart, nicht entrostet. Die Seigerungen treten deutlich hervor; b) Platte nach 10tägiger Lagerung auf einem Dach in Stuttgart, nicht entrostet. Infolge Regeneinwirkung ist die ganze Oberfläche verrostet und die Seigerungszone völlig überdeckt; c) Platte nach 1jähriger Lagerung auf einem Dach in Stuttgart, entrostet. Es ist kein Einfluß der Seigerung zu erkennen

durch erheblich andere Faktoren beeinflußt werden können als das atmosphärische Rosten unbedeckten Eisens. Die in meinem Referat hierzu gemachten Angaben seien durch die Abb. 6 belegt.

Bei dem verrosteten Schiffsniet müßte man wohl diskutieren, ob es sich hier um einen Ausnahme- oder um einen Regelfall handelt. Wir haben seinerzeit in der Nordsee bei Helgoland Versuche mit stählernen Spundwandabschnitten ausgeführt, die zum Teil erhebliche Seigerungen enthielten. Selbst nach 8 Jahren Versuchsdauer waren etwaige verstärkte Anfressungen an den Seigerungen so gering, daß sie uns nicht auffielen. Auch die Frage des Seigerungsangriffs im Meerwasser scheint mir daher noch weiterer Untersuchungen zu bedürfen.

Zu der Unterrostung der Anstriche an nicht entzunderten Stellen kann ich mich nicht äußern, da ich auf diesem Gebiet keine Erfahrungen habe. Rückschlüsse auf das Verhalten von Seigerungen an der Atmosphäre scheinen mir jedoch schwierig.

Die Rolle der Legierungszusätze beim Auf- und Abbau von Deckschichten

Von Theo Heumann

Mit 16 Abbildungen

1 Einleitung

Für die Verwendbarkeit eines metallischen Werkstoffes spielt bekanntlich neben einer Reihe physikalischer und mechanischer Eigenschaften sein Korrosionsverhalten eine wichtige, oft sogar eine entscheidende Rolle. Im Kampf gegen die Zerstörung durch Korrosion hat man nun die verschiedensten Wege beschritten. Einer dieser Wege besteht darin, Werkstoffe zu entwickeln, welche ohne weitere Behandlung von Natur aus gegen chemischen Angriff beständig sind. Bei der Entwicklung solcher Werkstoffe wird u. a. auch versucht, die metallischen Werkstoffe durch nichtmetallische zu ersetzen. Hier sei an die Gruppe der Kunststoffe erinnert, welche in den letzten Jahren einen außergewöhnlich starken Ausbau erfahren hat und sich ein Anwendungsgebiet erobert, das sich ständig erweitert. Es ist der chemischen Forschung gelungen, Stoffe aufzubauen — in der Regel als Polymerisate —, die neben ihrer kennzeichnenden Korrosionsbeständigkeit auch eine beachtenswerte Festigkeit besitzen, so daß bereits in vielen Fällen ein solcher Stoff bessere Dienste leistet als ein metallischer.

Durch die stürmische Entwicklung auf dem Kunststoffgebiet könnte man nun den Eindruck gewinnen, daß die Metalle und Legierungen allmählich verdrängt werden. Das kann jedoch nur in einem beschränkten Maße der Fall sein. Im Bereich hoher Temperaturen, hoher und höchster mechanischer Belastungen dürfte nach wie vor der metallische Werkstoff der einzige sein, welcher solchen Anforderungen genügt. Um so notwendiger ist es, den Kampf gegen die Korrosion zu verstärken.

In diesem Zusammenhang ist den Deck- oder Schutzschichten, die sich auf der Oberfläche der Metalle und Legierungen bilden können, eine besondere Bedeutung beizumessen. Es soll nun im folgenden ein kurzer Überblick gegeben werden darüber, welchen Einfluß Legierungszusätze bei der Bildung solcher Schichten ausüben, wobei gleichzeitig auch das Verhalten derselben gegen äußere Einflüsse behandelt werden soll. Letzteres steht manchmal im Vordergrund der Erörterungen. Die Ausführungen beschränken sich auf Vorgänge, die sich in wäßrigen Elektrolyten abspielen.

Das vorhandene Tatsachenmaterial ist so umfangreich, daß es im Rahmen dieses Aufsatzes unmöglich ist, alles zu erfassen. Außerdem ist es schwierig, das vielseitige Material unter einigen einheitlichen Gesichtspunkten darzustellen. In dieser Hinsicht sind die Bestrebungen und Vorschläge von H. Fischer[1], die Korrosionsinhibitoren sinnvoll einzuteilen, sehr zu begrüßen. An dem, was im folgenden erörtert werden soll, wird man demnach den Mangel an Vollständigkeit feststellen, abgesehen davon aber den Eindruck gewinnen, daß wir über die Mechanismen, die der Bildung und dem Abbau von Deckschichten zugrunde liegen, noch sehr wenig aussagen können. Es soll versucht werden, die Hauptprobleme etwas näher herauszustellen.

2 Der Begriff Deckschicht

Wir wollen unter dem Begriff *Deckschicht* alle Schichten von den dünnsten Filmen bis zu den sichtbaren Häuten verstehen. Hierzu gehören auch solche, die einen vollkommenen Schutz bewirken, die praktisch porenfrei sind und die im Sinne von W. Haase[2] auch gelegentlich als Schutzschichten oder Schutzfilme bezeichnet werden.

Die Deckschichten können wir nun einteilen in solche, deren Bestandteile — organische oder anorganische Verbindungen — physikalisch adsorbiert sind. Wir finden beim Aufbau dieser Schichten von meist monomolekularer Dicke die Gesetzmäßigkeiten der Langmuirschen Adsorptionsisothermen. Da diese Art der Adsorption in der Regel von Legierungsbestandteilen wenig beeinflußt wird, können wir diese Gruppe von Deckschichten außerhalb unserer Betrachtungen stellen, es sei denn, es handelt sich um sogenannte Passivatoren.

Die zweite Gruppe ist dadurch gekennzeichnet, daß die Bildung der Schichten teils durch Chemisorption teils durch chemische bzw. elektrochemische Reaktionen erfolgt. Die die Schichten aufbauenden Stoffe wären nach H. Fischer[1] den chemischen Inhibitoren zuzuordnen. Eine weitere Unterteilung unterscheidet zwischen Deckschichten, welche durch chemische Umsetzungen mit dem Elektrolyten unter Bildung schwerlöslicher Salze entstehen, wobei die Schichten eine

[1] Fischer, H.: Bericht über die Korrosionstagung Dechema-Jahrestagung 1954, S. 46. Weinheim: Verlag Chemie.

[2] Haase, W.: Werkstoffe u. Korrosion **3**, 198 (1952).

relativ große Dicke erreichen und porös sind, und zwischen solchen, welche mit einer Passivierung des Werkstoffes verknüpft sind und in der Regel aus extrem dünnen und porenfreien Filmen bestehen. Auf die zuletzt genannten Schutzschichten wollen wir unser Hauptaugenmerk richten.

3 Poröse Deckschichten

3.1 Salzschichten

Hier sind zunächst jene Schichten zu erwähnen, die sich bei der anodischen Auflösung eines Metalls dadurch bilden, daß die Löslichkeitsgrenze des betreffenden Salzes überschritten wird und demzufolge die Metalloberfläche sich mit einer Salzschicht überzieht. Zwei typische Fälle beobachtet man bei der Auflösung von Blei in Sulfatlösungen und von Silber in Chloridlösungen. Die Schichten bewirken eine mechanische Trennung zwischen Metalloberfläche und Elektrolyt. Die Vorgänge sind unter anderen insbesondere von W. J. MÜLLER[3] eingehend untersucht worden. Die mit der Schichtbildung einhergehende Verminderung der Korrosion wurde von W. J. MÜLLER[4] als *Bedeckungspassivität* bezeichnet. Hierbei wurde eine Beziehung aufgestellt, welche den Abfall des Anodenstromes in Abhängigkeit von der Zeit wiedergibt. Diese Theorie wurde in mehreren Fällen bestätigt. Bei der Ableitung dieser Beziehung, welche als *Flächenbedeckungsgesetz* bezeichnet wird, ist die Diffusion unberücksichtigt geblieben, worauf E. MÜLLER[5] in seiner Kritik hingewiesen hat. Der dem Flächenbedeckungssatz entnommene Ausdruck für die Passivitätszeit t_p, die dem steilen Abfall des Anodenstromes entspricht, lautet

$$t_p = B\left(\frac{i}{F_0 - F}\right)^{-n}. \tag{1}$$

i ist die Größe des Ausgangsstromes, F_0 die ursprüngliche unbedeckte Fläche und B eine Konstante. Der Exponent n kann etwa die empirisch ermittelten Werte zwischen 1 und 3 annehmen.

Ist $n > 1$, dann müßte die Dicke der Salzschicht, deren Betrag in die Konstante B eingeht, mit wachsendem Ausgangsstrom abnehmen, was physikalisch nicht ohne Schwierigkeit verständlich gemacht werden kann, da man eher das Gegenteil erwarten sollte. Mit $n = 2$ kann obige Gl. (1) auch aus den Diffusionsgesetzen abgeleitet werden. Die Konstante B hat dann eine andere Bedeutung.

---

[3] MÜLLER, W. J.: Die Bedeckungstheorie der Passivität der Metalle und ihre experimentelle Begründung. Berlin: Verlag Chemie 1933. (Dort weitere Literaturangaben.) — [4] MÜLLER, W. J.: Z. Elektrochem. **33**, 401 (1927).

[5] MÜLLER, E., u. K. SCHWABE: Z. Elektrochem. **39**, 414 (1933).

[6] MACHU, W., u. E. M. KHAIRY: Werkstoffe u. Korrosion **5**, 11 (1954).

Geringe Legierungszusätze zu den Reinmetallen üben keinen großen Einfluß auf die Ausbildung solcher Salzschichten aus. Legierungsbestandteile in höheren Konzentrationen können dagegen begreiflicherweise den Charakter der Schichtbildung wesentlich verändern, ja sogar die Bildung völlig unterbinden. Im übrigen besitzen diese Deckschichten keine besondere Bedeutung, da sie in der Regel nur locker der Oberfläche anhaften und häufig durch Wischen oder Pinseln teilweise wieder entfernt werden können[6]. Wichtiger sind jene Fälle, bei denen die Salzschichten eine Vorstufe für die Passivierung darstellen, wie z. B. beim Eisen und Nickel. Hierauf wird in einem späteren Kapitel noch näher eingegangen.

3.2 Phosphatschichten

Eine technisch bedeutsame Gruppe poröser Deckschichten bilden die Phosphatschichten, die entweder auf chemischem oder elektrochemischem Wege auf den metallischen Untergrund aufgebracht werden. Die Schichtdicken betragen etwa 1 bis 5 μ und ihre Porosität schwankt etwa zwischen 0,1 und 0,5% der gesamten Oberfläche. Die hohe Porosität ist hier erwünscht, da sie ein gutes Aufnahmevermögen für Lacke und Anstriche bzw. Öle und Schmiermittel gewährleistet. Bei Verwendung geeigneter Bäder, die gewöhnlich Fe-, Mn-, Zn- und Cr-Phosphate neben Phosphorsäure enthalten, wird eine gute Haftfestigkeit erzielt, die unter Umständen ausreicht, das phosphatierte Material einer Kaltverformung durch Walzen oder Ziehen zu unterwerfen, wobei die Tatsache günstig wirkt, daß die Phosphatschichten den Reibungswiderstand herabsetzen. Auch ihre Eigenschaft als Isolator kann z. B. bei der Verwendung von Blechen im Transformatorenbau ausgenützt werden[7]. Zu diesem Zweck sollen Glimmerphosphatschichten besonders günstig sein.

In großem Ausmaß werden Eisen und Stahl phosphatiert. Legierungsbestandteile bei niedrig legierten Stählen üben kaum einen Einfluß aus. Korrosionsbeständige Cr-Ni-Stähle lassen sich dagegen nicht phosphatieren. Auf diese kann man aber mit Erfolg Oxalatschichten aufbringen. Auch Aluminium- und Zinklegierungen können phosphatiert werden, wobei nur die Al-reicheren Zinklegierungen eine gewisse Schwierigkeit dadurch bereiten, daß das gelöste Aluminium die Bäder vergiftet. Abgesehen von diesem Fall beeinflussen Legierungszusätze die Bildung von Phosphatschichten nur geringfügig. Dies ist auch daran zu erkennen, daß neuerdings Bäder und Verfahren entwickelt wurden, welche es gestatten, auf Stählen und Zinklegierungen gleichzeitig eine Phosphatschicht zu erzeugen. Es erübrigt sich, auf

[7] Wüstefeld, A.: Werkstoffe u. Korrosion 2, 16 (1951).

nähere Einzelheiten einzugehen, die in der Monografie von W. MACHU[8] ausführlich behandelt sind.

3.3 Eloxalschichten

Eine dritte Art, die den dicken Schichten zuzuordnen ist, stellen die auf Aluminium und seinen Legierungen erzeugten Eloxalschichten dar. Durch anodische Polarisation des Grundmetalls in geeigneten Elektrolyten, welche Oxydationsmittel als wirksamen Stoff enthalten, können bis zu 20 μ dicke Schichten hergestellt werden. Durch Variation der Bedingungen in bezug auf Strom, Spannung, Polarisationsdauer, Temperatur und Zusammensetzung des Bades läßt sich das Wachstum der Schichten steuern. Die Eloxalschichten bestehen in der Hauptsache aus Oxyden.

Von den üblichen Legierungsbestandteilen wirkt sich das Magnesium bei der Bildung der Schichten günstig aus[9], offenbar deswegen, weil es selbst wie das Aluminium die Eigenschaft besitzt, schon bei Zimmertemperatur sich mit einer Oxydhaut zu überziehen. Kupfer erschwert die Schichtbildung und Silizium wirkt wechselnd[9]. Die auf Cu- und Si-haltigem Aluminium erzeugten Schichten besitzen größere Poren. Im gleichen Sinne wirken Legierungszusätze, die als heterogene Bestandteile vorliegen[10].

4 Passivschichten auf reinen Metallen

4.1 Allgemeines

Wie bereits oben erwähnt, wollen wir uns mit diesen Schichten etwas ausführlicher beschäftigen. Es sei daher gestattet, zunächst einige allgemeine Bemerkungen vorauszuschicken.

Wenn wir überhaupt von Passivschichten sprechen, dann wollen wir damit schon zum Ausdruck bringen, daß die passiven Metalle und Legierungen mit einer Schicht oder einem Film überzogen sind, daß die Passivität überhaupt erst durch den Aufbau solcher Schichten erzeugt wird und daß sie, solange diese Bedeckung vorliegt, auch erhalten bleibt. Im Gegensatz zu den im Teil 3 behandelten Schichten sind die Verhältnisse hier insofern schwieriger, als die Passivschichten viel schwerer und in manchen Fällen sogar mit den bisher üblichen Nachweismethoden nicht festzustellen sind. Aus dem Verhalten des passiven Materials können wir aber meistens einen Rückschluß auf die Existenz eines Films ziehen.

---

[8] MACHU, W.: Die Phosphatierung, Wissenschaftliche Grundlage und Technik. Weinheim: Verlag Chemie 1950.

[9] PATIÈRE, J.: Rev. de l'Aluminium **30**, 87 (1953).

[10] SCHEIFELE, B.: Werkstoffe u. Korrosion **5**, 96 (1954).

Ein wesentlicher Unterschied zu den porösen und dicken Schichten besteht darin, daß die Passivschichten mindestens um 2 Größenordnungen dünner sind. Die obere Grenze dürfte etwa bei 100 bis 200 Å liegen. Außerdem besitzen diese Filme praktisch keine Poren. Über die Zusammensetzung läßt sich nur sagen, daß sie Sauerstoff enthalten und aus oxydähnlichen Verbindungen bestehen. In Anbetracht dessen, daß die Schichten in wäßriger Phase entstehen und mit dieser in Berührung bleiben, liegt es nahe, anzunehmen, daß sie aus Oxydhydraten aufgebaut sind. Es ist auch denkbar, daß der Aufbau der Schicht bei den einzelnen Metallen und Legierungen verschieden ist. Zur Klärung dieser Fragen sind noch weitere Untersuchungen notwendig, wobei neben den rein elektrochemischen Untersuchungsmethoden den physikalischen eine besondere Bedeutung beizumessen ist. Erwähnt seien solche mit radioaktiven Isotopen und alle jene, welche dem Gebiet der Oberflächenphysik angehören. Die von R. SUHRMANN und Mitarbeitern[11] ausgearbeiteten Verfahren, welche den Einfluß von Adsorptionsschichten auf die elektrische Leitfähigkeit des Grundmetalls zu messen gestatten, könnten gewiß erfolgreich bei der Passivitätsforschung verwendet werden. Daß auch elektronenoptische Untersuchungen eingesetzt werden sollten, braucht nicht besonders betont zu werden[12].

Wenn wir uns nun den einzelnen Legierungen zuwenden und die Rolle herausstellen wollen, welche die verschiedenen Legierungspartner bei der Bildung der Passivschichten und bei ihrem Verhalten gegenüber Temperaturänderungen und schließlich beim Abbau spielen, dann ist es notwendig, zuvor die reinen Metalle, die als Legierungselemente auftreten, unter dem Gesichtspunkt der Passivität zu behandeln. Folgende Metalle kommen in Frage: Eisen, Nickel, Kobalt, Chrom, Mangan, Molybdän, Aluminium, Titan und Kupfer. In der hier angegebenen Reihenfolge wollen wir die Reinmetalle betrachten und uns mit dem Stand der heutigen Kenntnisse vertraut machen.

4.2 Eisen

Das Eisen ist das einzige Metall, über dessen passiven Zustand unsere Kenntnisse einigermaßen umfassend sind. Die Kenntnisse verdanken wir den aufschlußreichen Untersuchungen, die in den letzten Jahren von der Schule BONHOEFFER durchgeführt worden sind. U. F. FRANCK[13] konnte nachweisen, daß in H_2SO_4 die Passivierungszeit umgekehrt proportional dem vorgegebenen Anodenstrom i ist

[11] SUHRMANN, R., u. K. SCHULZ: Z. phys. Chem., N. F. **1**, 69 (1954).

[12] FEITKNECHT, W.: Helv. chim. Acta **32**, 2294 (1949). — FEITKNECHT, W., u. L. HUGI-CARMES: Helv. chim. Acta **37**, 2093, 2107 (1954).

[13] FRANCK, U. F.: Z. Naturforsch. **4a**, 378 (1949).

abzüglich eines Stromes vom Betrage i_0, der von der Strömungsgeschwindigkeit des Elektrolyten abhängt und unterhalb dessen keine Passivierung mehr eintritt. Die Beziehung lautet

$$t_p \sim \frac{1}{i - i_0}. \tag{2}$$

Sie ist mit Gl. (1) vergleichbar, wenn $n = 1$ wird. Der Befund wird in Übereinstimmung mit W. J. MÜLLER[3] so gedeutet, daß erst nach Bedeckung mit einer $FeSO_4$-Schicht (Bedeckungspassivität), welche ein Anwachsen der Stromdichte auf den erforderlichen hohen Wert bewirkt, das Eisen in den passiven Zustand übertritt, daran erkenntlich, daß O_2-Entwicklung auftritt. Polarisationskurven für den aktiven und passiven Zustand von verschiedenen Metallen in H_2SO_4, darunter auch Fe, sind in Abb. 1 dargestellt. Auch in konzentrierter HNO_3, in welcher bekanntlich die Selbstpassivierung eintritt, geht vor Erreichen

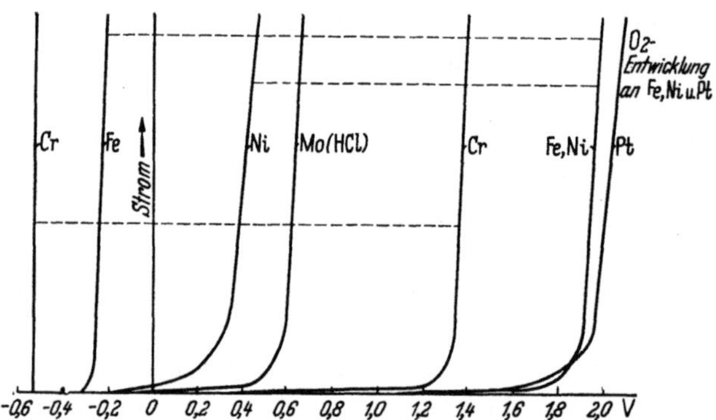

Abb. 1. Polarisationskurven verschiedener Metalle in H_2SO_4, $p_H = 1$

dieses Zustandes eine bestimmte Menge in Lösung, wie H. C. GATOS und H. H. UHLIG[14] quantitativ nachgewiesen haben, indem sie die Menge Eisen bestimmten, die von im Vakuum aufgedampften Eisenschichten ohne vorherige Einwirkung des Sauerstoffes in HNO_3 gelöst werden. Die Menge beträgt $0{,}18 \pm 0{,}03$ mg/cm². Daß auch hier eine Salzschicht den Eintritt der Passivität bewirkt, ist nicht wahrscheinlich. Die Frage ist noch zu prüfen. Interessant sind in diesem Zusammenhang die Versuche von T. G. OWE BERG[15], wonach die Passivität in HNO_3 bei jener Konzentration als unterer Grenze auftritt, bei welcher die Dissoziation der Säure nicht mehr vollständig ist. Unterhalb $c = 3 - 4\,n$ ist der Dissoziationsgrad praktisch 1, in diesem Bereich tritt keine Selbstpassivierung auf.

[14] GATOS, H. C., u. H. H. UHLIG: J. electrochem. Soc. **99**, 250 (1952).
[15] OWE BERG, T. G.: Z. anorg. allg. Chem. **273**, 101 (1953).

Ein bemerkenswertes Verhalten zeigt das Eisen darin, daß es auch im passiven Zustand korrodiert. Abb. 2 gibt die Messungen von W. F. FRANCK und K. WEIL[16] wieder. Die dem Korrosionsstrom entsprechende Menge gelöstes Eisen ist über einen weiten Potentialbereich vom Potential unabhängig. Das Eisen geht dabei dreiwertig in

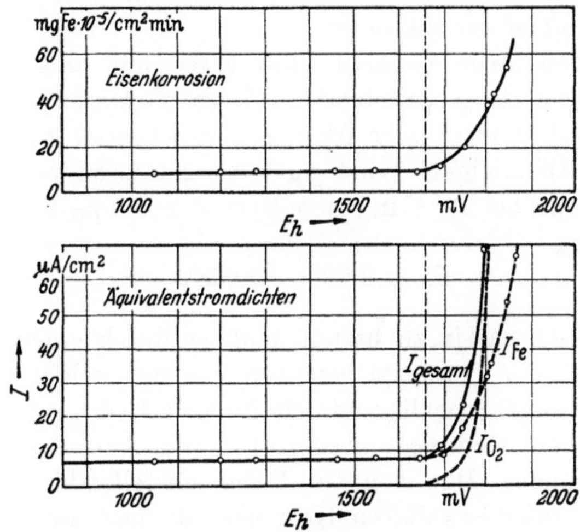

Abb. 2. Korrosion des Eisens und Äquivalentstrom in 1 n H_2SO_4 bei 25° C (Nach FRANCK u. WEIL)

Lösung. Die Fe-Ionen wandern unter der Wirkung des in der *porenfreien*[17] Schicht vorliegenden elektrischen Feldes durch diese hindurch, wie K. J. VETTER[18] nachweisen konnte. Die Passivschicht muß demnach mit wachsendem Potential dicker werden, damit das Feld, welches die Höhe des Korrosionsstromes festlegt, seinen konstanten Wert beibehalten kann. Die Zahl der zu überwindenden Energieschwellen beim Transport der Fe-Ionen durch die Schicht gibt einen Hinweis auf die Schichtdicke. VETTER erhält etwa 5 bis 8 Atom- bzw. Molekelschichten für die Passivschicht, in guter Übereinstimmung mit den Schichtdickenmessungen anderer Autoren[19]. Der aus der Leitfähigkeit der Schicht berechnete Diffusionskoeffizient für Eisen liegt mit $D = 1{,}8 \cdot 10^{-22}$ cm²/sec bei 25° C im Bereich der erwarteten Größenordnung für Festkörperdiffusion.

Der vom Potential unabhängige Korrosionsstrom i_K steigt mit wachsender H^+-Ionenkonzentration und es gilt für Sulfatlösungen

[16] FRANCK, W. F., u. K. WEIL: Z. Elektrochem. **56**, 814 (1952).

[17] VETTER, K. J.: Z. Elektrochem. **55**, 274 (1951).

[18] VETTER, K. J.: Z. Elektrochem. **58**, 230 (1954).

[19] TRONSTAD, L., u. C. W. BORGMANN: Trans. Faraday Soc. **30**, 349 (1934); weitere Literatur bei VETTER: Z. Elektrochem. **58**, 230 (1954).

bei 25° C[20]

$$\lg i_K = -4{,}26 - 0{,}87\, p_H . \tag{3}$$

Auch in konz. HNO_3 (spez. Gew. 1,42) geht passives Eisen in geringen Mengen in Lösung. Nach H. C. GATOS und H. H. UHLIG[14] beträgt die Korrosion 0,11 mg/cm² *d*, was einem Äquivalentstrom von $0{,}7 \cdot 10^{-5}$ Amp/cm² gleichkommt.

Es ist schon lange bekannt, daß Eisen nur oberhalb eines bestimmten Potentials passiv bleibt. Dieses nach dem Entdecker benannte FLADE-Potential oder Aktivierungspotential E_a ist von U. F. FRANCK[13] in Abhängigkeit vom p_H-Wert gemessen worden. Er fand für Schwefelsäure bei 23° C in einem Bereich von 4 p_H-Stufen folgenden Zusammenhang

$$E_a = 0{,}580 - 0{,}058\, p_H . \tag{4}$$

Um das Eisen passiv zu halten, muß es durch einen äußeren Anodenstrom auf ein Potential gehalten werden, welches oberhalb E_a liegt, oder es sorgen oxydierende Stoffe und Redoxsysteme mit entsprechend hohen Redoxpotentialen für die Aufrechterhaltung des passiven Zustandes. Das sich am Eisen einstellende Redoxpotential ist infolge des oben erwähnten Korrosionsstromes um einen gewissen Betrag kathodisch polarisiert[21].

Die bekannte Tatsache, daß Cl-Ionen und ganz allgemein Halogenionen die Passivierung erschweren und eine vorhandene Passivschicht leicht zerstören können, sei nur der Vollständigkeit halber erwähnt. Der Mechanismus ist noch ungeklärt.

Auf eine Eigentümlichkeit muß noch hingewiesen werden, welche die O_2-Entwicklung am passiven Eisen betrifft. In salpeter-[22] und schwefelsauren[16] Lösungen zeigt die Anodenkurve der O_2-Bildung einen deutlich steileren Verlauf als die an Platin in den gleichen Elektrolyten gemessene (Abb. 1 und 6). Der Anodenstrom i läßt sich in Abhängigkeit vom Potential E in der Form darstellen,

$$i = A \exp\left(\frac{\alpha n F E}{RT}\right), \tag{5}$$

wo α den sogenannten Durchtrittsfaktor, nF die pro Mol überführte Ladungsmenge mit F = Faradayzahl und n = Zahl der Einheitsladungen und A eine Konstante bedeuten. R = Gaskonstante und T = absolute Temperatur. Trägt man den Strom logarithmisch gegen das Potential auf, dann läßt sich das Produkt $\alpha\, n$ aus der Steigung der Geraden berechnen. Für Platin erhält man den plausiblen Wert

[20] VETTER, K. J.: Z. Elektrochem. **59**, 67 (1955).
[21] VETTER, K. J.: Z. Elektrochem. **55**, 274 (1951).
[22] HEUMANN, TH., u. W. RÖSENER: Z. Elektrochem. **57**, 17 (1953).

von etwa 0,6, für passives Eisen dagegen 1,2 bis 1,3. Da nun α kleiner als 1 sein muß und in der Regel einen Wert in der Nähe von 0,5 annimmt, gewinnt man den Eindruck, daß die O_2-Bildung an der Passivschicht mit $n = 2$ abläuft, wonach folgende Vorgänge zu diskutieren wären

$$O^{2-} \rightarrow \tfrac{1}{2}O_2 + 2e \,.$$
oder
$$2(OH)^- \rightarrow H_2O + \tfrac{1}{2}O_2 + 2e. \qquad (6)$$

Es scheint, daß hier ein anderer Mechanismus vorliegt als beim Platin, an welchem Sauerstoff über die (OH)-Ionen mit $n = 1$ entwickelt wird

$$(OH)^- \rightarrow (OH) + e$$
$$4(OH) \rightarrow O_2 + 2H_2O \quad \text{(nachgelagerte Reaktion)}. \qquad (7)$$

Wir brauchen nicht zu betonen, daß eine Aufklärung des Mechanismus wertvolle, die Passivschicht betreffende Hinweise liefern wird. Eine O_2-Entwicklung an passiviertem Nickel in dem der Gl. (6) entsprechenden Sinne wird von F. FOERSTER[23] und G. GRUBE[24] angenommen, wobei der Sauerstoff aus einem Oxyd (Nickelsuperoxyd) heraus in Freiheit gesetzt werden soll.

In stark alkalischen Lösungen (40% NaOH) tritt nach G. GRUBE[25] neben O_2-Entwicklung auch Ferratbildung auf. Hier wird das Ferrat als Vermittler der O_2-Entwicklung angesehen.

4.3 Nickel

Die Passivierung des Nickels verläuft analog der des Eisens. Im aktiven Zustand geht das Metall zweiwertig in Lösung. Im Gegensatz zum Eisen wird jedoch eine beträchtliche Polarisation beobachtet (vgl. Abb. 1). Das Ruhepotential liegt, dem edleren Normalpotential entsprechend, höher. Der Austauschstrom, unter welchem wir den ohne Außenstrom beim Ruhepotential fließenden Innenstrom verstehen und welcher ein unmittelbares Maß für die Korrosion darstellt, ist beim Nickel relativ klein. Die starke Polarisation weist darauf hin[26]. In 2 n HCl beträgt der Austauchstrom bei Zimmertemperatur $i_a = 10^{-5}$ Amp/cm^2,[27] dem eine Korrosion von 0,1 g/m^2 h entspricht, ein Betrag, der gerade noch tragbar ist. Mit wachsendem p_H nimmt der Wert beträchtlich ab.

---

[23] FOERSTER, F., u. F. KRÜGER: Z. Elektrochem. **33**, 406 (1927).

[24] GRUBE, G., u. A. VOGT: Z. Elektrochem. **44**, 353 (1938).

[25] GRUBE, G.: Z. Elektrochem. **33**, 389 (1927).

[26] BONHOEFFER, K.: Z. Elektrochem. **55**, 151 (1951).

[27] MASING, G., u. G. RÖTH: Werkstoffe u. Korrosion **3**, 253 (1952).

In nichtoxydierenden Elektrolyten kann die Passivierung ebenfalls nur durch anodische Polarisation erreicht werden, die wiederum zu O_2-Entwicklung führt.

In H_2SO_4 mit verschiedenem p_H verläuft die Passivierung nach einem anderen Gesetz als beim Eisen. Nach R. LANDSBERG und M. HOLLNAGEL[28] gilt [vgl. Gl. (2)]

$$t_p \sim \frac{1}{(i - i_0)^2}. \tag{8}$$

Diese Beziehung läßt ebenfalls eine Bedeckung als Vorstufe für die Passivierung vermuten. Eine Deckschicht konnte jedoch nicht beobachtet werden, wohl aber von W. J. MÜLLER und Mitarbeitern[29] an einer horizontal angeordneten, *geschützten* Anode. Vgl. auch die Arbeiten von W. MACHU und A. RAGHEB[30]. Der Exponent 2 in Gl. (8) spricht für eine Mitbeteiligung von Diffusionsvorgängen.

Ob auch beim Nickel ein vom Potential unabhängiger Korrosionsstrom im passiven Zustand vorhanden ist, wie groß ein solcher ist und mit welcher Wertigkeit das Nickel dabei in Lösung geht, muß noch im einzelnen untersucht werden. Daß die Passivschicht nach K. HAUFFE und I. PFEIFFER[31] aus NiO bestehen soll, ist nicht mit Sicherheit erwiesen. Thermisch erzeugte Oxydschichten sind nach unseren heutigen Kenntnissen[32] aller Wahrscheinlichkeit nach nicht mit den Passivschichten identisch, sie fördern die Bildung derselben im Sinne einer *Bedeckungspassivität*. Die Messungen von G. GRUBE und A. VOGT[24] deuten darauf hin, daß auch das Ni im passiven Bereich bei der O_2-Entwicklung in höherer Wertigkeit vorliegt. In der Passivschicht der Fe-Cr-Ni-Legierungen liegt es zweiwertig vor*.

4.4 Kobalt

Kobalt verhält sich dem Nickel sehr ähnlich. Im aktiven Zustand löst es sich zweiwertig. An der passiven Oberfläche entwickelt sich Sauerstoff, der nach G. GRUBE[25] aus höherwertigen Oxyden entstehen soll. Weder beim Nickel noch auch beim Kobalt wird eine dem Ferrat entsprechende Verbindung beobachtet.

---

[28] LANDSBERG, R., u. M. HOLLNAGEL: Z. Elektrochem. **58**, 680 (1954).

[29] MÜLLER, W. J., H. K. CAMERON u. W. MACHU: Mh. Chem. **52**, 489 (1929); **59**, 73 (1932).

[30] MACHU, W., u. A. RAGHEB: Werkstoffe u. Korrosion **4**, 429 (1953); **5**, 217 (1954). — [31] HAUFFE, K., u. I. PFEIFFER: Z. Metallkde. **45**, 554 (1954).

[32] HEUMANN, TH., u. W. RÖSENER: Z. Metallkde. **43**, 42 (1952).

* Nach unveröffentlichten Messungen von VETTER soll passives Nickel zweiwertig in Lösung gehen.

4.5 Chrom

Eine kennzeichnende Eigenschaft des Chroms ist, daß dieses Metall mit großer Leichtigkeit in den passiven Zustand übertritt. Wie die oben erwähnten Eisenmetalle löst sich auch das aktive Chrom zweiwertig. In nicht oxydierenden sauren und schwach sauren Lösungen ist das Metall in einem erstaunlich großen Strombereich sowohl zur anodischen als auch zur kathodischen Seite unpolarisierbar (vgl. Abb. 1). Demgemäß treten hohe Austauschströme auf. Mit Anodenströmen, die um mehrere Zehnerpotenzen tiefer liegen als beim Eisen, läßt sich Chrom passivieren. Die Passivierungsströme, unter denen wir die untere Grenzstromdichte verstehen wollen, unterhalb welcher keine Passivierung mehr eintritt, fallen mit steigendem p_H-Wert ab[33, 34, 25], wobei ein Einfluß des Anions (Cl^- oder SO_4^{2-}) kaum festzustellen ist. Die p_H-Abhängigkeit kann darauf zurückgeführt werden, daß auch bei anodischer Polarisation noch eine beträchtliche Entwicklung von Wasserstoff auftritt, welcher eine Oxydation des zweiwertig sich lösenden Chroms in den dreiwertigen Zustand zu verhindern vermag. Diese Oxydation ist aber zur Erreichung des passiven Zustandes notwendig. Oxydierende Stoffe beschleunigen die Passivierung erheblich.

Die Polarisation des passiven Chroms führt zu Chromatbildung. Die Polarisationskurven liegen etwa 500 mV unterhalb derjenigen der O_2-Entwicklung am Eisen und Nickel (vgl. Abb. 1). Durch Auswertung der Polarisationskurven konnte gezeigt werden, daß zur Bildung einer Chromatmolekel 2 (OH)-Ionen notwendig sind[34]. Auf Grund der Tatsache, daß das Chrom in der Passivschicht dreiwertig vorliegt, ergibt sich demnach folgender Mechanismus für den Abbau der Schicht

$$CrOOH + 2\,(OH)^- \rightarrow H_2CrO_4 + H^+ + 3e, \tag{9}$$

wenn man die sich bildende Chromsäure der Einfachheit halber in undissoziierter Form schreibt. Die Passivschicht selbst müßte danach aus einem Oxydhydrat bestehen. Die gemessenen Passivierungszeiten deuten auf eine Bedeckung mit ein bis zwei Molekelschichten. Bei sehr hohen Stromdichten, insbesondere in alkalischen Elektrolyten kann nach einem erneuten Potentialsprung gleichzeitig O_2-Entwicklung beobachtet werden. Diese Vorgänge müssen noch eingehender untersucht werden.

An der Lage der Aktivierungspotentiale erkennen wir, daß der Bereich des passiven Zustandes den des Eisens erheblich übersteigt. Die Potentiale liegen um fast 800 mV tiefer. Diese Werte geben uns

---

33 Heumann, Th., u. B. Röschenbleck: Erscheint demnächst.

34 Heumann, Th., u. W. Rösener: Z. Elektrochem. **59**, 722 (1955).

einen zahlenmäßigen Ausdruck für die bemerkenswerte Stabilität des passiven Zustandes. Das vom p_H-Wert abhängige Aktivierungspotential E_a in Schwefelsäure ist neuerdings von H. J. ROCHA und G. LENNARTZ[35] in praktischer Übereinstimmung mit den Angaben von E. MÜLLER und V. ČUPR[36] gemessen worden und läßt sich darstellen in der Form

$$E_a = -0{,}215 - \frac{0{,}058}{0{,}5}\, p_H \text{ Volt}. \qquad (10)$$

Die Aktivierung ist nur durch kathodische Polarisation zu erreichen. Die Änderung des Potentials pro p_H-Stufe ist für Chrom gerade doppelt so groß wie für Eisen. Siehe Gl. (4). Auf dieses zunächst überraschende Ergebnis werden wir bei der Behandlung der Fe-Cr-Legierungen noch einmal zurückkommen.

4.6 Mangan

Über das elektrochemische Verhalten dieses Metalls geben uns die Untersuchungen von G. GRUBE und Mitarbeiter Auskunft[25, 37]. In stark alkalischen Lösungen werden bei der Polarisation mehrere Stufen beobachtet. Bei tiefen Potentialen im Bereich von —1 V tritt zweiwertiges Mangan auf. Nach dem ersten Potentialsprung wird dreiwertiges beobachtet. Vor dem Auftreten von Manganat bei höheren Potentialen überzieht sich die Anode mit einer Schicht aus Braunstein. Neben MnO_4^{2-}-Bildung wird auch O_2 entwickelt. In Alkalilösungen unter 1 n erhält man Permanganat. Ein besonderes Merkmal dieses Metalls ist, daß sein Verhalten bei der Polarisation außerordentlich mannigfaltig ist.

4.7 Molybdän

Im Gegensatz zu den oben behandelten Metallen ist das Normalpotential Mo/Mo^{2+} nicht bekannt. Für Mo/Mo^{3+} wird —0,2 V angegeben[38]. Über die anodische Auflösung haben neuerdings G. MASING und G. RÖTH[39] berichtet, in deren Aufsatz auch eine Literaturübersicht gegeben ist. Nach diesen Autoren löst sich das Molybdän sechswertig zu Molybdat auf. Zum Vergleich mit den anderen Metallen ist eine Polarisationskurve in Abb. 1 eingetragen, die in HCl mit $p_H = 1$ erhalten wurde. Vom Standpunkt der Korrosion liegt die Kurve günstig. Mit einer erhöhten Auflösung ist nur dann zu rechnen, wenn

[35] ROCHA, H. J., u. G. LENNARTZ: Arch. Eisenhüttenw. **26**, 117 (1955).
[36] MÜLLER, E., u. V. ČUPR: Z. Elektrochem. **43**, 42 (1937).
[37] GRUBE, G., u. H. METZGER: Z. Elektrochem. **29**, 17 (1923).
[38] LATIMER, W. M.: The Oxydation States of the Elements and their Potential in Aqueous Solutions. New York: 1938.
[39] MASING, G., u. G. RÖTH: Werkstoffe u. Korrosion **3**, 176 (1952).

Redoxsysteme mit höheren Potentialen vorliegen. Die ausgeprägte Polarisierbarkeit deutet auf einen kleinen Austauschstrom und damit geringe Korrosion hin. In Abb. 3 ist der aus der Austauschstromdichte berechnete Gewichtsverlust in HCl über einen großen Konzentrationsbereich dargestellt. Der Gewichtsverlust ist verschwindend klein und läßt die gute Beständigkeit gegenüber chlorhaltigen Elektrolyten erkennen.

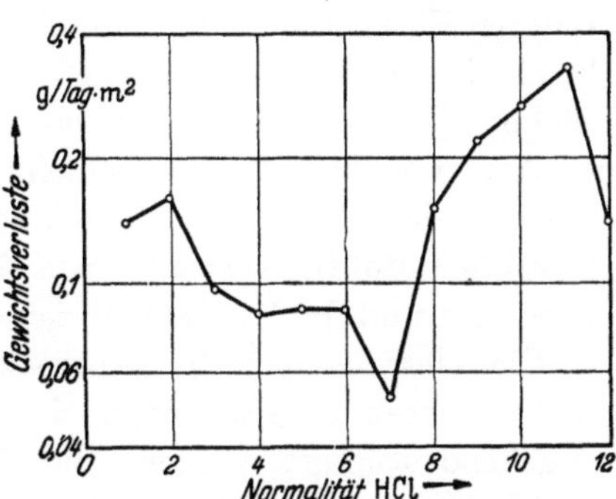

Abb. 3. Gewichtsverluste von Molybdän in Salzsäure, berechnet aus der Austauschstromdichte. (Nach MASING u. RÖTH)

Wie nicht weiter verwunderlich, zeigt das Molybdän bei der Bildung sechswertiger Ionen qualitativ das gleiche Verhalten wie Chrom. Ein quantitativer Unterschied besteht darin, daß die Potentiale, welche mit wachsendem p_H-Wert absinken, jeweils um etwa 800 mV tiefer liegen. Wertet man die Potentialkurven in der gleichen Weise aus, wie das beim Chrom geschehen ist[34], dann ergibt sich, wenigstens im p_H-Bereich von -1 bis $+1$, daß zur Bildung einer Molybdatmolekel ebenfalls 2 (OH)-Ionen erforderlich sind und daß der Übergang zur sechswertigen Stufe aus der dreiwertigen erfolgt.

Dieser Befund legt die Annahme nahe, daß auch das Molybdän mit einer Schicht bedeckt ist, die aus einer Verbindung mit dreiwertigem Molybdän besteht. Aus Analogiegründen müssen wir den Zustand, in welchem dieses Metall normalerweise vorliegt, als passiv bezeichnen. Die Aktivierungspotentiale liegen offenbar so niedrig, daß es bisher noch nicht gelungen ist, Molybdän zu aktivieren.

Unter gewissen Bedingungen kann auch am Molybdän O_2-Entwicklung auftreten[40]. Erst unter diesen Umständen wird in der Literatur von Passivität gesprochen. Wir glauben aber, daß es sich hier nur um eine Änderung der Passivschichten handelt, sei es, daß der Aufbau ein anderer, sei es, daß die Schichtdicke gewachsen ist, demzufolge das Potential erneut ansteigt. Vgl. obigen Abschnitt über Cr. Weitere Untersuchungen sind notwendig. Versuche von T. G. OWE BERG[41] über die Auflösung in HNO_3 haben ergeben, daß oberhalb einer Konzentration von $c = 10$ n das Metall sich mit einer voluminösen Schicht aus MoO_3 überzieht, welche die Lösungsgeschwindigkeit fast auf Null herabsetzt.

---

40 KÜSSNER, H.: Z. Elektrochem. **16**, 756 (1910).

41 OWE BERG, T. G.: Z. anorg. u. allg. Chem. **269**, 117 (1952).

4.8 Aluminium

Da Aluminium sich außerordentlich schnell mit einer Oxydhaut überzieht, korrodiert es in nennenswertem Maße nur in nichtoxydierenden Medien. Die meisten Untersuchungen sind daher in chlorhaltigen Elektrolyten durchgeführt worden. Das Verhalten wird stets durch die mehr oder weniger vollständige Oxydbedeckung gekennzeichnet. Charakteristisch ist das Auftreten einer Induktionsperiode, in welcher zunächst die Deckschicht oder wenigstens ein Teil derselben zerstört wird. Auch in Nichtelektrolyten findet man eine deutlich ausgeprägte Induktionsperiode, wie die Korrosionsversuche in CCl_4 von M. Stern und H. H. Uhlig[42] zeigen.

Die elektrochemische Korrosion in Elektrolyten mit Halogenionen, insbesondere Cl-Ionen, ist von G. Masing und R. Ergang[43] eingehend studiert worden. Die Ergebnisse werden so gedeutet, daß auf der Oberfläche drei Flächenanteile zu unterscheiden sind, die Anoden- die Kathoden- und die mit Oxyd bedeckte, isolierende und daher elektrochemisch unwirksame Fläche. Der Anteil der Kathodenfläche soll in der Größenordnung von 10^{-4} liegen, derjenige der Anodenfläche noch erheblich darunter. Die bemerkenswerte Unpolarisierbarkeit kann so erklärt werden, daß mit wachsendem Anodenstrom die Anodenfläche vergrößert wird und dadurch die Stromdichte konstant bleibt. Durch wechselseitiges Aufbrechen von dünnen Hydroxydhäuten infolge Aufprallens von Halogenionen und Schließen solcher Filme soll der Zustand stabilisiert werden.

T. G. Owe Berg[44] vertritt die Ansicht, daß die Auflösung in HCl nur über das $Al(OH)_3$ erfolgen kann. Den andern Metallen gegenüber besteht bei Aluminium der Unterschied, daß zwar eindeutig Schutzschichten vorliegen, aber eine Auflösung über die normale Wertigkeit von 3 hinaus nicht auftritt.

4.9 Titan

Neben den besonders günstigen physikalischen und mechanischen Eigenschaften ist vor allem auch der hohe Korrosionswiderstand des Titans dafür verantwortlich zu machen, daß dieses Metall in stark zunehmenden Maße als Werkstoff Verwendung findet. Im reinsten Zustand ist es gegen Cl-Ionen ziemlich beständig, ebenfalls in HNO_3 auch bei erhöhten Temperaturen. Bei der Passivierung soll die Ober-

[42] Stern, M., u. H. H. Uhlig: J. electrochem. Soc. **99**, 389 (1952).

[43] Masing, G.: Z. Metallkde. **37**, 97 (1946). — Ergang, R., u. G. Masing: Z. Metallkde. **40**, 311 (1949); **41**, 272 (1950).

[44] Owe Berg, T. G.: Z. anorg. allg. Chem. **273**, 96 (1953).

fläche mit TiO_2 bedeckt werden[45]. M. E. STRAUMANIS und C. B. GILL[46] nehmen an, daß der Schutzfilm aus Ti_2O_3 besteht, welcher von HF gelöst werden kann.

Nach M. E. STRAUMANIS und P. C. CHEN[47] greifen alle Säuren einschließlich der sonst so aggressiven Halogenwasserstoffsäuren auch bei Siedetemperatur Titan (99 % ig) nur sehr wenig an. Eine Ausnahme bildet HF. In den Säuren geht das Metall dreiwertig in Lösung. In Flußsäure wird ein Potential von —0,77 V gemessen.

4.10 Kupfer

Obwohl das Kupfer nicht zu den im strengeren Sinne passivierbaren Metallen gehört, wollen wir sein elektrochemisches Verhalten kurz erörtern, da es als Legierungsbestandteil vielseitig verwendet wird.

Während alle hier erwähnten Metalle durch oxydierende Stoffe in den passiven Zustand überzutreten vermögen, wird Kupfer von solchen zur Auflösung gebracht. In nichtoxydierenden Säuren ist die Korrosion auf Grund des relativ edlen Normalpotentials gering. Ein Zusatz von Oxydationsmitteln kann je nach Oxydationsvermögen die Korrosion beträchtlich erhöhen.

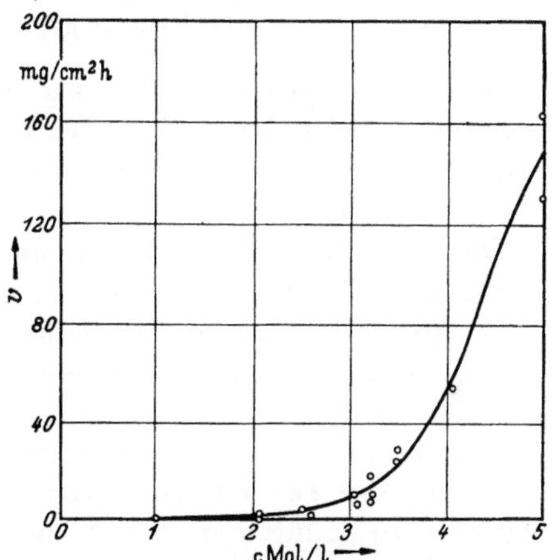

Abb. 4. Lösungsgeschwindigkeit des Kupfers in HNO_3 in Abhängigkeit von der Konzentration. (Nach OWE BERG)

Ein typisches Lösungsmittel für Kupfer ist wegen des Oxydationsvermögens die Salpetersäure. In diesem Zusammenhang sind neuere Untersuchungen von T. G. OWE BERG[48] über die Auflösungsgeschwindigkeit von Cu in HNO_3 verschiedener Normalität von Interesse. In Abb. 4 sind die Ergebnisse dargestellt, die zeigen, daß erst oberhalb $c = 3$ n die Geschwindigkeit beträchtlich wird. Bis zu dieser Konzentration ist die Säure vollkommen dissoziiert. Nur die nichtdissoziierten HNO_3-Molekeln sollen die Oxydation und damit die Auflösung bewirken. Die Lösungsgeschwindigkeit v läßt sich in der Form darstellen

$$v = 141\, c(1 - \alpha)\ \mathrm{mg/cm^2\, h},$$

[45] FONTANA, M. G.: Industr. Engng. Chem. **40**, 99 (1948).
[46] STRAUMANIS, M. E., u. C. B. GILL: J. electrochem. Soc. **101**, 10 (1954).
[47] STRAUMANIS, M. E., u. P. C. CHEN: Metall **7**, 85 (1953).
[48] OWE BERG, T. G.: Z. anorg. allg. Chem. **269**, 210 (1952).

wenn c die Konzentration in Mole/Liter und α den Dissoziationsgrad bedeuten. In Übereinstimmung mit diesem Befund wird bei $c = 3$ n eine plötzliche Potentialveredelung festgestellt[49].

5 Passivschichten auf Legierungen

Es ist begreiflich, daß die meisten Untersuchungen an solchen Legierungen durchgeführt worden sind, welche dem Typ der 18/8-Stähle angehören. Das Tatsachenmaterial dieser Untersuchungen ist für die Technik zur Beurteilung der Stähle sehr wertvoll, für die wissenschaftliche Erforschung aber trifft das leider nicht in dem Maße zu. Der Hauptgrund für diesen Tatbestand dürfte der sein, daß diese Werkstoffe eine große Anzahl von Legierungsbestandteilen enthalten, welche das Verhalten in mannigfacher Weise beeinflussen und das Herausstellen der grundsätzlichen Dinge erschweren, oft sogar unmöglich machen.

5.1 Eisen-Chrom-Legierungen

Aus diesem Grund wollen wir nachfolgend zunächst die binären Legierungen behandeln und mit den wichtigsten, den Eisen-Chrom-Legierungen, beginnen. Das über die reinen Metalle bereits Gesagte wird uns dabei nützlich sein.

Die Fe-Cr-Legierungen bilden unterhalb 900° C eine Reihe lückenloser Mischkristalle mit kubisch raumzentriertem Gitter. Im Bereich um 50 Atom-% tritt eine Überstrukturphase σ auf. Die elektrochemischen Untersuchungen beschränken sich jedoch auf den Bereich von O bis 30% Cr.

Was die leichte Passivierbarkeit des Chroms betrifft, so muß sich diese auch den Fe-Cr-Legierungen mitteilen. Das Studium der Passivierung wird dadurch erschwert, daß es oft schwierig ist, völlig aktive Oberflächen zu erhalten. Das gilt besonders für neutrale Lösungen. Der in der Regel beobachtete Gang des Ruhepotentials in Abhängigkeit vom Cr-Gehalt läßt dies erkennen. Im Bereich von etwa 10 bis 18% Cr veredelt sich das Potential mehr oder weniger sprunghaft und erreicht einen Wert, der dem passiven Cr eigentümlich ist.

In neutralen, 3% Na_2SO_4 enthaltenden Lösungen, die frei von Sauerstoff und Cl^--Ionen gehalten waren, haben H. H. UHLIG und G. E. WOODSIDE[50] die Passivierungsströme an Legierungen mit 0 bis 16,7% Cr gemessen. Die logarithmisch aufgetragenen Stromdichten überstreichen 5 Zehnerpotenzen. Nach der Darstellung in Abb. 5 ist für Eisen das niedrigste Ruhepotential gemessen worden. Dieser Be-

[49] OWE BERG, T. G.: Z. anorg. allg. Chem. **269**, 218 (1952).
[50] UHLIG, H. H., u. G. E. WOODSIDE: J. phys. Chem. **57**, 280 (1953).

fund zeigt, daß die Legierungen trotz vorhergehender Ätzung und Fernhalten von O_2 nicht völlig aktiv waren. Aus diesem Grunde wird offenbar ein zu großer Abfall des Passivierungsstromes mit wachsendem Cr-Gehalt vorgetäuscht. Zu bemerken ist, daß der Passivierungsstrom für reines Eisen dem in 1 n H_2SO_4 gemessenen[13] praktisch

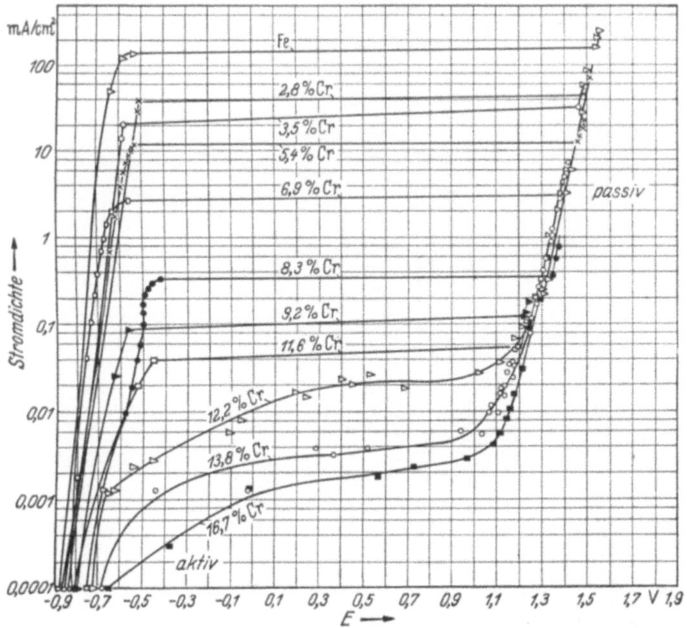

Abb. 5. Anodische Polarisation von Fe-Cr-Legierungen in 3% Na_2SO_4. Potential gegen Ag/AgCl in 0,1n KCl. 25°. (Nach UHLIG u. WOODSIDE)

gleichkommt. Eigene Messungen[33], die in verdünnter H_2SO_4 mit $p_H < 2$ an durch kathodische Behandlung aktiviertem Chrom und einer Legierung mit 25% Cr durchgeführt wurden, ergaben für beide Proben etwa die gleichen Passivierungsströme von rund 10^{-4} Amp/cm².

Die in Abb. 5 dargestellten Kurven sind charakteristisch für den Passivierungsvorgang. Nach vollzogener Passivierung münden alle Polarisationskurven in eine gemeinsame ein. Diese entspricht der O_2-Entwicklung am reinen, passiven Eisen. Die Grenzkonzentration, bis zu welcher die Polarisationskurven mit der des Eisens zusammenfallen, beträgt etwa 17,5% Cr[22]. Mit weiter anwachsendem Cr-Gehalt streben die Polarisationskurven der passiven Legierungen schnell der des reinen Chroms zu, wobei sie praktisch parallel zu den beiden Grenzkurven laufen (vgl. Abb. 1). Nunmehr gehen Chrom unter Chromatbildung und Eisen dreiwertig in Lösung. Dies hier geschilderte Ver-

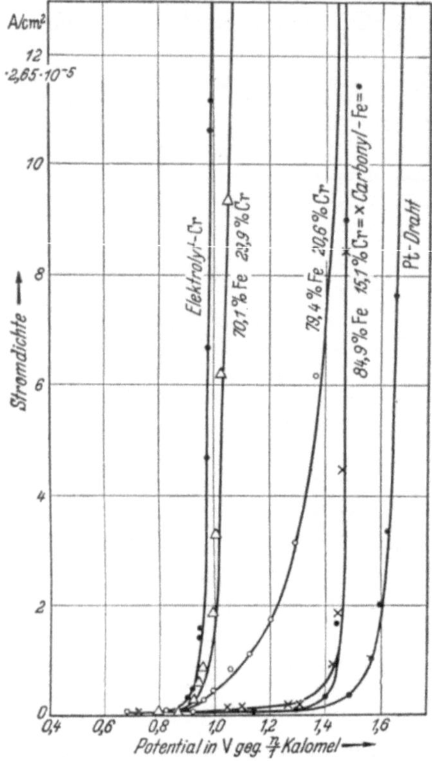
A/cm²
12
·2,65·10⁻⁵
10
8
6
4
2
0
Stromdichte
0,4
0,6
0,8
1,0
1,2
1,4
1,6
Potential in V geg. n/1 Kalomel
Elektrolyt-Cr
70,1 % Fe 29,9 % Cr
79,4 % Fe 20,6 % Cr
84,9 % Fe 15,1 % Cr = × Carbonyl-Fe = •
Pt-Draht

suchsreihe für eine Probe mit 22% Cr dargestellt. Abbildung 9 bringt die übliche, kontinuierlich aufgenommene Stromspannungskurve. Bis herauf zu etwa 12 mA/cm² ist die Kurve mit der für reines Cr identisch, dann setzt der Potentialsprung ein, welcher zur O_2-Entwicklung führt. Chrom und Eisen gehen außerdem noch in Lösung. Polarisiert man abwärts, dann bleibt dieser Zustand zunächst bestehen. Erst bei etwa 6,5 mA/cm² springt das Potential zurück. Der untere Kurventeil wird reversibel durchlaufen. Mit Strömen, deren Beträge größer als die obere kritische Stromdichte (12 mA/cm²) waren, wurden Potentialzeitkurven mit einer Registriereinrichtung aufgenommen, aus denen die Zeit bis zum Erreichen des hohen Endpotentials ermittelt wurde. In Abhängigkeit von der Stromdichte sind die Zeiten und ihre reziproken Werte in Abb. 8 aufgetragen. Die Darstellung der reziproken Zeit gegen die Stromdichte läßt einen linearen Zusammenhang erkennen. Wir finden dieselbe Gesetzmäßigkeit, wie sie bei der Passivierung von Eisen in H_2SO_4 beobachtet wird. Gl. (2) ist hier sinngemäß anzuwenden. Für i_0 erhält man bemerkenswerterweise die

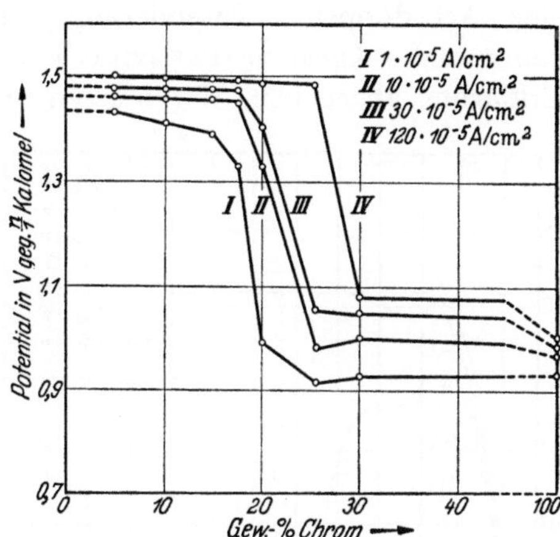

Abb. 7. Potentiale bei verschiedenen Stromdichten in Abhängigkeit vom Cr-Gehalt in verdünnter HNO_3

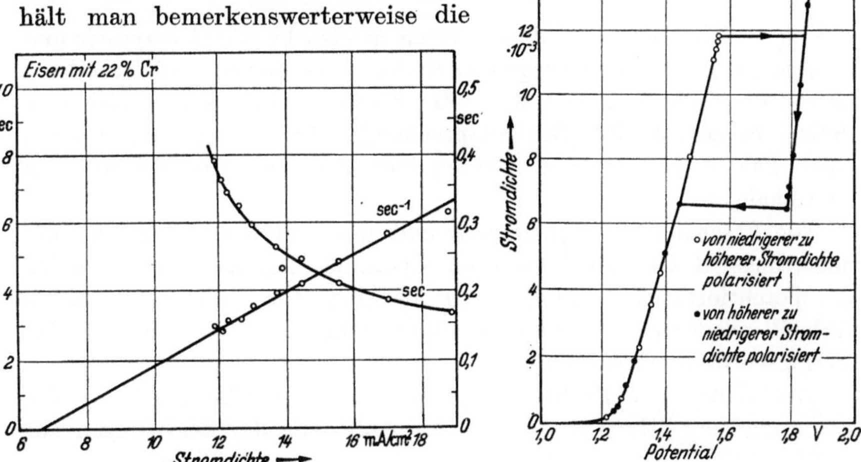

Abb. 8. Abhängigkeit der Passivierungszeit von der Stromdichte in 1n H_2SO_4 bei 20° C

Abb. 9. Polarisationskurve einer Fe-Cr-Legierung in 1n H_2SO_4 bei 20° C

untere kritische Stromdichte, bei welcher das Potential wieder auf seinen tiefen Wert zurückspringt (Abb. 9).

Diese Feststellungen lassen erkennen, daß die Fe-Cr-Legierungen eine Art doppelter Passivierung durchlaufen. Wenn wir von *primärer* und *sekundärer* Passivität sprechen, so ist damit noch keine Erklärung abgegeben. Wir müssen uns vorerst mit dem Tatbestand

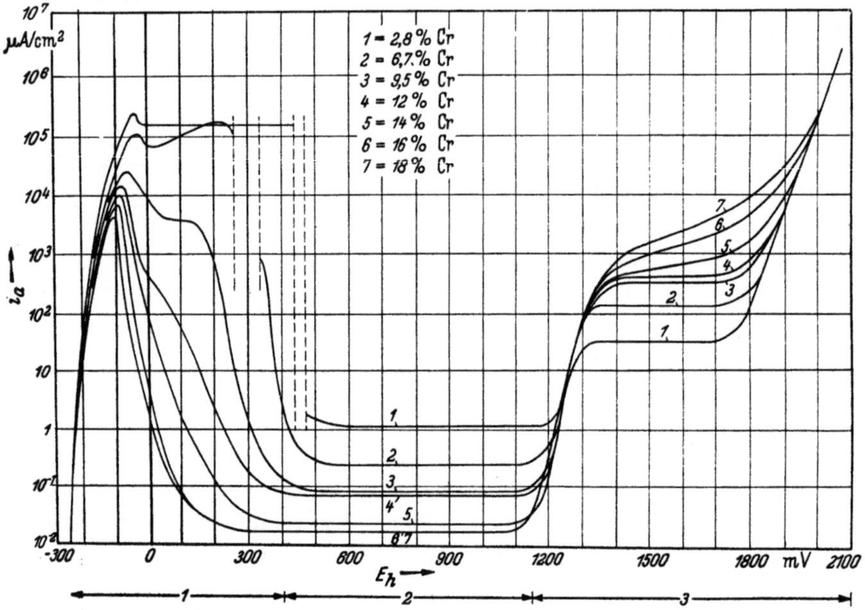

Abb. 10. Potentiostatisch aufgenommene Polarisationskurven für Fe-Cr-Legierungen. Elektrolyt: 10%ige H_2SO_4. (Nach Olivier)

begnügen. Vielleicht wird dieser durch Ausdrücke wie *chrompassiv* und *eisenpassiv* besser wiedergegeben. Es ist zu vermuten, daß die sekundäre Passivierung ähnlich wie beim Eisen verläuft, indem sich eine *dickere* Schicht bildet. Die entsprechende Strommenge ist etwa um einen Faktor 40 kleiner als beim reinen Eisen und wächst mit dem Cr-Gehalt an.

Die Erscheinung der primären und sekundären Passivität konnte neuerdings R. Olivier[52] auch an Cr-armen Legierungen mit Hilfe der potentiostatischen Methode beobachten. Die Ergebnisse sind in Abb. 10 wiedergegeben. Der mit 3 bezeichnete Meßbereich läßt das Verhalten deutlich erkennen.

Auf Grund der Beobachtungen an passivem Chrom ist die Behauptung gerechtfertigt, daß bei der Auflösung der Legierungen aus

[52] Olivier, R.: Passivität von Eisen u. Eisen-Chrom-Legierungen. Dissertation. Leiden: 1955.

dem passiven Zustand heraus sich nur das Chrom am elektrochemischen Vorgang beteiligt, indem es vom dreiwertigen in den sechswertigen Zustand übertritt. Das in der Passivschicht bereits dreiwertig vorliegende Eisen müßte demnach von den sich lösenden Chromatmolekeln rein mechanisch mitgerissen werden.

Über die Aktivierung der Fe-Cr-Legierungen liegen interessante Messungen von H. J. Rocha und G. Lennartz vor[35]. Über einen größeren p_H-Bereich in H_2SO_4 sind die Aktivierungspotentiale an vorher passivierten Proben in Abhängigkeit von der Zusammensetzung ermittelt worden. Abb. 11 bringt die wichtigen Ergebnisse. Auch hier machen sich wieder 2 Gruppen bemerkbar insofern, als zwischen 9 und 15% Cr die Potentiale bei einem bestimmten p_H-Wert steil abfallen. An allen Legierungen wird ein lineares Verhalten zwischen dem Aktivierungspotential E_a und dem p_H-Wert beobachtet, wobei besonders hervorzuheben ist, daß die Steigung ab 14% Cr bis 100% Cr doppelt so groß ist wie für reines Eisen. Siehe Gl. (4) und (10). Die Abhängigkeit

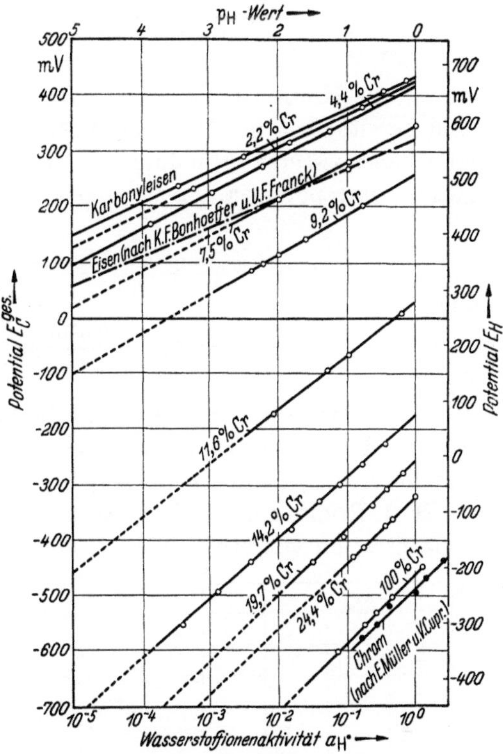

Abb. 11. Aktivierungspotentiale untersuchter Eisen-Chrom-Legierungen in Schwefelsäure bei 20° in Abhängigkeit vom p_H-Wert. (Nach Rocha und Lennartz)

$$E_a = E_a^0(c) - \frac{0,058}{0,5}\, p_H \tag{11}$$

für diese Gruppe von Legierungen ließe sich vielleicht folgendermaßen verständlich machen. Die Potentiale E_a liegen so tief, daß bereits mit einer H_2-Entwicklung zu rechnen ist. Dieser Wasserstoff könnte, insbesondere in atomarer Form, die Passivschicht reduzieren und so die Aktivierung herbeiführen. Wir nehmen nun an, daß für eine Legierung der Zusammensetzung c eine ganz bestimmte Stromdichte, die einer pro Sekunde entwickelten H_2-Menge entspricht, zur Reduktion erforderlich ist, die um so größer ist, je höher der Cr-Gehalt c liegt. Der kathodisch entwickelte Wasserstoff läßt sich, wenn außer der Durchtrittspolarisation keine weiteren Polarisationsarten auftreten, in Analogie zu Gl. (5) in der Form darstellen

$$i_{H_2} = A\, c_{H^+} \exp\left(-\frac{\alpha F E}{R T}\right), \tag{12}$$

wo c_{H^+} die Konzentration der H^+-Ionen bedeutet. Die anderen Größen sind bereits oben im Abschnitt über das Eisen erläutert worden. Entsprechend unserer Annahme ist $i_{H_2} = \overset{0}{i}_{H_2} = \text{const.}$ und für E das Aktivierungspotential E_a zu setzen. Wir erhalten dann aus Gl. (12)

$$\lg \overset{0}{i}_{H_2} = \lg A + \lg c_{H^+} - \alpha \frac{F}{R T \cdot 2{,}3} E_a$$

oder

$$E_a = E_a^0 - \frac{0{,}058}{\alpha} p_H. \tag{13}$$

Setzen wir für den Durchtrittsfaktor α den plausiblen Wert von 0,5 ein, der bei der H_2-Entwicklung auch tatsächlich in der Regel beobachtet wird, dann ist Gl. (13) mit Gl. (11) identisch.

H. J. ROCHA und G. LENNARTZ weisen darauf hin, daß die Grenzkonzentration von etwa 14% Cr, von der ab alle Legierungen bis zum reinen Chrom gemäß Gl. (11) die gleiche Steigung in ihren E_a/p_H-Geraden zeigen, mit der von H. H. UHLIG[53] angegebenen von 15,7% Cr praktisch zusammenfällt. Bei dieser Konzentration soll nach der Elektronenkonfigurationstheorie die passivierende Wirkung des Chroms verschwinden. Es sei nochmals betont, daß der Verfasser eine Beeinflussung der Passivität durch Elektronenübergänge durchaus für möglich hält, eine solche in dem von UHLIG geforderten Sinne jedoch aus den früher erörterten Gründen[54] als unwahrscheinlich ansieht.

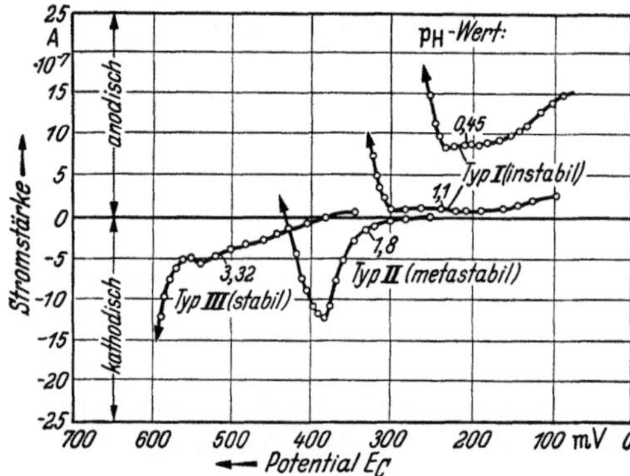

Abb. 12. Stromstärke-Potential-Kurven des Stahles mit 14,2% Cr in Schwefelsäure verschiedener p_H-Werte unter Wasserstoff-Atmosphäre. (Nach ROCHA u. LENNARTZ)

Zur Beurteilung eines passiven Stahles ist es im Hinblick auf seine technische Verwendung wichtig, festzustellen, ob derselbe nach ROCHA dem stabilen, instabilen oder metastabilen Typ angehört. Aus

[53] UHLIG, H. H.: Trans. AIME, Techn. Publ. 1121, Trans. Amer. electrochem. Soc. 85, 207 (1944). — [54] HEUMANN, TH.: Z. Elektrochem. 55, 287 (1951).

Abb. 12 ist zu ersehen, wie der p_H-Wert in Schwefelsäure die Stabilität beeinflußt. Die in schwachsaurer Lösung stabil-passive Legierung geht mit zunehmender Azidität in den instabilen Zustand über, der dadurch gekennzeichnet ist, daß die Passivität nur noch mit einem äußeren Anodenstrom aufrechterhalten werden kann.

5.2 Nickel-Molybdän-Legierungen

An Ni-Mo-Legierungen, die noch etwa 0,7% an Eisen und Mangan enthielten, wurden von G. MASING und G. RÖTH[27] Polarisationskurven in salzsauren Lösungen aufgenommen, die erkennen lassen, daß ein Zusatz von Molybdän die Fähigkeit, in den passiven Zustand überzutreten, stark erhöht. Über 10% Mo lassen sich die Legierungen schon in 2 n HCl passivieren. Da Molybdän sich in fast allen Lösungen, auch in der sonst so aggressiven Salzsäure passiv verhält und die Ruhepotentiale günstig liegen (vgl. Abb. 1), wirkt es als Legierungszusatz auch veredelnd auf das aktive Ruhepotential, wodurch die Stoffe die erhöhte Beständigkeit gegen Cl-Ionen erhalten. Die Korrosionsversuche von G. GRUBE und H. SCHLECHT[55] zeigen das in eindrucksvoller Weise. In 4,3 n HCl bei 60°C ist der Gewichtsverlust von Reinnickel 3,4 g/m^2 h. Durch Zusatz von 2% Mo sinkt dieser Wert auf etwa den 3,5fachen Teil ab, bei 15% Mo liegt der Wert bereits um das 15fache tiefer. Damit ist die Korrosion jedoch noch nicht auf das erträgliche Maß von unter 0,1 g/m^2 h herabgesetzt.

Über die übrigen binären Legierungen, in denen beide Komponenten aus den leicht passivierbaren Übergangsmetallen bestehen, sind zwar zahlreiche Untersuchungen durchgeführt worden, welche das Korrosionsverhalten betreffen; diese liefern uns aber meistens kein klares Bild über Auf- und Abbau der Passivschichten. Es wäre dringend erwünscht, durch Anwendung jener Untersuchungsmethoden, welche beim Eisen, Chrom und den Fe-Cr-Legierungen bisher erfolgreich eingesetzt worden sind, unsere Kenntnisse über die Passivität dieser Zweistoffsysteme zu erweitern. Aus den obigen Erörterungen dürfte zu erkennen sein, daß wir dadurch einen erheblich tieferen Einblick gewinnen. Besonders aufschlußreich scheint die Untersuchung der Systeme Fe-Mo, Ni-Cr und Ni-Mo zu sein.

5.3 Ternäre Legierungen

Unter den Dreistofflegierungen nehmen die Fe-Cr-Ni-Legierungen, die sogenannten 18/8-Stähle, eine Vorrangstellung ein. In bezug auf Passivität verhalten sich diese Stähle praktisch wie binäre Fe-Cr-Legierungen mit Cr-Gehalten von 22 bis 24%. Bei der Polarisation im

---

[55] GRUBE, G., u. H. SCHLECHT: Z. Elektrochem. **44**, 420 (1938).

passiven Zustand geht das Material wieder in Lösung. Nickel wird dabei zweiwertig gelöst, während Eisen und Chrom wie üblich in der drei- bzw. sechswertigen Stufe vorliegen. Alle drei Bestandteile lösen sich aus dem passiven Zustand heraus im gleichen Verhältnis, wie es in der Legierung vorliegt. Neben der primären wird bei höheren Stromdichten ebenfalls die sekundäre Passivierung beobachtet. Mit wachsender Stromdichte nimmt der Anteil der O_2-Entwicklung zu. Bei 30 mA pro cm^2 beträgt dieser beispielsweise 58% vom Gesamtstrom[51].

Aus diesen Angaben ist bereits zu erkennen, daß Nickel keinen charakteristischen Einfluß auf die Auflösung im passiven Zustand ausübt. Demgegenüber vergrößert dieses Metall den Passivitätsbereich der Legierungen zu höheren Temperaturen und größeren Säurekonzentrationen, wie unten noch gezeigt wird.

In diesem Zusammenhang möge auch die Frage erörtert werden, inwieweit die Konstitution der binären und vor allem der Mehrstofflegierungen das Korrosionsverhalten beeinflußt. In überwiegender Mehrzahl der Fälle liegen Mischkristalle vom Substitutionstyp vor, wenn wir vom Kohlenstoff absehen. Sind nun alle Legierungsbestandteile in reinem Zustand passivierbar, dann ist z. B. in bezug auf einen austenitischen oder ferritischen oder heterogenen Zustand der Einfluß auf das Verhalten im passiven Zustand verhältnismäßig gering. Im aktiven Zustand dagegen macht sich in der Regel ein starker Einfluß bemerkbar, der aus begreiflichen Gründen dann besonders groß ist, wenn die Legierung heterogen aufgebaut ist. Eine kurze Übersicht darüber hat H. H. UHLIG[56] gegeben.

Wenn auch ein Einfluß der Konstitution nicht so wesentlich erscheint, sind doch zur Beurteilung und bei Deutungsversuchen der Passivität die Konstitutionsverhältnisse zu berücksichtigen, worauf schon mehrfach hingewiesen wurde[54]. Das gilt besonders für Dreistofflegierungen, deren Zustandsdiagramme vielfach noch gar nicht untersucht oder häufig nur in groben Umrissen ausgearbeitet worden sind. Unter diesen sind offenbar die Legierungen mit Molybdän und Wolfram von Interesse, welche jeweils mit Eisen und Nickel neue intermetallische Phasen zu bilden vermögen.

Die Passivschichten auf Eisen, Nickel und Chrom und deren Legierungen sind gegen Cl^--Ionen unbeständig. Eine bessere Beständigkeit wird durch Zusatz von einigen Prozenten Mo erzielt. Potentialmessungen und Polarisationskurven lassen den Einfluß deutlich erkennen. Ein 18/8-Stahl mit etwa 2% Mo wird in neutraler Lösung mit 3% NaCl bereits von selbst passiv[57]. Das Bestreben der

[56] UHLIG, H. H.: Amer. Soc. Met. **1954**, 189.

[57] UHLIG, H. H., u. J. WULFF: Trans. AIME **135**, 494 (1939).

Technik geht dahin, Stähle zu entwickeln, die einen ausgedehnten Passivitätsbereich in bezug auf Temperatur und Konzentration der angreifenden Säuren besitzen und gleichzeitig im aktiven Zustand wenig korrodieren. Die zweite Forderung läßt sich mit einem binären Fe-Cr-Stahl nicht verwirklichen. Den niedrigen Aktivpotentialen und dem steilen Anstieg der Polarisationskurven entsprechend tritt eine erhebliche Korrosion auf. Infolge des tiefer liegenden Cr-Potentials läuft daher einem mit dem Cr-Gehalt zunehmenden Passivierungsvermögen eine wachsende Korrosionsanfälligkeit im aktiven Zustand parallel. Abb. 13 von H.-J. ROCHA[58] stellt den Gewichtsverlust zweier Stähle im aktiven Bereich und die Selbstpassivierungsgrenze dar. Im linken Bild sehen wir das Verhalten eines Stahles vom Fe-Cr-Typ oder, wie man in der Literatur sagt, vom Zn-Typ. Das rechte Bild zeigt, daß der betreffende Stahl die oben gestellten Forderungen weitgehend

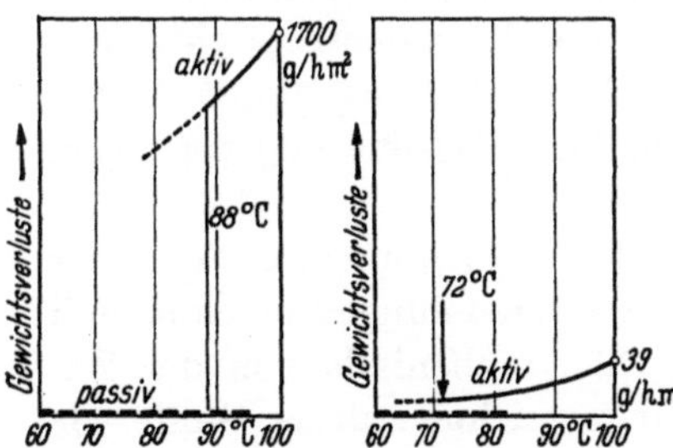

Abb. 13. Gewichtsverlust und Selbstpassivierungsgrenze zweier Cr-Ni-Stähle in 12%iger H_2SO_4. (Nach ROCHA)

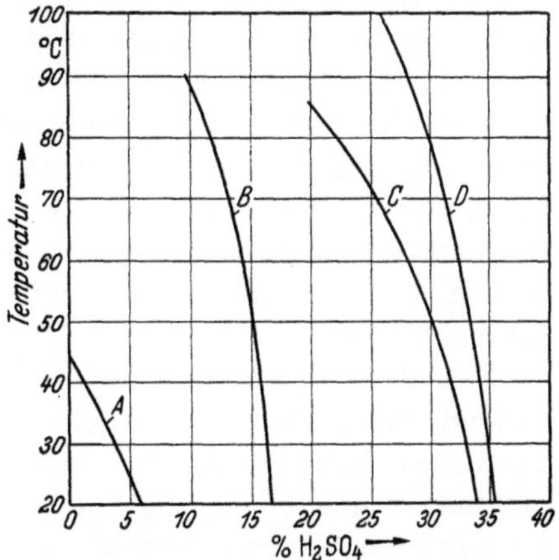

Abb. 14. Einfluß von Legierungszusätzen auf den Passivierungsbereich eines Cr-Stahles mit 23% Cr. *A*: Kein Zusatz; *B*: 2,5% Ni; *C*: 5% Ni, 2% Mo; *D*: 2,5% Ni, 2% Mo, 1% Cu. (Nach TOFAUTE u. ROCHA)

erfüllt. Durch passend gewählte Legierungszusätze kann das Verhalten der Stähle in diesem Sinne beeinflußt werden. Die zahlreichen unter diesem Gesichtspunkt angestellten Untersuchungen von CARIUS[59] bringen wertvolles Versuchsmaterial, welches im einzelnen zu erörtern, der Rahmen dieses Aufsatzes nicht zuläßt.

In welch hohem Ausmaße geringe Zusätze zu den Fe-Cr-Legierungen den Passivitätsbereich gegenüber Temperatur und Konzentration der Schwefelsäure erhöhen, mag die Abb. 14 erläutern, in welcher einige Versuchsdaten von W. TOFAUTE und H.-J. ROCHA[60] zusammengefaßt sind. Diese beruhen auf Potentialmessungen in luft-

[58] ROCHA, H.-J.: Techn. Mitt. Krupp, Forschungsberichte **3**, 191 (1940).
[59] CARIUS, C.: Arch. Eisenhüttenw. **26**, 769, (1955); **27**, 401, (1956).
[60] TOFAUTE, W., u. H.-J. ROCHA: Techn. Mitt. Krupp **12**, 67 (1954).

gesättigter H_2SO_4 und zeigen an, bis zu welchen Konzentrationen und Temperaturen der betreffende Stahl sich nach voraufgegangener Aktivierung durch Kurzschluß mit einer Pt-Elektrode passiviert. Es handelt sich um Stähle mit konstantem Cr-Gehalt von 23%. Ohne Zusätze ist der passive Bereich recht bescheiden. Bereits 2,5% Ni erhöhen denselben in erstaunlicher Weise. Ein weiterer Zusatz von 2% Mo vergrößert ihn erneut um ein beträchtliches, schließlich wird die Wirkung dieser Zusätze noch durch Kupfer überboten, welches in Mengen von nur 1% schon diesen bemerkenswerten Einfluß erzielt.

Dieser Befund ist für die Technik von überragender Bedeutung. Die Forschung bleibt hinter der Entwicklung zurück, zahlreiche Fragen und Probleme harren hier der Klärung.

Alle neueren Legierungen, die auf Nickelbasis entwickelt sind und Molybdän neben Chrom als Hauptlegierungsbestandteil enthalten, und eine gute Beständigkeit gegen Salzsäure besitzen, sind leicht passivierbar. Zu dieser Gruppe gehören die Legierungen mit den Markenbezeichnungen Chlorimet, Langalloy, Hastalloy, Bergit. Über die Eigenschaften kann man sich an Hand der Übersichtsberichte von E. FRANKE[61] orientieren. Es ist verständlich, daß bei diesen Legierungen mit wachsendem Mo- und Cr-Gehalt das Passivierungsvermögen zunimmt[27].

Enthalten Elektrolyte oxydierende Stoffe, so können diese passivierend wirken, kenntlich an einer Potentialveredelung. Der Grad und die Geschwindigkeit dieser Veredelung hängt ebenfalls von der Zusammensetzung der Legierung ab. Wir bezeichnen diese Stoffe als Passivatoren. Genannt seien O_2, CrO_4^{2-}-, $Cr_2O_7^{2-}$-, Cu^{2+}-, Fe^{3+}-Ionen. Diese Stoffe werden von der Oberfläche adsorbiert, wobei in der Regel die Adsorptionsisotherme von LANGMUIR beobachtet wird[62]. Besonders wirksam ist der Sauerstoff, dessen Adsorption an Oberflächen von 18/8-Stahl quantitativ von H. H. UHLIG und S. S. LORD[63] gemessen wurde. Das durch Ätzen aktivierte Material wurde in lufthaltiges Wasser getaucht und auf analytischem Wege der Sauerstoffgehalt der Lösung vor und nach dem Tauchversuch ermittelt. Die vor Erreichen des Sättigungswertes aufgenommenen O_2-Mengen, m_{O_2}, lassen sich in Abhängigkeit von der Zeit t, in sec, in folgender Form darstellen

$$m_{O_2} = 0{,}188 \lg(t/\tau + 1) \cdot 10^{-6}\,\mathrm{g/cm^2} \qquad \text{(scheinbare Oberfläche)},$$

wo $\tau = 0{,}19$ sec ist. Die Gesamtmenge (Sättigungswert) beträgt $0{,}27 \cdot 10^{-6}\,\mathrm{g/cm^2}$ unter Berücksichtigung des gesondert gemessenen Rauhigkeitsfaktors von 4. Dieser Menge entsprechen bei dichtester

---

[61] FRANKE, E.: Werkstoffe u. Korrosion **1**, 171, 305 (1950); **2**, 140 (1951).

[62] UHLIG, H. H., u. A. GEARY: J. electrochem. Soc. **101**, 215 (1954).

[63] UHLIG, H. H., u. S. S. LORD: J. electrochem. Soc. **100**, 216 (1953).

Belegung 1,8 Atomschichten. Diese Messungen sind von H. H. UHLIG durchgeführt worden, um Beweismaterial für die Vorstellung zu erhalten, daß die Passivität nicht durch dickere Oxydschichten, sondern durch Adsorptionsschichten von mono- oder bimolekularer Dicke hervorgerufen wird.

Aluminium und ebenso Magnesium sind stets von einer Oxyd- oder Hydroxydschicht überzogen. Legierungszusätze beeinflussen diese Schichten, sei es in ihrem Aufbau sei es in ihrer Zerstörung, in dem

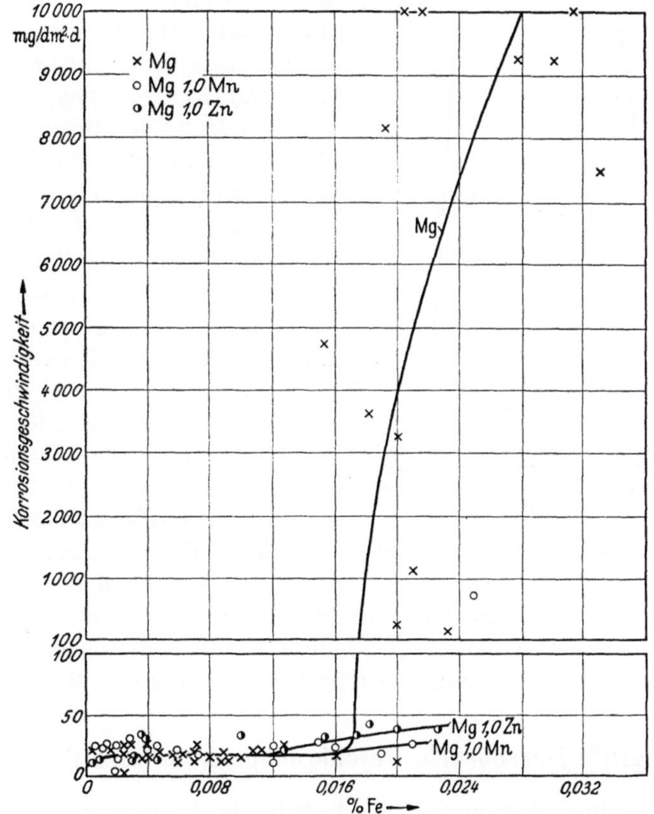

Abb. 15. Einfluß des Eisens auf die Korrosion von Magnesium. 3% NaCl, Raumtemperatur. (Nach HANAWALT, NELSON u. PELOUBET)

Sinne, daß die Korrosion dieser Metalle um mehrere Größenordnungen wächst. Um eine Vorstellung zu vermitteln, ist in Abb. 15 nach J. HANAWALT, E. NELSON und J. PELOUBET[64] der Gewichtsverlust von Magnesium durch Zusatz von Eisen dargestellt. Der Effekt tritt in Erscheinung, wenn die Löslichkeitsgrenze überschritten wird. Der

[64] HANAWALT, J., C. NELSON u. J. PELOUBET: Trans. AIME **147**, 273 (1942).

Korrosionsanstieg wird immer beobachtet, wenn edlere Elemente als Verunreinigungen vorliegen oder zulegiert sind. Al-Mg-Legierungen unterscheiden sich in bezug auf die Beständigkeit der Schutzschicht kaum von reinem Al. Nach W. MACHU und M. K. HUSSEIN[65] ist es nicht möglich, die Schutzschichten vollkommen zu entfernen.

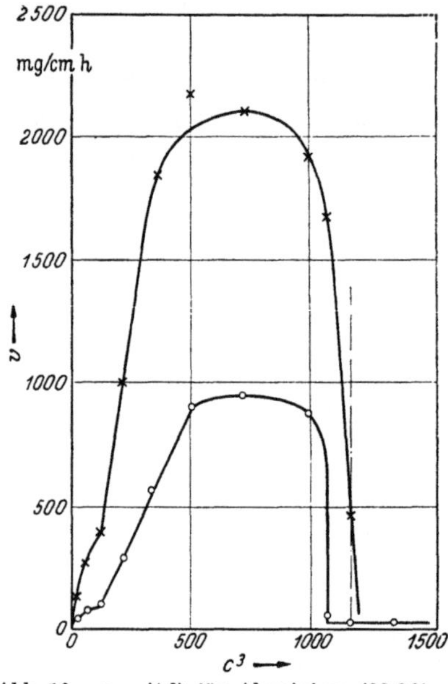

Abb. 16. $v = f(c^3)$ für Aluminium (99,3% Al) in Salzsäure bei 25° unter Stickstoff. ○ und × bezeichnen Meßwerte für Proben aus zwei verschiedenen Lieferungen. (Nach OWE BERG)

Die Wirkung von Verunreinigungen in Aluminium ist aus Abb. 16 ersichtlich[66]. Die Kurven geben den Gewichtsverlust zweier Proben von praktisch gleichem Reinheitsgrad von 99,3 % in Abhängigkeit von der Konzentration der Salzsäure wieder. In den gleichen Lösungen beträgt die Korrosion des Reinstaluminiums (99,9 %) zwei Zehnerpotenzen weniger. Bemerkenswert ist, daß die Lösungsgeschwindigkeit ein Maximum durchläuft und bei einer Konzentration von $c = 10$ n steil abfällt. Oberhalb dieser Konzentration ist die Korrosionsgeschwindigkeit die gleiche wie beim Reinstaluminium. In HNO_3 ist die Lösungsgeschwindigkeit fast um einen Faktor 10^4 kleiner[67]. Das unreine Material korrodiert in dieser Säure nur etwa doppelt so schnell wie das reine.

Als Legierungsbestandteil erhöht das Aluminium, offenbar wegen seiner leichten Oxydierbarkeit, häufig die Korrosionsbeständigkeit. Erinnert sei an den günstigen Einfluß bei Messing und Bronze.

6 Begriffe Durchbruch, Durchbruchpotential und Passivität

Zum Schluß sollen noch einige begriffliche Schwierigkeiten erörtert werden, die den Ausdruck Passivität und *Durchbruch* bzw. *Durchbruchspotential* betreffen. Unter dem zuletzt genannten versteht man das Inlösunggehen eines passiven Materials bei anodischer Polarisation. Das mehr oder weniger scharf ausgeprägte Potential, bei welchem die Polarisationskurve steil ansteigt (vgl. Abb. 1), wird demgemäß als Durchbruchspotential bezeichnet. Mit diesen Begriffen sollte zum

[65] MACHU, W., u. M. K. HUSSEIN: Werkstoffe u. Korrosion **5**, 49 (1954).
[66] OWE BERG, T. G.: Z. anorg. allg. Chem. **273**, 96 (1953).
[67] OWE BERG, T. G.: Z. anorg. allg. Chem. **269**, 213 (1952).

Ausdruck gebracht werden, daß die Passivschicht durchbrochen wird. Die neuen Untersuchungen an Chrom zeigen aber, daß oberhalb und unterhalb des *Durchbruchs* derselbe elektrochemische Vorgang sich abspielt. Es besteht lediglich ein quantitativer Unterschied. Wegen dieses Befundes erhebt sich die Frage, ob der Ausdruck noch sinnvoll ist. Weiterhin ist zu bedenken, daß die Lage des *Durchbruchspotentials* keineswegs genau fixiert ist, vielmehr hängt diese vom Maßstab der Auftragung und von subjektiven Einflüssen ab. Trägt man gar die Stromdichten logarithmisch auf, dann existiert dieses *Potential* nicht mehr. Will man den Begriff trotzdem beibehalten, dann empfiehlt es sich, konventionell eine Stromdichte festzulegen, deren zugehöriges Potential als *Durchbruchspotential* zu bezeichnen wäre.

Bezüglich des Begriffes *Passivität* liegen Schwierigkeiten darin, ob man ein Metall, welches aus dem passiven Zustand heraus durch entsprechend hohe anodische Polarisation wieder gelöst wird, noch als passiv bezeichnen soll, ob ein Metall im passiven Zustand stets in einer höheren Wertigkeitsstufe vorliegen soll, als in jener, in welcher es normalerweise im aktiven Zustand in Lösung geht, ob schließlich der Zustand der Passivität dadurch gekennzeichnet sein soll, daß extrem dünne und porenfreie Schichten vorliegen. In Anbetracht unserer heutigen Kenntnisse über die Passivität ist es unerläßlich, die Begriffe schärfer zu formulieren.

Diskussionsbemerkungen

K. J. Vetter:

Im Bereich von etwa 20% Chromgehalt sind auf Grund der vorangegangenen Ausführungen bemerkenswerte Sprünge im passiven Verhalten der Fe-Cr-Legierungen zu beobachten. Ich möchte daher fragen, ob hierbei vielleicht auch ähnliche Sprünge in der Zusammensetzung der Korrosionsprodukte in dem Sinne auftreten, daß bei kleineren Cr-Gehalten fast nur Fe und bei den größeren Cr-Gehalten vorwiegend Cr in Lösung geht. Aus dem Korrosionsverhalten wären dann möglicherweise Rückschlüsse auf die Art der Passivschicht zu ziehen, die im ersten Fall vielleicht vorwiegend aus einer Eisenoxyd- und im anderen aus einer Chromoxydschicht bestehen könnte.

Nachträgliche schriftliche Bemerkung. Die Beobachtungen von Owe Berg (Abb. 4, S. 271) lassen sich in einer viel befriedigenderen Weise, als von Owe Berg angegeben, erklären, wenn man die Kinetik der HNO_3/HNO_2-Redoxelektrode[1] heranzieht, die sich aus dem Mechanismus der Reaktionen zwischen HNO_3, HNO_2 und der Stickoxyde nach Abel und Schmidt ergibt. Der kathodische Polarisationsgrenzstrom der HNO_3/HNO_2-Elektrode an Kupfer ist infolge Mischpoten-

[1] Vetter, K. J.: Z. phys. Chem. **194**, 199 (1950).

tialbildung für die Geschwindigkeit des anodischen Teilvorganges der Kupferauflösung $Cu \rightarrow Cu^{2+} + 2e^-$ verantwortlich. Da dieser Grenzstrom von der Geschwindigkeit der Reaktion $H^+ + NO_3^- + HNO_2 \rightarrow N_2O_4 + H_2O$ abhängt, ergibt sich hieraus eine autokatalytische Wirkung der salpetrigen Säure, die bei Berücksichtigung von Diffusionsvorgängen offenbar erst oberhalb 3 n HNO_3 zur Auswirkung kommt. Ähnliche Verhältnisse liegen bei der Passivierung von Eisen in Salpetersäure vor[2].

Th. Heumann (*Antwort*):

Es ist wiederholt nachgewiesen, daß bei anodischer Auflösung eines Stahles aus dem passiven Zustand heraus die Bestandteile im gleichen Verhältnis in Lösung gehen, in welchem sie in der Legierung vorliegen. Dieser Befund entspricht der Tatsache, daß im festen Zustand keine Diffusion stattfindet. Es ist anzunehmen, daß auch die Passivschicht in bezug auf die Metallionen die gleiche Zusammensetzung hat wie die Legierung, obwohl ein Unterschied in der Zusammensetzung nicht unbedingt dem oben erwähnten Befund widerspricht. Ein Nachweis dieser Annahmen dürfte jedoch recht schwierig sein.

Was die Auflösung von Kupfer in Salpetersäure betrifft, so ist die von VETTER vorgeschlagene Deutung durchaus befriedigend. Zwischen dieser und der von OWE BERG gegebenen Erklärung müßte das Experiment entscheiden.

G. Schikorr:

Laboratoriumsversuche über die Korrosionsbeständigkeit von nichtrostenden Stählen werden meist mit stark aggressiven Flüssigkeiten wie konzentrierter Salpetersäure und saurer Kupfersulfatlösung ausgeführt. Unter gewissen Umständen sind aber nichtrostende Stähle sogar gegen verhältnismäßig milde Bedingungen, z. B. Leitungswässer erhöhten Chloridgehaltes nicht ausreichend beständig. Besonders in Spalten beobachtet man mitunter eine beachtliche Korrosion; diese wird in der Regel darauf zurückgeführt, daß die Hauptfläche des nichtrostenden Stahles durch den hier vorhandenen Sauerstoff rasch passiviert wird, während die Spalten mit ihrem gehemmten Sauerstoffzutritt aktiv bleiben. Hierdurch besteht die Möglichkeit zur Bildung von Korrosionselementen, bei denen der Spalt anodisch ist und der Stahl damit in Lösung geht. Versucht man nun diese Verhältnisse im Laboratorium nachzuahmen, so gelingt es keineswegs ohne weiteres, diese Spaltenkorrosion zu erzeugen. Ich wollte den Vortragenden fragen, welche Erfahrungen er auf diesem Gebiet hat, im besonderen,

---

[2] VETTER, K. J.: Z. Elektrochem. **56**, 106 (1952).

ob gerade das anodische Verhalten der Spalten nicht zu ihrer Passivierung und damit Unempfindlichkeit führen kann.

Th. Heumann (*Antwort*):

Die nicht ausreichende Beständigkeit nichtrostender Stähle in Leitungswässern erhöhten Chloridgehaltes ist offenbar auf die Wirkung der Cl-Ionen zurückzuführen, die ja bekanntlich die Fähigkeit besitzen, Passivschichten zu zerstören. Die Mechanismen, welche dieser Wirkung zugrunde liegen, sind leider noch unklar. Es wäre zu wünschen, daß diesem Gegenstand in der Grundlagenforschung mehr Aufmerksamkeit gewidmet würde. Eigene Untersuchungen deuten an, daß die Cl-Ionen sich in ihrem Einfluß auf die Passivierung von reinem Chrom gegenüber anderen Anionen kaum unterscheiden. Wenn der Stahl Spalten enthält, dann werden die Cl-Ionen vorzugsweise an diesen wirksam sein, da hier offenbar die empfindlichsten Stellen der Passivschicht liegen. Trotz des anodischen Verhaltens der Spalten ist bei Anwesenheit von Chlorid mit einer Repassivierung nicht zu rechnen.

G. Falkenhagen:

Zur aufgeworfenen Frage der Beständigkeit von 18/8-Stählen gegenüber warmen Leitungswasser muß festgestellt werden, daß dabei sehr ungünstige Bedingungen auftreten können. Es ist bekannt, daß Warmwasserboiler aus 18/8-Stahl besonders bei seltenem Wechsel des Inhalts sehr bald Korrosionsschäden zeigten, während häufig benutzte Anlagen eine längere Lebensdauer hatten. Ein weiterer Hinweis für die Wirkung des sauerstoffarmen Wassers ist aus Anlagen mit vollentsalzenem Wasser bekannt. Auch hier ist die Beständigkeit bei Temperaturen über 70°C selbst beim 18/10/2-Stahl zweifelhaft. Auf den sehr ungünstigen Einfluß eines Eisen- oder Rostgehaltes des Wassers sei nur hingewiesen.

Über Verhältnisse in einem Spalt liegen wenige Untersuchungen vor. Eine neuere Arbeit gibt recht gute Versuchsmethoden und Ergebnisse für die Verwendung von verschiedenen Dichtungsmaterialien und über die Ausbildung der Dichtungselemente[3]. C. Carius[4] hat festgestellt, daß in Kapillarräumen eine lokale Aktivierung der rostfreien Stähle eintreten kann.

A. Kutzelnigg:

Ein auf elektrolytisch abgeschiedenen Chromschichten vorhandener Oxydfilm ließ sich durch Behandlung mit 20 bis 50%iger, 85°C heißer

---

[3] Kunkel, E. V.: Corrosion **10**, 260—266 (1954).

[4] Carius, C.: Ber. über die Korrosionstagung 1935. ZVDI **5**, 61/72 (1936).

Eisenchloridlösung isolieren. Es wird empfohlen, dieses Verfahren auf die Untersuchung von Chromstählen zu übertragen.

J. Heyes:

Heumann diskutierte die Möglichkeit, daß die passiven Schichten bei Chromstählen auf die Bildung von Deckschichten der Formel $CrO(OH)$ zurückgeführt werden könnten. Hierzu ist zu bemerken: Ich halte es für möglich, den Wasserstoff, der sich durch Erwärmung einer solchen Probe aus dem Chromhydroxyd entwickeln würde, spektralanalytisch nachzuweisen. In einer früheren Arbeit gelang es, so in Luft noch Spuren von 0,001% Wasserstoff festzustellen.

Th. Heumann (*Antwort*)**:**

Da es notwendig ist, weiteres Beweismaterial für die Schlußfolgerung zu beschaffen, daß die Passivschicht des reinen Chroms aus $CrOOH$ besteht, bin ich Kutzelnigg und Heyes für ihre Diskussionsbemerkungen dankbar. Spektralanalytische Untersuchungen sind in Aussicht genommen.

F. Tödt:

Nach den zitierten Stromspannungskurven von Uhlig und Woodside überstreichen die Stromdichten einen Bereich von 5 Zehnerpotenzen. Ältere Messungen von Wirth haben ergeben, daß ein aus V2A-Stahl und Platin gebildetes galvanisches Element noch Ströme liefern kann, welche gegenüber den Stromspannungskurven von Uhlig und Woodside noch um 3 Zehnerpotenzen geringer sind. Nach dem genannten Stromspannungsdiagramm wäre die Möglichkeit offen, daß bei einer weiteren Variation der Potentiale im Bereich von etwa —0,7 V gegen Ag-AgCl in 0,1 n KCl noch wesentlich geringere Stromdichten erhalten werden könnten. In diesem Fall würde der Stromdichtebereich noch wesentlich über 5 Zehnerpotenzen hinausgehen.

Anlaufvorgänge bei Edelmetallen und ihre Vermeidung

Von Ernst Raub

Mit 10 Abbildungen

1 Oxydation und Anlaufen der reinen Edelmetalle

1.1 Die Reaktion mit Sauerstoff

Die Edelmetalle überziehen sich an der Luft wie andere Metalle mit Oxydschichten. Ein Unterschied besteht nur insoweit, als es leicht gelingt, durch Erhitzen auf eine Temperatur, bei der die Sauerstofftension der betreffenden Edelmetalloxyde den Partialdruck in der Atmosphäre überschreitet oder durch Reduktion eine oxydfreie Oberfläche zu erhalten.

G. Tammann und F. Arntz[1] leiteten das Vorhandensein einer Oxydschicht bei Silber aus dem Verlauf der Ausbreitung eines Quecksilbertropfens ab. Nach O. Hönigschmid und L. Birkenbach[2] lösen sich 0,04 bis 1,06 mg Silber in einem Liter Wasser. H. Krepelka und F. Toul[3] ermittelten eine Löslichkeit von 0,01 mg/l nach siebentägiger und von 0,073 mg/l nach 21 tägiger Einwirkung von Wasser auf Silber. Die Löslichkeit ist abhängig von der Vorbehandlung des Silbers. In trockenem Wasserstoff reduziertes oder frisch geglühtes Silber ist in sauerstofffreiem Wasser unlöslich. Auf der Löslichkeit durch die Oxydhaut beruht auch die olygodynamische Wirkung des Silbers, die nach H. Fromherz[4] eine Mindestkonzentration von $2 \cdot 10^{-11}$ Mol/l Ag verlangt.

L. Tronstad und T. Höverstad[5] schlossen aus optischen Beobachtungen auf die Bildung von Oxydschichten, die beim Erhitzen bis 180°C auftreten, bei höherer Temperatur aber wieder zerfallen. Die Oxydschicht auf dem Silber läßt sich durch längeres Erhitzen auf

---

1 Tammann, G., u. F. Arntz: Z. anorg. allg. Chem. **191**, 45 (1930).
2 Hönigschmid, O., u. L. Birkenbach: Ber. dtsch. chem. Ges. **1921**, 1883.
3 Krepelka, H., u. F. Toul: Chem. News **138**, 244 (1929).
4 Fromherz, H.: Angew. Chem. **50**, 679 (1937).
5 Tronstad, L., u. T. Höverstad: Trans. Faraday Soc. **30**, 1117 (1934).

Temperaturen bis 180° C, der Temperatur oberhalb welcher der Zersetzungsdruck des Silberoxyds 1 Atmosphäre erreicht, nicht deutlich verstärken. Ihre Schichtdicke liegt bei 20 bis 30 Å[6].

Über die Bildung einer Oxydschicht auf Gold liegen teilweise widersprechende Schrifttumsangaben vor. Es ist aber auch bei diesem Metall die Bildung einer Oxydhaut als gesichert anzunehmen. W. J. Müller und E. Löw[7] konnten z. B. aus dem anodischen Verhalten von Gold in Salzsäure das Vorhandensein einer Oxydschicht ableiten. G. L. Clark und E. Wolthius[8] vermuteten aufgrund einer Untersuchung der Elektronenbeugung an Goldfolien, die in verschieden zusammengesetzter Atmosphäre auf 350 bis 450° C erhitzt wurden, das Auftreten von Oxyd. Den chemischen Nachweis für die unmittelbare Bildung von Goldoxyd aus Sauerstoff und Gold lieferten P. H. Thiessen und H. Schütza[9], welche zeigten, daß feinverteiltes Gold bei 450° C in Sauerstoff so stark oxydiert wird, daß das entstandene Oberflächenoxyd durch Ablösen leicht nachgewiesen werden kann. Schon früher wiesen A. F. Benton und J. C. Elgin[10] eine Adsorption von Sauerstoff durch Gold nach. Mit steigender Temperatur stieg die Sauerstoffaufnahme stark an. Bei 98° C wurden von 7,94 g Gold 3,57 cm^3 und bei 157° 5,73 cm^3 Sauerstoff so stark adsorbiert, daß sie sich durch Abpumpen nicht entfernen ließen. Der Sauerstoff wird von Gold also unter Bildung eines Oberflächenoxyds aktiviert und adsorbiert[11].

Das Vorhandensein einer oxydischen Deckschicht auf Platin und ihre Bildung in Sauerstoffgegenwart wurden mehrfach nachgewiesen. A. Güntherschulze und H. Betz[12] wiesen die Oxydschicht auf dem Platin mit Hilfe der Erhöhung der Zahl der Elektronen, die durch den Aufprall positiver Ionen bei der Glimmentladung ausgesandt werden, nach. Wird die Glimmentladung in Sauerstoffgegenwart vorgenommen, so ist das Platin bis zu einem Kathodenfall von 1500 V mit einer Oxydschicht bedeckt. Darüber hinaus wird die Kathodenzerstäubung des Platins so groß, daß die Geschwindigkeit der Oxydbildung nicht mehr ausreicht. Der an Luft auf Platin gebildete Oxydfilm wird durch kathodische Glimmentladung bei einem Kathodenfall von 1000 und

---

[6] Raub, E., u. A. v. Polaczek-Wittek: Z. Metallkde. **34**, 275 (1942).

[7] Müller, W. J., u. E. Löw: Ber. dtsch. chem. Ges. **1935**, I, 989.

[8] Clark, G. L., u. E. Wolthuis: J. appl. Phys. **8**, 630 (1937); ref. Chem. Zbl. **1938**, I, 1543.

[9] Thiessen, P. A., u. H. Schütza: Z. anorg. allg. Chem. **234** (1939). — Schütza, H. u. I.: Z. anorg. allg. Chem. **245**, 59 (1940).

[10] Benton, A. F., u. J. C. Elgin: J. Amer. chem. Soc. **49**, 2426 (1927).

[11] Lennard Jones, J. E.: Trans. Faraday Soc. **28**, 341 (1932). — Taylor, H. S.: J. Amer. chem. Soc. **53**, 578 (1931).

[12] Güntherschulze, A., u. H. Betz: Z. Elektrochem. **44**, 253 (1938).

mehr V abgebaut und ist von etwa 1700 V ab verschwunden. Das Platin verbindet sich mit aktivem Sauerstoff in der Gasphase bei Raumtemperatur so stürmisch, daß es als wirksames Gitter für Sauerstoff auftritt.

F. TÖDT, R. FREIER und W. SCHWARZ[13] bestimmten die Dicke der Oxydhaut auf Platin und auf Silber durch Strommessungen, wobei das betreffende Metall kathodisch geschaltet und das Oxyd reduziert

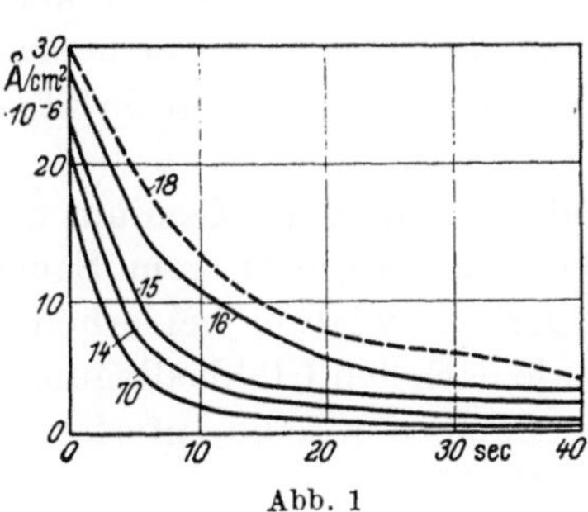

Abb. 1

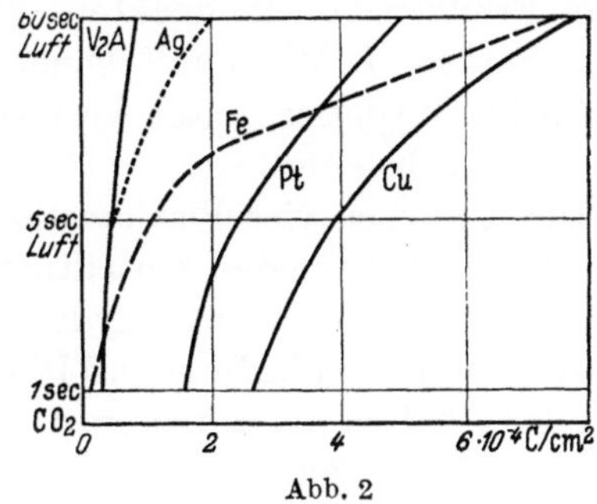

Abb. 2

Abb. 1. Messung der Oxydhaut in Abhängigkeit von der Lufteinwirkung bei Platin. (Nach TÖDT, FREIER u. SCHWARZ) Kurve *70*: 1 sec CO_2 1,2 10^{-4} C/cm²; Kurve *14*: 1—5 sec Luft 1,5 10^{-4} C/cm²; Kurve *15*: 1 min Luft 2,1 10^{-4} C/cm²; Kurve *16*: 1 min Luft 5,4 10^{-4} C/cm²; Kurve *18*: ausgeglüht 7,0 10^{-4} C/cm² (C = Coulomb)

Abb. 2. Abhängigkeit der Stromlieferung verschiedener Metalle von der Lufteinwirkung. (Nach TÖDT, FREIER u. SCHWARZ)

wurde. Abb. 1 gibt einige Stromzeitkurven für verschieden lange belüftetes Platin wieder. Die Verzögerung des Stromabfalls läßt die Zunahme der Schichtdicke des Oxyds mit steigender Dauer der Lufteinwirkung erkennen. In Abb. 2 sind Schichtdickenmessungen an verschiedenen Metallen dargestellt. Danach bildet sich auf V 2 A-Stahl die Oxydschicht geringster Dicke, dann folgt Silber. Platin weist bei kurzer Belüftungszeit eine stärkere Oxydschicht auf als Eisen. Bei längerer Belüftung wächst die Oxydschicht bei Platin jedoch viel langsamer.

Bei Silber und Gold lassen sich die oxydischen Deckschichten auch durch Erhitzen nicht so weit verstärken, daß Interferenzfarben auftreten.

Die Anlaufvorgänge beim Erhitzen von Palladium durch Oxydbildung verfolgten G. TAMMANN und A. SCHNEIDER[14]. Bei 400° beobachteten sie auf Palladium nach einer Stunde das Rot erster Ordnung. Bei Steigerung der Temperatur bis auf 750° wurden die Farben

[13] TÖDT, F., R. FREIER u. W. SCHWARZ: Z. Elektrochem. **53**, 132 (1949). — GRUBITSCH, H.: Werkstoffe u. Korrosion **2**, 85 (1951). — GRUBITSCH, H., u. F. TÖDT: Werkstoffe u. Korrosion **2**, 415 (1951).

[14] TAMMANN, G., u. A. SCHNEIDER: Z. anorg. allg. Chem. **171**, 367 (1928).

von Orange 1. Ordnung bis Gelbgrün 2. Ordnung bestimmt. L. Wöhler[15] beobachtete bei 0,1 mm starkem Palladiumblech nach einstündigem Erhitzen auf 810° eine graublaue Anlauffarbe, nach 104 Stunden war die Oberfläche chromgrün wie oxydierter Palladiumschwamm.

Die Oxydationsgeschwindigkeit des Platins ist geringer, auch der Temperaturbereich, in dem sich Oberflächenoxyd bildet, ist sehr viel schmaler als bei Palladium. Deshalb beobachtet man normalerweise beim Erhitzen von kompaktem Platin in Sauerstoffgegenwart keine Anlauffarben. L. Wöhler[15] konnte jedoch bei Platinfolie eine oberflächliche Oxydation unter Verfärbung nach wochenlangem Erhitzen auf 520° nachweisen.

Die restlichen vier Platinmetalle Iridium, Rhodium, Osmium und Ruthenium haben eine verhältnismäßig hohe Affinität zum Sauerstoff und sind leicht zu oxydieren. Durch Oxydation bei erhöhter Temperatur laufen Iridium und Rhodium je nach den Glühbedingungen an oder erhalten auch dickere Oxydschichten, die keine Interferenzfarben mehr zeigen.

1.2 Das Anlaufen des Silbers

Außer den Reaktionen mit Sauerstoff, die für sämtliche Edelmetalle Interesse haben, sind für Silber die Anlaufvorgänge durch Bildung von Silbersulfid oder Silberhalogenid wichtig. Von besonderer praktischer Bedeutung sind die Reaktionen mit Schwefelverbindungen.

Organische Schwefelverbindungen, und zwar besonders solche der Merkaptan- und Thioäthergruppe, werden von Silber adsorbiert, wobei sich ohne Auftreten sichtbarer Veränderungen der Silberoberfläche ein unangenehmer Geruch und Geschmack bemerkbar machen[16].

Den ersten Arbeiten von G. Tammann und Mitarbeitern[17] über die Anlaufvorgänge des Silbers unter Bildung von Silbersulfid oder Silberhalogeniden folgten zahlreiche weitere Untersuchungen. Über das Dickenwachstum im Bereich der dickeren Schichten, wie sie namentlich bei höheren Temperaturen auftreten, hat die Zunder- und Anlauftheorie von C. Wagner Klarheit gebracht[18]. Die komplizierteren Verhältnisse bei den schwachen Schichten wurden unter Berücksichtigung des vorliegenden Schrifttums von K. Hauffe[18] dargestellt.

---

[15] Wöhler, L.: Z. Elektrochem. **11**, 836 (1905).

[16] Raub, E.: Angew. Chem. **47**, 673 (1934).

[17] Tammann, G.: Z. anorg. Chem. **111**, 78 (1920). — Tammann, G., u. W. Köster: Z. anorg. Chem. **123**, 196 (1922).

[18] Schrifttum siehe C. Wagner: Handbuch der Metallphysik (Hrsg. G. Masing). Bd. I, Teil II: Die chemischen Reaktionen der Metalle, S. 124—205. Leipzig: Akad. Verlagsgesellsch. 1940. — Hauffe, K.: Reaktionen in und an festen Stoffen. Anorg. u. allg. Chemie in Einzeldarstellungen S. 411—571. (Hrsg. G. Jander u. W. Klemm). Berlin/Göttingen/Heidelberg: Springer 1955.

K. FISCHBECK[19] wies für das Dickenwachstum der Sulfidschicht bei anodischer Polarisation des Silbers in einer Lösung von Natriummonosulfid die Gültigkeit des FICKschen Diffusionsgesetzes nach. L. E. PRICE und G. J. THOMAS[20] beobachteten beim Anlaufenlassen des Silbers in einer künstlichen schwefelwasserstoffreichen Atmosphäre in den Anfangsstadien ebenfalls die Gültigkeit des Parabelgesetzes. Bei stärkerem Schichtenwachstum wurde dagegen eine nahezu lineare Zeitabhängigkeit des Wachstums der Sulfidschichten bei geschmirgelten Silberproben beobachtet. Dieses kommt dadurch zustande, daß die Sulfidschicht nicht mehr als geschlossener Film auftritt. Nach H. REINHOLD und H. SEIDEL[21] ist die Reaktion von Silber mit flüssigem Schwefel unabhängig davon, ob die Reaktionstemperatur über oder unter dem α/β-Umwandlungspunkt des Silbersulfids liegt. Die Diffusion in der Anlaufschicht ist geschwindigkeitsbestimmend. Es gilt also das Parabelgesetz; die Anlaufkonstante ist nach der WAGNERschen Diffusionstheorie ohne weiteres zu berechnen. Das gleiche wurde für die Reaktion von Silber und gasförmigem Schwefel bei Temperaturen unterhalb 180° bei Bildung von β-Silbersulfid festgestellt. Für die Bildung von α-Silbersulfid aus Silber und gasförmigem Schwefel oberhalb 180° ist bei hohen Temperaturen ebenfalls die WAGNERsche Diffusionstheorie gültig. Bei tieferen Temperaturen ist die Reaktionsgeschwindigkeit dagegen unabhängig von der Schichtdicke, dafür aber annähernd proportional dem Dampfdruck des flüssigen Schwefels.

Bei der Einwirkung von Schwefelwasserstoff auf Silber bei Temperaturen zwischen 130° und 350° wird die Reaktionsgeschwindigkeit durch die Teilreaktion an der Phasengrenze Silbersulfid-Gas bestimmt. Sie ist infolgedessen nahezu proportional dem Partialdruck des Schwefels in dem Schwefelwasserstoffgleichgewicht. Für die Bildungsgeschwindigkeit von α-Silberjodid aus Silber und Joddampf bei 200° bis 250° ist wiederum die Diffusion in der Reaktionsschicht maßgebend.

W. JAENICKE[22] untersuchte die Anlaufgeschwindigkeit des Silbers in Schwefel-, Brom- und Jodlösungen bei gleichzeitiger Messung der Potentialverschiebung, die das anlaufende Silber gegen eine gleichartige reversible Elektrode zeigte. Es ergab sich, daß die Anlaufgeschwindigkeit beim Silbersulfid durch eine Reaktion an der Phasengrenze bestimmt wird. Sie ist proportional der Schwefelkonzentration

[19] FISCHBECK, K.: Z. anorg. allg. Chem. **201**, 177 (1931).
[20] PRICE, L. E., u. G. J. THOMAS: J. Inst. Met. **63**, 29 (1938).
[21] REINHOLD, H., u. H. SEIDEL: Z. Elektrochem. **41**, 499 (1935).
[22] JAENICKE, W.: Z. Elektrochem. **55**, 186 (1951).

der Lösung, jedoch unabhängig von der Reaktionsschichtdicke. Die Anlaufgeschwindigkeit in Jod- und Bromlösungen wird anfänglich ebenfalls durch die Diffusion innerhalb der Lösung bestimmt; sie ist damit proportional der Halogenkonzentration. Nach Bildung kompakter Halogenidschichten wird sie jedoch unabhängig von der Konzentration und folgt dem parabolischen Gesetz.

Beim Anlaufen des Silbers im Gebrauch liegen teilweise verwickelte Verhältnisse vor. Die wirksamen Stoffe können sehr verschiedener Art sein und sowohl im festen, flüssigen als auch gasförmigen Zustand vorliegen. Für die atmosphärische Korrosion ist neben dem Schwefel der Wasserdampfgehalt der Atmosphäre wesentlich. In trockener Luft läuft das Silber nicht an. Ein Schwefeldioxydgehalt der Atmosphäre kann zur Bildung von Silbersulfat führen, durch das das Auftreten von Interferenzfarben unterbunden wird. Durch den sich aus der Atmosphäre ablagernden Staub tritt unter Umständen eine sehr starke örtliche Sulfidbildung auf.

Auch der Oberflächenzustand ist nicht zu vernachlässigen. Auf hochglanzpoliertem Silber ist die Anlaufgeschwindigkeit deutlich langsamer als auf matten Flächen. Nach L. E. PRICE und G. J. THOMAS[20] erhöhen alkalische Poliermittel, wie Wiener Kalk und Magnesia, die Anlaufbeständigkeit offenbar wenig, während Polierrot, Poliergrün usw. ohne Einfluß bleiben. Die Anlaufgeschwindigkeit im atmosphärischen Dauerversuch ist schwer einwandfrei zu verfolgen. Die Silberoberfläche läuft zumeist nicht gleichmäßig an, sondern man beobachtet unter den wechselnden Bedingungen sehr starke örtliche Unterschiede. Abb. 3 zeigt die Versuchsergebnisse von L. E. PRICE und G. J. THOMAS[20] über das Dickenwachstum der Silbersulfidschichten bei geschmirgeltem und nicht geschmirgeltem Walzblech. Nach bestimmten Zeiten wurde jeweils aus der Interferenzfarbe die Dicke der Silbersulfidschichten an der stärkst angelaufenen Stelle der Oberfläche bestimmt. Wie man sieht, ist das Schichtdickenwachstum weder linear, noch gehorcht es dem Parabelgesetz. Es wird also weder durch die Konzentration des Schwefels in der Atmosphäre noch durch die Diffusion in der Anlaufschicht eindeutig bestimmt.

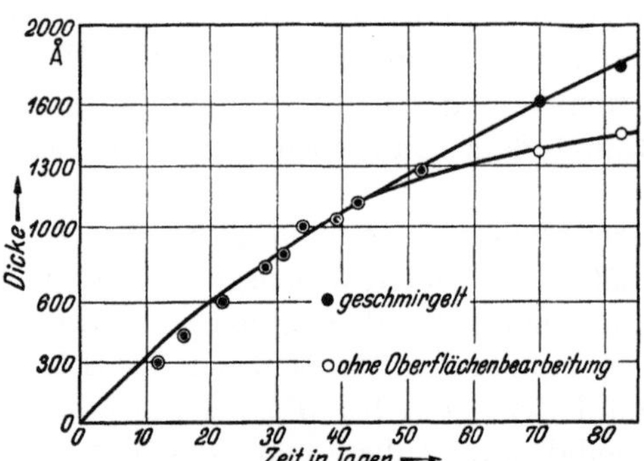

Abb. 3. Wachstum des Sulfidfilmes auf Silber (Nach PRICE u. THOMAS)

2 Oxydation und Anlaufen der Legierungen der Edelmetalle

Das Verhalten der Legierungen der Edelmetalle mit Unedelmetallen gegenüber Sauerstoff und Schwefel sowie anderen Agenzien ist vollkommen verschieden von dem der reinen Edelmetalle. Die Unedelmetalle haben durchweg eine höhere chemische Affinität, so daß in Gegenwart größerer Mengen derselben die Bildung von Verbindungen der Edelmetalle stark zurücktritt oder sogar ganz unterbleibt, während die Zusatzmetalle stark bevorzugt reagieren.

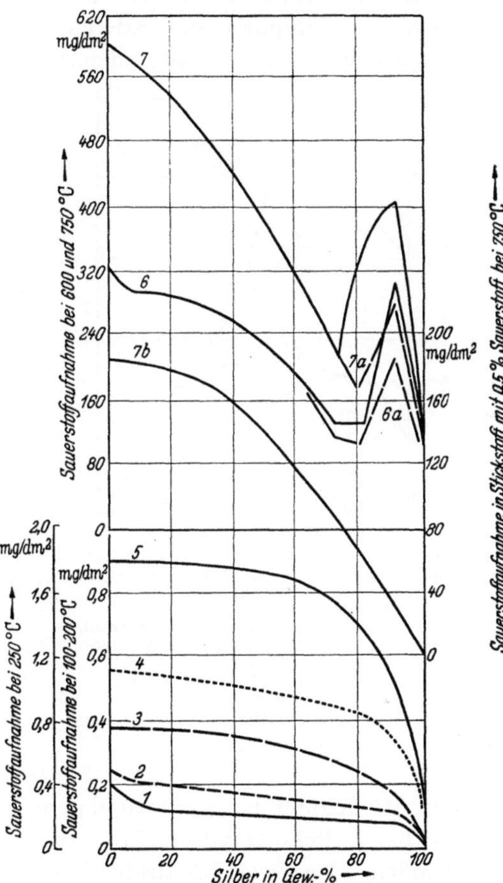

Abb. 4. Oxydationskurven von Ag-Cu-Legierungen

Kurve *1*: 100° 15 Std. Sauerstoff
2: 150° 2 Std. Sauerstoff
3: 180° 1 Std. Sauerstoff
4: 200° 1 Std. Sauerstoff
5: 250° 1 Std. Sauerstoff
6: 600° 10 Std. Sauerstoff
6a: 600° 10 Std. Luft
7: 750° 3 Std. Sauerstoff
7a: 750° 3 Std. Luft
7b: 750° 1 Std. Stickstoff mft 0,5% O_2

Da der Sauerstoff bei hoher Temperatur von den Edelmetallen mehr oder weniger stark gelöst wird und diffundiert, kommt es unter entsprechenden Bedingungen in besonderem Maße zu innerer Oxydation, die unter Umständen die äußere Oxydation vollkommen zurückdrängen kann[23]. Die innere Oxydation ist außer von der Zusammensetzung der Legierungen und der Temperatur vom Sauerstoffdruck abhängig. Sie führt charakteristische Änderungen im Verlauf der Oxydationskonzentrationskurven, wie sie am Beispiel der Silber-Kupfer-Legierungen Abb. 4 wiedergibt[6], herbei. In den Kurven *6*, *6a*, *7* und *7a* beobachtet man einen charakteristischen Höchstwert der Sauerstoffaufnahme im Gebiet der silberreichen Legierungen, der durch die hier besonders

[23] Leroux, J. A. A., u. E. Raub: Z. anorg. allg. Chem. **188**, 205 (1930). — Raub, E., u. M. Engel: Z. Metallkde. **30**, HV 83 (1938). — Wagner, C., u. K. Grünewald: Z. phys. Chem. Abt. B **40**, 455 (1938).

ausgeprägte innere Oxydation zustande kommt. Bei höherem Kupfergehalt der Proben steigt der Anteil der äußeren Oxydation, die langsamer vor sich geht, so daß eine Abnahme der Sauerstoffaufnahme erfolgt.

Durch Zugabe geringerer Mengen eines Unedelmetalls kann die Oxydationsfähigkeit des Edelmetalls unter Umständen auch gesteigert werden. So bildeten sich auf einer Silber-Kupfer-Legierung

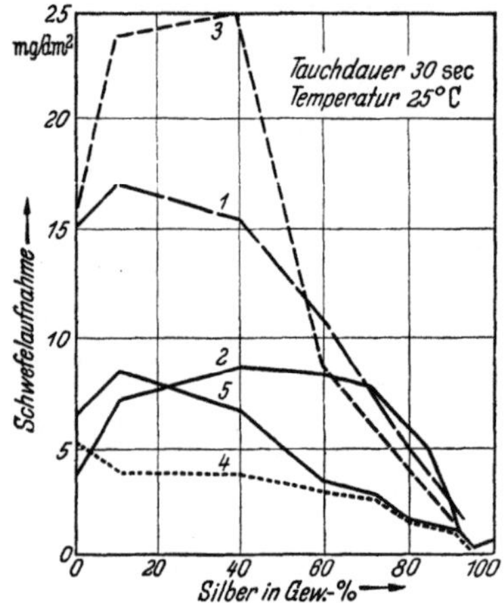

Abb. 5. Schwefelaufnahme von Silber-Kupfer-Legierungen in m/5 Schwefellösungen
Kurve 1: Natriumsulfid
2: Nitrobenzol, Chlorbenzol, Chloroform, Tetrachlorkohlenstoff
3: Schwefelkohlenstoff
4: Anilin
5: Benzol

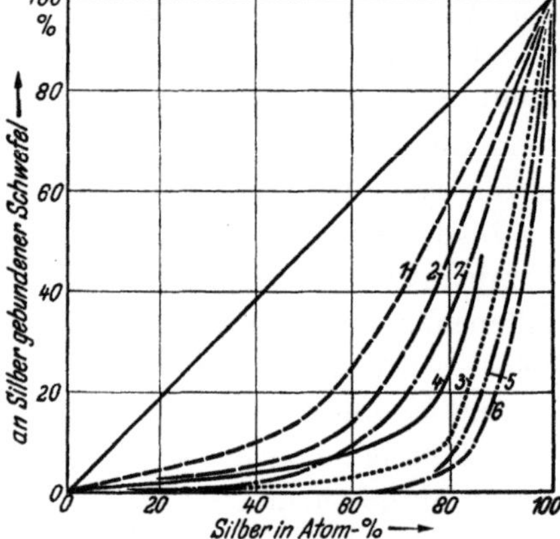

Abb. 6. Zusammensetzung dünner Sulfidschichten auf Ag-Cu-Legierungen bei verschiedener Art der Herstellung
Kurve 1: anod. in n/50 Natriumsulfidlösung
2: Schwefeldampf bei Raumtemperatur unter Vakuum
3: m/5 Schwefel-Anilin-Lösung
4: m/5 Schwefellösung in Nitrobenzol, Chlorbenzol, Chloroform, Tetrachlorkohlenstoff
5: m/5 Schwefelkohlenstoff-Lösung
6: m/5 Schwefel-Benzol-Lösung
7: m/5 Natriumdisulfidlösung

mit 6% Kupfer bei mehrstündigem Erhitzen auf 150 bis 180° 250 Å bis 300 Å dicke Oxydschichten, die zu 20 bis 33% aus Silberoxyd bestanden, also zwei- bis dreimal soviel Silberoxyd enthielten, wie sich auf reinem Silber unter gleichen Versuchsbedingungen bildet.

Abb. 5 zeigt ebenfalls an den Silber-Kupfer-Legierungen die Schwefelaufnahmen in Abhängigkeit von der Zusammensetzung bei der Einwirkung verschiedener Schwefellösungen. Abb. 6 gibt den Silbersulfidgehalt der Sulfidschichten wieder. Man sieht, daß Silber und Kupfer in der Deckschicht nicht in gleichem Verhältnis auftreten wie in der Legierung. Das Kupfer reagiert mit dem Schwefel gegenüber dem Silber stark bevorzugt, so daß die Sulfidschicht mit wachsendem Kupfergehalt der Legierung sehr rasch an Silber verarmt. Beim Anlaufen in mit Schwefelwasserstoff angereicherter Luft beobachtet man nur noch bei geringen Kupfergehalten das Auftreten von Silbersulfid.

Im übrigen laufen die Legierungen unter Bildung von Kupfer(I)-sulfid mit geringen Gehalten von Kupfer(I)-oxyd an, wie Abb. 7 erkennen läßt.

Beim Dauerversuch in Innenräumen mit verschiedener Atmosphäre ändern sich die Reaktionen nicht unwesentlich. Abb. 8 enthält neben der Gesamtschichtdicke die Zusammensetzung der gebildeten Reaktionsschichten auf Silber-Kupfer-Legierungen, die gleiche Zeit lang der Einwirkung von Laboratoriumsluft, der Luft einer elektrischen Küche

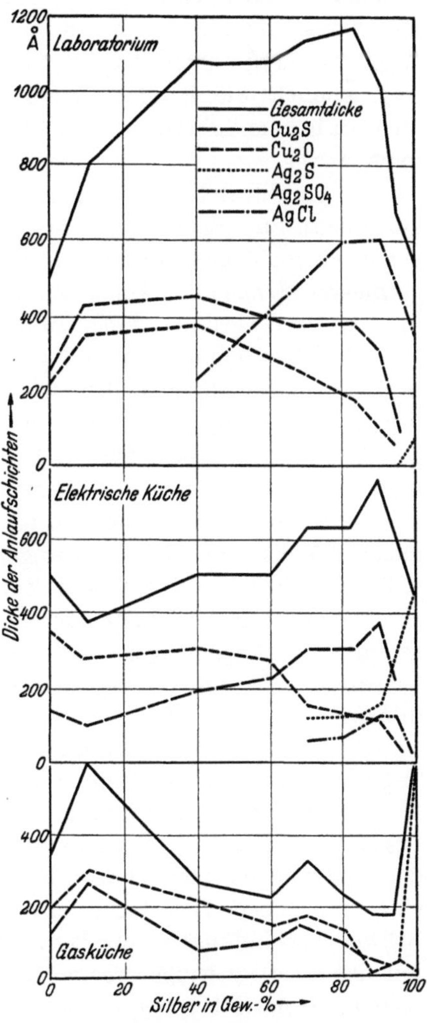

Abb. 8. Dicke und Zusammensetzung der an Luft auf Silber-Kupfer-Legierungen entstandenen Anlaufschichten

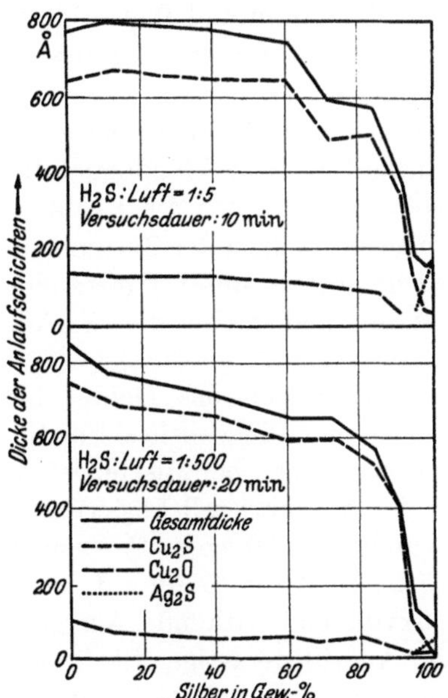

Abb. 7. Dicke und Zusammensetzung von in Schwefelwasserstoff-Luft-Gemischen entstandenen Anlaufschichten auf Silber-Kupfer-Legierungen

und einer Gasküche ausgesetzt waren[6]. In der Laboratoriumsluft beobachtete man infolge eines Salzsäuregehaltes bei den silberreichen Legierungen größere Mengen von Silberchlorid. Silbersulfid trat nur bei kleinen Kupfergehalten der Proben in geringen Mengen auf, während im übrigen Kupfer(I)-sulfid und Kupfer(I)-oxyd die Reaktionsprodukte bildeten. In Küchenatmosphäre lief das Feinsilber durch Silbersulfidbildung an. Daneben entstanden noch geringe Mengen Silbersulfat. Mit sinkendem Silbergehalt der Proben fiel der Anteil des Silbersulfids in den Reaktionsschichten rasch ab. Dafür wurden Kupfer(I)-sulfid und Kupfer(I)-oxyd nachgewiesen, wobei im allgemeinen letzteres überwog. Ähnlich wie Kupfer laufen die Silber-Kupfer-Legierungen mit nicht zu hohem Silbergehalt unter bevorzugter Bildung von Kupfer(I)-oxyd an.

Die an Silber-Kupfer-Legierungen beschriebenen Ergebnisse sind auf andere Silberlegierungen insoweit zu übertragen, als diese im allgemeinen nicht mehr durch Silbersulfid anlaufen. Schon in Gegenwart geringerer Mengen von Unedelmetallen treten diese bei den Reaktionen in den Vordergrund, wobei zumeist die Metalloxydbildung der die Reaktion bestimmende Vorgang ist. Oft beobachtet man die charakteristischen Interferenzfarben wie bei Silbersulfid nicht mehr. Lediglich bei Legierungen des Silbers mit Gold, Palladium und Platin bleibt der Reaktionstyp bestehen, d. h. beim Anlaufen dieser Legierungen bildet sich wie bei reinem Silber Silbersulfid.

Die für Silberlegierungen beschriebenen Beobachtungen gelten in gleicher Weise für Goldlegierungen. Enthalten diese Unedelmetalle, z. B. Kupfer oder Nickel und Zink, so verschiebt sich die Reaktion rasch zugunsten der Unedelmetalle, wobei sich je nach der Zusammensetzung der Legierungen und des Angriffsmittels unter Umständen bevorzugt die Oxyde der Unedelmetalle und nicht die Sulfide bilden.

Die chemischen Eigenschaften der Legierungen des Goldes bei Temperaturen unter der Temperatur reger innerer Platzwechsel führten G. TAMMANN[24] zur Auffindung der Resistenzgrenzen bei Mischkristall-Legierungen. Nach G. TAMMANN tritt in den Mischkristall-Legierungen des Goldes neben einer scharfen Resistenzgrenze bei 50 Atom-% Au noch eine verwaschene Resistenzgrenze bei 25 bis 30 Atom-% Au auf, wenn Schwefelverbindungen oder schwächer oxydierend wirkende Agenzien mit den Goldlegierungen reagieren. Beim Angriff derartiger Stoffe auf ternäre Gold-Silber-Kupfer-Mischkristalle unterschied G. TAMMANN zwischen einer Resistenzgrenze für tiefere und oberflächliche Einwirkung. Weiterhin beobachtete er, daß Gold-Silber-Legierungen, soweit sie durch schwefelhaltige Stoffe nicht mehr schwarz gefärbt werden, sich gelb färben und daß diese Färbung auch bei Gehalten von über 50 Atom-% Au noch erscheint. Eine eigentliche Resistenzgrenze tritt also schon nach G. TAMMANN bei Gold-Silber-Mischkristallen gegenüber Schwefelverbindungen nicht auf.

[24] TAMMANN, G.: Die chemischen und galvanischen Eigenschaften von Mischkristallreihen und ihre Atomverteilung. Leipzig: L. Voss 1919.

Eingehendere Untersuchungen über den Angriff von verschiedenen Schwefelverbindungen und milde wirkenden Oxydationsmitteln auf Goldlegierungen zeigten, daß sowohl bei den Zwei- als auch Mehrstofflegierungen des Goldes eine ausgesprochene Resistenzgrenze fehlt. Bei

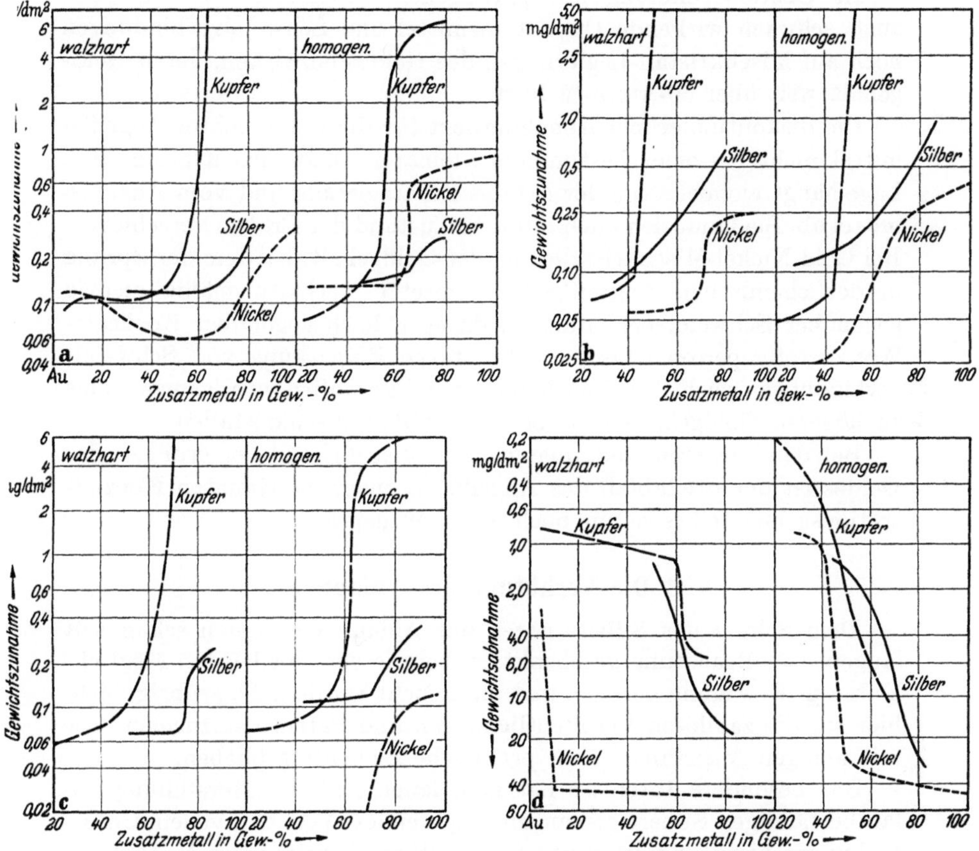

Abb. 9a-d. Die Einwirkung verschiedener Angriffsmittel auf Goldlegierungen a Schwefelwasserstoffhaltige Luft (1 H_2S : 5 Luft) bei 20° nach 5 Std., b m/5 Na_2S_2-Lösung bei 20° nach 15 Std., c Schwefeldampfvakuum bei 20° nach 24 Std., d 3%ige Kochsalzlösung + 0,1% Wasserstoffsuperoxyd bei 20° nach 30 Tagen

den verschiedenen Mischkristallegierungen des Goldes und auch bei Silber-Palladium-Mischkristallen ist nur ein Steilabfall des chemischen Angriffs in einem bestimmten, teilweise engen Gebiet der Zusammensetzung zu beobachten[25].

Der Steilabfall des Angriffs führt, wie Abb. 9 zeigt, nicht zu vollkommener Resistenz. Auch bei den goldreicheren Legierungen ist

[25] Raub, E., u. A. Engel: Degussa Festschrift: Aus Forschung und Produktion 1953, S. 32. — Raub, E., u. A. Engel: Z. Metallkde. **44**, 298 (1953).

noch ein deutlicher Angriff nachweisbar. Es kann also nicht zwischen nichtresistenten und resistenten Goldlegierungen unterschieden werden, sondern lediglich zwischen solchen von starker und geringer chemischer Angreifbarkeit.

In Übereinstimmung mit praktischen Erfahrungen können also auch schwach wirkende Oxydationsmittel und Schwefelverbindungen noch auf Mischkristall-Legierungen des Goldes einwirken, deren Goldgehalt weit über 50-Atom-% liegt.

Die diskontinuierliche Abnahme liegt für die untersuchten Angriffsmittel nicht bei einer bestimmten atomaren Goldkonzentration. Ihre Lage hängt vielmehr von der Art des Zusatzmetalls und vom Angriffsmittel ab. Sie kann sich auch mit dem Zustand der Proben verschieben. Bei Gold-Nickel-Mischkristallen ist der Goldgehalt, bei dem der Sprung in der chemischen Angreifbarkeit einsetzt, verhältnismäßig niedrig gegenüber Schwefelverbindungen, dagegen hoch gegenüber Kochsalz-Wasserstoffsuperoxyd-Lösung. Die starke Einwirkung von Schwefelverbindungen reicht bei Gold-Kupfer-Mischkristallen im allgemeinen bis zu höheren Goldgehalten als bei Gold-Silber-Mischkristallen.

Bei den ternären und quaternären Mischkristall-Legierungen des Goldes ist der Steilabfall des Angriffs in einem bestimmten Konzentrationsgebiet teilweise nur noch wenig ausgeprägt.

3 Die Verhütung des Anlaufens

Dem Schutz des Silbers gegen das Anlaufen hat man schon seit langem viel Beachtung geschenkt, wobei die verschiedensten Möglichkeiten in Erwägung gezogen und untersucht wurden. Es erübrigt sich, hier auf die zahllosen Veröffentlichungen und Patente einzugehen, die mit wenigen Ausnahmen ohne praktische Bedeutung blieben.

Das besondere Interesse hat man lange Zeit der Herstellung anlaufbeständiger Silberlegierungen zugewendet. Von den vielen Untersuchungen hierüber seien nur die sorgfältigen Arbeiten von L. JORDAN, L. H. GRENELL und H. K. HERSCHMAN[26] sowie L. E. PRICE und G. J. THOMAS[20] erwähnt.

Es bietet keine Schwierigkeiten, durch Zusätze vieler Metalle die Bildung von Silbersulfid zu verhindern. Damit ist aber die Frage des anlaufbeständigen Silbers keinesfalls gelöst. Durchweg reagieren diese Legierungen unter Bildung der Oxyde der Zusatzmetalle. Diese Reaktionen wirken sich nicht selten ungünstiger aus als das Anlaufen durch Silbersulfid. Legierungen des Silbers mit Metallen, welche, wie Chrom, Aluminium oder Beryllium, undurchlässige Deckschichten bilden,

---

[26] JORDAN, L., L. H. GRENELL u. H. K. HERSCHMAN: US Bur. Stand. Tech. Paper Nr. **348**, 459 (1927); Proc. Amer. Inst. Metals Div. AIME (1927) 460.

kommen ebenfalls nicht in Frage. Chrom hat auch im flüssigen Zustande nur eine geringe Mischbarkeit mit Silber, so daß die Herstellung von Chrom-Silber-Legierungen unmöglich ist. Aluminium- und Beryllium-Silber-Legierungen lassen sich herstellen, wenn auch die technische Gewinnung von Silber-Beryllium-Legierungen Schwierigkeiten macht. Es kommt jedoch bei diesen Legierungen nicht zur Ausbildung eines zusammenhängenden, dichten Oxydfilms, sondern es tritt eine stärkere Oxydation unter Auftreten unschöner Verfärbungen der Oberfläche auf. Dies ist besonders bei Silber-Beryllium-Legierungen der Fall, die nicht einmal gegen Wasser beständig sind[27]. Auch das von L. E. Price und G. J. Thomas[20] nach Schlüssen aus der Wagnerschen Diffusionstheorie vorgeschlagene Verfahren zur Erzeugung einer silberfreien, dichten, schlecht leitenden Oxydschicht auf derartigen Legierungen durch entsprechendes Erhitzen in einer Atmosphäre mit niedrigem Sauerstoffpartialdruck brachte keine praktische Lösung des Problems der anlaufbeständigen Silberlegierungen[27].

Auf Grund unserer gegenwärtigen Kenntnis ist festzustellen, daß es durch Zusatz von Unedelmetallen, die das Silber durch unsichtbare Deckschichten passivieren sollen, nicht möglich ist, der Lösung der Frage des anlaufbeständigen Silbers näherzukommen.

Der einzige Weg, durch Legieren des Silbers zu der gewünschten Anlaufbeständigkeit zu gelangen, besteht in der Zugabe anderer Edelmetalle. Unter diesen ist wegen seines niedrigen Atomgewichtes bei gleichzeitiger Bildung einer lückenlosen Mischkristallreihe mit dem Silber das Palladium besonders wichtig. Allerdings kommen anlaufbeständige Legierungen auf Silber-Palladium-Basis nur für technische Zwecke in Frage, bei denen auf die Farbe und das Reflexionsvermögen des Silbers verzichtet werden kann. Die Anwendung der anlaufbeständigen Silber-Palladium-Legierungen beschränkt sich daher im wesentlichen auf die zahntechnischen Legierungen und auf die Legierungen für die Elektrotechnik[28].

Da die Herstellung anlaufbeständiger Legierungen nur sehr begrenzt zur praktischen Durchführung gelangen konnte, hat man sich dem Oberflächenschutz durch Überzüge verschiedenster Art zugewandt. Man unterscheidet zwischen dem Schutz durch metallische Überzüge, passive Deckschichten aus anorganischen Verbindungen und durch farblose Lacke.

Der Gebrauch metallischer Überzüge ist von vornherein dadurch begrenzt, daß sämtliche in Frage kommenden Metalle die optischen

---

[27] Raub, E., u. M. Engel: Z. Metallkde. **31**, 339 (1939).

[28] Heraeus, W. C., Hanau: Alba, das Ergebnis einer Forschung. Leipzig 1938. — Jedele, A.: Z. Metallkde. **30**, 158 (1938). — Spanner, J.: Dtsch. zahnärztl. Z. **42**, 179 (1939).

Eigenschaften verschlechtern, wodurch sich eine Beschränkung auf bestimmte Warengattungen ergibt. Am meisten konnte sich Rhodium als Anlaufschutz einführen, das in der Schmuckwarenindustrie sowie in der Elektrotechnik für elektrische Kontakte viel gebraucht wird. Für Bestecke und Großsilberwaren werden Rhodiumüberzüge als Anlaufschutz praktisch nicht verwendet, und zwar nicht so sehr wegen des Preises, sondern wegen des geringeren Reflexionsvermögens und der vom Silber abweichenden Farbe.

Andere Platinmetalle, insbesondere Platin und Palladium, sind nur selten als Schutzüberzug gegen Anlaufen für Silber verwendet worden. Ihr Reflexionsvermögen bleibt noch wesentlich hinter dem des Rhodiums zurück. Vorübergehend hat man, z. B. in der Armbanduhrenindustrie, als Anlaufschutz für Silber auch galvanische Chromüberzüge gebraucht.

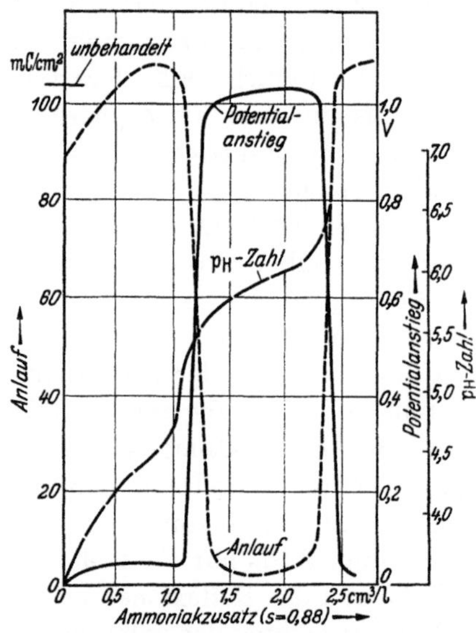

Abb. 10. Kathodische Deckschichtenbildung auf Silber in Berylliumsulfatlösung in Abhängigkeit von der p_H-Zahl. (Nach Price u. Thomas)

Von den passivierenden Deckschichten aus anorganischen Verbindungen haben nur zwei Verfahren praktische Anwendung gefunden, nämlich die Chromatpassivierung und die Passivierung durch Berylliumhydroxyd[29].

Die Chromatpassivierung wird gewöhnlich in der Weise durchgeführt, daß man die zu passivierenden Teile in einer alkalischen chromathaltigen Lösung kathodisch polarisiert, wobei sich auf der Oberfläche nicht irisierende Filme bilden, die einen weitreichenden Anlaufschutz bieten. Auch schon die Tauchbehandlung ohne Strom in reiner schwefelsäurefreier Chromsäure- oder Bichromatlösung liefert einen Anlaufschutz. Bei der kataphoretischen Abscheidung von Berylliumhydroxyd aus Berylliumsulfatlösung müssen die Arbeitsbedingungen in bestimmten Grenzen gehalten werden. Abb. 10 läßt die für die Herstellung dieser Deckschichten günstigsten Arbeitsbedingungen erkennen. Bei zu niedriger p_H-Zahl des Elektrolyten kommt es überhaupt nicht zur Deckschichtenbildung, bei zu hoher p_H-Zahl bilden sich

[29] Raub, E.: Mitt. Forsch.-Inst. Edelmetalle **8**, **111** (**1934**) u. (**1940**) **III**, S. 1. — Price, L. E., u. G. J. Thomas: J. Inst. Met. **65**, 247 (1939). — Ohne Verf.: Metal Finishing **49**, Heft 8, S. 59 (1951).

dickere, zum Teil locker aufsitzende, irisierende Schichten. Der p_H-Bereich ist zwischen etwa 5,6 und 5,8 zu halten. Die Stromdichte muß niedrig bleiben, um die Abscheidung von Interferenzfarben liefernden Schichten zu verhindern. Gegenüber der Passivierung durch Berylliumhydroxyd ist die Chromatpassivierung in der praktischen Anwendung einfach, da sie bei starken Unterschieden in der Zusammensetzung des Elektrolyten unter in weiten Grenzen schwankenden Arbeitsbedingungen einwandfreie Ergebnisse liefert. Beide Verfahren ergeben bei richtiger Durchführung einen brauchbaren Anlaufschutz, der allerdings zeitlich begrenzt ist, da die Deckschichten, die noch nicht irisieren dürfen, sehr dünn sind und damit keine Abriebfestigkeit besitzen. Außerdem sind sie in Säuren löslich. Schon unter der Einwirkung des Schwefeldioxydgehaltes der Luft läßt der Anlaufschutz im Laufe der Zeit nach.

Die Möglichkeit der Herstellung passivierender Deckschichten aus anorganischen Verbindungen durch Aufdampfen im Hochvakuum wurde bislang noch nicht weitergehend praktisch ausgenutzt. Man hat bei der Bedampfung die Möglichkeit der Kombination von metallischen und nichtmetallischen Deckschichten. Wegen der zu erfüllenden Forderung, daß die Deckschichten unsichtbar sein müssen, bleiben auch durch Aufdampfen hergestellte Schichten dünn, wodurch der Anlaufbeständigkeit Grenzen gesetzt sind.

Der Gebrauch von Schutzlacken hat sich in den vergangenen Jahren weiterentwickelt, besonders durch Einführung der bei höherer Temperatur eingebrannten kunstharzhaltigen Lacke, die gegenüber den lufttrocknenden Zaponen eine bessere mechanische Festigkeit und geringere Quellfähigkeit in feuchter Luft besitzen.

Bei Goldlegierungen bestehen ebenfalls nur beschränkte Möglichkeiten der Erzielung höherer Anlaufbeständigkeit durch Änderung der Zusammensetzung, wenn man von der Erhöhung des Goldgehaltes absieht. Als den Anlauf herabsetzendes Edelmetall kommt in erster Linie ebenfalls Palladium in Frage.

Im übrigen liegen die Möglichkeiten des Anlaufschutzes gleich denen für Silber. Man kann goldärmere Legierungen allerdings auch durch einen galvanischen Überzug aus goldreicheren Legierungen von entsprechender Dicke schützen. Dabei ist allerdings zu berücksichtigen, daß Gold und Kupfer bei gleichzeitiger Entladung normalerweise nicht Mischkristalle bilden, sondern getrennt kristallisieren, so daß auch goldreiche galvanische Gold-Kupfer-Niederschläge oft noch stark anlaufen[30].

[30] Raub, E.: Z. Elektrochem. **55**, 146 (1951); Metalloberfläche **7A**, 17 (1953).

Zum Schluß ist noch der Schutz durch wasserabweisende Verpackung zu erwähnen oder durch Anlaufschutzpapiere, die mit Metallsalzen getränkt sind, welche durch ihre höhere Affinität zum Schwefel diesen binden und so von der Silberoberfläche während der Zeit der Verpackung fernhalten.

Die obigen Ausführungen zeigen, daß es für das Problem des Anlaufschutzes nur Teillösungen gibt, deren praktische Anwendung zumeist begrenzt ist.

Es bestehen auch keine Aussichten auf die vollständige Lösung, wie sie bei Eisen in dem rostbeständigen Stahl gegeben sind, da die Vorbedingungen hierzu bei Silber und nicht anlaufbeständigen Goldlegierungen fehlen.

Diskussionsbemerkungen

E. Lange:

Das Wesentliche der Edelmetallelektroden besteht wohl darin, daß hier bei anodischer Belastung nicht Metallionen aus der Metallphase in die Lösung gehen, sondern Elektronen aus der Lösung in die Metallphase, indem dabei z. B. O_2 entwickelt oder etwa vorhandener H_2 verbraucht wird. Die Ursache ist wohl stets eine bei anodischer Belastung und oft auch im stromlosen Zustand vorhandene Oxydschicht, die allerdings bei geringer kathodischer Belastung reduziert werden kann, so daß dann z. B. Metallionen abgeschieden werden können.

E. Raub (*Antwort*)**:**

Edelmetallelektroden weisen gegenüber Elektroden aus anderen Metallen bei anodischer Belastung keinen grundsätzlichen Unterschied auf. Der Übertritt von Elektronen aus der Lösung in die Metallphase erfolgt, wie E. Lange feststellt, nur dann, wenn eine Oxydschicht vorhanden ist oder sich bei der anodischen Belastung bildet. Ist dies nicht der Fall, so treten auch bei den Edelmetallen die Metallionen aus der Metallphase in die Lösung über. Die sehr leichte Reduzierbarkeit der Oxydschichten ist aber für Edelmetalle charakteristisch.

G. Rädlein:

Anodische Belastung von Silber in 1 n NaOH kann zur Bildung sichtbarer Oxydschichten führen, wenn man die Stromdichte i hinreichend klein wählt.

Während Hickling[1] $i =$ bei 40 mA/cm² unter Annahme eines Rauhigkeitsfaktors 10 seiner elektrolytisch auf Pt erzeugten Ag-Schicht zu

[1] Hickling, A., and D. Taylor: The Anodic Behaviour of Metals. Part IV. Silver. Faraday Soc. Disc. 1947, No. 1.

einer Oxydschicht von 3 Molekülllagen kommt, wurde bei Belastung in der Größenordnung von 0,1 mA/cm² auf einer vorher mit HNO_3 geätzten Silberoberfläche die allmähliche Bildung sichtbarer Schichten beobachtet.

In einem besonders günstigen Fall schillerte die Ag-Elektrode nach hinreichend langer Belastung in schräger Aufsicht purpurviolett bzw. purpurgrün, wobei die Kristallitgrenzen noch ziemlich gut zu erkennen waren. Aus der Tabelle für Farben dünner Blättchen (WESTPHAL[2]) folgt für diese Schicht eine Dicke von etwa 2700 Å. Interessanterweise deckt sich dieser Befund relativ gut mit der aus der Ladungskurve $U_h = f(q)$ berechneten Dicke von etwa 3000 Å einer mit 0,13 mA/cm² belasteten Elektrode bei Annahme eines Rauhigkeitsfaktors von etwa 1,5.

Näheres über diese Versuche wird im Zusammenhang mit Voltaspannungsmessungen an anderer Stelle veröffentlicht werden.

E. Raub (*Antwort*):

Über die anodische Oxydation des Silbers und die dabei auftretenden Oxyde liegen verschiedene Untersuchungen vor. Nach R. LUTHER und F. POKORNY[3] entsteht bei der anodischen Oxydation in alkalischen Lösungen zunächst Ag_2O, dann Ag_2O_2, das in alkalischen Lösungen nicht weiter oxydiert wird.

Für das Studium der Oxydschichtenbildung auf Silber bei anodischer Belastung sind alkalische Lösungen, wie sie RÄDLEIN untersuchte, besonders geeignet.

H. Pfeiffer:

Die Gesetzmäßigkeiten der Oxydation von z. B. Silber sind wegen der geringen Reaktionsgeschwindigkeiten und minimalen Ausbeuten an Reaktionsprodukten nur schwer zu erfassen. Die Schwierigkeit liegt darin, daß man wegen des hohen Zersetzungsdruckes von Silberoxyd nicht ohne weiteres die Oxydationsgeschwindigkeit durch Erhöhung der Versuchstemperatur steigern kann.

Allerdings könnte die Durchführung von Oxydationsversuchen bei hohen Drucken, etwa in der von PETERSON, FASSELL und WADSWORTH[3a] angegebenen Apparatur, möglicherweise zu exakteren Ergebnissen führen. Die Anwendung höherer Drucke würde ein Arbeiten bei entsprechend erhöhter Temperatur gestatten und damit eine Steigerung der Oxydationsgeschwindigkeit bewirken. Die Bestimmung von

[2] WESTPHAL, W.: Physikalisches Wörterbuch, 1952, S. 384.

[3] LUTHER, R., u. F. POKORNY: Z. anorg. allg. Chem. **57**, 290/310.

[3a] PETERSON, R. C., W. M. FASSELL u. M. E. WADSWORTH: J. Metals, Trans. AIME **6**, 1038 (1954).

Druck- und Temperaturabhängigkeiten der Oxydationsgeschwindigkeit läßt evtl. Rückschlüsse auf den Mechanismus der Zunderung bei tiefer Temperatur und Normaldruck zu.

E. Raub (*Antwort*):

Bei der Untersuchung der Oxydation des Silbers unter hohen Drucken und entsprechend hoher Temperatur ist zu berücksichtigen, daß unter diesen Bedingungen die Diffusion des Sauerstoffs in das Silber groß ist, so daß es nicht möglich ist, die Oberflächenoxydation getrennt von der Diffusion und der Bildung fester Silber-Sauerstoff-Lösungen zu messen. Für die Sauerstoffaufnahme von festem und flüssigem Silber gilt das $\sqrt{p}$-Gesetz. Mit dem System Silber-Sauerstoff bei erhöhtem Druck hat sich besonders N. P. Allen[4] beschäftigt. Danach tritt zwischen Ag und Ag_2O ein Eutektikum bei einer vermutlichen Temperatur von 507° und einem Druck von 414 atü auf, für das H. Hennig[5] einen Silberoxydgehalt von angenähert 56 Mol.-% berechnete.

R. Ergang:

Beim Silber kann man immer wieder feststellen, daß das Anlaufen trotz vorhergehender gründlicher Oberflächenreinigung von ein und demselben Gegenstand recht ungleichmäßig sein kann. Man findet manchmal stark angelaufene Stellen und daneben praktisch anlauffreie Stellen. Das gilt sowohl für Anlaufversuche unter künstlicher Schwefelwasserstoffatmosphäre als auch für das Anlaufen des Silbers an Luft. Was kann man über die Ursache dieser Erscheinung sagen?

E. Raub (*Antwort*):

Bei der Prüfung der Anlaufbeständigkeit beobachtet man im allgemeinen ein gleichmäßiges Anlaufen des Silbers nur dann, wenn das gut entfettete Silber durch Tauchen in Schwefellösungen oder durch anodische Belastung in Natriummonosulfidlösung untersucht wird. Das zumeist ungleichmäßige, fleckige Anlaufen kommt durch Taubildung an der Oberfläche, sich abscheidende Staubteilchen und dgl. zustande.

I. Dietrich:

Die geordneten und ungeordneten Phasen der PdCu- und AuCu-Legierungen unterscheiden sich teilweise beträchtlich in ihren phy-

[4] Allen, N. P.: J. Inst. Met. **49**, 317 (1932).

[5] Hennig, H.: Z. Erzmet. 8, 117 (1955).

sikalischen Eigenschaften (z. B. Leitfähigkeit von AuCu 50/50 Atom-%). Wurde auch ein Unterschied bezüglich der Korrosionsneigung der beiden Phasen festgestellt?

L. Graf:

Zur Frage der Resistenzgrenzen möchte ich bemerken, daß diese mit Hilfe der Spannungskorrosionsempfindlichkeit bei Silber-Gold- und Kupfer-Gold-Legierungen viel genauer bestimmt werden können als durch Prüfung des Oberflächenangriffs; denn Spannungskorrosion tritt schon bei äußerst geringer chemischer Reaktion nach verhältnismäßig kurzer Einwirkungszeit auf, während der ein Oberflächenangriff sich praktisch noch nicht bemerkbar macht. Dabei stellten wir fest, daß die Grenze bei 50 Atom-% in keinem Fall überschritten wird, während bei 25 Atom-% Gehalt an edler, unangreifbarer Komponente keine Resistenzgrenze festzustellen war. So liegt die Grenze bei Einwirkung von 20%iger wäßriger Eisen(III)-chloridlösung bei Silber-Gold- wie bei Kupfer-Gold-Mischkristallen etwa bei 35 Atom-% Gold. Bei Kupfer-Gold-Mischkristallen wurde außerdem bei Einwirkung von 5%iger wäßriger Platin(II)-chloridlösung die Grenze bei etwa 33 Atom-% Gold, und bei Einwirkung von Ammoniakdampf bei 20 Atom-% Gold festgestellt. Die Lage der Resistenzgrenze hängt somit von der Art des einwirkenden Agens und dem Verhalten der edleren Komponente gegenüber diesem ab[6].

E. Raub (*Antwort*)**:**

Es besteht kein deutlicher Unterschied im chemischen Angriff zwischen Mischkristallegierungen im geordneten und im ungeordneten Zustand.

Spannungskorrosion und Oberflächenangriff sind ihrer Art nach verschieden. Eine scharfe Resistenzgrenze gegenüber der Spannungskorrosion darf nicht zu dem Schluß verleiten, diese Resistenzgrenze als allgemeingültig anzunehmen. Tatsache ist, daß die Mischkristalllegierungen des Goldes und Palladiums keine Resistenzgrenze gegenüber Schwefel und anderen schwach oxydierend wirkenden Angriffsmitteln haben. Die Reaktion, welche noch bei über 50 Atom-% Au auftritt, führt nicht etwa nur zu monomolekularen Deckschichten. Es können vielmehr nach entsprechender Einwirkungsdauer, z. B. durch Schwefeleinwirkung, dicke Reaktionsschichten auftreten, die Interferenzfarben zeigen.

---

[6] GRAF, L. u. J. BUDKE; Z. Metallkunde **46** 378 (1955).

Korrosion des Eisens durch Wasserdampf

Von E. Ulrich

Mit 12 Abbildungen

1 Einleitung

In den letzten Jahren ist den Reaktionen des Eisens mit den oxydierend wirkenden Gasen, wie O_2, Luft, H_2O, CO_2, und Gemischen, wie H_2O/H_2 und CO_2/CO, die bestimmte Partialdrücke des Sauerstoffes einzustellen gestatten, viel Aufmerksamkeit entgegengebracht worden, wie die Arbeiten von M. H. Davies, M. T. Simnad und C. E. Birchenall[1], L. Himmel, R. F. Mehl und C. E. Birchenall[2], K. Hauffe und H. Pfeiffer[3], K. Hauffe[4] und vielen anderen Autoren zeigen. Der Dampfkesselbau ist natürlich an allen Reaktionen des Sauerstoffes und des Wasserdampfes mit dem Eisen sehr interessiert, da man bei den Kesselneubauten zu immer höheren Drücken, Temperaturen und — was in diesem Zusammenhang sehr wichtig ist — spezifischen Wärmebelastungen übergeht.

Es ist zur Genüge bekannt, daß das Eisen (bzw. der Stahl) zwar ein guter Träger der Festigkeit, aber in chemischer Beziehung ein weniger beständiges Metall ist. Bei Anwesenheit von Sauerstoff, Luft oder Wasserdampf bilden sich jedoch in der Regel auf dem Eisen porenfreie und feste Oxydschichten in der Folge

$$Fe/FeO/Fe_3O_4/Fe_2O_3/O_2 \quad \text{bzw. Luft} \quad \text{bzw. } H_2O,$$

wie sie K. Hauffe[4, 5] näher beschrieben hat. Diese Schichten schützen

---

[1] Davies, M. H., M. T. Simnad u. C. E. Birchenall: On the Mechanism and Kinetics of the Scaling of Iron. Trans. AIME, J. Met. **3**, 889/96 (1951); **5**, 1250 (1953).

[2] Himmel, L., R. F. Mehl u. C. E. Birchenall: Self-Diffusion of Iron in Iron Oxides and The Wagner Theory of Oxidation. Trans. AIME, J. Met. **5**, 827/43 (1953).

[3] Hauffe, K., u. H. Pfeiffer: Über die Kinetik der Wüstitbildung bei der Oxydation von Eisen. Z. Metallkde. **44**, 27/36 (1953).

[4] Hauffe, K.: Über den Mechanismus der Oxydation von Eisen und legierten Stählen bei höheren Temperaturen. Metalloberfl. (A) **8**, 97 (1954).

[5] Hauffe, K.: Reaktionen in und an festen Stoffen, S. 496/507. Berlin/Göttingen/Heidelberg: Springer 1955.

das darunterliegende Eisen vor weiterem Angriff, so daß sie mit Recht Schutzschichten genannt werden. Unterhalb 570° C überwiegt weitaus in ihrer Dicke die Fe_3O_4-Schicht, oberhalb 570° C ist es die FeO-Schicht. Voraussetzung ist selbstverständlich, daß der Kontakt mit dem darunterliegenden Eisen nicht unterbrochen wird, daß sich also keine Spalte bilden. In einem solchen Falle der Spaltbildung verschiebt sich die Menge des gebildeten Oxyds zu den höheren Oxyden hin. Dieses ist verständlich, da ja die Wanderung der Eisenionen durch die Spalte gedrosselt oder gar ganz unterbunden wird. Diese Schutzschichten können eine fortlaufende Oxydation des Eisens wegen der ständig vorhandenen Diffusion von Fe-Ionen durch sie hindurch zwar nicht verhindern, aber mit zunehmender Dicke immer mehr einschränken. Von ihrer Existenz hängt die Betriebssicherheit und Lebensdauer der Rohre und damit des ganzen Dampfkessels bzw. einzelner Bauelemente ab. Dieses sei gesagt, damit man versteht, warum Untersuchungen über die Bildungsgesetze der Schutzschichten und die Ursachen ihrer Zerstörung — und seien die Ergebnisse solcher Bemühungen zunächst auch nur provisorisch — für den Dampfkesselbau von großem praktischem Interesse sind.

Es soll hier einiges über die Beobachtung der Schutzschichtenbildung durch Wasserstoffmessungen an in Betrieb befindlichen Kesselanlagen und auch über die rechnerische Behandlung solcher Vorgänge gebracht werden.

2 Wasserstoffentwicklung bei der Bildung von Oxydschichten und über den Begriff der Wasserstoffkonzentration

Während im Laboratorium meistens die Oxydation durch Messung der Gewichtszunahme von kleinen Proben in einem Ofen beobachtet wird, ist dieses Verfahren für die Beobachtung von Oxydationen der Stahlrohre an in Betrieb befindlichen Kesselanlagen gänzlich ausgeschlossen. Es gibt aber noch eine zweite Methode, nach der sich Oxydationen des Eisens durch den Wasserdampf beobachten lassen, nämlich durch die volumetrische Bestimmung des entwickelten Wasserstoffes. Hierzu ist es notwendig, den aus dem Kessel kommenden Wasserdampf in einem Kühler niederzuschlagen und die *nichtkondensierbaren* Gase (dieser Ausdruck ist in bezug auf den Wasserdampf zu verstehen), also H_2, O_2, CO_2 und N_2, abzufangen und zu analysieren.

Unterhalb 570° C bildet sich auf dem Eisen bei Anwesenheit von Wasserdampf in der Hauptsache Fe_3O_4 nach der Reaktionsgleichung

$$3\,Fe + 4\,H_2O \rightleftharpoons Fe_3O_4 + 4\,H_2. \tag{1}$$

Dabei entstehen pro g oxydiertes Fe 535,3 Ncm^3 H_2.

Oberhalb 570° C bildet sich in der Hauptsache FeO nach der Reaktionsgleichung

$$Fe + H_2O \rightleftharpoons FeO + H_2. \qquad (2)$$

Dabei entstehen pro g oxydiertes Fe 401,5 Ncm³ H_2.

Man nennt diese Reaktionen mit mehr oder weniger Glück *Dampfspaltung*, sollte sie jedoch nach A. SPLITTGERBER[6] *Wasserdampfzersetzung* nennen. Die Bezeichung Dampfspaltung hat sich jedoch schon sehr eingebürgert, so daß es kaum gelingen dürfte, sie durch eine andere — angeblich bessere — zu ersetzen. Unklar werden diese Dinge meistens erst dann, wenn man sie mit der thermischen Dissoziation der Wasserdampfmoleküle verwechselt. Die Abspaltung meßbarer Mengen von Wasserstoff ist nämlich *eine Folge*, nicht etwa die Ursache des Angriffes auf Eisen. Eine sehr schöne und klare begriffliche Darstellung dieser Verhältnisse findet man bei H. E. HÖMIG[7].

Der Sauerstoffpartialdruck im Wasserdampf ist wegen der Dissoziation

$$H_2O \rightleftharpoons H_2 + \tfrac{1}{2}O_2$$

nach dem Massenwirkungsgesetz:

$$p_{O_2} = \sqrt[3]{\left(\frac{K_p\, p_{H_2O}}{2}\right)^2}.$$

Seine absolute Größe hat für diese Art der Korrosion unterhalb 570° C, die aber nicht mit der elektrolytischen Sauerstoffkorrosion (die zu punktförmigen Anfressungen führt) oder mit der Korrosion durch unzulässig hohe Sauerstoffspuren in Hochdruckdampfkesseln zu verwechseln ist, gar keine Bedeutung, da der Sauerstoffpartialdruck bis etwa 1100° C im Wasserdampf sowieso im Existenzgebiet des Fe_2O_3 (als der höchsten Oxydationsstufe) liegt (s. Abb. 5) und meist um das Zehn-, wenn nicht gar um das Fünfzigfache der abgespaltenen Sauerstoffmenge durch mit dem Speisewasser eingebrachte Sauerstoffspuren übertroffen wird. Die Korrosion hängt hier wegen der Ausbildung heterogener Deckschichten und Entstehung *einer* geschwindigkeitsbestimmenden Schicht (bei konstanter Temperatur) nur noch von den Sauerstoffpartialdrücken an den Phasengrenzen des Fe_3O_4 ab, auf die der Sauerstoffpartialdruck des angreifenden Wasserdampfes gar keinen Einfluß hat. Näheres kann man der weiter unten stehenden rechnerischen Behandlung solcher Oxydationen entnehmen.

[6] SPLITTGERBER, A.: Wasseraufbereitung im Dampfkraftbetrieb. Berlin/Göttingen/Heidelberg: Springer 1954.

[7] HÖMIG, H. E.: Dampfspaltung, Schutzschicht u. Korrosion. Mitt. Ver. Großkesselbes. S. 416/21 (1955).

Als ein Maß für die Oxydation der Rohre hat man die *Wasserstoffkonzentration* k_W des Wasserdampfes eingeführt, wobei man zunächst einmal ohne Rücksicht auf die Dimensionen definiert:

$$k_W = \frac{\text{Wasserstoffnormalvolumen bzw. Wasserstoffgewicht}}{\text{Dampfgewicht}}.$$

Hier ist der in einem System pro Zeiteinheit entstehende Wasserstoff mit dem in ihm pro Zeiteinheit erzeugten Dampfgewicht verknüpft (Siederohr) oder der in einem System pro Zeiteinheit entstehende Wasserstoff auf das in der Zeiteinheit durchtretende Dampfgewicht bezogen (Überhitzerrohr). Sehr glücklich ist diese Größe k_W als Maß für die Oxydation nicht gewählt, aber sie hat dafür wenigstens den Vorteil, daß sie sich aus Wasserstoffgewicht bzw. Wasserstoffnormalvolumen und Kondensatgewicht durch einfache Division angeben läßt.

In der Behauptung, k_W sei ein Maß für die Oxydation, liegt sogar ein gewisser Widerspruch. Es kann nämlich sein, daß mit zunehmender Dampfleistung eines Systems, die eine Erhöhung der Wandtemperatur und damit gewiß eine Erhöhung der Oxydation nach sich ziehen kann, k_W *kleiner* wird oder *konstant* bleibt. Ein wahres Maß der Oxydation wäre z. B. das in der Zeiteinheit erzeugte und auf die Einheitsfläche bezogene Gewicht des Wasserstoffes oder — was im Grunde dasselbe ist — die Zunahme der Schichtdicke in der Zeiteinheit.

Die Dimension der Wasserstoffkonzentration wird verschieden gewählt. Der Physiker schreibt:

$$k_W = \frac{\Delta G_{\mathrm{H}_2}}{\Delta G_D} \quad \mathrm{g/g}, \tag{3a}$$

erhält dann aber gewissermaßen als Dank für seine Konsequenz Zahlen der Größenordnung 10^{-8} bis 10^{-10} g/g bei normalen Kesselanlagen.

Der Kesselbauer bzw. Betriebsingenieur setzt:

$$k'_W = \frac{\Delta V_{\mathrm{H}_2}}{\Delta G_D} \quad \mathrm{Ncm^3}/t, \tag{3b}$$

und der Wasserchemiker

$$k''_W = \frac{\Delta G_{\mathrm{H}_2}}{\Delta G_D} \quad \mu\mathrm{g/kg} \text{ bzw. } \frac{\gamma}{l}, \tag{3c}$$

wobei sich *vernünftige* Zahlenwerte ergeben. In den Gl. (3) ist ΔG_D das Dampfgewicht in t bzw. die Dampfmasse in kg, ΔV_{H_2} ist das Wasserstoffnormalvolumen in $\mathrm{Ncm^3}$ und ΔG_{H_2} die Wasserstoffmasse in g bzw. μg.

Der *Wasserstoffpegel* eines Systems, das ist die Wasserstoffkonzentration am Austritt, ist seiner Natur nach ein nach der Fläche und der Meßzeit gebildeter Mittelwert. Man muß hier von Fall zu Fall prüfen, inwieweit ein solcher Mittelwert über partielle Überbelastungen nach Fläche und Zeit hin etwas aussagen kann, wobei das Meßfehlerintervall $\pm \Delta k'_W$ zu berücksichtigen ist.

Die Umrechnungsgleichungen zwischen k_W, k'_W und k''_W lauten:

$$\left.\begin{aligned} k_W &= 0{,}899 \cdot 10^{-10} k'_W \quad \mathrm{g/g} \\ k'_W &= 11{,}123\, k''_W \quad \mathrm{Ncm^3}/t. \end{aligned}\right\} \tag{4}$$

Die Wasserstoffkonzentration des Wasserdampfes der Kesselanlagen ist, wie schon oben angedeutet wurde, sehr klein und beträgt etwa 25 bis 500 $\mathrm{Ncm^3/t}$, also $2{,}24 \cdot 10^{-9}$ bis $4{,}49 \cdot 10^{-8}$ g/g, also rund 10^{-6} Gewichts-%. Beim Anfahren neuer Kessel kann man jedoch Konzentrationen bis $6 \cdot 10^3$ $\mathrm{Ncm^3/t}$ beobachten, die aber innerhalb weniger Stunden sehr schnell abklingen. Die außerordentliche Kleinheit dieser Konzentrationen mag ein Grund dafür sein, warum Wasserstoffmessungen im Kesselbau nicht gerade geläufig sind. Auch bestimmt diese Kleinheit in hohem Maße das Meßverfahren. Es ist nicht bekannt, daß mit anderen Methoden als mit der Kondensationsmethode (die anschließend beschrieben wird) und die ein Ansammlungsverfahren ist, irgendwo im Kesselbetrieb Wasserstoffkonzentrationen mit Erfolg gemessen worden sind. Prinzipiell ließe sich Wasserstoff im Wasserdampf über die Wärmeleitfähigkeit von Gemischen, die Abhängigkeit der Schallgeschwindigkeit von der Gaszusammensetzung und mit der Massenspektroskopie nachweisen. Die Zukunft wird zeigen, ob es neben der Kondensationsmethode noch andere konkurrenzfähige Methoden gibt.

3 Messung der Wasserstoffkonzentration des Wasserdampfes nach der Kondensationsmethode

Alle veröffentlichten Messungen der Wasserstoffkonzentration im Kesselbetrieb wurden nach der Kondensationsmethode ausgeführt. C. H. FELLOWS[8] führte bereits 1929 umfangreiche Messungen an elektrisch beheizten und von Satt- bzw. Heißdampf durchströmten Stahlrohren durch, die zur Erhärtung theoretischer Berechnungen sehr wertvoll sind. M. WERNER, H. TIETZ und H. LIST[9] erwähnen in ihrer

[8] FELLOWS, C. H.: Die Spaltung des Dampfes in Stahlrohren bei hohen Temperaturen und Drücken. Mitt. Ver. Großkesselbes. S. 27/31 (1929). Übersetzung aus J. Amer. Water Works Ass., Okt. 1929.

[9] WERNER, M., H. TIETZ u. H. LIST: Bensonkesselschäden. Mitt. Ver. Großkesselbes. S. 2/52 (1948).

großen Arbeit über Bensonkesselschäden Wasserstoffmessungen und schneiden die Frage der Dampfspaltung an. Bekannt sind auch die Arbeiten von B. FRANK und W. WESLY[10] und H. KIEKENBERG[11] auf diesem Gebiet.

Im praktischen Kesselbetrieb kam es nun darauf an, diese extrem kleinen Konzentrationen möglichst einfach und sicher zu messen. Wir hielten eine Kombination der Apparaturen von B. FRANK und W. WESLY und H. KIEKENBERG für am zweckmäßigsten, s. Abb. 1[12]. Hier war zunächst ein Kühler erforderlich, der eine genügend große Dampfmenge (etwa 0,1 bis 1 t/h) niederschlagen kann. Dabei war unbedingt zu beachten, daß wegen der Löslichkeit des Kondensates für Wasserstoff dieser nur bei Siedetemperatur des Kondensates abgezogen werden durfte. Der vom Kessel kommende Dampf (Satt- oder Heißdampf, meist 300 bzw. 520° C, 84 atü) wird gedrosselt und tritt in den Kühler *a* ein, worin ein Druck von etwa 2 atü (entsprechend 133° C) gehalten wird. Der Dampf wird durch das in der unteren Hälfte befindliche Kondenswasser geleitet und hält — da er stets heißer ist — dieses im Siedezustand. Die nichtkondensierbaren Gase sammeln sich über dem

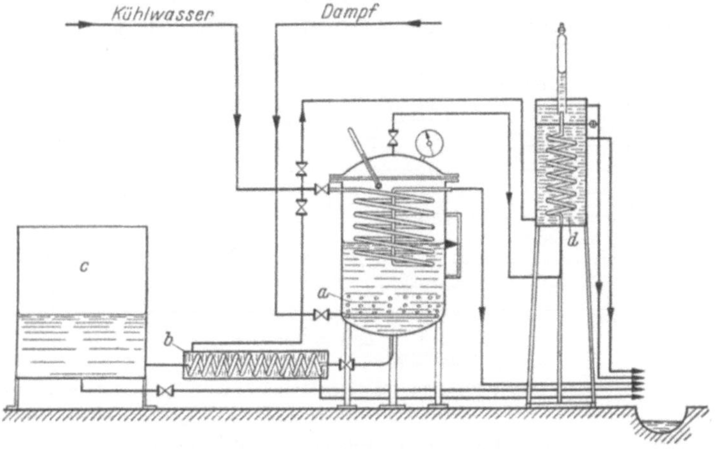

Abb. 1. Schema der Apparatur zur Trennung der nichtkondensierbaren Gase, insbesondere des Wasserstoffes, vom Wasserdampf

10 FRANK, B., u. W. WESLY: Der Gehalt des 100 atü-Dampfes an nichtkondensierbaren Gasen. Mitt. Ver. Großkesselbes. S. 539/46 (1953).

11 KIEKENBERG, H.: Wasserstoffmessungen an Benson- und Trommelkesseln. Mitt. Ver. Großkesselbes. S. 533/38 (1953).

12 ULRICH, E.: Die Bestimmung der Wasserstoffkonzentration des Wasserdampfes. Mitt. Ver. Großkesselbes. S. 413/15 (1955).

siedenden Kondensat und werden von Fall zu Fall über einen Nebenkühler in ein Eudiometer mit gesättigter Kochsalzlösung als Sperrflüssigkeit übergeleitet. Sie gelangen dort in einen Meßzylinder, der dann verschlossen und zur Gasanalyse mit einem erweiterten Orsatapparat leicht abgenommen werden kann. Das Kondenswasser fließt über einen dritten Kühler *b* in den Meßbehälter *c*. Auf diese Weise kann man eine genügend große Gasmenge (etwa 50 bis 100 cm³) ansammeln, messen und analysieren. Mit dem dazugehörigen Kondenswassergewicht findet man nach Umrechnung auf Ncm³ die Wasserstoffkonzentration.

Als Beispiel einer solchen Messung zeigt Abb. 2 eine Meßreihe, die an einem Bensonkessel gefunden wurde. Hierbei ist jedoch die Dar-

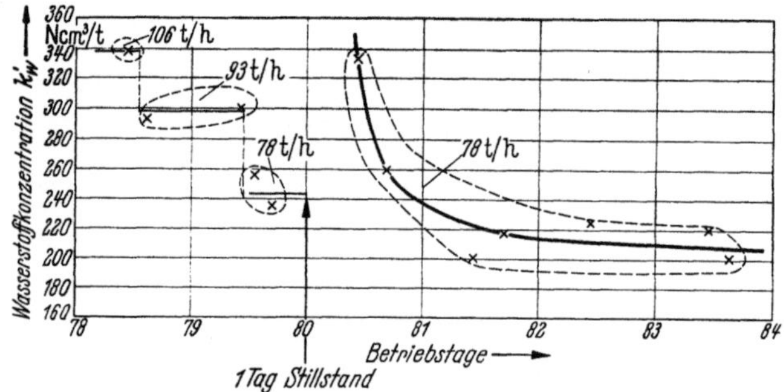

Abb. 2. Wasserstoffkonzentration des Heißdampfes (520° C) eines Bensonkessels

stellung in gewöhnlichen Koordinaten nicht sehr vorteilhaft. Die Abhängigkeit der Wasserstoffkonzentration und anderer interessierender Größen des Oxydationsvorganges wie oxydierte Eisenmasse, prozentuale und absolute Wandschwächung stellt man zweckmäßig doppeltlogarithmisch dar, weil alles in der Regel Potenzfunktionen sind, die doppeltlogarithmisch zu Geraden werden.

Für die Zeitabhängigkeit der Wasserstoffkonzentration kann man nach H. E. HÖMIG[7] und E. ULRICH[13] schreiben

$$k'_W = \frac{f}{\sqrt{t}}, \tag{5}$$

also logarithmiert

$$\log K_W = \log f - \frac{1}{2} \log t, \tag{6}$$

das ist in doppeltlogarithmischer Darstellung eine nach rechts abfallende Gerade.

Abb. 3 zeigt die Wasserstoffkonzentration eines Kessels über längere Zeit in doppeltlogarithmischer Darstellung. Man erkennt die

[13] ULRICH, E.: Schutzschichtbildung und Dampfspaltung in Stahlrohren bei hohen Temperaturen. BWK 7, 241/48 (1955).

durch Gl. (5) ausgedrückte Gesetzmäßigkeit, die nichts anderes bedeutet, als daß die Oxydation nach der WAGNERschen Zundertheorie verläuft, also diffusionsbestimmt ist. Es fällt hier auf, daß nach jedem Abstellen des Kessels die Wasserstoffkonzentration mit einem höheren

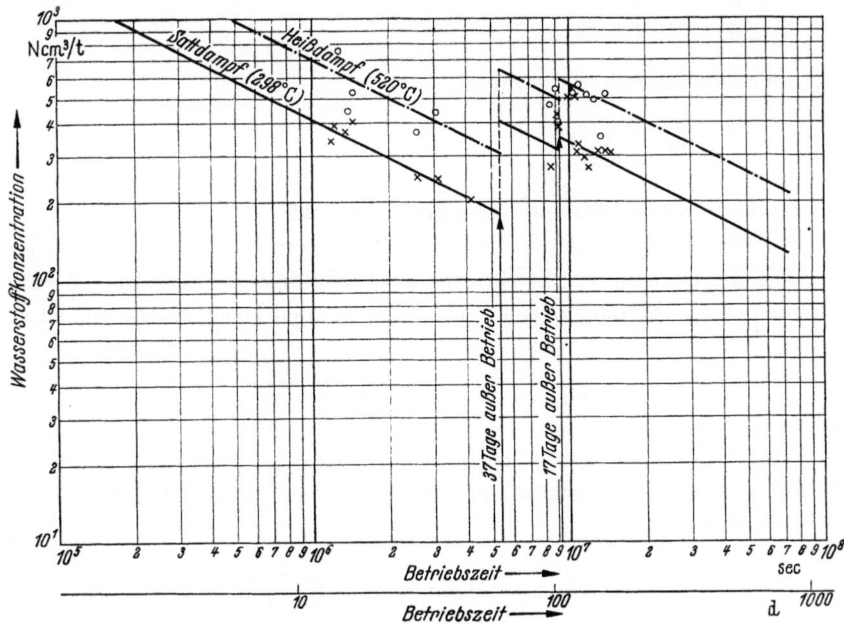

Abb. 3. Wasserstoffkonzentration des Satt- und Heißdampfes eines Kessels mit Naturumlauf

Wert wieder einsetzt, als der Betriebszeit bei ununterbrochenem Betrieb entspricht. Das geht auch aus Abb. 2 hervor. Allgemein darf man hier den Schluß ziehen, daß jede Ruhezeit des Kessels zu einer Schädigung der Schutzschichten führt.

4 Berechnung der Wasserstoffkonzentration

Aus der WAGNERschen Zundertheorie[14] findet E. ULRICH[13] für die Wasserstoffkonzentration am Ende eines Siederohrsystems

$$k'_W = \frac{a\,A_1\,q\,10^6}{G_{Dt}\,z_1\sqrt{2v_A}}\sqrt{\frac{k}{t}}\,. \qquad (7)$$

Hierin bedeuten:

a Umrechnungskonstante (Wasserstoffäquivalent für 1 g Fe)

$$= \begin{Bmatrix} 535{,}3 \\ 401{,}5 \end{Bmatrix} \text{Ncm}^3/\text{g} \quad \text{für} \quad \begin{Bmatrix} Fe_3O_4 \\ FeO \end{Bmatrix} \text{aus Fe},$$

[14] WAGNER, C.: Beitrag zur Theorie des Anlaufvorganges. Z. phys. Chem. **21**, 25/41 (1933) u. Abt. B. **32**, 447/62 (1936).

A_1 Atomgewicht des $Fe = 55{,}84$ g/Mol,
q Oxydationsfläche cm²,
G_{Dt} sekundliche Dampfmasse g/sec,
z_1 Wertigkeit der Eisenionen,

$$= \begin{cases} 2{,}67 \\ 2{,}00 \end{cases} \text{für} \begin{cases} Fe_3O_4 \\ FeO \end{cases},$$

v_A Äquivalentvolumen cm³/g-Äquiv,

$$= \begin{cases} 5{,}6 \\ 6{,}3 \end{cases} \text{für} \begin{cases} Fe_3O_4 \\ FeO \end{cases},$$

k rationelle Zunderkonstante g-Äquiv/cm · sec und
t Zeit sec.

Die Auswertung ergibt für eine geschwindigkeitsbestimmende FeO-Schicht, also oberhalb 570° C, mit einer dünnen Deckschicht aus Fe_3O_4

$$(k'_W)_{FeO} = 3{,}19 \cdot 10^9 \frac{q}{G_{Dt}} \sqrt{\frac{k_{FeO}}{t}}. \tag{8}$$

Führt man hier, wie es im Kesselbau üblich ist, die Heizfläche F_H in m² und das durchströmende Dampfgewicht N in t/h ein, so geht Gl. (8) über in

$$(k'_W)_{FeO} = 11{,}4 \cdot 10^{10} \frac{F_H}{N} \sqrt{\frac{k_{FeO}}{t}}. \tag{9}$$

Für eine geschwindigkeitsbestimmende Fe_3O_4-Schicht mit einer dünnen Deckschicht aus Fe_2O_3, also unterhalb 570° C, erhält man analog

$$(k'_W)_{Fe_3O_4} = 3{,}35 \cdot 10^9 \frac{q}{G_{Dt}} \sqrt{\frac{k_{Fe_3O_4}}{t}}, \tag{10}$$

bzw.

$$(k'_W)_{Fe_3O_4} = 12{,}05 \cdot 10^{10} \frac{F_H}{N} \sqrt{\frac{k_{Fe_3O_4}}{t}}. \tag{11}$$

Die in diesen Gleichungen vorkommende rationelle Zunderkonstante muß nun näher definiert werden. Die WAGNERsche Zunderformel[14] lautet:

$$k = \frac{300}{F} \frac{1}{Le\,|z_2|} \int_{\mu_x^{(i)}}^{\mu_x^{(a)}} (\mathfrak{n}_1 + \mathfrak{n}_2)\, \mathfrak{n}_3\, \varkappa\, d\mu_x \frac{\text{g-Äquiv}}{\text{cm} \cdot \text{sec}}. \tag{12}$$

Hierin bedeuten:

F FARADAYsche Konstante $= 96490$ A · sec/g-Äquiv,
L LOSCHMIDTsche Zahl $= 6{,}02 \cdot 10^{23}$ 1/Mol,

e el. Elementarquantum $= 4{,}803 \cdot 10^{-10}\,g^{1/2} \cdot cm^{3/2} \cdot sec^{-1}$,
$|z_2|$ Wertigkeit des Metalloids,
$\mathfrak{n}_1$, $\mathfrak{n}_2$ u. $\mathfrak{n}_3$ Überführungszahlen der Kationen, Anionen u. Elektronen,
$\varkappa$ Gesamtleitfähigkeit der Zunderschicht $\Omega^{-1}\,cm^{-1}$,
μ_x chemisches Potential des Metalloids erg/Mol,
$\mu_x^{(i)}$, $\mu_x^{(a)}$ chemisches Potential des Metalloids an der Innen- und Außenseite der Zunderschicht.

In Gl. (12) wird das chemische Potential durch den Sauerstoffpartialdruck im Oxyd ausgedrückt durch

$$d\mu_x = \frac{1}{2}\,d\mu_{O_2} = \frac{1}{2}\,R\,T \ln p_{O_2} \tag{13}$$

und man findet

$$k = \frac{300}{2F}\,\frac{1}{Le\,|z_2|}\int\limits_{p_{O_2}^{(i)}}^{p_{O_2}^{(a)}} (\mathfrak{n}_1 + \mathfrak{n}_2)\,\mathfrak{n}_3\,\varkappa\,d p_{O_2}. \tag{14}$$

Die Überführungszahlen $\mathfrak{n}_1$, $\mathfrak{n}_2$ und $\mathfrak{n}_3$ und die Gesamtleitfähigkeit $\varkappa$ kann man durch Einführung der Selbstdiffusionskoeffizienten für die Eisen- und Sauerstoffionen $D_1{}^*$ und $D_2{}^*$ im Oxyd (deren Messung radioaktiv verhältnismäßig einfach ist) eliminieren und man erhält

$$k = \frac{|z_2|\,c_2}{2}\int\limits_{p_{O_2}^{(i)}}^{p_{O_2}^{(a)}} \left(\frac{z_1}{|z_2|}\,D_1^* + D_2^*\right) d\ln p_{O_2}. \tag{15}$$

c_2 ist hier die Anionenkonzentration im Oxyd in Mol/cm³.

Unter der Annahme einer alleinigen Diffusion von Eisenionen folgt für eine geschwindigkeitsbestimmende FeO-Schicht als rationelle Zunderkonstante aus Gl. (15)

$$k_{FeO} = \frac{0{,}383}{2}\int\limits_{p_{O_2}^{(i)}}^{p_{O_2}^{(a)}} \frac{N_2}{N_1}\,(D_{Fe}^*)_{FeO}\,d\log p_{O_2} \tag{16}$$

mit N_2/N_1 als Atomzahlverhältnis Sauerstoff : Eisen im FeO und $(D^*_{Fe})_{FeO} = D_1{}^*$.

Für eine geschwindigkeitsbestimmende Fe_3O_4-Schicht folgt ebenso

$$k_{Fe_3O_4} = \frac{0{,}551}{2}\,(D_{Fe}^*)_{Fe_3O_4}\log\left(\frac{p_{O_2}^{(a)}}{p_{O_2}^{(i)}}\right). \tag{17}$$

In Gl. (16) konnte die Integration noch nicht vorgenommen werden, da $(D_{Fe}^*)_{FeO}$ wegen der Existenz des Wüstitphasenfeldes außer von der Temperatur auch noch vom Sauerstoffpartialdruck p_{O_2} abhängt, also bei konstanter Temperatur immer noch eine Funktion dieses Druckes ist. Setzen wir der Einfachheit halber $(D^*_{\mathrm{Fe}})_{\mathrm{FeO}} = D^*$, so gilt

$$\ln D^* = F(p_{\mathrm{O}_2}, T). \tag{18}$$

Führt man aber noch die Leerstellenkonzentration $x_{\mathrm{Fe}\square''} = z$ ein, die ebenfalls eine Funktion von p_{O_2} und T ist,

$$z = \varphi(p_{\mathrm{O}_2}, T), \tag{19}$$

dann darf man ebensogut schreiben

$$\ln D^* = f(z, T). \tag{20}$$

In einem solchen Falle wird bewiesen, daß die totalen Differentiale

$$d \ln D^* = \left(\frac{\partial \ln D^*}{\partial p_{\mathrm{O}_2}}\right)_T d p_{\mathrm{O}_2} + \left(\frac{\partial \ln D^*}{\partial T}\right)_{p_{\mathrm{O}_2}} d T \tag{21}$$

und

$$d \ln D^* = \left(\frac{\partial \ln D^*}{\partial z}\right)_T d z + \left(\frac{\partial \ln D^*}{\partial T}\right)_z d T \tag{22}$$

einander gleich sind[15]. Bei Division durch $d T$ mit $d p_{\mathrm{O}_2}/d T = 0$ und $\frac{d z}{d T} = \left(\frac{\partial z}{\partial T}\right)_{p_{\mathrm{O}_2}}$ (was aus Gl. (19) folgt, wenn man hier das totale Differential bildet) folgt

$$\left(\frac{\partial \ln D^*}{\partial T}\right)_{p_{\mathrm{O}_2}} = \left(\frac{\partial \ln D^*}{\partial z}\right)_T \left(\frac{\partial z}{\partial T}\right)_{p_{\mathrm{O}_2}} + \left(\frac{\partial \ln D^*}{\partial T}\right)_z \tag{23}$$

und Gl. (23) ergibt in Gl. (21) eingesetzt

$$d \ln D^* = \left(\frac{\partial \ln D^*}{\partial p_{\mathrm{O}_2}}\right)_T d p_{\mathrm{O}_2} + \left[\left(\frac{\partial \ln D^*}{\partial z}\right)_T \left(\frac{\partial z}{\partial T}\right)_{p_{\mathrm{O}_2}} + \left(\frac{\partial \ln D^*}{\partial T}\right)_z\right] d T. \tag{24}$$

Erweitert man hier noch den ersten Summanden, dann folgt endlich

$$d \ln D^* =$$

$$= \underset{\substack{\uparrow \\ (\mathrm{I})}}{\left(\frac{\partial \ln D^*}{\partial z}\right)_T} \underset{\substack{\uparrow \\ (\mathrm{II})}}{\left(\frac{\partial z}{\partial p_{\mathrm{O}_2}}\right)_T} d p_{\mathrm{O}_2} + \left[\left(\frac{\partial \ln D^*}{\partial z}\right)_T \underset{\substack{\uparrow \\ (\mathrm{III})}}{\left(\frac{\partial z}{\partial T}\right)_{p_{\mathrm{O}_2}}} + \underset{\substack{\uparrow \\ (\mathrm{IV})}}{\left(\frac{\partial \ln D^*}{\partial T}\right)_z}\right] dT. \tag{25}$$

Die in Gl. (25) stehenden partiellen Differentialquotienten lassen sich nun sämtlich angeben:

(I): Nach L. Himmel, R. F. Mehl und C. E. Birchenall[2], Fig. 6, ist

$$(D^*)_T = C_1 z,$$

[15] Courant, R.: Vorlesungen über Differential- u. Integralrechnung, S. 62. Berlin: Springer 1931.

also

$$\ln(D^*)_T = \ln C_1 + \ln z,$$

d. h.

$$\left(\frac{\partial \ln D^*}{\partial z}\right)_T = \frac{1}{z}. \tag{26}$$

(II): Wendet man das Massenwirkungsgesetz auf die Fehlordnungsgleichung

$$\tfrac{1}{2} O_2^{(g)} \rightleftharpoons Fe_{\square}'' + 2\oplus + FeO$$

an, dann folgt mit

$$2\,x_{Fe_{\square}''} = x_{\oplus}$$

nach K. Hauffe und H. Pfeiffer[3]

$$(z)_T = \text{const}\; p_{O_2}^{1/6},$$

also

$$\left(\frac{\partial z}{\partial p_{O_2}}\right)_T = \frac{z}{6\,p_{O_2}}. \tag{27}$$

(III): Hier ist $(z)_{p_{O_2}}$, also die Leerstellenkonzentration bei konstantem Sauerstoffpartialdruck, nicht unmittelbar durch Messungen gegeben. Man kann sie aber aus den Messungen von L. Himmel, R. F. Mehl und C. E. Birchenall[2] leicht berechnen. Bei konstantem Sauerstoffpartialdruck ergibt sich eine Abhängigkeit der Form

$$(z)_{p_{O_2}} = a\,e^{\overline{RT}^{\,b}} \qquad \text{mit} \quad b = 23061\,\text{cal/Mol}.$$

Also ist

$$\left(\frac{\partial z}{\partial T}\right)_{p_{O_2}} = -\frac{a\,b}{R T^2}\,e^{\overline{RT}^{\,b}} = -z\,\frac{b}{R T^2}. \tag{28}$$

(IV): Nach L. Himmel, R. F. Mehl und C. E. Birchenall[2], Fig. 7, gilt

$$(D^*)_z = 0{,}0118 \exp\left(-\frac{29700}{RT}\right),$$

also

$$\ln(D^*)_z = \ln 0{,}0118 - \frac{29700}{RT},$$

d. h.

$$\left(\frac{\partial \ln D^*}{\partial T}\right)_z = \frac{29700}{R T^2}. \tag{29}$$

Setzt man die Gl. (26) bis (29) in Gl. (25) ein, dann folgt

$$d \ln D^* = \frac{d p_{O_2}}{6\,p_{O_2}} + \frac{6639}{R T^2}\,dT$$

und integriert

$$D^* = C\,p_{O_2}^{1/6} \exp\left(-\frac{6639}{RT}\right).$$

Die Konstante C ergibt sich bei 983°C mit $(D_{Fe}^*)_{FeO} = 7{,}4 \cdot 10^{-8}$ cm² pro sec, $z = 4{,}75 \cdot 10^{21}$ 1/cm² und $p_{O_2} = 2{,}2 \cdot 10^{-14}$ Atm zu 2,035 $\cdot 10^{-4}$ cm²/sec Atm$^{1/6}$. Somit wird also für den Selbstdiffusionskoeffizienten der Eisenionen im Wüstit

$$(D_{Fe}^*)_{FeO} = 2{,}035 \cdot 10^{-4} \exp\left(-\frac{6639}{RT}\right) p_{O_2}^{1/6} \text{ cm}^2/\text{sec}. \qquad (30)$$

Die Übereinstimmung der Selbstdiffusionskoeffizienten nach Gl. (30) mit den Meßwerten von L. Himmel, R. F. Mehl und C. E. Birchenall[2] geht aus Abb. 4 hervor. Mit Gl. (30) läßt sich nun auch Gl. (16) integrieren, wenn man für N_2/N_1 das konstante mittlere Verhältnis der Atomzahlen von Sauerstoff und Eisen im FeO als $(N_2/N_1)_m$ einführt. Es folgt

$$k_{FeO} = 1{,}01\left(\frac{N_2}{N_1}\right)_m \exp\left(-\frac{6639}{RT}\right) \cdot 10^{-4}\left(\sqrt[6]{p_{O_2}^{(a)}} - \sqrt[6]{p_{O_2}^{(i)}}\right) \text{g-Äquiv/cm·sec.} \qquad (31)$$

Die Gleichgewichtsdrücke des Sauerstoffes an den Phasengrenzen für die Reaktionen

$$\left.\begin{array}{l} FeO \rightleftharpoons Fe + \tfrac{1}{2}O_2 \\ Fe_3O_4 \rightleftharpoons 3\,Fe + 2\,O_2 \leftarrow \text{(nur bis 570 °C)} \\ Fe_3O_4 \rightleftharpoons 3\,FeO + \tfrac{1}{2}O_2 \leftarrow \text{(nur über 570 °C)} \\ 3\,Fe_2O_3 \rightleftharpoons 2\,Fe_3O_4 + \tfrac{1}{2}O_2 \end{array}\right\} \qquad (32)$$

kann man thermodynamisch über die Gl.

$$\log K = -\frac{\Delta H_{298}}{4{,}573\,T} + \frac{\Delta S_{298}}{4{,}573} + a\,\frac{f\left(\frac{T}{298}\right)}{4{,}573} \qquad (33)$$

berechnen[16]. Das Ergebnis ist in Abb. 5 zusammengestellt. Für die Berechnung der Gleichgewichtsdrücke des Wasserdampfes wurden die von H. E. Hömig[7] angegebenen Gleichgewichtskonstanten benutzt.

Für das Temperaturgebiet unterhalb 570°C gilt nach Messungen von M. H. Davies, M. T. Simnad und C. E. Birchenall[1]

$$(D_{Fe}^*)_{Fe_3O_4} = 2{,}99 \cdot 10^{-2} \exp\left(-\frac{40240}{RT}\right) \text{cm}^2/\text{sec} \qquad (34)$$

und damit wird die rationelle Zunderkonstante in Gl. (17) zu

$$k_{Fe_3O_4} = 8{,}22 \cdot 10^{-3} \exp\left(-\frac{40240}{RT}\right) \log\left(\frac{p_{O_2}^{(a)}}{p_{O_2}^{(i)}}\right) \text{g-Äquiv/cm·sec.} \qquad (35)$$

Durch Einsetzen von Gl. (31) und (35) in Gl. (8) bzw. (10) kann man die Wasserstoffkonzentration des durchströmenden Wasserdampfes vorausberechnen.

[16] Zirm, F.: Die Reduktionsgeschwindigkeit der Eisenoxyde. Stahl u. Eisen **73**, 42/44 (1953).

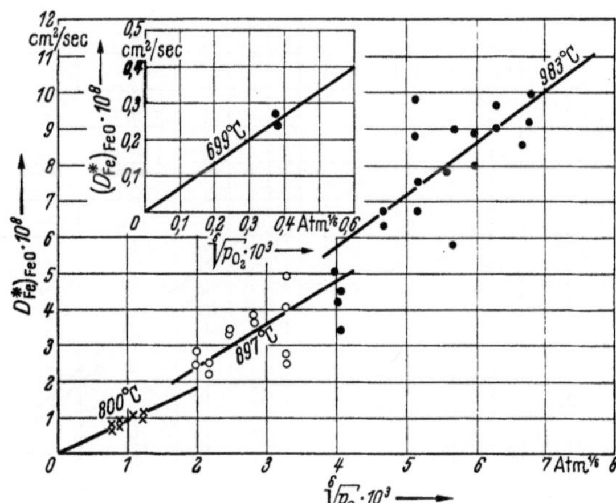

Abb. 4. Funktion des Selbstdiffusionskoeffizienten der Eisenionen im Wüstit nach Messungen mit radioaktivem ^{55}Fe von HIMMEL, MEHL u. BIRCHENALL[2]

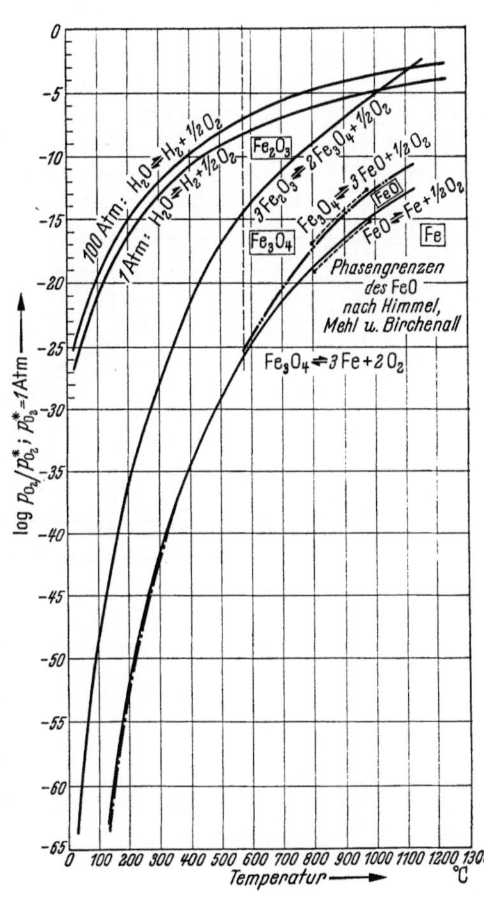

Abb. 5. Gleichgewichtsdruck des Sauerstoffes bei der Dissoziation der Eisenoxyde und des Wasserdampfes

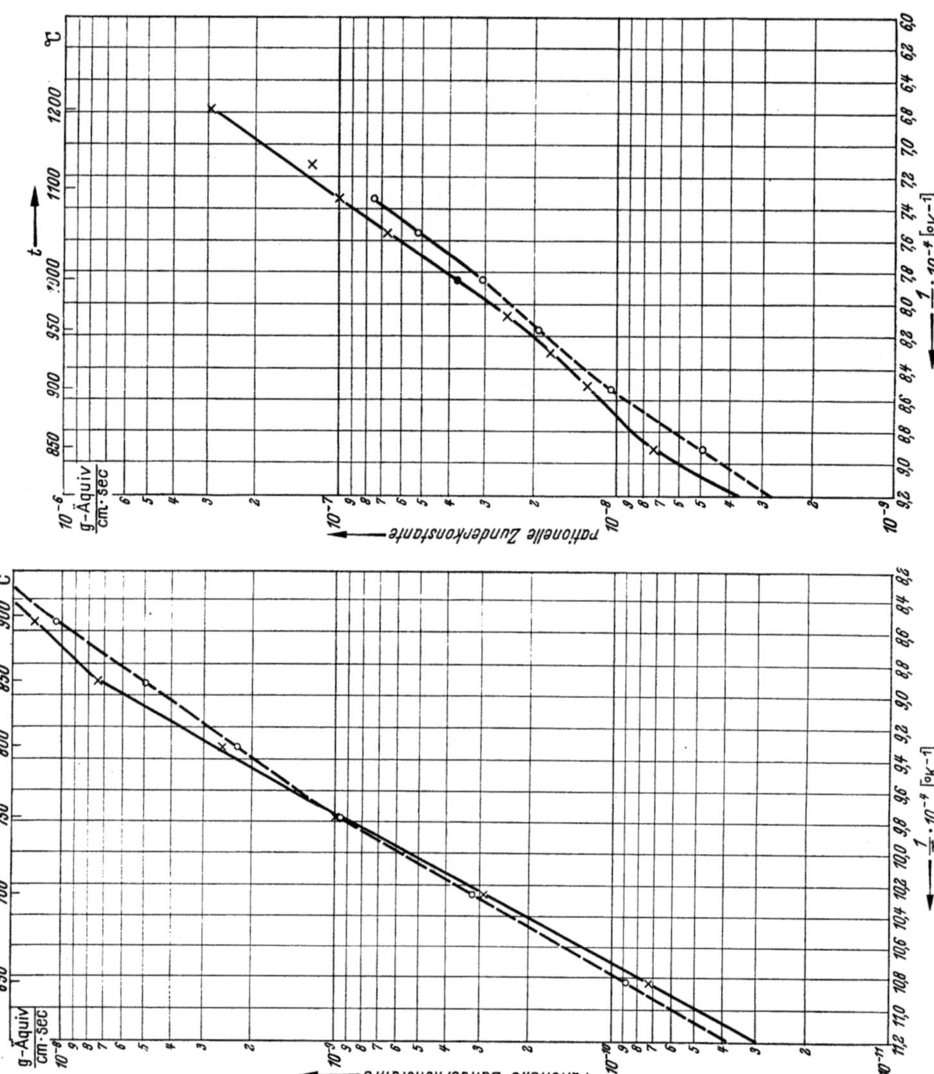

Abb. 6. Vergleich von gemessenen und nach der WAGNERschen Zundertheorie berechneten Zunderkonstanten für die Oxydation von Fe in O_2

Messungen:

× DAVIES, SIMNAD und BIRCHENALL[1]

● HAUFFE u. PFEIFFER[3]

Berechnung:

○ WAGNERsche Zundertheorie mit Selbstdiffusionskoeffizient nach HIMMEL, MEHL u. BIRCHENALL[2] (radioaktiv gemessen)

Die diffundierende Eisenmasse findet man nach der Gleichung

$$m_1 = \frac{A_1}{z_1} F_H \cdot 10^4 \sqrt{\frac{2k}{v_A}} \sqrt{t} \quad \text{g}. \tag{36}$$

Die Wandstärkenverminderung beträgt dann

$$\Delta s = \frac{A_1}{z_1 \varrho_{\mathrm{Fe}}} \sqrt{\frac{2k}{v_A}} \sqrt{t} \quad \text{cm}. \tag{37}$$

Abb. 6 zeigt die Übereinstimmung von Ergebnissen gewöhnlicher Zunderversuche im Ofen mit den nach Gl. (31) — also über die radioaktive Bestimmung des Selbstdiffusionskoeffizienten mit ^{55}Fe — nach der WAGNERschen Zundertheorie berechneten Werten.

5 Vergleich berechneter Wasserstoffkonzentrationen mit Messungen an Stahlrohren von Fellows[8]

Beim Übergang von diesen, aus Laboratoriumsversuchen an reinem Fe gewonnenen Werten zu tatsächlichen Oxydationen an Stahlrohren durch hindurchströmenden (Wasserdampf aus C-Stahl ≈ 0,1% C) ergeben sich einige Schwierigkeiten. Man kann nicht ohne weiteres erwarten, daß die Zunderkonstante des reinen Fe gleich der des Kohlenstoffstahles ist. Die Zunderkonstante steht allerdings bei der Berechnung der Wasserstoffkonzentration unter der Wurzel, so daß der Unterschied von einer Zehnerpotenz in den Zunderkonstanten sich wie 1 : 3,16 bei der Wasserstoffkonzentration auswirkt.

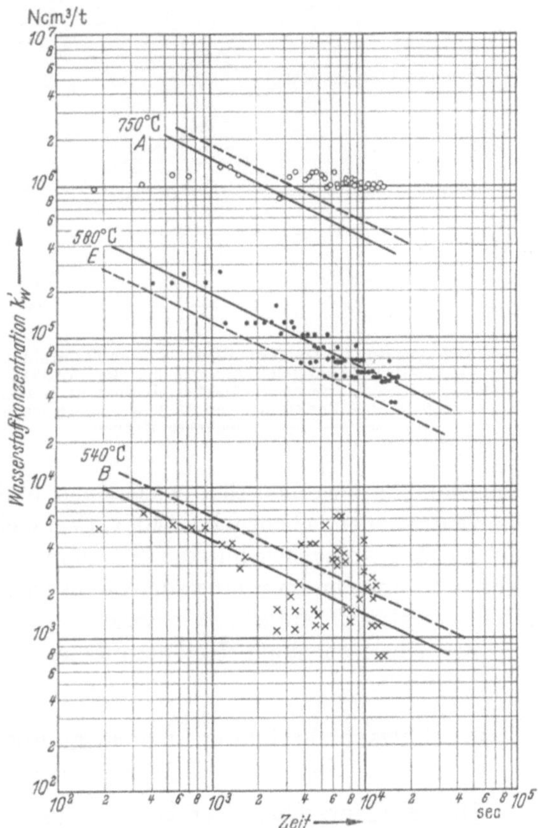

Abb. 7. Wasserstoffkonzentrationsmessungen an Stahlrohren von FELLOWS[8] und Vergleich mit den aus der WAGNERschen Zundertheorie errechneten Werten (Sattdampf, 30 atü, Kohlenstoffstahl)
○ • × Meßpunkte nach FELLOWS
——— errechnete Kurven

Fügt man hier jedoch keine Hypothesen hinzu, sieht also in erster Näherung von diesen Schwierigkeiten ab und vergleicht die Wasserstoffentwicklung in Stahlrohren, wie sie bei den Versuchen von C. H. FELLOWS[8] bei verschiedenen Temperaturen gemessen wurde, mit den nach Gl. (8) bzw. (10) durch Einsetzen von Gl. (31) und (35) und der Sauerstoffpartialdrücke nach Abb. 5 berechneten Werten, so erhält man eine recht gute Annäherung (s. Abb. 7 und 8).

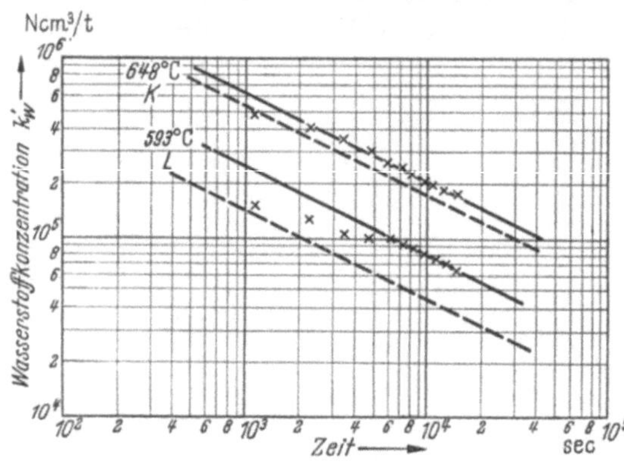

Abb. 8. Wasserstoffkonzentrationsmessungen an Stahlrohren von FELLOWS[8] und Vergleich mit den aus der WAGNERschen Zundertheorie errechneten Werten (Heißdampf, 30 atü, Kohlenstoffstahl) × Punkte der von FELLOWS angegebenen Kurven: ——— errechnete Kurven

Während bei 750° C (Versuch A, Abb. 7) zunächst die Oxydation der Zundergeraden folgen will, so bildet sich doch keine beständige Schutzschicht aus, und die Wasserstoffentwicklung bleibt mit zunehmender Betriebszeit nahezu konstant. Bei 580° C (Versuch E) findet man jedoch nicht nur eine schöne Bestätigung des parabolischen Zeitgesetzes, sondern auch eine gute Übereinstimmung zwischen den gemessenen und berechneten Wasserstoffkonzentrationen, ebenso bei 540° C (Versuch B), wenn hier auch zum Schluß des Versuches hin die Streuung ziemlich groß wird. Diese Versuche wurden mit einströmendem Sattdampf gemacht, wobei das Rohr elektrisch aufgeheizt wurde.

Bei einströmendem Heißdampf (s. Abb. 8) findet man ähnliche Verhältnisse.

6 Schutzschichtbildung in niedrig- und hochwärmebelasteten Stahlrohren

Die FELLOWSschen Versuche zeigten, daß die Oxydation von Stahlrohren durch Wasserdampf sich durch die WAGNERsche Zundertheorie beschreiben läßt. Keinesfalls klar ist aber damit das Verhalten von beheizten, von Wasser *und* Dampf durchströmten Rohren (Siederohre). Man könnte hier vermuten, daß die Schutzschichtbildung bei mäßiger Beheizung wie in reinem Wasserdampf vor sich geht. Bei stärkerer und extremer Beheizung haben wir aber allen Grund zu glauben, daß in einem solchen Rohr schließlich Verhältnisse eintreten, die eine normale Schutzschichtbildung verzögern oder gar unmöglich machen.

Hierzu ein Beispiel. An einer Versuchsanlage wurde zugleich die Wasserstoffkonzentration des Trommeldampfes und die des aus einem wärmemäßig hochbelasteten System kommenden Dampfes

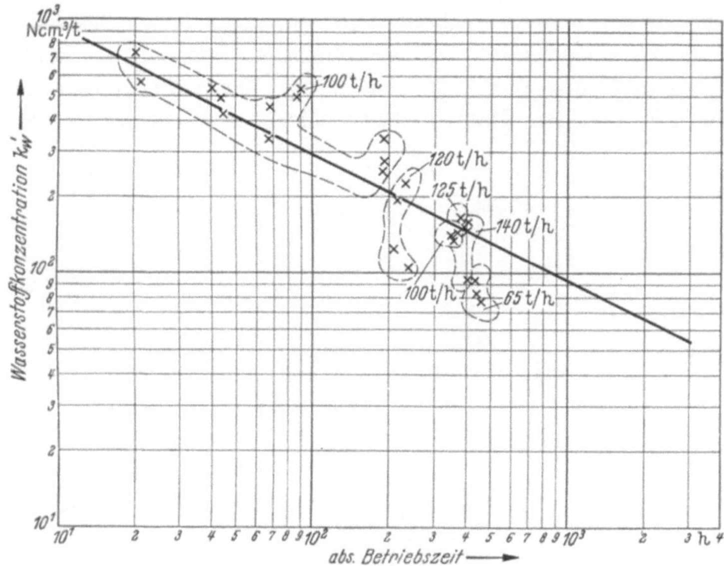

Abb. 9. Wasserstoffkonzentration des Trommeldampfes eines Kessels (298° C) mit Naturumlauf. (Die gestrichelten Felder sind Felder gleicher Dampfleistung)

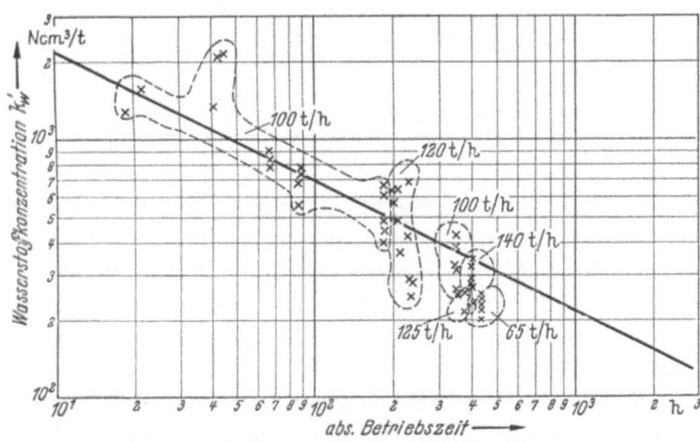

Abb. 10. Wasserstoffkonzentration des Dampfes aus einer hochbelasteten Brennkammer desselben Kessels wie in Abb. 9

gemessen. Abb. 9 und Abb. 10 zeigen die Meßergebnisse in doppeltlogarithmischer Darstellung. Da man die Dampfleistung der einzelnen Systeme kannte, ließ sich über eine einfache Mischungsgleichung die Wasserstoffkonzentration des Dampfes berechnen, der allein aus dem niedrig belasteten System kommt. In Abb. 11 sind noch einmal die Wasserstoffkonzentrationen zusammen eingezeichnet. Da die Wassertemperatur in allen Systemen bei 84 atü 298° C ist (Siedepunkt) kann man die Wandtemperatur der Rohre an der Innenseite zu 330° C bis 350° C annehmen. Berechnet man nun in der oben beschriebenen Weise die zu erwartenden Wasserstoffkonzentrationen, so sieht man, daß die gemessenen Werte innerhalb des Temperaturintervalls von 330° bis 350° C liegen. Das ist aber sonderbarerweise nur der Fall bei

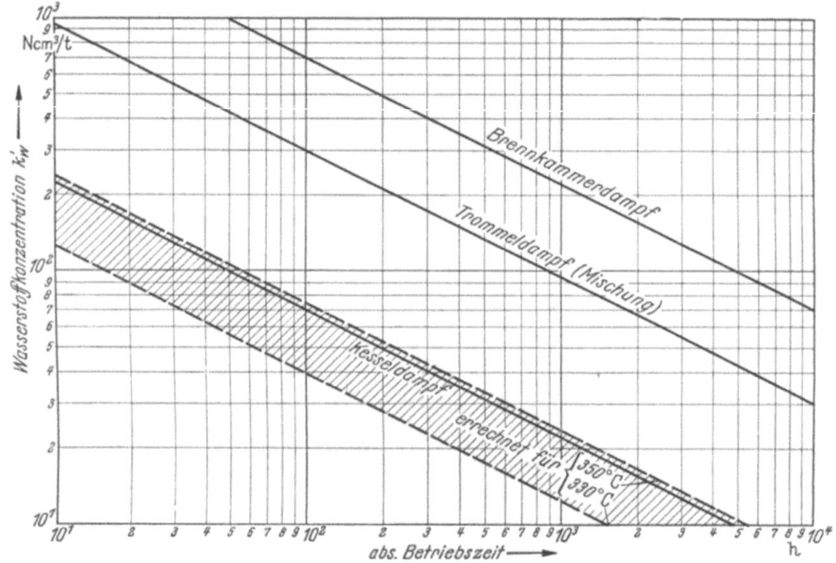

Abb. 11. Oxydationsdiagramm für Brennkammer- und Kesseldampf. Vergleich der Wasserstoffkonzentration des Kesseldampfes mit den aus der Wagnerschen Zundertheorie folgenden Werten für Wandtemperaturen von 330 und 350°C

wärmemäßig niedrig beaufschlagten Rohren. Die Wandschwächung in μ und % der Ausgangswandstärke durch die Oxydation zeigt bei diesen Verhältnissen Abb. 12. Dieses Diagramm hat natürlich nur einen Sinn bei ununterbrochenem Betrieb, da jedes längere Abstellen des Kessels von vornherein zu einer Beschädigung bzw. Abtragung der Schutzschichten führt.

Während also niedrigwärmebelastete Siederohre und solche Rohre, die von reinem Dampf durchströmt werden, eine Oxydation zeigen, die durch die Wagnersche Zundertheorie beschrieben werden kann, beobachtet man bei hochwärmebelasteten Rohren ein abweichendes Verhalten. Zwar finden wir, wie aus Abb. 10 hervorgeht, das Zeitgesetz

$$k'_W = \frac{f'}{\sqrt{t}} \tag{38}$$

wieder, aber die Konstante ist größer, als sie nach der Theorie sein dürfte. Man könnte diesen Vorgang der anormalen Wasserstoffproduktion durch Einführung eines Schädigungsfaktors η gemäß

$$f' = \eta f \tag{39}$$

formal beschreiben, muß aber zugeben, daß man über den Mechanismus der Schädigung damit nichts aussagt. Praktisch könnte man mit solchen Zahlen allerdings schon weiterkommen.

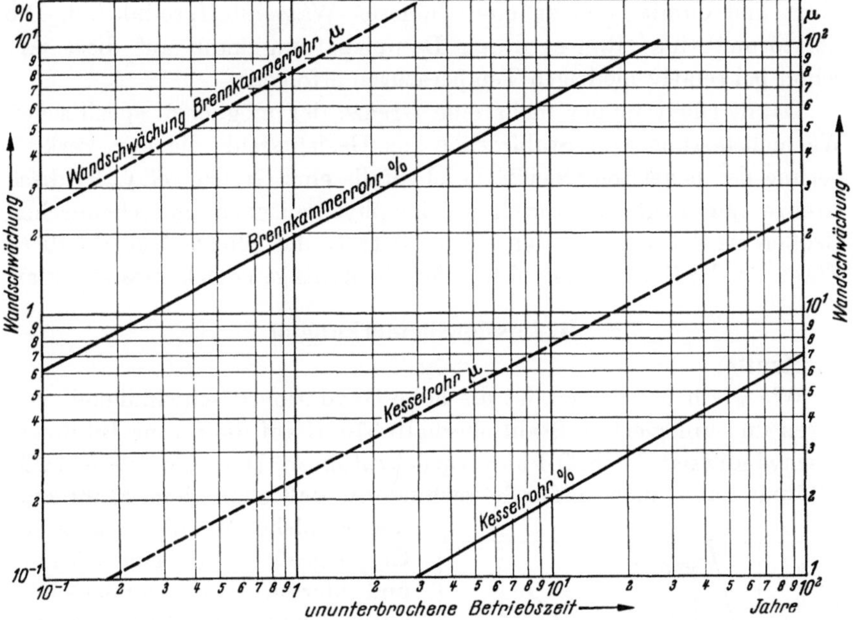

Abb. 12. Prozentuale und absolute Wandschwächung der Brennkammer- und Kesselrohre

Damit zeichnet sich ein schon öfter vorausgeahntes, aber kaum einmal klar definiertes Problem ab, das bedeutend schwieriger gelagert sein dürfte als die bisher erörterten Oxydationsprobleme. Hier sind nämlich beim Oxydationsprozeß noch Einflüsse maßgebend, die die Festigkeit der Schutzschicht, d. h. ihre Empfindlichkeit gegen Temperaturdifferenzen und chemische Einflüsse, angehen.

Man könnte diesen Vorgang der anormalen Wasserstoffproduktion im Sattdampf bei extremen Wärmebelastungen unter Vernachlässigung chemischer Einflüsse vielleicht folgendermaßen deuten:

Es ist ziemlich wahrscheinlich und gewiß nicht abwegig, anzunehmen, daß sich an der Innenwand solcher Siederohre ein mehr oder weniger zusammenhängender Dampffilm bildet, der den Wärmeübergang von der Wand an das Wasser naturgemäß verschlechtert und die

Wandtemperatur erhöht. Dabei muß es aber nicht zu einer extremen Temperaturerhöhung der Wand kommen. (In Abb. 11 wäre z. B. die dem Brennkammerdampf nach der Theorie zugeordnete Temperatur 535° C, was so gut wie ausgeschlossen ist). Durch Anschlagen von Wassertropfen der turbulenten Rohrströmung an die Schutzschicht entstehen bei dem Entzug der Verdampfungswärme in dieser Temperaturspannungen, die sich den vorhandenen Spannungen überlagern. Hierbei kann die Schutzschicht aufreißen und abplatzen, was zu einer vergrößerten Oberfläche und gesteigerten Diffusion der Eisenionen führt und damit auch zu einer höheren Wasserstoffproduktion. Die Zerstörung eines Rohres durch Dampfspaltung kann auf diese Art schon bei relativ niedrigen Temperaturen erfolgen[6].

Damit rückt immer mehr eine Grenze der möglichen spezifischen Wärmebelastung von Stahlrohren ins Gesichtsfeld, die der Verkleinerung der beheizten Oberfläche ebenfalls eine Grenze setzt. *Wo* diese Grenze nun liegt und durch welche physikalischen und chemischen Größen sie definiert werden kann, ist trotz der Wichtigkeit, die diese Frage für die Kesselkonstruktion hat, heutzutage noch keineswegs klar.

Diskussionsbemerkungen

K. Hauffe:

Wie wir heute wissen, ist die hohe Oxydationsgeschwindigkeit von Eisen und unlegiertem Stahl oberhalb 570° C auf die rasche Bildungsgeschwindigkeit der FeO-Phase zurückzuführen. Diese *gefährliche* FeO-Bildung kann man dadurch verhindern, daß man dem Stahl entweder solche Metalle, wie z. B. Cr, in größeren Mengen zulegiert und hierdurch eine zunderschützende Cr_2O_3- oder Spinellschicht erzeugt oder ein Legierungsmetall verwendet, das bevorzugt auf der Eisenoberfläche entsteht und den Kontakt zwischen Eisen und Eisenoxyd aufhebt. Durch diese sperrende Fremdoxydschicht wird erstens der Antransport von Eisenionen stark abgebremst und zweitens durch die Instabilität der FeO-Phase als niedrigstes Oxyd nur noch Fe_3O_4 gebildet. Von diesem Gesichtspunkt aus sind die Oxydationsversuche an Eisen-Molybdän-Legierungen von S. S. Brenner[1] aufschlußreich. Wie aus

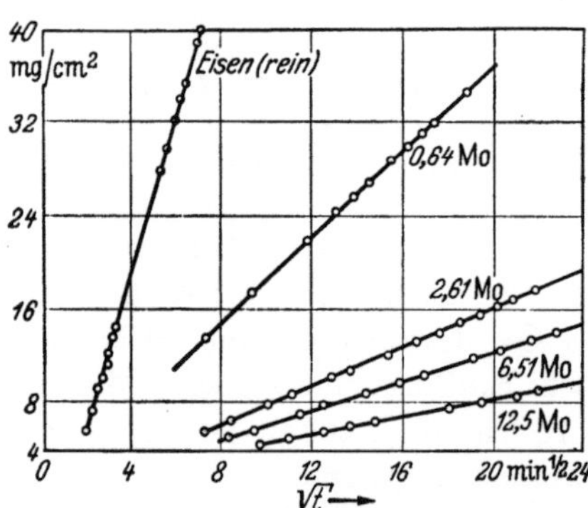

Abb. 1. Parabolischer Verlauf der Oxydation von Eisen und Fe-Mo-Legierungen bei 1000° C und in strömendem Sauerstoff (etwa 1 l/min) von 1 Atm nach Brenner

[1] Brenner, S. S.: J. electrochem. Soc. **102**, 7 (1955).

Abb. 1 zu erkennen ist, nimmt bei 1000° C die Oxydationsgeschwindigkeit von Eisen in Sauerstoff von 1 Atm schon mit kleinen Zusätzen an Molybdän ab. Dieser Befund deutet zunächst darauf hin, daß die sich ausbildende Zunderschicht nicht aus einer heterotypen Mischphase FeO-MoO_2 zusammengesetzt sein kann, da ja ein Einbau von MoO_2 ins FeO-Gitter die Zahl der $Fe\square''$-Stellen und damit die Oxydationsgeschwindigkeit erhöhen würde. Wie mikroskopische Auf-

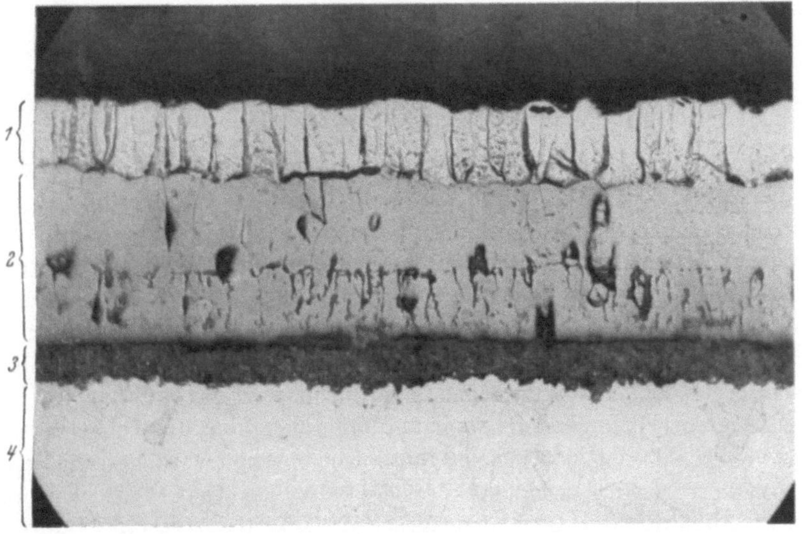

Abb. 2. Aufbau der Zunderschicht einer Fe-Mo-Legierung mit 0,64 Atom-% Mo nach 350 min Oxydation in Sauerstoff von 1 Atm bei 1000° C nach BRENNER (Vergr. 250fach)
1: Fe_2O_3, *2*: Fe_3O_4, *3*: $MoO_2 + (Fe_xMo_y)O$, *4*: Legierung

nahmen und Röntgenbeugungsuntersuchungen ergeben haben, besteht die Zunderschicht aus drei unterscheidbaren Schichten (Abb. 2). Von diesen besteht die äußere Schicht aus Fe_2O_3, die mittlere aus Fe_3O_4 und die innere aus einem Oxydgemisch nicht bekannter Zusammensetzung mit dem Hauptanteil aus MoO_2. Es konnten keine Anzeichen einer FeO-Phase nachgewiesen werden.

Diesen heterogenen Aufbau der Zunderschicht kann man im Sinne der WAGNERschen Theorie[2] der Oxydation von Metallegierungen folgendermaßen deuten: Auf Grund des niedrigen Dissoziationsdruckes des FeO, z. B. bei 1000° C mit $1{,}69 \cdot 10^{-15}$ Atm, gegenüber dem des MoO_2 mit $2{,}99 \cdot 10^{-14}$ Atm wird sich im ersten Oxydationsstadium bevorzugt FeO und Fe_3O_4 neben wenig Fe_2O_3 bilden, während eine nennenswerte MoO_2-Bildung nicht auftreten wird. Da nun Eisen laufend

[2] WAGNER, C.: J. electrochem. Soc. **99**, 369 (1952).

aus den oberflächennahen Gebieten der Legierung herausoxydiert wird und die hierdurch bewirkte Mo-Anreicherung nur zu einem kleinen Teil durch Abdiffusion ins Legierungsinnere abgeschwächt wird, wird schließlich eine kritische Konzentration an Mo erreicht, die zur MoO_2-Bildung führt. Unter Berücksichtigung der beiden Reaktionsgleichungen

$$2Fe + O_2 \longrightarrow 2FeO$$
$$Mo + O_2 \longrightarrow MoO_2$$

ergibt sich die folgende Beziehung:

$$\frac{\pi_{FeO}}{x^2_{(i)\,Fe}} = \frac{\pi_{MoO_2}}{1 - x_{(i)\,Fe}},$$

wo π_{FeO} und π_{MoO_2} die Dissoziationsdrucke von FeO und MoO_2 darstellen und $x_{(i)Fe}$ der Atombruch an Eisen in der Legierung an der Phasengrenze Legierung/Zunderschicht ist. Unter Verwendung der obigen Werte für die Dissoziationsdrucke ergibt sich für 1000° C, daß unter idealen Bedingungen eine MoO_2-Bildung bei $x_{(i)Fe} = 0{,}21$ auftritt. Sobald also während der Oxydation der Eisengehalt kleiner als 0,21 wird, kann entlang der Phasengrenze Legierung/Zunderschicht FeO durch MoO_2 ersetzt werden. Hierdurch wird die FeO-Schicht von der Eisenunterlage getrennt, was zur Folge hat, daß das FeO während der weiteren Oxydation thermodynamisch instabil wird und zu Fe_3O_4 aufoxydiert wird. Durch das Verschwinden der FeO-Phase wird die starke Abnahme der Oxydationsgeschwindigkeit der Fe-Mo-Legierung verständlich. Es tritt also durch Molybdänzusätze keine *katastrophale* Oxydation auf, wie sie an Cu- und Ni-Legierungen durch Mo-Zusätze von MEIJERING und RATHENAU[3] beobachtet wurde.

Bei Legierungszusätzen wie Chrom und Aluminium, die bei der Oxydation mit zweiwertigen Metallionen zur Spinellbildung neigen, wird der metallnahe Teil der Zunderschicht im wesentlichen aus einem Chrom-Eisenspinell bzw. einer Cr_2O_3- oder Al_2O_3-Schicht bestehen. Über den Oxydationsmechanismus der Chromstähle sind in der neueren Literatur besonders die Arbeiten von MOREAU und BÉNARD[4] zu erwähnen. Eine eingehendere Diskussion wird an anderer Stelle[5] gegeben.

Wie man aus den kurzen Hinweisen entnehmen kann, gibt es durchaus Möglichkeiten, um durch geeignete kleinere Legierungs-

[3] MEIJERING, J. L., u. G. W. RATHENAU: Nature, Lond. **165**, 240 (1950).

[4] MOREAU, J.: C. R. Séances Acad. Sci. **236**, 85 (1953); Thèse Paris 1953. — MOREAU, J., u. J. BÉNARD: C. R. Séances Acad. Sci. **237**, 1417 (1953).

[5] HAUFFE, K.: Oxydation von Metallen und Metallegierungen. Berlin/Göttingen/Heidelberg: Springer 1956

zusätze die Arbeitstemperatur der ferritischen Stähle beim Dampfkesselbau über den 570°-Punkt zu erhöhen, ohne auf die erheblich teueren austenitischen Stähle zurückgreifen zu müssen.

W. Jaenicke:

Wäre es möglich, daß ein Teil der Erscheinungen an den Deckschichten dadurch zustandekommt, daß die den Wasserstoff entwickelnde Versuchsanlage (Rohrsystem) Temperaturschwankungen ausgesetzt ist, z. B. beim Aufheizen und Abkühlen?

E. Ulrich *(Antwort)*:

Es ist sicher, daß ein Überschreiten der Versuchstemperatur zu einer erhöhten Wasserstoffentwicklung führt, da ja die Zunderkonstante, Gl. (31) und (35), temperaturabhängig ist.

Ein Abkühlen und Wiederaufheizen führt erfahrungsgemäß immer zu einer erhöhten Wasserstoffentwicklung, die aber mehr oder weniger schnell wieder abklingt. Eine solche Erscheinung kann nur mit einer Schädigung der Schutzschichten (Risse, Abplatzen kleiner Teilchen) zusammenhängen. Eine Abkühlung ist hier immer mit einer Druckabsenkung und damit mit einer zum Teil erheblichen elastischen Rückdehnung (Abbau der Last- und Wärmespannungen) verbunden.

Offen bleibt hier aber noch die Frage nach *örtlichen* Temperaturschwankungen bei konstanter Siedetemperatur, die zu einer Beschädigung der Schutzschichten und damit zu einer *fortlaufenden* Dampfspaltung führen können. Eine Antwort hierauf wurde am Schluß des Vortrages versucht.

F. C. Althof:

Die bei der Zerstörung beheizter wasserführender Rohre beschriebenen Vorgänge können meines Erachtens auch auf das Wirken von Kavitation schließen lassen. Über die Beschaffenheit der schützenden Schicht auf metallischen Werkstoffen ist noch wenig bekannt, wie auch unsere jetzige Tagung wieder erkennen läßt. Die Zerstörung dieser Schicht durch Kavitation ist schon aus diesem Grunde im Mechanismus schwer zu deuten. Offenbar kann aber verschiedentlich diese Zerstörung verhältnismäßig schnell vonstatten gehen und damit der Korrosion der Weg geöffnet werden. Es sei hier auf Ergebnisse verwiesen, die kürzlich bei Schiffsschrauben anfielen[6]. Es zeigte sich dabei, daß legierter korrosionsbeständiger Stahlguß unlegiertem unter weitgehend gleichartigen Bedingungen erheblich überlegen war. Es bleibt

[6] Althof, F.-C.: Zur Frage der Zerstörung von Schiffsschrauben in Gegenwart von Kavitation. Schiffbautechnik **6**, 9 — 11 (1956).

allerdings im vorliegenden Falle der wasserführenden Rohre noch zu klären, ob die Strömungsbedingungen bzw. die Temperatur- und Druckverhältnisse eine Kavitation überhaupt ermöglichen oder auch andere, Erosion bedingende Faktoren vorliegen.

F. Tödt:

Die Korrosion durch Sauerstoffspuren im Hochdruckdampfkessel besitzt einen völlig andersartigen Charakter als die allgemein bekannte Sauerstoffkorrosion durch kathodische Depolarisation. Das geht schon daraus hervor, daß diese Sauerstoffspuren erst bei hohen Drucken besonders gefährlich werden. Man erklärt diese Wirkung meist durch die Annahme, daß der Sauerstoff die schützende Fe_3O_4-Schicht unter Fe_2O_3-Bildung zerstört und dadurch Lochfraß verursacht.

E. Ulrich (*Antwort*):

Es ist beachtenswert, daß Hochdruckdampfkessel mit steigendem Kesseldruck immer empfindlicher gegenüber Sauerstoffspuren werden, eine Tendenz, die wahrscheinlich auch für die spezifische Wärmebelastung zutrifft. Die Grenze des zulässigen Sauerstoffgehaltes (bei vorgegebenen anderen Kesselgrößen) ist umstritten, ihre genaue Bestimmung wird erschwert durch die verschiedenen, in ihren Ergebnissen nicht kongruierenden Meßverfahren des Sauerstoffes im Speise- und Kesselwasser. Sie liegt aber bestimmt bei den heutzutage üblichen Drücken und Temperaturen *über* dem durch reine Dissoziation des Wasserdampfes entstehenden Sauerstoffpartialdruck. Sicher ist hier jedenfalls, daß, wenn der Sauerstoff die Fe_3O_4-Schicht angreift, eine erhöhte Dampfspaltung (d. h. Wasserstoffentwicklung) einsetzen muß, die mit der in diesem Beitrag beschriebenen Apparatur ohne weiteres nachgewiesen werden könnte.

Neben den schon erwähnten Möglichkeiten eines Angriffes auf die schützende Fe_3O_4-Schicht durch Temperaturspannungen, Kavitation und Sauerstoff gibt es bei den ungepufferten Wässern der Bensonkessel noch den Angriff durch die bei den üblichen Kesseltemperaturen auf der Wasserseite leicht spaltbaren Salze $MgCl_2$ und $CaCl_2$, die z. B. durch das Speisewasser oder durch Kühlwassereinbrüche im Kondensator in den Kesselkreislauf gelangen können. Bei solchen Einbrüchen steigt die Wasserstoffkonzentration erfahrungsgemäß stark an (u. U. um eine Zehnerpotenz), weil die z. T. abgelöste Fe_3O_4-Schicht sich sofort mit erhöhter Oxydationsgeschwindigkeit nachzubilden versucht. Aber auch zu hohe p_H-Werte führen erfahrungsgemäß zu einem Angriff auf die Fe_3O_4-Schicht und wiederum zu einer erhöhten Wasserstoffentwicklung.

Für den objektiven Vergleich von Dampferzeugern und Versuchsrohren ist die Wasserstoffkonzentration k'_W auf die *Wasserstoffzahl* ω' nach

$$\omega' = \frac{N}{F_H} k'_W \quad \mathrm{Ncm^3/m^2\,h}$$

umzurechnen[7].

[7] ULRICH, E.: Wasserstoffkonzentration, Wasserstoffzahl und spezifische Wasserstoffzahl von Dampferzeugern. Mitt. Ver. Großkesselbes. (1956). In Vorbereitung.

Die Erzeugung von künstlichen Schutzschichten auf chemischem Wege

Von H. Keller

Mit 6 Abbildungen

1 Einleitung

Künstliche Schutzschichten im Sinne des Themas werden mit Hilfe von chemischen Lösungen unter Reaktion mit der zu schützenden Metalloberfläche erzeugt. Bei dieser Reaktion wird gleichzeitig die nichtmetallische Deckschicht auf der Metalloberfläche abgeschieden. Es handelt sich daher um eine gesteuerte Korrosion des Metalls, wobei die Korrosionsreaktion selbst oder die durch die Korrosionsreaktion ausgelösten Folgereaktionen oder auch beide gemeinsam die Schutzschicht bilden. Die Erzeugung der Schutzschicht ist um so idealer, je vollständiger und schneller die mit ihr gekoppelte Korrosionsreaktion gegen Null geht. Die gebildete Schutzschicht selbst wird um so korrosionsfester sein, je unlöslicher, beständiger, zusammenhängender, dichter, plastischer und je dicker sie ist. Nach diesen Gesichtspunkten richtet sich ihre technische Verwertbarkeit zum Korrosionsschutz. Die Erzeugung künstlicher Schutzschichten kann aber darüber hinausgehend auch dann interessant sein, wenn andere Eigenschaften wie z. B. Härte, elektrischer und Temperaturwiderstand, chemische oder physikalische Adsorption von Nachbehandlungsmitteln eine technische Ausnutzung, so z. B. zur Vorbehandlung vor der Lackierung oder zur Erniedrigung der Reibung bei umformenden oder gleitenden Vorgängen oder zur elektrischen Isolation, erlauben.

Es liegt wohl im Sinne des Themas, die Erzeugung von künstlichen Schutzschichten auf die Schutzschichtbildung in wäßrigen Lösungen zu beschränken und auch die elektrolytischen und anodischen Verfahren sowie solche Reaktionen, die lediglich eine Färbung der Metalloberfläche, aber keine Schutzwirkung herbeiführen, auszuschließen. Aus der Vielzahl der verbleibenden Reaktionsmöglichkeiten haben für den Techniker nur wenige praktische Bedeutung erlangt. Der Verfasser beschränkt sich in seiner Darlegung auf die Erzeugung solcher künstlicher Schutzschichten, die nach dem Stand der Technik verwertet werden.

Unter Berücksichtigung dieser Einschränkung soll die Erzeugung von Oxyd-, Oxalat-, Phosphat- und Chromatschichten behandelt werden. Eine kritische Betrachtung der vorhandenen Literatur zeigt, daß der großen Zahl von Veröffentlichungen über die praktische Durchführung der Schutzschichtbildung nur sehr wenig Material über die theoretischen Vorgänge gegenübersteht. Es ist daher sehr schwer, die Schutzschichterzeugung etwa unter den Gesichtspunkt des zeitlichen Reaktionsablaufs gesetzmäßig einzuordnen und hierdurch die im ersten Teil des Buches aufgezeigten Reaktionen aus der praktischen Erfahrung heraus beispielsweise zu belegen. Man muß vielmehr eingestehen, daß zur Zeit noch eine breite Lücke zwischen den theoretisch aufgeklärten Teilreaktionen, die sich an Metalloberflächen abspielen, und dem Gesamtablauf bei der praktischen Erzeugung technisch verwertbarer Schutzschichten besteht. Um trotz dieser Schwierigkeiten zu einer Stoffeinteilung zu gelangen, wird im folgenden versucht, die Schutzschichtbildung unter den Gesichtspunkt einzuordnen, ob sie durch die Korrosionsreaktion (Startreaktion) selbst oder vorzugsweise durch die Folgereaktion oder durch beide erfolgt. Bei dieser Untersuchung wird man oft im Zweifel sein, ob die vorgenommene Zuordnung richtig ist.

2 Die Schichtbildungsreaktion

2.1 Oxydschichten

Von technischem Interesse sind:

2.11 die Bildung von Böhmit-Schichten auf Aluminiumoberflächen,

2.12 die alkalische Oxydation des Aluminiums (MBV-, EW- und Pylumin-Verfahren),

2.13 die alkalische Oxydation von Eisen und Stahl (Brünier-Verfahren).

2.11 Bildung von Böhmit-Schichten. Die Erzeugung von Böhmit-Schichten scheint ein echtes Beispiel für die künstliche Verstärkung der natürlichen Deckschicht zu sein. Im allgemeinen wird in der einschlägigen Literatur auch bei der alkalischen und sauren Oxydation des Aluminiums von einer Verstärkung der natürlichen Deckschicht gesprochen, obwohl anzunehmen ist, daß in letzterem Falle die natürliche Deckschicht in der Startreaktion zerstört wird. Von dieser Vorstellung jedenfalls geht D. ALTENPOHL in seinen Schilderungen über die Vorzüge der Böhmit-Schichten aus[1]. Die natürliche Oxydhaut des

[1] Metall **9**, H. 5/6, S. 164—171 (1955).

Aluminiums besteht aus hydratischen Oxyden von Bayerit und Böhmit. Die Schichtdicke dieser Luftoxydhaut liegt bei etwa 0,01 bis 0,1 μ. Die Oxydhautbedeckung verleiht der Aluminiumoberfläche infolge von Widerstandspolarisation eine Potentialveredlung von $-1{,}69$ V um etwa 1,2 V auf $-0{,}5$ V, so daß hierdurch die Aluminiumoberfläche edler als z. B. eine Zinkoberfläche wird. Zur Erläuterung der Erzeugungsbedingungen von Böhmit-Schichten geht man zweckmäßig von dem Potential-p_H-Diagramm von Aluminium bei 25°C nach C. GROOT und R. M. PEEKEMA[2] aus (s. Abb. 1). In diesem Diagramm wird der Bereich der stabilen Oxydschicht von dem Bereich der sauren und alkalischen Korrosion begrenzt. Die stabile Oxydschicht reicht vom $p_H = 4{,}45$ bis zum $p_H = 8{,}38$. Sie besteht aus Böhmit der chemischen Formel $Al_2O_3 \cdot H_2O$ oder γ AlOOH. Sie bildet sich bei Temperaturen oberhalb 75°C und ist stabil bis 400°C. In diesem Temperaturbereich ist sie die stabilste Modifikation der Aluminiumoxyde. Aus diesem Diagramm lassen sich die Herstellungsbedingungen von Böhmit-Schichten ableiten. Man muß bei Temperaturen oberhalb 75°C im neutralen oder schwach sauren, besser alkalischen Bereich die Aluminiumoberfläche behandeln, so z. B. mit kochendem Wasser unter Zusatz von geringen Mengen an OH^--Ionen. Die sich abspielende Reaktion läßt sich gleichungsmäßig wie folgt wiedergeben:

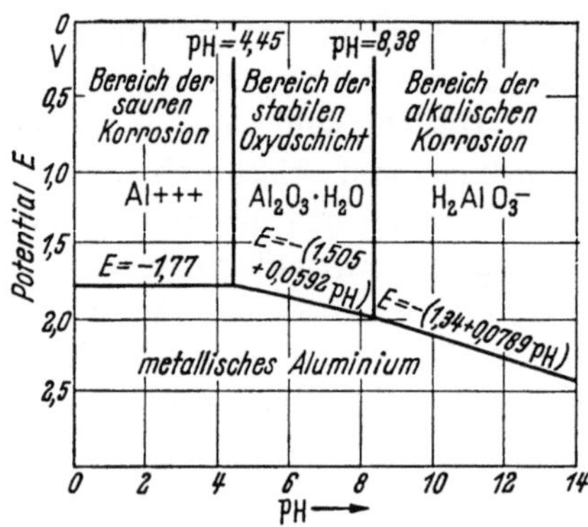

Abb. 1. Potential-p_H-Diagramm von Aluminium bei 25° C (Potential gegen H_2-Elektrode). (Nach C. GROOT u. R. M. PEEKEMA, General Elektric, Bericht HW-28556, August 1953)

$$Al + 2\,H_2O \rightarrow AlOOH + 3/2\,H_2. \qquad (1)$$

Für die Richtigkeit dieser Gleichung spricht, daß die Bildung von Böhmit unter Wasserstoffentwicklung vor sich geht. D. ALTENPOHL hat die Erzeugung von Böhmit-Schichten und ihre technische Verwertbarkeit in umfangreichen Arbeiten untersucht[3–6]. Aus ihnen geht hervor, daß die Reaktionsgeschwindigkeit bis zur Erreichung brauch-

[2] GROOT, C., u. R. M. PEEKEMA: General Electric, Bericht HW-28556, August 1953.

[3] Aluminium **29**, Nr. 9, S. 361—370 (1953). — [4] Aluminium **31**, Nr. 1, S. 10—14 (1955).

[5] Aluminium **31**, Nr. 2, S. 62—69 (1955). — [6] Metalloberfläche **A 9**, Nr. 8, S. 118—121 (1955).

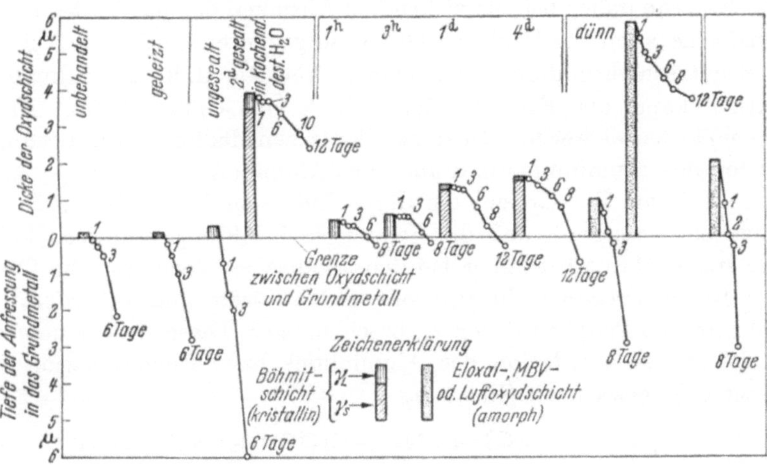

Dicke der Oxydschicht
Tiefe der Anfressung in das Grundmetall
unbehandelt
gebeizt
ungesealt
2d gesealt in kochend. dest. H2O
1h
3h
1d
4d
dünn
12 Tage
8 Tage
6 Tage
Grenze zwischen Oxydschicht und Grundmetall
Zeichenerklärung
Böhmit-schicht (kristallin)
Eloxal-, MBV- od. Luftoxydschicht (amorph)

oxydhaut als Schutzschicht erhalten bleibt. Man muß daher zu dem Schluß kommen, daß es sich bei der Bildung von Böhmit-Schichten tatsächlich um eine Verstärkung der natürlichen Oxydhaut handelt.

2.12 Alkalische Oxydation des Aluminiums. Bei der alkalischen Oxydation des Aluminiums unter Zuhilfenahme von Oxydationsmitteln, wie z. B. Chromaten, die technisch als MBV-, EW- und Pylumin-Verfahren bekannt geworden ist, dürfte es sich im Gegensatz zur Böhmit-Schichtbildung nicht um eine einfache Verstärkung der natürlichen Oxydhaut handeln. Die Alkalinität des MBV-Verfahrens reicht aus, um die natürliche Oxydhaut zumindest teilweise aufzulösen. Die Primärreaktion läßt sich etwa wie folgt formulieren:

$$Al + 3H^+ + 3OH^- \rightarrow Al(OH)_3 + 3/2\,H_2. \qquad (4)$$

Diese Primärreaktion verläuft unter Verbrauch von OH^--Ionen in der Grenzschicht, so daß der p_H-Wert in der Grenzfläche absinkt, wobei gleichzeitig Bayerit als Schutzschicht ausgefällt wird. Dieser Primärreaktion entgegen dürfte aber die Lösungsreaktion

$$Al(OH)_3 + 3OH^- \longleftrightarrow [Al(OH)_6]^{3-} \qquad (5)$$

wirken, die allerdings gleichfalls unter Verbrauch von OH^--Ionen verläuft. Es kann daher bei ausreichendem Absinken des p_H-Wertes in der Grenzfläche auch die Reaktion Gl. (5) so gedeutet werden, daß sie an der Schutzschichtbildung teilzunehmen vermag, d. h. die Sekundärreaktion kann als Folgereaktion mit Schutzschichtbildung (Pfeilumkehr) gedeutet werden. In stark alkalischen Medien ist die Lösungsreaktion des Aluminiums und auch des Aluminiumhydroxyds so groß (Überschuß an OH^--Ionen, die durch Diffusion in die Grenzschicht nachgeliefert werden), daß die Schutzschichtbildung praktisch keine Rolle spielt. Man wird daher bei den alkalischen Verfahren die OH^--Ionen-Konzentration nicht zu groß wählen dürfen und außerdem bemüht sein, die Primärreaktion zu beschleunigen. Diese Beschleunigung besteht in der Oxydation des Aluminiums bzw. Depolarisation des Wasserstoffs etwa nach Gleichung

$$3/2\,H_2 + CrO_4^{2-} + 2Na^+ \rightarrow CrOOH + 2Na^+ + 2OH^- \qquad (6)$$

oder

$$3/2\,H_2 + CrO_4^{2-} + 2Na^+ + H_2O \rightarrow Cr(OH)_3 + 2Na^+ + 2OH^-. \qquad (7)$$

Diese Oxydationsreaktion verläuft also unter Bildung von OH^--Ionen und wirkt daher bis zu einem gewissen Grad reaktionshemmend auf die Primärreaktion. Doch scheint die Reaktionsbeschleunigung verbunden mit der gleichzeitigen Ausfällung von unlöslichen Chromoxydhydraten auszureichen — was die Praxis ja beweist —, um zur Schutzschichtbildung zu führen. Die gebildete Schutzschicht besteht dementsprechend aus etwa 75% Aluminiumoxydhydrat und 25% Chromoxydhydrat[7]. Die Beständigkeit der hydratisierten 2 bis 5 μ dicken Schicht ist relativ gering. Sie muß zur Erhöhung des Schutzwertes nachgedichtet werden. Um eine Art Nachdichtung handelt es sich auch, wenn man diese Schicht zur Vorbehandlung der Lackierung (Lackhaftgrund) anwendet. Der relativ geringe Schutzwert der gebildeten Schicht steigt bei der Lagerung und bei heißer Trocknung. Man muß daher vermuten, daß bei Alterung bzw. künstlicher Alterung durch Trocknen die hydratisierte Schicht in eine wasserärmere umgewandelt wird, z. B. daß sie allmählich in die beständige Modifikation des Böhmits übergeht. Untersuchungen, die eine derartige Umwandlung beweisen, liegen leider nicht vor. D. ALTENPOHL[1] schließt aus der Tatsache, daß bei Zerstörung der MBV-Schicht ein unmittelbarer verstärkter Korrosionsangriff auf das Aluminium erfolgt, daß im Reaktionsablauf der Deckschichtbildung die natürliche Oxydhaut zerstört wird. Er sieht hierin den Grund für den geringeren Schutzwert der nicht nachgedichteten MBV-Schicht gegenüber den Böhmit-Schichten vor allem im sauren Medium (vgl. dazu Abb. 2).

2.13 Alkalische Oxydation von Eisen und Stahl. Die Brünierschichten bestehen aus Oxyden des Eisens. Der Schutzwert ist bekanntlich gering und der Hauptanwendungszweck des Brünierens ist die Schwarzfärbung von Eisenteilen. Die Erzeugung der Brünierschichten aus wäßrigen Lösungen ist in ihrem Reaktionsablauf wenig untersucht. Es ist daher nicht gerechtfertigt, einfach die bekannten Diffusionsgleichungen mit Wanderung des Eisenions durch die Deckschicht oder mit Wanderung von O^{2-}-Ionen durch die Deckschicht, die von der Oxydation des Eisens in Gasatmosphäre angenommen werden, auf die Bildung von Brünierschichten zu übertragen. Die bekanntesten naßchemischen Verfahren zur Herstellung von Brünierschichten sind die alkalischen unter Zusatz von Oxydationsmitteln wie Natriumnitrat, Nitrit, Chromat, Permanganat und dgl. Rein phänomenologisch läßt sich feststellen, daß die Reaktion sehr langsam verläuft. Man könnte daraus schließen, daß die sich bildende Deckschicht eine sehr gute Selbsthemmung der Korrosionsreaktion bewirkt. Der Schutzwert der sich bildenden Brünierschicht ist aus zwei Gründen heraus gering:

1. ist das sich bildende Oxyd nicht sehr widerstandsfähig gegenüber Säuren und

2. ist die sich bildende Deckschicht zu dünn, um ausreichenden Korrosionsschutz zu ergeben.

Man hat versucht, dickere Brünierschichten im sauren Medium zu erzielen. Hier verläuft zwar die Korrosionsreaktion unter Auflösen des

---

[7] HELLING, W.: Aluminium **13**, 375—381. (1937).

Eisens genügend schnell, doch sind die hierbei sich bildenden Korrosionsprodukte als Deckschichtbildner ungeeignet. Man könnte geneigt sein, die Bildung von Brünierschichten zu den MBV-Verfahren in Parallele zu setzen. Da aber im alkalischen Medium keine weitgehende Auflösung der natürlichen Oxydhaut der Eisenoberfläche stattfindet, ist es vielleicht richtiger, die Reaktion mit der Bildung von Böhmit-Schichten zu vergleichen. Der zeitliche Ablauf der Reaktion (langsam) und die Dicke der sich bildenden Brünierschichten (0,5 bis 3 μ) sind am besten vergleichbar zu den Böhmit-Schichten. Der Unterschied der beiden Schutzschichten besteht dann lediglich in ihrem Verhalten gegenüber Säuren, wobei offenbar die Lösungsgeschwindigkeit der Eisenoxyde größer als die des Aluminiumoxydhydrats in der Modifikation des γ_s Böhmits ist.

2.2 Phosphatschichten

2.21 Alkaliphosphatierung. Den Übergang von den Oxyd- zu den Phosphatschichten bildet die Alkaliphosphatierung[8]. Man könnte geneigt sein, sie zu den Brüniervorgängen im sauren Medium zu rechnen. Mit gleichem Recht kann man sie auch bereits zu den Phosphatierungsverfahren zählen. Bei der Alkaliphosphatierung wird mit sauren Lösungen, die ein Alkaliphosphat und gegebenenfalls Oxydationsmittel enthalten, im p_H-Bereich zwischen 3 und 6,5 vorzugsweise 4 bis 6 in wenigen Minuten eine Schutzschicht von 0,1 bis 0,5 μ Dicke gebildet, die aus 30 bis 70% Eisenoxyden und 70 bis 30% Eisenphosphaten besteht. Im allgemeinen ist ihr Schutzwert nicht höher als der einer Brünierschicht, doch eignet sie sich für die Nachdichtung mit Hilfe von Lacken. Hier liegt auch ihr Hauptanwendungsgebiet. Der Reaktionsablauf läßt sich schematisch wie folgt wiedergeben:
Als Startreaktionen kommen in Frage

$$Fe + 2H^+ + 2H_2PO_4^- \rightarrow Fe^{2+} + 2H_2PO_4^- + H_2 \tag{8}$$

und

$$\begin{aligned} &Fe + H_2O \rightarrow FeO + H_2 \\ \text{bzw.}\quad &2Fe + 3H_2O \rightarrow Fe_2O_3 + 3H_2. \end{aligned} \tag{9}$$

Die Reaktionen nach Gl. (9) führen dann unmittelbar zur Bildung von Oxydschichten bzw. zu dem oxydischen Anteil der Deckschicht, während die erstere über das Eisenphosphatierungsgleichgewicht

$$\begin{aligned} &3Fe(H_2PO_4)_2 \longleftrightarrow Fe_3(PO_4)_2 + 4H_3PO_4 \\ \text{bzw.}\quad &Fe(H_2PO_4)_2 \longleftrightarrow FeHPO_4 + H_3PO_4 \end{aligned} \tag{10}$$

zur Deckschichtbildung führt. Außer dem Phosphatierungsgleichgewicht mit Eisen(II) spielt auch das Eisen(III)-Phosphatierungs-

[8] KELLER, H.: Jrb. Oberflächentechn. **11**, 244 (1955).

gleichgewicht hinein. Dieses liefert im allgemeinen etwas staubige und schlammige Überzüge. Es muß daher die Eisen(III)-Gleichgewichtsreaktion als unerwünschte Nebenreaktion bezeichnet werden, zumal das Eisen(III)-phosphat in der Lösung Schlamm bildet. Es steht zu erwarten, daß der Anteil von Oxyden zu Phosphaten in der Schicht von dem p_H-Wert der Alkaliphosphatierungslösung abhängig ist. Mit steigendem p_H wird der Anteil an Oxyd größer. Die Haupthemmung für die Reaktion liegt aber in der Passivität der Metalloberfläche selbst, so daß die Gleichmäßigkeit der Schicht in erster Linie durch die Vorbehandlung und Vorgeschichte des Materials bestimmt wird.

2.22 Schwermetallphosphatierung. Den vorstehenden Ausführungen nach ist der Schutzwert von Oxydschichten bei Eisen und Stahl gering. Man mußte daher nach einer Ersatzreaktion suchen. Die bekannteste Ersatzreaktion mit der größten technischen Bedeutung ist die schichtbildende Phosphatierung. Hierunter wird die Phosphatierung mit Schwermetall-Gleichgewichtsphosphatlösungen im p_H-Bereich 2 bis 4 verstanden. Die Phosphatierungsreaktion ist ein typisches Beispiel dafür, daß zwar die Korrosionsreaktion als Startreaktion vorhanden ist, daß aber die durch die Korrosionsreaktion ausgelösten Folgereaktionen fast quantitativ die eigentliche Deckschicht bilden. Dies ist besonders offensichtlich, weil die Phosphatschicht im allgemeinen nicht aus Eisen- und Phosphationen aufgebaut ist, sondern aus Deckschichtkationen wie Kadmium-, Zink-, Mangan-, Calciumionen und Phosphatanionen, so daß man aus der analytischen Zusammensetzung der Deckschicht unmittelbar auf den Anteil der Folgereaktionen an der Deckschichtbildung schließen kann. Der Reaktionsmechanismus läßt sich wie folgt beschreiben:

Startreaktion unter Korrosion des Metalls

$$Fe + 2H^+ + 2H_2PO_4^- \rightarrow Fe^{2+} + 2H_2PO_4^- + H_2, \quad \text{wie} \quad (8)$$

d. h. die Phosphorsäure wirkt genauso wie jede andere Mineralsäure unter In-Freiheit-setzen von Wasserstoff auf die Metalloberfläche ein. Diese Reaktion führt zu einer Verminderung der H-Ionen-Konzentration in der Grenzschicht, d. h. zu einem p_H-Anstieg unter Störung des in der Lösung vorliegenden Phosphatierungsgleichgewichts zwischen Schwermetallionen und Phosphorsäure. Schematisch kann man die Gleichgewichtsreaktionen wiedergeben durch die Gleichungen

$$Me(H_2PO_4)_2 \longleftrightarrow MeHPO_4 + H_3PO_4 \quad (11)$$

$$3\,MeHPO_4 \longleftrightarrow Me_3(PO_4)_2 + H_3PO_4 \quad (12)$$

$$3\,Me(H_2PO_4)_2 \longleftrightarrow Me_3(PO_4)_2 + 4\,H_3PO_4. \quad (13)$$

Dabei kann Me jeden der vorstehend genannten Deckschichtbildner bedeuten. Welche von den Gleichgewichtsreaktionen ausgelöst wird, hängt von dem Deckschichtbildner, der Konzentration und der Temperatur der verwandten Lösungen ab. Die bekanntesten Schwermetallphosphatierungsverfahren verwenden aus später noch zu diskutierenden Gründen Zink. Bei Verwendung von Zink als Deckschichtbildner handelt es sich in erster Linie um das Gleichgewicht der Gl. (13). Kombiniert man die Startreaktion und die Folgereaktion zu einer Reaktionsgleichung unter Berücksichtigung der im Gleichgewicht mit dem primären Zinkphosphat vorhandenen freien Phosphorsäure, so erhält man eine summarische Gleichung der Form

$$3\,Zn(H_2PO_4)_2 + X\,H_3PO_4 + (4+X)\,Fe \rightarrow Zn_3(PO_4)_2 + (4+X)\,FePO_4 + \\ + 3/2\,(4+X)\,H_2. \qquad (14)$$

In dieser Gleichung erscheint Fe(III)-phosphat als Endprodukt, das in allen heute üblichen beschleunigten Phosphatierungssystemen durch Oxydation erhalten wird. Zur Oxydation des Eisens und zur Depolarisation des Wasserstoffs werden Oxydationsmittel wie Chlorate, Nitrate und Nitrite verwendet.

Die Reaktionsgeschwindigkeit der Deckschichtbildung läßt sich befriedigend durch eine Gleichung der Art $-\frac{dF}{dt} = KF$ wiedergeben. W. Machu[9] hat die Phosphat-Deckschichtbildung elektrochemisch erklärt und glaubt, daß die Phosphatierungsreaktion an den Kathodenflächen vor sich geht. Dementsprechend schreibt er obige Gleichung in der Form

$$-\frac{dF_A}{dt} = K\,F_A$$

in der F_A die Anodenfläche bedeutet. Eine derartige theoretische Deutung ist für einen Teil der Schutzschichtbildung bei der Phosphatierung zweifelsohne zutreffend. Doch scheint es nützlich, ohne die Bedeutung der elektrochemischen Zusammenhänge schmälern zu wollen, den Gesamtablauf der Phosphatierungsreaktion einer näheren Betrachtung zu unterziehen; dies um so mehr, als wahrscheinlich bei allen Reaktionen in wäßrigen Lösungen unter Deckschichtbildung ähnliche Bedenken gegen eine zu einseitige Betrachtung des Reaktionsablaufs erhoben werden können. Mißt man die zeitliche Schichtdickenzunahme, so erhält man einen Kurvenablauf entsprechend Abb. 3a u. b. Wir beschränken uns dabei auf die Diskussion der beiden wichtigsten Typen von Phosphatierungsreaktionen:

a) der chloratbeschleunigten,

b) der nitrat- bzw. nitritbeschleunigten Reaktion.

[9] Machu, W.: Die Phosphatierung, S. 43—46. Verlag Chemie 1950.

Bei den Kurven der Darstellung a und b lassen sich folgende Teilstücke unterscheiden:

α) Inkubationszeit; β) Schichtbildungsbeginn; γ) Exponentieller Anstieg; δ) Lineares Schichtdickenwachstum (gültig nur bei b).

Der eigentliche Bedeckungsvorgang mit Selbstpassivierung umfaßt das Teilstück γ. Für dieses Teilstück gilt das Selbstpassivierungsgesetz nach W. J. MÜLLER u. K. KONOPICKY[10], das, nach der Zeit aufgelöst, folgende Formulierung hat:

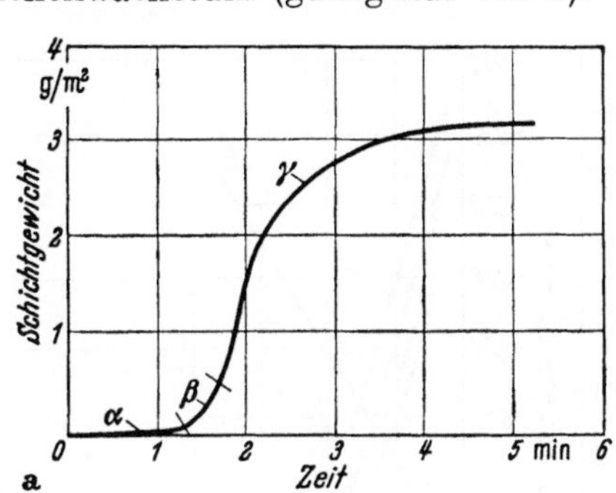

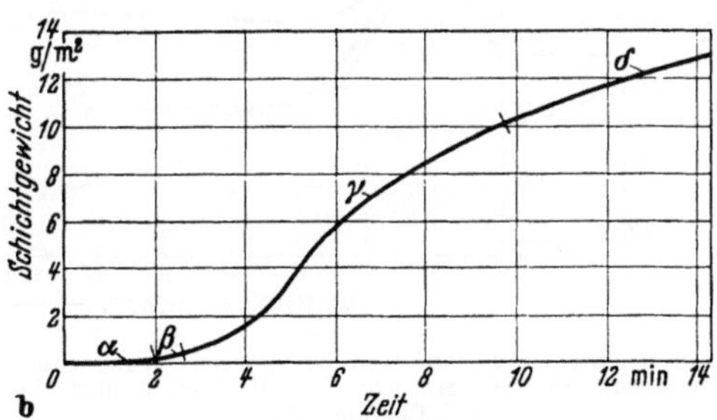

Abb. 3a u. b
a) Chloratbeschleunigtes Phosphatierungssystem
b) Nitratbeschleunigtes Phosphatierungssystem

$$t = M + N \log \frac{\varepsilon_{Me} - \varepsilon}{\varepsilon - \varepsilon_S}.$$

In dieser Formel bedeuten t die Zeit in sec, M und N Konstanten, ε_{Me} das Metallpotential, ε das jeweils zur Zeit t vorhandene Potential und ε_s das Schichtpotential. Dieses Gesetz läßt sich aus dem Potentialverlauf während des Phosphatierungsvorganges ableiten (vgl. Abb. 4). Hierbei ist zu berücksichtigen, daß bei den Potentialmessungen von Elektrolyt-Eisen ausgegangen ist, so daß das Teilstück α des Phosphatierungsvorganges sehr klein wird. Für die Teilstücke α, β und δ gelten offenbar andere Gesetzmäßigkeiten.

Die Phosphatierung wird mit Recht als topochemische Reaktion bezeichnet. In den Teilstücken α und β ist der *Orts*-Einfluß besonders deutlich. Bevor überhaupt der Bedeckungsvorgang beginnen kann, muß erst eine Aktivierung der Metalloberfläche eintreten. Unter dieser Aktivierung kann z. B. verstanden werden, daß erst die natürliche Oxydhaut aufgelöst werden muß. Man kann darunter auch verstehen, daß erst die Reaktionspartner an den Ort der Reaktion gebracht werden müssen. Auch kann zumindest für den Schichtbildungsbeginn β angenommen werden, daß die Keimbildungsgeschwindigkeit in die Reaktion eingreift. Diese Einflüsse hat W. MACHU[9] als äußere Be-

[10] MÜLLER, W. J., u. K. KONOPICKY: Mh. Chem. **52**, 473 (1929).

dingungen, die die Ausbildung der Phosphatschicht beeinflussen, beschrieben.

Von Interesse ist auch, daß die mit Oxydationsmitteln beschleunigten Reaktionen ein unterschiedliches Verhalten zeigen, und zwar nicht nur bzgl. der Reaktionsgeschwindigkeit, für die W. Machu[9] in Zahlentafel 10 seines Buches *Die Phosphatierung* die Geschwindigkeitskoeffizienten K angibt, sondern auch bzgl. der weiteren Schichtdickenzunahme, die ein Maß für die Selbsthemmung derReaktion sein dürfte. In dieser Beziehung gehorcht die Chloratreaktion weitaus mehr dem Ansatz $-\frac{dF}{dt} = KF$ als die Nitrat/Nitrit-Reaktion. In dem unterschiedlichen Kurvenablauf drückt sich rein phänomenologisch bei Beobachtung der erhaltenen Schichten aus, daß Chloratschichten im allgemeinen feinkristalliner, dünner und geschlossener sind als diejenigen Schichten, die man mit nitrat- bzw. nitrit- oder nitrat/nitritbeschleunigten Systemen erhält. Das Kurvenstück δ muß in Zusammenhang mit Diffusionsvorgängen entlang der Fehlstellen betrachtet werden.

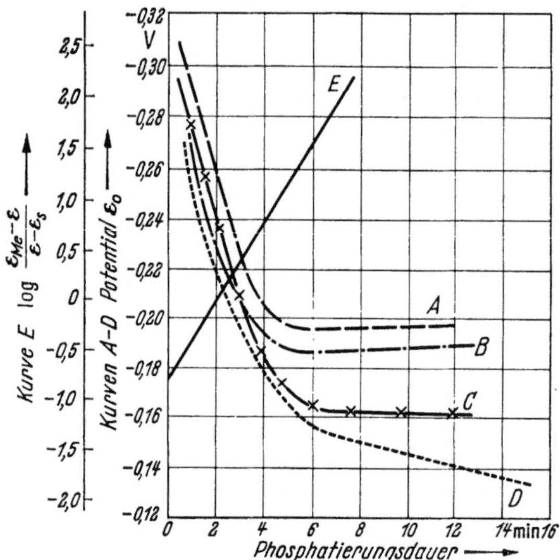

Abb. 4. Potentialverlauf und Selbstpassivierungsgesetz im Bonderbad aus W. Machu: Die Phosphatierung, Verlag Chemie 1950

Von erheblicher praktischer Bedeutung für die Verwendbarkeit der Phosphatierungssysteme ist die Gleichgewichts- oder Dissoziationskonstante K der tertiären bzw. sekundären Schwermetallphosphate. Entsprechend Gleichung 13 und 11 gilt:

$$K_{13} = \frac{[H^+]^4}{[Me^{2+}]^3\,[H_2PO_4^-]^2}$$

$$K_{11} = \frac{[H^+]}{[Me^{2+}]\,[H_2PO_4^-]}.$$

Leider ist nur für einen Teil der in Frage kommenden Deckschichtmetalle die Dissoziationskonstante bekannt[11]. Wir wollen versuchen, in

[11] Roesner, G., C. Schuster u. R. Krause: Korrosion u. Metallsch. **17**, 174—179 (1941).

diese Reihenfolge der bekannten Dissoziationskonstanten die nicht bekannten aufgrund ihrer Deckschichtbildung einzuordnen. Es ergibt sich dann etwa folgende Reihenfolge:

K für tertiäres	Eisen(III)-phosphat	bei 98° C	=	290,0
K für tertiäres	Kadmiumphosphat	bei 98° C		
K für tertiäres	Zinkphosphat	bei 98° C	=	0,71
K für sekundäres	Manganphosphat	bei 98° C	=	0,67
K für sekundäres	Kalziumphosphat	bei 98° C		
K für sekundäres	Eisen(II)-phosphat	bei 98° C	=	0,39
K für tertiäres	Manganphosphat	bei 98° C	=	0,040
K für tertiäres	Eisen(II)-phosphat	bei 98° C	=	0,0013

Diese Gleichgewichtskonstanten sind für die Phosphatierungsreaktion von doppelter Bedeutung. Je größer K, desto größer ist auch die Azidität des Phosphatierungssystems und damit die Reaktionsaktivierung. Zum andern richtet sich der Umsatz nach der Größe der Gleichgewichtskonstanten, so daß die Abscheidung der unlöslichen Metallphosphate in der angegebenen Reihenfolge vor sich geht. Es läßt sich aus dieser Reihenfolge schließen, in welcher Form das Deckschichtmetall vorzugsweise abgeschieden wird. Die hier angegebenen K-Werte sind nicht nur temperatur-, sondern auch konzentrationsabhängig, da sie mit Konzentrationen und nicht mit Aktivitäten berechnet sind. Hierauf ist bei der praktischen Benutzung dieser K-Werte Rücksicht zu nehmen. Trotzdem vermag die Reihenfolge der K-Werte die Vorliebe für Zink- und Manganphosphatsysteme zu erklären. Kadmium als Deckschichtmetall ist im allgemeinen zu teuer. Bei den anderen Reaktionen mit noch kleinerem K-Wert ist zumeist die Inkubationszeit so stark verlängert, daß die Schichtausbildung praktisch unterdrückt bleibt. Bei den vorzugsweise benutzten Zink- und Manganphosphatsystemen läßt sich aus den K-Werten die Zusammensetzung der Deckschicht ableiten, die im Falle des Zinks aus tertiärem Zinkphosphat mit 4 Kristallwassern in der rhombischen Modifikation des Hopeits[12], im Falle des Mangans aus einer Mischung von sekundärem und tertiärem Manganphosphat der Formel $Mn_3(PO_4)_2 \cdot 2\,MnHPO_4 \cdot 5^1/_2 H_2O$[12], wobei die sekundären Phosphate überwiegen, besteht. Daneben läßt sich analytisch und röntgenographisch das Auftreten von tertiärem Eisen(II)-phosphat in der Schicht (1 bis 10%) nachweisen und zwar bevorzugt an der Grenzfläche Eisen/Schicht. Dies steht in Widerspruch zu der Reihenfolge der K-Werte, doch dürfte die hohe Eisenkonzentration in der Nähe der Oberfläche diese Abweichung erklären. Kristallographisch ist dies deshalb von Bedeutung, weil die Kristallstrukturen von tertiärem Eisen(II)-phosphat und tertiärem Zinkphosphat sich so ähnlich sind, daß Mischkristallbildung möglich wird.

---

[12] Durer, A., u. E. Schmid: Korrosion u. Metallsch. **20**, 161—164 (1944).

Bei Beurteilung des Schutzwertes der Schwermetall-Phosphatschichten kann man zunächst allgemein feststellen, daß er bei Eisen und Stahl höher als der von Oxydschichten ist[13]. Dies erklärt bereits unmittelbar die große praktische Bedeutung der Phosphatierung, da Eisen und Stahl nach wie vor der am meisten verwendete Baustoff ist. Vergleicht man den Schutzwert der Phosphatschichten untereinander, so hängt dieser in erster Linie von dem verwendeten Deckschichtphosphat ab, in zweiter Linie vom Habitus bzw. der Größe der Kristallite, drittens von der Dicke der Schicht (2 bis 30 μ) und erst dann von dem, was man die freie Porenfläche nennt. Aus der Korrosionsgeschwindigkeit ergibt sich dabei nachstehende Reihenfolge:

Kadmiumphosphat, Kalziumphosphat, Manganphosphat, Zinkphosphat, Eisenphosphat.

Wenn trotzdem der Hauptlieferant für die Deckschichten das Zinkphosphat ist, so hängt das mit der Aggressivität und der Reaktionsgeschwindigkeit des Phosphatierungssystems und nicht zuletzt auch mit den Aufgabenstellungen, d. h. also der technischen Verwertung der Phosphatschichten, zusammen.

2.3 Oxalatschichten

Die Oxalatschichten werden aus sauren Oxalsäurelösungen, die Eisen(III)-Ionen, Oxydationsmittel wie Chlorate, Nitrate, Chromate und dgl. enthalten, erzeugt. Bei der Deckschichtbildung wird die geringe Löslichkeit von zweiwertigen Metalloxalaten, insbesondere des Eisenoxalats bei Stahl und Edelstahl ausgenutzt. Die Reaktion von Oxalsäure mit Eisen läßt sich qualitativ wie folgt angeben:

$$Fe + 2H^+ + C_2O_4^{2-} \rightarrow FeC_2O_4 + H_2 \quad (15)$$

Es handelt sich hier anscheinend um eine Korrosionsreaktion unter Selbsthemmung durch das gebildete Eisen(II)-oxalat. Gegen diesen allzu vereinfachten Reaktionsablauf spricht indessen, daß die Reaktionsgeschwindigkeit sehr wesentlich erhöht ist, wenn die Lösung Eisen(III)-Ionen enthält. Bei der Oxydation durch Eisen(III)-Ionen bzw. Depolarisation des Wasserstoffs und der damit verbundenen Reaktionsbeschleunigung nach

$$1/2\,H_2 + [Fe(C_2O_4)_3]^{3-} \rightarrow FeC_2O_4 + H^+ + 2C_2O_4^{2-} \quad (16)$$

wird Eisen(II)-oxalat gebildet, das an der Deckschichtbildung teilzunehmen vermag. Ein Beweis, daß eine Reaktion im Sinne der letzteren Reaktionsgleichung tatsächlich stattfindet, läßt sich indirekt an folgender Feststellung ablesen: Bei hohen Gehalten an Eisen(III)-Ionen in der Lösung steigt die Löslichkeit von Eisen(II)-oxalat. Man muß bei

[13] SACCHI, V. P.: Korrosion u. Metallsch. 17, 236—241 (1941).

hohen Gehalten an Fe^{3+}-Ionen den Gehalt an Eisen(III)- und Eisen(II)-Ionen aufeinander abstimmen, und zwar so, daß die Menge an Eisen(II)-Ionen der Löslichkeit des Eisen(II)-oxalats entsprechend gewählt wird. Weicht man von dieser Bedingung ab, so erhält man eine Verzögerung in der Deckschichtbildung. Der Reaktionsverlauf beim Oxalieren ist jedoch zu wenig bekannt, um weitere Spekulationen zu rechtfertigen.

Die Oxalatschichten bestehen, wie sich röntgenographisch zeigen läßt, im Falle des Eisens aus Fe(II)-oxalat · H_2O (vgl. Abb. 5). Der Schutzwert der Oxalatschichten ist gering. Auch die niedrige Temperaturbeständigkeit der Schichten, die sich bei etwa 140° C bereits unter Bildung von Oxyd thermisch zersetzen, setzt die Verwertbarkeit herab. Versuche, die Eisen(II)-oxalatschicht durch Zusätze von Phosphaten in der Lösung in eine andere Struktur oder in gemischte Phosphat/Oxalatschichten zu überführen, müssen als fehlgeschlagen bezeichnet werden. Infolge der Unterschiede in den Phasengleichgewichten für Schwermetallphosphate und -oxalate kommt es unter den p_H-Wert-Bedingungen der schichtbildenden Oxalsäurelösungen ($p_H = 1$ bis 2) vorzugsweise zur Bildung der Oxalatschicht. Bei der technischen Verwertung der Oxalatschichten handelt es sich daher mehr um die Ausnutzung anderer Eigenschaften, wie weiter unten gezeigt wird.

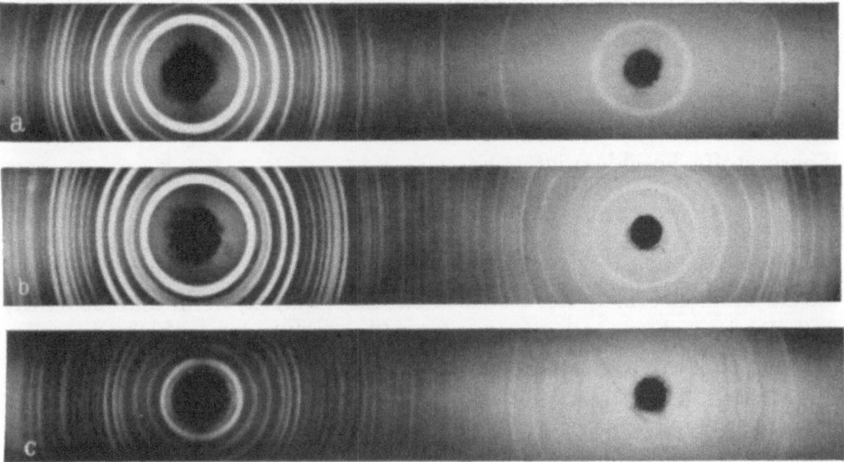

Abb. 5 a-c. Röntgenaufnahmen. Vergleich einer Oxalatschicht (b) mit analysenreinem Eisen(II)-oxalat (a) und Eisen(III)-phosphat (c)

2.4 Chromatschichten

Hierunter wird die Bildung von Chromi/Chromatschichten oder solchen Deckschichten, die einen wirksamen Anteil an Chrom(VI)-Verbindungen enthalten, verstanden. Am bekanntesten ist das Chromatieren der Nichteisenmetalle, z. B. Zink, Magnesium und Aluminium. Die technisch wichtigsten Chromatierungsverfahren werden im sauren Medium vorgenommen. Genaue Literaturangaben über die Reaktionen fehlen. Die reinen Chromi/Chromatschichten bestehen aus Chromhydroxyd und basischem Chrom(III)-chromat etwa der Formel $Cr(OH)_3 \cdot Cr(OH)CrO_4$. Das Zustandekommen dieser Deckschicht läßt sich wie folgt erklären: Die Primärreaktion ist eine Korrosionsreaktion, z. B.

$$Zn + 2H^+ + 2HCr_2O_7^- \rightarrow Zn^{2+} + 2HCr_2O_7^- + H_2. \tag{17}$$

Unter Verbrauch von H^+-Ionen steigt der p_H-Wert in der Grenzschicht, wobei Chromationen nach

$$2HCr_2O_7^- \longleftrightarrow 2CrO_4^{2-} + 2H^+ \tag{18}$$

gebildet werden. Die Primärreaktion wird unter Depolarisation des Wasserstoffs beschleunigt:

$$3H_2 + HCr_2O_7^- \rightarrow 2Cr(OH)_3 + OH^-.$$

Diese vielleicht etwas willkürlich erscheinenden Reaktionen vermögen die Zusammensetzung der Deckschicht zu erklären, wenn man bedenkt, daß die komplex zusammengesetzte Chromi/Chromatschicht aus den in den Reaktionsgleichungen vorhandenen Reaktionspartnern gebildet wird. Der Reaktionsablauf nach obigen Gleichungen bedeutet, daß im Falle der Chromatierung die durch die Korrosionsreaktion ausgelösten Folgereaktionen die Deckschicht bilden etwa nach

$$2Cr(OH)_3 + CrO_4^{2-} + 2H^+ \rightarrow Cr(OH)_3\,Cr(OH)\,CrO_4 + 2H_2O. \tag{19}$$

Anders als beim Zink liegen die Verhältnisse beim sauren Chromatiren des Aluminiums. Die saure Chromatierungsreaktion wird beim Aluminium zumeist durch das Vorhandensein von Fluorionen aktiviert, ohne daß dabei nennenswerte Mengen von Fluoriden in die Deckschicht eingebaut werden. Doch spielt sich bei der sauren Chromatierung als Nebenreaktion die Oxydschichtbildung nach ähnlichem Mechanismus, wie bei der alkalischen Oxydation des Aluminiums bereits beschrieben, ab. Man findet daher beim Chromatieren des Aluminiums eine Schicht, die aus hydratischem Aluminiumoxyd und Chromi/Chromat aufgebaut ist. Noch komplizierter werden die Verhältnisse, wenn man zum Chromatieren des Aluminiums Lösungen verwendet, denen außer Fluorid-Ionen noch Phosphat-Ionen zugesetzt sind. In dem System Chromsäure/Phosphorsäure/Flußsäure gibt es nach USP 2438877 einen Schichtbildungsbereich, der zu 0,5 bis 5 μ dicken Schichten, die komplex aus Aluminiumoxyd, Aluminiumphosphat, Chromphosphat und Chromi/Chromat aufgebaut sind, führt. Das nachfolgende Diagramm (Abb. 6) zeigt den Schichtbildungsbereich des Systems CrO_3-P_2O_5-F. Das Vorhandensein von Chromphosphat in der Schicht äußert sich in der ansprechenden hellgrünen Färbung, die sich naturgemäß mit der Schichtdicke zu dunkelgrüneren Tönen hin verschiebt. Auch bei der sauren Chromatierung des Aluminiums dürfte die Startreaktion die Zerstörung oder zumindest teilweise Zerstörung der natürlichen Oxydhaut herbeiführen. Dementsprechend bricht auch der Korrosionsschutz dieser Art von Deckschichten unmittelbar mit der Zerstörung der Deckschicht zusammen. Damit hängt auch wohl zusammen, daß die Chromatschichten ihr vorzugsweises Anwendungsgebiet als Vorbehandlung vor dem Lackieren finden und mehr aus dekorativen Gründen auch für den Selbstkorrosionsschutz verwendet werden.

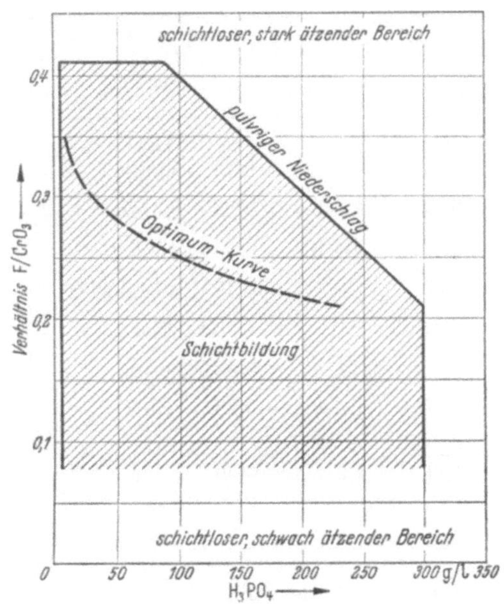

Abb. 6. Die Schichtbildung in Abhängigkeit vom Verhältnis F/CrO_3 : P_2O_5

Verbreitet ist auch das Chromatieren von Magnesium. Es ist üblich, Magnesium vor der weiteren Verwendung mit Chromsäure zu beizen, vornehmlich um die beim Guß oder Walzen entstandenen Oberflächenverunreinigungen, die sich durch Elementbildung korrosionsfördernd auswirken würden, von der Magnesiumoberfläche zu entfernen, zum andern aber auch, um einen vorübergehenden Lagerschutz durch die beim Chromsäurebeizen des Magnesiums gebildete 0,2 bis 2 μ dicke gelbe Chromi/Chromatschicht zu erhalten.

Bei der Behandlung des Magnesiums mit Di-Chromatlösungen, z. B. Dow Nr. 7[14], die durch Halogen-, insbesondere F-Ionen in ihrer Wirkung verstärkt werden können, entstehen etwas dickere, oft dunkelbraun gefärbte Schichten, bei denen — man möchte fast sagen selbstverständlich — Nebenreaktionen berücksichtigt werden müssen. Der Selbstschutz dieser Schichten ist gleichfalls gering, so daß das Hauptanwendungsgebiet die Vorbehandlung vor dem Lackieren ist.

[14] Dow Magnesium Finishing 1952.

3 Die technische Verwertung der Schutzschichten

An den Beginn dieses Teiles sei eine Übersicht gesetzt, aus der in großen Zügen hervorgeht, welche Metalle sich mit welchen chemischen Verfahren behandeln lassen. Die möglichen Behandlungen sind gestrichelt, die vorzugsweise Behandlung durch Strich wiedergegeben:

Potential in Volt		Metall oder Legierung	Naßchemisches Verfahren			
Normal	Passiv		Oxalieren	Phosphatieren	Chromatieren	Oxydieren
	−0,05 bis +0,75	Edelstähle	———	-----------		
+0,34	+0,1 bis +0,28	Kupfer	———			-----------
−0,22	+0,04 bis +0,46	Nickel	———			
−0,40	bis −0,48	Kadmium		———	-----------	
−0,44		Eisen	-----------	———		-----------
	−0,21 bis −0,48	Stähle	-----------	———		-----------
−0,76	bis −0,25	Zink		———	———	
−1,69	−1,2 bis −0,50	Aluminium		———	———	———
−2,40		Magnesium		-----------	———	———

Diese Tabelle läßt gewisse Zusammenhänge zwischen den Potentialen und der Art des zu verwendenden naßchemischen Verfahrens ahnen. Im großen und ganzen ändert sich die H-Ionenkonzentration der chemischen Verfahren von den sauren Oxalat- bei edlen Metallen zu den alkalischen Oxydationsverfahren bei den unedleren Metallen. Zugleich liefert diese Aufstellung noch einmal einen Hinweis auf die Bedeutung der Aktivierung der Metalloberfläche, d. h. auf das Kurvenstück α in der Abb. 3a und 3b. Vor Beginn der Deckschichtbildung muß die Passivierung der Oberfläche aufgehoben werden.

Von Interesse ist diese Tabelle auch zur Beantwortung der Frage, mit welchen Verfahren verschiedene Metalle gleichzeitig behandelt werden können. Eine Ideallösung mit gleich guten Ergebnissen für alle in Frage kommenden Metalle gibt es nicht. Im Gegenteil, es muß sogar gegenüber der obigen Tabelle noch die Einschränkung vorgenommen werden, daß die gleichzeitige Behandlung verschiedener Metalle mit ein und demselben Verfahren zur Zeit nur bei den Phosphatierungsverfahren möglich ist. Bisher ist nur ein einziges Verfahren bekanntgeworden, mit dem es möglich ist, die ganze Skala phosphatierbarer Metalle, d. h. Eisen, Stahl, Kadmium, Zink, Aluminium und Magnesium zu behandeln.

Wie bereits in der Einleitung festgestellt wurde, ist die Zahl der Veröffentlichungen über die praktische Verwendung von auf chemischem Wege hergestellten Schutzschichten sehr groß. Infolgedessen darf der Verfasser sich auf einige ihm wesentlich erscheinende Punkte, die die Anwendungsgebiete charakterisieren, beschränken.

3.1 Korrosionsschutz

Das Wort Schutzschicht in der Themenstellung läßt erwarten, daß der Korrosionsschutz eine der wichtigsten Aufgaben ist. Es wäre zu begrüßen, wenn man der obigen Tabelle die Schutzschichtpotentiale anfügen könnte. Doch ist nur in wenigen Fällen das Schutzschichtpotential gemessen worden. So geht z. B. aus Abb. 4 hervor, daß beim Phosphatieren eine mittlere Potentialveredlung von $-0{,}15$ V eintritt. Potentialerhöhungen der genannten Größenordnung sind auch bei den anderen Schutzschichten zu erwarten, so daß der Schluß zu ziehen ist, daß — abgesehen von wenigen Ausnahmen — die auf chemischem Wege gebildeten Schutzschichten keinen ausreichenden Selbstschutzwert besitzen. Dies ist wohl mit einer der Gründe, warum die elektrochemischen Verfahren trotz der weitaus schwierigeren Verfahrensbedingungen und der höheren Kosten immer noch große Bedeutung für den Selbstschutz besitzen. Die praktische Verwendung der chemischen Schutzschichten

a) in Verbindung mit Fetten, Ölen, Wachsen u. dgl.

b) als Lackhaftgrund

bestätigt den obigen Rückschluß. Für die genannten Anwendungszwecke erwiesen sich Phosphat-, Chromat- und Oxydschichten als besonders geeignet. Die Genannten zeigen eine Vorliebe für organische Stoffe. Oxalatschichten hingegen sind hydrophil und daher für den genannten Verwendungszweck weniger geeignet. Der Unterschied der beiden Schichttypen läßt sich sehr leicht durch ein kleines Experiment demonstrieren. Stellt man oxalierte und phosphatierte Stahlplatten mit ihrem unteren Ende in Wasser, andere in Öl, so wird in wenigen Minuten das Öl an der phosphatierten, das Wasser an der oxalierten Platte aufsteigen. Daraus geht hervor, daß unterschiedliche Grenzflächenkräfte wirksam werden.

Von großer praktischer Bedeutung ist außerdem die durch die Schutzschicht hervorgerufene Aufrauhung und Vergrößerung der Oberfläche. Die rauhe und vergrößerte Oberfläche ist in der Lage, ein Mehrfaches an Fetten, Ölen, Wachsen u. dgl. aufzunehmen als die blanke Metalloberfläche. Man darf daher erwarten, daß die Oberflächenrauheit und nur c. p. die Dicke der nichtmetallischen Schichten einen

Maßstab bildet für die Mengen, die an derartigen Nachbehandlungsmitteln aufgenommen werden können. Zum Beispiel beträgt die Steigerung der Ölaufnahme einer phosphatierten Fläche nur 20% bei Vervierfachung der Schichtdicke[15].

Obige Prinzipien lassen sich nicht unbedenklich auf die Lackierung der Schutzschichten übertragen. Mit Rücksicht auf die bei Biegungen auftretenden Scherkräfte wird man eine möglichst gleichmäßig mikrorauhe, d. h. feinkristalline und dünne Schutzschicht verlangen müssen. Abweichend von dem Gesichtspunkt der Erhöhung des Korrosionsschutzes durch dicke Schichten besteht daher seit einigen Jahren mit Rücksicht auf die Flexibilität der Kombination Schutzschicht + Lack eine Entwicklungstendenz zu möglichst feinen Schichten. Im Sinne dieses Zieles liegen: Reaktionsbeschleunigung z. B. durch Oxydationsmittel; mechanische Beschleunigung z. B. durch Aufbürsten und Aufspritzen; Vorbereitung der Oberfläche zur Reaktion durch geeignete Vorspülungen; Vermeidung der Passivierung der Oberfläche durch ungeeignete Reinigungsmethoden. Mit diesen Maßnahmen werden Schutzschichten von 1 bis 3 μ Dicke erzielt, die hinsichtlich der Kompromißbedingung Korrosions- und Biegeverhalten im Optimum liegen.

Bei Prüfung des zusätzlichen Schutzwertes, den nichtmetallische Schichten der Lackierung verleihen, ist dementsprechend zu achten auf

a) Biege-, Ritz-, Tiefungs- und Scherungsverhalten der lackierten Proben,

b) den zusätzlichen Korrosionsschutz.

Letzterer umfaßt:

α) Oberflächenreinheit, β) Unterrostungsschutz, γ) Alterungsschutz bzw. Dauerlackhaftung, δ) Schutz gegen Filiformkorrosion.

3.2 Reibungsminderung und Kaltformen von Metallen

Der sprunghaften Änderung des Reibungsbeiwertes $\mu = K/F$* beim Verschweißen zweier Metalloberflächen vermag das Vorhandensein einer Trennschicht entgegenzuwirken. Je höher die Druckbeanspruchung beim Gleiten oder Reiben, um so höhere Anforderungen muß man an die Trennschicht stellen. Die Verwendung von Schutz- und Trennschichten, die durch ihre Erzeugung chemisch mit dem Metall verbunden sind, hat daher in mehrfacher Hinsicht hervorragende tech-

---

[15] Durer, A., E. Schmid u. H. D. Graf von Schweinitz: Metallwirtsch. **86**, 15—18 (1942).

* μ = Reibungsbeiwert, K = Angreifende Kraft in Gleitrichtung, F = Tragende Fläche, an der die Kraft angreift.

nische Bedeutung erlangt, so bei der Hochdruckreibung von gleitenden Maschinenteilen und bei der Kaltformung von Metallen, insbesondere von Eisen, Stahl und Edelstahl[16–20]. Ein Blick in die Tabelle lehrt, daß für diese Metalle Phosphat- und Oxalatschichten in Betracht kommen. Die weitgehende Bedeutung wird klar, wenn man bedenkt, daß die nichtmetallische Schicht nicht nur einen Schutz gegen das Verschweißen der Metalloberflächen während des Gleit- oder Reibungsvorganges bewirkt, sondern auch als Schmiermittelträger die notwendigen Schmierstoffe durch physikalische und/oder chemische Kräfte in die Grenzfläche zwischen formgebendem Werkzeug und spanlos zu formendem Werkstück bringt. Es ist aus dem vorhergehenden Kapitel bereits deutlich geworden, wie die physikalischen Kräfte gegenüber organischen Stoffen — in diesem Falle Schmiermitteln — wirksam werden.

Die Verwendung von wäßrigen Schmiermittelemulsionen zur Kaltformung ist bei Phosphat- mit besserem Erfolg durchführbar als bei Oxalatschichten. Dieser Unterschied in dem Verhalten gegenüber wäßrigen Schmiermitteln resultiert aus der Hydrophilie der Oxalatschichten (siehe oben).

Chemische Kräfte werden bei der Aufbringung von spezifischen Schmiermitteln wirksam. Verläuft die Schutzschichtbildung unter Korrosion des Metalls mit Selbsthemmung durch die Korrosions- oder Folgeprodukte, so ergibt sich beim Beseifen von z. B. Zinkphosphatschichten eine ähnliche Reaktion. Unter Angriff auf die Schutzschicht wird ein Teil der Zinkphosphatschicht mit der Alkaliseife zu Zinkseife umgesetzt. Damit ist die Alkaliseife in Form der Zinkseife chemisch fixiert. Diese Beseifungsreaktion ist wie die schutzschichtbildenden Reaktionen an bestimmte Bedingungen gebunden. Die *reaktiven* Schmiermittel haben einen großen Anteil an dem Fortschritt, den das Singer-Patent DRP 673405 — Kaltformung mit Hilfe von auf chemischem Wege erzeugten, zusammenhängenden Kristallhäuten — ausgelöst hat. Dies gilt besonders für schwierige Kaltformungsoperationen mit starken Änderungen der Wandstärke, und zwar sowohl hinsichtlich der absoluten Verformungsleistung als auch der Geschwindigkeit des Verformungsvorganges und der Oberflächenqualität der verformten Werkstücke.

---

[16] Overath, W.: Stahl u. Eisen **68**, 231—235 (1948).

[17] Kluge, L.: Draht **1** (1950).

[18] Hauttmann, H.: Arch. Eisenhüttenw. **21** (1950), H. 7/8, S. 235—242.

[19] Sellin, W.: Mitt. Forschungsges. Blechverarbeitung **1952**, Nr. 4.

[20] Keller, H., u. W. Rausch: Mitt. Forschungsges. Blechverarbeitung **1954**, Nr. 5, S. 49—54.

3.3 Elektrische Isolation

Die aus Metallsalzen aufgebauten Schutzschichten bestehen in der Mehrzahl aus Ionenkristallen. In Einzelfällen, z. B. bei Schichten, die beim Chromatieren von Aluminium unter Zusatz von Phosphorsäure und Flußsäure gebildet werden, erhält man bei Röntgenaufnahmen nur schwache Reflexe, so daß in diesen Fällen von *amorphen* Schichten geredet wird[21].

Die elektrische Leitfähigkeit der Ionenkristallschichten ist um viele Zehnerpotenzen geringer als die des geschützten Metalls. Nach streng physikalischen Gesichtspunkten werden die Schichten zu den Halbleitern zu rechnen sein. Praktisch wirken sie indessen wie Isolatoren. Trotz der guten Isolationswirkung ist die Wärmeleitung senkrecht durch die Schicht überraschend groß. Letzteres mag mit der Vergrößerung der Oberfläche zusammenhängen. Vergleichsweise ist in einem Blechstapel, der in den einzelnen Lagen durch Phosphatschichten isoliert ist, bei Anpreßdrucken von 20 kg/cm^2 die Wärmeleitung gegenüber einem nichtphosphatierten Blechstapel annähernd gleich. Die Ausnutzbarkeit der Schichten zur elektrischen Isolation beginnt bei Dicken um etwa 3 μ. Verständlicherweise nimmt die Isolationswirkung mit der Schichtdicke zunächst zu, um ab etwa 8 μ auch bei Druckbeanspruchung annähernd konstante Werte zu liefern.

Das Hauptanwendungsgebiet betrifft ferromagnetische Werkstoffe. Dementsprechend erscheinen Phosphat- und Oxalatschichten als geeignet. Jedoch kommen die letzteren wegen ihrer geringeren Temperaturstabilität kaum in Betracht. Die mannigfaltigen Isolationsaufgaben im Transformatoren- und Motorenbau bringen es mit sich, daß mit unterschiedlichen Phosphatierungsverfahren gearbeitet werden muß. Die steigende Verwendung chemischer Schutzschichten zur elektrischen Isolation und das steigende Interesse resultieren aus den Vorteilen, die diese Art von Isolation mit sich bringt:

1. Erhöhung des Füllfaktors
2. Druckstabile Isolation
3. Temperaturstabile Isolation
4. Isolation der Schnittkanten
5. Gute Wärmeableitung
6. Korrosionsschutz

Diskussionsbemerkungen

W. Jaenicke:

Die Schwierigkeit für die quantitative Untersuchung derartiger Schichtbildungsmechanismen liegt darin, daß ohne Aufwand meist nur Schichtmengen gemessen werden können. Die Umrechnung auf die theoretisch interessanteren Schichtdicken ist gerade bei so inhomogenen Schichten, wie sie bei der Phosphatierung und anderen

[21] Ketterl, H.: Aluminium **29**, 509—513 (1953).

Lokalelementvorgängen, auch bei der atmosphärischen Korrosion auftreten, nur mit großen Unsicherheiten möglich. Die MÜLLER-MACHUsche Porenprüfmethode gibt zwar einen Anhaltspunkt über den Bedeckungsvorgang (nicht mehr), aber bei gleichzeitiger Oberflächenbedeckung und Schichtverdickung versagt sie weitgehend. Wahrscheinlich liegen die Unterschiede der unter verschiedenen Bedingungen gefundenen Kurven gerade darin, daß Bedeckungs- und Dickenwachstumsvorgänge miteinander konkurrieren. Ihre Einzelgeschwindigkeiten hängen sicher stark von Lösungszusätzen ab. So können recht komplizierte Kurven für den Bruttovorgang auftreten.

H. Keller (*Antwort*):

Die Messung der Schichtgewichte erlaubt bezüglich des Kurvenstückes γ in den Abb. 3a und b eine hinreichende Aussage. Es handelt sich hier um einen exponentiellen Anstieg. Dieser Teil der Deckschichtbildung wird von W. MACHU elektrochemisch erklärt (s. die im Aufsatz zitierte Literaturstelle[9]). Der Bemerkung von JAENICKE stimme ich bezüglich der Kurvenstücke α und β zu. Doch sind bisher keine Untersuchungen über die unmittelbaren Vorgänge an der Metalloberfläche mit Hilfe von Elektronenmikroskopaufnahmen durchgeführt worden, so daß leider über die Keimbildungs- und Kristallwachstumsvorgänge unmittelbar an der Metalloberfläche noch keine Aussagen gemacht werden können.

H. J. Reiser:

1. Wir haben bei Phosphatierung aneinandergeschweißter Stahlbleche verschiedene Tönungen der Phosphatschichten wahrgenommen, die unseres Erachtens durch unterschiedliche Kornausbildung hervorgerufen werden. Kann hierfür eine von Band zu Band abweichende Walztextur verantwortlich gemacht werden?

2. Während der Phosphatierung liefert das zu behandelnde Metall mit der Phosphatierungslösung auch Wasserstoff. Kann der entwickelte Wasserstoff durch Eindiffusion in das Grundmetall zu einem späteren Abplatzen der Phosphatschicht führen?

3. Kann eine Inhibition verschmutzter Bänder zu einer variierenden Korngröße der Phosphatkristalle führen?

H. Keller (*Antwort*):

Zu 1. Die Abhängigkeit der Kristallitgröße der Phosphatschichten von der Metalloberfläche ist bekannt. Die Textur, die Legierungszusammensetzung, die Metallkorngröße, die Dicke der an der Metalloberfläche vorhandenen Oxydhäute und dergleichen mehr sind für die unterschiedliche Ausbildung der Phosphatschichten verantwortlich. Die Inhomogenität der Farbe der Phosphatschicht kann einmal hervorgerufen werden durch unterschiedliche Kristallitgröße in der Phosphatschicht selbst, zum anderen durch Inhomogenitäten in der Färbung der darunterliegenden Metalloberfläche. Die z. B. auf dünnen Zunderhäuten gebildeten Phosphatschichten sind dunkler gefärbt als auf zunderfreien Oberflächen.

Zu 2. Diese Frage ist zu verneinen. Die Porosität der Phosphatschicht ist zweifelsohne so groß, daß Wasserstoff durch die Phosphatschicht hindurch diffundieren kann, ohne die Phosphatschicht dabei abzusprengen. Bei fast allen mit Oxydationsmitteln beschleunigten Phosphatierungssystemen ist die Wasserstoffaufnahme in das Grundmetall so gering, daß die vom Beizen her bekannte Beizsprödigkeit beim Phosphatieren mit den modernen, mit Oxydationsmitteln beschleunigten Phosphatierungssystemen nicht auftritt.

Zu 3. Rückstände auf der Oberfläche, seien es Fett- oder Schmutzpartikel, stören den Phosphatierungsvorgang in jedem Falle. Im allgemeinen wird diese Störung auf den Phosphatierungsvorgang negativ einwirken, d. h. man erhält entweder gar keine Schicht oder eine ungenügende Schicht in Form von einzelnen groben und nicht zusammenhängenden Kristallen auf der Oberfläche. Jedoch sind in neuerer Zeit auch Vorgänge zunächst rein empirisch bekanntgeworden, bei denen eine *Verschmutzung* der Oberfläche zu einer positiven Beeinflussung der Phosphatschicht führen kann. Es scheint z. B. ein dünner Film von organischen Fetten auf der Metalloberfläche zu einer besonders dünnen, dichten und feinkristallinen Phosphatschicht zu führen. Von dieser Feststellung wird praktisch bereits Gebrauch gemacht.

G. Schikorr:

An lackiertem Eisen soll selbst bei vorheriger Phosphatierung Fadenrost entstehen können, und zwar von solchen Stellen ausgehend, an denen sowohl die Lack- als auch die Phosphatschicht durchstoßen ist. Ist so etwas nach den Erfahrungen des Vortragenden auch bei einwandfreier Phosphatierung möglich oder nur bei fehlerhafter? Wie liegen diese Verhältnisse, wenn man — wie in der Praxis aus wirtschaftlichen Gründen häufig — nicht die eigentlichen Phosphatierungsbäder, sondern verdünnte Phosphorsäure verwendet?

H. Keller (*Antwort*)**:**

Zu der Frage der Entstehung von Fadenrost (vgl. Abb. 1) — im angelsächsischen Schrifttum wird von Filiformkorrosion gesprochen — beim Einsatz von Schutzschichten wurden bei der Metallgesellschaft Untersuchungen vorgenommen. Es hat sich gezeigt, daß alle Schutzschichten, auch die sehr dünnen Eisenphosphatschichten, zu einer Inhibierung bzw. Verzögerung der Wachstumsgeschwindigkeit von Rostfäden führen. Neben der Art der Schutzschicht ist in erster Linie die Dicke der Schutzschicht, insbesondere der Phosphatschicht für das Ausmaß der Inhibierung maßgebend. Um einmal den Begriff Fadenrostbildung unter halbdurchlässigen Schichten, wie z. B. Lackschichten, phänomenologisch zu erklären und zum andern das Ausmaß der Inhibierung in Abhängigkeit von verschiedenen Schutzschichttypen zu charakterisieren, sei auf Abb. 2 verwiesen.

Abb. 1. Fadenförmiger Rost auf einem Reflektor

Insbesondere aus der Länge der Korrosionsfäden kann ein Schluß auf das Ausmaß der inhibierenden Wirkung der Schutzschicht ge-

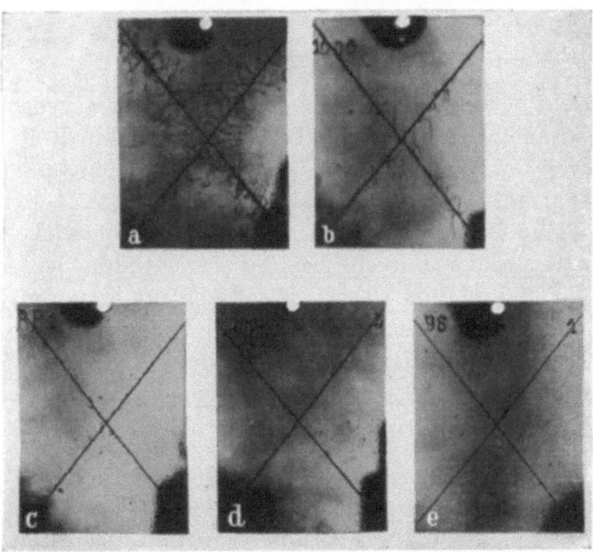

Abb. 2a—e. Ausbreitung der fadenförmigen Korrosion in Abhängigkeit von der Oberflächenbehandlung vor dem Lackieren. Vorbehandlung der Proben: a Lösungsmittelentfettung; b Alkaliphosphatierung; c Washprimer; d Dünnschichtphosphatierung; e Dickschichtphosphatierung

zogen werden. Die nichtschichtbildenden Phosphatierungssysteme, die sehr dünne Eisenphosphat- bzw. Eisenoxyd-Eisenphosphat-Überzüge liefern (hierzu ist auch die Behandlung mit verdünnten Phosphorsäuren zu rechnen), ergeben eine schwache Geschwindigkeitsverzögerung im Wachstum des Fadenrostes. Die im allgemeinen für die Lackierung eingesetzten Zinkphosphatschichten mit Schichtdicken von 2 bis 3 μ verzögern nicht nur die Wachstumsgeschwindigkeit, sondern bringen nach etwa 2 bis 3 mm Fadenlänge das Rosten zum Stillstand. Eine quantitative Inhibierung von Fadenrost entsteht bei Phosphatschichtdicken oberhalb von 7 bis 8 μ.

G. Schikorr:

Wenn die Überspannung des Wasserstoffs bei der Phosphatierung des Eisens eine Rolle spielte, müßte sie sich wohl auch in einer Versprödung phosphatierter Stahlfedern bemerkbar machen. Bei den Langzeit-Phosphatierungsverfahren ist das auch sicherlich der Fall. Wie aber steht es mit den Kurzzeit-Phosphatierungsverfahren, bei denen ja die Phosphatierung in der Hauptsache nicht unter Wasserstoffentwicklung, sondern unter Verbrauch von Oxydationsmitteln vonstatten geht? Ist nach Ansicht des Vortragenden auch bei den Kurzzeitverfahren durch die auch hier noch vorhandene, wenn auch geringe Wasserstoffentwicklung eine Gefahr der Versprödung von Federn beim Phosphatieren gegeben?

H. Keller (*Antwort*):

Es ist richtig, daß bei der Phosphatierung mit Oxydationsmitteln die Überspannung des Wasserstoffs kaum noch eine Rolle spielt. Die Depolarisation des Wasserstoffs durch Oxydationsmittel ist allerdings nicht immer quantitativ. Bei Nitratbeschleunigung z. B. werden an der Metalloberfläche noch etwa 5% des Wasserstoffs entwickelt, der ohne Zusatz von Oxydationsmitteln bei der schichtbildenden Phosphatierung entsteht. Bei allen modernen mit Beschleunigung durchgeführten schichtbildenden Verfahren ist die Wasserstoffentwicklung so gering, daß eine Gefahr der Wasserstoffversprödung, z. B. bei Stahlfedern nicht besteht.

F. Tödt:

Nach Angaben des Vortragenden ist eine Ursache für den mangelnden Korrosionsschutz von Brünierschichten auf Eisen eine mangelnde Widerstandsfähigkeit gegenüber Säuren. Die Frage ist, ob sich das Oxyd, wenn es vom Grundmetall völlig isoliert ist, ebenfalls in Säure leicht löst. Nach Feststellungen von Evans lösen sich die Oberflächenoxyde auf Eisen nur dann leicht in Säure, wenn eine galvanische Verbindung mit dem Grundmetall und außerdem eine unvollkommene Bedeckung mit Oxyd vorhanden ist, so daß eine Lokalelementwirkung eintreten kann.

H. Keller (*Antwort*):

Der Bemerkung von Tödt habe ich nichts hinzuzufügen, da ein Vergleich der Lösungsgeschwindigkeit der Oxydschichten, die vom Metall abgelöst sind, möglicherweise keine derartigen Unterschiede aufweist, wie rein phänomenologisch bezüglich der Löslichkeit von Oxydschichten, die mit dem Metall verbunden sind, festgestellt wird.

Passivierungserscheinungen beim chemischen Glänzen von Aluminium

Von R. Lattey

1 Die Oberfläche nach dem mechanischen Polieren

In den letzten Jahren hat das chemische Glänzen von Aluminium, insbesondere von Reinstaluminium und seinen homogenen Mg-Legierungen, in steigendem Maße in der Industrie Verbreitung gefunden.

Die mechanische Politur hat bekanntlich den Nachteil, daß durch die damit verbundene Wärmeentwicklung verstärkte Oxydbildung eintritt und Schleifmittel in die Oberfläche eingedrückt werden. Wenn mechanisch polierte Oberflächen auch sehr glatt sind, so ist ihr Gesamtreflexionsvermögen infolge der erwähnten Oberflächenverunreinigung verhältnismäßig gering. Dazu kommt, daß solche Flächen gegen Korrosion und Abrieb sehr empfindlich sind, wodurch die Reflexionswerte im Laufe der Zeit noch weiter absinken.

Oxydiert man mechanisch polierte Oberflächen anodisch, so werden zwar Korrosion und Abrieb weitgehend verhindert, dafür ergibt sich aber ein Reflexionsverlust durch Einbau der Schleifmittelreste in die Oxydschicht. Um diese Eintrübung der Eloxalschicht zu verhindern, müssen die Verunreinigungen auf den Oberflächen vor dem Eloxieren entfernt werden, ohne daß eine Anätzung der Oberfläche stattfindet. Dies geschieht sowohl beim anodischen als auch beim chemischen Glänzen des Metalls.

2 Der Mechanismus des anodischen Glänzens

Die Vorgänge, welche beim Glänzen einen Metallabbau bewirken, sind noch nicht vollständig geklärt, obwohl sie für das anodische Glänzen von Aluminium von verschiedenen Seiten sehr eingehend untersucht worden sind und auf Grund dieser Untersuchungen auch schon eine ganze Reihe von Theorien aufgestellt wurde.

Leider führten alle diese Untersuchungen nicht zu einer einheitlichen Auffassung der Vorgänge. Das mag seinen Grund darin haben, daß der Glänzmechanismus bei den verschiedenen Glänzverfahren nicht immer der gleiche ist. Es scheint aber ganz allgemein Klarheit darüber zu bestehen, daß für den anodischen Glänzprozeß Passivierungsvorgänge eine maßgebende Rolle spielen. Ob es sich bei diesen Passivierungsschichten um festhaftende Deckschichten oder nur um hochviskose Grenzflächenfilme handelt, ist in einzelnen Fällen noch umstritten; wahrscheinlich spielen beide Möglichkeiten, je nach Glänzbadzusammensetzung, eine Rolle.

3 Der Mechanismus des chemischen Glänzens

3.1 Allgemeines

1952 wiesen H. FISCHER und seine Mitarbeiter[1] darauf hin, daß das *elektrolytische* Polieren durch ein *chemisches* Tauchverfahren ersetzt werden kann. Dabei treten wahrscheinlich an die Stelle der *äußeren* Stromzufuhr *innere* Stromquellen, welche durch die Lokalelemente auf der Oberfläche des zu polierenden Metalls gebildet werden. Dazu ist, nach FISCHER, Voraussetzung, daß hohe Korrosionsstromdichten auftreten, da erst diese die erforderliche, teilweise Passivierung der Oberfläche zustande bringen, die eine äußerst feine, statistische Abtragung der Oberfläche an Stelle der ätzenden, kristallographisch orientierten ermöglicht. Die Erzeugung der hohen Korrosionsstromdichten wird erreicht durch Zugabe von Schwermetallsalzen, durch hohe Badtemperaturen und durch Zugabe von oxydierenden Stoffen von edlem Redox-Potential als Depolarisatoren, wie z. B. von Nitriten und Nitraten.

Diese Vorstellungen sind ganz analog denen, die K. HUBER[2] über das anodische Polieren äußert und nach denen der Glänzeffekt maßgeblich beeinflußt wird durch das Auftreten von festhaftenden, passivierenden Oxydschichten, die sich erst nach Erreichung einer bestimmten Klemmenspannung ausbilden. Aber ebenso wie bei den anodischen Glänzprozessen nicht nur festhaftende Passivierungsschichten, sondern auch hochviskose Grenzflächenfilme eine den Glänzvorgang bestimmende Rolle spielen können, so beeinflussen, neueren Untersuchungen zufolge, auch beim chemischen Glänzen neben den Teilpassivierungsschichten solche hochviskosen Grenzflächenfilme die Abbauvorgänge. Es wäre also jeweils festzustellen, ob bei chemischen Glänzbädern ein hochviskoser Film oder eine festhaftende Passivierungsschicht die Steuerung des Glänzvorgangs bevorzugt übernimmt, wobei Übergänge zwischen beiden Mechanismen durch gleichzeitiges Einwirken möglich sind.

---

[1] FISCHER, H., u. L. KOCH: Metall **6**, H. 17/18, S. 491/96 (1952).
[2] HUBER, K.: Chimia **4**, 54/64 (1950).

3.2 Der Reaktionsverlauf in verdünnten Bädern

Bei den verdünnten Bädern, z. B. bei dem *Erftwerk*-Bad mit nur 13 Gew.-% Salpetersäure und 16 Gew.-% Ammoniumhydrogenfluorid spielen hochviskose Grenzflächenfilme sicher keine Rolle. Die Steuerung des infolge der weitgehenden Dissoziation lebhaften Abtragungsprozesses wird nach F. BAUMANN[3] von einer mehr oder weniger zusammenhängenden Passivierungsschicht übernommen. Diese Schicht befindet sich unter dem Einfluß der oxydierenden Salpetersäure und der oxydlösenden Flußsäure im Gleichgewicht des Auf- und Wiederabbaus.

Dabei gelangt, wie gesagt, eine Deckschicht zur Ausbildung, die weniger dicht und zusammenhängend ausfällt als beim anodischen Glänzen unter dem Einfluß der von außen angelegten Spannnng.

Da der Einebnungseffekt im *Erftwerk*-Bad also eine Folge des örtlichen und zeitlichen Wechsels der passivierenden Bereiche ist, fällt er stets etwas geringwertiger aus als bei anodischen Glänzverfahren mit festhaftenden, zusammenhängenden' Schichten.

Der Glänz- und Glättungsvorgang im *Erftwerk*-Bad wickelt sich anscheinend so ab, daß beim Eintauchen der Metallfläche in das Glänzbad diese vorerst nur angeätzt wird[4], wobei gleichzeitig auch alle nichtmetallischen Fremdbestandteile, wie Polierfett, Staub, Oxyde u. a. m. von der Oberfläche entfernt werden und teilweise auch schon eine gewisse, grobe Einebnung stattfindet.

Dieser anfängliche Ätzvorgang ist charakteristisch für das chemische Glänzen und entspricht etwa dem Vorbeizen im anodischen Glänzbad vor dem Einschalten des Stromes.

Anschließend wird auf der nunmehr freigelegten, blanken Metalloberfläche ein zarter Schleier von Schwermetall abgeschieden. Diese Schwermetallteilchen bilden jetzt einzelne, feinstverteilte Korrosionsherde mit dem Schwermetall als Kathode, dem blanken Al als Anode. Dann erst beginnt der eigentliche Glättungsprozeß, wobei bei hoher Korrosionsstromdichte auf dem Aluminium eine mehr oder weniger zusammenhängende, anodische Passivierungsschicht entsteht, die den kristallographisch orientierten Ätzangriff, wie oben bereits erwähnt, in einen statistischen Abbau umwandelt. Eine hohe Temperatur der chemischen Bäder (häufig über 100° C) unterstützt dabei die Bildung hoher Korrosionsstromdichten, wobei jedoch erfahrungsgemäß eine bestimmte Maximaltemperatur nicht überschritten werden darf.

---

[3] BAUMANN, FR.: Erzmetall 8, H. 1, S. 14/18 (1955).

[4] GINSBERG, H., u. FR. BAUMANN: Metall 8, H. 5/6, S. 206/09 (1954).

3.3 Der Reaktionsverlauf in konzentrierten Bädern

Der Reaktionsverlauf in Bädern des Phosphorsäure-Salpetersäure-Typus ist offensichtlich ein anderer als in den verdünnten Bädern. Wahrscheinlich spielt bei diesen hochviskosen Bädern die Bildung eines zähen Grenzflächenfilms eine wichtige, den Auflösungsvorgang zusätzlich regulierende Rolle.

Beim Glänzen von Kupfer und Messing in konzentrierten Phosphorsäure-Salpetersäure-Bädern ist nach G. SCHMID und H. SPÄHN[5] diese Filmbildung zur Steuerung des Glänzvorgangs allein ausreichend, da es nach SCHMID und SPÄHN bei Kupfer und Messing nicht zur Ausbildung einer Passivierungsschicht kommt.

Beim Glänzen von Aluminium ist dagegen mit dem Auftreten einer festhaftenden Passivierungsschicht zu rechnen, die zusammen mit dem Grenzflächenfilm die Abbauvorgänge steuert.

Dafür sprechen die Untersuchungen von H. GINSBERG und FR. BAUMANN[6], die feststellten, daß bei nach verschiedenen Verfahren geglänzten Oberflächen Unterschiede in der Korrosionsbeständigkeit auftraten, die die Verfasser auf die unterschiedliche Ausbildung von Passivierungsschichten zurückführen. So zeigten Proben, im Phosphorsäure-Salpetersäure-Bad behandelt, eine merklich höhere Korrosionsfestigkeit als im verdünnten Flußsäure-Salpetersäure-Bad geglänzte Proben, was die Verfasser mit der Wirkung einer dichteren Passivierungsschicht als beim *Erftwerk*-Bad erklären. Allerdings sind diese Schichten aus konzentrierten Säurebädern nicht ganz so korrosionsbeständig wie solche aus anodischen Glänzbädern, wie in der gleichen Untersuchung aufgezeigt wird.

Auch in der Praxis kann man den Unterschied zwischen den dichten, anodischen Passivierungsschichten und den lockeren Deckschichten des chemischen Glänzens leicht feststellen. Während beispielsweise die Deckschichten des *Brytal*-Bades *vor* dem Eloxieren sich nur in einem heißen Phosphorsäure-Chromsäure-Gemisch ablösen oder *nach* dem Eloxieren und Nachverdichten sich nur durch längeres Tauchen in verdünnte Salpetersäure (36%) von der eigentlichen Eloxalschicht abheben lassen, genügt für die Passivierungsschichten der chemischen Glänzbäder (z. B. beim *Alupol*- und beim *Erftwerk*-Verfahren) bereits ein kurzfristiges Eintauchen in verdünnte Salpetersäure unmittelbar nach dem Glänzen, wobei auch die Schwermetallschleier des Kupfers bzw. des Bleis in Lösung gehen[7].

---

[5] SCHMID, G., u. H. SPÄHN: Z. Metallkde. **46**, H. 2, S. 128/37 (1955).
[6] GINSBERG, H., u. FR. BAUMANN: Metall **9**, H. 5/6, S. 160/63 (1955).
[7] LATTEY, R., u. H. NEUNZIG: Metalloberfläche **9**, H. 7, S. 97A/103A (1955).

4 Zusammenfassung

Die chemischen Glänzverfahren für Aluminium haben neben den elektrolytischen stark an Bedeutung gewonnen.

Zwischen dem anodischen und dem chemischen Glänzen besteht, elektrochemisch gesehen, kein prinzipieller Unterschied. Hohe Korrosionsstromdichten ersetzen beim chemischen Glänzen die bei der anodischen Behandlung erforderliche *äußere* Stromquelle. Hohe Temperaturen, Schwermetallionen und oxydierende Depolarisatoren sind zur Bildung von Passivierungsschichten erforderlich.

Der Glänzmechanismus der Bäder mit konzentrierten Säuren unterscheidet sich infolge der hohen Viskosität von dem der verdünnten Bäder. Grundbedingung aber ist bei beiden Verfahren die Bildung einer Passivierungsschicht, die beim chemischen Glänzen schwächer und weniger zusammenhängend ausfällt als im elektrolytischen Glänzbad. Diese Unterschiede machen sich auch in der Praxis bemerkbar.

Zum chemischen Glänzen von Kupfer und seinen Legierungen*

Von **Heinz Spähn**

Mit 7 Abbildungen

1 Die Flüssigkeitsdeckschicht beim chemischen Glänzen

Beim Glänzen von Kupfer und dessen Legierungen, das bekanntlich[1] in Gemischen aus Salpetersäure und Phosphorsäure vorgenommen werden kann, bildet sich auf dem Metall eine zähe Flüssigkeitsdeckschicht, die schon mit bloßem Auge zu erkennen ist (Abb. 1).

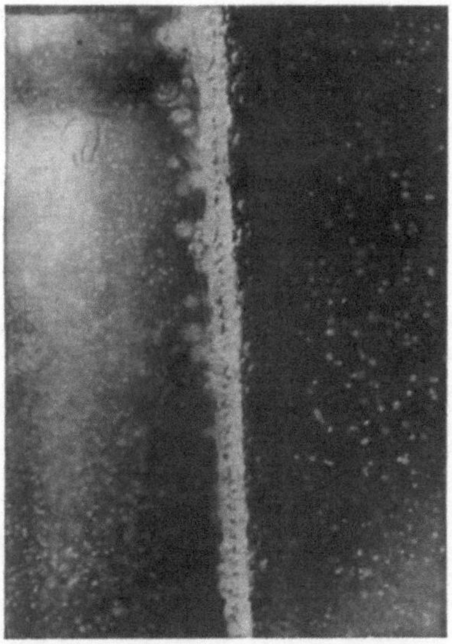

Die Viscosität dieser Schicht hängt in starkem Maße vom Gehalt der in ihr gelösten Metallionen ab, und zwar so, daß schon eine relativ geringe Erhöhung der Metallionen-Konzentration eine beträchtliche Steigerung der inneren Reibung bewirkt. In unmittelbarer Nähe des sich auflösenden Metalls — dort wo die Metallionen-Konzentration am höchsten ist — kann die Viscosität auf ein Mehrfaches der Viscosität der ursprünglichen Flüssigkeit an-

Abb. 1. Die Flüssigkeitsdeckschicht auf einer Ms 63-Metallprobe während des Glänzvorgangs. [Die Beleuchtung erfolgte von links. Die Flüssigkeitsschicht erscheint daher hell; rechts davon ist das Metall (dunkler). Die am Rand der Deckschicht nach oben steigenden Gasblasen sind gut zu erkennen („Perlschnur"). Sie nehmen die mit Metallionen angereicherte, spezifisch schwerere Flüssigkeit mit nach oben, die in einiger Entfernung zu Boden sinkt (vgl. die Schlieren in der äußersten Zone der Schicht, besonders gut rechts von der Metallprobe und im Bild oben links zu erkennen)]

* Dieser Beitrag stellt eine erweiterte Diskussionsbemerkung dar.

[1] Schmid, G., u. H. Spähn: Z. Metallk. **45**, 392 (1954) (untersucht wurden in erster Linie Messing Ms 63 und Neusilber NS 18).

gestiegen sein[2]. In der Flüssigkeitsdeckschicht bildet sich also ein auf die Metalloberfläche hin gerichteter, mit dem Konzentrationsgradienten der Metallionen symbat verlaufender Viscositätsgradient aus, auf dessen Bedeutung für das Verständnis des Glänzungsmechanismus weiter unten noch hingewiesen wird.

Vom Metallgehalt im Film abhängig sind auch zwei weitere Größen: die Aktivität der Salpetersäure und die des Wassers. Insbesondere hat sich der Einfluß der Wasseraktivität für den Ablauf des Glänzvorganges als sehr wesentlich herausgestellt. Da sie mit zunehmendem Metallgehalt abnimmt, ist sie in Metallnähe besonders gering. Dasselbe gilt für die Aktivität der Salpetersäure.

Auch rein äußerlich fällt schon der große Einfluß des Flüssigkeitsfilms auf die Glänzwirkung auf. In einem optimal zusammengesetzten Bad[3] bildet sich ein relativ dicker Film aus, in dem man — z. B. bei Betrachtung mit einem Stereomikroskop — zwei Zonen unterscheiden kann. Die innere ist durch die Gasentwicklung (NO, NO_2) offenbar relativ wenig gestört. Sie geht in die viel dickere Außenschicht über, die wesentlich „beweglicher" erscheint. Hier entwickeln sich große Gasblasen, die beim Aufsteigen Teile der spezifisch schweren Deckschicht nach oben mitführen. Erst in einiger Entfernung sinken diese wieder zu Boden (vgl. die Schlieren in Abb. 1 links oben).

Noch wesentlich dicker ist die Flüssigkeitsdeckschicht in Lösungen mit sehr geringem Wassergehalt. Die Gasentwicklung erfolgt hier in Form einzelner großer Blasen. Glänzung tritt nicht ein. Dies ist auch der Fall bei sehr hohem Wassergehalt, wo man jedoch eine sehr heftige Gasentwicklung beobachtet. Der Flüssigkeitsfilm ist verschwunden.

Offenbar spielt also diese Flüssigkeitsdeckschicht im Glänzmechanismus eine wesentliche Rolle[4].

---

[2] Vgl. G. SCHMID u. H. SPÄHN: Z. Metallk. **46**, 128 (1955), insbesondere Abb. 6.

[3] Die Verteilung der Glänzungsergebnisse ist für die Systeme HNO_3—H_3PO_4 $(CH_3CO_2)O$, HNO_3—H_3PO_4—H_2O und HNO_3—H_2SO_4—CH_3COOH bei G. SCHMID und H. SPÄHN (vgl. Fußnote 1) angegeben.

[4] Man könnte daran denken, auch für Cu, in ähnlicher Weise wie z. B. für Aluminium (vgl. R. LATTEY, dieses Buch S. 362), einen auf der Ausbildung einer Oxydhaut beruhenden Auflösungs- und Glänzmechanismus zu diskutieren. Auf dieser Basis kann man z. B. die Ausbildung eines Maximums der Auflösungsgeschwindigkeit bei Steigerung des Wassergehalts eines Glänzbades verstehen. Nimmt man beispielsweise an, daß die Auflösung des Kupfers nicht direkt, sondern über ein Oxyd erfolgt, so ist klar, daß bei sehr *geringen* Wassergehalten — die Säuren liegen dann in undissoziiertem Zustand bzw. in ihrer Pseudoform vor — die Metall-Auflösungsgeschwindigkeit klein sein muß. Hier wäre die Auflösung des Oxyds, das sich etwa durch die oxydierende Wirkung der undissoziierten Salpetersäure bilden könnte [vgl. O. G. BERG: Z. anorg. Chemie **266**, 130 (1951); **226**, 119 (1951)], der geschwindigkeitsbestimmende Vorgang. Bei *hohen* Wasser-

2 Chemismus und Kinetik der Deckschichtbildung

Im vorliegenden Abschnitt soll zunächst auf die besonderen Verhältnisse bei der Metallauflösung eingegangen werden, um die wesentliche Rolle der salpetrigen Säure für den in Abschnitt 3 zu diskutierenden eigentlichen Glänzmechanismus hervortreten zu lassen.

2.1 Die salpetrige Säure als Elektronen-Nehmer; ihr Verbrauch und ihre Rückbildung

Phosphorsäure allein greift in den für das Glänzen verwendeten Konzentrationen Kupfer und seine Legierungen praktisch nicht an[5].

Das lösende Agens ist vielmehr die salpetrige Säure[6] — nicht etwa die Salpetersäure —, die ursprünglich in geringer Menge in der Salpetersäure enthalten ist. Sie wird nach

$$2\,HNO_2 + 2\,\ominus \rightarrow 2\,NO + 2\,OH^- \qquad (1\,k)$$

verbraucht und bringt dabei nach

$$Cu^{2+}_{(Me)} \rightarrow Cu^{2+}_{(L)} \qquad (1\,a)$$

Kupferionen in Lösung. Die Reaktion käme also nach kurzer Zeit zum Stillstand[7], wenn sich nicht aus NO nach der Bruttoreaktion Gl. (2):

$$H^+ + NO_3^- + 2\,NO + H_2O \rightleftharpoons 3\,HNO_2 \qquad (2)$$

im Sinne des oberen Reaktionspfeils salpetrige Säure — und zwar mehr als nach Gl. (1k) verbraucht wird — zurückbilden würde. Wie die eingehenden Untersuchungen von E. Abel und Mitarbeitern ergeben

gehalten sollte dagegen die Oxydbildung geschwindigkeitsbestimmend sein. Dazwischen muß ein Maximum der Auflösungsgeschwindigkeit liegen.

Die Oxydhautvorstellung verbindet aber wesentlich weniger experimentelle Tatsachen miteinander als die weiter unten beschriebene Vorstellung einer Flüssigkeitsdeckschicht mit ihren aus dem Salpetrigsäure-Chemismus resultierenden besonderen Eigenschaften, der man überdies auch deswegen den Vorzug geben darf, weil Kupfer bekanntlich — zum Unterschied z. B. von Aluminium — nicht zur Passivität neigt.

[5] Die Abtragungsgeschwindigkeit von Messing 63 ist in Phosphorsäure mit H_2O-Gehalten zwischen 8,5 und 42 Gew.-% $< 0{,}05$ mg/dm^2 · Min. Ähnlich niedrige Werte gelten auch für Kupfer. Die wesentliche Funktion der Phosphorsäure liegt in der Ausbildung einer hochviscosen Deckschicht unter Mitwirkung der durch die salpetrige Säure in Lösung gebrachten Metallionen: schon Gehalte von wenigen Gewichtsprozenten an Cu^{2+}- und Zn^{2+}-Ionen erhöhen die Viscosität eines H_3PO_4—HNO_3-Glänzbads auf das Doppelte.

[6] Vgl. E. Abel u. H. Schmid: Z. phys. Chem. **132**, 55 (1928); **134**, 279 (1928).— E. Abel, H. Schmid u. S. Babad: Z. phys. Chem. **136**, 135 (1928); **136**, 419 (1928).— E. Abel u. H. Schmid: Z. phys. Chem. **136**, 430 (1928).—E. Abel, H. Schmid u. E. Römer: Z. phys. Chem. **148**, 337 (1930).—E. Abel: Z. angew. Chem. **43**, 734 (1930) — Z. anorg. Chem. **271**, 76 (1953).

[7] Unter Umständen ist dies tatsächlich auch der Fall, dann nämlich, wenn bei geringer Wasseraktivität das Gleichgewicht Gl. (4) nach links verschoben ist.

haben, setzt sich hierbei die Bruttoreaktion Gl. (2) aus zwei Teilreaktionen zusammen:

$$HNO_2 + H^+ + NO_3^- \rightleftarrows N_2O_4 + H_2O \tag{3}$$

$$N_2O_4 + 2\,NO + 2\,H_2O \rightleftarrows 4\,HNO_2 \tag{4}$$

Geschwindigkeitsbestimmend ist hierbei das gehemmte, stark rechts liegende Gleichgewicht von Gl. (3), dem das mobile Gleichgewicht von Gl. (4) nachgelagert ist. Für die Kinetik dieser Rückbildung der salpetrigen Säure entsprechend Gl. (2), oberer Reaktionspfeil, folgt also aus der Teilreaktion Gl. (3):

$$\frac{d\,[HNO_2]}{dt} = k_1\,[HNO_2]\cdot[H^+]\cdot[NO_3^-] \tag{5}$$

Das bedeutet zunächst, daß die Rückbildung der salpetrigen Säure ein autokatalytischer Vorgang ist. Die Rückbildungsgeschwindigkeit ist proportional der jeweiligen HNO_2-Konzentration; sie ist also Null, wenn keine salpetrige Säure vorhanden ist.

Es wird weiter unten gezeigt werden, daß dies in unmittelbarer Metallnähe der Fall ist.

Man sollte ferner — um zunächst beim reinen HNO_2-Chemismus zu bleiben — erwarten, daß die Rückbildungsgeschwindigkeit im Laufe der Metallauflösung nach Gl. (5) unbegrenzt wächst, da ja der kathodische Vorgang nach Gl. (1k) weniger HNO_2 verbraucht als nach Gl. (2) zurückgebildet wird. In Wirklichkeit beobachtet man bei der Auflösung von Messing 63 in einem Glänzbad der erwähnten Zusammensetzung[1] eine über nahezu eine Stunde hinweg konstante Bildungsgeschwindigkeit[8] von HNO_2.

Wir wollen diesen scheinbaren Widerspruch etwas ausführlicher aufdecken, um zugleich für die von uns als wesentlich erachtete Vorstellung einer HNO_2-Rückbildungszone in Metallnähe[2] die notwendigen Unterlagen beizubringen. Hierzu muß man an Gl. (5) anknüpfen und bedenken, daß die dort angegebene Kinetik ja nur die der *reinen* HNO_2-Rückbildung ist. Tatsächlich tritt aber schon bei relativ niedrigen HNO_2-Konzentrationen die Gegenreaktion, also die HNO_2-Zersetzung im Sinne des unteren Reaktionspfeils von Gl.(2) merklich in Erscheinung. Geschwindigkeitsbestimmend hierfür ist nach E. Abel und Mitarbeitern *primär* allein die Hydrolyse des N_2O_4, woraus der kinetische Ansatz

$$-\frac{d\,[HNO_2]}{dt} = k_2\,[N_2O_4] \tag{6}$$

folgt, sofern man die Wasseraktivität als konstant betrachtet. *Sekundär*

[8] Vgl. Fußnote 2, Abb. 2.

steht allerdings N_2O_4 über das Gleichgewicht Gl. (4) mit den anderen Reaktionspartnern in Verbindung:

$$[N_2O_4] = K \frac{[HNO_2]^4}{p_{NO}^2} \tag{7}$$

womit sich der kinetische Ansatz Gl. (6) zu

$$-\frac{d[HNO_2]}{dt} = k_3 \frac{[HNO_2]^4}{p_{NO}^2} \tag{8}$$

ergibt. Unter Berücksichtigung der Gegenreaktion erhält man also für die vollständige Rückbildungskinetik der salpetrigen Säure[9] die Gleichung:

$$\frac{d[HNO_2]}{dt} = k_1 [HNO_2][H^+][NO_3^-] - k_3 \frac{[HNO_2]^4}{p_{NO}^2} \tag{9}$$

Der Widerspruch ist damit behoben: bei sehr geringer HNO_2-Konzentration ist, wie man leicht aus Gl. (9) erkennt, die Rückbildungsgeschwindigkeit der salpetrigen Säure praktisch allein durch den für HNO_2 linearen Ausdruck von Gl. (9) bestimmt. Es gilt der kinetische Ansatz Gl. (5) der isolierten HNO_2-Bildung. Die HNO_2-Bildung verläuft um so schneller, je höher die Konzentration an salpetriger Säure ist.

Mit zunehmendem HNO_2-Gehalt tritt jedoch bald die Gegenreaktion in Erscheinung, so daß nach Durchschreiten eines Maximums (vgl. Abb. 2 auf S. 371) die HNO_2-Bildungsgeschwindigkeit stark abfällt, um schließlich bei Erreichen des Gleichgewichts [Reaktion (2)] Null zu werden. Daß dieser Abfall wegen der hohen Potenz, mit der die Salpetrigsäurekonzentration in die Zersetzungskinetik eingeht, ein sehr *steiler* sein muß, soll hier wegen der späteren Bedeutung im Glänzmechanismus besonders hervorgehoben werden.

So weit mußten wohl die Betrachtungen dieses recht verwickelten, erst durch die umfangreichen Untersuchungen von E. Abel aufgeklärten Chemismus geführt werden, um im folgenden das Wesentliche des Metallauflösungsvorgangs hervortreten zu lassen.

2.2 Die Kopplung der kathodischen und anodischen Teilreaktion der Metallauflösung

Wir knüpfen an die oben formulierten Vorgänge Gl. (1 k) und Gl. (1 a) an, die den kathodischen — Gl. (1 k) — und anodischen — Gl. (1 a) — Teilvorgang im System Metall/Glänzlösung darstellen. Bei Gültigkeit des

[9] Zur Zulässigkeit der Übertragung der Kinetik nach Abel auf die H_3PO_4-Gemische vgl. Fußnote 2; zum Einfluß des Wassergehalts ebenda sowie in dieser Arbeit S. 366 u. S. 373.

Überlagerungsprinzips[10] würden diese beiden Reaktionen vollkommen unbeeinflußt voneinander ablaufen, und zwar so, daß sich im gesamtstromlosen Zustand ein Mischpotential ($\varepsilon_{I=0}$) ausgebildet hätte, bei dem die kathodische (i_-) und anodische (i_+) Teilstromdichte dem Betrag nach gleich groß sind. Die beiden Teilvorgänge muß man hierbei als *Parallel*reaktionen auffassen, die unter der Mitwirkung des Elektrodenpotentials zwangsläufig gleich schnell verlaufen.

Ganz anders liegen die Verhältnisse, wenn das Überlagerungsprinzip nicht gilt, und dies ist der Fall beim chemischen Glänzen von Kupferlegierungen in den erwähnten Elektrolyten (SCHMID und SPÄHN[11]). Verlaufen bei Gültigkeit des Überlagerungsprinzips die kathodische und anodische Teilreaktion vollständig unabhängig voneinander, so stehen sie hier — wie die experimentellen Befunde gezeigt haben — in engster Abhängigkeit voneinander. Der Übertritt von Cu^{2+}-Ionen in die Lösung ist offensichtlich nur dort möglich, wo HNO_2-Molekeln auf die Metalloberfläche auftreffen. Die Metallauflösung setzt sich also aus der *Hintereinander*schaltung des kathodischen und anodischen Teilvorganges zusammen, wobei die beiden (schnell verlaufenden) Durchtrittsreaktionen direkt miteinander gekoppelt sind[12].

2.3 Der Auflösungsvorgang und die Ausbildung der Deckschicht

Aus diesem eigenartigen Sachverhalt heraus ergibt sich folgendes Bild für den Auflösungsvorgang und die Ausbildung der Flüssigkeitsdeckschicht: Die ursprünglich stets in geringer Menge in einem Glänzbad vorhandene salpetrige Säure reagiert nach Eintauchen des Metalls mit diesem und wird dabei — in unmittelbarer Metallnähe — in der rasch verlaufenden Durchtrittsreaktion Gl. (1k) verbraucht, wobei eine entsprechende Menge an Cu^{++}-Ionen in der mit Gl. (1k) gekoppelten, ebenfalls rasch[13] verlaufenden Durchtrittsreaktion Gl. (1a) in Lösung geht. Die salpetrige Säure bildet sich dann aus dem entstandenen NO nach der Bruttoreaktion Gl. (2) zurück.

In unmittelbarer Metallnähe kann diese Rückbildung, die ja bei einer kleinen HNO_2-Konzentration dem kinetischen Ansatz Gl. (5)

[10] WAGNER, C., u. W. TRAUD: Z. Elektrochem. **44**, 391 (1938).— K. F. BONHOEFFER: ebenda **55**, 151 (1951).— I. N. KOLTHOFF u. C. F. MILLER: J. Am. Chem. Soc. **62**, 2171 (1940).

[11] SCHMID, G., u. H. SPÄHN: Z. Elektrochem. **60**, 365 (1956).

[12] Näheres in Metalloberfläche (im Druck).

[13] Genauer gesagt, ist das Wesentliche nicht, daß die Durchtrittsreaktion Gl. (1a) schnell verläuft — dies ist ohnehin selbstverständlich —, sondern der ihr vorgelagerte Gitterabbau. Ist dieser im Vergleich zu den anderen Vorgängen gehemmt, so erfolgt, wie es bei der Auflösung eines Metalls in Säuren die Regel ist, Ätzung.

gehorcht, nur sehr langsam vonstatten gehen. An der Metalloberfläche selbst, wo die HNO_2-Konzentration wegen der rasch verlaufenden Durchtrittsreaktion praktisch Null ist, kann eine Rückbildung sogar überhaupt nicht stattfinden. Im ersten Stadium wird dabei wegen der Stöchiometrie der HNO_2-Bildungsreaktion Gl. (2) im Vergleich zu derjenigen der HNO_2-verbrauchenden Reaktion Gl. (1k) eine mit der Zeit rasch zunehmende Menge an salpetriger Säure gebildet, die einen immer steileren, auf die Metalloberfläche gerichteten HNO_2-Konzentrationssgradienten und damit eine rasch ansteigende Metallauflösungsgeschwindigkeit, somit wiederum eine stärkere NO-Produktion und so fort zur Folge hat. In den ersten Anfängen hat also nicht nur, wie bereits oben auseinandergesetzt (S. 368) die HNO_2-Rückbildung autokatalytischen Charakter, sondern auch die Metallauflösung.

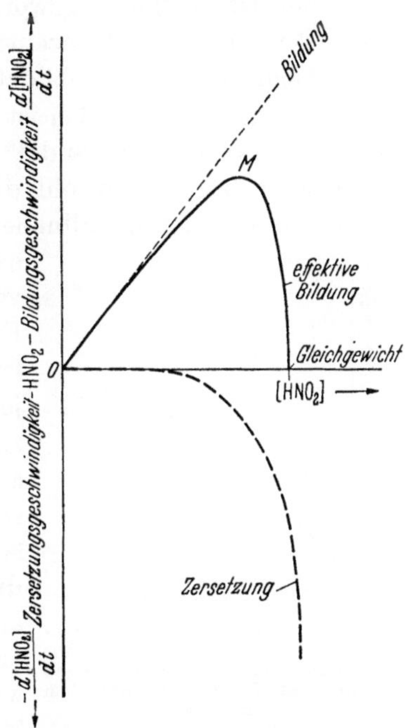

Abb. 2. Salpetrigsäurebildung auf Grund der ABELschen Kinetik. [Die ausgezogene Kurve stellt die effektive Bildungsgeschwindigkeit entsprechend Gl. (9) dar. Wegen des großen HNO_3-Überschusses steigt die Geschwindigkeit der isolierten Bildungsreaktion praktisch linear mit der HNO_2-Konzentration an (obere gestrichelte Gerade), wobei sich bei niedriger HNO_2-Konzentration die Rückreaktion praktisch noch nicht bemerkbar macht. Der starke Abfall der effektiven Bildungsgeschwindigkeit nach dem Erreichen des Maximalwertes M kommt dadurch zustande, daß die Zersetzungsgeschwindigkeit der HNO_2 der 4. Potenz der HNO_2-Konzentration proportional ist (untere gestrichelte Kurve)]

Dies wird grundlegend anders, wenn die HNO_2-Konzentration in den äußeren Bereichen der Rückbildungszone einen gewissen Wert erreicht hat. Es setzt dann die *Gegenreaktion* im Sinne des unteren Pfeils von Gl. (2) ein, die wegen der hohen Potenz, mit der die HNO_2-Konzentration in den Ansatz Gl. (9) eingeht, zu einem abrupten Abfall[14] der HNO_2-Bildungsgeschwindigkeit führt. Da wir die Verhältnisse hier ohnehin nur qualitativ diskutieren können, mag eine Veranschaulichung in den folgenden beiden Diagrammen genügen. Abb. 2 soll auf Grund der ABELschen Kinetik[15] den Verlauf der HNO_2-Bildungs- und Zersetzungsgeschwindigkeit in Abhängigkeit vom Salpetrigsäuregehalt zeigen. Man erkennt den scharfen Abfall der HNO_2-Bildungsgeschwindigkeit nach Überschreiten des Maximums. Hat also im Ablauf des eben

[14] Es sei nur kurz angemerkt, daß zu diesem steilen Abfall zweifellos noch die geringe Wasseraktivität im Flüssigkeitsfilm wesentlich beiträgt.

[15] Vgl. die in Fußnote 6 angeführten Arbeiten.

geschilderten Anfangsreaktionsverlaufs die HNO_2-Konzentration am Außenrand der Rückbildungszone einen Wert M entsprechend Abb. 2 erreicht, so erhöht sie sich nicht mehr wesentlich. Der Zustand des Systems ist stationär geworden; es hat sich — wie ursächlich aus Abb. 2 folgt — ein Konzentrationsverlauf der salpetrigen Säure entsprechend Abb. 3 ausgebildet.

Das Eigenartige dabei ist, daß die Metallauflösung nach Erreichen dieses stationären Zustands[16] keineswegs mehr einen autokatalytischen Charakter besitzt, obwohl dies für die Rückbildung der salpetrigen Säure [die in der metallnahen Zone positiv, in der weiter entfernten extrem stark negativ autokatalytisch ist, vgl. Gl. (9)] nach wie vor der Fall ist. Entscheidend für die nunmehr zeitlich konstant verlaufende Metallauflösung ist jetzt allein die entsprechend dem Konzentrationsgradienten von Abb. 3 an die Metalloberfläche gelangende Menge an salpetriger Säure, die dort in der rasch verlaufenden Durchtrittsreaktion Gl. (1k) reduziert wird, und dabei — gewissermaßen an Ort und Stelle — Cu^{2+}-Ionen in Lösung bringt. Es ist weiter oben bereits gesagt worden (vgl. auch Fußnote 5), daß die gelösten Cu^{2+}-Ionen die Viscosität der Badflüssigkeit beträchtlich erhöhen. Mit der zeitlich konstant gewordenen Metallauflösung hat sich daher auch die in Abschnitt 1 beschriebene Flüssigkeitsdeckschicht stationär ausgebildet.

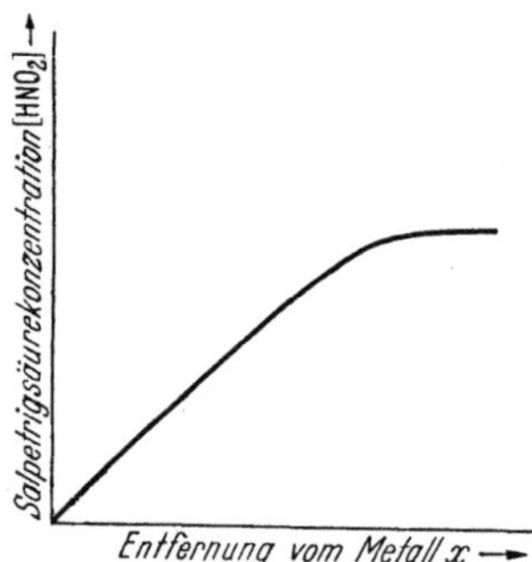

Abb. 3. Stationäre HNO_2-Konzentrationsverteilung in Metallnähe („Rückbildungszone der salpetrigen Säure") auf Grund der ABELschen Kinetik

Von hier aus ist der Zugang zum Verständnis des Glänzvorgangs nicht mehr schwierig. Erhielten z. B. die Spitzen des Oberflächengebirges aus irgendwelchen Gründen einen größeren Zustrom an salpetriger Säure als die Täler, so erfolgte die Metallauflösung dort rascher; es käme zur Einebnung. Diese Gründe aufzudecken ist Gegenstand des folgenden Abschnitts 3.

3 Der Mechanismus des chemischen Glänzens

Es war eingangs schon angeführt worden, daß die in Lösung gehenden Cu^{2+}-Ionen [Reaktion Gl. (1a)] die Wasseraktivität des Säuregemisches beträchtlich herabsetzen und — letztlich in Zusammenhang damit — die Viskosität erhöhen. Sie diffundieren dabei in Metallnähe relativ

[16] Der Zustand ist im übrigen noch dadurch gekennzeichnet, daß der NO-Partialdruck in der Außenzone gleich dem äußeren Druck, mithin also konstant geworden ist (vgl. jedoch Fußnote 17).

ungestört ab[17], werden aber in einiger Entfernung durch die Wirkung des sich entwickelnden Gases[18] — vermutlich im äußeren Bereich der HNO_2-Rückbildungszone[19] — kräftig abtransportiert. Über den Spitzen des Metall-Oberflächengebirges bildet sich ein steiler Gradient der Metallionen-Konzentration aus. Die daraus resultierende große Abdiffusionsgeschwindigkeit führt zu einer (im stationären Zustand) vergleichsweise kleinen Metallionen-Konzentration an der Metalloberfläche, und dies bedeutet schließlich, daß sich hier — sehr zum Unterschied von den Tälern — sowohl die über die (Hydratation der) Metallionen bewirkte Absenkung der Wasseraktivität in der Flüssigkeitsdeckschicht als auch die Erhöhung der Viscosität in mäßigen Grenzen hält. Anders sind die Verhältnisse über den Tälern: dort stagniert — in sinngemäßer Umkehrung der obigen Überlegung — eine relativ stark mit Metallionen angereicherte Lösung hoher Viscosität und niedriger Wasseraktivität.

Fassen wir zunächst nur die leichter zu überblickende Auswirkung der Viscositätsunterschiede in der Flüssigkeitsdeckschicht über Vertiefungen und Vorsprünge ins Auge, so ist ersichtlich, daß diese Unterschiede genau im geforderten Sinne wirken: unter sonst gleichen Bedingungen gelangt an die Spitzen mehr salpetrige Säure; sie werden eingeebnet.

Etwas verwickelter, doch zweifellos viel wirksamer, ist die unterschiedliche Absenkung der Wasseraktivität. Wie sich gezeigt hat[20], verschiebt sich das Gleichgewicht Gl. (4) mit sinkender Wasseraktivität stark nach links. Das heißt nichts anderes, als daß die Rückbildung der salpetrigen Säure jetzt gewissermaßen auf der Stufe der Reaktion Gl. (4) stecken bleibt[20], d. h. die Salpetersäure wird praktisch nur noch bis zum N_2O_4, nicht mehr bis zu HNO_2 reduziert. In den Tälern, wo die Absenkung der Wasseraktivität sehr kräftig und weitreichend ist, bleibt die Salpetrigsäure-Konzentration also bis in eine vergleichsweise sehr große Entfernung von der Metalloberfläche gering, das

[17] Ist die Übersättigungstendenz von NO an sich schon relativ groß und durch die Untersuchungen von E. ABEL (vgl. Fußnote 6) bekannt, so fanden wir darüber hinaus, daß N_2O_4/NO_2 in ganz extremem Maße zur Übersättigung in den verwendeten H_3PO_4—HNO_3-Gemischen neigt, derart, daß — wie sich im Verlauf gasanalytischer Untersuchungen ergab (vgl. Fußnote 2) — ein stundenlanges Durchspülen mit einem Inertgas nötig war, um alles N_2O_4/NO_2 aus der Lösung zu entfernen.

[18] Wirksam ist praktisch ausschließlich NO (vgl. Fußnote 17).

[19] Vgl. Fußnote 16. Da durch das Glänzen ausschließlich die feinsten Mikrorauhigkeiten in der Größenordnung von 1 μ beseitigt werden, wie G. SCHMID u. H. SPÄHN [Mitteilungen Forschungsgesellschaft Blechverarbeitung Nr. 9, S. 93 (1952); Z. Metallk. **45**, 398 (1954)] fanden, stellt für die Dicke der Rückbildungszone ungefähr 10 μ wohl die obere Grenze dar.

[20] Vgl. Fußnote 2, insbesondere S. 133.

HNO_2-Konzentrationsgefälle und mithin die in der Zeiteinheit zum Metall diffundierende Menge klein, während diese an den Spitzen viel größer ist. Dies bedingt Einebnung. Selbst wenn einmal durch eine turbulente Strömung salpetrige Säure in größerem Ausmaß in eine Vertiefung eindringen sollte, so wird sie dort über das unmeßbar schnell sich einstellende, jetzt stark links liegende Gleichgewicht Gl. (4) entfernt[20].

Wie wirksam dieser Mechanismus, der übrigens durch den zuvor genannten Viscositätsmechanismus in leicht ersichtlicher Weise verstärkt wird, im ganzen ist, zeigt sich überzeugend an dem ungemein steilen Anstieg der Metallauflösungsgeschwindigkeit mit dem Wassergehalt eines Bades[21]. Gerade in diesem Bereich hoher „Wasserempfindlichkeit" erhält man dann auch die besten Glänzungsergebnisse.

4 Ausblick auf die Glänzungsmechanismen bei anderen Metallen

4.1 Nickel und seine Legierungen

Auch Nickel und Nickellegierungen lassen sich in Bädern auf der Basis HNO_3—H_3PO_4[22] glänzen. Interessant ist dabei, daß eine Glänzung, trotz vielfach abgewandelter Badzusammensetzung, nie gelingt, wenn die Behandlungstemperatur unter 65° C liegt. Oberhalb dieser kritischen Temperatur wird die Glänzwirkung mit steigender Temperatur besser. Bei 80° C konnte ein hervorragender Glänzeffekt mit einem gerichteten Reflexionsgrad von über 65% erzielt werden. Dabei beobachtet man elektronenmikroskopisch[23] (vgl. Abb. 4 u. 5) an Proben, die am unteren Ende des Glänzbereichs bei 65° C behandelt wurden, eine im großen und ganzen schon glatte Oberfläche, die aber vereinzelt noch Ätzgruben verschiedener Größe aufweist. Man sollte erwarten, daß diese Ätzgruben — beispielsweise für den mittleren Kristallit von Abb. 4, der offenbar parallel zu einer Würfelfläche geschnitten ist — auch Würfelstruktur hätten. Für einige trifft dies auch zu, wie besonders schön aus Abb. 5, rechter unterer Bildrand hervorgeht. Im allgemeinen sind diese Ätzfiguren aber schon abgerundet; einzelne Kristallite zeigen, eben noch erkennbar, einen wohl den Vizinalflächen entsprechenden Abbau, wobei sie sich deutlich voneinander unterscheiden[24].

---

[21] Vgl. Fußnote 2, Abb. 1 u. 3a—3e. In reiner Salpetersäure wurde in neueren Messungen ein ganz entsprechender Kurvenverlauf gefunden, vgl. Fußnote 12.

[22] Geringe Mengen H_2SO_4 verbessern die Glänzwirkung aus noch nicht verstandenen Gründen beachtlich.

[23] Die elektronenmikroskopischen Untersuchungen wurden von Dipl.-Phys. H. Poppa im Physikalischen Laboratorium Mosbach/Baden durchgeführt [vgl. Metalloberfläche **9** 135 (A) (1955)].

[24] Die Kornflächenätzung ist unter dem Lichtmikroskop viel weniger ausgeprägt zu erkennen. Die Schrägbedampfung bei der elektronenmikroskopischen Untersuchung betont den Unterschied.

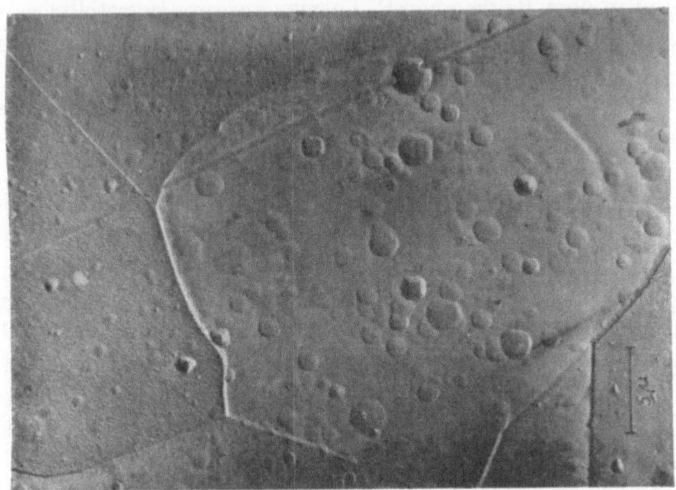

verläuft als die langsamste, in den gegebenen Flüssigkeitsgemischen zu realisierende Zudiffusionsgeschwindigkeit der salpetrigen Säure.

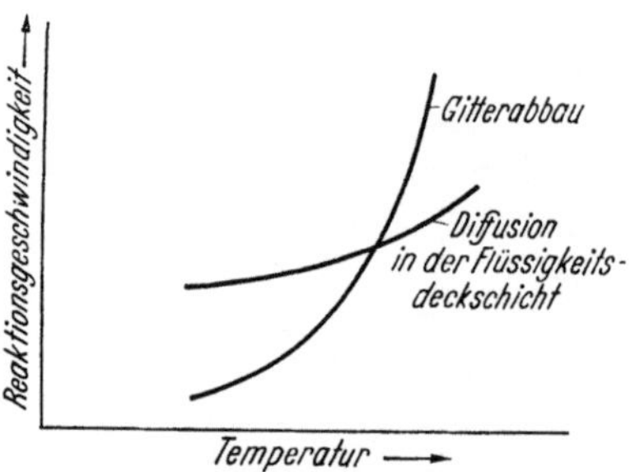

Abb. 6. Abhängigkeit der Reaktionsgeschwindigkeit des Glänzvorgangs bei Nickel von der Temperatur

Das Metall muß demnach in diesem Temperaturbereich grundsätzlich geätzt werden. Mit steigender Temperatur nimmt, wegen der sicherlich beträchtlich höheren Aktivierungsenergie der Gitterabbauvorgänge im Vergleich zu der Diffusion in der Flüssigkeitsdeckschicht, die Geschwindigkeit des Gitterabbaus wesentlich stärker zu (vgl. Abb. 6). Bei 65° C hat man offensichtlich den Übergangsbereich (vgl. Abbildung 4 u. 5) erreicht; bei weiterer Temperaturerhöhung verläuft die HNO_2-Zudiffusion vergleichsweise immer gehemmter; die Glänzwirkung wird besser.

4.2 Aluminium, Zink, Kadmium

Die Vorstellungen über den Ablauf des Glänzvorgangs von Aluminium sind in dem Beitrag von R. LATTEY zusammengestellt; es wird, was für Aluminium, durchaus naheliegend ist, eine Mitwirkung passivierender Oxydschichten als entscheidend für den Glänzungsvorgang angesehen.

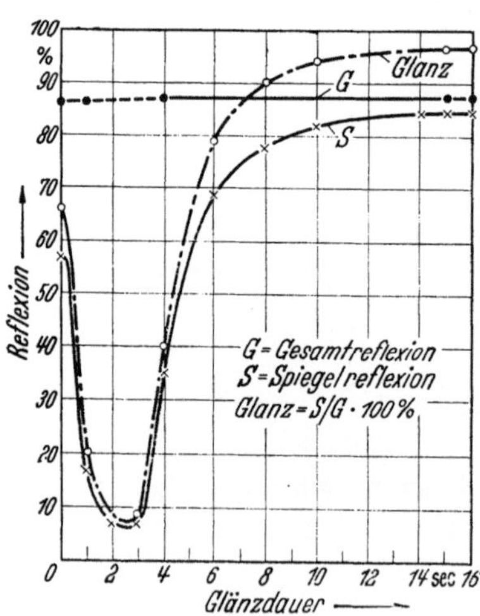

Abb. 7. Der Glänzungsverlauf von Aluminium im Erftwerkbad nach H. GINSBERG und FR. BAUMANN (vgl. Fußnote 26)

Hier sei lediglich noch ein Vorschlag zur Deutung eines interessanten Befundes von H. GINSBERG und FR. BAUMANN[26] gegeben, die fanden, daß in den ersten Sekunden nach dem Eintauchen in das Glänzbad eine starke Anätzung auftritt (s. Abb. 7). Unabhängig von jedem speziellen Glänzungsmechanismus ist dieser Effekt wohl so zu verstehen, daß anfänglich — unter nichtstationären Bedingungen — gerade die *schnellsten* Vorgänge den Reaktionsverlauf bestimmen, und dies ist voraussetzungsgemäß eben

[26] GINSBERG, H., u. FR. BAUMANN: Metall **8**, 206 (1954).

der zur *Ätzung* führende *Gitterabbau.* Im Verlauf einiger Sekunden ist offenbar der in unmittelbarer Metallnähe befindliche Elektronenakzeptor aufgebraucht; jetzt bestimmen die langsam verlaufenden Vorgänge der Akzeptor-Zudiffusion, oder welcher Vorgang auch speziell als steuernd angenommen werden mag, die Geschwindigkeit des Gesamtvorganges der Metallauflösung[27].

Zum Unterschied von Aluminium nehmen E. LANGE und H. BRÜNNER[28] für das Glänzen von *Zink* (gleiches gilt sicherlich auch für *Kadmium*) Diffusionsvorgänge als entscheidend an. Ein Vorhandensein von festen Deckschichten ist wegen der leichten Benetzbarkeit durch Quecksilber auszuschließen[28]. Die Teilstromdichte-Überspannungskurven[28] zeigen, daß kathodischer und anodischer Teilstrom im Glänzsystem Zn/CrO_3, H_2SO_4 — anders als bei Kupferlegierungen in Salpetersäure — *unabhängig* voneinander verlaufen. Hier ist also das chemische Polieren wirklich ein Sonderfall des elektrolytischen: der kathodische Teilvorgang bewirkt nichts anderes als den Ersatz der äußeren Stromquelle.

Prof. Schmid danke ich für wertvolle Diskussion.

---

[27] Von der Übergangszeit in den stationären Zustand hängt es ab, ob dieser prinzipiell zu erwartende Effekt beobachtbar wird. Das *niedrigviskose* Erftwerk Glänzbad, das GINSBERG u. BAUMANN bei ihrem Versuch verwendet haben, scheint in dieser Hinsicht günstig für die Ausprägung des Effekts zu sein.

[28] LANGE, E., u. H. BRÜNNER: Z. Elektrochem. **59**, 638 (1955). — BRÜNNER H., u. E. LANGE: Naturwissenschaften **41**, 475 (1954).

Deckschichten beim elektrolytischen Polieren

Von J. Heyes

Mit 3 Abbildungen

1 Vorgänge beim anodischen Lösen von Metallen

Die Vorgänge beim anodischen Lösen eines Metalls haben bisher bei weitem nicht die Aufmerksamkeit gefunden, die man dem Abscheiden der Metalle auf der Kathode entgegengebracht hat.

Diese Vorgänge sind jedoch — denken wir nur an die Galvanotechnik — entscheidend für das Arbeiten der von ihr benutzten Bäder. Sind nämlich die Anoden nicht in der Lage, die für die Abscheidung auf der Kathode erforderlichen Ionen zu liefern — werden sie z. B. ganz oder teilweise passiv —, so nimmt die Metallionenkonzentration des Elektrolyten immer mehr ab, seine Leitfähigkeit geht zurück und nach einiger Zeit kommt dann auch die kathodische Metallabscheidung zum Stillstand.

Es gibt aber industriell genutzte Prozesse, die gerade die an der Anode ablaufenden Vorgänge benutzen. Ich will hier nicht die anodischen Prozesse im Akkumulator betrachten. Auch interessieren bei unserer Fragestellung weder die anodischen Oxydationsprozesse bei der Herstellung organischer Stoffe noch die Vorgänge, die bei anodischer Behandlung den Leichtmetallen eine korrosionsbeständige und färbbare Deckschicht geben. Hier sollen uns nur die Vorgänge beim elektrolytischen Polieren von Metallen beschäftigen.

Taucht man ein Metall in eine Lösung eines seiner Salze, so verlassen eine Anzahl positiv geladener Ionen das Metallgitter und treten in die Lösung ein. Die Lösung wird also eine positive Ladung annehmen, das Metall infolgedessen eine entsprechend negative. Der Eintritt weiterer positiver Ionen in die Lösung wird dadurch unterbunden. Sorgt aber eine äußere Stromquelle dafür, daß die negative Ladung der Elektrode ständig beseitigt wird, so können weitere Metallionen ihre Gitterplätze verlassen und die Elektrode löst sich auf.

Wird der Abfluß der negativen Ladung von der Anode durch Erhöhen der angelegten positiven Spannung gesteigert, so tritt an der Anode eine Konzentrationspolarisation auf. Die Metallionen reichern sich an der Anode an und die Diffusionsgeschwindigkeit der Metallionen in die Lösung hinein, oder die der Anionen zur Elektrode hin, wird für das Inlösunggehen der Anode maßgebend. Bilden die Ionen aber mit den in der Lösung vorhandenen Anionen schwer- oder unlösliche Salze, so können diese auf der Anodenoberfläche ausfallen. Einen solchen Vorgang beobachten wir z. B. bei der Bildung von Bleisulfat im Bleiakkumulator. Es kann aber an der Anode auch zur Bildung mehr oder weniger schwer löslicher Komplexe kommen, die infolge ihrer geringen Dissoziation die Leitfähigkeit in der Nähe der Anode stark vermindern und damit zu schlecht leitenden Deckschichten führen. Solche Erscheinungen beobachten wir insbesondere beim elektrolytischen Polieren.

2 Die Stromspannungskurve beim elektrolytischen Polieren

Betrachten wir einmal die Zusammenhänge zwischen Strom und Spannung beim elektrolytischen Polieren von Eisen in einem Gemisch

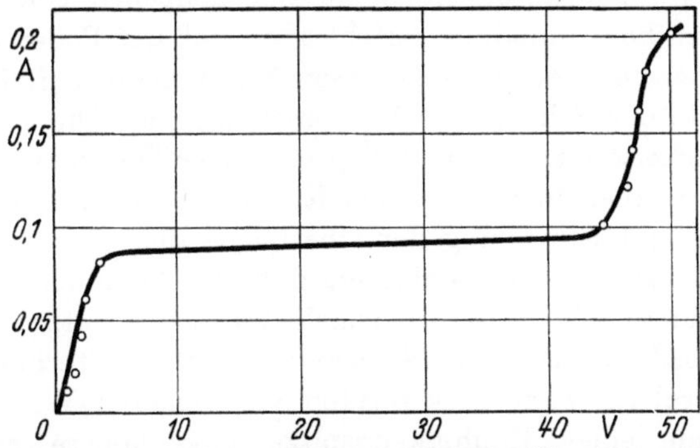

Abb. 1. Strom-Spannungs-Kurve eines Essigsäureanhydrid-Überchlorsäure-Elektrolyten

von Überchlorsäure und Essigsäureanhydrid, in dem der Wassergehalt der ersteren durch das Essigsäureanhydrid zu Essigsäure umgesetzt wurde, so daß freies Wasser nur in Mengen unter 5% vorhanden ist.

Anfänglich steigt mit der angelegten Spannung die Stromstärke verhältnisgleich an (Abb. 1). In diesem Falle entspricht die Abhängigkeit der Stromstärke von der Spannung der eines gewöhnlichen Elektrolyten ohne Hemmungserscheinungen an den Elektroden. Von einer bestimmten Spannung ab erhöht sich die Stromstärke zunächst aber nicht mehr weiter, auch wenn eine höhere Spannung an die Elektroden angelegt wird. Überschreitet aber die Spannung einen bestimmten Wert, so beginnt die Stromstärke wieder anzusteigen. Meist ist dieser Vorgang mit einer Gasentwicklung verbunden.

Beim ersten Auftreten des Knicks in der Stromspannungskurve ist auf der Elektrode die Bildung einer Schicht zu beobachten. Nach allen bisherigen Untersuchungen ist diese Schicht für den Anstieg der Spannung bei konstanter Stromstärke verantwortlich. Ihr Auftreten ist auch, wenigstens bei dem oben genannten Elektrolyten, wesentlich für die Polierwirkung.

3 Bisher entwickelte Vorstellungen über das elektrolytische Polieren

Leider ist man sich noch nicht klar darüber, welche Ursachen für die Einebnung einer Metalloberfläche beim elektrolytischen Polieren verantwortlich zu machen sind.

J. Mercadie[1] sieht in der Komplexbildung vor der Anode eine der Hauptursachen für den Vorgang des elektrolytischen Polierens. Solche Vorgänge an der Anode scheinen wirklich eine große Rolle beim elektrolytischen Polieren zu spielen.

W. C. Elmore[2] glaubt, daß der Unterschied der Ionenkonzentration zwischen den Rauhigkeitsspitzen und den Rauhigkeitstälern die Ursache für das unterschiedliche Inlösunggehen von Spitze und Tal sei. Gegen diese Annahme spricht aber, daß der Poliereffekt plötzlich nach Überschreiten einer gewissen Stromdichte auftritt und das Vorhandensein der Schicht zur Voraussetzung hat. Die von ihm zwischen Rauhigkeitsspitze und -tal postulierten Konzentrationsunterschiede gibt es aber auch schon bei Konzentrationen, die noch nicht zur Glättung und Einebnung der Oberfläche führen.

P. A. Jacquet[3] ist der Meinung, daß die beim elektrolytischen Polieren gebildete Schicht die Oberfläche mit ihren Spitzen und Tälern gleichmäßig bedeckt. Da diese Schicht viskos ist, weiterhin aber auch einen im Vergleich zum Elektrolyten viel höheren Widerstand besitzt, soll an einer Rauhigkeitsspitze eine höhere Stromdichte herrschen als in der entsprechenden Vertiefung. Infolgedessen wird die Abtragung an der Spitze schneller vor sich gehen als im Tal.

A. Hickling und J. K. Higgins[4] stellen fest, daß zum elektrolytischen Polieren in Phosphorsäurelösungen die Überschreitung einer gewissen Grenzstromdichte erforderlich ist, um einen Poliereffekt zu erhalten. Bei dieser Stromdichte ruft eine Steigerung der Spannung keine Erhöhung der Stromstärke hervor. Eine Erhöhung der Viskosität und der Konzentration an Phosphorsäure erniedrigt die Grenz-

[1] Mercadie, Jean: C. R. **226**, 1519/20 (1948).
[2] Elmore, W. C.: J. appl. Phys. **10**, 727 (1939).
[3] Jacquet, P. A.: Metal Finishing **47**, 48/54 (1949).
[4] Hickling, A., u. J. K. Higgins: Trans. Inst. Met. Finish. **29**, 274/301 (1952).

stromdichte. Zum gleichen Ergebnis führt eine Erhöhung der Kupferkonzentration. Wie das Ergebnis der Diskussion der Resultate ergab, sieht es nicht so aus, als wenn die abdiffundierten Kationen das Geschehen beim Polieren bestimmen würden. Viel bedeutungsvoller scheinen für die Umsetzungen an der Metalloberfläche die Anionen zu sein. Bei Erreichen der Grenzstromdichte verarmt die Schicht an der Metalloberfläche an Anionen, so daß eine weitere Stromerhöhung nicht mehr erfolgen kann.

E. Darmois, J. Epelboin und Djafer Amine[5] führen die Einebnung und Glättung beim elektrolytischen Polieren auf andere Gründe zurück. Sie nehmen an, daß die Wasserarmut der den Poliervorgang verursachenden Schicht und die damit verbundene Erhöhung der elektrischen Feldstärke die Metallionen aus dem Gitter herausreiße.

Gegen die Auffassung spricht aber, wie eigene Versuche zeigten, daß man in einem Essigsäure-Überchlorsäure-Bad auch dann noch einen Poliereffekt erzielen kann, wenn Essigsäureanhydrid im Überschuß vorhanden ist. Die gleichen Verfasser vermuten auch einen Zusammenhang zwischen dem Metallgehalt des Elektrolyten und dem maximalen Schichtwiderstand. Die Ergebnisse sind aber auch in anderer als der von den Verfassern angegebenen Weise deutbar. Bei einem längeren Gebrauch von Polierelektrolyt auf der Basis Essigsäureanhydrid-Überchlorsäure wird nicht nur das Metall vom Elektrolyten aufgenommen. Gleichzeitig findet auch, weil die Flüssigkeit hygroskopisch ist, eine Wasseraufnahme statt, die den Einfluß der Widerstandsänderung in der Schicht durch die Zunahme der Metallionenkonzentration bei weitem überdecken kann.

Über die Rolle des Sauerstoffs beim Vorgang des elektrolytischen Polierens gibt es sehr verschiedenartige Auffassungen. So glaubt K. Huber[6] auf die Annahme einer passiven Schicht auf der Metalloberfläche nicht verzichten zu können. Er vermutet, daß der Oxydfilm am Metall immer neu gebildet, nach der Elektrolytseite hingegen ständig abgetragen werde. Eine solche Auflösung der Oxydschicht sei vonnöten, weil sonst der Prozeß der Einebnung von selbst zum Stillstand kommen würde.

Gegen die von K. Huber[6] vorgetragene Auffassung sprechen die von G. Chaudron, P. Lacombe und Youssov[7] festgestellten Befunde. Sie fanden, daß Aluminium, welches unter Luftabschluß im Perchlorsäure-Essigsäureanhydrid-Elektrolyten behandelt, dann mit luftfreiem Alkohol gewaschen und hierauf in einer luftfreien 3%igen

[5] Darmois, E., J. Epelboin u. Djafer Amine: C. R. **230**, 386/88 (1950).

[6] Huber, K.: Z. Elektrochem. **55**, 165/69 (1951).

[7] Chaudron G., P. Lacombe u. Youssov: C. R. **229**, 201/03 (1949).

Kochsalzlösung einer Potentialmessung unterzogen wurde, das gleiche Potential aufwies wie Aluminium, dessen Oxydschicht durch Behandeln mit einer 0,2% $HgCl_2$-Lösung entfernt worden war. (—1,625 V). Das aus thermodynamischen Daten ermittelte Potential liegt allerdings niedriger (—1,95 V).

Auch H. RAETHER[8] ist der Ansicht, daß das Aluminium beim elektrolytischen Polieren in Essigsäureanhydrid-Überchlorsäure-Bädern, wenn überhaupt, dann nur mit einer Schicht von höchstens 10 Å bedeckt sein kann. Poliert man das Aluminium aber elektrolytisch in einem Phosphorsäure-Chromsäure-Bad, so erhält man eine Oxydschicht, die eine Dicke zwischen 10 und 100 Å besitzt.

Daß in solchen Fällen eine feste Schicht auf dem Metall gebildet wird, bestätigen auch Untersuchungen von T. P. HOAR und T. W. FARTHING[9]. Ließen sie nach dem elektrolytischen Polieren von Kupfer in Phosphorsäure auf die Oberfläche langsam Quecksilber auftropfen, so lief das Quecksilber von der Oberfläche ab und benetzte sie nicht. Schaltete man jedoch den Strom ab, so trat eine Benetzung schon nach einer Sekunde ein. Das bedeutet, das beim elektrolytischen Polieren in Phosphorsäure eine feste Schutzschicht auf der Oberfläche entstand, die durch die Säure sofort wieder aufgelöst wurde.

M. HALFAWY[10] kommt auf Grund seiner Untersuchungen zu einer Erklärung, die die Viskosität des Elektrolyten mit der an der Anode herrschenden, bei den Spitzen und Vertiefungen unterschiedlichen Feldstärke in Zusammenhang bringt. Nach seiner Ansicht führt die an den Spitzen erhöhte Feldstärke zu einer bevorzugten Anziehung der Anionen, die um so ausgeprägter sei, je viskoser der die Anode bedeckende Film sei und je langsamer die Anionen wanderten.

C. WAGNER[11] hat eine Berechnung der Einebnung einer rauhen Oberfläche unter Abtragung derselben durchgeführt, wobei er die Annahme zugrunde legt, daß der Prozeß im wesentlichen durch die Geschwindigkeit bestimmt wird, mit der die Anionen an die Metalloberfläche herandiffundieren. Unter der Voraussetzung, daß die Rauheit der Oberfläche sinusförmigen Charakter hat, kommt er zu der Gleichung

$$b = b_0 e^{-2r u/a} \quad \text{für} \quad b \ll a \quad \text{und} \quad a \ll \delta.$$

In dieser Gleichung bedeutet b_0 die Amplitude der sinusförmigen Oberfläche zu Beginn der Einebnung, während b die Amplitude zur Zeit t darstellt. Dagegen ist u die Verschiebung der Durchschnitts-

---

8 RAETHER, H.: Mikroskopie **5**, 101/17 (1950).
9 HOAR, T. P., u. T. W. FARTHING: Nature **169**, 324 (1952).
10 HALFAWY, M.: Experientia (Basel) **7**, 175/76 (1951).
11 WAGNER, C.: J. electrochem. Soc. **101**, 225/28 (1954).

ebene durch die sinusförmige Oberfläche gegen eine parallele Bezugsebene R. Die Größe a stellt den Abstand zweier Maxima der Sinuswelle dar, während δ die Dicke der Grenzschicht angibt (vgl. Abb. 2 und 3).

Aus dieser Gleichung geht hervor, daß die prozentuale Abnahme von kurzen sinusförmigen Oberflächenunebenheiten bedeutend schneller vor sich geht als die von Unebenheiten, deren Amplituden größeren Abstand voneinander haben. Mit anderen Worten, die Mikrorauhigkeit läßt sich in bedeutend kürzerer Zeit zum Verschwinden bringen,

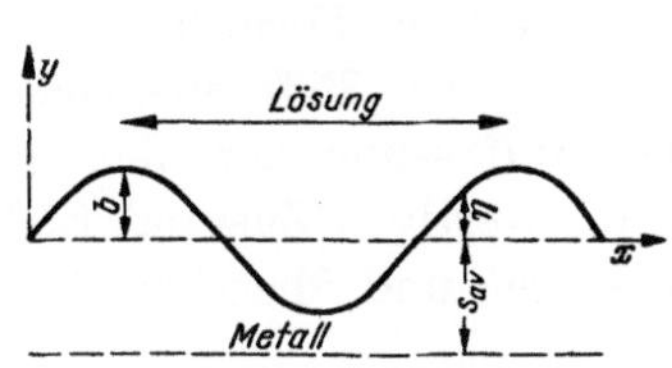

Abb. 2. Sinuswellen-Profil-Elektrode. Skizze zur Ableitung der WAGNERschen Gleichung

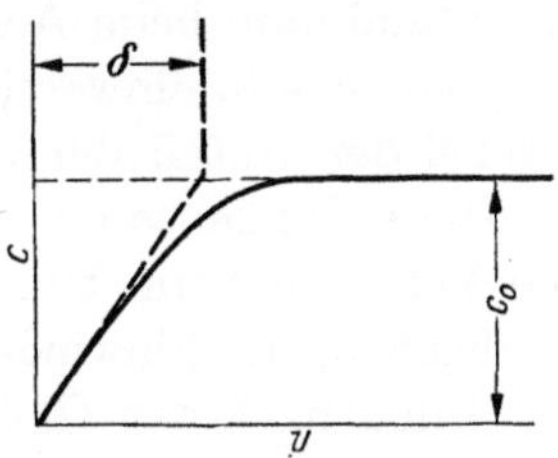

Abb. 3. Schematische Darstellung der Acceptorkonzentration als Funktion des Abstandes von der Elektrode. Skizze zur Ableitung der WAGNERschen Gleichung

als die sogenannte Makrorauhigkeit. Dies Ergebnis der Rechnung steht in guter Übereinstimmung mit der Praxis.

Die von C. WAGNER durchgeführte Rechnung wurde an Ergebnissen überprüft, die von J. EDWARDS[12] erhalten worden waren. Dieser hatte Kupfer mit einem nahezu sinusförmigen Profil elektrolytisch poliert. Bei diesem Profil betrug der Abstand der sinusförmigen Maxima etwa 13 μ. Nach der von C. WAGNER[11] abgeleiteten Gleichung hat man 13 mg Kupfer je cm² abzutragen, um eine Abnahme der Amplitude auf die Hälfte des Ausgangswertes zu erreichen. Die von J. EDWARDS[12] erhaltenen Resultate befanden sich in guter Übereinstimmung mit der entwickelten Theorie.

4 Wertigkeitsänderungen beim elektrolytischen Polieren in Essigsäureanhydrid-Überchlorsäure-Gemischen

In diesem Zusammenhang sei noch darauf hingewiesen, daß beim elektrolytischen Polieren von Aluminium eine bedeutend größere Löslichkeit der Aluminiumelektrode gefunden wird, als sie nach dem FARADAYschen Gesetz unter der Annahme, daß das Aluminium dreiwertig ist, zu erwarten wäre. Bei eigenen Versuchen, über die bereits vor einiger Zeit kurz berichtet wurde, war festgestellt worden, daß je Amperestunde nicht 0,335, sondern 0,780 g Aluminium gelöst worden

---

[12] EDWARDS, J.: J. Electrodep. Techn. Soc. **28**, 137 (1952).

waren. Der gleiche Strom hatte aber nur etwa 90% der Eisenmenge aufgelöst, die man nach dem FARADAYschen Gesetz hätte erwarten können, wenn man annimmt, daß die Eisenionen zweiwertig in Lösung gehen. Während also beim Eisen die tatsächlich gelöste Menge unter dem zu erwartenden Werte liegt, ist sie bei Aluminium bedeutend höher. Für die Wertigkeit des Aluminiums würde sich ein Betrag von etwa 1,3, ergeben. In einer kürzlich erschienenen Arbeit von P. BROUILLETT G. EPELBOIN und M. FROMENT[13] war ein ähnlicher Wert bei der Auflösung des Aluminiums ermittelt worden. Man müßte also annehmen, daß das Aluminium beim Auflösen in dem Essigsäure-Überchlorsäure-Elektrolyten teils in einwertiger, teils in dreiwertiger Form in Lösung gehe, wobei der Anteil der einwertigen Ionen etwa 85% ausmachen würde. Diese Ionen sollen nun nach der Auffassung der oben genannten Verfasser beim Übergang in den dreiwertigen Zustand Elektronen abgeben, die hinwiederum in dem sauren und überchlorsäurereichen Milieu nach der Gleichung

$$ClO_4^- + 8H^+ + 8e \rightarrow Cl^- + 4H_2O$$

eine Reduktion des Perchlorations zu Chlor zur Folge haben würden.

Diese Auffassung wurde wohl dadurch nahegelegt, daß man nach der anodischen Auflösung des Aluminiums in dem Essigsäureanhydrid-Überchlorsäure-Elektrolyten immer Chlor findet. Doch sind die gefundenen Mengen bedeutend geringer, als sie nach der obigen Gleichung zu erwarten wären.

Nach einem Dauerversuch, bei dem in dem obigen Elektrolyten 19,35 g/l Al gelöst worden waren, konnten nur 0,44 g Chlor in der gleichen Flüssigkeitsmenge gefunden werden. Würde die von den oben genannten Forschern aufgestellte Hypothese über das Reaktionsschema richtig sein, so hätte man auf $4 \cdot 0{,}85 = 3{,}4$ Aluminiumatome ein Chloratom finden müssen. Bei dem oben erwähnten Versuch hätte der Chlorgehalt der Lösung 7,5 g/l betragen müssen. Der wirklich gefundene Chlorgehalt war aber, wie der oben angegebene Wert ausweist, bedeutend geringer.

Gegen diese Ansicht spricht aber ebenfalls, daß der Elektrolyt, in dem durch die gleiche Strommenge Eisen gelöst wurde, eine noch größere Chlormenge enthielt als der aluminiumhaltige. Hier wurde ein Chlorgehalt von 0,962 g/l gefunden, obwohl die Eisenionen in diesem Falle sicherlich in der üblichen zweiwertigen Form in Lösung gingen.

Die geringe Chlormenge im Elektrolyten läßt sich auch nicht damit erklären, daß das Chlor an der Aluminiumanode in Gasform abgeschieden und aus der Lösung entwichen wäre. Eine Gasentwicklung an der Anode trat nämlich nicht auf.

---

[13] BROUILLET, P., G. EPELBOIN u. M. FROMENT: C. R. **239**, 1795—97 (1954).

Außer Aluminium zeigen noch eine Reihe anderer Elemente in dem gleichen Elektrolyten beim Auflösen eine geringere Wertigkeit. Es würde deshalb sicherlich einmal nützlich sein, die anodischen Vorgänge, die zu diesem ungewöhnlichen Ladungswechsel der Ionen Veranlassung geben, genauer zu untersuchen.

Diskussionsbemerkungen zu den Vorträgen: Lattey, Spähn und Heyes

E. Lange:

Einige grundlegende Gesichtspunkte zum Mechanismus des elektrolytischen Polierens habe ich in einem Vortrag zusammengestellt[1]. — Die vermeintlichen Abweichungen von der Gültigkeit des FARADAYschen Gesetzes lassen sich einwandfrei durch Berücksichtigung der Tatsache erklären, daß zahlreiche Elektroden nicht nur eine, sondern mehrere Elektrodenreaktionen aufweisen. (Vgl. hierzu in der oben zitierten Arbeit Abschn. 1.3.)

K. J. Vetter:

Die von EPELBOIN und Mitarbeitern beim anodischen Polieren in Essigsäure-Überchlorsäure gefundenen Unstimmigkeiten mit dem FARADAYschen Gesetz sind zunächst einmal kein Problem der elektrochemischen Kinetik. Auch die Annahme einer primären Lösung des Aluminiums mit einer Wertigkeit kleiner als drei hilft hier nicht weiter, da das Aluminium im Elektrolyten schließlich doch dreiwertig auftreten soll. Zur Erfüllung des FARADAYschen Gesetzes muß daher der gesamte elektrochemische Umsatz unter allen Umständen einen Reduktionsvorgang aufweisen, der bisher quantitativ noch nicht gefunden wurde. Das vorliegende Problem ist also ein rein chemisch-analytisches. Es müssen diese Reduktionsprodukte vorhanden sein und noch gefunden werden, denn eine Nichterfüllung des FARADAYschen Gesetzes käme einer „Vernichtung" von Elektrizität gleich. Erst nach Auffinden des vollständigen elektrochemischen Umsatzes wird die Kinetik des Vorganges interessant.

G. Falkenhagen:

Die von HEYES erwähnte bedeutende Verbesserung der Beständigkeit gegenüber Schwefelsäure im gesamten Konzentrationsbereich nach einem elektrolytischen Polieren wird nicht angezweifelt. Ähnliche Beobachtungen an 17%igen Chrom-Stählen sind schon früher gemacht worden. Es muß jedoch vor Schlußfolgerungen gewarnt werden, die für die Anwendung derartig behandelter Stähle in der Praxis gezogen wurden.

[1] Z. Elektrochem. **59**, 638 (1955).

Durch die einwandfreie Säuberung der Oberfläche von Zunder und Fremdrost und sogar von Einschlüssen geringerer Korrosionsbeständigkeit wird an den Proben im Becher-Glas-Versuch zwar eine Passivität festgestellt. Dies ist jedoch nur ein metastabiler Zustand. Für die Anwendungstechnik reicht dies nicht.

R. Lattey (*Antwort*):

Zur Frage der Korrosionsfestigkeit von anodischen Passivierungsschichten, die beim elektrolytischen Glänzen auftreten, wird auf Untersuchungen im *Erftwerk* hingewiesen, wonach selbst dicke Passivierungsschichten, wie sie beim anodischen *Brytal*-Verfahren in einer Dicke von etwa 0,01 μ entstehen, einen nur schwachen Korrosionsschutz darstellen.

Bei einer 6tägigen Behandlung in essigsaurer, oxydischer Kochsalzlösung (2,5% NaCl, 1,5% Essigsäure, 0,1% H_2O_2) zeigten sich z. B. bei *Brytal*-geglänzten AlRMg 0,5-Blechen zahllose, feine, gleichmäßig verteilte Lochfraßstellen bei nur geringer Trübung des Glanzes (1,4% Abfall der gerichteten Reflexion, 0,9% Abfall der Gesamtreflexion).

Bei einer 6tägigen Prüfung in Industrie-Atmosphäre (nach KESTERNICH) war sogar die Passivierungsschicht weitgehend milchig eingetrübt, anscheinend durch Aluminiumsulfatbildung. (Reflexionsabfall 66% der gerichteten Reflexion, 60% der Gesamtreflexion.) Danach kann also den Passivierungsschichten, wie sie beim *Brytal*-Glänzen anodisch entstehen, kein wesentlicher Korrosionschutz zugesprochen werden.

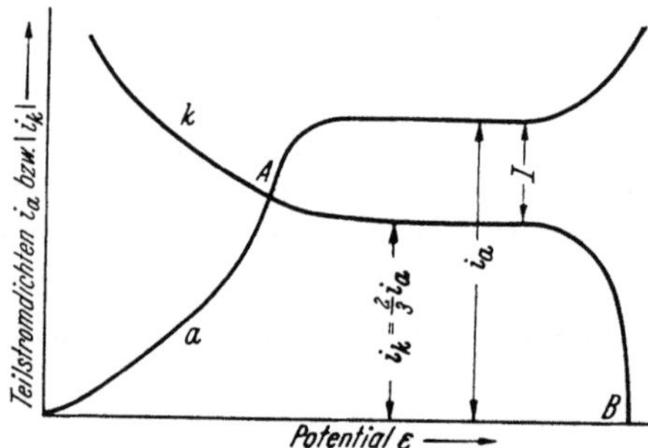

Abb. 1. Schematischer Verlauf der Teilstrom-Potentialkurven für den Fall, daß eine anomal niedrige Metallionen-Wertigkeit durch die Mitwirkung einer kathodischen Elektrodenreaktion zustande kommen soll. Als Beispiel sei angenommen, daß hierdurch für ein dreiwertiges Metall (scheinbare) Bildung einwertiger Metallionen erklärt werden soll. Dann muß unter den Polierbedingungen $i_k = \frac{2}{3} i_a$ sein (vgl. Text). Hieraus folgt, daß die Auflösungsgeschwindigkeit im gesamtstromlosen Zustand A („rein chemische Auflösung") sehr groß ($> \frac{2}{3} i_a$) sein muß, was für die Versuchsbedingungen von J. EPELBOIN (und übrigens für fast alle guten elektrolytischen Glänzverfahren) nicht zutrifft

H. Spähn (*Antwort*):

Prof. LANGE führt als Erklärungsmöglichkeit für die von J. EPELBOIN und Mitarbeitern beobachteten, scheinbaren Abweichungen vom FARADAYschen Gesetz an, daß an den betreffenden anodisch geschalteten Metallen unter den von diesen Autoren gewählten Bedingungen gleichzeitig ein kathodischer Teilvorgang stattfinden könnte[2]. Betrachtet man mit E. LANGE diese Elektroden

[2] Vgl. hierzu auch E. LANGE: Z. Elektrochem. **59**, 639 (1955), Abschn. 1.3.

als zweifache Elektroden, so ist tatsächlich auch ohne die EPELBOINsche Annahme niedrigerer Metallionen-Wertigkeitsstufen zu verstehen, weshalb sich z. B. für Al, schickt man von außen 3 F durch die Zelle, ein höherer Gewichtsverlust als der für $z = 3$ zu erwartende von 1 Grammatom ergibt.

Man kann die (nach dieser Vorstellung scheinbare) niedrigere Wertigkeitsstufe der Metall-Ionen leicht berechnen. Fließt im äußeren Stromkreis die Ladung $I\,t = (i_a - i_k)\,t$ ($I =$ äußere anodische Stromdichte; $i_a =$ anodische Teilstromdichte; $i_k =$ kathodische Teilstromdichte) (vgl. Abb. 1), so würde man allein auf Grund dieses äußeren Stroms nach dem FARADAYschen Gesetz den Gewichtsverlust m einer Metallanode des Atomgewichtes A in folgende Beziehung zu den genannten Größen setzen:

$$m = \frac{I\,t}{n\,F}\,A = \frac{(i_a - i_k)\,t}{n\,F}\,A\,.$$

Tatsächlich gilt aber für den anodischen Teilstrom (ohne Berücksichtigung der das Ergebnis verfälschenden Mitwirkung des kathodischen Teilvorgangs):

$$m = \frac{i_a\,t}{z\,F}\,A$$

Hieraus folgt für das Verhältnis der scheinbaren zur wahren Wertigkeit

$$\frac{n}{z} = \frac{i_a - i_k}{i_a}\,.$$

Wird $i_k = 0$ — z. B. bei einer einfachen Elektrode oder dann bei einer zweifachen Elektrode nach Abb. 1, wenn i_a sehr groß ist (rechts von Punkt B) — so ist $n = z$; die geschilderten Komplikationen sind dann weggefallen. Mit zunehmendem kathodischem Teilstrom nimmt die scheinbare Wertigkeit n immer mehr ab, bis im Punkt A (gesamtstromloser Zustand) $n = 0$ wird. Dazwischen liegen die entsprechenden niedrigeren, auch nicht ganzzahligen Wertigkeitsstufen. Für $i_k = \frac{2}{3}\,i_a$ ergäbe sich z. B. für ein normalerweise dreiwertiges Metall (wie Al) eine scheinbare Wertigkeit von $n = 1$.

Zu den Experimenten von J. EPELBOIN steht dieser Erklärungsversuch jedoch im Widerspruch. Beim elektrolytischen Polieren werden bekanntlich sehr hohe Stromdichten angewendet; sie liegen z. B. bei den EPELBOINschen Versuchen bei etwa 0,1 bis 1 A/cm² und höher. Der kathodische Teilstrom müßte also nach dieser Annahme bereits im Polierbereich sehr hoch sein; im obigen Beispiel $i_k = \frac{2}{3} \cdot i_a \approx 0{,}007$ bis 0,7 A/cm². Im gesamstromlosen Zustand (bei wesentlich negativerem Potential) wäre i_k ($= i_a$) noch höher. Das würde aber bedeuten, daß sich das Metall hier stürmisch auflösen müßte, wohingegen nach J. EPELBOIN in den verwendeten Elektrolyten kein chemischer Metallangriff stattfindet. Durch Mitwirkung eines kathodischen Teilvorgangs sind seine Experimente also wohl nicht so deutbar, zumal die anomalen Wertigkeiten überdies in weitem Bereich potentialunabhängig sind.

H. Spindler:

Ich möchte zu dem Beitrag von Spähn über die Parallelität von Steilanstieg der Abtragungskurve (in Abhängigkeit vom Wassergehalt des Bades) und Glänzwirkung bei Kupfer-Legierungen bemerken, daß wir bei der Untersuchung des chemischen Glänzens von Reinst- und Reinaluminium ähnliches beobachtet haben[3].

Es zeigte sich, daß auch hier die beste Glänzung in Bädern auf der Basis HNO_3—H_3PO_4 und CH_3COOH gerade bei den Zusammensetzungen eintritt, bei denen eine kleine Veränderung in der Zusammensetzung und damit auch in dem Wassergehalt eine starke Änderung der Auflösungsgeschwindigkeit zur Folge hat. Diese Beobachtung läßt die Annahme eines ähnlichen Mechanismus beim Al nicht ausgeschlossen erscheinen.

A. Kutzelnigg:

Beim Glanzbrennen von Kupfer in Salpetersäure- und Schwefelsäuremischungen wurden seinerzeit festhaftende, feinkörnige Deckschichten bestehend aus Kupfersulfat-Pentahydrat nachgewiesen[4].

Es wird daher vorgeschlagen zu prüfen, ob nicht auch beim chemischen Glänzen in den von Spähn angewendeten Säuremischungen feste Deckschichten auftreten.

H. Spähn (*Antwort*)**:**

Beim chemischen Glänzen in Mischungen aus HNO_3—H_3PO_4 bzw. HNO_3—H_3PO_4—CH_3COOH konnte niemals die Bildung fester Deckschichten beobachtet werden. In Übereinstimmung mit A. Kutzelnigg fanden wir dagegen bei Versuchen im System

$$HNO_3\text{—}H_2SO_4\text{—}CH_3COOH,$$

bei denen die Badzusammensetzung zur Ermittlung der Glänzwirkung systematisch variiert wurde, daß sich in gewissen Bereichen auf den eingetauchten Metallproben (Ms 63) feste Salzdeckschichten bilden. Interessant ist dabei der hinsichtlich der Schwefelsäure überraschend schmale Konzentrationsbereich, in dem diese Deckschichtenbildung stattfindet (vgl. Abb. 2). Außerhalb des schraffierten Gebiets entstehen

[3] Eisenkolb, F., u. H. Spindler: Wissenschaftl. Z. Techn. Hochschule Dresden **3** 533/543 (1954).

[4] Kutzelnigg, A.: Z. Elektrochem. **39**, 73 (1933).

in der Lösung *keine* festen Salzschichten mehr, wohl aber tritt dies gelegentlich noch an dem aus dem Bad herausragenden Teil der Metallprobe ein.

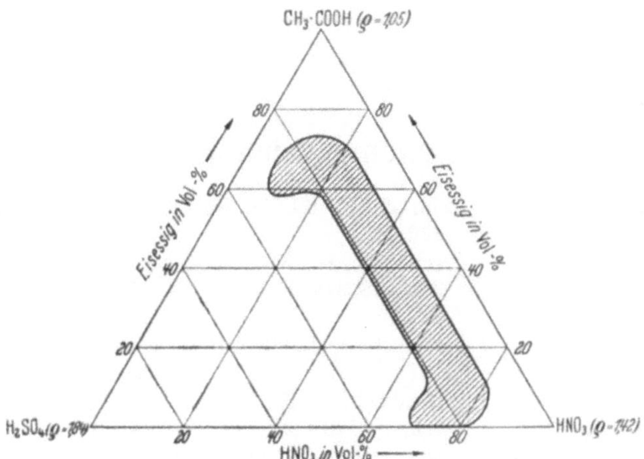

Abb. 2. Deckschichtenbildung auf Messing Ms 63. Im schraffierten Bereich entstehen feste Salzdeckschichten

Im schraffierten Bereich selbst beobachtet man — vor allem zu den niedrigen H_2SO_4-Gehalten hin — eine extrem starke Salzabscheidung. Die sich bildende Deckschicht haftet zwar mechanisch am Metall (vgl. Abb. 3), schließt dieses aber offensichtlich nicht von der Lösung ab, so daß die Sulfatbildung unentwegt weitergeht. Schon nach wenigen Minuten hat sich auf dem Boden eine mehrere Zentimeter dicke Salzschicht angesammelt.

Abb. 3. Salzdeckschicht auf Messing Ms 63 (etwa natürliche Größe)

Derartige Deckschichten wirken wohl eher hemmend als fördernd auf den Glänzungsvorgang. Dies dürfte einer der Gründe sein, weshalb Phosphorsäure in chemischen Glänzbädern nicht durch Schwefelsäure zersetzt werden kann. Ein anderer, wesentlicherer Grund ist die Bildung von Nitrosylschwefelsäure, die den oben skizzierten Salpetrigsäuremechanismus stört[5].

[5] Vg. G. SCHMID u. H. SPÄHN: Z. Metallk. **46**, 131 (1955), Bild 3e.

Namenverzeichnis

Sachverzeichnis

721/15/56 III/18/203

MIX
Papier aus verantwortungsvollen Quellen
Paper from responsible sources
FSC® C105338

If you have any concerns about our products,
you can contact us on
ProductSafety@springernature.com

In case Publisher is established outside the EU,
the EU authorized representative is:
Springer Nature Customer Service Center GmbH
Europaplatz 3, 69115 Heidelberg, Germany

Printed by Libri Plureos GmbH
in Hamburg, Germany